LOTHAR BUDACH UND HANS J. HOEHNKE

AUTOMATEN UND FUNKTOREN

MATHEMATISCHE LEHRBÜCHER UND MONOGRAPHIEN

HERAUSGEGEBEN VON DER
AKADEMIE DER WISSENSCHAFTEN DER DDR
ZENTRALINSTITUT FÜR MATHEMATIK UND MECHANIK

II. ABTEILUNG
MATHEMATISCHE MONOGRAPHIEN
BAND 35

AUTOMATEN UND FUNKTOREN

VON

LOTHAR BUDACH und HANS J. HOEHNKE

AKADEMIE-VERLAG · BERLIN
1975

AUTOMATEN UND FUNKTOREN

VON

Dr. LOTHAR BUDACH
ordentlicher Professor an der Humboldt-Universität Berlin

UND

Dr. HANS J. HOEHNKE
Zentralinstitut für Mathematik und Mechanik
der Akademie der Wissenschaften der DDR

AKADEMIE-VERLAG · BERLIN
1975

Erschienen im Akademie-Verlag, 108 Berlin, Leipziger Straße 3—4

Lizenznummer: 202 · 100/552/75
Einband und Schutzumschlag: Rolf Kunze
Gesamtherstellung: VEB Druckhaus „Maxim Gorki", 74 Altenburg
Bestellnummer: 761 797 2 (6076) · LSV 1025
Printed in GDR
EVP 72,—

Für Waldtraut und Renate

VORWORT

Die vorliegende Monographie ist aus Seminaren über algebraische Automatentheorie an der Humboldt-Universität zu Berlin hervorgegangen. Diese wurden von den Verfassern vom Jahre 1969 an mit Studenten und Assistenten der Sektionen Mathematik der Humboldt-Universität und der Technischen Universität Dresden veranstaltet. Unsere Aufmerksamkeit richtet sich darauf, aus der rasch angestiegenen Zahl der Publikationen zur Automatentheorie einige bereits erkennbare Ansätze zur Untersuchung algebraischer Eigenschaften des Automatenbegriffs auszuwählen, zu vereinheitlichen, weiterzuentwickeln und ihnen neue derartige Ansatzpunkte hinzuzufügen.

Die Auffassung, nach welcher ein abstrakter Automat einen Spezialfall einer algebraischen Struktur darstellt, führt naturgemäß dazu, die Automatentheorie als ein Teilgebiet der Algebra zu behandeln. Symbolisch-kombinatorische und homologische Methoden der Algebra erscheinen für das Studium des Verhaltens diskret arbeitender endlicher Automaten als besonders geeignet.

Nach einem gemeinsamen Ausgangspunkt verzweigten sich unsere Untersuchungen sehr bald. Demgemäß gliedert sich die Darstellung in vier Teile. In der Einleitung wird in groben Umrissen der behandelte Themenkreis dargelegt; gleichzeitig werden einige für alles weitere grundlegende Begriffe erklärt.

Kap. A. I ist der Synthese kombinatorischer Automaten gewidmet. Freie algebraische Theorien nach F. W. LAWVERE bilden die geeigneten Termsprachen für die Superposition von Abbildungen. Die insbesondere durch Beiträge von G. HOTZ geförderte grundlegende Aufgabe der Bestimmung von Normalformen für kombinatorische Automatennetze bzw. Schaltkreise kann daher auf die Bildung von Normalformen für die Elemente freier algebraischer Theorien zurückgeführt werden. In dieser Weise erlangen Strukturaussagen über Kategorien unmittelbare Bedeutung für Syntheseprobleme. Die praktisch wichtige Frage nach Algorithmen zur Berechnung optimaler Normalformen für Schaltkreise bleibt offen.

Es wird vorausgesetzt, daß der Leser über ein gewisses Maß an Grundkenntnissen aus der universalen Algebra und der Kategorientheorie verfügt. Einige z. T. weniger bekannte Grundtatsachen dieser Gebiete, die wir benötigen, werden in Anhängen zu Kap. A. I zusammengestellt.

Die Tatsache, daß außer gewöhnlichen eindeutigen (determinierten) Abbildungen von Mengen auch andere Arten von Abbildungen wie partielle bzw. nichtdeterministische, stochastische, lineare Abbildungen usw. zur Realisierung von

Schaltkreisen in Betracht gezogen werden, macht die Verwendung von Kategorien mit endlichen Produkten sowie allgemeiner von monoidalen Kategorien erforderlich. Dabei stützen wir uns auf Beiträge von S. Eilenberg, G. M. Kelly, S. Mac Lane u. a. zur Theorie monoidaler Kategorien. Doch werden wir den Rechnungen im Teil A zur Vereinfachung strikt monoidale Kategorien (Kronecker-Kategorien, X-Kategorien) zugrunde legen, die auch einen Spezialfall der Doppelkategorien im Sinne von C. Ehresmann bilden. Eine Rechtfertigung für dieses Vorgehen findet sich im Anhang 1.

Kap. A. II enthält im wesentlichen die Grundlagen einer Theorie der Synthese von sequentiellen Automatennetzen bzw. Schaltwerken. Eine leichte Erweiterung des Schaltwerkbegriffs gestattet es, eine einbettende Termsprache für Schaltwerke zu konstruieren. Damit ist die Voraussetzung dafür geschaffen, auch hier das Normalformenproblem zu stellen. Doch wird dieses Problem selbst wie die Frage nach einem Algorithmus für die Aufstellung optimaler Schaltwerke im Rahmen dieser Monographie nicht in Angriff genommen.

Der von uns verwendete Automatenbegriff ist keineswegs so weit entwickelt, daß er schon alle bekannten Automatentypen mit umfaßt. Es ist zu erwarten, daß auch weitere Automatentypen zum Gegenstand algebraischer Untersuchungen gemacht werden können. Außerdem sei darauf hingewiesen, daß die hier erzielten Resultate in der Theorie der formalen Sprachen Anwendung finden können. Die dem Teil A beigefügten Aufgaben sollen zur Weiterführung unserer Untersuchungen anregen.

Für das Verständnis von Teil B ist nur die Kenntnis einiger Definitionen, nicht aber die Kenntnis der Ergebnisse von Teil A erforderlich.

Im Teil B werden im wesentlichen zwei Gesichtspunkte verfolgt: Der erste und für praktische Anwendungen vielleicht wesentlichere Gesichtspunkt ist die Realisierbarkeit von beliebigen endlichen Automaten auf gewissen Automaten, deren Eingabe-, Ausgabe- und Zustandsraum Moduln über einem kommutativen Ring (in dem praktisch wichtigen Fall ist dies ein endlicher Körper) sind, und deren Überführungs- und Ergebnisfunktion bilinear in Eingabe und Zustand sind; wir nennen solche Automaten Modulautomaten.

Diese Automaten haben mit den bereits umfangreich untersuchten linearen Automaten gemeinsam, daß Grundaufgaben der Automatentheorie wie Analyse, Synthese und Reduktion auf Probleme der linearen Algebra führen und daß sich für ihre technische Realisierbarkeit einfache Lösungen anbieten.

Zum anderen, und das betrifft den zweiten Gesichtspunkt dieses Teils, ermöglicht die kanonische Realisierung eines endlichen Automaten S durch einen K-Modulautomaten KS, gewisse Eigenschaften von S durch Eigenschaften von KS zu beschreiben und somit den Apparat der kommutativen und homologischen Algebra auf automatentheoretische Probleme anzuwenden. Zu beiden Gesichtspunkten sind nur Wege für künftige Arbeiten gewiesen worden. So wird insbesondere die weitere Untersuchung optimaler Realisierungen von endlichen Automaten durch Modulautomaten wesentlich darüber entscheiden, in welchem Maße Modulautomaten in der Technik Verwendung finden.

Wir möchten dieses Vorwort nicht schließen, ohne allen Teilnehmern unseres Seminars über algebraische Automatentheorie an der Humboldt-Universität zu danken, die durch ihr ständiges förderndes Interesse und durch aktive Mitwirkung in gewissen Fragestellungen wesentlich das Entstehen dieses Buches gefördert haben. Ferner danken wir unserem Freund und Kollegen Lothar Michler, der mit aller Gründlichkeit die Korrekturbögen von Teil A gelesen hat, sowie Herbert Lugowski und Heinz Seibt für eine Reihe weiterer Korrekturhinweise.

Nicht zuletzt gilt unser Dank dem Akademie-Verlag und seinen Mitarbeitern, besonders Frl. R. Helle, für ihr bereitwilliges Eingehen auf unsere, die Gestaltung des Buches betreffenden Wünsche.

Berlin, im September 1972

Lothar Budach, Hans J. Hoehnke

INHALT

EINLEITUNG

(L. Budach, H. J. Hoehnke)

1. Inhaltsübersicht

Die Automatentheorie gehört in ihrer weitesten Deutung zum Vorfeld des Problems der künstlichen Intelligenz und steht in enger Beziehung zur Kybernetik und zur Informationstheorie. Sie umfaßt insbesondere die Theorie der Algorithmen, der Berechenbarkeit und der Komplexität von Prozessen, die Theorie der Programmierung, der formalen Sprachen und Grammatiken, die Lerntheorie, die Theorie der automatischen Simulation von Prozessen, der Simulation von Automaten durch andere Automaten und die Theorie spezieller Automatentypen.

Der vorliegende Beitrag beschränkt sich auf die Untersuchung struktureller Eigenschaften von sequentiellen Automaten. Er gibt eine einheitliche Begründung der Theorie der determinierten, der nichtdeterministischen und der stochastischen Automaten, der linearen, topologischen sowie einer Reihe weiterer bereits bekannter Automatentypen. Darüber hinaus werden vermutlich in Zukunft auch andere, bisher noch nicht untersuchte Automatentypen Bedeutung erlangen wie Automaten von mengenwertigen Funktoren, Garbenautomaten über speziellen Topi und ähnliche Bildungen. Obwohl sie hier nicht untersucht werden, ist die vorliegende Darstellung in ihrer Anlage so allgemein gefaßt, daß alle diese Automaten als Spezialfälle der hier betrachteten Automaten auftreten können.

Im gegenwärtigen einleitenden Teil wird eine Übersicht über die später verwandten Begriffe und Methoden gegeben. Der dabei herangezogene kategorien- und homologietheoretische Apparat wird im wesentlichen als bekannt vorausgesetzt (S. Mac Lane, 1965, 1967; H. Schubert, 1970; S. Eilenberg — G. M. Kelly, 1966) und im Anhang 1 nur gestreift.

Von besonderer Bedeutung für alle weiteren Betrachtungen ist der Begriff einer Kategorie mit Multiplikation im Sinne von J. Bénabou (1963, 1964). Einen wichtigen Spezialfall hiervon bilden die Kategorien mit endlichen (direkten) Produkten. Automaten in diesen Kategorien wurden bereits von R. Davis (1967) untersucht. Der Übergang zu der allgemeineren Situation wird dadurch motiviert, daß, wie gezeigt wird, die in der Praxis besonders wichtigen Kategorien der nichtdeterministischen und stochastischen Funktionen keine direkten Produkte (aber ein terminales Objekt sowie Projektions-, Vertauschungs- und Diagonalmorphismen) besitzen. Durch den Nachweis, daß die Automaten über einer Kategorie mit endlichen Produkten eine Bikategorie im Sinne von J. Bénabou (1967) bilden, wird in erster Näherung eine einheitliche Theorie der Automatennetze begründet.

In Teil A. II werden Automaten als Spezialfälle von Algebren mit mehreren Basismengen im Sinne von P. J. Higgins (1963) aufgefaßt und dadurch den Methoden der universalen Algebra zugänglich gemacht. An den Kategorien mit Multiplikation wird eine praktisch in vielen Fällen zulässige Vereinfachung vorgenommen, die zum Begriff einer Kronecker-Kategorie führt, in welcher die Multiplikation streng und nicht nur bis auf Isomorphie assoziativ ist. Gleichzeitig wird der Begriff einer algebraischen Theorie im Sinne von F. W. Lawvere (1963) verallgemeinert. Die Untersuchungen von G. Hotz (1965) über die Synthese von Schaltkreisen (bzw. Automaten ohne Gedächtnis) werden in Teil A. I auf Automaten ohne Gedächtnis in gewissen Kronecker-Kategorien ausgedehnt. Die analoge Fragestellung für beliebige Schaltwerke (Automaten mit Gedächtnis) wird in Teil A. II präzisiert. Schließlich wird das Problem der strukturellen Synthese von Automaten des betrachteten Typs (wie es für Mealy-Automaten beispielsweise von N. E. Kobrinski und B. A. Trachtenbrot (1967) behandelt wurde) kategorientheoretisch formuliert und gelöst.

Das Ziel des Teils B besteht darin, alle oben aufgeführten Automaten unter einem einheitlichen homologischen Gesichtspunkt qualitativ zu beschreiben. Zu diesem Zweck wird es nötig sein, einem Typ von Automaten besonderes Augenmerk zu schenken, der in der bisherigen automatentheoretischen Literatur noch keine Behandlung erfahren hat: den Modulautomaten — und damit zusammenhängend — den Apparaten. Da man jedem der oben aufgeführten Automaten in kanonischer Weise einen solchen Automaten zuordnen kann und sich alle Struktureigenschaften des ursprünglichen Automaten in dem zugehörigen Modulautomaten widerspiegeln, werden unserer Meinung nach diese Automaten eine recht erhebliche Rolle in der künftigen Entwicklung der Automatentheorie spielen. Demzufolge wird sich dieser Teil fast ausschließlich mit der Kohomologie von Modulautomaten befassen. Auf Grund eines unten dargelegten Zusammenhanges zwischen in der Praxis auftretenden (d. h. determinierten, nichtdeterministischen und stochastischen Automaten) und gewissen Modulautomaten liefern Aussagen über Modulautomaten Aussagen über konkrete Automaten.

2. Kategorien mit Multiplikation

Eine *Kategorie mit Multiplikation* oder *multiplikative Kategorie* (J. Bénabou, 1963, 1964, 1967; bei S. Eilenberg—G. M. Kelly, 1966, als *symmetric monoidal category* bezeichnet) ist ein 7-Tupel $\mathscr{C} = \langle \mathscr{C}_0, \otimes, I, r, l, a, c \rangle$, das aus den folgenden Daten besteht:

(i) $\mathscr{C}_0$ ist eine Kategorie.

(ii) $\otimes : \mathscr{C}_0 \times \mathscr{C}_0 \to \mathscr{C}_0$ ist ein Funktor (wo $\times$ das kartesische Produkt von Kategorien bezeichnet). $\otimes$ wird zwischen die Argumente geschrieben und Tensorprodukt genannt.

(iii) I ist ein Objekt von $\mathscr{C}_0$ und wird als Einsobjekt der Kategorie bezeichnet.

(iv) r und l sind zwei natürliche Isomorphismen:

$$r_A : A \otimes I \to A \quad \text{und} \quad l_A : I \otimes A \to A .$$

(v) a (Assoziativität) und c (Kommutativität oder Symmetrie) sind zwei natürliche Isomorphismen:

$$a_{ABC} : (A \otimes B) \otimes C \to A \otimes (B \otimes C) \quad \text{und}$$
$$c_{AB} : A \otimes B \to B \otimes A .$$

Darüber hinaus fordert man, daß r, l, a, c gemeinsam kohärent sind, d. h. grob gesprochen, daß alle Diagramme, die allein unter Benutzung dieser Daten gebildet werden, kommutativ sind. Für eine ausführlichere Behandlung dieses Sachverhaltes sei auf die Arbeiten von G. M. KELLY (1964) und G. M. KELLY—S. MAC LANE (1971) verwiesen. Es genügt, sich im folgenden nachstehende Beispiele vor Augen zu halten:

2.1. Die Kategorie *Ens* der Mengen mit dem kartesischen Produkt als Tensorprodukt.

2.2. Die Kategorie *Ensf* der endlichen Mengen mit dem kartesischen Produkt als Tensorprodukt.

2.3. Die Kategorie *Top* der topologischen Räume mit dem kartesischen Produkt als Tensorprodukt.

2.4. Die ersten drei Beispiele sind Spezialfälle der folgenden allgemeineren Situation: Sei $\mathscr{K}$ eine Kategorie mit endlichen Produkten und dem ausgezeichneten terminalen Objekt I. Aus der Definition des direkten Produktes $\prod$ ergibt sich unmittelbar, daß $A \prod (B \prod C) \cong (A \prod B) \prod C$, $A \prod B \cong B \prod A$ und $A \prod I \cong I \prod A \cong A$ natürliche Isomorphismen sind.

Als Beispiel für diese Situation führen wir noch an:

2.5. Die Kategorie *Mod A* aller Moduln über einem Ring A mit Eins und mit der direkten Summe $\oplus$ als Tensorprodukt $\otimes$.

2.6. Die Kategorie der NOETHERschen Moduln *Modf A* über einem Ring A mit Einselement und der direkten Summe als Tensorprodukt.

2.7. Im folgenden werden Beispiele angegeben, bei denen das Tensorprodukt nicht mit dem (direkten) Produkt der Kategorie übereinstimmt bzw. ein (direktes) Produkt in der betreffenden Kategorie nicht existiert. Als erstes führen wir die Kategorie aller Moduln über einem kommutativen Ring A mit Eins und dem gewöhnlichen Tensorprodukt als Tensorprodukt an.

2.8. Entsprechend ist die Kategorie *Modf A* der NOETHERschen Moduln über einem kommutativen Ring A mit Eins und dem gewöhnlichen Tensorprodukt $\otimes_A$ als Tensorprodukt zu nennen.

2.9. Die Kategorie $\boldsymbol{T}$ der *nichtdeterministischen Funktionen* oder *Transduktoren*. Die Objekte dieser Kategorie sind die Mengen. Ein Morphismus $f : M \to N$ ist eine mehrdeutige Abbildung (ein *Transduktor*) der Menge M in die Menge N, d. h. eine Abbildung, die jedem Element m aus M eine nichtleere Teilmenge von N zuordnet. f ist also eine Teilmenge von $M \times N$, deren Projektion auf die erste Komponente mit M übereinstimmt. Sind $f: M \to N$ und $g: N \to P$ zwei Transduktoren, so besteht das Produkt fg in diesem Sinne aus der Menge aller Paare $\langle m, p\rangle$ aus $M \times P$, für die es ein n aus N gibt mit $\langle m, n\rangle \in f$ und $\langle n, p\rangle \in g$. Man sieht sofort, daß die Mengen und Transduktoren auf diese Weise eine Kategorie $\boldsymbol{T}$ bilden, die mit dem gewöhnlichen kartesischen Produkt $\times$ als Tensorprodukt eine multiplikative Kategorie ist. In dieser Kategorie ist $\times$ sicher nicht das (direkte) Produkt, da folgendes gilt:

2.9.1. *In der Kategorie $\boldsymbol{T}$ gibt es kein direktes Produkt.*

Es sei nämlich Imb: *Ens* $\to \boldsymbol{T}$ die kanonische Einbettung der Kategorie der Mengen in die Kategorie der Transduktoren und $\mathfrak{P}'(M)$ die Menge aller nichtleeren Teilmengen der Menge M. Offensichtlich ist ein Transduktor von M in N weiter nichts als eine Abbildung von M in $\mathfrak{P}'(N)$. Diese Abbildung definiert in kanonischer Weise eine Abbildung $\mathfrak{P}'(f): \mathfrak{P}'(M) \to \mathfrak{P}'(N)$, indem wir fordern, daß $\mathfrak{P}'(f)$ ein Vereinigungshomomorphismus ist und auf den Einermengen durch f definiert ist. $\mathfrak{P}'$ ist daher ein Funktor der Kategorie $\boldsymbol{T}$ in die Kategorie *Ens*. Wie wir eben gesehen haben, ist $\mathrm{Hom}_{\boldsymbol{T}}(\mathrm{Imb}\, M, N) = \mathrm{Hom}_{Ens}(M, \mathfrak{P}'N)$, und da, wie man leicht sieht, diese Isomorphie eine natürliche Äquivalenz ist, ist $\mathfrak{P}'$ zu Imb coadjungiert und führt daher Produkte in Produkte über. Wenn daher in $\boldsymbol{T}$ das direkte Produkt zweier Mengen M und N existiert, muß die folgende Isomorphie gelten:

$$\mathfrak{P}'(M \textstyle\prod N) = \mathfrak{P}'(M) \times \mathfrak{P}'(N).$$

Seien nun M und N endliche Mengen. M enthalte m, N enthalte n Elemente und $M \prod N$ enthalte p Elemente. Dann enthält $\mathfrak{P}'(M \prod N)$ $2^p - 1$ Elemente und $\mathfrak{P}'(M) \times \mathfrak{P}'(N)$ im Gegensatz dazu $(2^m - 1)(2^n - 1)$ Elemente. ■

Wir bemerken noch abschließend zu diesem Beispiel, daß, obwohl das Tensorprodukt in $\boldsymbol{T}$ kein direktes Produkt ist, es dennoch kanonische Projektionen pr_1 und pr_2 von $A \times B$ auf A bzw. auf B gibt. Sind $f: M \to A$ und $g: M \to B$ zwei Morphismen in $\boldsymbol{T}$, so gibt es einen kanonisch definierten Morphismus (der allerdings nicht eindeutig bestimmt ist) $(f, g): M \to A \times B$, indem wir definieren:

$$(f, g)(m) = f(m) \times g(m) \in \mathfrak{P}'(A \times B).$$

Der Funktor $\mathfrak{P}': \boldsymbol{T} \to$ *Ens* läßt sich durch die einelementige Menge $*$ repräsentieren, d. h. $\mathfrak{P}' = \mathrm{Hom}_{\boldsymbol{T}}(*, -)$.

2.10. Die Kategorie $\boldsymbol{PT}$ der *partiellen Transduktoren.* Die Objekte dieser Kategorie sind die Mengen. Die Morphismen sind die Korrespondenzen oder *partiellen Transduktoren*, d. h., ein Morphismus $f: M \to N$ ist eine Teilmenge des kartesischen Produktes $M \times N$. Man kann f auch deuten als eine Abbildung von M in die Potenzmenge $\mathfrak{P}(N)$ von N. Man sieht wie in 2.9, daß die Mengen und Korrespondenzen auf diese Weise eine Kategorie $\boldsymbol{PT}$ bilden, daß $\boldsymbol{T}$ eine Teilkategorie dieser Kategorie bildet, daß die kanonische Einbettung ***Ens*** $\to$ ***PT*** einen coadjungierten Funktor P besitzt und daß dieser Funktor P in ***PT*** ebenfalls durch die einelementige Menge $*$ repräsentiert werden kann.

2.11. Die Kategorie der *partiellen Funktionen*. Die Objekte dieser Kategorie sind die Mengen, und die Morphismen dieser Kategorie sind Abbildungen aus in. Diese Kategorie ***PD***, die eine Teilkategorie von ***PT*** ist, hat mit letzterer gemeinsam, daß in ihr drei Tensorprodukte definiert sind, einmal das kartesische Produkt $M \times N$ (man vergleiche dazu den Abschnitt 2.9), dann die disjunkte Vereinigung $M \dot{\cup} N$, die Coprodukt dieser Kategorie ist, und schließlich ein (direktes) Produkt $M \dot{\cup} N \dot{\cup} M \times N$. Wir werden jedoch im folgenden immer, wenn wir von ***PD*** oder ***PT*** als Kategorie mit Multiplikation sprechen, das kartesische Produkt im Auge haben.

2.12. Indem wir bei den Beispielen 2.9—2.11 immer die vollen Teilkategorien betrachten, die von den endlichen Mengen als Objekte erzeugt werden, gelangen wir zu den Kategorien ***Tf***, ***PTf***, ***PDf***, in denen wir jeweils das kartesische Produkt als Tensorprodukt auffassen.

2.13. Die Kategorie ***S*** der *stochastischen Funktionen* oder *Kanäle*. Die Objekte dieser Kategorie sind die Mengen. Die Morphismen dieser Kategorie sind die stochastischen Funktionen oder Kanäle. Unter einer *stochastischen Funktion* (einem *Kanal*) $f\colon M \to N$ der Menge M in die Menge N versteht man eine Abbildung, die jedem Element m der Menge M ein diskretes Wahrscheinlichkeitsmaß $P = f(m)$ über N zuordnet. Ein *diskretes Wahrscheinlichkeitsmaß* P über der Menge N ist eine normierte Maßfunktion über der Potenzmenge $\mathfrak{P}(N)$ von N, d. h. eine reellwertige Funktion P über $\mathfrak{P}(N)$, die den folgenden Eigenschaften genügt:

$$P(E) \geqq 0 \quad \text{für alle } E \text{ aus } \mathfrak{P}(N). \tag{K1}$$

$$P(UE_i) = \sum P(E_i), \quad \text{falls } E_i \cap E_j = \emptyset \text{ für } i \neq j \text{ und } E_i \text{ aus } \mathfrak{P}(N). \tag{K2}$$

$$P(N) = 1. \tag{K3}$$

Aus (K1) bis (K3) folgt (man vergleiche dazu P. H. Starke, 1969, S. 210), daß für alle $E \subseteqq N \sum (P(a);\, a \in E)$ definiert und gleich $P(E)$ ist. Sind $f\colon M \to N$ und $g\colon N \to P$ zwei stochastische Funktionen, so definieren wir das Produkt derselben in der folgenden Weise: Sei m aus M, so sei $fg(m)$ das folgende Wahrscheinlichkeitsmaß über P:

$$\big(fg(m)\big)\,(E) = \sum_{n \in N} \Big(\big(f(m)\big)\,(n) \cdot \big(g(n)\big)\,(E)\Big)\;(E \subseteqq P)\Big).$$

Deutet man stochastische Funktionen als „Matrizen" von card M Zeilen und card N Spalten, bei denen in der Kreuzung der m-ten Zeile mit der n-ten Spalte das Element $(f(m))\,(n)$ steht, so zeigt die obige Formel, daß man stochastische Funktionen wie Matrizen multipliziert. Aus dieser Definition erkennt man: Ein diskretes Wahrscheinlichkeitsmaß über der Menge M ist weiter nichts als eine stochastische Funktion der einelementigen Menge $*$ in die Menge M. Auf diese Weise erhält man einen Funktor $\mathrm{Hom}_S(*, -)$ der Kategorie S in die Kategorie der Mengen. Wie in 2.9 ist auch hier wieder leicht zu sehen, daß $\mathrm{Hom}_S(*, -)$ der coadjungierte Funktor zum Einbettungsfunktor $\mathrm{Imb}\colon \mathit{Ens} \to S$ ist. Sind P_i $(i = 1, 2, \ldots, n)$ diskrete Wahrscheinlichkeitsmaße über der Menge M und sind a_i $(i = 1, 2, \ldots, n)$ nichtnegative reelle Zahlen mit $\sum a_i = 1$, so sei $P = \sum a_i P_i$ das durch $P(m) = \sum a_i P_i(m)$ definierte diskrete Wahrscheinlichkeitsmaß. Sind $f_i\colon M \to N$ $(i = 1, 2, \ldots, n)$ stochastische Funktionen, so kann man in entsprechender Weise $\sum a_i f_i$ durch die Festlegung $(\sum a_i f_i)\,(m) = \sum a_i f_i(m)$ definieren. Wie in 2.9 wird in S durch das kartesische Produkt ein Tensorprodukt definiert. In kanonischer Weise sind auch hier die Projektionen pr_1 und pr_2 von $A \times B$ auf A bzw. A definiert sowie ein Morphismus $(f, g)\colon M \to A \times B$, der durch zwei Morphismen $f\colon M \to A$ und $g\colon M \to B$ bestimmt ist. Man kann aber auch hier zeigen, daß folgendes gilt:

2.13.1. *In S existiert nicht immer das (direkte) Produkt zweier Objekte.*

Zum Beweis beschränken wir uns o. B. d. A. auf die volle Teilkategorie Sf von S, die von allen endlichen Mengen erzeugt wird. Sei M eine Menge und m ein Element derselben. m definiert ein diskretes Wahrscheinlichkeitsmaß d_m über M in der folgenden Weise:

$$d_m(m) = 1 \quad \text{und} \quad d_m(m') = 0 \quad \text{für} \quad m' \neq m.$$

Ist P ein beliebiges diskretes Wahrscheinlichkeitsmaß über M, so gilt mit den soeben gemachten Vereinbarungen: $P = \sum_{m \in M} P(m)\, d_m$. Besteht M aus t Elementen, so kann man sich daher jedes über M definierte diskrete Wahrscheinlichkeitsmaß als einen Punkt im t-dimensionalen affinen Raum vorstellen, der in der konvexen Hülle der t Basispunkte (d. h. einem $(t-1)$-Simplex) liegt. Ist $f\colon M \to N$ eine stochastische Funktion, so folgt aus $Pf = \left(\sum_{m \in M} P(m)\, d_m\right) f = \sum_{m \in M} P(m)\, f(m)$, daß f eine Abbildung des durch M definierten Simplex in das durch N definierte Simplex definiert, die so beschaffen ist, daß Geraden unter Erhaltung der Teilverhältnisse ineinander überführt werden. Sei nun $M = \{0,1\}$ die Menge, die aus genau zwei Elementen besteht. Würde das Produkt $N := M \prod M$ von M mit sich selber existieren, so müßte, da $\mathrm{Hom}_{Sf}(*, -)$ als Coadjungierter des Einbettungsfunktors $\mathit{Ensf} \to Sf$ Produkte in Produkte überführt, $\mathrm{Hom}_{Sf}(*, N) \cong \mathrm{Hom}_{Sf}(*, M) \times \mathrm{Hom}_{Sf}(*, M)$ sein. Da $S_1 = \mathrm{Hom}_{Sf}(*, M)$ das eindimensionale Simplex und $S_t = \mathrm{Hom}_{Sf}(*, N)$ ein t-dimensionales Simplex ist, müßte $S_t = S_1 \times S_1$ sein und, wie man leicht sehen kann, müßte diese Abbildung ebenfalls unter Erhaltung der Teilverhältnisse Geraden in Geraden überführen. Das ist aber unmöglich, da ein Simplex nicht in dieser Weise eineindeutig auf ein Quadrat abgebildet werden kann. ■

Die Tatsache, daß in den zuletzt aufgeführten Kategorien das Tensorprodukt nicht mit dem (direkten) Produkt in der Kategorie übereinstimmt bzw. ein solches Produkt überhaupt nicht allgemein existiert, hat wesentliche Konsequenzen für die Automatentheorie. So ist z. B. in dieser Tatsache die Ursache dafür zu sehen, daß die Theorie der stochastischen und nichtdeterministischen Automaten erhebliche zusätzliche Schwierigkeiten enthält, die in der Theorie der determinierten Automaten nicht enthalten sind. Das erklärt z. B. auch, warum es in der Theorie der stochastischen Automaten verschiedene Definitionen für den Begriff „reduzierter Automat“ gibt (es werden reduzierte, minimale und stark reduzierte Automaten voneinander unterschieden). Es sei in diesem Zusammenhang auf die sehr ausführliche Behandlung dieser Problematik in dem Buch von P. H. Starke (1969, II § 2 und III § 2) verwiesen.

3. Automaten in Kategorien mit Multiplikation

Sei $\mathscr{C} = \langle \mathscr{C}, \otimes, \ldots \rangle$ eine Kategorie mit Multiplikation. (Wir unterscheiden in Zukunft nicht zwischen dem Symbol für die Kategorie mit Multiplikation (die ein 7-tupel ist, von dem nur der erste Bestandteil eine Kategorie ist) und dem Symbol für die unterliegende Kategorie.)

Unter einem (Mealy-) *Automaten* über dieser Kategorie verstehen wir ein Quintupel $S = \langle A_S, B_S, Z_S, l_S, m_S \rangle$, wobei A_S, B_S, Z_S Objekte von $\mathscr{C}$ sind und l_S: $Z_S \otimes A_S \to B_S$, m_S: $Z_S \otimes A_S \to Z_S$ Morphismen aus $\mathscr{C}$ sind. A_S heißt das *Eingabeobjekt*, B_S das *Ausgabeobjekt* und Z_S das *Zustandsobjekt* des Automaten. m_S heißt *Überführungsmorphismus* des Automaten, und l_S ist sein *Ergebnismorphismus*.

Wir werden häufig die Indizes weglassen (also A für A_S, B für B_S usw. schreiben) und darüber hinaus zumeist für den Automaten und für sein Zustandsobjekt das gleiche Symbol verwenden. Ist S ein Automat mit A als Eingabe- und B als Ausgabeobjekt, so schreiben wir dafür $A \xrightarrow[l,m]{S} B$ oder auch kürzer $A \xrightarrow{S} B$.

Sind $S = \langle A, B, S, l, m \rangle$ und $S' = \langle A', B', S', l', m' \rangle$ zwei Automaten, so verstehen wir unter einem *Homomorphismus* (oder *Morphismus*) von S in S' ein Tripel $\langle a, b, s \rangle$ von Morphismen a: $A \to A'$, b: $B \to B'$, s: $S \to S'$ der Kategorie $\mathscr{C}$, so daß das folgende Diagramm kommutativ ist:

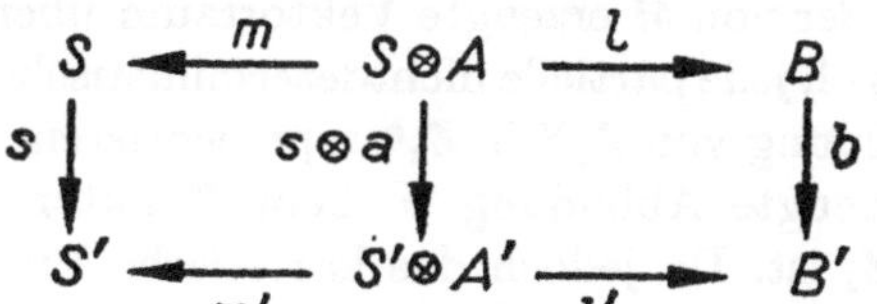

Es versteht sich von selbst, wie man Homomorphismen von Automaten miteinander multipliziert und daß die Automaten auf diese Weise selber eine Kategorie bilden, die wir mit $\mathscr{C}$-*Aut* bezeichnen. Sind A und B Objekte der Kategorie $\mathscr{C}$, so bezeichnen wir mit $\mathscr{C}$-*Aut* (A) bzw. mit $\mathscr{C}$-*Aut* (A, B) die volle Teilkategorie aller Automaten mit A als Eingabeobjekt bzw. die volle Teilkategorie aller Automaten mit A als Eingabe- und B als Ausgabeobjekt.

Wir betrachten nun einige Beispiele.

3.1. Die Automaten in der Kategorie *Ens* sind die gewöhnlichen determinierten MEALY-Automaten. Es sei jedoch darauf hingewiesen, daß im Gegensatz zu vielen anderen Darstellungen, wo als Homomorphismen nur solche Tripel betrachtet werden, bei denen alle Komponenten a, b, s surjektiv sind, wir hier eine allgemeinere Klasse von Homomorphismen, die dieser Beschränkung nicht genügen, zugrunde legen. Die Kategorie der Automaten mit Surjektionen als Morphismen bildet selbstverständlich eine Teilkategorie von *Ens-Aut*. Davon abweichende Homomorphiebegriffe treten im Zusammenhang mit der Simulation eines Automaten durch einen anderen Automaten auf (J. HARTMANIS—R. E. STEARNS, 1966). Doch auch diese Homomorphiebegriffe sind einer kategorientheoretischen Behandlung zugänglich.

3.2. *Ensf-Aut* ist die Kategorie der endlichen determinierten MEALY-Automaten mit beliebigen Homomorphismen.

3.3. *Top-Aut* ist die Kategorie der topologischen Automaten, wie sie etwa von Bedeutung in der dynamischen Optimierung sind.

3.4. $\langle Mod\ A, \oplus\rangle$-*Aut* ist die Kategorie der linearen Automaten über dem Ring A. A ist in den praktisch bedeutsamen Beispielen entweder der Körper der reellen Zahlen $\boldsymbol{R}$ oder der Primkörper $\boldsymbol{Z}_2$ der Charakteristik 2. Man kann leicht zeigen, daß die Teilkategorie $\langle Modf\ \boldsymbol{R}, \oplus\rangle$-*Moore* der linearen MOORE-Automaten zur Kategorie der konstanten, diskreten endlichdimensionalen dynamischen Systeme, wie sie etwa von R. E. KALMAN (1967) untersucht wurden, äquivalent ist.

3.5. Es gibt eine eineindeutige Abbildung, die jedem Automaten aus $\langle Modf\ \boldsymbol{Z}_2, \otimes\rangle$-*Aut* genau einen Automaten aus ***PTf-Aut*** zuordnet. Die Existenz einer solchen Abbildung resultiert aus der folgenden Aussage:

3.5.1. *Es gibt eine eineindeutige Abbildung* $F: \boldsymbol{PTf} \to Mod\ \boldsymbol{Z}_2$.

Diese Bemerkung ergibt sich aus der Tatsache, daß sich jede Teilmenge M' einer Menge M durch eine Funktion darstellen läßt (die charakteristische Funktion von M'), die den Wert 1 für alle Elemente aus M' und den Wert 0 für alle Elemente von M, die außerhalb von M' liegen, annimmt. Auf diese Weise ergibt sich, daß $\mathfrak{P}(M) = \boldsymbol{Z}_2^M$, der von M erzeugte Vektorraum über $\boldsymbol{Z}_2$, ist. In gleicher kanonischer Weise läßt sich jede partielle nichtdeterministische Funktion $f: M \to N$ durch eine lineare Abbildung von $\boldsymbol{Z}_2^M$ in $\boldsymbol{Z}_2^N$ repräsentieren. Doch zeigt sich, daß die auf diese Weise erzeugte Abbildung F kein Funktor der Kategorie $\boldsymbol{PTf}$ in die Kategorie $Mod\ \boldsymbol{Z}_2$ ist. Da jedoch das kartesische Produkt in das Tensorprodukt überführt wird (es ist $\boldsymbol{Z}_2^{M \times N} = \boldsymbol{Z}_2^M \otimes \boldsymbol{Z}_2^N$), werden Automaten auf Automaten abgebildet.

3.6. Die Kategorie ***T-Aut*** ist die Kategorie der nichtdeterministischen (MEALY-) Automaten, wie sie etwa von P. H. STARKE (1969) untersucht wurden. Im Gegensatz zu dem Buch von STARKE, in welchem als Homomorphismen von Automaten nur solche Tripel $\langle a, b, s\rangle$ betrachtet werden, bei denen alle auftretenden nichtdeterministischen Funktionen a, b, s determinierte surjektive Funktionen sind, wird hier eine größere Klasse von Morphismen betrachtet.

3.7. Die Kategorie S-*Aut* ist die Kategorie der stochastischen (MEALY-) Automaten, nur daß auch hier wieder eine größere Klasse von Homomorphismen zugelassen wird als in den üblichen Darstellungen (man vergleiche etwa das Buch von P. H. STARKE (1969)), wo nur solche Tripel $\langle a, b, s\rangle$ zugelassen werden, bei denen a, b, s determinierte surjektive Funktionen sind.

3.8. Entsprechend ist Sf-*Aut* die Kategorie der endlichen stochastischen Automaten mit einer größeren Klasse von Morphismen.

4. Multiplikative Funktoren von Kategorien mit Multiplikation

4.1. Ein *symmetrischer monoidaler Funktor* im Sinne von S. EILENBERG—G. M. KELLY (1966) $\langle \mathscr{C}, \otimes\rangle \to \langle \mathscr{C}', \otimes'\rangle$ zwischen multiplikativen Kategorien ist ein Funktor $F: \mathscr{C} \to \mathscr{C}'$ zusammen mit einer natürlichen Transformation

$$\tilde{F}: (F \times F) \otimes' \to \otimes F$$

und einem Morphismus $F^0: I' \to FI$, die mit allen $r, l, a, c, r', l', a', c'$ verträglich sind. Ist dabei F^0 ein Isomorphismus, so heiße F *fastmultiplikativ*. Sind F^0 und $\tilde{F}$ Isomorphismen, so daß also $I' \cong I$ und, für alle Paare $\langle M, N\rangle$ aus ob $\mathscr{C}$ × ob $\mathscr{C}$, $F(M) \otimes' F(N) \cong F(M \otimes N)$, so heiße F *multiplikativ*. Multiplikative Funktoren sind eine Verallgemeinerung produkterhaltender Funktoren. Im allgemeinen, wenn nicht ein Tensorprodukt in einer konkreten Kategorie besonders ausgezeichnet ist, wird das Tensorprodukt in allen Kategorien durch dasselbe Symbol $\otimes$ bezeichnet. Das kartesische Produkt in der Kategorie der Mengen, aber auch in den Kategorien $\boldsymbol{T}$ und $\boldsymbol{S}$, wird mit $\times$ bezeichnet.

Wir betrachten einige Beispiele für multiplikative Funktoren.

4.1.1. Ganz offensichtlich sind die fünf Einbettungen in dem kommutativen Diagramm

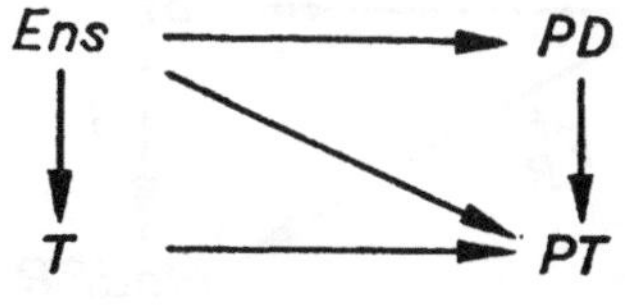

multiplikative Funktoren bezüglich des kartesischen Produkts in diesen Kategorien als Tensorprodukt.

4.1.2. Die kanonische Einbettung D: *Ens* $\to \boldsymbol{S}$ ist ein multiplikativer Funktor. D ist für die Objekte die identische Abbildung. Ist $f: M \to N$ eine Abbildung von Mengen, so ist Df die folgende stochastische Funktion: $Df(m) = d_{f(m)}$, wo d_m für $m \in M$ wie in 2.13.1 definiert ist.

4.1.3. Es sei A ein kommutativer Ring mit Eins. Dann ist der Funktor F_A: *Ens* $\to$ *Mod A*, der jeder Menge M den von dieser Menge frei erzeugten A-Modul

$F_A(M)$ zuordnet, ein multiplikativer Funktor, da $F_A(M \times N) = F_A(M) \otimes_A F_A(N)$ ist. Dieser Funktor ist überdies adjungiert zum vergeßlichen Funktor $\boldsymbol{Mod}\, A \to \boldsymbol{Ens}$. Wir bemerken am Rande, daß den Funktoren $\boldsymbol{Ens} \to \boldsymbol{T}$, $\boldsymbol{Ens} \to \boldsymbol{S}$ und $F_A\colon \boldsymbol{Ens} \to \boldsymbol{Mod}\, A$ vieles gemeinsam ist:

- alle diese Funktoren sind multiplikativ,
- sie alle haben einen Coadjungierten,
- alle diese Coadjungierten sind repräsentierbar, und zwar in den beiden ersten Fällen durch die einelementige Menge $*$ und im letzten Fall durch die additive Gruppe A^+ des Ringes A, als A-Modul aufgefaßt.

4.1.4. Der Funktor $ND\colon \boldsymbol{S} \to \boldsymbol{T}$. Für alle Objekte M von $\boldsymbol{S}$ (also Mengen) ist $ND(M) = M$. Es sei $f\colon M \to N$ eine stochastische Funktion, $(ND(f))\,(m) = \{n \in N \mid (f(m))\,(n) \neq 0\}$. Aus der Definition der Multiplikation der Morphismen in $\boldsymbol{S}$ und in $\boldsymbol{T}$ ergibt sich sofort, daß $ND\,(1_M) = 1_M$ und $ND(fg) = ND(f)ND(g)$, d. h. ND ein Funktor ist. Da ND kartesische Produkte in kartesische Produkte überführt, ist ND multiplikativ.

4.1.5. Die Einschränkung des Funktors F_A auf die endlichen Mengen definiert den Funktor $\boldsymbol{Ensf} \to \boldsymbol{Modf}\, A$, den wir mit $F_A{}^f$ oder auch mit F_A bezeichnen. Analog gibt es multiplikative Funktoren $\boldsymbol{Ensf} \to \boldsymbol{Sf}$, $\boldsymbol{Ens} \to \boldsymbol{Tf}$ usw.

4.1.6. Es sei $\boldsymbol{R}$ der Körper der reellen Zahlen. Dann ist $\boldsymbol{Modf}\, \boldsymbol{R}$ die Kategorie der endlichdimensionalen reellen Vektorräume, und es gibt einen kanonisch definierbaren Funktor $G\colon \boldsymbol{Sf} \to \boldsymbol{Modf}\, \boldsymbol{R}$. Sei nämlich M eine endliche Menge, so sei $GM = F_{\boldsymbol{R}}M$ der von dieser Menge frei erzeugte Vektorraum über $\boldsymbol{R}$. Ist $f\colon M \to N$ eine stochastische Funktion aus $\boldsymbol{Sf}$, so sei $Gf\colon GM \to GN$ die folgende lineare Abbildung: Für $m \in M$ sei

$$Gf(m) = \sum_{n \in N} (f(m))\,(n) \cdot n\,.$$

Offensichtlich besteht das folgende kommutative Diagramm von Funktoren:

Es ist leicht einzusehen, daß G eine multiplikative Einbettung der Kategorie $\boldsymbol{Sf}$ in die Kategorie der $\boldsymbol{R}$-Moduln ist.

4.2. Satz. *Jeder fastmultiplikative Funktor* $F\colon \langle \mathscr{C}, \otimes \rangle \to \langle \mathscr{C}', \otimes \rangle$ *zwischen multiplikativen Kategorien definiert Funktoren*

$F\text{-}Aut\colon \mathscr{C}\text{-}Aut \to \mathscr{C}'\text{-}Aut$,

$F\text{-}Aut\ A\colon \mathscr{C}\text{-}Aut\ A \to \mathscr{C}'\text{-}Aut\ FA$ für $A \in \operatorname{ob} \mathscr{C}$,

$F\text{-}Aut\ (A, B)\colon \mathscr{C}\text{-}Aut\ (A, B) \to \mathscr{C}'\text{-}Aut\ (FA, FB)$ *für* $A, B \in \operatorname{ob} \mathscr{C}$.

Der Beweis ergibt sich unmittelbar aus der Definition der multiplikativen Funktoren und der Automaten. ■

Wir betrachten wieder einige Beispiele.

4.2.1. Diejenigen Automaten, die als Bilder der Funktoren

$$\textit{Ens-Aut} \to \textbf{\textit{T}}\textit{-Aut} \text{ bzw.}$$

$$\textit{Ens-Aut} \to \textbf{\textit{S}}\textit{-Aut}$$

auftreten, sind gerade die determinierten nichtdeterministischen bzw. stochastischen Automaten.

4.2.2. Für einen stochastischen Automaten S ist *ND-Aut* S der zu diesem Automaten gehörige nichtdeterministische Automat.

4.2.3. Die Bedeutung der Funktoren F_A*-Aut*, *G-Aut* besteht darin, daß sie jedem determinierten Mengenautomaten bzw. jedem endlichen stochastischen Automaten einen A-Modul- bzw. $\mathbf{R}$-Vektorraum-Automaten zuordnen. Die Modulautomaten wiederum zeichnen sich gegenüber allen anderen hier betrachteten Automaten durch besonders einfache Eigenschaften aus, da sie Automaten in einer abelschen Kategorie mit besonders einfachen Eigenschaften sind.

5. Bikategorien und Serienschaltung von Automaten

5.1. Definition. Eine *Bikategorie* $\mathscr{S}$ besteht aus den folgenden Daten:

(i) Einer Klasse ob $\mathscr{S}$ von Objekten $A, B, \ldots$, auch Eckpunkte von $\mathscr{S}$ genannt.

(ii) Für jedes Paar $\langle A, B\rangle$ von Objekten ist $\mathscr{S}(A, B)$ eine Kategorie; verschiedene Paare bestimmen disjunkte Kategorien.

Für die Objekte S von $\mathscr{S}$ (A, B) schreibt man auch $A \xrightarrow{S} B$; man nennt sie *Pfeile* oder *Kanten* von $\mathscr{S}$. Ein Morphismus $s\colon S \to S'$ von $\mathscr{S}(A, B)$ wird 2-*Zelle* genannt und folgendermaßen dargestellt:

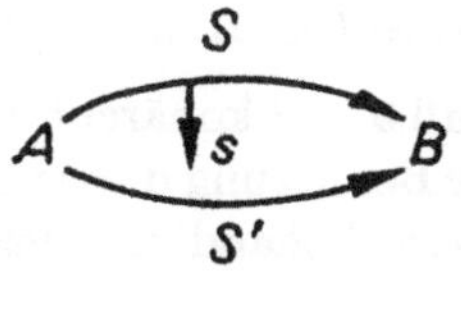

Die identischen Morphismen heißen *entartete* 2-*Zellen.*

(iii) Für jedes Tripel $\langle A, B, C\rangle$ von Objekten aus $\mathscr{S}$ ist ein Funktor
$c(A, B, C)\colon \mathscr{S}(A, B) \times \mathscr{S}(B, C) \to \mathscr{S}(A, C)$,
der *Kompositionsfunktor* von $\mathscr{S}$, erklärt.

Kürzehalber schreibt man

$$ST = c(A, B, C)\,(S, T) \text{ für } A \xrightarrow{S} B,\ B \xrightarrow{T} C$$

sowie

$$s \circ t = c(A, B, C)\,(s, t) \text{ für } (s, t) \in \mathscr{S}(A, B) \times \mathscr{S}(B, C),$$

also in der Situation

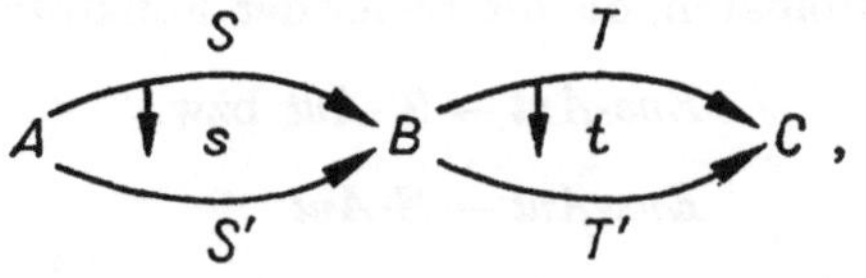

und $St = 1_S \circ t$, $sT = s \circ 1_T$.

(iv) Zu jedem Objekt A aus $\mathscr{S}$ gehört ein Objekt I_A von $\mathscr{S}(A, A)$, die *identische Kante*. Der identische Morphismus $1_A: I_A \to I_A$ heißt die *identische* 2-*Zelle* von A.

(v) Zu jedem Quadrupel von Objekten gehört ein natürlicher Isomorphismus $a(A, B, C, D): (c(A, B, C) \times \mathrm{Id})\, c(A, C, D) \to (\mathrm{Id} \times c(B, C, D))\, c(A, B, D)$ $a = a(A, B, C, D)$ heißt der *Assoziativitätsisomorphismus*. Der Isomorphismus

$$a(A, B, C, D)\,(S, T, U): (ST)U \to S(TU)$$

$$\big(S \in \mathrm{ob}\,\mathscr{S}(A, B),\ T \in \mathrm{ob}\,\mathscr{S}(B, C),\ U \in \mathrm{ob}\,\mathscr{S}(C, D)\big)$$

heißt die $\langle S, T, U\rangle$-Komponente von $a(A, B, C, D)$ und wird durch $a(S, T, U)$ oder a abgekürzt.

(vi) Zu jedem Paar (A, B) von Objekten von $\mathscr{S}$ gehören zwei natürliche Isomorphismen $r(A, B)$ und $l(A, B)$, die *Rechts-* und *Linksidentitäten* genannt werden.

$$r(A, B): c(A, B, B)\,(-, I_B) \to \mathrm{Id}$$

$$l(A, B): c(A, A, B)\,(I_A, -) \to \mathrm{Id}.$$

Ist S ein Objekt von $\mathscr{S}(A, B)$, so schreibt man für die Isomorphismen, die als Komponenten von $r(A, B)$ bzw. $l(A, B)$ auftreten, auch kurz:

$$r = r(S) = r(A, B)\,(S): SI_B \to S$$

$$l = l(S) = l(A, B)\,(S): I_A S \to S.$$

Darüber hinaus fordert man, daß a, r, l kohärent sind, d. h. grob gesprochen, daß alle Diagramme, die allein unter Benutzung dieser Daten gebildet werden, kommutativ sind. Für eine ausführlichere Behandlung der Bikategorien sei auf J. Bénabou (1967) verwiesen.

5.2. Definition. Ist $\mathscr{C}$ eine Kategorie und $\mathscr{S}$ eine Bikategorie, so verstehen wir unter einem Funktor F von $\mathscr{C}$ in $\mathscr{S}$ einen „Bifunktor" der „Bikategorie" $\mathscr{C}^0$ in die Bikategorie $\mathscr{S}$, d.h. eine Zuordnung, die jedem Objekt C (bzw. jedem Morphismus $f: A \to B$) von $\mathscr{C}$ ein Objekt FC (bzw. eine Kante $FA \xrightarrow{Ff} FB$) von $\mathscr{S}$ und jedem identischen Morphismus 1_A die identische Kante $F1_A = I_{FA}$ so zuordnet, daß für zwei Morphismen $f: A \to B, g: B \to C$ gilt: $F(fg) = F(f)\,F(g)$ $(= c(FA, FB, FC)\,(Ff, Fg))$.

Das Ziel dieses Abschnitts besteht darin zu zeigen, daß für jede Kategorie $\mathscr{C}$ mit endlichen Produkten eine Bikategorie $\mathscr{S}$ konstruiert werden kann, die die gleichen Objekte wie $\mathscr{C}$ hat, und für die darüber hinaus gilt:

Sind A, B Objekte von $\mathscr{C}$, so ist $\mathscr{S}(A, B) = \mathscr{C}\text{-}Aut\,(A, B)$.

5.3. Es sei $\mathscr{C}$ eine Kategorie mit endlichen Produkten. Wählt man für jedes Paar $\langle A, B\rangle$ von Objekten aus $\mathscr{C}$ ein (direktes) Produkt $A \xleftarrow{p_1^{AB}} A \prod B \xrightarrow{p_2^{AB}} B$ und ein terminales Objekt $I \in \mathrm{ob}\,\mathscr{C}$ fest aus, so wird $\mathscr{C}$ zu einer multiplikativen Kategorie $\langle \mathscr{C}, \otimes\rangle$ mit dem Produkt $\prod$ als Tensorprodukt $\otimes$ und I als Einsobjekt. Weiter existiert zu jedem $A \in \mathrm{ob}\,\mathscr{C}$ ein durch A eindeutig bestimmter Morphismus $d_A\colon A \to A \otimes A$ in $\mathscr{C}$, welcher das nachstehende Diagramm kommutativ schließt:

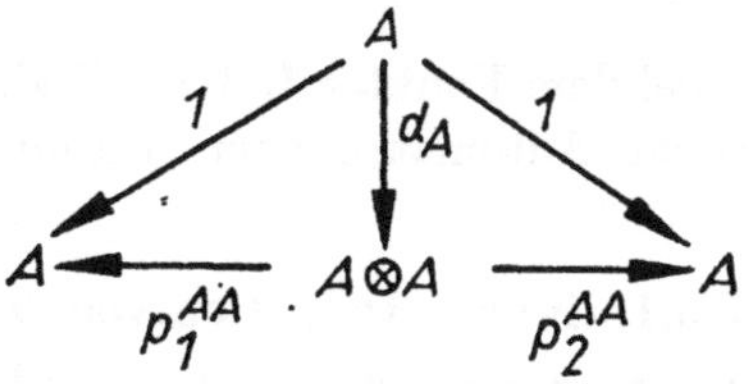

Man überlegt sich leicht, daß $d = d_A$ ($A \in \mathrm{ob}\,\mathscr{C}$ die Eigenschaft einer natürlichen Transformation hat, d. h., für alle $a\colon A \to B \in \mathscr{C}$ besteht das kommutative Diagramm:

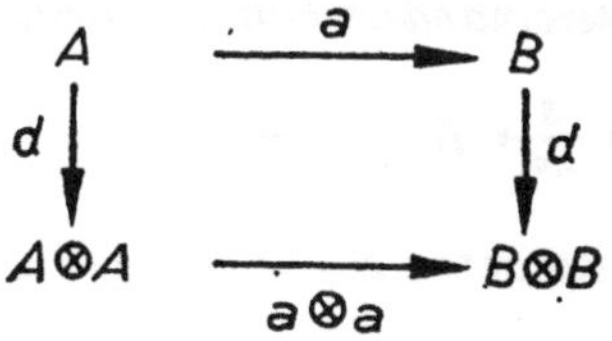

Überdies ist folgendes Diagramm kommutativ ($A, B \in \mathrm{ob}\,\mathscr{C}$):

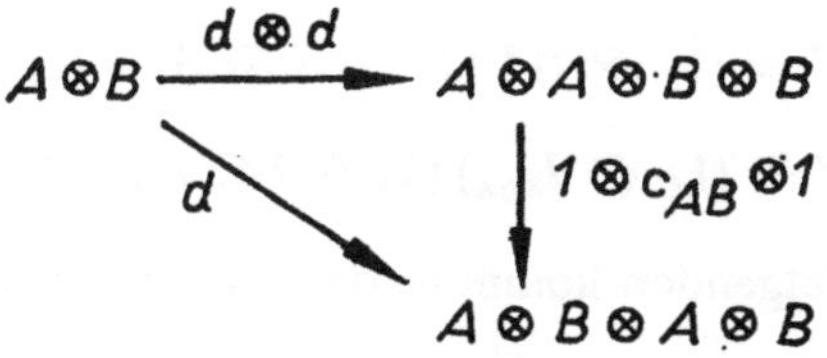

Hierbei bezeichnet $c_{AB}\colon A \otimes B \to B \otimes A$ den durch $\langle A, B\rangle$ eindeutig bestimmten Morphismus, welcher das nachstehende Diagramm kommutativ schließt.

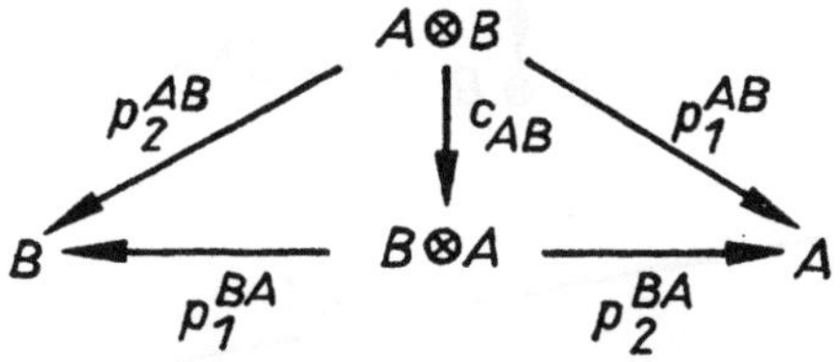

$d = d_A\colon A \to A \otimes A$ wird *Diagonale* von $\langle \mathscr{C}, \otimes\rangle$ genannt.

5.3.1. Satz. *Es sei $\langle \mathscr{C}, \otimes \rangle$ die zu einer Kategorie $\mathscr{C}$ mit endlichen Produkten gehörige multiplikative Kategorie. Dann gibt es eine Bikategorie $\mathscr{S}$ mit folgenden Eigenschaften:*

(i) *Es gibt einen Funktor* Imb: $\mathscr{C} \to \mathscr{S}$.

(ii) Imb *stellt eine eineindeutige Beziehung zwischen den Objekten von $\mathscr{C}$ und den Objekten von $\mathscr{S}$ her.*

(iii) *Sind $f, g: A \to B$ zwei Morphismen der Kategorie $\mathscr{C}$ und ist* Imb $(f) =$ Imb (g), *so ist $f = g$, d. h., der Funktor* Imb *ist treu.*

(iv) *Für alle Paare $\langle A, B \rangle$ von Objekten aus $\mathscr{C}$ gilt:*
$\mathscr{S}(A, B) = \mathscr{C}\text{-}Aut\,(A, B)$.

Diejenigen Automaten, die bei dem Funktor Imb als Bilder von Morphismen auftreten, heißen *kombinatorische* Automaten oder Automaten *ohne Erinnerungsvermögen* (*ohne Gedächtnis*).

Beweis. Wir verwenden 5.3.1. (iv) zur Definition von $\mathscr{S}(A, B)$. Die Kanten der Bikategorie sind also nichts weiter als Automaten, und zwar ist $A \xrightarrow[l,m]{S} B$ ein Automat mit S als Zustandsobjekt, m als Überführungs- und l als Ergebnisfunktion. Für zwei Automaten $S = A \xrightarrow[l,m]{S} B$, $S' = B \xrightarrow[l',m']{S'} C$ verstehen wir unter der *Komposition* (*Hintereinanderschaltung, Reihenschaltung, Serienschaltung*)

$$SS' = \left(A \xrightarrow[l,m]{S} B\right)\left(B \xrightarrow[l',m']{S'} C\right) = A \xrightarrow[l'',m'']{S''} C$$

den wie folgt definierten Automaten $S'' = A \xrightarrow[l'',m'']{S''} C$:

Es ist

$$S'' = S' \otimes S,$$

$$l'' = (1_{S'} \otimes l)\, l' : S' \otimes S \otimes A \to C,$$

$$m'' = (1_{S'} \otimes d_{S \otimes A})\,(1_{S'} \otimes l \otimes m)\,(m' \otimes 1_S).$$

Demnach hat man die folgenden kommutativen Diagramme:

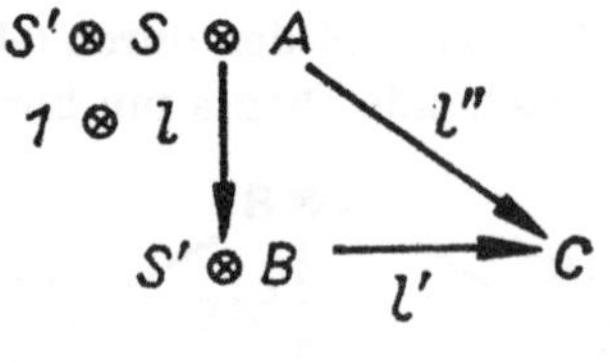

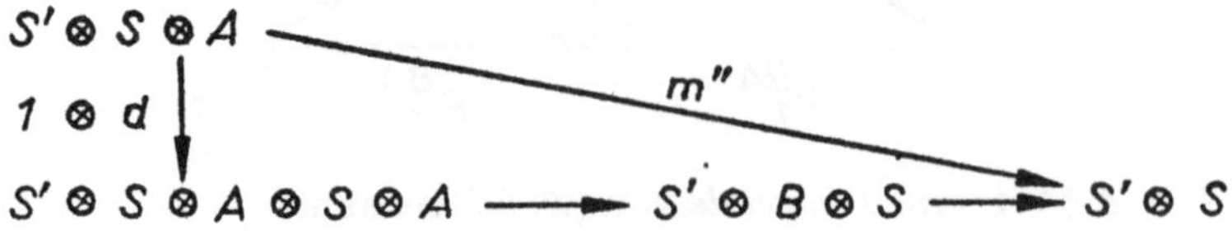

Sind $s\colon S_1 \to S_2$ und $s'\colon S_1' \to S_2'$ zwei Automatenmorphismen der Situation

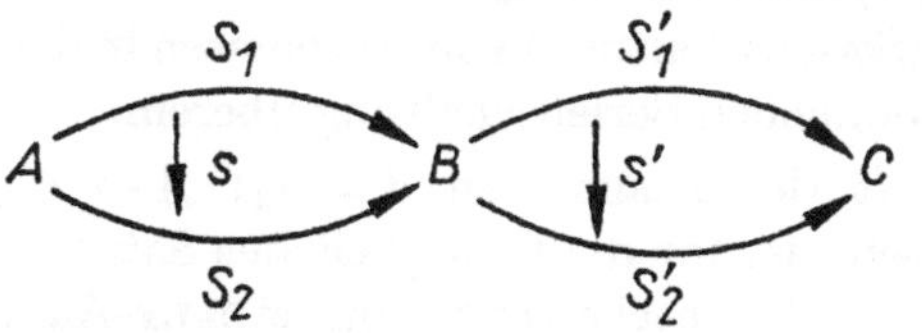

(genauer müßte man schreiben $s = \langle 1_A, 1_B, s\rangle$, $s' = \langle 1_B, 1_C, s'\rangle$), so kann unter Verwendung der Kohärenzbedingungen leicht eingesehen werden, daß

$$s \circ s' = \langle 1_A, 1_C, s' \otimes s\rangle\colon S_1S_1' \to S_2S_2'\colon A \to C$$

gleichfalls ein Automatenmorphismus ist. Auf diese Weise gewinnt man einen Funktor

$$c(A,B,C)\colon \mathcal{S}(A,B) \times \mathcal{S}(B,C) \to \mathcal{S}(A,C)$$

$$\langle S, S'\rangle \to SS'$$

$$\langle s, s'\rangle \to s \circ s',$$

den Kompositionsfunktor von $\mathcal{S}$.

Zu jedem Objekt A von $\mathcal{S}$ gehört ein Automat I_A von $\mathcal{S}(A, A)$, der identische Automat $A \xrightarrow[l,m]{I_A} A$, der folgendermaßen definiert ist:

I_A, das Zustandsobjekt des Automaten, stimmt mit dem Einsobjekt I der Kategorie $\mathcal{C}$ überein.

$m\colon I_A \otimes A \to I_A$ ist derjenige Morphismus, der durch die für $I = I_A$ vorausgesetzte Eigenschaft, terminal zu sein, definiert wird.

$l\colon I_A \otimes A \to A = l_A\colon I \otimes A \to A$.

Es ist leicht einzusehen, daß durch die natürlichen Isomorphismen r und l der multiplikativen Kategorie $\mathcal{C}$ die natürlichen Isomorphismen r und l der Bikategorie $\mathcal{S}$ definiert werden. Ebenso kann gezeigt werden, daß durch den natürlichen Assoziativitätsisomorphismus der Kategorie $\mathcal{C}$ ein natürlicher Assoziativitätsisomorphismus der Bikategorie $\mathcal{S}$ definiert wird.

Bei der Verifizierung der Eigenschaften der Bikategorie gehen natürlich ganz wesentlich die Eigenschaften der Diagonalen d ein.

Nun zur Definition des Funktors Imb. Für die Objekte von $\mathcal{C}$ und $\mathcal{S}$ ist Imb natürlich die identische Abbildung. Ist $f\colon A \to B$ ein Morphismus, so ist Imb f der Automat $A \xrightarrow[l,m]{\mathrm{Imb} f} B$, der in der folgenden Weise definiert ist:

Imb $f = I$ ist das Einsobjekt der Kategorie $\mathcal{C}$.

$m\colon I \otimes A \to I$ ist der eindeutig bestimmte Morphismus auf das terminale Objekt der Kategorie.

$l\colon I \otimes A \to B \;=\; I \otimes A \xrightarrow{l_A} A \xrightarrow{f} B$.

Es versteht sich von selbst, daß Imb im Sinne von 5.2 ein Funktor ist und alle Eigenschaften (i)—(iv) erfüllt sind. ■

Die Komposition (Serienschaltung) von Automaten in der Kategorie der Mengen stimmt mit der gewöhnlichen Serienschaltung überein.

5.4. Die Eigenschaft der Diagonalen $d = d_A\colon A \to A \otimes A$, eine natürliche Transformation zu sein, ist für die Gültigkeit des Satzes 5.3.1 wesentlich. Schon die Konstruktion der Serienschaltung von MEALY-Automaten erforderte die Existenz von Morphismen $d_A\colon A \to A \otimes A$. Es ist daher von Interesse, daß es einen mit den MEALY-Automaten eng zusammenhängenden Automatentyp gibt, für den sich eine Serienschaltung definieren läßt, die von der Existenz von Diagonalmorphismen in der zugrunde gelegten Kategorie unabhängig ist:

Definition. Es sei $\langle \mathscr{C}, \otimes \rangle$ eine Kategorie mit Multiplikation (oder allgemeiner eine monoidale Kategorie im Sinne von S. EILENBERG—G. M. KELLY (1966), vgl. B 1.5.3). Die Folge

$$\langle A, B, S, f \rangle = A \xrightarrow[f]{S} B,$$

mit $A, B, S \in \operatorname{ob} \mathscr{C}$; $f\colon S \otimes A \to B \otimes S \in \mathscr{C}$, heißt ein *Mono-Automat* in $\mathscr{C}$. Dabei werden A, B und S entsprechend *Eingabe-*, *Ausgabe- und Zustandsobjekt* des Mono-Automaten genannt.

Das Tripel $s = \langle a, b, s \rangle$ heißt ein *Morphismus* des Mono-Automaten $S = A \xrightarrow[f]{S} B$ in den Mono-Automaten $S' = A' \xrightarrow[f']{S'} B'$, wenn das nachstehende Diagramm kommutativ ist.

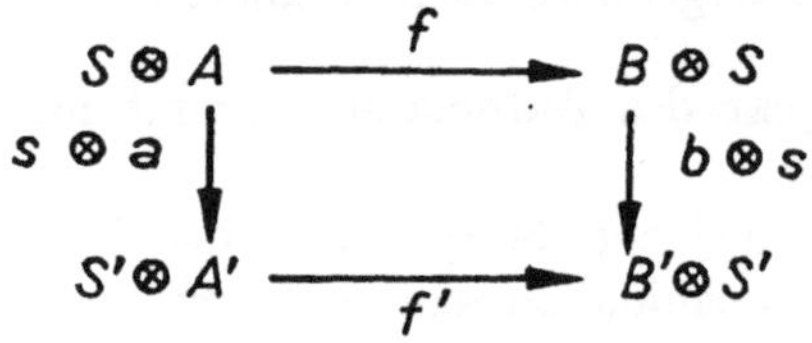

Die Mono-Automaten in $\mathscr{C}$ und deren Morphismen bilden eine Kategorie $\mathscr{C}$-*Monoaut*. Das Rechnen mit Mono-Automaten gestaltet sich einfacher als das Rechnen mit MEALY-Automaten. Auch ein zu 5.3.1 analoger Satz für $\mathscr{C}$-Mono-Automaten läßt sich beweisen, und zwar in einer beliebigen monoidalen Kategorie $\mathscr{C}$. (Der Beweis dieser Aussage ist unter Beachtung der in C 1.2 gemachten Ausführungen leicht zu erbringen. Wir dürfen daher auf Einzelheiten dazu verzichten.)

Mono-Automaten in der Kategorie $\boldsymbol{S}$ der stochastischen Funktionen werden bei P. H. STARKE (1969) als stochastische Automaten oder $\boldsymbol{S}$-Automaten bezeichnet, dort findet man weitere Literatur über diesen Automatentyp.

6. Algebren. Moduln. Apparate

6.1. Definition. Es sei $\mathscr{C}$ eine multiplikative Kategorie. Unter einer *Algebra* in dieser Kategorie verstehen wir ein Objekt $A \in \operatorname{ob} \mathscr{C}$, zusammen mit zwei Morphismen $p\colon A \otimes A \to A$ und $q\colon I \to A$ aus $\mathscr{C}$, die den folgenden Bedingungen genügen:

(i) *Assoziativität der Multiplikation.* Das folgende Diagramm ist kommutativ:

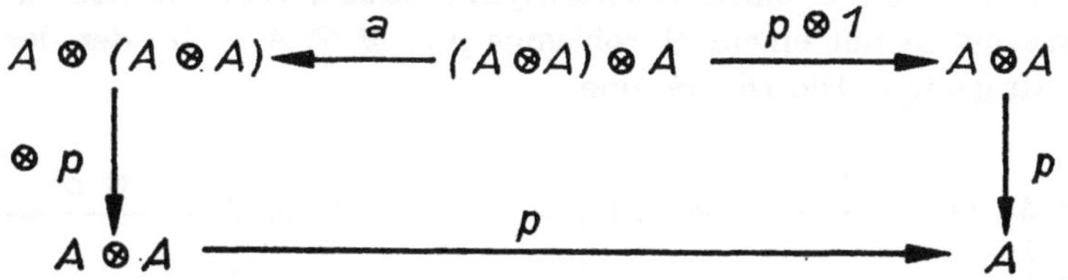

(ii) *Existenz eines Links- und Rechtseinselements.* Das folgende Diagramm ist kommutativ:

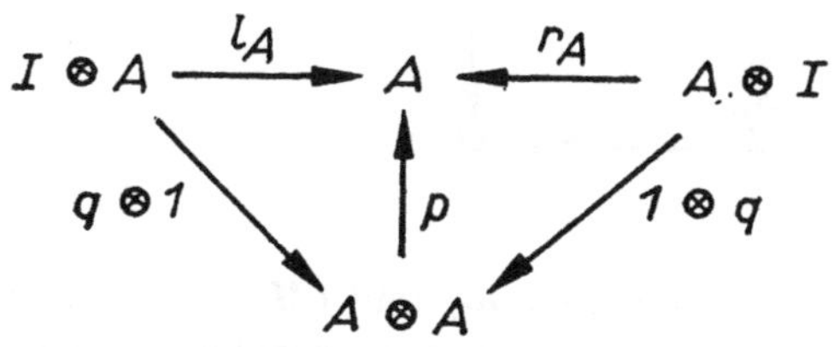

6.1.1. Beispiele. In der Kategorie der Mengen sind die Algebren gerade die Halbgruppen mit Einselement (Monoide). In der multiplikativen Kategorie $\langle \mathit{Mod}\ I, \otimes \rangle$ erhält man als Algebren gerade die gewöhnlichen I-Algebren (I ein kommutativer Ring mit Eins).

Unter einem *Algebrenmorphismus* der Algebra $\langle A, p, q \rangle$ in die Algebra $\langle A', p', q' \rangle$ versteht man einen Morphismus $f\colon A \to A'$ in der Kategorie $\mathscr{C}$, der den folgenden Bedingungen genügt: Die Diagramme

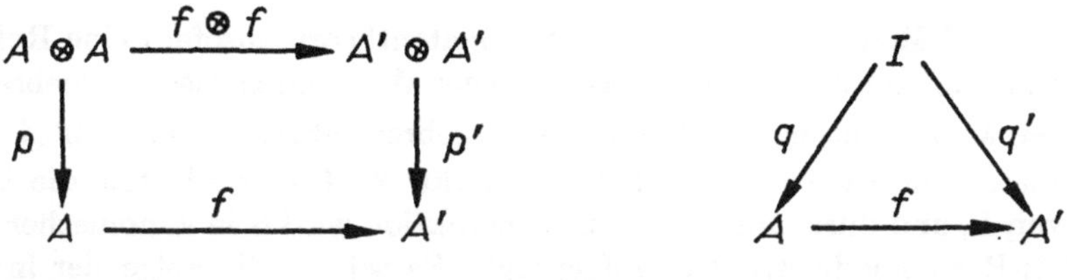

sind kommutativ.

6.2. Satz. (M. Barr, 1966). $\mathscr{C}$ sei eine multiplikative Kategorie, die abzählbare Coprodukte $\coprod$ (= direkte Summen) besitze, mit denen darüber hinaus $\otimes$ vertauschbar sei. Die Algebren von $\mathscr{C}$ bilden ebenfalls eine Kategorie $\mathscr{C}$*-Alg*. Der vergeßliche Funktor $U\colon \mathscr{C}\text{-}\mathit{Alg} \to \mathscr{C}$, der die Algebrenstruktur (d. h. p und q) vergißt, besitzt dann einen Adjungierten.

Dieser zu U adjungierte Funktor $W\colon \mathscr{C} \to \mathscr{C}\text{-}\mathit{Alg}$ ordnet also jedem Objekt A aus $\mathscr{C}$ eine Algebra zu, die als *Tensoralgebra* über dem Objekt A bezeichnet wird.

Beweis. Für ein Objekt A aus $\mathscr{C}$ sei A^n das n-fache tensorielle Produkt von A mit sich selbst. $W(A)$ sei die direkte Summe aller A^n ($n = 0, 1, 2, \ldots, A^0 = I$ gesetzt). Man kann zeigen, daß $W(A)$ eine Algebra ist und der so definierte Funktor W die im Satz aufgeführten Eigenschaften hat. ■

6.3. Definition. Sei $\mathscr{C}$ eine multiplikative Kategorie und A eine Algebra in dieser Kategorie. Unter einem *rechtsseitigen A-Modul* versteht man ein Objekt M von $\mathscr{C}$ zusammen mit einem Morphismus $p_M\colon M \otimes A \to M$, der der folgenden Eigenschaft genügt: Die Diagramme

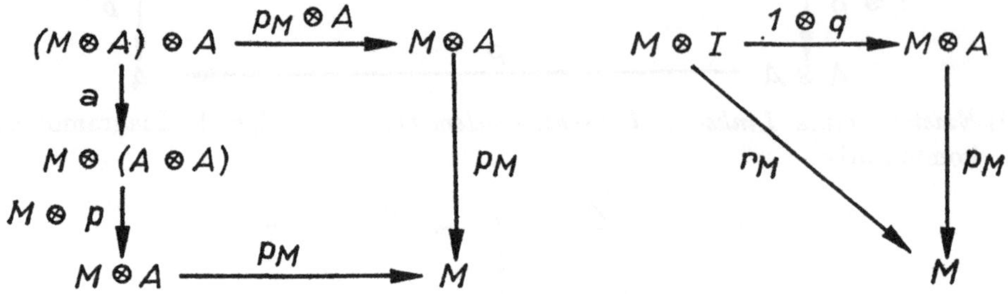

sind kommutativ.

Für zwei A-Rechtsmoduln $\langle M, p_M\rangle$ und $\langle M', p_{M'}\rangle$ versteht man unter einem *Modulmorphismus* von M in M' einen $\mathscr{C}$-Morphismus f von M in M', der das folgende Diagramm kommutativ schließt.

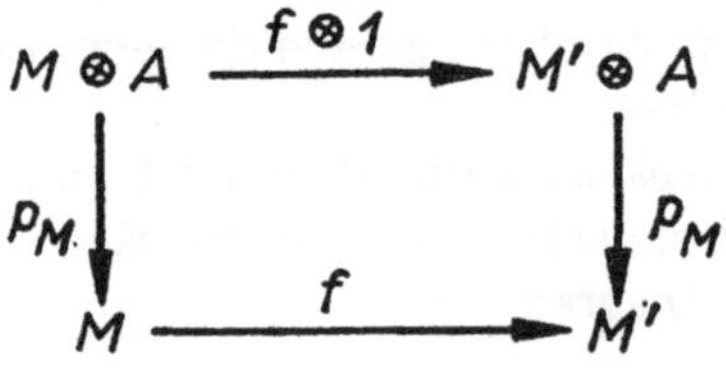

Algebren und Moduln spielen in der Automatentheorie insofern eine Rolle, als die Betrachtung von Automaten in kanonischer Weise zu gewissen Algebren und zu gewissen Modul-Automaten über diesen Algebren führt. Sei nämlich $A \xrightarrow[l,m]{S} B$ ein Automat. Dann ist, wie bereits in 6.2 bemerkt, $W(A)$ eine Algebra, die Tensoralgebra von B, und durch die Überführungsfunktion wird S in kanonischer Weise eine $W(A)$-Rechtsmodulstruktur aufgeprägt: Es sei m_n die Folge der induktiv definierten Abbildungen:

$$m_1 = m.$$

$$m_{n+1}\colon S \otimes A^{n+1} \to S = S \otimes A^{n+1} = S \otimes A^n \otimes A \xrightarrow{m_n \otimes A} S \otimes A \xrightarrow{m} S.$$

Diese Morphismen definieren zusammen einen Morphismus

$$m! = S \otimes W(A) \cong S \otimes \coprod_n A^n \cong \coprod_n (S \otimes A^n) \to S.$$

Es ist leicht zu sehen, daß $\langle S, d!\rangle$ ein $W(A)$-Rechtsmodul ist.

Die eben dargestellte Methode ist nicht die einzige, von einem Automaten zu einer Algebra und zu einem Modul über dieser Algebra zu gelangen. Wir betrachten das Beispiel der Modul-Automaten, d. h. der Automaten in der multiplikativen

Kategorie $\langle Mod\ I, \otimes\rangle$. Sei $A \xrightarrow[l,m]{S} B$ ein Automat in dieser Kategorie, so ist $W(A)$ die gewöhnliche, vom I-Modul A erzeugte Tensoralgebra und $\langle S, m!\rangle$ ein Modul über $W(A)$. Sei $a := \operatorname{Ann} S$ der *Annullator* von S in $W(A)$, d. h. das größte, S annullierende zweiseitige Ideal aus $W(A)$. Ist b irgendein zweiseitiges Ideal aus $W(A)$ mit $(0) \subseteqq b \subseteqq a$, so läßt sich S in kanonischer Weise als $W(A)/b$-Rechtsmodul auffassen. $W(A)$ wird dann eine *zum Automaten gehörige Algebra* genannt. $W(A)/\operatorname{Ann} S$ heißt schlechthin *,die Algebra'* des Automaten und wird mit $\operatorname{Alg}(S)$ bezeichnet.

6.4. Definition. Sei $\mathscr{C}$ eine multiplikative Kategorie und A eine Algebra in dieser Kategorie. Unter einem *Apparat* mit A als *Eingabealgebra* oder kurz unter einem A-Apparat verstehen wir ein Tripel $\langle S, n, B\rangle$ bestehend aus einem A-Modul S (dem *Zustandsobjekt* des Apparats), einem Objekt B aus $\mathscr{C}$ (dem *Ausgabeobjekt* des Apparats) und einem Morphismus $n\colon S \to B$ aus $\mathscr{C}$ (dem *Markierungsmorphismus* des Apparats). Unter einem *Morphismus* des Apparats $\langle S, n, B\rangle$ in den Apparat $\langle S', n', B'\rangle$ versteht man ein Paar $\langle s, b\rangle$, wobei $s\colon S \to S'$ ein A-Modulmorphismus und $b\colon B \to B'$ ein $\mathscr{C}$-Morphismus ist, so daß das folgende Diagramm (verstanden als Diagramm von $\mathscr{C}$-Morphismen) kommutativ ist:

$$\begin{array}{ccc} S & \xrightarrow{s} & S' \\ {\scriptstyle n}\downarrow & & \downarrow{\scriptstyle n'} \\ B & \xrightarrow[b]{} & B' \end{array}$$

Wir betrachten nun einige Beispiele für Apparate:

6.5. Moore-Automaten. Sei $\mathscr{C}$ eine multiplikative Kategorie. Unter einem Moore-*Automaten* in dieser Kategorie verstehen wir einen (Mealy-)Automaten $A \xrightarrow[l,m]{S} B$ dieser Kategorie, für den es einen Morphismus $n\colon S \to B$ gibt, so daß $l = mn$ ist. Setzen wir über $\mathscr{C}$ voraus, daß sie abzählbare, mit dem Tensorprodukt vertauschbare direkte Summen besitzt, so läßt sich S als ein $W(A)$-Modul auffassen, und wir sehen, daß $\langle S, n, B\rangle$ ein $W(A)$-Apparat ist.

6.6. Mealy-Automaten. Es sei $\mathscr{C}$ eine multiplikative Kategorie, die abzählbare, mit dem Tensorprodukt vertauschbare direkte Summen besitzt. Darüber hinaus setzen wir voraus, daß $\mathscr{C}$ *autonom* ist, d. h. daß für alle Paare $\langle B, C\rangle$ der Funktor $\operatorname{Hom}_{\mathscr{C}}(- \otimes B, C)$ repräsentierbar ist, d. h. daß es ein Objekt (B, C) und eine natürliche Isomorphie

$$\operatorname{Hom}_{\mathscr{C}}(- \otimes B, C) \cong \operatorname{Hom}_{\mathscr{C}}(-, (B, C))$$

gibt. Man kann dann leicht zeigen, daß (B, C) durch das Paar $\langle B, C\rangle$ eindeutig bestimmt ist und auf diese Weise ein Funktor

$$(-, -)\colon \mathscr{C}^{\mathrm{op}} \times \mathscr{C} \to \mathscr{C}$$

definiert wird, der als *interner* Hom-*Funktor* bezeichnet wird. Man kann leicht sehen, daß die Kategorien *Ens* und $\langle Mod\, A, \otimes\rangle$ autonom sind. Durch Gegenbeispiele kann man belegen, daß die Kategorien $\boldsymbol{T}$, $\boldsymbol{S}$ und $\langle Mod\ A, \oplus\rangle$ nicht autonom sind.

Sei nun $A \xrightarrow[l,m]{S} B$ ein Mealy-Automat in der autonomen Kategorie $\mathscr{C}$. Der Morphismus $l\colon\ S \otimes A \to B \in \mathrm{Hom}_{\mathscr{C}}(S \otimes A, B) \cong \mathrm{Hom}_{\mathscr{C}}(S, (A, B))$ definiert einen Morphismus $n\colon S \to (A, B)$. Man gewinnt auf diese Weise einen Moore-Automaten $A \xrightarrow[mn,m]{S} (A, B)$, dessen Markierungsfunktion gerade n ist. Dieser Moore-Automat definiert nun seinerseits einen $W(A)$-Apparat, wie bereits in 6.5 gezeigt wurde.

Sei $\mathscr{C} = \langle Mod\ I, \otimes\rangle$ und $A \xrightarrow[l,m]{S} B$ ein Mealy-Automat in dieser Kategorie. Sei b irgendein zweiseitiges Ideal aus $W(A)$ mit $(0) \subseteqq b \subseteqq \mathrm{Ann}\, S$, so ist, wie bereits bemerkt wurde, S ein $W(A)/b$-Modul und $\langle S, n, (A, B)\rangle$ ein $W(A)/b$-Apparat. Jeder auf diese Weise gewonnene Apparat wird ein *zum Automaten gehöriger Apparat* genannt. Der Alg(S)-Apparat $\langle S, n, (A, B)\rangle$ wird schlechthin ‚*der Apparat*' des Automaten genannt.

6.7. Nichtdeterministische und stochastische Automaten. Wie wir bereits in 6.6 bemerkten, sind die Kategorien $\boldsymbol{T}$ und $\boldsymbol{S}$ nicht autonom. Doch gilt für diese Kategorien eine schwächere Eigenschaft, die einen gewissen Ersatz für die Autonomie darstellt. Man kann nämlich zeigen, daß es für jedes Paar von Objekten $\langle B, C\rangle$ natürliche Transformationen

$$\mathrm{Hom}_{\boldsymbol{T}}(-\otimes B, C) \xrightarrow{p} \mathrm{Hom}_{\boldsymbol{T}}\bigl(-, \mathrm{Hom}_{\boldsymbol{T}}(B, C)\bigr) \xrightarrow{q} \mathrm{Hom}_{\boldsymbol{T}}(-\otimes B, C)$$

$$\mathrm{Hom}_{\boldsymbol{S}}(-\otimes B, C) \xrightarrow{p'} \mathrm{Hom}_{\boldsymbol{S}}\bigl(-, \mathrm{Hom}_{\boldsymbol{S}}(B, C)\bigr) \xrightarrow{q'} \mathrm{Hom}_{\boldsymbol{S}}(-\otimes B, C)$$

gibt mit $pq = 1$ und $p'q = 1$. Dadurch ist es möglich, analog zu 6.6 jedem nichtdeterministischen (bzw. stochastischen) Mealy-Automaten $A \xrightarrow{S} B$ einen $W(A)$-Apparat $\langle S, n, \mathrm{Hom}_{\boldsymbol{T}}(A, B)\rangle$ $\bigl($bzw. $\langle S, n, \mathrm{Hom}_{\boldsymbol{S}}(A, B)\rangle\bigr)$ zuzuordnen und umgekehrt aus diesem Apparat wiederum den ursprünglichen Automaten zurückzugewinnen.

6.8. Satz. Sei $\mathscr{C}$ eine tensorierte Kategorie, d. h. eine multiplikative abelsche Kategorie, in der $\otimes$ ein rechtsexakter Funktor ist. Sei A eine Algebra in dieser Kategorie. Dann bilden die A-Apparate eine abelsche Kategorie *App A*.

Zum Beweis betrachte man das folgende kommutative Diagramm von Funktoren

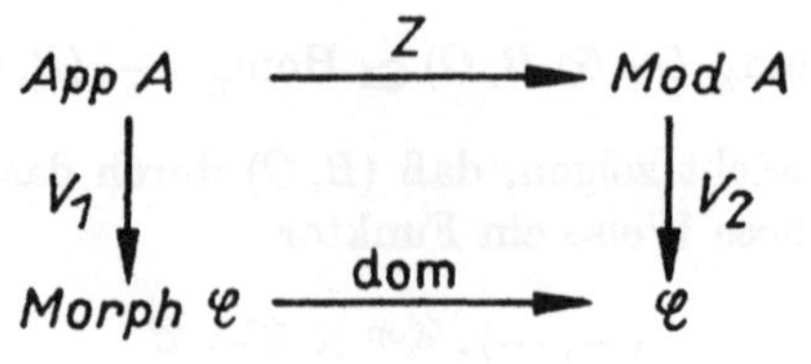

Dabei sei

— *Mod A* die Kategorie der A-Rechtsmoduln, die nach S. Mac Lane (1965), S. 82, eine abelsche Kategorie bildet.
— *Morph* $\mathscr{C}$ die Kategorie der Morphismen von $\mathscr{C}$. Die Objekte dieser Kategorie sind die Morphismen der Kategorie $\mathscr{C}$ und die Morphismen sind die kommutativen Quadrate. Da *Morph* $\mathscr{C}$ isomorph zur Kategorie aller Funktoren von der Kategorie 2 in die Kategorie $\mathscr{C}$ und $\mathscr{C}$ abelsch ist, ist *Morph* $\mathscr{C}$ ebenfalls abelsch.
— V_1 der Funktor, der einem Apparat $\langle S, n, B\rangle$ den Morphismus n zuordnet.
— V_2 der vergeßliche Funktor der Kategorie der A-Rechtsmoduln in die Kategorie $\mathscr{C}$.
— Z der Funktor, der jedem Apparat sein Zustandsteil zuordnet.
— dom der Funktor, der jedem Morphismus von $\mathscr{C}$ seinen Anfang (domain) zuordnet.

Da durch dieses Diagramm *App A* dem Faserprodukt

$$\mathit{Morph}\,\mathscr{C} \prod_{\mathscr{C}} \mathit{Mod}\,A$$

äquivalent wird und *Morph* $\mathscr{C}$, *Mod A* und $\mathscr{C}$ abelsche Kategorien und dom und V_2 exakte Funktoren sind, ist *App A* ebenfalls abelsch (siehe dazu P. Gabriel (1962), S. 440).

Die Bedeutung von Satz 6.8 wird durch die folgende Überlegung verdeutlicht: Sei $A \xrightarrow{S} B$ ein determinierter (bzw. nichtdeterministischer bzw. endlicher stochastischer) Mealy-Automat. Dann wird durch den in 4.1.3, 4.2 definierten Funktor F_A-*Aut* (bzw. durch die in 3.5 definierte Funktion bzw. den in 4.1.6, 4.2 definierten Funktor *G-Aut*) dem Automaten S ein A-Modulautomat (bzw. ein $\mathbf{Z}_2$-Modulautomat bzw. ein $\mathbf{R}$-Modulautomat) zugeordnet. Die zu diesen Modulautomaten gehörigen Apparate sind nach 6.8 Objekte von abelschen Kategorien, und demzufolge sind auf sie die Methoden der homologischen Algebra anwendbar. Die dabei auftretenden Homologie- und Kohomologietheorien werden zur qualitativen Beschreibung der betreffenden Automaten dienen.

TEIL A

ALLGEMEINE ALGEBRA DER AUTOMATEN

(H. J. Hoehnke)

Kap. I: Kombinatorische Automaten

1. Kronecker-Kategorien und Schaltkreise

Für viele praktisch wichtige Fälle bedeutet es keine Einschränkung, wenn man voraussetzt, daß die durch das Tensorprodukt $\otimes$ in einer Kategorie mit Multiplikation vermittelte binäre Operation (*strikt*) assoziativ ist. (Dies wird in Anhang 1 näher begründet.) Zur Vorbereitung darauf erweist es sich als sinnvoll, den Begriff einer Kronecker-Kategorie einzuführen. Die ausgiebige Verwendung der Annahme der strikten Assoziativität gestattet es, den formal-rechnerischen (syntaktischen) Anteil des Buches in erträglichen Grenzen zu halten.

1.1. Kronecker-Kategorien.

Definition. Unter einer Kronecker-*Kategorie* verstehen wir ein Tripel $\mathcal{K} = \langle \mathcal{K}, \otimes, I \rangle$, wobei

(i) $\mathcal{K}$ eine Kategorie,
(ii) $\otimes: \mathcal{K} \times \mathcal{K} \to \mathcal{K}$ ein Funktor,
(iii) $I \in \text{ob}\, \mathcal{K}$ ein ausgezeichnetes Objekt, das Einsobjekt von $\mathcal{K}$ und
(iv) $\langle \mathcal{K}, \otimes, 1_I \rangle$ ein Monoid mit $\otimes$ als überall auf $\mathcal{K}$ definierter assoziativer Operation und dem identischen Morphismus $1_I: I \to I$ von $\mathcal{K}$ als Einselement bezüglich $\otimes$

ist.

Unter einer Kronecker-*Teilkategorie* von $\langle \mathcal{K}, \otimes, I \rangle$ wird eine Teilkategorie $\mathcal{L} \subseteq \mathcal{K}$ mit $I \in \text{ob}\, \mathcal{L}$ verstanden, die abgeschlossen bezüglich $\otimes$ (d. h. für welche $\langle \mathcal{L}, \otimes, 1_I \rangle$ ein Teilmonoid von $\langle \mathcal{K}, \otimes, 1_I \rangle$) ist.

Ein Kronecker-*Funktor* $\Phi: \langle \mathcal{K}, \otimes, I \rangle \to \langle \mathcal{K}', \otimes', I' \rangle$ ist ein Funktor $\Phi: \mathcal{K} \to \mathcal{K}'$ mit $\Phi I = I'$, der mit $\otimes, \otimes'$ verträglich (d. h. der zugleich ein Monoid-Homomorphismus $\Phi: \langle \mathcal{K}, \otimes, 1_I \rangle \to \langle \mathcal{K}', \otimes', 1_{I'} \rangle$) ist.

Für ein Objekt S einer Kronecker-Kategorie $\langle \mathcal{K}, \otimes, I \rangle$ werde

$$S^0 = I,$$

$$S^n = S \otimes \cdots \otimes S \qquad (n\text{-mal},\ n \geqq 1)$$

gesetzt. Mit $\mathscr{K}(S)$ werde die volle Teilkategorie von $\mathscr{K}$ bezeichnet, für welche ob $\mathscr{K}(S) = \{S^n \mid n \geqq 0\}$ gilt. Offenbar ist $\mathscr{K}(S)$ eine KRONECKER-Teilkategorie von $\mathscr{K}$.

Beispielsweise ist $\langle Ens, \otimes, I\rangle$ für $I = \{\emptyset\}$, wie im Anhang gezeigt wird, eine KRONECKER-Kategorie und $Ens\,(S)$ für eine Menge S die aus allen Abbildungen der Form $S^n \to S^m$ $(n, m \geqq 0)$ bestehende KRONECKER-Teilkategorie von Ens.

Für eine Klasse von Teilmengen $G_{AB} \subseteqq \mathscr{K}_{AB} = \mathrm{Hom}_{\mathscr{K}}(A, B)$ bezeichne $\mathscr{K}(G)$ die von $G = \bigcup_{A,B\in \mathrm{ob}\mathscr{K}} G_{AB}$ in der KRONECKER-Kategorie $\langle \mathscr{K}, \otimes, I\rangle$ erzeugte KRONECKER-Teilkategorie (d. h. den Durchschnitt aller KRONECKER-Teilkategorien $\mathscr{L}$ von $\mathscr{K}$ mit $G_{AB} \neq \emptyset \Rightarrow A, B \in \mathrm{ob}\,\mathscr{L}$ und $G_{AB} \subseteqq \mathscr{L}_{AB} = \mathrm{Hom}_{\mathscr{L}}(A, B)$, $\forall\, A, B \in \mathrm{ob}\,\mathscr{K}$).

1.1.1. (*Sequentielle Darstellung*). *Es sei eine Klasse von Teilmengen G_{AB} einer* KRONECKER-*Kategorie $\langle \mathscr{K}, \otimes, I\rangle$ gegeben. Dann läßt sich jedes von einem identischen Morphismus verschiedene Elemente der von $G = \bigcup_{A,B\in \mathrm{ob}\mathscr{K}} G_{AB}$ erzeugte* KRONECKER-*Teilkategorie $\mathscr{K}(G)$ als ein Produkt*

$$(1_{U_1} \otimes g_1 \otimes 1_{V_1})\,(1_{U_2} \otimes g_2 \otimes 1_{V_2}) \cdots (1_{U_k} \otimes g_k \otimes 1_{V_k}) \tag{1}$$

schreiben, wobei $g_1, \ldots, g_k \in G$ und sämtliche U_i, V_j Objekte aus $\mathscr{K}$ der Form I oder $X_1 \otimes \cdots \otimes X_l$ $(l \geqq 1)$ sind mit solchen Objekten $X_1, \ldots, X_l$, die als Start X_i oder Ziel X_j irgendwelcher Elemente $X_i \to B$, $A \to X_j$ von G auftreten.

Beweis. Es sei $\mathscr{K}'$ die aus den identischen Morphismen der Form

$$1_I\colon I \to I,\ 1_{X_1} \otimes \cdots \otimes 1_{X_l}\colon X_1 \otimes \cdots \otimes X_l \to X_1 \otimes \cdots \otimes X_l \qquad (k \geqq 1)$$

(mit Objekten $X_1, \ldots, X_l$ der in 1.1.1 angegebenen Art) und Morphismen der Form (1) bestehende Teilklasse von $\mathscr{K}$. Wir zeigen, daß $\mathscr{K}'$ eine KRONECKER-Teilkategorie von $\langle \mathscr{K}, \otimes, I\rangle$ ist. Offenbar ist $\mathscr{K}'$ eine Teilkategorie von $\mathscr{K}$ mit $1_I \in \mathscr{K}'$. Wir zeigen, daß $\mathscr{K}'$ abgeschlossen ist bezüglich $\otimes$. Für ein Element

$$a\colon A \to B \in \mathscr{K} \text{ sei } a_l = 1_A\colon A \to A,\ a_r = 1_B\colon B \to B.$$

Bezeichnen $s_1 \cdots s_n$, $t_1 \cdots t_m$ zwei Produkte der Form (1), so hat man

$$\begin{aligned} &s_1 \cdots s_n \otimes t_1 \cdots t_m \\ &= (s_1 \cdots s_n \otimes t_{1l})\,(s_{nr} \otimes t_1 \cdots t_m) \\ &= (s_1 \otimes t_{1l}) \cdots (s_n \otimes t_{1l})\,(s_{nr} \otimes t_1) \cdots (s_{nr} \otimes t_m). \end{aligned}$$

Da $\mathscr{K}' \subseteqq \mathscr{K}(G)$ ist, folgt $\mathscr{K}' = \mathscr{K}(G)$. ■

1.2. Kronecker-Kategorien als Algebren

Es sei $\langle H, \otimes, I\rangle$ die von einer Menge J (mit $I \notin J$) frei erzeugte freie Halbgruppe mit der binären Operation $\otimes$ und dem Symbol I als Einselement bezüglich $\otimes$. Es sei $\langle \mathscr{K}, \otimes, I\rangle$ irgendeine KRONECKER-Kategorie und

$$\sigma\colon \langle H, \otimes, I\rangle \to \langle \mathrm{ob}\,\mathscr{K}, \otimes, I\rangle$$

ein injektiver Monoid-Homomorphismus. Es sei Σ die durch die Bildmenge

$$\sigma H = \{\sigma A \mid A \in H\} \subseteqq \mathrm{ob}\, \mathscr{K}$$

eindeutig bestimmte volle Teilkategorie von $\mathscr{K}$ mit $\mathrm{ob}\, \Sigma = \sigma H$. Offenbar ist Σ eine KRONECKER-Teilkategorie von $\mathscr{K}$. Wir schreiben auch $\Sigma = \mathscr{K}(\sigma H)$. Ein Morphismus

$$f\colon \sigma A \to \sigma B \quad (A, B \in H)$$

aus $\mathscr{K}(\sigma H)$ kann in der Form

$$f\colon \sigma A_1 \otimes \cdots \otimes \sigma A_n \to \sigma B_1 \otimes \cdots \otimes \sigma B_m \tag{1}$$

geschrieben werden, wobei

$$A = A_1 \otimes \cdots \otimes A_n, \quad B = B_1 \otimes \cdots \otimes B_m \quad (n, m \geqq 1)$$

und

$$A = A_1,\ n = 1,\ \text{falls } A = I,$$

$$B = B_1,\ m = 1,\ \text{falls } B = I,$$

$$A_i \in J,\ n \geqq 1,\ \text{falls } A \neq I,$$

$$B_j \in J,\ m \geqq 1,\ \text{falls } B \neq I.$$

Wir bilden die Klasse *Kron* aller KRONECKER-Kategorien Σ der Form $\Sigma = \mathscr{K}(\sigma H)$, wobei H fest ist und $\langle \mathscr{K}, \otimes, I\rangle$ und σ beliebig variieren. Eine solche KRONECKER-Kategorie Σ sei in der Form

$$\Sigma = \langle \Sigma, \sigma, \otimes, I\rangle$$

dargestellt, wo

$$\sigma\colon \langle H, \otimes, I\rangle \to \langle \mathrm{ob}\, \Sigma, \otimes, I\rangle$$

ein Monoid-Isomorphismus ist. Eine solche KRONECKER-Kategorie Σ kann wie folgt als eine *Algebra mit einem Schema von Operatoren* im Sinne von P. J. HIGGINS (1963) (*Multialgebra, mehrbasige Algebra* vgl. Anhang 2) aufgefaßt werden.

Basismengen sind die Mengen

$$\Sigma_{AB} = \mathrm{Hom}_\Sigma(\sigma A, \sigma B) \quad (A, B \in H).$$

Die *kategorientheoretische Struktur* von Σ wird erfaßt durch eine Folge binärer Operationen

$$(\cdot)_{ABC}\colon \Sigma_{AB} \times \Sigma_{BC} \to \Sigma_{AC} \quad (A, B, C \in H)$$

für die Komposition von Morphismen $A \to B$, $B \to C$ zu $(A \to B)(B \to C) = A \to C$ und eine Folge nullstelliger Operationen

$$1_A\colon A \to A \in \Sigma_{AA} \quad (A \in H)$$

für die identischen Morphismen von Σ, zusammen mit den einschlägigen kategorientheoretischen Axiomen für Σ. Die *Monoid-Struktur* von Σ wird erfaßt durch eine Folge binärer Operationen

$$\otimes_{ACBD}: \Sigma_{AC} \times \Sigma_{BD} \to \Sigma_{A\otimes B, C\otimes D} \; (A, B, C, D \in H)$$

für das Tensorprodukt

$$(A \to C) \otimes (B \to D) = A \otimes B \to C \otimes D$$

von Morphismen $A \to C$, $B \to D$ und eine nullstellige Operation

$$1_I: I \to I \in \Sigma_{II},$$

die mit der oben in Verbindung mit der kategorientheoretischen Struktur von Σ aufgeführten konstanten Operation 1_I übereinstimmt, zusammen mit den einschlägigen Monoidaxiomen. Die restliche Struktur von Σ, also die *Funktoreigenschaft* von $\otimes: \Sigma \times \Sigma \to \Sigma$, läßt sich wie folgt gleichfalls durch Identitäten ausdrücken.

$$1_{\sigma A} \otimes 1_{\sigma B} = 1_{\sigma A \otimes \sigma B} \quad (A, B \in H),$$

$$ac \otimes bd = (a \otimes b)(c \otimes d)$$

$$(\text{für alle } a: \sigma A \to \sigma C,\; b: \sigma B \to \sigma D,$$

$$c: \sigma C \to \sigma E,\; d: \sigma D \to \sigma F).$$

Wie aus dieser Beschreibung der Algebren $\langle \Sigma, \sigma, \otimes, I \rangle$ aus *Kron* hervorgeht, bildet *Kron* eine *gleichungsdefinierte Klasse* im Sinne von P. J. HIGGINS (1963) (vgl. Anhang 2).

Homomorphismen,

$$\Phi: \langle \Sigma, \sigma, \otimes, I \rangle \to \langle \Sigma', \sigma', \otimes', I' \rangle,$$

zwischen Algebren aus *Kron* sind definiert als KRONECKER-Funktoren $\Phi: \langle \Sigma, \otimes, I \rangle \to \langle \Sigma', \otimes', I' \rangle$ mit der zusätzlichen Eigenschaft

$$\Phi(\sigma A) = \sigma' A \text{ für alle } A \in H. \tag{2}$$

Offenbar ist (2) gleichbedeutend mit

$$\Phi(\sigma A) = \sigma' A \text{ für alle } A \in J. \tag{3}$$

Die Algebren aus *Kron* bilden zusammen mit ihren Homomorphismen eine Kategorie, die gleichfalls mit *Kron* bezeichnet werde.

Eine Algebra $\langle \Sigma', \sigma', \otimes', I' \rangle$ aus *Kron* heißt *Teilalgebra* einer Algebra $\langle \Sigma, \sigma, \otimes; I \rangle$ aus *Kron* wenn folgendes gilt:

(i) $\text{ob}\, \Sigma = \text{ob}\, \Sigma'$, $\quad \sigma = \sigma'$;
(ii) $I = I'$; $\langle \Sigma', \otimes', I' \rangle$ ist KRONECKER-Teilkategorie von $\langle \Sigma, \otimes, I \rangle$.

Eine Teilalgebra $\langle \Sigma', \sigma, \otimes', I\rangle$ (aus *Kron*) einer Algebra $\langle \Sigma, \sigma, \otimes, I\rangle$ aus *Kron* heißt von einer Mengenfamilie $\langle G_{AB} \mid A, B \in H\rangle$ *erzeugt*, wenn $\langle \Sigma', \sigma, \otimes', I\rangle$ die kleinste Teilalgebra von $\langle \Sigma, \sigma, \otimes, I\rangle$ ist, für welche gilt:

$$G_{AB} \subseteqq \Sigma'_{AB} = \mathrm{Hom}_{\Sigma'}(\sigma A, \sigma B), \; \forall\, A,\; B \in H.$$

Für dieses kleinste $\langle \Sigma', \sigma, \otimes', I\rangle$ werde kurz $\Sigma(\sigma, G)$ geschrieben, mit $G = \bigcup_{A,B\in H} G_{AB}$.

Bezeichnet $\langle \Sigma, \sigma, \otimes, I\rangle$ eine Algebra aus *Kron*, $\langle G_{AB} \mid A, B \in H\rangle$ eine Familie von Teilmengen $G_{AB} \subseteqq \Sigma_{AB} = \mathrm{Hom}_{\Sigma}(\sigma A, \sigma B)$, $\langle G'_{\sigma A,\sigma B} \mid A, B \in H\rangle$ die Folge mit $G'_{\sigma A,\sigma B} = G_{AB}\ (A \neq B)$, $G'_{\sigma A,\sigma A} = G_{AA} \cup \{1_{\sigma A}\}$ und $\Sigma(G')$ die von $G' = \bigcup_{A,B\in H} G'_{\sigma A,\sigma B}$ erzeugte KRONECKER-Teilkategorie von $\langle \Sigma, \otimes, I\rangle$ im Sinne von 1.1, so gilt offenbar

$$\Sigma(\sigma, G) = \Sigma(G'). \tag{4}$$

Aus 1.1.1 ergibt sich:

1.2.1. Folgerung. Jeder von einem identischen Morphismus $1_{\sigma A}: \sigma A \to \sigma A$ $(A \in H)$ verschiedene Morphismus von $\Sigma(\sigma, G)$ läßt sich als Produkt von Morphismen folgender Form darstellen:

$$1_{\sigma C} \otimes g \otimes 1_{\sigma D} \text{ mit } g: \sigma A \to \sigma B \in G_{AB}. \; \blacksquare \tag{5}$$

1.3. Freie Kronecker-Kategorien

Definition. Es sei $\langle G_{AB} \mid A, B \in H\rangle$ eine Mengenfamilie, $\mathscr{T} = \langle \mathscr{T}, \tau, \otimes, I\rangle$ eine Algebra aus *Kron* und $\psi = \langle \psi_{AB} \mid A, B \in H\rangle$ eine Familie von Abbildungen $\psi_{AB}: G_{AB} \to \mathscr{T}_{AB} = \mathrm{Hom}_{\mathscr{T}}(\tau A, \tau B)$. Dann heißt die Algebra $\mathscr{T}$ (in Übereinstimmung mit der Theorie der mehrbasigen Algebren (vgl. Anhang 2)) *frei erzeugt* von den G_{AB} (bezüglich ψ), wenn

(i) $\mathscr{T}$ von $\langle \psi_{AB} G_{AB} \mid A, B \in H\rangle$ erzeugt ist und
(ii) zu jeder Algebra $\mathscr{S} = \langle \mathscr{S}, \sigma, \otimes, I\rangle$ aus *Kron* und jeder Familie $\varphi = \langle \varphi_{AB} \mid A, B \in H\rangle$ von Abbildungen $\varphi_{AB}: G_{AB} \to \mathscr{S}_{AB} = \mathrm{Hom}_{\mathscr{S}}(\sigma A, \sigma B)$ ein Homomorphismus $\Phi: \mathscr{T}\langle, \tau, \otimes, I\rangle \to \langle \mathscr{S}, \sigma, \otimes, I\rangle$ aus *Kron* existiert, welcher das nachstehende Diagramm kommutativ schließt.

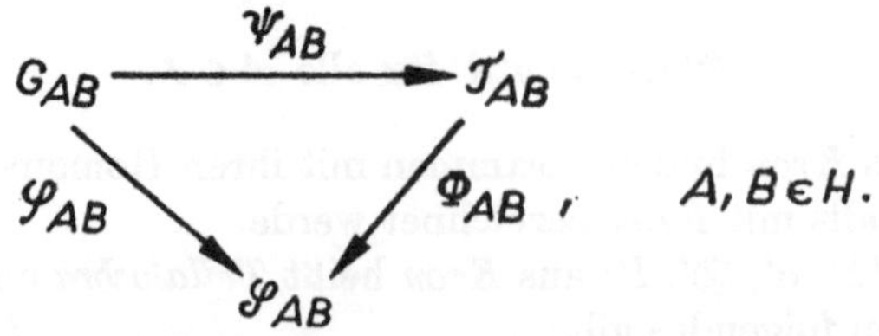

Gemäß 1.5.3.1, 1.5.3.3 ist klar, daß es zu einer beliebigen disjunkt zerlegten Menge $G = \bigcup_{A,B\in H} G_{AB}$ stets eine Familie von Injektionen $\varphi_{AB}: G_{AB} \to \mathscr{S}_{AB} =$

$\mathrm{Hom}_{\mathscr{S}}(\sigma A, \sigma B)$ in eine geeignete Algebra $\mathscr{S}$ aus *Kron* gibt. Daraus folgt, daß auch die obigen Abbildungen ψ_{AB} injektiv sein müssen, denn für $a, b \in G_{AB}$ folgt aus

$$\psi_{AB}(a) = \psi_{AB}(b),$$

$$\text{daß } \varphi_{AB}(a) = \Phi_{AB}(\psi_{AB}(a)) = \Phi_{AB}(\psi_{AB}(b)) = \varphi_{AB}(b), \text{ d. h. } a = b \text{ ist.}$$

Damit hat man:

1.3.1. Satz. *Es sei $\langle H, \otimes, I\rangle$ das von einer Menge J frei erzeugte Monoid und*

$$G = \bigcup_{A,B\in H} G_{AB}$$

eine gegebene disjunkt zerlegte Menge.

Dann existiert die von der Familie $\langle G_{AB} \mid A, B \in H\rangle$ frei bezüglich der Inklusionsabbildungen $\psi_{AB}\colon G_{AB} \to \mathrm{Hom}_{\mathscr{F}(G)}(\sigma A, \sigma B)$ erzeugte KRONECKER*-Kategorie $\langle \mathscr{F}(G), \sigma, \otimes, I\rangle$ mit $\sigma\colon H \to \mathrm{ob}\,\mathscr{F}(G) = \mathrm{id}_H$, also $\mathrm{ob}\,\mathscr{F}(G) = H$, und*

$$G_{AB} \subseteqq \mathrm{Hom}_{\mathscr{F}(G)}(\sigma A, \sigma B)\ (A, B \in H). \blacksquare$$

Der nachstehende Beweis des folgenden Satzes beruht auf einer Idee von R. STRECKER.

1.3.2. Satz. *Es sei $\mathscr{F}(G)$ die von den G_{AB} einer disjunkt zerlegten Menge $G = \bigcup_{A,B\in H} G_{AB}$ frei erzeugte* KRONECKER*-Kategorie, und es seien*

$$s_1 \cdot \dots \cdot s_r = s_1' \cdot \dots \cdot s_{r'}' \tag{1}$$

zwei sequentielle Darstellungen eines und desselben Morphismus aus $\mathscr{F}(G)$, wobei die Faktoren $s_i, s_i' \in \mathscr{F}(G)$ die Form 1.2 (5) haben ($\sigma = \mathrm{id}_H$).

Dann ist $r = r'$, und die linke Seite von (1) läßt sich durch Vertauschung vertauschbarer benachbarter Faktoren in die rechte Seite überführen.

Beweis. Wir setzen

$$s_i = 1_{C_i} \otimes g_i \otimes 1_{D_i}, \text{ mit } g_i\colon A_i \to B_i \in G. \tag{2}$$

Allgemein heißen zwei Faktoren s_1, s_2 des Produktes $s_1 s_2$ *vertauschbar*, wenn

(I) $C_1 = C_2 \otimes A_2 \otimes E'$ für geeignetes $E' \in H$

oder

(II) $D_1 = E'' \otimes A_2 \otimes D_2$ für geeignetes $E'' \in H$.

Aus der Existenz von $s_1 s_2$ folgt

$$C_1 \otimes B_1 \otimes D_1 = C_2 \otimes A_2 \otimes D_2.$$

Auf Grund der Axiome für KRONECKER-Kategorien hat man im ersten Fall

$$E' \otimes B_1 \otimes D_1 = D_2$$

und

$$s_1 s_2 = (1_{C_2} \otimes (1_{A_2 \otimes E'} \otimes g_1) \otimes 1_{D_1}) (1_{C_2} \otimes (g_2 \otimes 1_{E' \otimes B_1}) \otimes 1_{D_1})$$

$$= 1_{C_2} \otimes (1_{A_2 \otimes E'}, \otimes g_1) (g_2 \otimes 1_{E' \otimes B_1}) \otimes 1_{D_1}$$

$$= 1_{C_2} \otimes g_2 \otimes 1_{E'} \otimes g_1 \otimes 1_{D_1}$$

$$= 1_{C_2} \otimes (g_2 \otimes 1_{E' \otimes A_1}) (1_{B_2 \otimes E'} \otimes g_1) \otimes 1_{D_1}$$

$$= \big(1_{C_2} \otimes (g_2 \otimes 1_{E' \otimes A_1}) \otimes 1_{D_1}\big) \big(1_{C_2} \otimes (1_{B_2 \otimes E'} \otimes g_1) \otimes 1_{D_1}\big).$$

Somit gilt

$$s_1 s_2 = s_2{}^I s_1{}^I$$

für

$$s_1{}^I = 1_{C_2 \otimes B_2 \otimes E'} \otimes g_1 \otimes 1_{D_1},$$

$$s_2{}^I = 1_{C_2} \otimes g_2 \otimes 1_{E' \otimes A_1 \otimes D_1}.$$

Entsprechend folgt im zweiten Fall

$$C_1 \otimes B_1 \otimes E'' = C_2$$

und

$$s_1 s_2 = s_2{}^{II} s_1{}^{II}$$

für

$$s_1{}^{II} = 1_{C_1} \otimes g_1 \otimes 1_{E'' \otimes B_2 \otimes D_2},$$

$$s_2{}^{II} = 1_{C_1 \otimes A_1 \otimes E''} \otimes g_2 \otimes 1_{D_2}.$$

Wir sehen nach Definition $s_2{}^I s_1{}^I$ im ersten Fall und $s_2{}^{II} s_1{}^{II}$ im zweiten Fall als das Ergebnis der Vertauschung an.

Man beachte, daß die Fälle (I) und (II) gleichzeitig eintreten können und dann das Ergebnis der Vertauschung im allgemeinen nicht eindeutig bestimmt ist.

Es sei *Kron'* die Kategorie aller der Multialgebren, die sich von den Multialgebren aus *Kron* nur dadurch unterscheiden, daß das Axiom $ac \otimes bd = (a \otimes b) \cdot (c \otimes d)$ aus 1.2 nicht mehr erfüllt zu sein braucht. Auch in *Kron'* existiert die von den G_{AB} der disjunkt zerlegten Menge $G = \bigcup_{A,B \in H} G_{AB}$ frei erzeugte Multialgebra $\mathscr{F}'(G)$. Es sei $\mathscr{K}$ die von den Elementen der Form

$$1_A,\ 1_C \otimes g \otimes 1_D \quad (g\colon A \to B \in G;\ A, B, C, D \in H) \tag{3}$$

erzeugte Teilkategorie der Kategorie $\mathscr{F}'(G)$. Im allgemeinen ist $\mathscr{K}$ nicht abgeschlossen bezüglich $\otimes$. In $\mathscr{K}$ definiere man eine neue binäre Operation $\otimes_{\mathscr{K}}$ gemäß

$$s_1 \cdot \dots \cdot s_n \otimes_{\mathscr{K}} \quad t_1 \cdot \dots \cdot t_m = (s_1 \otimes t_{1l}) \cdots (s_n \otimes t_{1l}) (s_{nr} \otimes t_1) \cdots (s_{nr} \otimes t_m),$$

wo s_i, t_j Elemente der Form (3) sind und für alle $x\colon A \to B \in \mathscr{K}$ $x_l = 1_A$, $x_r = 1_B$ gesetzt werde. Diese Definition ist eindeutig. (Denn aus $s_1 \cdot \dots \cdot s_n = s_1{}' \cdot \dots \cdot s_n'$

in $\mathscr{F}'(G)$ folgt, daß nach Weglassen überflüssiger Faktoren 1_A, $n = n'$ ist und die an i-ter Stelle stehenden Faktoren beider Seiten übereinstimmen müssen.) In $\mathscr{K}$ sei wie folgt eine Äquivalenz $(\sim)$ definiert. Für $s, u \in \mathscr{K}$ sei $s \sim u$ genau dann, wenn $s = u$ oder Darstellungen ohne überflüssige Faktoren 1_A mit Faktoren der Form (3),

$$s = s^0 = s_1{}^0 \cdot \dots \cdot s_n{}^0,$$

$$s^1 = s_1{}^1 \cdot \dots \cdot s_n{}^1,$$

$$\dots\dots\dots\dots\dots$$

$$u = s^r = s_1{}^r \cdot \dots \cdot s_n{}^r$$

existieren, so daß jeweils s^{i+1} aus s^i durch Vertauschung vertauschbarer benachbarter Faktoren $s_j{}^i$, s^i_{j+1} hervorgeht. Die Vertauschbarkeit zweier solcher Faktoren ist dabei wie oben definiert. Geht man von (I) aus, so ist das Ergebnis des Vertauschens in $s_j{}^i s^i_{j+1}$ das Produkt $s^{iI}_{j+1} s_j{}^{iI}$, und geht man von (II) aus, so ist das Ergebnis $s^{iII}_{j+1} s_j{}^{iII}$. Natürlich ist das Ergebnis des Vertauschens in $s_j{}^i s^i_{j+1}$ jetzt nicht mehr wie früher mit $s_j{}^i s^i_{j+1}$ identisch.

Die Verknüpfung $\otimes_{\mathscr{K}}$ ist assoziativ mit 1_I als Einselement. Die Äquivalenz $(\sim)$ ist verträglich mit der in $\mathscr{K}$ erklärten Komposition von Morphismen sowie mit $\otimes_{\mathscr{K}}$ und mit 1_I. Daher definiert $(\sim)$ eine Multialgebra $\overline{\mathscr{K}} = \mathscr{K}/(\sim)$ (als Faktoralgebra von $\mathscr{K}$ nach der Kongruenz $(\sim)$) mit den Verknüpfungen $\bar{\cdot}$, $\overline{\otimes}_{\mathscr{K}}$, $\overline{1}_I$ ($\bar{a}$ für $a \in \mathscr{K}$ bezeichnet die Kongruenzklasse von $\mathscr{K}$ bezüglich $(\sim)$ mit $a \in \bar{a}$), die ein Objekt der Kategorie *Kron'* ist und als solches von der Menge $\overline{G} = \{\bar{g} \mid g \in G\}$ erzeugt wird.

Da in $\overline{\mathscr{K}}$ das Axiom $\bar{s}\,\bar{s}' \overline{\otimes}_{\mathscr{K}} \bar{t}\,\bar{t}' = (\bar{s} \overline{\otimes}_{\mathscr{K}} \bar{t})\,(\bar{s}' \overline{\otimes}_{\mathscr{K}} \bar{t}')$ gilt, ist $\overline{\mathscr{K}}$ ein Objekt aus *Kron*. Die durch $g \to \bar{g}$ definierte Abbildung von G auf $\overline{G}$ läßt sich zu einem surjektiven Homomorphismus $\mathscr{F}(G) \to \overline{\mathscr{K}}$ fortsetzen. Dieser Homomorphismus ist ein Isomorphismus. Denn nach Definition von $\overline{\mathscr{K}}$ folgt für

$$s_i, s_i' \in \mathscr{F}(G) \text{ aus } \bar{s}_1 \,\bar{\cdot}\, \cdots \,\bar{\cdot}\, \bar{s}_r = \bar{s}_1' \,\bar{\cdot}\, \cdots \,\bar{\cdot}\, \bar{s}'_{r'} \text{ in } \overline{\mathscr{K}},$$

(da in $\overline{\mathscr{K}}$ gültige Beziehungen erst recht in $\mathscr{F}(G)$ gelten,

$$s_1 \cdot \dots \cdot s_r = s_1' \cdot \dots \cdot s'_{r'} \text{ in } \mathscr{F}(G).$$

Da 1.3.2 trivialerweise für $\overline{\mathscr{K}}$ richtig ist, so ist 1.3.2. auch für $\mathscr{F}(G)$ richtig. ■

1.4. Kombinatorische Automaten. Schaltkreise.

Es sei wie in 1.2 $\langle H, \otimes, I\rangle$ das von einer Menge J frei erzeugte Monoid, $\langle \mathscr{K}, \otimes, I\rangle$ eine Kronecker-Kategorie und

$$\sigma: \langle H, \otimes, I\rangle \to \langle \text{ob}\, \mathscr{K}, \otimes, I\rangle$$

ein injektiver Monoid-Homomorphismus. Ein Morphismus

$$f: \sigma A \to \sigma B \in \mathscr{K}(\sigma H) \text{ der Form 1.2 (1)}$$

$$f: \sigma A_1 \otimes \cdots \otimes \sigma A_n \to \sigma B_1 \otimes \cdots \otimes \sigma B_m$$

(mit $A_i \in J$, falls $A \neq I$, und $B_j \in J$, falls $B \neq I$), kann als kombinatorischer Automat oder *Automat ohne Gedächtnis* (*ohne innere Zustände, ohne Erinnerungsvermögen*) über $\langle \mathscr{K}, \otimes, I \rangle$ aufgefaßt werden, mit

den *Eingangspolen* $\sigma A_1, \ldots, \sigma A_n$

und den *Ausgangspolen* $\sigma B_1, \ldots, \sigma B_m$.

$\Sigma = \mathscr{K}(\sigma H)$ gehört zu der in 1.2 definierten Klasse *Kron* von Algebren. Es sei $\langle G_{AB} \mid A, B \in H \rangle$ eine Folge von Teilmengen $G_{AB} \subseteqq \Sigma_{AB}$ und $\Sigma(\sigma, G)$ die von den G_{AB} erzeugte (zu *Kron* gehörige) Teilalgebra von Σ im Sinne von 1.2. Dann heißen die Elemente von $G = \bigcup_{A,B \in H} G_{AB}$ auch *Elementarautomaten* und die Morphismen aus $\Sigma(\sigma, G)$ die aus den Elementarautomaten und den identischen Automaten $1_{\sigma A}: \sigma A \to \sigma A$ $(A \in H)$ mittels Morphismenkomposition $(\cdot)$ (= *Serienschaltung*) und Tensorprodukt $(\otimes)$ (= *Parallelschaltung*) *zusammengesetzten* Automaten (ohne Gedächtnis) über $\langle \mathscr{K}, \otimes, I \rangle$, bezüglich σ.

Es sei $\langle G_{AB} \mid A, B \in H \rangle$ eine Folge mit $G_{AB} \subseteqq \Sigma_{AB}$ $(A, B \in H)$. Ohne Einschränkung der Allgemeinheit dürfen wir annehmen, daß $G = \bigcup_{A,B \in H} G_{AB}$ eine disjunkte Zerlegung ist (sonst ersetze man G_{AB} durch $\{\langle A, g, B \rangle \mid g \in G_{AB}\}$). Es sei $\langle \mathscr{F}(G), \mathrm{id}, \otimes, I \rangle$ die von G frei erzeugte KRONECKER-Kategorie im Sinne von 1.3.1. Nach Definition der freien Erzeugung existiert genau ein Homomorphismus Φ: $\langle \mathscr{F}(G), \mathrm{id}, \otimes, I \rangle \to \langle \Sigma, \sigma, \otimes, I \rangle$, welcher das nachstehende Diagramm kommutativ schließt.

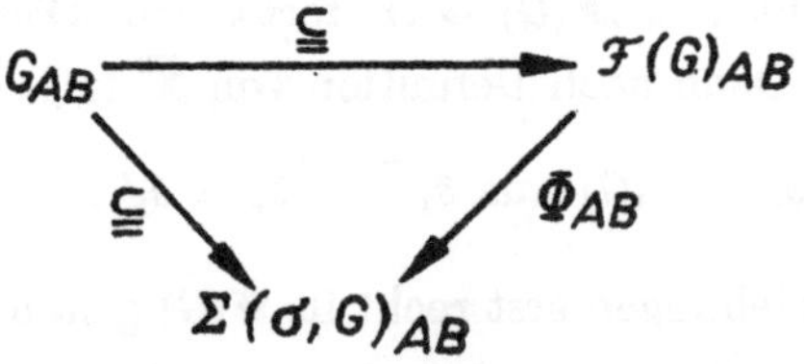

Da G ein Erzeugendensystem von $\Sigma(\sigma, G)$ ist, so ist Φ surjektiv. Somit erscheint jeder zusammengesetzte Automat $f: \sigma A \to \sigma B$ aus $\Sigma(\sigma, G)$ als Bild

$$f: \sigma A \to \sigma B = \Phi(s)$$

eines geeigneten Morphismus $s: A \to B \in \mathscr{F}(G)$.

Für $\mathscr{F}(G)$ hat die Menge G nur die Bedeutung einer Symbolmenge. Zwei Morphismen s, t aus $\mathscr{F}(G)$ sind genau dann gleich, wenn sie auf Grund der definierenden Axiome der Klasse *Kron* ineinander übergeführt werden können, da $\mathscr{F}(G)$ frei in *Kron* ist.

Die Morphismen $s\colon A \to B \in \mathscr{F}(G)$ werden auch *Schaltkreise*, die Morphismen aus G *elementare Schaltkreise* genannt. Ein Schaltkreis von $\mathscr{F}(G)$ heißt auch ein aus den elementaren Schaltkreisen und den identischen Schaltkreisen $1_A\colon A \to A$ $(A \in H)$ mittels $(\cdot)$ (= *Serienschaltung*) und $(\otimes)$ (= *Parallelschaltung*) *zusammengesetzter* Schaltkreis.

Der obige Homomorphismus $\Phi\colon \mathscr{F}(G) \to \Sigma(\sigma, G)$ heißt auch eine *Realisierung* der Schaltkreise aus $\mathscr{F}(G)$ durch Automaten (ohne Gedächtnis) über der KRONECKER-Kategorie $\mathscr{K}$. Eine solche Realisierung ist bereits durch die Belegung der Elementarautomaten, d. h. durch die Einschränkung $\varphi = \Phi \mid_G\colon G \to \Sigma(\sigma, G)$ eindeutig bestimmt.

Wählt man insbesondere $\langle \mathscr{K}, \otimes, I\rangle = \langle \mathit{Ens}, \otimes, I\rangle$ mit dem (assoziativen) kategorientheoretischen Produkt $\otimes$, so sind Automaten $f\colon \sigma A_1 \otimes \cdots \otimes \sigma A_n \to \sigma B_1 \otimes \cdots \otimes \sigma B_m$ gewöhnliche mengentheoretische Abbildungen.

1.5. Aufgaben

1.5.1. Die Sätze 1.1.1, 1.3.1, 1.3.2 sind Verallgemeinerungen von entsprechenden Sätzen über Netze, die von G. HOTZ (1965) mit geometrisch-topologischen Hilfsmitteln bewiesen wurden. Durch die von uns angewandten algebraischen Methoden werden derartige kompliziertere Hilfsmittel entbehrlich.

Es sei $J = \{G^1\}$, also $\langle H, \otimes, I\rangle$ das von einem Element G^1 erzeugte freie Monoid. Dann sind die nachstehenden beiden Sätze mit Hilfssatz 5 bzw. Satz 7 von G. HOTZ (1965) identisch. Man gebe einen algebraischen Beweis und verallgemeinere sie für den Fall einer beliebigen freien Halbgruppe H (d. h. card $J > 1$); analog für 1.5.1.3 und 1.5.1.4.

1.5.1.1. Eine aus r Vertauschungen benachbarter vertauschbarer Faktoren bestehende Umformung von Produkten

$$s^0 \xmapsto{v_{i_1}} s^1 \xmapsto{v_{i_2}} s^2 \mapsto \cdots \xmapsto{v_{i_r}} s^r$$

mit $s^i = s_1{}^i \cdot \cdots \cdot s_n{}^i$ und Faktoren $s_j{}^i$ der Form 1.3 (3), die das Element s^0 der von den G_{AB} frei erzeugten KRONECKER-Kategorie $\mathscr{F}(G)$ in ein dazu gleiches Element s^r überführt, sei mit $v = \langle v_{i_1}, v_{i_2}, \ldots, v_{i_r}\rangle$ bezeichnet.

Der Weg, den der erste Faktor $s_1{}^0$ des Produktes s^0 bei einer Kette v äquivalenter Umformungen nimmt, sei durch

$$s_1{}^0 \xmapsto{v^1_{i_1}} s^1_{h(1)} \xmapsto{v^2_{i_2}} s^2_{h(2)} \mapsto \cdots \xmapsto{v^r_{i_r}} s^r_{h(r)}$$

beschrieben. Dabei ist $h(0) = 1$,

$$s^j_{h(j)} \xmapsto{v^{j+1}_{i_{j+1}}} \begin{cases} s^{j+1}_{h(j)}, & i_{j+1} \neq h(j) \\ s^{j+1}_{h(j)+1}, & i_{j+1} = h(j). \end{cases}$$

Es sei vorausgesetzt, daß $s_1{}^0 = 1_{G^k} \otimes g \otimes 1_{G^l}$ mit $g\colon G^p \to G^m$, $p \geqq 1$,

$$v = \langle v_{i_1}, \ldots, v_{i_r}\rangle\colon s^0 \mapsto s^r,$$

und in $s^r = s_1{}^r \cdot \ldots \cdot s_n{}^r$ sei der erste Faktor $s_1{}^r$ mit $s_1{}^0$ (also mit dem ersten Faktor von s^0) identisch.

Dann gilt $h(0) = h(r)$.

1.5.1.2. (i) Voraussetzung. G enthalte kein Element h der Form $h: G^n \to G^0$.
Dann gilt für $f, g, g' \in \mathscr{F}(G)$

$$fg = fg' \Rightarrow g = g'. \tag{1}$$

(ii) Voraussetzung. G enthalte kein Element h der Form $h: G^0 \to G^n$.
Dann gilt für $f, g, g' \in \mathscr{F}(G)$

$$gf = g'f \Rightarrow g = g'. \tag{2}$$

(iii) Unter der Voraussetzung (i) oder (ii) gilt für alle $f, g, g' \in \mathscr{F}(G)$

$$\left.\begin{aligned} f \otimes g = f \otimes g' \Rightarrow g = g', \\ g \otimes f = g' \otimes f \Rightarrow g = g'. \end{aligned}\right\} \tag{3}$$

Man zeige:

1.5.1.3. (G. HOTZ, loc. cit.) Die Aussage 1.5.1 (3) gilt auch ohne die Voraussetzung (i) bzw. (ii).

1.5.1.4. (Schriftliche Mitteilung von G. HOTZ) $\mathrm{Hom}_{\mathscr{F}(G)}(I, I)$ ist ein freies abelsches Teilmonoid von $\langle \mathscr{F}(G), \otimes, 1_I \rangle$; wenn $\mathrm{Hom}_{\mathscr{F}(G)}(I, I) = \{1_I\}$, so ist das Monoid $\langle \mathscr{F}(G), \otimes, 1_I \rangle$ frei.

1.5.2. Die in 1.1 angegebene Definition einer KRONECKER-Kategorie $\langle \mathscr{K}, \otimes, I \rangle$ enthält unter (iv) die Forderung, daß $\langle \mathscr{K}, \otimes, 1_I \rangle$ ein Monoid sein soll. Diese Forderung ist nicht mit der Forderung 1.1 (ii), daß $\otimes : \mathscr{K} \times \mathscr{K} \to \mathscr{K}$ ein Funktor sein soll, konsistent, falls die Mengen $\mathscr{K}_{AB} = \mathrm{Hom}_{\mathscr{K}}(A, B)$ $(A, B \in \mathrm{ob}\,\mathscr{K})$ nicht disjunkt sind. In diesem allgemeineren Fall ist der Funktor $\otimes$ gegeben durch die Zuordnung

$$\mathrm{ob}\,(\mathscr{K} \times \mathscr{K}) \to \mathrm{ob}\,\mathscr{K}, \quad \langle A, B \rangle \mapsto A \otimes B,$$

zusammen mit einer Klasse von Abbildungen

$$\otimes = \langle \otimes_{ARBS} \mid A, B, R, S \in \mathrm{ob}\,\mathscr{K} \rangle,$$

$$\otimes_{ARBS} : \mathscr{K}_{AR} \times \mathscr{K}_{BS} \to \mathscr{K}_{A\otimes B, R\otimes S},$$

$$\langle a: A \to R, \quad b: B \to S \rangle \mapsto a \otimes_{ARBS} b: A \otimes B \to R \otimes S,$$

so daß die Assoziativgesetze

(i) $(A \otimes B) \otimes C = A \otimes (B \otimes C), \ \forall\ A, B, C \in \mathrm{ob}\,\mathscr{K}$;

(ii) $(a \otimes_{ARBS} b) \otimes_{A\otimes B, R\otimes S, C, T} c$
$= a \otimes_{A, R, B\otimes C, S\otimes T} (b \otimes_{BSCT} c)$,
$\forall\, a: A \to R, \quad b: B \to S, \quad c: C \to T \in \mathscr{K}$;

und die Identitätsgesetze

(ii) $1_I \otimes_{IIAB} a = a \otimes_{ABII} 1_I = a$

für $a: A \to B$ und $1_I: I \to I$ gelten.

Es sei $\mathscr{K}$ eine Kategorie, deren Mengen $\mathscr{K}_{AB}$ nicht notwendig disjunkt sind und $\mathscr{K}^*$ die ihr eineindeutig zugeordnete Kategorie mit disjunkten Mengen

$$\mathscr{K}^*_{AB} = \{\langle A, B, f\rangle \mid f: A \to B \in \mathscr{K}_{AB}\},$$

($A, B \in \text{ob}\,\mathscr{K} = \text{ob}\,\mathscr{K}^*$). Ist $\langle \mathscr{K}, \otimes, I\rangle$ eine KRONECKER-Kategorie, so definiere man

$$\otimes^* : \mathscr{K}^* \times \mathscr{K}^* \to \mathscr{K}^* \quad \text{gemäß}$$

$$\langle A, B\rangle \mapsto A \otimes B,$$

$$\langle A, C, a: A \to C\rangle \otimes^* \langle B, D, b: B \to D\rangle = \langle A \otimes B, C \otimes D, a \otimes_{ACBD} b\rangle.$$

Man verifiziere: Genau dann ist $\langle \mathscr{K}, \otimes, I\rangle$ eine KRONECKER-Kategorie, wenn dies für $\langle \mathscr{K}^*, \otimes^*, I^*\rangle$ zutrifft.

Bezeichnet $\mathscr{K}_1$ die Kategorie aller (kleinen) KRONECKER-Kategorien und $\mathscr{K}_2$ die Kategorie aller (kleinen) KRONECKER-Kategorien $\mathscr{K}$ mit disjunkten Mengen $\mathscr{K}_{AB}$, so hat man das Funktorpaar der Inklusion $\mathscr{K}_2 \to \mathscr{K}_1$ und der oben erklärten Zuordnung (*): $\mathscr{K}_1 \to \mathscr{K}_2$, das eine natürliche Äquivalenz vermittelt.

1.5.3. Es sei $\mathbf{Z}$ der Ring der ganzrationalen Zahlen, $R = \mathbf{Z}[x_i \mid i \in U]$ der Polynomring in beliebig vielen kommutativen Unbestimmten x_i über $\mathbf{Z}$, z eine ganzrationale Zahl $\geqq 2$ und $\langle \mathscr{M}, \otimes, 0\rangle$ die KRONECKER-Kategorie aller Matrizen endlichen rechteckigen Formats $z^n \times z^m$ ($n, m \geqq 0$) über R bezüglich der gewöhnlichen Multiplikation AB von Matrizen $A: n \to m$ (d. h., A hat das Format $z^n \times z^m$), $B: m \to l$ (d. h., B hat das Format $z^m \times z^l$) als Morphismenkomposition und mit dem gewöhnlichen KRONECKER-Produkt $\otimes$ von Matrizen; $1: 0 \to 0$ ist die einelementige Einheitsmatrix.

Bezeichnet $V = V^1$ den Vektorraum der Dimension z über R und $V^r = V \otimes \cdots \otimes V$ (r-mal) (mit $\otimes = \otimes_R$) das r-fache Tensorprodukt von V mit sich, so läßt sich jede Matrix $X: n \to m \in M$ als eine lineare Transformation

$$X: V^n \to V^m, \quad a_1 \otimes \cdots \otimes a_n \mapsto \Sigma_{a_1{}^1, \ldots, a_m{}^1}\, x^{a_1 \cdots a_n}_{a_1{}^1 \cdots a_m{}^1}\, a_1{}^1 \otimes \ldots \otimes a_m{}^1,$$

auffassen, wobei jedes a_i und jedes $a_i{}^1$ eine Basis von V über R durchläuft.

Die additive Halbgruppe H der nichtnegativen ganzrationalen Zahlen ist offenbar ein von der Zahl 1 erzeugtes freies Monoid.

1.5.3.1. Es sei $G = \cup_{n,m \in H} G_{nm}$ eine beliebige disjunktzerlegte Menge. Es sei $\varphi = \langle \varphi_{nm}\rangle_{n,m \in H}$ die folgende Familie von Abbildungen $\varphi_{nm}: G_{nm} \to \mathscr{M}_{nm}$, $\text{Hom}_{\mathscr{M}}(n, m) = \mathscr{M}_{nm}$. Jedem $g \in G_{nm}$ sei eine Matrix $\varphi_{nm}(g): n \to m$ (vom Format $z^n \times z^m$) derart zugeordnet, daß die Elemente der Matrix $\varphi_{nm}(g)$ paarweise verschiedene Unbestimmte aus $\{x_i\}_{i \in U}$ sind. Diese Zuordnung sei so gewählt, daß für jedes Paar $\langle f, g\rangle$ ($f \in G_{kl}$, $g \in G_{nm}$) auch sämtliche in den Matrizen $\varphi_{kl}(f)$, $\varphi_{nm}(g)$ auftretenden Unbestimmten paarweise voneinander verschieden sind. Das läßt sich durch geeignete Wahl der Kardinalzahl von U offenbar stets erreichen. Damit ist gewährleistet, daß φ eine Familie von Injektionen ist. Dieses Beispiel kann als eine Rechtfertigung für die Wahl der Bezeichnung „KRONECKER-Kategorie" angesehen werden.

1.5.3.2. Es besteht die Vermutung, daß die von der Familie $\langle \varphi_{nm} G_{nm}\rangle_{n,m \in H}$ erzeugte Teilalgebra von $\langle \mathscr{M}, \otimes, 0\rangle$ (als Multialgebra aus *Kron* betrachtet) zu der von den G_{nm} frei erzeugten Algebra $\mathscr{F}(G)$ aus 1.3.1 isomorph ist.

1.5.3.3. Man konstruiere analog zu 1.5.3.1. im Fall eines Monoids $\langle H, \otimes, I\rangle$, das von einer beliebigen Menge J frei erzeugt ist, zu einer beliebigen disjunkt zerlegten Menge $G = \cup_{A,B} G_{AB}$ eine konkrete Familie $\varphi = \langle \varphi_{AB}\rangle_{A,B \in H}$ von Injektionen

$\varphi_{AB}: G_{AB} \to \mathscr{S}_{AB}, \mathscr{S}_{AB} = \mathrm{Hom}_{\mathscr{S}}(\sigma A, \sigma B)$, in eine geeignete Algebra $\mathscr{S} = \langle \mathscr{S}, \sigma, \otimes, I\rangle$ aus *Kron*. Dazu bilde man eine Familie $\langle V_j \mid j \in J\rangle$ von Vektorräumen V_j der Dimension $z_j \geqq 2$ über R und betrachte die linearen Transformationen

$$X: V_{j_1} \otimes \cdots \otimes V_{j_n} \to V_{k_1} \otimes \cdots \otimes V_{k_m}.$$

1.5.3.4. Es besteht die zu 1.5.3.2 analoge Vermutung bezüglich der zu 1.5.3.1 analogen Konstruktion 1.5.3.3.

2. Freie Kronecker-Kategorien und Semi-Thue-Systeme

Freie KRONECKER-Kategorien sind eineindeutig den Semi-THUE-Systemen zugeordnet. Daraus ergibt sich die Bedeutung der freien KRONECKER-Kategorien für die Theorie der formalen Sprachen. Hierzu vgl. G. HOTZ (1966, 1967a, 1967b, 1968, 1969), C.-P. SCHNORR (1968, 1969), C.-P. SCHNORR—H. WALTER (1969), D. B. BENSON (1970). Im folgenden werden wir, ohne auf diese Bedeutung ausführlich einzugehen, einige für die algebraischen Eigenschaften freier KRONECKER-Kategorien wichtige Zusammenhänge zu Semi-THUE-Systemen herstellen.

2.1. Normalformen in freien Kronecker-Kategorien

Es sei $G = \bigcup_{A,B\in H} G_{AB}$ eine disjunkt zerlegte Menge und $\mathscr{F}(G)$ die von der Mengenfamilie $\langle G_{AB}\rangle_{A,B\in H}$ frei bezüglich Inklusionen erzeugte KRONECKER-Kategorie aus *Kron* ($\sigma: H \to \mathrm{ob}\,\mathscr{F}(G) = \mathrm{id}_H$).

Eine sequentielle Darstellung eines Elementes $s \in \mathscr{F}(G)$ in der Form

$$s = s_1 \cdot \ldots \cdot s_n \text{ mit } s_i = 1_{C_i} \otimes g_i \otimes 1_{D_i} \quad (g_i \in G_{A_iB_i}) \tag{1}$$

heißt *kanonisch* oder auch eine *Normalform*, falls $n = 1$ oder

$$l(C_{i-1}) < l(C_i) + l(A_i), \quad i = 2, \ldots, n.$$

Dabei bezeichnet $l(A)$ die Länge eines Objekts $A \in \mathrm{ob}\,\mathscr{F}(G) = H$ als Wort des von J frei erzeugten Monoids H, d. h., es ist $l(I) = 0$ und induktiv $l(A \otimes B) = l(A) + 1$ für $A \in H, B \in J$.

Nicht jedes Element von $\mathscr{F}(G)$ läßt sich in Normalform darstellen, wie folgendes Beispiel (G. HOTZ, 1966) zeigt.

Es sei $f_{IA} \in G_{IA}$, $g_{AI} \in G_{AI}$, $h_{IB} \in G_{IB}$, $k_{BI} \in G_{BI}$. Dann ist $a = f_{IA} g_{AI} h_{IB} k_{BI}$ keine Normalform, da $g_{AI} h_{IB}$ keine Normalform ist. Es gilt $a = f_{IA}(1_A \otimes h_{IB}) \cdot (g_{AI} \otimes 1_B)\, k_{BI}$; dies ist keine Normalform, da $(1_A \otimes h_{IB})\,(g_{AI} \otimes 1_B)$ nicht kanonisch ist. Weiter gilt $a = h_{IB}(f_{IA} \otimes 1_B)\,(g_{AI} \otimes 1_B) k_{BI}$; dies ist nicht kanonisch, da $h_{IB}(f_{IA} \otimes 1_B)$ nicht kanonisch ist. Ähnlich behandelt man die übrigen möglichen sequentiellen Darstellungen von a.

2.1.1. (G. HOTZ, 1966). ***Enthält eine sequentielle Darstellung* (1) *eines Elementes* $s \in \mathscr{F}(G)$ *nicht zugleich Faktoren* $g_i: A_i \to B_i$, $g_j: A_j \to B_j$ $(i \neq j)$ *mit* $A_i = B_j = I$, *so läßt sich* s *auf Normalform bringen.***

Beweis durch Induktion nach der Länge $n \geqq 1$ der sequentiellen Darstellung (1) von s. Die Behauptung sei bewiesen für alle Elemente, die eine sequentielle Darstellung (1) der Länge $n-1$ besitzen. Es sei s ein Element mit einer sequentiellen Darstellung (1) der Länge n, die der Voraussetzung von 2.1.1 genügt. Dann genügt auch $s' = s_2 \cdot \cdots \cdot s_n$ dieser Voraussetzung und kann daher in Normalform angenommen werden. Für $l(C_1) < l(C_2) + l(A_2)$ ist $s = s_1 s' = s_1 s_2 \cdots s_n$ bereits in Normalform. Es sei $l(C_1) \geqq l(C_2) + l(A_2)$. Dann kann C_1 in der Form $C_1 = C_2 \otimes A_2 \otimes E_2$ geschrieben werden, so daß s_1 mit s_2 vertauschbar ist. Man erhält

$$s = (1_{C_2} \otimes g_2 \otimes 1_{E_2 A_1 D_1})\,(1_{C_2 B_2 E_2} \otimes g_1 \otimes 1_{D_1})\, s_3 \cdot \cdots \cdot s_n. \tag{2}$$

Für $l(C_2) + l(B_2) + l(E_2) < l(C_3) + l(A_3)$ ist (2) in Normalform. Es sei $l(C_2) + l(B_2) + l(E_2) \geqq l(C_3) + l(A_3)$, so daß $C_2 \otimes B_2 \otimes E_2$ in der Form $C_2 \otimes B_2 \otimes E_2 = C_3 \otimes A_3 \otimes E_3$ geschrieben werden kann. Da dann $1_{C_2 B_2 E_2} \otimes g_1 \otimes 1_{D_1}$ mit s_3 vertauschbar ist, wird aus (2):

$$s = (1_{C_2} \otimes g_2 \otimes 1_{E_2 A_1 D_1})\,(1_{C_3} \otimes g_3 \otimes 1_{E_3 A_1 D_1})$$

$$\cdot\,(1_{C_3 B_3 E_3} \otimes g_1 \otimes 1_{D_1}) s_4 \cdot \cdots \cdot s_n. \tag{3}$$

Hierin ist das Produkt der drei ersten Faktoren und $s_4 \cdot \cdots \cdot s_n$ in Normalform. Für $l(C_3 \otimes B_3 \otimes E_3) < l(C_4 \otimes A_4)$ hat (3) Normalform; im anderen Falle setze man die Vertauschung des g_1 enthaltenden Faktors fort. In dieser Weise erhält man schließlich eine Normaldarstellung für s. ■

2.1.2. *In einer sequentiellen Darstellung* (1) *eines Elementes* $s \in \mathcal{F}(G)$ *läßt sich der k-te Faktor s_k von s genau dann durch Vertauschung vertauschbarer benachbarter Faktoren an die erste Stelle bringen, wenn für $k > 1$ in* (1) *jeder Faktor s_i $(1 \leqq i < k)$ von s die Form*

$$s_i = f_i \otimes 1_{A_k} \otimes h_i \tag{4}$$

hat, worin einer der Morphismen f_i, h_i ein identischer Morphismus, der andere von der Form

$$1_{F_i} \otimes g_i \otimes 1_{H_i} \tag{5}$$

und

$$s_1 \cdots s_k = f_1 \cdots f_{k-1} \otimes g_k \otimes h_1 \cdots h_{k-1}$$

$$= (1_L \otimes g_k \otimes 1_M)\, s_1{}^* \cdots s_{k-1}^* \tag{6}$$

ist, mit

$$s_i{}^* = f_i \otimes 1_{B_k} \otimes h_i \quad (1 \leqq i < k). \tag{7}$$

Der Beweis folgt unmittelbar aus der Definition der Vertauschbarkeit. ■

Auf Grund von 2.1.2 ergibt sich die Eindeutigkeit der kanonischen Darstellung, die bei G. HOTZ (1966) unter einer zusätzlichen Annahme über G, hier ohne jede Einschränkung bewiesen wird.

2.1.3. *Zwei kanonische Darstellungen eines Morphismus $s \in \mathscr{F}(G)$ stimmen überein.*

Beweis. Es seien

$$s = s_1 \cdot \dots \cdot s_n = s_1' \cdot \dots \cdot s_{n'}', \tag{8}$$

zwei kanonische Darstellungen von $s \in \mathscr{F}(G)$. Zufolge 1.3.2 kann die erste in die zweite Darstellung durch ein rein formales Verfahren, nämlich durch Vertauschung vertauschbarer benachbarter Faktoren überführt werden. Wir denken uns eine solche Vertauschungskette fest gewählt. Offenbar ist $n = n'$. Es sei bereits bewiesen, daß dabei s_1 in $s_1, \dots, s_{k-1}$ in s_{k-1} überführt, d. h. $s_1 = s_1', \dots, s_{k-1} = s_{k-1}'$ wird. Dann muß für $i \geqq k$ in (8) jeder Faktor s_i in einen der Faktoren $s_k', \dots, s_n'$ überführt werden, d. h., es besteht die Gleichung

$$s_k s_{k+1} \cdot \dots \cdot s_n = s_k' s_{k+1}' \cdot \dots \cdot s_n' \tag{9}$$

deren beide Seiten kanonisch sind. Wir zeigen, daß in (9) s_k in s_k überführt, d. h. $s_k = s_k'$ wird. Induktiv schließt man daraus sofort, daß $s_1 = s_1', \dots, s_n = s_n'$ sein muß.

Offenbar genügt es zu zeigen, daß allgemein bei der Überführung der kanonischen Zerlegungen von (8) der erste Faktor s_1 stets in s_1 überführt, d. h. $s_1' = s_1$ wird. Es werde s_1 in $s_j' = 1_{C_j'} \otimes g_1 \otimes 1_{D_j'}$ und s_k in $s_1' = 1_{C_1'} \otimes g_k \otimes 1_{D_1'}$ überführt. Da sich s_k in s_1' überführen, also an die erste Stelle bringen läßt, hat die erste kanonische Zerlegung von (8) zufolge 2.1.2 die Gestalt

$$s = (f_1 \otimes 1_{A_k} \otimes h_1) \cdot \dots \cdot (f_{k-1} \otimes 1_{A_k} \otimes h_{k-1})\,(1_{C_k} \otimes g_k \otimes 1_{D_k})\, s_{k+1} \cdot \dots \cdot s_n. \tag{10}$$

Dabei ist f_i oder h_i $(i < k)$ ein identischer Morphismus. Insbesondere hat man

$$f_1 = 1_{C_1} \otimes g_1 \otimes 1_{H_1}, \quad 1_{D_1} = 1_{H_1 A_k} \otimes h_1 \tag{11}$$

für geeignetes H_1 oder

$$h_1 = 1_{F_1} \otimes g_1 \otimes 1_{D_1}, \quad 1_{C_1} = f_1 \otimes 1_{A_k F_1} \tag{12}$$

für geeignetes F_1. Im Fall (12) ist (10) nicht kanonisch. Um dies einzusehen, betrachten wir zuerst den Fall, daß h_{k-1} nicht ein identischer Morphismus, also

$$s_{k-1} = f_{k-1} \otimes 1_{A_k} \otimes h_{k-1} = 1_{C_k} \otimes 1_{A_k} \otimes 1_{F_{k-1}} \otimes g_{k-1} \otimes 1_{D_{k-1}}$$

ist. Da $l(C_k \otimes A_k \otimes F_{k-1}) \geqq l(C_k \otimes A_k)$, ist (10) in diesem Fall nicht kanonisch. Nun sei h_{k-1} ein identischer Morphismus und h_m das erste h_i von (10), welches ein identischer Morphismus ist. Wegen (12) ist $1 < m \leqq k - 1$.

Mit Rücksicht auf

$$s_{m-1} = 1_{C_m A_m H_m} \otimes 1_{A_k} \otimes 1_{F_{m-1}} \otimes g_{m-1} \otimes 1_{D_{m-1}},$$

$$s_m = 1_{C_m} \otimes g_m \otimes 1_{H_m} \otimes 1_{A_k} \otimes 1_{F_{m-1} B_{m-1} D_{m-1}}$$

und $l(C_m \otimes A_m \otimes H_m \otimes A_k \otimes F_m) \geqq l(C_m \otimes A_m)$ ist (10) auch jetzt nicht kanonisch. Demnach scheidet der Fall (12) aus, und Fall (11) muß vorliegen. Da sich s_1 in s_j' überführen, also auch umgekehrt s_j' an die erste Stelle bringen läßt, hat die zweite kanonische Zerlegung von (8) zufolge 2.1.2 die Gestalt

$$s = (f_1' \otimes 1_{A_1} \otimes h_1') \cdot \dots \cdot (f_{j-1}' \otimes 1_{A_1} \otimes h_{j-1}') (1_{C_j'} \otimes g_1 \otimes 1_{D_j'}) \cdot s_{j+1}' \cdot \dots \cdot s_n', \tag{10'}$$

wobei

$$s = (f_1' \cdot \dots \cdot f_{j-1}' \otimes g_1 \otimes h_1' \cdot \dots \cdot h_{j-1}') s_{j+1}' \cdot \dots \cdot s_n'$$

und f_i' oder h_i' $(i < j)$ ein identischer Morphismus ist. Man unterscheidet wieder zwei Fälle

$$f_1' = 1_{C_1'} \otimes g_k \otimes 1_{H_1'}, \quad 1_{D_1'} = 1_{H_1'A_1} \otimes h_1' \tag{11'}$$

für geeignetes H_1' oder

$$h_1' = 1_{F_1'} \otimes g_k \otimes 1_{D_1'}, \quad 1_{C_1'} = f_1' \otimes 1_{A_1F_1'} \tag{12'}$$

für geeignetes F_1'. Da (10′) kanonisch ist, scheidet der Fall (12′) (aus den gleichen Gründen wie (12)) aus. Die Überführbarkeit von (10) in (10′) bedeutet indessen gerade, daß der Fall (12′) vorliegen muß. Damit hat man einen Widerspruch. ∎

2.2. Semi-THUE-Systeme

Es sei J eine Menge, $H = \langle H, \otimes, I \rangle$ das von J frei erzeugte Monoid und G eine (endliche) Menge von Tripeln der Form $\langle A, B, p \rangle$ mit A, $B \in H$. Dann heißt $S = \langle J, G \rangle$ ein Semi-Thue-*System* mit dem Alphabet J und der Menge G der *Produktionen*. Wenn $\langle A, B, p \rangle = r \in G$ $(A, B \in H)$, wird auch $r: A \dashrightarrow B$ geschrieben. Die üblicherweise an Semi-Thue-Systeme gestellte Forderung, daß aus r, s: $A \dashrightarrow B \in G$ stets folgt $r = s$, lassen wir fallen.

Eine *Ableitung* x von U zu V (der Länge n) (in Zeichen x: $U \to V$ $(U, V \in H)$ ist ein Tripel

$$x = \langle \langle U_0, \dots, U_n \rangle, \langle r_0, \dots, r_{n-1} \rangle, \langle M_0 - N_0, \dots, M_{n-1} - N_{n-1} \rangle \rangle, \tag{1}$$

mit $U_0 = U$, $U_n = V$, $(n \geqq 0;\ U_0, \dots, U_n,\ M_0, \dots, M_{n-1},\ N_0, \dots, N_{n-1} \in H)$ und

$$U_i = M_i \otimes A_i \otimes N_i, \quad U_{i+1} = M_i \otimes B_i \otimes N_i, \quad r_i: A_i \dashrightarrow B_i$$

$(i < n)$ (vgl. D. B. Benson, 1970).

Wenn x: $U \to V$ und y: $V \to W$ Ableitungen sind, wobei

$$y = \langle \langle V_0, \dots, V_m \rangle, \langle s_0, \dots, s_{m-1} \rangle, \langle P_0 - Q_0, \dots, P_{m-1} - Q_{m-1} \rangle \rangle \tag{2}$$

ist, so ist ihr *Kompositum* $xy\colon U \to W$ die Ableitung

$$xy = \langle a, b, c \rangle,$$

mit

$$a = \langle U_0, \ldots, U_n, V_1, \ldots, V_m \rangle,$$

$$b = \langle r_0, \ldots, r_{n-1}, s_0, \ldots, s_{m-1} \rangle,$$

$$c = \langle M_0 - N_0, \ldots, M_{n-1} - N_{n-1},$$

$$P_0 - Q_0, \ldots, P_{m-1} - Q_{m-1} \rangle.$$

Die Ableitung

$$x' = \langle a, b, c \rangle\colon M \otimes U \otimes N \to M \otimes V \otimes N,$$

mit

$$a = \langle M \otimes U_0 \otimes N, \ldots, M \otimes U_n \otimes N \rangle,$$

$$b = r = \langle r_0, \ldots, r_{n-1} \rangle,$$

$$c = \langle M \otimes M_0 - N_0 \otimes N, \ldots, M \otimes M_{n-1} - N_{n-1} \otimes N \rangle$$

wird die (M, N)-*Erweiterung* der Ableitung

$$x = \langle \langle U_0, \ldots, U_n \rangle, r, \langle M_0 - N_0, \ldots, M_{n-1} - N_{n-1} \rangle \rangle\colon U \to V$$

genannt.

Aus den Definitionen folgt:

2.2.1. *Sind x, y Morphismen gemäß (1), (2) und sind $x', y', (x\,y)'$ für $M, N \in H$ entsprechend (M, N)-Erweiterungen von x, y, xy, so gilt $(xy)' = x'y'$.* ∎

Eine Ableitung der Länge Null $1_U = \langle \langle U \rangle, \langle \rangle, \langle \rangle \rangle\colon U \to U$ heißt die *U-identische Ableitung*. Die Ableitung der Form $\langle \langle A, B \rangle, \langle r \rangle, \langle I - I \rangle \rangle\colon A \to B$ ($r\colon A \dashrightarrow B$) (der Länge 1) kann mit der Produktion r identifiziert werden.

Es gilt:

2.2.2. *Die Gesamtheit der zu einem Semithue-System $S = \langle J, G \rangle$ gehörigen Ableitungen bildet bezüglich der Komposition von Ableitungen eine Kategorie $\mathcal{F}_S$ mit* ob $\mathcal{F}_S = H$, *mit den Ableitungen der Länge Null als identischen Morphismen und den (M, N)-Erweiterungen ($M, N \in H$) von Produktionen als Erzeugenden.*

Beweis. Setzt man ($i < n$)

$$x_i = \langle \langle M_i \otimes A_i \otimes N_i, M_i \otimes B_i \otimes N_i \rangle, \langle r_i \rangle, \langle M_i - N_i \rangle \rangle\colon U_i \to U_{i+1}, \quad (3)$$

so läßt sich die Ableitung x von (1) in der Form

$$x = x_0 x_1 \cdots x_{n-1}\colon U \to V \quad (4)$$

schreiben. ∎

Aus (1), (3), (4) und 2.2.1 folgt unmitelbar:

2.2.3. *Jedes von einem identischen Morphismus verschiedene Element* $x \in \mathscr{F}_S$ *läßt sich auf genau eine Weise in der Form* (4) *mit Faktoren* x_i *gemäß* (3) *darstellen* ($r_i: A_i \dashrightarrow B_i$, $i < n$). *Sind* x', x_0', x_1', ..., x'_{n-1} *entsprechend* (M, N)*-Erweiterungen von* x, x_0, x_1, ..., x_{n-1}, *so gilt* $x' = x'_0\, x_1' \cdot \cdots \cdot x'_{n-1}$, *und diese Zerlegung hat wieder die Form* (3), (4). ∎

In $\mathscr{F}_S$ werde wie folgt eine Verknüpfung $\otimes$ eingeführt. Für $x: U \to V$, $y: Z \to W$ sei x' die (I, Z)-Erweiterung von x und y' die (V, I)-Erweiterung von y. Dann setze man

$$x \otimes y = x'y': U \otimes Z \to V \otimes W. \tag{5}$$

Offenbar ist $\mathscr{F}_S$ bezüglich $\otimes$ ein Monoid mit dem Einselement $1_I: I \to I$. Es gilt

$$1_A \otimes 1_B = 1_{A \otimes B} \text{ für } A, B \in H, \tag{6}$$

und für die (M, N)-Erweiterung x' von $x: U \to V$ hat man

$$x' = 1_M \otimes x \otimes 1_N: M \otimes U \otimes N \to M \otimes V \otimes N.$$

Daraus folgt durch Bildung von (I, N)-Erweiterungen

$$xy \otimes 1_N (= (xy)' = x'y') = (x \otimes 1_N)\,(y \otimes 1_N) \tag{7}$$

und durch Bildung von (M, I)-Erweiterungen

$$1_M \otimes xy \,(= (xy)' = x'y') = (1_M \otimes x)\,(1_M \otimes y). \tag{8}$$

Die Definitionsgleichung (5) nimmt die Form an:

$$x \otimes y = (x \otimes 1_Z)\,(1_V \otimes y). \tag{9}$$

Aus (7), (8), (9) folgt erneut die Gültigkeit des Assoziativgesetzes für $\otimes$.

Nach Konstruktion von $\mathscr{F}_S$ gilt:

2.2.4. *Das Paar* $\langle \mathscr{F}_S, \otimes \rangle$ *ist in der Kategorie* **L** *aller Multialgebren* $\langle \mathscr{K}, \otimes \rangle$, *in denen* $\mathscr{K}$ *eine kleine Kategorie,* $\langle \mathscr{K}, \otimes, 1_I \rangle$ *ein Monoid und die Identitäten* (6), (9), (7), (8) *erfüllt sind, die von dem Mengensystem* $\langle G_{AB} \rangle_{A,B \in H}$ *(mit* $G_{AB} = \{r \mid r: A \dashrightarrow B \in G\}$) *frei bezüglich Inklusionen erzeugte Multialgebra.* (Es ist $G = \bigcup_{A,B \in H} G_{AB}$.) ∎

Betrachtet man die durch Pfeilumkehr an den Elementen aus $G\big((A \dashrightarrow B) \to (B \dashrightarrow A)\big)$ entstehende Symbolmenge G^*, so ist die von dem Mengensystem $\langle G^*_{AB} \rangle_{A,B \in H}$ frei bezüglich Inklusionen erzeugte Multialgebra $\mathscr{F}_S^*$ aus **L** zu $\mathscr{F}_S$ als Kategorie dual. Eine Ableitung aus $\mathscr{F}_S^*$ heißt auch *Coableitung* aus $\mathscr{F}_S$.

Aus 2.2.4 folgt sofort:

2.2.5. *Es sei* $(\sim)$ *die von den Paaren*

$$\langle (x \otimes 1_Z)\,(1_V \otimes y),\ (1_U \otimes y)\,(x \otimes 1_W) \rangle \tag{10}$$

(für $x: U \to V$, $y: Z \to W \in \mathcal{F}_S$) erzeugte Kongruenz in der Multialgebra $\langle \mathcal{F}_S, \otimes \rangle$, die auch als Ähnlichkeit bezeichnet werde.

Dann ist die Algebra $\langle \mathcal{F}_S, \otimes \rangle / (\sim)$ der Kongruenzklassen von $\langle \mathcal{F}_S, \otimes \rangle$ bezüglich der Ähnlichkeit $(\sim)$ isomorph zu der von dem System $\langle G_{AB} \rangle_{A,B \in H}$ frei bezüglich Inklusionen erzeugten KRONECKER-*Kategorie $\mathcal{F}(G)$ $(G = \bigcup_{A,B \in H} G_{AB})$.* ■

Die freie Algebra $\langle \mathcal{F}_S, \otimes \rangle$ liegt in gewissem Sinne zwischen den freien Algebren $\mathcal{F}'(G)$ (vgl. Beweis von 1.3.2) und $\mathcal{F}(G)$. Die in 2.1 gegebene Definition einer Normalform für die Elemente von $\mathcal{F}(G)$ gilt ebenfalls für die Elemente von $\mathcal{F}_S$. Die Sätze 2.1.1, 2.1.3 übertragen sich auf $\mathcal{F}_S$ und besagen dann, daß unter den dort gemachten Voraussetzungen über G jedes Element von $\mathcal{F}_S$ zu genau einer Normalform ähnlich ist. Hinsichtlich der Ähnlichkeit $(\sim)$ gilt folgende Verschärfung von 2.2.5.

2.2.6. *Man betrachte $\mathcal{F}_S$ als eine Kategorie (d. h., man vernachlässige die Operation $\otimes$) und bilde die von den Paaren (10) in $\mathcal{F}_S$ erzeugte Kongruenz $(\approx)$.*
Dann ist diese Kongruenz bereits mit der Ähnlichkeit identisch.

Beweis. Es seien $a: A \to U \otimes Z$, $b: V \otimes W \to B$, $c: C \to D$ Morphismen aus $\mathcal{F}_S$. Dann hat man

$$\begin{aligned} a(x \otimes 1_Z)(1_V \otimes y)\, b \otimes c &= \big(a(x \otimes 1_Z)(1_V \otimes y)\, b \otimes 1_C\big)(1_B \otimes c) \\ &\approx (1_A \otimes c)(a(x \otimes 1_Z)(1_V \otimes y)\, b \otimes 1_D) \\ &= (1_A \otimes c)(a \otimes 1_D)(x \otimes 1_{ZD})\big(1_V \otimes (y \otimes 1_D)\big)(b \otimes 1_D) \\ &\approx (1_A \otimes c)(a \otimes 1_D)(1_U \otimes (y \otimes 1_D))(x \otimes 1_{WD})(b \otimes 1_D) \\ &= (1_A \otimes c)(a(1_U \otimes y)(x \otimes 1_W)\, b \otimes 1_D) \\ &\approx \big(a(1_U \otimes y)(x \otimes 1_W)\, b \otimes 1_C\big)(1_B \otimes c) = a(1_U \otimes y)(x \otimes 1_W)\, b \otimes c. \end{aligned}$$

Entsprechend folgt:

$$c \otimes a(x \otimes 1_Z)(1_V \otimes y)\, b \approx c \otimes a(1_U \otimes y)(x \otimes 1_W)\, b.$$

Hieraus folgt unter Beachtung der üblichen konstruktiven Erzeugungsweise einer Kongruenz, daß $(\approx)$ auch mit der Operation $\otimes$ verträglich ist. Nach Definition gilt $(\approx) \subseteq (\sim)$, somit ist $(\approx) = (\sim)$. ■

2.3. Interpretation und Semantik

Ein mit der Operation $\otimes$ verträglicher Funktor $\Phi: \mathcal{F}_S^{\bullet} \to \boldsymbol{Ens}$ mit $\Phi(A) \neq \emptyset$ für alle $A \in H$ und $\Phi(I) = I$ heißt eine *Interpretation*. Dabei ist $\mathcal{F}_S^{\bullet}$ die zu $\mathcal{F}_S$ duale Kategorie.

Das Bild $\Phi(\mathcal{F}_S) \subseteq \boldsymbol{Ens}$ (das im allgemeinen keine Teilkategorie von $\boldsymbol{Ens}$ ist) heißt in der Theorie der formalen Sprachen die *Semantik* der Intrepretation Φ

(hierzu vgl. D. B. Benson, 1970). Ersetzt man $\mathcal{F}_S^*$ in der Definition einer Interpretation Φ durch $\mathcal{F}_S$, so erhält man den Begriff einer *Cointerpretation,* den wir hier aus schreibtechnischen Gründen bevorzugt verwenden. Eine Cointerpretation Φ ist bereits eindeutig bestimmt durch ihre Belegung $\Phi|_{\mathrm{ob}\mathcal{F}_s}$ der Objekte und ihre Belegung $\Phi|_G$ des Erzeugendensystems.

2.3.1. *Ein Funktor Φ: $\mathcal{F}_S \to$ Ens ist genau dann eine Cointerpretation, wenn:*

(i) $\Phi(A) \neq \emptyset$ *für alle* $A \in J$, $\Phi(I) = I$,

(ii) $\Phi(A \otimes B) = \Phi(A) \otimes \Phi(B)$, $\forall A \in J$; $B \in H$,

(iii) $\Phi(1_C \otimes x \otimes 1_D) = 1_{\Phi C} \otimes \Phi x \otimes 1_{\Phi D}$, $\forall x \in \mathcal{F}_S$; $C, D \in H$.

(iii) *kann dabei ersetzt werden durch:*

(iii') $\Phi(1_C \otimes g \otimes 1_D) = 1_{\Phi C} \otimes \Phi g \otimes 1_{\Phi D}$, $\forall g \in G$; $C, D \in H$.

Beweis. Es seien (i), (ii), (iii) erfüllt. Zufolge 2.2.(9) gilt

$$\begin{aligned}\Phi(x \otimes y) &= \Phi(x \otimes 1_Z)\,\Phi(1_V \otimes y)\\ &= (\Phi x \otimes 1_{\Phi Z})\,(1_{\Phi V} \otimes \Phi y) = \Phi x \otimes \Phi y\end{aligned}$$

und daher die Verträglichkeit von Φ mit $\otimes$. Es sei (i), (ii), (iii') erfüllt und $x = x_0 x_1 \cdot \dots \cdot x_{n-1}\colon U \to V$, $y = y_0 y_1 \cdot \dots \cdot y_{m-1}\colon Z \to W$, wobei gilt

$$x_i = 1_{C_i} \otimes g_i \otimes 1_{D_i},\ y_j = 1_{P_j} \otimes h_j \otimes 1_{Q_j};\ g_i,\ h_j \in G,\ i < n,\ j < m.$$

Dann hat man

$$x \otimes y = x'y' = x_0' \cdot \dots \cdot x_{n-1}' y_0' \cdot \dots \cdot y_{m-1}'$$

mit

$$x_i' = 1_{C_i} \otimes g_i \otimes 1_{D_i Z},\ y_j' = 1_{VP_j} \otimes h_j \otimes 1_{Q_j}$$

und

$$\Phi(x \otimes y) = \Phi x_0' \cdot \dots \cdot \Phi x_{n-1}' \Phi y_0' \cdot \dots \cdot \Phi y_{m-1}'$$

mit $\Phi x_i' = 1_{\Phi C_i} \otimes \Phi g_i \otimes 1_{\Phi D_i \Phi Z}$, $\Phi y_j' = 1_{\Phi V \Phi P_j} \otimes \Phi h_j \otimes 1_{\Phi Q_j}$, folglich

$$\begin{aligned}\Phi(x \otimes y) &= (\Phi x_0)' \cdot \dots \cdot (\Phi x_{n-1})'\,(\Phi y_0)' \cdot \dots \cdot (\Phi y_{m-1})'\\ &= (\Phi x)'\,(\Phi y)' = \Phi x \otimes \Phi y,\end{aligned}$$

worin $(\Phi x_i)' = \Phi x_i \otimes 1_{\Phi Z}$, $(\Phi y_j)' = 1_{\Phi V} \otimes \Phi y_j$, $(\Phi x)' = \Phi x \otimes 1_{\Phi Z}$, $(\Phi y)' = 1_{\Phi V} \otimes \Phi y$ ist.

Analog schließt man, falls x oder y ein identischer Morphismus ist. Wenn $x = 1_A$ $y = 1_B$, so wird $\Phi(x \otimes y) = \Phi\, 1_{A \otimes B} = 1_{\Phi A \otimes \Phi B} = 1_{\Phi A} \otimes 1_{\Phi B} = \Phi x \otimes \Phi y$. ■

Aus der Definition des Begriffs einer Cointerpretation Φ: $\mathcal{F}_S \to$ *Ens* geht hervor, daß für die von Φ in $\mathcal{F}_S$ induzierte Äquivalenz $0\,\Phi^{-1} = \{\langle a, b\rangle \mid a, b \in \mathcal{F}_S, \Phi a = \Phi b\}$ folgendes zutrifft.

2.3.2. *Setzt man* $|F_S = \bigcup_{A,B \in H} \mathrm{Hom}_{\mathcal{F}_s}(A, B) \times \mathrm{Hom}_{\mathcal{F}_s}(A, B)$, *so ist*

$$0\Phi^{-1} \cap |\mathcal{F}_s$$

eine Kongruenz in der Multialgebra $\mathcal{F}_S$, so daß für die Ähnlichkeit die Beziehung

$$(\sim) \subseteq 0\,\Phi^{-1} \cap |_{\mathcal{F}_S} \subseteq 0\,\Phi^{-1}$$

besteht.

Beweis. Es ist noch zu zeigen, daß das Erzeugendensystem 2.2.(10) der Kongruenz $(\sim)$ zu $0\,\Phi^{-1}$ gehört. Da *Ens* eine Kronecker-Kategorie und Φ ein mit $\otimes$ verträglicher Funktor ist, so gilt in der Tat

$$\Phi\big((x \otimes 1_Z)\,(1_V \otimes y)\big) = (\Phi x \otimes 1_{\Phi Z})\,(1_{\Phi V} \otimes \Phi y)$$

$$= (1_{\Phi U} \otimes \Phi y)\,(\Phi x \otimes 1_{\Phi W}) = \Phi\big((1_U \otimes y)\,(x \otimes 1_W)\big). \blacksquare$$

Die Aussage 2.3.2 besagt, daß jede Cointerpretation $\Phi\colon \mathcal{F}_S \to Ens$ mit der Ähnlichkeit verträglich ist und daher gemäß dem nachstehenden kommutativen Diagramm einen Kronecker-Funktor Φ_1 induziert.

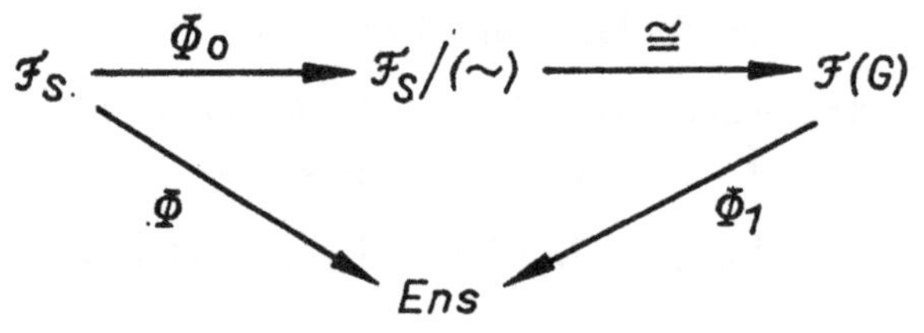

Dabei bedeutet Φ_0 den kanonischen Homomorphismus auf die zu $\mathcal{F}(G)$ isomorphe freie Kronecker-Kategorie $\mathcal{F}_S/(\sim)$ der Ähnlichkeitsklassen von $\mathcal{F}_S$ bezüglich $(\sim)$.

Eine Cointerpretation $\Phi\colon \mathcal{F}_S \to Ens$ heißt *objekttreu*, wenn aus $\Phi A = \Phi B$ stets folgt $A = B$.

2.3.3. *Jede Cointerpretation $\Phi\colon \mathcal{F}_S \to Ens$ gibt Anlaß zu einer objekttreuen Cointerpretation $\Phi_2\colon \mathcal{F}_S \to Ens$.*

Beweis. Es sei *Ens'* die wie folgt definierte Kronecker-Kategorie:

$$\mathrm{ob}\, Ens' = \mathrm{ob}\, \mathcal{F}(G) = \mathrm{ob}\, \mathcal{F}_S = H$$

$$\mathrm{Hom}_{Ens'}(A, B) = \{\langle A, B, \Phi_1 f\colon \Phi A \to \Phi B\rangle \mid f\colon A \to B \in \mathcal{F}(G)\};$$

die Morphismenkomposition und die Operation $\otimes$ übertragen sich von *Ens* auf *Ens'*.

Durch

$$\Phi'\colon \mathcal{F}(G) \to Ens',$$

$$\Phi' \mid_H = \mathrm{id}_H,$$

$$f\colon A \to B\big(\in \mathcal{F}(G)\big) \mapsto \langle A, B, \Phi_1 f\rangle \quad (\in Ens')$$

wird ein objekttreuer Kronecker-Funktor Φ' erklärt.

Es sei Ψ folgender Funktor Ψ: *Ens'* → *Ens*.
Für $A \in H - \{I\}$ sei $H \cap \Phi A = \emptyset$ und $\Psi A = \{\{A\}\} \cup \{\{r\} \mid r \in \Phi A\}$. Dann ist card $\Psi A \geq 2$ und ΨA eine kartesisch unzerlegbare Menge. Weiter sei $\Psi I = I$.
Für $f: A \to B \in \mathscr{F}(G)$ sei

$$\Psi(\langle A, B, \Phi_1 f\rangle) = \Psi\Phi_1 f: \Psi A \to \Psi B$$

wie folgt erklärt.

$$\left.\begin{array}{r}\{A\} \mapsto \{B\},\\ \{r\}\ (r \in \Phi A) \mapsto \{(\Phi_1 f)(r)\}\end{array}\right\}, \quad \text{falls } A, B \neq I.$$

Für $A = I$ sei $\Psi\Phi_1 f$ durch $I \to \{\{B\}\}$ gegeben. Für $B = I$ ist $\Psi\Phi_1 f$ eindeutig festgelegt.

Nach Konstruktion ist das von der Menge $\{\Psi A \mid A \in J\}$ in $\langle Ens, \otimes, I\rangle$ erzeugte Monoid frei.

Für $A, B \in H$ setze man

$$\tilde{\Psi} = \Psi_{AB} = 1_{\Phi A} \otimes c_{\Phi A \Phi B} \otimes 1_{\Phi B}: \Psi A \otimes \Psi B \to \Psi(A \otimes B).$$

Offenbar ist Ψ_{AB} ein Isomorphismus und $\langle \Psi, \tilde{\Psi}\rangle$ ein multiplikativer Funktor im Sinne von 4.1. Daher existiert zufolge 11.1.1.(a) ein Kronecker-Funktor

$$\Psi': Ens' \to Ens,$$

$$A = A_1 \otimes \cdots \otimes A_n \mapsto \Psi A_1 \otimes \cdots \otimes \Psi A_n \qquad (A_i \in J),$$

$$a: A_1 \otimes \cdots \otimes A_n \to B_1 \otimes \ldots \otimes B_m \mapsto \tilde{\Psi}_{A_1 \ldots A_n} \Psi(a)\, \tilde{\Psi}^{-1}_{B_1 \ldots B_m}.$$

Der Funktor

$$\Phi_2 = \mathscr{F}_S \xrightarrow{\Phi_0} \mathscr{F}_S/(\sim) \xrightarrow{\cong} \mathscr{F}(G) \xrightarrow{\Phi'} Ens' \xrightarrow{\Psi'} Ens$$

ist die gesuchte objekttreue Cointerpretation. ■

2.4. Semantische Charakterisierung der Ähnlichkeit von Ableitungen

Es sei *Coint* $\mathscr{F}_S$ die Gesamtheit der Cointerpretationen $\Phi: \mathscr{F}_S \to Ens$. Dann besteht folgende Verschärfung der Aussage 2.3.2.

2.4.1. (D. B. Benson, 1970). *Für die Ähnlichkeit gilt*

$$(\sim) = \bigcap_{\Phi \in Coint \mathscr{F}_S} 0\, \Phi^{-1},$$

falls stets $G_{AI} = \emptyset$ *und* $G_{IA} = \emptyset$ *ist; d. h., zwei Morphismen (Ableitungen) aus* $\mathscr{F}_S$ *sind genau dann einander ähnlich, wenn sie bei allen Cointerpretationen übereinstimmen.*

Beweis. Es wird eine objekttreue Cointerpretation $Q\colon \mathcal{F}_S \to \mathit{Ens}$ konstruiert, aus der jede Ableitung bis auf Ähnlichkeit wiedererkannt werden kann. Dabei wird Q nicht in einem von $\mathcal{F}_S$ unabhängig gegebenen Wertebereich, sondern durch Rückgriff auf eine aus den Elementen von $\mathcal{F}_S$ selber aufgebaute verallgemeinerte Arithmetik G_S realisiert und gestattet eine GÖDEL-Numerierung der Ableitungen in dieser Arithmetik (bis auf Ähnlichkeit).

G_S ist wie folgt definiert:

(i) $\{A\} \in G_S, \quad \forall A \in J,$

(ii) $\{(\{A\}, r, g)\} \in G_S, \ \forall A \in J, \ r \in G, \ g \in G_S,$

(iii) $(h_1, h_2, \ldots, h_n) \in G_S,$

mit

$$h_i = \begin{cases} \{A_i\} & (A_i \in J) \\ \text{oder} & \\ \{(\{A_i\}, r_i, g_i)\} & (A_i \in J, \ r_i \in G, \ g_i \in G_S). \end{cases}$$

Dabei bezeichnet (h_1, h_2) das geordnete Paar aus h_1 und h_2, d. h. $(h_1, h_2) = \{\{h_1\}, \{h_1, h_2\}\}$, und induktiv $(h_1) = h_1$, $(h_1, h_2, \ldots, h_n) = ((h_1, \ldots, h_{n-1}), h_n)$, $n \geqq 2$. Die Elemente von G_S sind als Mengen ein- oder zweielementig.

Wir denken uns die Symbole aus J und G durch einelementige Mengen repräsentiert und überdies so gewählt, daß $\{A\} \notin G$ für alle $A \in J$. Dann ist $(\{A\}, r, g)$ (für $A \in J$, $r \in G$, $g \in G_S$) zweielementig. Denn andernfalls wäre $\{\{\{A\}\}, \{\{A\}, r\}\} = (\{A\}, r) = g$, und da g einelementig ist, wäre $\{A\} = r \in G$, was einen Widerspruch ergibt.

Die Symbole (i), (ii) und (iii) mit $n > 1$ sind paarweise verschiedene Mengen. Denn beispielsweise folgt aus $(h_1, \ldots, h_n) = \{(\{A\}, r, g)\}$ wegen $(h_1, \ldots, h_n) = \{\{(h_1, \ldots, h_{n-1})\}, \{(h_1, \ldots, h_{n-1}), h_n\}\}$, daß

$$\{(h_1, \ldots, h_{n-1})\} = \{(h_1, \ldots, h_{n-1}), h_n\} = (\{A\}, r, g),$$

also

$$\{h_n\} = (\{A\}, r, g)$$

einelementig sein müßte, was einen Widerspruch darstellt. Aus $(h_1, \ldots, h_n) = \{A\}$ $(A \in J)$ folgt analog $\{h_n\} = A$, d. h. $A = \{\{A_n\}\}$ oder $A = \{\{(\{A_n\}, r_n, g_n)\}\}$, mit $A_n \in J$, $r_n \in G$, $g_n \in G_S$. Wir wollen weiterhin ausschließen, daß Elemente von J diese Form besitzen und erhalten dann einen Widerspruch.

Aus der Gleichheit zweier Elemente der Form (iii),

$$(h_1, \ldots, h_n) = (g_1, \ldots, g_m), \qquad 1 < n < m,$$

folgt

$$h_1 = (g_1, \ldots, g_{m-n+1}), \ h_2 = g_{m-n+2}, \ldots, h_n = g_m.$$

Wäre $n \neq m$, so wäre

$$\{A_1\} = (g_1, \ldots, g_{m-n+1}) \text{ oder } \{(\{A_1\}, r_1, g_1)\} = (g_1, \ldots, g_{m-n+1}),$$

was zu einem Widerspruch führt. Daher ist $n = m$ und $h_1 = g_1, \ldots, h_n = g_n$.

Außerdem sei an dieser Stelle notiert, daß für beliebige mengentheoretische Ausdrücke der Form $\{(a, b, (f_1, \ldots, f_n))\}$ (wobei $a, b, f_1, \ldots, f_n$ Mengen oder Elemente von Mengen sein können), folgendes zutrifft:

Man definiere induktiv

$$e_1 = \{(a_1, b_1, (f_1{}^1, \ldots, f^1_{u_1}, h, g_1{}^1, \ldots, g^1_{v_1}))\},$$

$$e_j = \{(a_j, b_j, (f_1{}^j, \ldots, f^j_{u_j}, e_{j-1}, g_1{}^j, \ldots, g^j_{v_j}))\} \; (j = 2, 3, \ldots).$$

Dann gilt stets

$$\text{(iv)} \qquad h \neq e_j \quad \text{für} \quad j = 1, 2, 3, \ldots$$

Denn, angenommen für einen Index j wäre $h = e_j$. Dann hätte man die absteigende $\in$-Kette:

$$\begin{aligned}
h = e_j &\ni (a_j, b_j, (f_1{}^j, \ldots, f^j_{u_j}, e_{j-1}, g_1{}^j, \ldots, g^j_{v_j})) \\
&= \{\{(a_j, b_j)\}, \{(a_j, b_j), (f_1{}^j, \ldots, f^j_{u_j}, e_{j-1}, g_1{}^j, \ldots, g^j_{v_j})\}\} \\
&\ni \{(a_j, b_j), (f_1{}^j, \ldots, f^j_{u_j}, e_{j-1}, g_1{}^j, \ldots, g^j_{v_j})\} \\
&\ni (f_1{}^j, \ldots, f^j_{u_j}, e_{j-1}, g_1{}^j, \ldots, g^j_{v_j}) \\
&= \{\{(f_1{}^j, \ldots, f^j_{u_j}, e_{j-1}, g_1{}^j, \ldots, g^j_{v_j-1})\}, \{(f_1{}^j, \ldots, f^j_{u_j}, e_{j-1}, g_1{}^j, \ldots, g^j_{v_j-1}), g^j_{v_j}\}\} \\
&\ni \{(f_1{}^j, \ldots, f^j_{u_j}, e_{j-1}, g_1{}^j, \ldots, g^j_{v_j-1}), g^j_{v_j}\} \\
&\ni (f_1{}^j, \ldots, f^j_{u_j}, e_{j-1}, g_1{}^j, \ldots, g^j_{v_j-1}) \ni \cdots \\
&\ni (f_1{}^j, \ldots, f^j_{u_j}, e_{j-1}) = \{(f_1{}^j, \ldots, f^j_{u_j})\}, \{(f_1{}^j, \ldots, f^j_{u_j}), e_{j-1}\}\} \\
&\ni \{(f_1{}^j, \ldots, f^j_{u_j}), e_{j-1}\} \ni e_{j-1} \ni \cdots \ni e_1 \\
&\ni \cdots \ni h,
\end{aligned}$$

d. h. eine endliche $\in$-Kette der Form $h \ni h_1 \ni \cdots \ni h_n \ni h$. Daraus ergäbe sich aber die unendliche absteigende $\in$-Kette

$$h \ni h_1 \ni \cdots \ni h_n \ni h \ni h_1 \ni \cdots \ni h_n \ni h \ni \cdots,$$

die dem Fundierungsaxiom der Mengenlehre widerspräche.

Für $A \in J$ definiere man

$$Q(A) = \{\{A\}\} \cup \{\{((A), r, g)\} \mid r \in G, g \in G_S\};$$

für $r: A \to B \in G$ sei

$$Q(r): Q(A) \to Q(B)$$

definiert durch $(g \in Q(A))$

$$Q(r)\,(g) = \big(\{((B_1), r, g)\}, \ldots, \{((B_m), r, g)\}\big),$$
$$\text{falls } B = B_1 \otimes \cdots \otimes B_m \neq I;\; B_i \in J.$$

Für $G \neq \Phi$ (was weiterhin stets angenommen werde), ist für $A \in J$ card $Q(A) \geqq 2$ und $Q(A)$ eine kartesisch unzerlegbare Menge.

Q werde zu einer Cointerpretation $Q: \mathscr{F}_S \to \boldsymbol{Ens}$ fortgesetzt. Für eine Ableitung $x: U \to V \in \mathscr{F}_S$ sei die GÖDEL-Nummer Gd x durch

$$\mathrm{Gd}\, x = \begin{cases} Q(x)\,\big(((U_1), \ldots, (U_s))\big), \\ \text{falls } U = U_1 \otimes \cdots \otimes U_s \neq I;\; U_i \in J, \\ \infty, \text{ falls } U = I \quad (\text{also } x = 1_I: I \to I) \end{cases}$$

erklärt.

Für $A \in J, r \in G, g \in G_S$ und $h = \{((A), r, g)\} \in G_S$ setzt man

$$p_0 h = A,\; p_1 h = r,\; p_2 h = g.$$

Behauptung 1: Das Ziel V von x wird aus Gd x wiedererkannt gemäß folgender Vorschrift. Es sei Gd $x = (h_1, h_2, \ldots, h_k)$. Dann ist

$$V = V_1 \otimes \cdots \otimes V_k,$$

wobei

$$V_i \text{ durch } h_i = (V_i) \text{ bestimmt ist, falls } h_i = (V_i) \text{ mit } V_i \in J$$

und

$$V_i = p_0 h_i, \text{ falls } h_i = \{((V_i), r_i, g_i)\}.$$

Behauptung 1 ist richtig für $x = 1_C \otimes g \otimes 1_D$, mit $g: A \to B \in G$. Denn für

$$A = A_1 \otimes \cdots \otimes A_n,\; B = B_1 \otimes \cdots \otimes B_m \qquad (A_i, B_j \in J),$$
$$C = C_1 \otimes \cdots \otimes C_p,\; D = D_1 \otimes \cdots \otimes D_q \qquad (C_i, D_j \in J)$$

erhält man

$$\begin{aligned} \mathrm{Gd}\, x &= Q(x)\,\big(((C_1), \ldots, (C_p), (A_1), \ldots, (A_n), (D_1), \ldots, (D_q))\big) \qquad (1) \\ &= \big((C_1), \ldots, (C_p), \{((B_1), g, ((A_1), \ldots, (A_n)))\}, \ldots, \\ &\quad \{((B_m), g, ((A_1), \ldots, (A_n)))\}, (D_1), \ldots, (D_q)\big). \end{aligned}$$

Die obige Vorschrift liefert somit das Ziel $C \otimes B \otimes D$ von x.

Behauptung 1 sei für die Ableitung $x: U \to V \in \mathscr{F}_S$ bewiesen, und es sei $y = 1_C \otimes g \otimes 1_D: V \to W$ mit $g: A \to B \in G$; dabei seien A, B, C, D wie oben zerlegt und $U = U_1 \otimes \cdots \otimes U_s \quad (U_i \in J)$.

Es sei $\mathrm{Gd}\, x = (h_1, h_2, \ldots, h_k)$. Dann hat man

$$\begin{aligned}
\mathrm{Gd}\,(xy) &= Q(xy)\,\big((\{U_1\}, \ldots, \{U_s\})\big) = Q(y)\,\Big(Q(x)\,\big((\{U_1\}, \ldots, \{U_s\})\big)\Big) \\
&= Q(y)\,(\mathrm{Gd}\, x) = Q(y)\,(h_1, \ldots, h_k) \\
&= \Big(h_1, \ldots, h_p, \Big\{\big(\{B_1\}, g, (h_{p+1}, \ldots, h_{p+n})\big)\Big\}, \ldots, \\
&\qquad \Big\{\big(\{B_m\}, g, (h_{p+1}, \ldots, h_{p+n})\big)\Big\}, h_{p+n+1}, \ldots, h_k\Big),
\end{aligned} \tag{2}$$

woraus die Behauptung für xy unmittelbar abzulesen ist.

Behauptung 2: Wenn y der letzte Faktor und x das Kompositum der vorhergehenden Faktoren in einer Normaldarstellung von xy ist, so gilt in Formel (2) für

$$p + n + 1 \leqq i \leqq k \quad \text{und} \quad p + n \leqq w \leqq i$$

$$h_i \neq e_j^w, \; j = 1, 2, \ldots,$$

mit

$$\left.\begin{aligned}
e_1^w &= \Big\{\big(\{L_1\}, r_1, (f_1^1, \ldots, f_{u_1}^1, h_w, g_1^1, \ldots, g_{v_1}^1)\big)\Big\}, \\
e_j^w &= \Big\{\big(\{L_j\}, r_j, (f_1^j, \ldots, f_{u_j}^j, e_{j-1}^w, g_1^j, \ldots, g_{v_j}^j)\big)\Big\},
\end{aligned}\right\} \tag{3}$$

$$j = 2, 3, \ldots$$

Die Richtigkeit der Behauptung ist im Fall $x = 1_U$ unmittelbar aus (1) (mit y anstatt x) abzulesen.

Für $x = 1_C \otimes g \otimes 1_D$, $y = 1_{C'} \otimes g' \otimes 1_{D'}$ $(g, g' \in G)$ folgt Behauptung 2 vermöge (1) und (2).

Für x, y wie in (2) und $z = 1_{C'} \otimes g' \otimes 1_{D'}, g'\colon A' \to B' \in G$, $B' = B_1' \otimes \cdots \otimes B'_{m'}$ $(B_i' \in J)$ $(l(A') = n', l(B') = m', l(C') = p')$ und $\mathrm{Gd}\,(xy) = (h_1', \ldots, h'_{k'})$ ergibt sich aus (2)

$$\begin{aligned}
\mathrm{Gd}\,(xyz) &= Q(z)\,\big(\mathrm{Gd}\,(xy)\big) = Q(z)\,(h_1', \ldots, h'_{k'}) \\
&= \Big(h_1', \ldots, h'_{p'}, \Big\{\big(\{B_1'\}, g', (h'_{p'+1}, \ldots, h'_{p'+n'})\big)\Big\}, \ldots, \\
&\qquad \Big\{\big(\{B'_{m'}\}, g', (h'_{p'+1}, \ldots, h'_{p'+n'})\big)\Big\}, h'_{p'+n'+1}, \ldots, h'_{k'}\Big).
\end{aligned} \tag{4}$$

Es seien z der letzte, y der vorletzte und x das Kompositum der übrigen Faktoren in einer Normaldarstellung von xyz.

Angenommen, es existieren i, j, w mit $p' + n' + 1 \leqq i \leqq k'$; $p' + n' \leqq w \leqq i$; $j \in \{1, 2, \ldots\}$, so daß

$$h_i' = e_j'^w = \Big\{\big(\{L_j\}, r_j, (f_1^j, \ldots, f_{u_j}^j, e_{j-1}'^w, g_1^j, \ldots, g_{v_j}^j)\big)\Big\}, \tag{5}$$

$$\text{mit } e_1'^w = \Big\{\big(\{L_1\}, r_1, (f_1^1, \ldots, f_{u_1}^1, h_w', g_1^1, \ldots, g_{v_1}^1)\big)\Big\}$$

gilt. Es sei

$$i = p + t, \; 1 \leqq t \leqq m, \; h_i' = \Big\{\big(\{B_t\}, g, (h_{p+1}, \ldots, h_{p+n})\big)\Big\}. \tag{6}$$

Aus (5), (6) folgt

$$h_{p+u_j+1} = e'^{w}_{j-1},\ u_j + 1 \leqq n,$$
$$e'^{w}_1 = \{((\{L_1\}, r_1, (f_1^1, \ldots, f^1_{u_1}, h_w', g_1^1, \ldots, g^1_{v_1}))\}. \tag{7}$$

Da auf Grund der Normalformendarstellung $p < p' + n' \leqq w \leqq i$ ist, existiert ein t' mit $1 \leqq t' \leqq m$, so daß gilt

$$h_w' = \{((\{B_{t'}\}, g, (h_{p+1}, \ldots, h_{p+n}))\}. \tag{8}$$

Im Hinblick auf (7), (8) hat man

$$h_{p+u_j+1} = e'^{w}_{j-1},\ 1 \leqq u_j + 1 \leqq n,$$
$$e'^{w}_1 = \{((\{L_1\}, r_1, (f_1^1, \ldots, f^1_{u_1}, \{((\{B_{t'}\}, g, (h_{p+1}, \ldots, h_{p+n}))\}, g_1^1, \ldots, g^1_{v_1}))\},$$

was im Widerspruch zu (iv) steht.

Nun sei $i = p + m + i'$ mit $1 \leqq i' \leqq k - p - n$, also

$$h_i' = h_{i+n-m};\ p + n + 1 \leqq i + n - m \leqq k. \tag{9}$$

Wenn $p + m + 1 \leqq w$ ist, so ist auch

$$h_w' = h_{w+n-m};\ p + n + 1 \leqq w + n - m \leqq i + n - m, \tag{10}$$

und aus (5), (9), (10) ergibt sich ein Widerspruch zur Induktionsvoraussetzung der Behauptung 2.

Schließlich sei $w \leqq p + m$. Wegen $p < w$, folgt aus (2)

$$h_w' = \{((\{B_{t'}\}, g, (h_{p+1}, \ldots, h_{p+n}))\},\quad 1 \leqq t' \leqq m. \tag{11}$$

Die Beziehungen (9), (5), (11) widersprechen indessen der Induktionsvoraussetzung zur Behauptung 2.

Damit ist die Behauptung 2 vollständig bewiesen.

Behauptung 3: Wenn y der letzte Faktor und x das Kompositum der vorhergehenden Faktoren einer Normaldarstellung von xy ist, so kann in Formel (2) für $z = 0$ keine Teilfolge der Form

$$h_{p+n+z+i} = \{((\{B_i^*\}, g^*, h^*)\};\ i = 1, \ldots, m^*, \tag{12}$$

mit

$$g^*\colon A^* \to B^* \in G,\ A^* = A_1^* \otimes \cdots \otimes A^*_{n^*},\ B^* = B_1^* \otimes \cdots \otimes B^*_{m^*};\ A_i^*, B_j^* \in J, \tag{13}$$

$(p + n + z + m^* \leqq k)$ auftreten.

Diese Behauptung ist im Hinblick auf Formel (1) richtig für jeden identischen Morphismus x.

Für $x = 1_C \otimes g \otimes 1_D$, $y = 1_{C'} \otimes g' \otimes 1_{D'}$ $(g, g' \in G)$ ergibt sich die Behauptung 3 auf Grund von (1) und (2).

Es seien z der letzte Faktor, y der vorletzte Faktor und x das Kompositum der übrigen Faktoren in einer Normaldarstellung von xyz. Behauptung 3 sei für xy bereits bewiesen. Wir betrachten die Formel (4) und verwenden die gleichen Bezeichnungen wie dort.

Angenommen, in der rechten Seite der Formel (4) wäre für $z \geqq 0$ eine Teilfolge

$$h'_{p'+n'+z+i} = \{(\{B_i^*\}, g^*, h^*)\}; \quad i = 1, \ldots, m^*, \tag{14}$$

enthalten, wobei (13) und $p' + n' + z + m^* \leqq k'$ besteht. Man beachte, daß für $\mathrm{Gd}(xy)$ der Ausdruck (2) zu verwenden ist.

Wenn $p + m \leqq p' + n'$ oder wenigstens $p + m \leqq p' + n' + z$ gelten würde, so wäre wegen $h_{p+n+i} = h'_{p+m+i}$ $(i \geqq 1)$ die Folge (14) auch eine Teilfolge von (2) der Form (12), was ausgeschlossen wurde.

Es sei $p + m > p' + n' + z$. Da yz eine Normalform ist, so gilt $p \leqq p' + n'$, d. h., die Teilfolge

$$\{(\{B_i\}, g, (h_{p+1}, \ldots, h_{p+n}))\}, \quad i = 1, \ldots, m, \tag{15}$$

von (2) kann nicht ganz innerhalb der Teilfolge

$$h'_{p'+n'+1}, \ldots, h'_{k'}$$

von (4) angeordnet sein. Daher kann erst recht die Teilfolge (14) nicht ganz innerhalb der Teilfolge (15) angeordnet sein, und es existiert ein Index j, so daß für das letzte Glied der Folge (15)

$$\{(\{B_m\}, g, (h_{p+1}, \ldots, h_{p+n}))\} = \{(\{B_j^*\}, g^*, h^*)\},$$
$$\text{mit} \quad h_{p+n+1} = \{(\{B_{j+1}^*\}, g^*, h^*)\}$$

besteht. Daraus ergäbe sich die Beziehung

$$h_{p+n+1} = \{(\{B_{j+1}^*\}, g^*, (h_{p+1}, \ldots, h_{p+n}))\},$$

die der Behauptung 2 widerspräche. Damit ist Behauptung 3 induktiv bewiesen.

Behauptung 4: Wenn y der letzte Faktor und x das Kompositum der vorhergehenden Faktoren einer Normaldarstellung von xy ist, so können $\mathrm{Gd}\, x$ und y aus $\mathrm{Gd}(xy)$ bestimmt werden.

Zum Beweis setze man $\mathrm{Gd}(xy) = (h_1', \ldots, h'_{k'})$.
Dann gilt für $i = 1, \ldots, m$ gemäß (2)

$$\left.\begin{aligned} p_0\, h'_{p+i} = B_i,\ p_1\, h'_{p+i} = g\colon A \to B,\ p_2 h'_{p+i} = (h_{p+1}, \ldots, h_{p+n}), \\ B = B_1 \otimes \cdots \otimes B_m \quad (B_1, \ldots, B_m \in J); \end{aligned}\right\} \tag{16}$$

und für Gd x und y ergeben sich die Ausdrücke

$$\mathrm{Gd}\, x = (h_1, \ldots, h_k) = \left(h_1', \ldots, h_p', \boxed{p_2 h'_{p+1}}, h'_{p+m+1}, \ldots, h'_{k'}\right), \tag{17}$$

wobei $\boxed{p_2 h'_{p+1}}$ die Gliederfolge $h_{p+1}, \ldots, h_{p+n}$ bedeutet, und

$$y = 1_C \otimes p_1 h'_{p+1} \otimes 1_D \colon V \to W, \tag{18}$$

wobei V aus Gd x und W aus Gd(xy) bestimmt werden kann.

Mit Rücksicht auf die Behauptungen 2 und 3 kann die Lage der Teilfolge (15) innerhalb der rechten Seite der Formel (2) wie folgt charakterisiert werden: Sie ist die am weitesten rechts stehende Teilfolge von (2) der Form (15). Damit hat man:

Behauptung 5: Die wiederholte Anwendung der in Behauptung 4 beschriebenen schrittweisen Abspaltung der am weitesten rechts stehenden Faktoren einer Normaldarstellung von x durch Tests an Gd x ist ein induktives Verfahren, das schließlich zur Wiedererkennung von x aus Gd x führt.

Es seien x, y zwei Ableitungen aus $\mathscr{F}_S$, für welche $Q(x) = Q(y)$ ist. Da Q mit der Ähnlichkeit verträglich ist, so gilt für die zu x und y ähnlichen Normalformen x^* bzw. y^* gleichfalls $Q(x^*) = Q(y^*)$. Es sei $x^* \colon U_1^* \otimes \cdots \otimes U_{n^*}^* \to V$ $(U_i^* \in J)$. Da Q objekttreu ist, so hat man

$$\begin{aligned} \mathrm{Gd}\, x^* &= Q(x^*) \left((\{U_1^*\}, \ldots, \{U_n^*\})\right) \\ &= Q(y^*) \left((\{U_1^*\}, \ldots, \{U_{n^*}^*\})\right) = \mathrm{Gd}\, y^*, \end{aligned}$$

und $x \sim x^* = y^* \sim y$. Damit ist der Beweis von 2.4.1 beendet. ■

Genaugenommen stellt 2.4.1 eine Verschärfung des ursprünglichen BENSONschen Satzes (D. B. BENSON (1970), p. 155, Proposition 5.5) dar.

2.5. Die Kategorie *Coint* $\mathscr{K}$

Es sei $\langle H, \otimes, I\rangle$ das von einer Menge J frei erzeugte Monoid und $\mathscr{K}$ eine KRONECKER-Kategorie aus *Kron* mit ob $\mathscr{K} = H$.

Mit *Coint* $\mathscr{K}$ werde folgende Kategorie bezeichnet. Die Objekte von *Coint* $\mathscr{K}$ sind die KRONECKER-Funktoren $\Phi \colon \mathscr{K} \to \mathit{Ens}$. Die Morphismen von *Coint* $\mathscr{K}$ sind die natürlichen Transformationen $s \colon \Phi \to X \colon \mathscr{K} \to \mathit{Ens}$, für welche gelte:

$$s_{A \otimes B} = s_A \otimes s_B \quad (\text{für alle } A, B \in H),$$

$$s_I = 1_I \colon I \to I.$$

Die folgenden Überlegungen stehen im Zusammenhang mit der funktoriellen Darstellung allgemeiner Algebren (vgl. 11) und sind insbesondere für das Studium der Kategorie *Coint* $\mathscr{F}(G)$ von Bedeutung.

2.5.1. *Jede natürliche Transformation $s: \Phi \to X \in \mathrm{Coint}\,\mathcal{K}$ induziert eine natürliche Transformation $s^*: \Phi \to \Phi^* \in \mathrm{Coint}\,\mathcal{K}$, wobei $s_A^*: \Phi A \to \Phi^* A$ eine surjektive Abbildung ist.*

Beweis. Es sei $s_A': \Phi A \to \Phi' A$ die kanonische Surjektion von ΦA auf die Menge $\Phi' A = (\Phi A)/Os_A^{-1}$ der Äquivalenzklassen von ΦA bezüglich der Äquivalenz

$$Os_A^{-1} = \{\langle a, b\rangle \mid a, b \in \Phi A,\ s_A a = s_A b\}.$$

Weiter sei $s_A'': \Phi' A \to XA$ die durch $a' \mapsto s_A a$ erklärte kanonische Injektion (dabei bezeichnet a' die Äquivalenzklasse von $a \in \Phi A$ bezüglich Os_A^{-1}, also $a' = s_A^{-1}(s_A a)$). Dann zerfällt s_A gemäß $s_A = s_A' s_A''$, und für $x: A \to B \in \mathcal{K}$ wird durch das nachstehende kommutative Diagramm eine Abbildung $\Phi' x$: $\Phi' A \to \Phi' B$ und damit ein Funktor $\Phi': \mathcal{K} \to \mathit{Ens}$ erklärt.

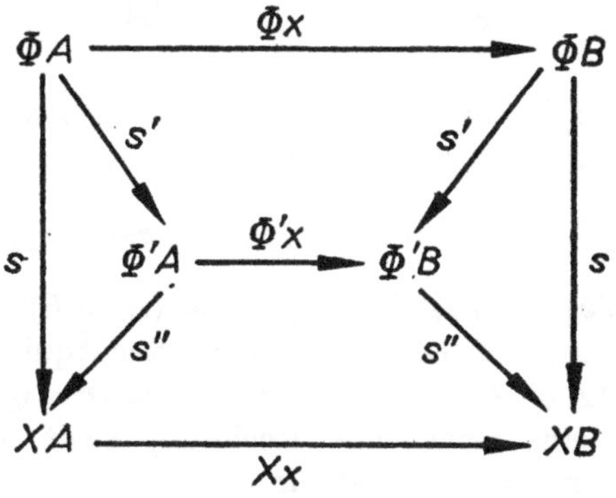

Demnach ist $\Phi' x$ durch $[a]_A \mapsto [\Phi(x)(a)]_B$ gegeben, wo $[a]_A = s_A^{-1}(s_A(a))$ für $a \in \Phi A$.

Es sei $(A_1 \times \ldots \times A_n) = \Phi A$ für $A \in H$ die Zerlegung von ΦA in kartesisch unzerlegbare Mengen A_i und $A' = A_1 \otimes \cdots \otimes A_n$. Es sei $r_A': A' \to \Phi A$ die in natürlicher Weise erklärte bijektive Abbildung und A^* die Menge der Äquivalenzklassen von A' nach der durch die Abbildung

$$A' \xrightarrow{r_A'} \Phi A \xrightarrow{s_A'} \Phi' A$$

in A' induzierten Äquivalenz mit der kanonischen Surjektion $p_A: A' \to A^*$. Es bezeichne q_A die das Diagramm

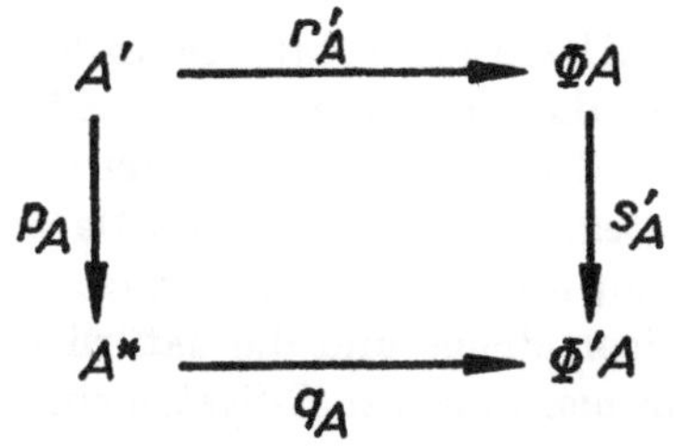

kommutativ schließende Bijektion. Es sei $(A_1^* \times \ldots \times A_{n^*}^*) = A^*$ die Zerlegung von A^* in kartesisch unzerlegbare Mengen A_i^* und $\Phi^*A = A_1^* \otimes \cdots \otimes A_{n^*}^*$. Für $\Phi I = I$ ist $I' = I$ und $I^* = \{I\} = I \times I$, $\Phi^*I = I \otimes I = I$. Es sei $q_A^*: \Phi^*A \to A^*$ die in natürlicher Weise erklärte Bijektion.
Für $x: A \to B$ werde Φ^*x gemäß dem kommutativen Diagramm

$$\begin{array}{ccccc} \Phi^*A & \xrightarrow{q_A^*} & A^* & \xrightarrow{q_A} & \Phi'A \\ \downarrow{\scriptstyle \Phi^*x} & & & & \downarrow{\scriptstyle \Phi'x} \\ \Phi^*B & \xrightarrow[q_B^*]{} & B^* & \xrightarrow[q_B]{} & \Phi'B \end{array}$$

bestimmt.

Da die von $r_A's_A' \otimes r_B's_B'$ in $A' \otimes B'$ induzierte Äquivalenz übereinstimmt mit der von $r_A's_A \otimes r_B's_B$ in $A' \otimes B'$ induzierten Äquivalenz und

$$r_A's_A \otimes r_B's_B = (r_A' \otimes r_B')(s_A \otimes s_B) = r'_{A\otimes B}s_{A\otimes B}$$

ist, so ist die von $r_A's_A' \otimes r_B's_B'$ in $A' \otimes B' = (A \otimes B)'$ induzierte Äquivalenz auch mit der von $r'_{A\otimes B}s'_{A\otimes B}$ in $(A \otimes B)'$ indzuierten Äquivalenz identisch. Somit gilt $\Phi^*(A \otimes B) = \Phi^*A \otimes \Phi^*B$ und $\Phi^*(x \otimes y) = \Phi^* x \otimes \Phi^*y$ für $x: A \to C$, $y: B \to D \in \mathscr{K}$. Wie eine eingehende Rechnung zeigt, ist $\Phi^*: \mathscr{K} \to \mathit{Ens}$ ein KRONECKER-Funktor und $s^*: \Phi \to \Phi^*$ für

$$s_A^* = s_A' q_A^{-1} q_A^{*-1}: \Phi A \to \Phi^*A \qquad (A \in H)$$

eine natürliche Transformation aus *Coint* $\mathscr{K}$. ∎

Eine natürliche Transformation $s: \Phi \to X: \mathscr{K} \to \mathit{Ens}$ aus *Coint* $\mathscr{K}$ heißt *trivial*, wenn sie entweder ein Isomorphismus oder jedes XA einelementig ist. Eine Cointerpretation $\Phi: \mathscr{K} \to \mathit{Ens}$ heißt (in Anlehnung an die Darstellungstheorie der Halbgruppen, vgl. H.-J. HOEHNKE (1966)) *total irreduzibel*, wenn jede surjektive natürliche Transformation $s: \Phi \to X: \mathscr{K} \to \mathit{Ens}$ (d. h. $s_A: \Phi A \to XA$ sei surjektiv) aus *Coint* $\mathscr{K}$ trivial ist.

Als *totales Radikal* werde die Kongruenz

$$\overline{\mathrm{rad}}\, \mathscr{K} = \bigcap\nolimits_{\Phi \in \mathscr{K}^0} 0\, \Phi^{-1}$$

bezeichnet, wobei $\mathscr{K}^0$ die Klasse der total irreduziblen Cointerpretationen aus *Coint* $\mathscr{K}$ ist. Damit entsteht die hier nicht weiter verfolgte Aufgabe, in Analogie zur Strukturtheorie der Halbgruppen (H.-J. HOEHNKE (1966)) eine Strukturtheorie für KRONECKER-Kategorien zu entwickeln. Dabei entsprechen die Cointerpretationen einer KRONECKER-Kategorie $\mathscr{K}$ den Darstellungen einer Halbgruppe S durch Transformationen einer Menge und die natürlichen Transformationen aus *Coint* $\mathscr{K}$ den Homomorphismen zwischen S-Systemen.

2.6. Aufgaben

2.6.1. Eindeutigkeit des freien Erzeugendensystems von $\mathscr{F}(G)$. Es sei $\mathscr{F}(G)$ die von $\langle G_{AB}\rangle_{A,B\in H}$ frei erzeugte KRONECKER-Kategorie. Dann gilt (G. HOTZ, 1966): $G(=\cup_{A,B\in H} G_{AB})$ ist das einzige freie Erzeugendensystem von $\mathscr{F}(G)$.

Dazu betrachte man die Gesamtheit N der natürlichen Zahlen (einschließlich der Null) als KRONECKER-Kategorie, mit ob $N = \{0\}$ und mit der gewöhnlichen Addition sowohl für die Morphismen-Komposition als auch für die Verknüpfung $\otimes$. Man definiere $L: \mathscr{F}(G) \to N$ als KRONECKER-Funktor gemäß $L(g) = 1$ für $g \in G$, $L(1_A) = 0$ für $A \in H$ und mit der durch $L\left(v\binom{\otimes}{\cdot}w\right) = L(v) + L(w)$ eindeutig definierten Fortsetzung auf ganz $\mathscr{F}(G)$. Ist G' ein Erzeugendensystem von $\mathscr{F}(G)$, so läßt sich $g \in G$ z. B. sequentiell darstellen gemäß

$$g = (1_{U_1} \otimes g_1' \otimes 1_{V_1}) \cdot \dots \cdot (1_{U_m} \otimes g_m' \otimes 1_{V_m}),$$

mit $g_i' \in G'$. Da $L(g) = 1$ ist, folgt $m = 1$ und $g = 1_{U1} \otimes g_1' \otimes 1_{V1}$; analog erhält man $g_1' = 1_U \otimes g \otimes 1_V$.

Aus 2.6.1 folgt insbesondere die eineindeutige Zuordnung zwischen Semi-THUE-Systemen und freien KRONECKER-Kategorien.

2.6.2. Pullbacks freier KRONECKER-Kategorien.

Es sei N die Halbgruppe der natürlichen Zahlen (einschließlich der Null) bezüglich der gewöhnlichen Addition. $\langle N, +, 0\rangle$ ist das freie, von der Menge $\{1\}$ frei erzeugte Monoid. $\mathscr{F}_+$ bezeichne die freie KRONECKER-Kategorie $\mathscr{F}(N \times N)$ mit dem Erzeugendensystem $N \times N = \{(n, m) : n \to m \mid (n, m) \in N \times N\}$ und mit $\langle \text{ob}\, \mathscr{F}_+, \otimes\rangle = \langle N, +\rangle$. Offenbar ist $\mathscr{F}_+$ identisch mit der zu dem Semi-THUE-System $S = \langle\{1\}, N \times N\rangle$ gehörigen freien KRONECKER-Kategorie $\mathscr{F}_S/(\sim)$.

Es seien $S_1 = \langle J_1, G_1\rangle$, $S_2 = \langle J_2, G_2\rangle$ zwei Semi-THUE-Systeme und $\langle \Phi_J, \Phi_G\rangle$ ein Paar von Abbildungen $\Phi_J: J_1 \to H_2$, $\Phi_G: G_1 \to \mathscr{F}(G_2)$ mit

$$\Phi_G(g): \Phi_H(A) \to \Phi_H(B) \text{ für } g: A \to B \in G_1; \tag{1}$$

dabei bezeichnet $\Phi_H: H_1 \to H_2$ den durch Φ_J eindeutig bestimmten Monoid-Homomorphismus zwischen den von J_1, J_2 erzeugten Monoiden H_1, H_2 und $\mathscr{F}(G_i) = \mathscr{F}_{S_i}/(\sim_i)$ die zu S_i gehörige freie KRONECKER-Kategorie mit ob $\mathscr{F}(G_i) = H_i$ $(i = 1,2)$. Es sei $\mathscr{F}'$ die von $\Phi_H(H_1) \subseteq H_2$ erzeugte volle Teilkategorie von $\mathscr{F}(G_2)$; offenbar ist $\mathscr{F}'$ eine KRONECKER-Teilkategorie von $\mathscr{F}(G_2)$, ob $\mathscr{F}' = \Phi_H(H_1)$. Wir setzen

$$\mathscr{F}'' = \{\langle A, B, f\rangle \mid f: \Phi_H(A) \to \Phi_H(B) \in \mathscr{F}'\}.$$

Dann wird $\mathscr{F}''$ mit den aus $\mathscr{F}'$ übernommenen Verknüpfungen zu einer KRONECKER-Kategorie mit ob $\mathscr{F}'' = H_1$. Daher gehört $\mathscr{F}''$ zur gleichen gleichungsdefinierten Algebrenklasse wie $\mathscr{F}(G_1)$, und da $\mathscr{F}(G_1)$ frei ist, so existiert genau ein KRONECKER-Funktor $\Phi: \mathscr{F}(G_1) \to \mathscr{F}''$ mit $\Phi'(g) = \langle A,B,\Phi_G(g)\rangle$ für $g: A \to B \in G_1$ und $\Phi'(A) = A$ für $A \in H_1$. Setzt man $\Phi'(f) = \langle A,B, \Phi(f)\rangle$ für $f: A \to B \in \mathscr{F}(G_1)$, so erhält man einen KRONECKER-Funktor $\Phi': \mathscr{F}(G_1) \to \mathscr{F}(G_2)$ mit $\Phi(g) = \Phi_G(g)$ für $g \in G_1$ und $\Phi(A) = \Phi_H(A)$ für $A \in H_1$.

In dieser Weise gibt jedes der Bedingung (1) genügende Paar $\langle \Phi_J, \Phi_G\rangle$ (das auch als *Homomorphismus* der Semi-THUE-Systeme S_1, S_2 bezeichnet werden kann) Anlaß zu einem KRONECKER-Funktor $\Phi: \mathscr{F}(G_1) \to \mathscr{F}(G_2)$.

Es sei $S = \langle J, G\rangle$ ein Semi-THUE-System und $\langle \Phi_J, \Phi_G\rangle$ das Paar von Abbildungen $\Phi_J: J \to \{1\}$, $\Phi_G(g) = (n, m)$, falls $g: A \to B \in G$ und $l(A) = n$, $l(B) = m$ ist. Durch $\langle \Phi_J, \Phi_G\rangle$ ist ein KRONECKER-Funktor $\Phi_S: \mathscr{F}(G) \to \mathscr{F}_+$ definiert.

Ist $\langle \Phi_J, \Phi_G\rangle$ ein Paar von Abbildung mit der Eigenschaft (1) und ist die Bedingung

$$\Phi_J(J_1) \subseteq J_2 \tag{2}$$

erfüllt, so gilt für den zugehörigen KRONECKER-Funktor $\Phi : \mathcal{F}(G_1) \to \mathcal{F}(G_2)$

$$\Phi \, \Phi_{S_2} = \Phi_{S_1}. \tag{3}$$

Bezüglich der Existenz von Pullbacks besteht folgender Satz (C.-P. SCHNORR, 1969).

Es seien $\mathcal{F}(G_1)$, $\mathcal{F}(G_2)$ freie KRONECKER-Kategorien. Wir können uns $\mathcal{F}(G_i)$ durch das Semi-THUE-System $S_i = \langle J_i, G_i \rangle$ erzeugt denken $(i = 1, 2)$. Jedes S_i erfülle die Eigenschaft:

(K) Es gilt stets eine der beiden Aussagen (a) oder (b) für G_i $(i = 1, 2)$:

(a) $(G_i)_{IB} = \varnothing$ für alle $B \in H_i$,

(b) $(G_i)_{AI} = \varnothing$ für alle $A \in H_i$.

Dann existiert in der Kategorie aller kleinen KRONECKER-Kategorien und deren KRONECKER-Funktoren ein Pullback-Diagramm über der Kategorie $\mathcal{F}_+$ (der *ebenen Netze*):

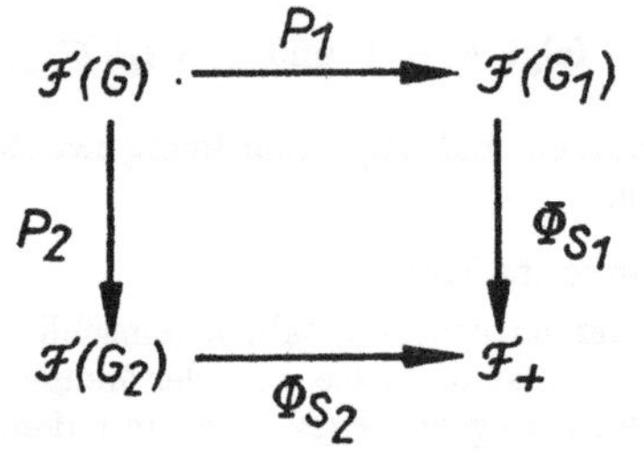

Dabei ist $\mathcal{F}(G)$ die zu dem folgenden Semi-THUE-System $S = \langle J, G \rangle$ gehörige freie KRONECKER-Kategorie.

$$J = J_1 \times J_2, \quad H = \{(A_1, A_2) \mid A_1 \in H_1, \quad A_2 \in H_2, \quad l(A_1) = l(A_2)\},$$

$$G = \{(g_1, g_2) \mid g_i \in G_i, \quad \Phi_{S_1}(g_1) = \Phi_{S_2}(g_2)\}.$$

Definiere bzw.

$$P_{iJ} : J \to {}_i, \quad P_{iG} : G \to G_i$$

gemäß

$$(A_1, A_2) \mapsto A_i, \quad (g_1, g_2) \mapsto g_i.$$

Dann sei P_i in dem obigen Diagramm der durch das Paar $\langle P_{iJ}, P_{iG} \rangle$ definierte KRONECKER-Funktor.

Es ist die Pullback-Eigenschaft des obigen Diagramms nachzuweisen.

2.6.3. Grammatiken. Eine *Regelgrammatik* oder *Typ-0-Grammatik* ist ein Quadrupel $\Gamma = \langle U, V, W, G \rangle$, wobei V, W Mengen sind mit $V \cap W = \varnothing$, $V \cup W = J$, weiter $\langle H, \otimes, I \rangle$ das von J frei erzeugte Monoid, $U \in V$ und $S = \langle J, G \rangle$ ein Semi-THUE-System mit card $G_{AB} \leqq 1$ für alle $A, B \in H$. Die Elemente von V nennt man *Variable*, die Elemente von W *Basiszeichen* (vgl. H. MAURER (1969)).

Es sei $\mathcal{F}_S^U$ die volle Teilkategorie von $\mathcal{F}_S$, deren Objekte aus U ableitbar sind. Es sei H_W das von W erzeugte Teilmonoid von H und $W^+ = H_W - \{I\}$. Dann heißt

$$L = W^+ \cap \operatorname{ob} \mathcal{F}_S^U$$

die *von Γ erzeugte Sprache* mit der *Syntax* $\mathcal{F}_S^U$.

Ist $\Phi : \mathcal{F}_S^\bullet \to \mathbf{Ens}$ eine Interpretation, so wird auch die Einschränkung $\Phi|_{\mathcal{F}_S^U} : (\mathcal{F}_S^U)^\bullet \to \mathbf{Ens}$ eine Interpretation genannt (D. B. BENSON, 1970). Die Interpretationen unter Φ eines Satzes $Z \in L$ sind die Funktionen

$$\Phi Z \to \Phi U \in \Phi\,(\operatorname{Hom}_{\mathcal{F}_S^U}(U, Z)).$$

Eine Regelgrammatik Γ heißt *kontextsensitiv*, wenn jede Regel (d. h. jede Produktion aus G) die Form hat

$$g\colon C \otimes A \otimes D \to C \otimes B \otimes D$$

mit

$$A \in V;\quad C, D \in H;\quad B \in H^{+} = H - \{I\}.$$

Jedes solche g sei unter Auszeichnung eines *Kontextes* $\langle C, D\rangle$ in der Form $g\colon A \to B/C - D$ geschrieben und *kontextsensitive Produktion* genannt. Dabei ist die Möglichkeit zugelassen, daß die gleiche Produktion g mehrmals (unter Auszeichnung verschiedener Kontexte) auftreten darf.

Es sei $Int'\,\mathcal{F}_S$ die Gesamtheit der Interpretationen $\Phi : \mathcal{F}_S{}^{*} \to Ens$, mit der zusätzlichen Eigenschaft, daß für jedes $g\colon A \to B \,/\, C - D \in G$ das kommutative Diagramm

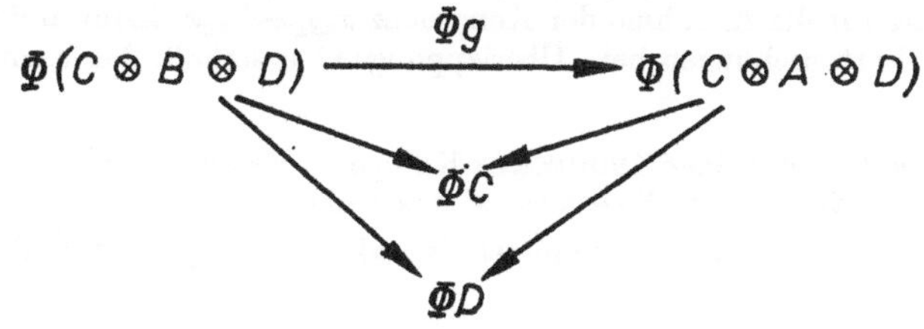

besteht, wobei die nicht bezeichneten Pfeile kanonische Projektionen bedeuten.

Es sei $Int''\,\mathcal{F}_S$ die Gesamtheit der Interpretationen $\Phi : \mathcal{F}_S{}^{*} \to Ens$ aus $Int'\,\mathcal{F}_S$ mit der zusätzlichen Eigenschaft, daß zu jedem $g \in G$ ein $f(g, \Phi) : \Phi B \to \Phi A$ existiert, welches das nachstehende Diagramm kommutativ schließt,

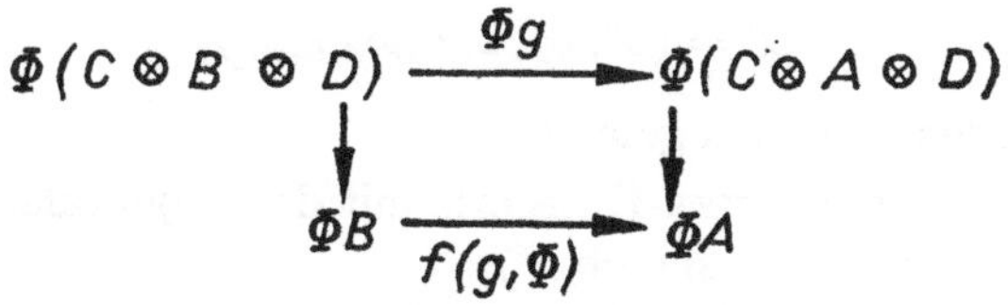

worin die unbezeichneten Pfeile kanonische Projektionen bedeuten.

Dann hat man $\Phi g = 1_{\Phi C} \otimes f(g, \Phi) \otimes 1_{\Phi D}$.

2.6.3.1. (D. B. Benson, 1970). Jedem $g\colon A \to B/C - D$ werde ein Symbol $g'' : A \to B$ zugeordnet. G'' sei die so entstehende Symbolmenge, und $S'' = \langle J, G''\rangle$ sei das zugehörige Semi-Thue-System. Dann existiert ein kommutatives Diagramm

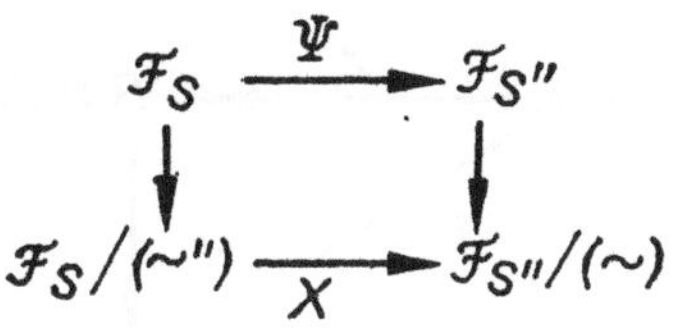

wobei gilt

$$(\sim'') = \bigcap\nolimits_{\Phi \in Int'\,\mathcal{F}_S} \Phi \circ \Phi^{-1},$$

$$\Psi g = 1_C \otimes g'' \otimes 1_D$$

und X ein treuer Funktor ist.

2.6.3.2. (D. B. BENSON, 1970) Man setze

$$(\sim') = \bigcap_{\Phi \in Int' \mathscr{F}_S} 0\, \Phi^{-1}.$$

Es seien

$$x\colon A \to B \,/\, K - M \otimes N$$

$$y\colon C \to D \,/\, N \otimes P - R$$

kontextsensitive Produktionen aus G mit den Erweiterungen

$$x_0 = x \otimes 1_{PCR}, \quad x_1 = x \otimes 1_{PDR},$$

$$y_0 = 1_{KAM} \otimes y, \quad y_1 = 1_{KBM} \otimes y.$$

Dann ist $(\sim')$ die von den Paaren $\langle x_0 y_1, y_0 x_1 \rangle$ erzeugte Kongruenz.

Als Motivierung für die Annahme der Kongruenz $x_0 y_1 \sim' y_0 x_1$ kann in der Linguistik die Zulässigkeit von Vertauschungen bei „Überlappungen" innerhalb des Kontextes angesehen werden.

2.6.4. Das totale Radikal einer KRONECKER-Kategorie. Es sei $\overline{\text{rad}}\, \mathscr{K}$ das in 2.5 eingeführte totale Radikal einer KRONECKER-Kategorie $\mathscr{K}$ aus *Kron*.

Dann entsteht die Frage nach einer inneren Charakterisierung von $\overline{\text{rad}}\, \mathscr{K}$.

3. Spezielle Kronecker-Kategorien

3.1. Halbsymmetrische und symmetrische Kategorien

Definition. Unter einer *halbsymmetrischen* Kategorie verstehen wir eine Folge

$$\mathscr{S} = \langle \mathscr{S}, \otimes, I, c_{AB} \rangle_{A, B \in \text{ob}\, \mathscr{S}},$$

die den nachstehenden Axiomen genügt.

(i) $\langle \mathscr{S}, \otimes, I \rangle$ ist eine KRONECKER-Kategorie mit der Objektklasse ob $\mathscr{S}$.

(ii) $c_{AB}\colon A \otimes B \to B \otimes A \quad (A, B \in \text{ob}\, \mathscr{S})$
sind spezielle Morphismen aus $\mathscr{S}$.

c_{AB} wird *Symmetrie* oder *Vertauschung* von A und B genannt. Überdies seien die nachstehenden Bedingungen erfüllt.

(iii) $(\forall A \in \text{ob}\, \mathscr{S})\ (c_{AI} = c_{IA} = 1_A\colon A \to A)$.

(iv) $(\forall A, B \in \text{ob}\, \mathscr{S})\ (c_{AB}\, c_{BA} = 1_{A \otimes B}\colon A \otimes B \to A \otimes B)$,

d. h., das nachstehende Diagramm ist kommutativ.

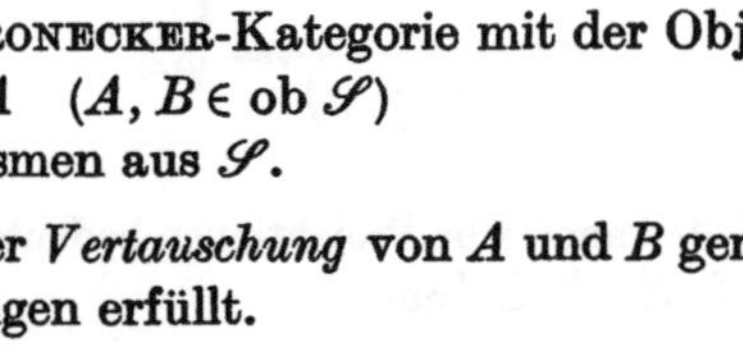

(v) $(\forall A, B, C \in \text{ob}\, \mathscr{S})\ \big((c_{AB} \otimes 1_C)(1_B \otimes c_{AC})(c_{BC} \otimes 1_A)$
$= (1_A \otimes c_{BC})(c_{AC} \otimes 1_B)(1_C \otimes c_{AB})\big)$,

d. h., es besteht das folgende kommutative Diagramm.

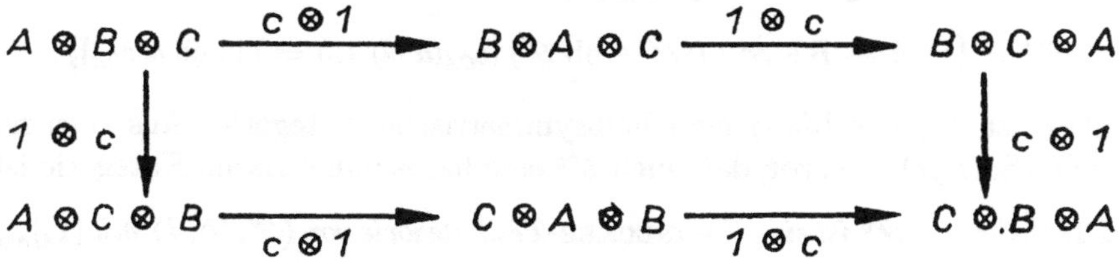

(vi) $(\forall A, B, C \in \text{ob}\, \mathscr{S})\big(c_{A,B\otimes C} = (c_{AB} \otimes 1_C)\,(1_B \otimes c_{AC})\big)$,
d. h., folgendes kommutative Diagramm besteht.

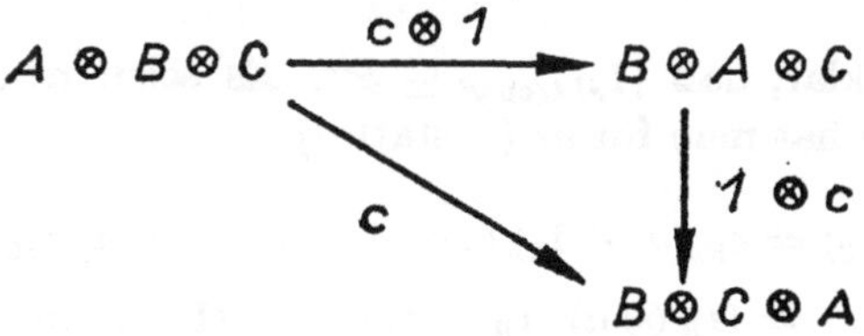

(vii) $(\forall A, B, C \in \text{ob}\, \mathscr{S})\big(c_{A\otimes B,C} = (1_A \otimes c_{BC})\,(c_{AC} \otimes 1_B)\big)$,
d. h., es gilt das nachstehende kommutative Diagramm.

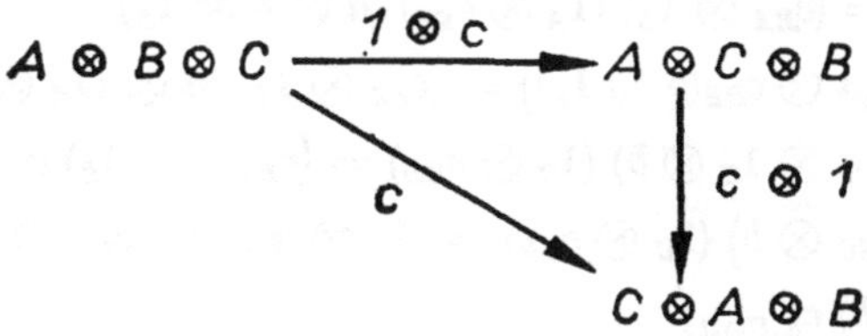

(viii) $(\forall A, B, C \in \text{ob}\, \mathscr{S})\big(c_{A,B\otimes C}\,(c_{BC} \otimes 1_A) = (1_A \otimes c_{BC})\, c_{A,C\otimes B}\big)$,
d. h., das nachstehende kommutative Diagramm besteht.

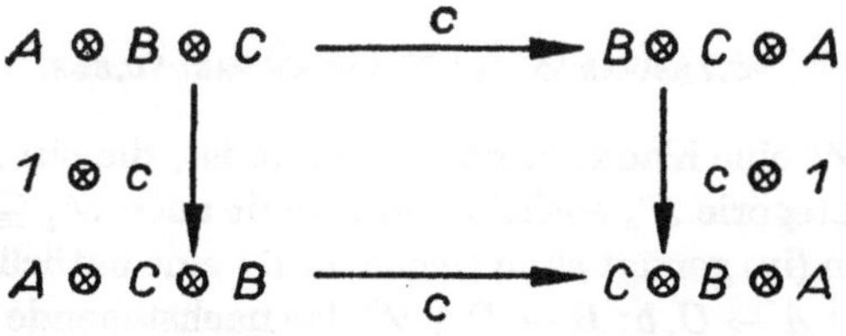

Die obigen Axiome sind nicht voneinander unabhängig. So folgt beispielsweise (vii) aus (iv) und (vi). Auf Grund von (vi) sind (v) und (viii) einander gleichwertig. Weiter folgt (iii) aus (i), (iv) und (vi). Denn mit $I \otimes I = I$ hat man $c_{AI} = c_{A,I\otimes I} = (c_{AI} \otimes 1_I)\,(1_I \otimes c_{AI}) = c_{AI}c_{AI}$. Da $1_A = 1_{A\otimes I} = c_{AI}c_{IA} = c_{AI}c_{AI}c_{IA} = c_{AI}$, so ist $c_{AI} = c_{IA} = 1_A\colon A \to A$ für alle $A \in \text{ob}\, \mathscr{S}$ der identische Morphismus.

Unter einer ***halbsymmetrischen Teilkategorie*** einer halbsymmetrischen Kategorie $\mathscr{S}$ verstehen wir eine Teilklasse $\mathscr{T} \subseteq \mathscr{S}$, mit $\{1_A, c_{AB}\}_{A,B\in\text{ob}\,\mathscr{S}} \subseteq \mathscr{T}$, die eine KRONECKER-Teilkategorie von $\mathscr{S}$ ist.

Für eine halbsymmetrische Kategorie $\mathcal{S}$ sei $\mathcal{S}_c$ die von $\{1_A, c_{AB}\}_{A,B\in \mathrm{ob}\,\mathcal{S}}$ erzeugte KRONECKER-Teilkategorie von $\langle \mathcal{S}, \otimes, I\rangle$ und

$$\mathcal{S}^c = \bigl\{a\colon A \to B \in \mathcal{S} \mid (\forall C \in \mathrm{ob}\,\mathcal{S})\bigl(c_{CA}(a \otimes 1_C) = (1_C \otimes a)c_{CB}\bigr)\bigr\}.$$

Offenbar ist $\mathcal{S}_c$ gleichfalls eine halbsymmetrische Kategorie. Aus dem nachstehenden Satz geht hervor, daß auch $\mathcal{S}^c$ eine halbsymmetrische Kategorie ist.

3.1.1. Satz. (a) *$\mathcal{S}^c$ ist eine KRONECKER-Teilkategorie von $\langle \mathcal{S}, \otimes, I\rangle$ mit $\{1_A\}_{A\in \mathrm{ob}\,\mathcal{S}} \subseteq \mathcal{S}^c$.*

(b) *Es gilt $\mathcal{S}_c \subseteq \mathcal{S}^c$.*

(c) *$c = c_{AB}\colon A \otimes B \to B \otimes A$ ist ein natürlicher Isomorphismus in $\mathcal{S}^c$.*

Beweis. (a) Es ist klar, daß $\{1_A\}_{A\in \mathrm{ob}\,\mathcal{S}} \subseteq \mathcal{S}^c$. Es seien $a\colon A \to C$, $b\colon B \to D$, $z\colon C \to D \in \mathcal{S}^c$. Dann hat man für az (anstatt a)

$$\begin{aligned} c_{BA}(az \otimes 1_B) &= c_{BA}(a \otimes 1_B)(z \otimes 1_B) = (1_B \otimes a)\, c_{BC}(z \otimes 1_B) \\ &= (1_B \otimes a)(1_B \otimes z)\, c_{BD} = (1_B \otimes az)\, c_{BD}, \end{aligned}$$

d. h. $az \in \mathcal{S}^c$. Für $a \otimes b$ (anstatt a) ist

$$\begin{aligned} c_{E,A\otimes B}(a \otimes b \otimes 1_E) &= (c_{EA} \otimes 1_B)(1_A \otimes c_{EB})(a \otimes b \otimes 1_E) \\ &= (c_{EA} \otimes 1_B)\bigl(a \otimes c_{EB}(b \otimes 1_E)\bigr) = (c_{EA} \otimes 1_B)\bigl(a \otimes (1_E \otimes b)\, c_{ED}\bigr) \\ &= (c_{EA} \otimes 1_B)(a \otimes 1_E \otimes b)(1_C \otimes c_{ED}) = \bigl(c_{EA}(a \otimes 1_E) \otimes b\bigr)(1_C \otimes c_{ED}) \\ &= \bigl((1_E \otimes a)\, c_{EC} \otimes b\bigr)(1_C \otimes c_{ED}) = (1_E \otimes a \otimes b)(c_{EC} \otimes 1_D)(1_C \otimes c_{ED}) \\ &= (1_E \otimes a \otimes b)\, c_{E,C\otimes D}, \end{aligned}$$

d. h. $a \otimes b \in \mathcal{S}^c$.

(b) Zufolge (viii) für c_{AB} (anstatt a) ist

$$c_{C,A\otimes B}(c_{AB} \otimes 1_C) = (1_C \otimes c_{AB})\, c_{C,B\otimes A},$$

d. h. $c_{AB} \in \mathcal{S}^c$. Da $\mathcal{S}^c$ eine KRONECKER-Kategorie ist, die ein Erzeugendensystem der KRONECKER-Kategorie $\mathcal{S}_c$ enthält, muß somit auch $\mathcal{S}_c \subseteq \mathcal{S}^c$ gelten.

(c) Auf Grund von (iv) genügt es zu zeigen, daß c eine natürliche Transformation in $\mathcal{S}^c$, d. h. für alle $a\colon A \to C$, $b\colon B \to D \in \mathcal{S}^c$ das nachstehende Diagramm kommutativ ist.

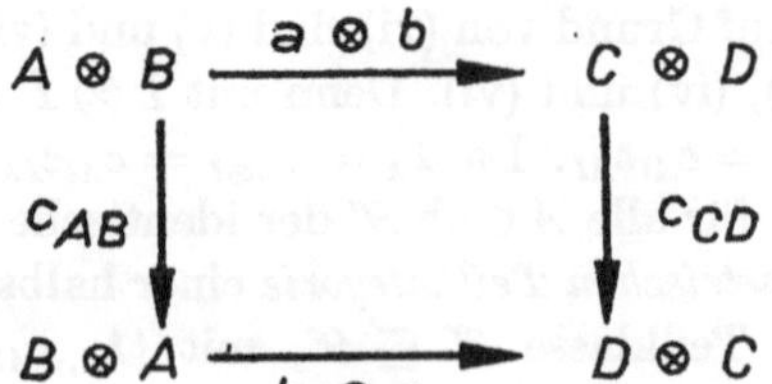

(1)

Nach Voraussetzung über a, b hat man in der Tat

$$c_{AB}(b \otimes a) = c_{AB}(b \otimes 1_A)(1_D \otimes a) = (1_A \otimes b)\, c_{AD}(1_D \otimes a)$$
$$= (1_A \otimes b)(a \otimes 1_D)\, c_{CD} = (a \otimes b)\, c_{CD}. \blacksquare$$

Definition. Eine halbsymmetrische Kategorie $\mathscr{S} = \langle \mathscr{S}, \otimes, I, c_{AB} \rangle_{A,B \in \mathrm{ob}\,\mathscr{S}}$ heißt *symmetrisch*, wenn die Vertauschung $c = c_{AB}\colon A \otimes B \to B \otimes A$ eine natürliche Transformation (und damit auf Grund von (iv) auch eine natürliche Isomorphie) in $\mathscr{S}$, d. h. die Identität

(ix) $(\forall a\colon A \to C, b\colon B \to D \in \mathscr{S})\big((a \otimes b)c_{CD} = c_{AB}(b \otimes a)\big)$

erfüllt ist, welche besagt, daß das Diagramm (1) für alle $a, b \in \mathscr{S}$ kommutativ sein soll.

Die symmetrischen Kategorien im obigen Sinne sind offenbar ein Spezialfall der in der Einleitung erwähnten multiplikativen Kategorien (nämlich solche, bei denen $a = 1$, $r = 1$, $l = 1$).

Für eine halbsymmetrische Kategorie $\mathscr{S}$ ist $\mathscr{S}^c$ eine symmetrische Kategorie und $(\mathscr{S}^c)^c = \mathscr{S}$. Genau dann ist $\mathscr{S}$ symmetrisch, wenn $\mathscr{S}^c = \mathscr{S}$ gilt.

Definition. Eine Folge

$$\mathscr{S} = \langle \mathscr{S}, \otimes, I, c_{AB}, t_A \rangle_{A,B \in \mathrm{ob}\,\mathscr{S}}$$

heißt *t-halbsymmetrische* (bzw. *t-symmetrische*) Kategorie, wenn

$$\langle \mathscr{S}, \otimes, I, c_{AB} \rangle_{A,B \in \mathrm{ob}\,\mathscr{S}}$$

eine halbsymmetrische (symmetrische) Kategorie und

$$\langle t_A\colon A \to I \rangle_{A \in \mathrm{ob}\,\mathscr{S}}$$

eine Folge von Morphismen aus $\mathscr{S}$ ist, so daß

(x) $(\forall a\colon A \to I \in \mathscr{S})\,(a = t_A\colon A \to I)$,
d. h. I terminales Objekt von $\mathscr{S}$ ist und

(xi) $(\forall A, B \in \mathrm{ob}\,\mathscr{S})\,(c_{AB}(1_B \otimes t_A) = t_A \otimes 1_B)$
erfüllt, d. h. folgendes Diagramm kommutativ ist.

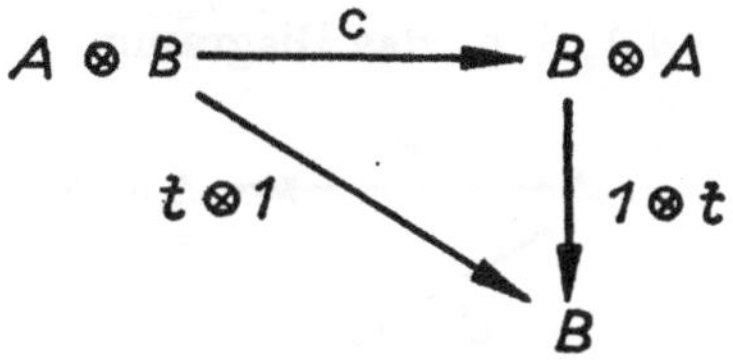

In einer t-halbsymmetrischen Kategorie $\mathscr{S}$ gilt offenbar

$$(\forall A, B \in \mathrm{ob}\,\mathscr{S})\,(t_A \otimes t_B = t_{A \otimes B}\colon A \otimes B \to I). \tag{2}$$

In einer t-symmetrischen Kategorie $\mathcal{S}$ folgt (xi) bereits aus (iii) und (ix) für $a = t_A$, $b = 1_B$.

Für eine t-halbsymmetrische Kategorie $\mathcal{S}$ sei $\mathcal{S}_{ct}$ die von $\{1_A, c_{AB}, t_A\}_{A,B \in \mathrm{ob}\,\mathcal{S}}$ erzeugte KRONECKER-Teilkategorie von $\langle \mathcal{S}, \otimes, I \rangle$.

In Ergänzung von Satz 3.1.1 hat man:

3.1.2. Korollar. (a) *$\mathcal{S}^c$ ist eine t-symmetrische Kategorie in der t-halbsymmetrischen Kategorie $\mathcal{S}$.*

(b) *Es gilt $\mathcal{S}_{ct} \subseteqq \mathcal{S}^c$.*

Beweis. Zufolge (xi), (iv) ist $t_A \in \mathcal{S}^c$. Damit folgt 3.1.2 aus 3.1.1. ■

3.2. Halbdiagonal-halbsymmetrische und halbdiagonal-symmetrische Kategorien

Definition. Eine *halbdiagonal-halbsymmetrische* (bzw. *halbdiagonal-symmetrische*) Kategorie, kurz *hd*-halbsymmetrische (bzw. *hd*-symmetrische) Kategorie, ist erklärt als eine Folge

$$\mathcal{S} = \langle \mathcal{S}, \otimes, I, c_{AB}, d_A \rangle_{A,B \in \mathrm{ob}\,\mathcal{S}},$$

die den nachstehenden Axiomen genügt.

(i) $\langle \mathcal{S}, \otimes, I, c_{AB} \rangle_{A,B \in \mathrm{ob}\,\mathcal{S}}$ ist eine halbsymmetrische (bzw. symmetrische) Kategorie.

(ii) $d = d_A\colon A \to A \otimes A$, $A \in \mathrm{ob}\,\mathcal{S}$, ist eine Folge ausgezeichneter Morphismen aus $\mathcal{S}$.

d_A (bzw. d) wird die *Diagonale* von A (bzw. von $\mathcal{S}$) genannt. Überdies seien folgende Bedingungen erfüllt.

iii) $(\forall A \in \mathrm{ob}\,\mathcal{S})\,\big(d_A(d_A \otimes 1_A) = d_A(1_A \otimes d_A)\big)$, d. h. das Diagramm

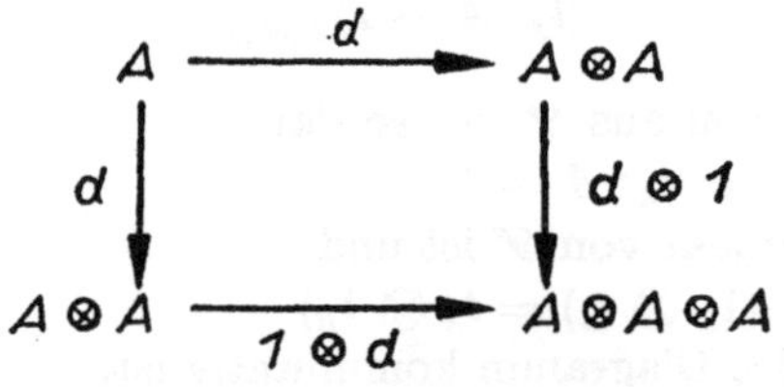

ist kommutativ.

(iv) $(\forall A \in \mathrm{ob}\,\mathcal{S})\,(d_A c_{AA} = d_A)$, d. h. ,das Diagramm

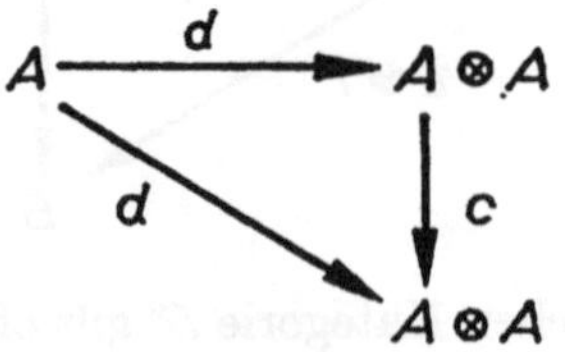

ist kommutativ.

(v) $(\forall A, B \in \operatorname{ob} \mathscr{S})\big(c_{AB}(1_B \otimes d_A) = (d_A \otimes 1_B)(1_A \otimes c_{AB})(c_{AB} \otimes 1_A)\big)$, d. h., das nachstehende Diagramm ist kommutativ.

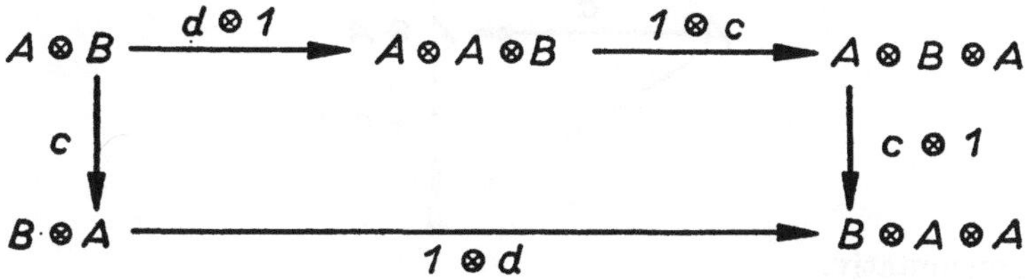

(vi) $(\forall A, B \in \operatorname{ob} \mathscr{S})\big(d_{A\otimes B} = (d_A \otimes d_B)(1_A \otimes c_{AB} \otimes 1_B)\big)$, d. h.,

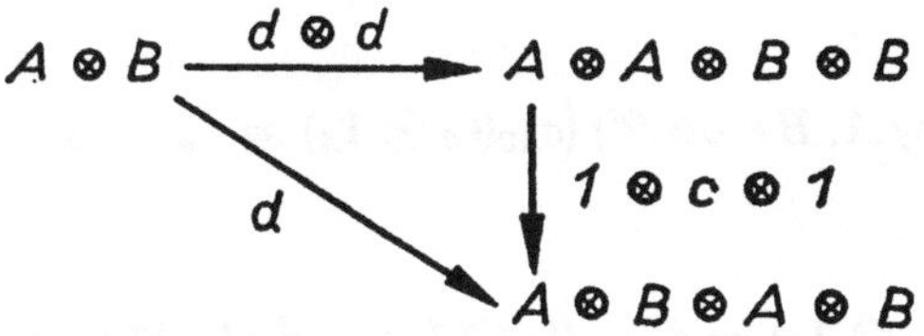

ist ein kommutatives Diagramm.

Es sei $\mathscr{S}$ eine *hd*-halbsymmetrische Kategorie und $\mathscr{S}^d$ die Gesamtheit der mit der Diagonalen von $\mathscr{S}$ vertauschbaren Elemente von $\mathscr{S}$, d. h.

$$\mathscr{S}^d = \{a\colon A \to B \in \mathscr{S} \mid a d_B = d_A(a \otimes a)\}.$$

Die Gleichung $\mathscr{S}^d = \mathscr{S}$ bedeutet, daß die Diagonale $d = d_A\colon A \to A \otimes A$ von $\mathscr{S}$ eine natürliche Transformation ist. Eine *hd*-halbsymmetrische (*hd*-symmetrische) Kategorie $\mathscr{S}$ mit dieser Eigenschaft heißt *d-halbsymmetrisch* (*d-symmetrisch*).

Unter einer ***hdt-halbsymmetrischen*** bzw. ***dt-halbsymmetrischen*** (***hdt-symmetrischen*** bzw. ***dt-symmetrischen***) Kategorie wird eine Folge

$$\mathscr{S} = \langle \mathscr{S}, \otimes, I, c_{AB}, d_A, t_A \rangle_{A,B \in \operatorname{ob} \mathscr{S}}$$

verstanden, für welche

$$\langle \mathscr{S}, \otimes, I, c_{AB}, d_A \rangle_{A,B \in \operatorname{ob} \mathscr{S}}$$

eine *hd*-halbsymmetrische bzw. *d*-halbsymmetrische (*hd*-symmetrische bzw. *d*-symmetrische) Kategorie,

$$\langle \mathscr{S}, \otimes, I, c_{AB}, t_A \rangle_{A,B \in \operatorname{ob} \mathscr{S}}$$

eine *t*-halbsymmetrische (*t*-symmetrische) Kategorie ist und folgende Bedingungen erfüllt sind.

(vii) $(\forall A \in \operatorname{ob} \mathscr{S})\big(d_A(1_A \otimes t_A) = 1_A\big)$, d. h., das Diagramm

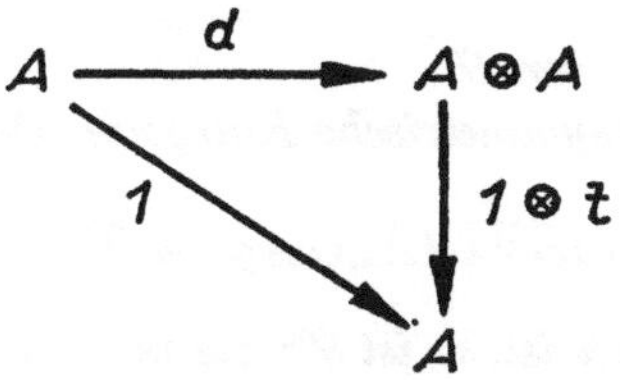

ist kommutativ.

(viii) $(\forall A \in \text{ob}\, \mathscr{S})\,\big(d_A(t_A \otimes 1_A) = 1_A\big)$, d. h., das Diagramm

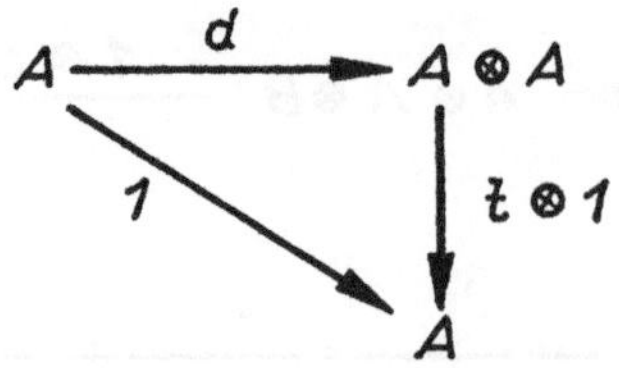

ist kommutativ.

Die obigen Axiome sind nicht voneinander unabhängig. Zum Beispiel folgt (viii) mittels der auf Grund von 3.1. (iv), 3.1. (xi) bestehenden, zu 3.1. (xi) symmetrischen Beziehung

$$(\forall A, B \in \text{ob}\, \mathscr{S})\,\big(c_{AB}(t_B \otimes 1_A) = 1_A \otimes t_B\big) \tag{1}$$

aus (vii), (iv) so:

$$d_A(t_A \otimes 1_A) = d_A c_{AA}(t_B \otimes 1_A) = d_A(1_A \otimes t_A) = 1_A.$$

Das Axiom 3.1. (x), welches besagt, daß I ein terminales Objekt von $\mathscr{S}$ ist, kann im Fall einer *hdt*-halbsymmetrischen Kategorie $\mathscr{S}$ durch

$$(\forall a\colon A \to I \in \mathscr{S})\,(at_I = t_A) \tag{2}$$

ersetzt werden. Denn wegen 3.1. (iii) hat man $c_{II} = 1_I$. Damit erhält man aus (vi)

$$d_I = d_{I \otimes I} = d_I \otimes d_I = d_I\, 1_I \otimes 1_I\, d_I$$

$$= (d_I \otimes 1_I)\,(1_I \otimes d_I) = d_I\, d_I.$$

Zufolge (vii) ist $d_I\, t_I = 1_I$, somit

$$1_I = d_I\, t_I = d_I\, d_I\, t_I = d_I$$

und $t_I = 1_I$. Gemäß (2) ist dann $a = a\, 1_I = at_I = t_I$ für alle $a\colon A \to I \in \mathscr{S}$, d. h., I ist terminal.

3.2.1. Satz. (a) *Es sei $\mathscr{S}$ eine hd-halbsymmetrische Kategorie mit der Diagonalen d. Dann ist*

$$\{1_A, c_{AB}, d_A\}_{A,B \in \text{ob}\, \mathscr{S}} \subseteq \mathscr{S}^c \cap \mathscr{S}^d,$$

und $\mathscr{S}^d$ ist eine Teilkategorie von $\mathscr{S}$.

(a′) *Es sei $\mathscr{S}$ eine hdt-halbsymmetrische Kategorie. Dann ist*

$$\{1_A, c_{AB}, d_A, t_A\}_{A,B \in \text{ob}\, \mathscr{S}} \subseteq \mathscr{S}^c \cap \mathscr{S}^d.$$

(b) *Wenn $\mathscr{S}$ hd-symmetrisch ist, so ist $\mathscr{S}^d$ die maximale d-symmetrische Kategorie in $\mathscr{S}$.*

(b') *Wenn $\mathscr{S}$ hdt-symmetrisch ist, so ist $\mathscr{S}^d$ die maximale dt-symmetrische Kategorie in $\mathscr{S}$.*

Beweis. (a) (a'). Offenbar ist $\{1_A\}_{A \in \mathrm{ob}\,\mathscr{S}} \subseteq \mathscr{S}^d$. Wir zeigen $\{c_{AB}, d_A\}_{A,B \in \mathrm{ob}\,\mathscr{S}} \subseteq \mathscr{S}^d$ und im Fall (a') auch $\{t_A\}_{A \in \mathrm{ob}\,\mathscr{S}} \subseteq \mathscr{S}^d$. Die letztere Behauptung ergibt sich aus

$$t_A\, d_I = t_A = d_A(t_A \otimes 1_A)\, t_A = d_A(t_A \otimes t_A).$$

Beachtet man die aus (v) und 3.1. (iv) folgende, zu (v) symmetrische Beziehung

$$(\forall A, B \in \mathrm{ob}\,\mathscr{S})\ \big(c_{AB}(d_B \otimes 1_A) \\ = (1_A \otimes d_B)\,(c_{AB} \otimes 1_B)\,(1_B \otimes c_{AB})\big), \tag{3}$$

aus der insbesondere $\{d_A\}_{A \in \mathrm{ob}\,\mathscr{S}} \subseteq \mathscr{S}^c$ folgt, so ergibt sich unter Berücksichtigung von (vi)

$$\begin{aligned}
c_{AB} d_{B\otimes A} &= c_{AB}(d_B \otimes d_A)\,(1_B \otimes c_{BA} \otimes d_A)\\
&= c_{AB}(1_B \otimes d_A)\,(d_B \otimes 1_{AA})\,(1_B \otimes c_{BA} \otimes 1_A)\\
&= (d_A \otimes 1_B)\,(1_A \otimes c_{AB})\,(c_{AB} \otimes 1_A)\,(d_B \otimes 1_{AA})\,(1_B \otimes c_{BA} \otimes 1_A)\\
&= (d_A \otimes 1_B)\,(1_A \otimes c_{AB})\,(c_{AB}(d_B \otimes 1_A) \otimes 1_A)\,(1_B \otimes c_{BA} \otimes 1_A)\\
&= (d_A \otimes 1_B)\,(1_A \otimes c_{AB})\,(1_A \otimes d_B \otimes 1_A)\,(c_{AB} \otimes 1_{BA})\\
&\qquad \cdot (1_B \otimes c_{AB} \otimes 1_A)\,(1_B \otimes c_{BA} \otimes 1_A)\\
&= (d_A \otimes 1_B)\,\big(1_A \otimes c_{AB}(d_B \otimes 1_A)\big)\,(c_{AB} \otimes 1_{BA})\\
&= (d_A \otimes 1_B)\,(1_{AA} \otimes d_B)\,(1_A \otimes c_{AB} \otimes 1_B)\,(1_{AB} \otimes c_{AB})\,(c_{AB} \otimes 1_{BA})\\
&= (d_A \otimes d_B)\,(1_A \otimes c_{AB} \otimes 1_B)\,(c_{AB} \otimes c_{AB})\\
&= d_{A\otimes B}(c_{AB} \otimes c_{AB}),
\end{aligned}$$

d. h. $c_{AB} \in \mathscr{S}^d$. Weiter gilt

$$\begin{aligned}
d_A d_{A\otimes A} &= d_A(d_A \otimes d_A)\,(1_A \otimes c_{AA} \otimes 1_A)\\
&= d_A(1_A \otimes d_A)\,(d_A \otimes 1_{AA})\,(1_A \otimes c_{AA} \otimes 1_A)\\
&= d_A(d_A \otimes 1_A)\,(d_A \otimes 1_{AA})\,(1_A \otimes c_{AA} \otimes 1_A)\\
&= d_A(d_A(d_A \otimes 1_A) \otimes 1_A)\,(1_A \otimes c_{AA} \otimes 1_A)\\
&= d_A(d_A(d_A \otimes 1_A)(1_A \otimes c_{AA}) \otimes 1_A)\\
&= d_A(d_A(1_A \otimes d_A)\,(1_A \otimes c_{AA}) \otimes 1_A)\\
&= d_A(d_A(1_A \otimes d_A c_{AA}) \otimes 1_A)\\
&= d_A(d_A(1_A \otimes d_A) \otimes 1_A) = d_A(d_A(d_A \otimes 1_A) \otimes 1_A)\\
&= d_A(d_A \otimes 1_A)\,(d_A \otimes 1_{AA}) = d_A(1_A \otimes d_A)\,(d_A \otimes 1_{AA})\\
&= d_A(d_A \otimes d_A),
\end{aligned}$$

d. h. $d_A \in \mathscr{S}^d$. Wir zeigen, daß $\mathscr{S}^d$ abgeschlossen bezüglich der Komposition von Morphismen in $\mathscr{S}$ ist. Es seien $a: A \to A'$, $a': A' \to B' \in \mathscr{S}^d$. Dann hat man

$$\begin{aligned} aa'd_{B'} &= a\, d_{A'}(a' \otimes a') = d_A(a \otimes a)\,(a' \otimes a') \\ &= d_A(aa' \otimes aa'), \end{aligned}$$

d. h. $aa' \in \mathscr{S}^d$.

(b), (b′). Es seien $a: A \to A'$, $b: B \to B'$ Morphismen aus $\mathscr{S}^d$. Beachtet man, daß c nach Voraussetzung eine natürliche Transformation in $\mathscr{S}$ ist, so erhält man

$$\begin{aligned} (a \otimes b)d_{A' \otimes B'} &= (a \otimes b)\,(d_{A'} \otimes d_{B'})\,(1_{A'} \otimes c_{A'B'} \otimes 1_{B'}) \\ &= (ad_{A'} \otimes bd_{B'})\,(1_{A'} \otimes c_{A'B'} \otimes 1_{B'}) \\ &= \big(d_A(a \otimes a) \otimes d_B(b \otimes b)\big)\,(1_{A'} \otimes c_{A'B'} \otimes 1_{B'}) \\ &= (d_A \otimes d_B)\,(a \otimes a \otimes b \otimes b)\,(1_{A'} \otimes c_{A'B'} \otimes 1_{B'}) \\ &= (d_A \otimes d_B)\big(a \otimes (a \otimes b)\,c_{A'B'} \otimes b\big) \\ &= (d_A \otimes d_B)\,(a \otimes c_{AB}(b \otimes a) \otimes b) \\ &= (d_A \otimes d_B)\,(1_A \otimes c_{AB} \otimes 1_B)\,(a \otimes b \otimes a \otimes b) \\ &= d_{A \otimes B}\big((a \otimes b) \otimes (a \otimes b)\big), \end{aligned}$$

d. h. $a \otimes b \in \mathscr{S}^d$. Die Maximalitätseigenschaft von $\mathscr{S}^d$ folgt nun unmittelbar aus der Definition von $\mathscr{S}^d$. ∎

In einer t-halbsymmetrischen Kategorie $\mathscr{S}$ führen wir folgende Abkürzungen ein.

Für $A_1, \ldots, A_n \in \text{ob}\,\mathscr{S}$ setzen wir

$$t_{A_1 \cdots A_n} = t_{A_1 \otimes \cdots \otimes A_n}: A_1 \otimes \cdots \otimes A_n \to I, \quad n \geqq 1; \tag{4}$$

$$p_k^{A_1 \cdots A_n} = t_{A_1 \cdots A_{k-1}} \otimes 1_{A_k} \otimes t_{A_{k+1} \cdots A_n}: A_1 \otimes \cdots \otimes A_n \to A_k, \quad 1 \leqq k \leqq n,\ n \geqq 1; \tag{5}$$

$$p_0^{A_1 \cdots A_n} = t_{A_1 \cdots A_n}: A_1 \otimes \cdots \otimes A_n \to I, \quad n \geqq 1.$$

Die $p_k^{A_1 \cdots A_n}$ werden auch *kanonische Projektionen* von $A_1 \otimes \cdots \otimes A_n$ genannt. Da I terminal ist, so hat man

$$t_{A_1 \cdots A_n} = t_{A_1} \otimes \cdots \otimes t_{A_n}, \quad n \geqq 1. \tag{6}$$

In einer hd-halbsymmetrischen Kategorie $\mathscr{S}$ mit der Diagonalen $d = d_A: A \to A \otimes A$ seien rekursiv Morphismen d_A^k ($k \geqq 1$) eingeführt gemäß

$$\begin{aligned} d_A^1 &= 1_A: A \to A, \\ d_A^2 &= d_A: A \to A \otimes A, \\ d_A^k &= d_A(d_A^{k-1} \otimes 1_A): A \to \underbrace{A \otimes \cdots \otimes A}_{k-\text{mal}}, \quad k \geqq 3. \end{aligned} \tag{7}$$

3.2.2. *Setzt man zur Abkürzung*

$$p_k = p_k^{A_1 \cdots A_n} \quad \textit{für} \quad A_1 = \cdots = A_n = A, \quad 1 \leqq k \leqq n,$$

so gilt in einer hdt-halbsymmetrischen Kategorie $\mathscr{S}$

$$d_A^n p_k = 1_A; \quad k = 1, \ldots, n, \quad n \geqq 1. \tag{8}$$

Beweis. (8) ist trivial für $n = 1$. Für $n = 2$ ist (8) gleichbedeutend mit $d_A(1_A \otimes t_A) = d_A(t_A \otimes 1_A) = 1_A$. Angenommen, (8) sei bewiesen für $n - 1 \geqq 2$ anstatt n. Dann wird

$$d_A^n p_k = d_A(d_{n-1}^A \otimes 1_A)\,(\underbrace{t_{A\ldots A}}_{(k-1)\text{-mal}} \otimes 1_A \otimes \underbrace{t_{A\ldots A}}_{(n-1-k)\text{-mal}} \otimes t_A) = d_A(1_A \otimes t_A) = 1_A,$$

falls $k < n$.

Für $k = n$ ergibt sich stattdessen $d_A^n p_k = d_A(t_A \otimes 1_A) = 1_A$. Somit ist (8) allgemein bewiesen. ■

3.2.3. Satz. *Es seien*

$$a_i\colon A \to A_i, i = 1, \ldots, n,$$

beliebig gegebene Morphismen einer hdt-halbsymmetrischen Kategorie $\mathscr{S}$.

Dann ist der Morphismus

$$a = d_A^n(a_1 \otimes \cdots \otimes a_n)$$

aus $\mathscr{S}$ so beschaffen, daß er das nachstehende Diagramm kommutativ schließt.

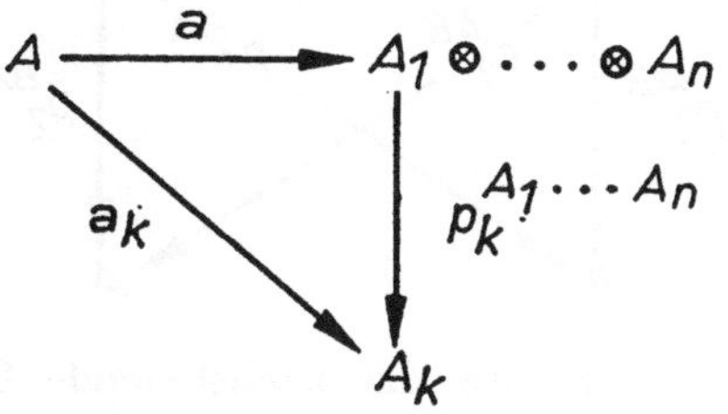

(9)

Beweis. Aus der Definition von a folgt mit Rücksicht auf 3.2.2

$$\begin{aligned} a p_k^{A_1\cdots A_n} &= d_A^n(a_1 \otimes \cdots \otimes a_n)\left(t_{A_1\cdots A_{k-1}} \otimes 1_{A_k} \otimes t_{A_{k+1}\cdots A_n}\right) \\ &= d_A^n(\underbrace{t_{A\ldots A}}_{(k-1)\text{-mal}} \otimes 1_A \otimes \underbrace{t_{A\ldots A}}_{(n-k)\text{-mal}})a_k \\ &= d_A^n p_k a_k = a_k, \quad k = 1, \ldots, n. \ ■ \end{aligned}$$

3.2.4. *Für jeden Morphismus $a\colon A \to B$ einer dt-symmetrischen Kategorie $\mathscr{S}$ besteht die Beziehung*

$$d_A^n(a \otimes \cdots \otimes a) = a\, d_B^n, \qquad n \geqq 1.$$

Beweis. Für $n \leqq 2$ ist die Beziehung sicher richtig. Sie sei für einen Index n bewiesen. Dann folgt induktiv:

$$\begin{aligned} a\, d_B^{n+1} &= a\, d_B(d_B^n \otimes 1_B) = d_A(a \otimes a)\,(d_B^n \otimes 1_B) = d_A(a\, d_B^n \otimes a) \\ &= d_A(d_A^n(a \otimes \cdots \otimes a) \otimes a) = d_A(d_A^n \otimes 1_A)\,(a \otimes \cdots \otimes a \otimes a) \\ &= d_A^{n+1}(a \otimes \cdots \otimes a \otimes a). \ ■ \end{aligned}$$

3.3. Kronecker-Kategorien von endlichen Produkten

Definition. Eine Kronecker-*Kategorie von endlichen Produkten* ist erklärt als eine Folge

$$\mathscr{S} = \langle \mathscr{S}, \otimes, I, c_{AB}, d_A, t_A \rangle_{A,B \in \mathrm{ob}\,\mathscr{S}},$$

die den nachstehenden Axiomen genügt.

(i) $\langle \mathscr{S}, \otimes, I \rangle$ ist eine Kronecker-Kategorie.

(ii) I ist terminales Objekt von $\mathscr{S}$.

(iii) $\langle c_{AB}: A \otimes B \to B \otimes A,\ d_A: A \to A \otimes A,\ t_A: A \to I \rangle_{A,B \in \mathrm{ob}\,\mathscr{S}}$ ist eine Folge spezieller Morphismen aus $\mathscr{S}$.

(iv) Für eine Folge $\langle A_1, \ldots, A_n \rangle$ von Objekten aus $\mathscr{S}$ ist $A_1 \otimes \cdots \otimes A_n$ zusammen mit den in 3.2.(5) definierten kanonischen Projektionen
$p_k^{A_1 \cdots A_n}: A_1 \otimes \cdots \otimes A_n \to A_k;\ 1 \leqq k \leqq n,\quad n \geqq 1,$
das Produkt der A_i.

(v) c_{AB} ist der eindeutig bestimmte, das nachstehende Diagramm kommutativ schließende Morphismus aus $\mathscr{S}$.

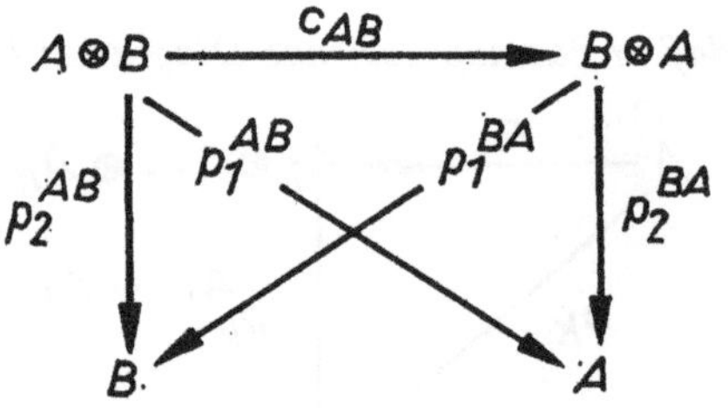

(vi) d_A ist der eindeutig bestimmte, das nachstehende Diagramm kommutativ schließende Morphismus aus $\mathscr{S}$.

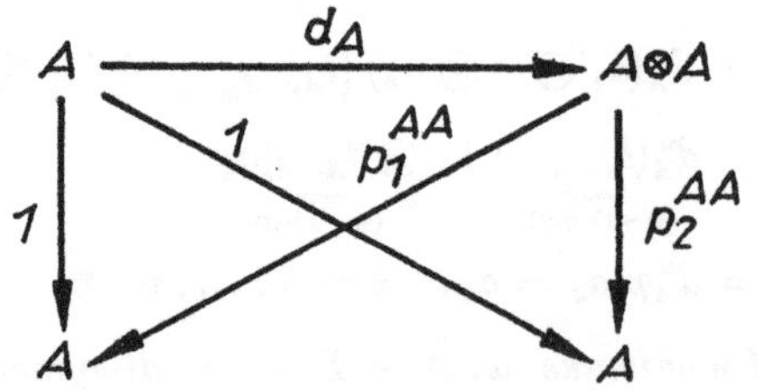

3.3.1. Satz. *Es sei* $\mathscr{S} = \langle \mathscr{S}, \otimes, I \rangle$ *eine* Kronecker-*Kategorie mit dem terminalen Objekt I und einer Folge*

$$\langle c_{AB}: A \otimes B \to B \otimes A,\ d_A: A \to A \otimes A,\ t_A: A \to I \rangle_{A,B \in \mathrm{ob}\,\mathscr{S}}$$

ausgezeichneter Morphismen. Es sei vorausgesetzt:

(0) *Wenn nicht* $\mathrm{Hom}_{\mathscr{S}}(A, B) \neq \emptyset$ *für alle nicht-terminalen Objekte* $B \in \mathrm{ob}\,\mathscr{S}$, *so ist A terminal und* $\mathrm{Hom}_{\mathscr{S}}(A, B) = \emptyset$ *für alle nicht-terminalen* $B \in \mathrm{ob}\,\mathscr{S}$.

Dann sind folgende Aussagen einander gleichwertig.

(a) $\mathcal{S} = \langle \mathcal{S}, \otimes, I, c_{AB}, d_A, t_A \rangle_{A,B \in \mathrm{ob}\,\mathcal{S}}$
ist eine KRONECKER-*Kategorie von endlichen Produkten.*

(b) $\mathcal{S} = \langle \mathcal{S}, \otimes, I, c_{AB}, d_A, t_A \rangle_{A,B \in \mathrm{ob}\,\mathcal{S}}$
ist eine dt-symmetrische Kategorie.

Beweis. (b) $\Rightarrow$ (a) Es besteht für $n \geqq 2$ die Beziehung

$$d^n_{A_1 \otimes \cdots \otimes A_n}\left(p_1^{A_1 \cdots A_n} \otimes \cdots \otimes p_n^{A_1 \cdots A_n}\right) = 1_{A_1 \cdots A_n}, \qquad n \geqq 2 \tag{1}$$

$(A_1, \ldots, A_n \in \mathrm{ob}\,\mathcal{S})$, die wir zunächst nur im Fall $n = 2$ beweisen: Es ist

$$\begin{aligned} &d_{A \otimes B}(1_A \otimes t_B \otimes t_A \otimes 1_B) \\ &\quad = (d_A \otimes d_B)\,(1_A \otimes c_{AB} \otimes 1_B)\,(1_A \otimes t_{BA} \otimes 1_B) \\ &\quad = (d_A \otimes d_B)\,(1_A \otimes t_A \otimes t_B \otimes 1_B) \\ &\quad = d_A(1_A \otimes t_A) \otimes d_B(t_B \otimes 1_B) = 1_{AB}. \end{aligned}$$

Zufolge 3.2.3 ist von der Produkteigenschaft der kanonischen Projektionen

$$p_k^{A_1 \cdots A_n}\colon A_1 \otimes \cdots \otimes A_n \to A_k; \qquad 1 \leqq k \leqq n, \qquad n \geqq 1,$$

nur noch die Eindeutigkeitseigenschaft nachzuweisen. Dies gelingt leicht mit Hilfe von (1). Denn sind $a_k\colon A \to A_k$, $k = 1, \ldots, n$, gegebene Morphismen aus $\mathcal{S}$ und ist $a\colon A \to A_1 \otimes \cdots \otimes A_n$ ein Morphismus aus $\mathcal{S}$, welcher das Diagramm 3.2 (9) kommutativ schließt, so hat man mit 3.2.4

$$\begin{aligned} d^n_A(a_1 \otimes \cdots \otimes a_n) &= d^n_A\left(ap_1^{A_1 \cdots A_n} \otimes \cdots \otimes ap_n^{A_1 \cdots A_n}\right) \\ &= d^n_A(a \otimes \cdots \otimes a)\left(p_1^{A_1 \cdots A_n} \otimes \cdots \otimes p_n^{A_1 \cdots A_n}\right) \\ &= ad^n_{A_1 \otimes \cdots \otimes A_n}\left(p_1^{A_1 \cdots A_n} \otimes \cdots \otimes p_n^{A_1 \cdots A_n}\right) \\ &= a. \end{aligned}$$

Damit ist (iv) (wie (1)) für $n = 2$ bewiesen. Folglich ist $\mathcal{S}$ eine Kategorie von endlichen Produkten. Hierbei wurde die Voraussetzung (0) noch nicht benutzt. Ohne Verwendung von (0) bestätigt man auch leicht die Gültigkeit von (v), (vi) in $\mathcal{S}$.

Die Richtigkeit von (1) für $n > 2$ folgt nun aus dem Beweis der Umkehrung (a) $\Rightarrow$ (b), wobei wir nur voraussetzen, daß (iv) für $n = 2$ erfüllt ist.

Wir wollen nachweisen, daß irgendeines der Axiome einer *dt*-symmetrischen Kategorie, bzw. die Beziehung (iv) auch für $n > 2$, in $\mathcal{S}$ erfüllt ist. Es seien $A_1, \ldots, A_n$ die in der zu bestätigenden Relation vorkommenden Objektssymbole. Man wähle eine beliebige aber feste Belegung dieser Symbole mit Objekten $A_1', \ldots, A_n'$ aus ob $\mathcal{S}$ und bilde die Menge M aller Objekte aus ob $\mathcal{S}$ der Form $A'_{k_1} \otimes \cdots \otimes A'_{k_m}$ einschließlich des terminalen Objekts I. Die zu M gehörige volle Teilkategorie von $\mathcal{S}$ sei $\mathcal{M}$. Dann ist $\mathcal{M}$ offenbar gleichfalls eine KRONECKER-Kategorie von endlichen Produkten, welche die Voraussetzung (0) erfüllt. Da $\mathcal{M}$ überdies eine kleine Kategorie ist, so existiert, wie im Anhang bewiesen wird, ein treuer, produkterhaltender Funktor $\Phi\colon \mathcal{M} \to \mathit{Ens}$. Indem man von Φ evtl. zu einem isomorphen

Funktor übergeht, kann man voraussetzen, daß

$$\Phi(p_k^{A_1A_2}) = p_k^{\Phi A_1,\Phi A_2}\colon \Phi A_1 \times \Phi A_2 \to \Phi A_k, \qquad k = 1, 2,$$

die Projektionen des kartesischen Produkts in *Ens*, sowie $\Phi(c_{AB})\colon \Phi A \times \Phi B \to \Phi B \times \Phi A$ die gewöhnliche Vertauschung und $\Phi(t_A)\colon \Phi A \to \{\emptyset\}$ sind. In *Ens* kann die betreffende Relation aber leicht unmittelbar verifiziert werden. Da Φ treu ist, gilt die betreffende Relation auch in $\mathcal{M}$ und damit insbesondere für die gewählte Belegung $A_1', \ldots, A_n'$ in $\mathcal{S}$. Indem man diese Belegung nach und nach variiert, bestätigt man die Gültigkeit der betreffenden Relation in ganz $\mathcal{S}$.

Der Satz 3.3.1 ist bewiesen. ■

Der folgende Satz veranschaulicht den engen Zusammenhang zwischen *hdt*-halbsymmetrischen Kategorien und KRONECKER-Kategorien von endlichen Produkten.

3.3.2. Satz. *Es sei $\mathcal{S} = \langle \mathcal{S}, \otimes, I\rangle$ eine KRONECKER-Kategorie mit dem terminalen Objekt I und einer Folge*

$$\langle c_{AB}\colon A \otimes B \to B \otimes A,\ d_A\colon A \to A \otimes A,\ t_A\colon A \to I\rangle_{A,B \in \operatorname{ob}\mathcal{S}}$$

ausgezeichneter Morphismen. Es sei $\mathcal{S}_{cdt}$ die von $\{c_{AB}, d_A, t_A\}_{A,B\in \operatorname{ob}\mathcal{S}}$ erzeugte KRONECKER-Teilkategorie von $\mathcal{S}$, und es werde vorausgesetzt:

(0′) *Wenn nicht* $\operatorname{Hom}_{\mathcal{S}_{cdt}}(A, B) \neq \emptyset$ *für alle nicht-terminalen Objekte B von $\mathcal{S}_{cdt}$ ist, so ist A terminal in $\mathcal{S}_{cdt}$ und* $\operatorname{Hom}_{\mathcal{S}_{cdt}}(A, B) = \emptyset$ *für alle nicht-terminalen $B \in \operatorname{ob}\mathcal{S}$.*

Dann sind folgende Aussagen einander gleichwertig:

(a) $\langle \mathcal{S}, \otimes, I, c_{AB}, d_A, t_A\rangle_{A,B\in \operatorname{ob}\mathcal{S}}$ *ist eine hdt-halbsymmetrische Kategorie.*

(b) $\langle \mathcal{S}_{cdt}, \otimes, I, c_{AB}, d_A, t_A\rangle_{A,B\in \operatorname{ob}\mathcal{S}_{cdt}}$ *ist eine KRONECKER-Kategorie von endlichen Produkten.*

Beweis. (a) ⇒ (b). Wie in 3.1.2 bemerkt, ist $\mathcal{S}^c$ eine *t*-symmetrische Kategorie in $\mathcal{S}$. Zufolge 3.2.1 ist somit $(\mathcal{S}^c)^d$ eine *dt*-symmetrische Kategorie in $\mathcal{S}$. Da $\mathcal{S}_{cdt}$ die von $\{c_{AB}, d_A, t_A\}_{A,B\in \operatorname{ob}\mathcal{S}}$ erzeugte *hdt*-halbsymmetrische Kategorie in $\mathcal{S}$ ist und die *hdt*-symmetrische Kategorie $(\mathcal{S}^c)^d$ das Erzeugendensystem $\{c_{AB}, d_A, t_A\}_{A,B\in \operatorname{ob}\mathcal{S}}$ enthält, so muß gelten

$$\mathcal{S}_{cdt} \subseteqq (\mathcal{S}^c)^d. \tag{2}$$

Daher ist $\mathcal{S}_{cdt}$ eine *dt*-symmetrische Kategorie in $\mathcal{S}$. Die Behauptung folgt aus 3.3.1 (für $\mathcal{S}_{cdt}$ anstatt $\mathcal{S}$).

(b) ⇒ (a). Auf Grund von 3.3.1 (für $\mathcal{S}_{cdt}$ anstatt $\mathcal{S}$) erkennt man, daß $\mathcal{S}_{cdt}$ eine *dt*-symmetrische Kategorie ist. Dann ist unmittelbar klar, daß $\mathcal{S}$ eine *hdt*-halbsymmetrische Kategorie sein muß.

Der Satz 3.3.2 ist bewiesen. ■

3.4. Aufgaben

3.4.1. Man prüfe durch direkte Rechnung nach, ob 3.3.1 und 3.3.2 auch ohne die Voraussetzungen (0), (0′) gültig sind.

3.4.2. Betrachtet man die Kategorie mit Multiplikation $\langle Mod\ I, \otimes \rangle$ der I-Moduln über einem kommutativen Ring I mit Eins, so erkennt man, daß das Einsobjekt I in dieser Kategorie sicher nicht terminal ist. Auch sonst kann man nach dem im Anhang geschilderten Verfahren in dieser Kategorie selbst aus dem Tensorprodukt $\otimes$ kein assoziatives Tensorprodukt ableiten. Doch sind die Kategorien mit Multiplikation und die KRONECKER-Kategorien folgender gemeinsamer Verallgemeinerung fähig.

Definition. Eine *monoidale Kategorie* im Sinne von S. EILENBERG — G. M. KELLY (1966) ist eine Folge $\mathscr{S} = \langle \mathscr{S}, \otimes, I, a, r, l \rangle$, in welcher $\mathscr{S}$ eine Kategorie,
$\otimes : \mathscr{S} \times \mathscr{S} \to \mathscr{S}$ ein Funktor, das *Tensorprodukt*,
I ein Objekt, das *Einsobjekt* von $\mathscr{S}$,
$a = a_{ABC} : (A \otimes B) \otimes C \to A \otimes (B \otimes C)$ eine natürliche Isomorphie, die *Assoziativität*,
$r = r_A : A \otimes I \to A$, $l = l_A : I \otimes A \to A$ zwei natürliche Isomorphien, die *Rechts- und die Linksidentität*, sind und für welche die nachstehenden fünf Diagramme kommutativ sind („definierende Kohärenzbedingungen").

(i)

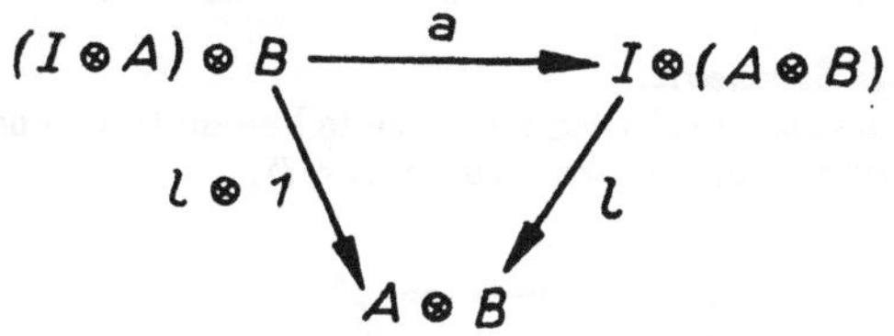

(ii)

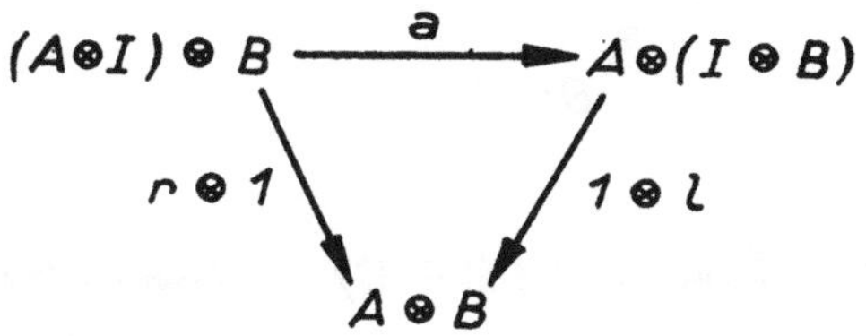

(iii)

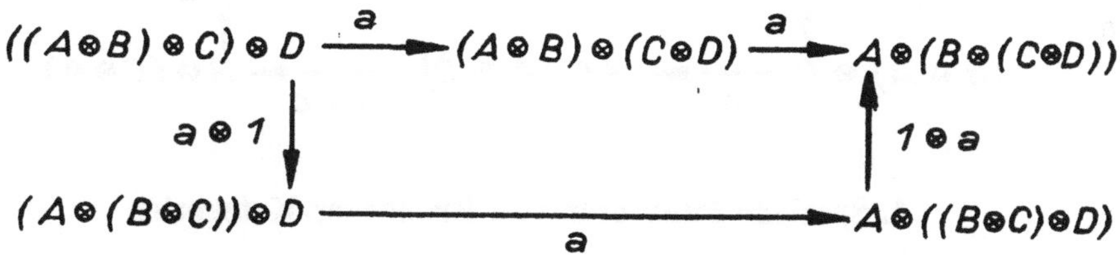

(iv)

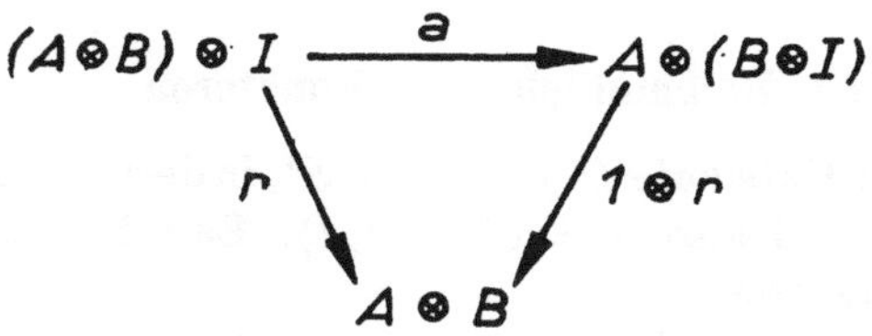

(v) $$l_I = r_I : I \otimes I \longrightarrow I.$$

Diese fünf Kohärenzbedingungen sind nicht unabhängig voneinander. Wie G. M. KELLY (1964) gezeigt hat, sind (i), (iv), (v) eine Folge von (ii), (iii). (Hierzu vgl. auch G. M. KELLY – S. MAC LANE (1971).)

Die KRONECKER-Kategorien werden in diesem Zusammenhang auch als *strikt monoidale Kategorien* bezeichnet (S. MAC LANE, 1972).

Man zeige:

3.4.3. Die monoidalen Kategorien lassen sich, ähnlich wie die KRONECKER-Kategorien, als Multialgebren auffassen, wobei $\otimes$ zu einer Folge binärer Operationen Anlaß gibt und 1_I, a_{ABC}, r_A, l_A konstante Operationen sind. Man prüfe nach, welche der Aussagen von 1.2, 1.3 sich auf diese Multialgebren übertragen.

3.4.4. Man untersuche die zu 3.4.3 analoge Aufgabe für Kategorien mit Multiplikation (= symmetrische monoidale Kategorien).

Definition. Eine *symmetrische monoidale Kategorie* ist eine Folge $\mathscr{S} = \langle \mathscr{S}, \otimes, I, a, c, r, l \rangle$, in welcher $\langle \mathscr{S}, \otimes, I, a, r, l \rangle$ eine monoidale Kategorie, $c = c_{AB} : A \otimes B \to B \otimes A$ eine natürliche Isomorphie,

die *Kommutativität oder Symmetrie*,

ist und wobei die nachstehenden zwei Diagramme stets kommutativ sind ((i) – (vii) sind die „definierenden Relationen" für die *Kohärenz* von a, c, r, l):

(vi)

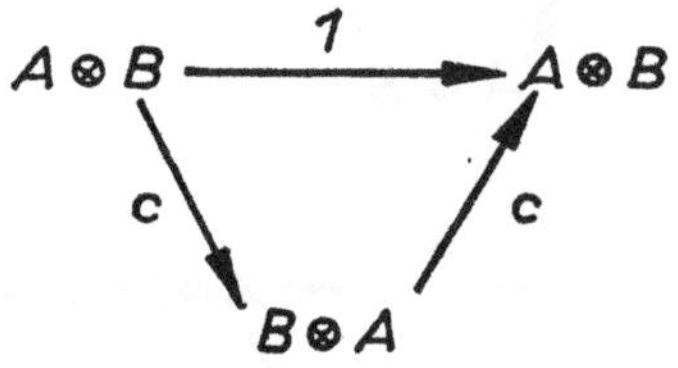

(vii)

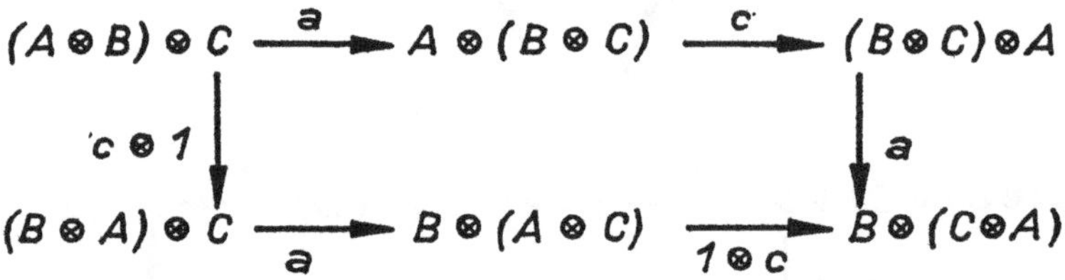

4. Spezielle Funktoren von Kronecker-Kategorien

In diesem Abschnitt wird die gegenseitige Abhängigkeit einiger Klassen von Funktoren untersucht.

4.1. Halbmultiplikative Funktoren

Für eine KRONECKER-Kategorie $\mathscr{S}$ bezeichne $\mathscr{S}_0$ in diesem Abschnitt die unterliegende Kategorie, so daß also $\mathscr{S} = \langle \mathscr{S}_0, \otimes, I \rangle$. Es sei $\mathscr{T} = \langle \mathscr{T}_0, \otimes, I \rangle$ eine zweite KRONECKER-Kategorie.

Definition. Unter einem *halbmultiplikativen* Funktor $\langle \Phi, \tilde{\Phi} \rangle : \mathscr{S} \to \mathscr{T}$ (kurz auch als $\Phi : \mathscr{S} \to \mathscr{T}$ geschrieben) verstehen wir ein Paar $\langle \Phi, \tilde{\Phi} \rangle$, wobei

$$\Phi : \mathscr{S}_0 \to \mathscr{T}_0$$

ein Funktor (im gewöhnlichen Sinne) und

$$\tilde{\Phi}\colon (\Phi \times \Phi) \otimes \to \otimes\, \Phi\colon \mathscr{S}_0 \times \mathscr{S}_0 \to \mathscr{T}_0$$

eine natürliche Transformation ist, so daß

(i) $$\Phi I = I,$$

(ii) $$\tilde{\Phi}_{A,I} = \tilde{\Phi}_{I,A} = 1_{\Phi A}\colon \Phi A \to \Phi A \;(\forall A \in \operatorname{ob} \mathscr{S})$$

gilt und das folgendes Diagramm kommutativ ist (für alle $A, B, C \in \operatorname{ob} \mathscr{S}$).

(iii)
$$\begin{array}{ccc}
\Phi A \otimes \Phi B \otimes \Phi C & \xrightarrow{\tilde{\Phi} \otimes 1} & \Phi(A \otimes B) \otimes \Phi C \\
{\scriptstyle 1 \otimes \tilde{\Phi}}\downarrow & & \downarrow{\scriptstyle \tilde{\Phi}} \\
\Phi A \otimes \Phi(B \otimes C) & \xrightarrow[\tilde{\Phi}]{} & \Phi(A \otimes B \otimes C)
\end{array}$$

Es seien $\mathscr{S}, \mathscr{T}$ KRONECKER-Kategorien mit je einer Folge $t = t_A\colon A \to I$ ($A \in \operatorname{ob} \mathscr{S}$ bzw. $A \in \operatorname{ob} \mathscr{T}$) von Morphismen. (Eine derartige Folge existiert, falls I terminales Objekt in $\mathscr{S}$ und in $\mathscr{T}$ ist.) Ein halbmultiplikativer Funktor $\Phi\colon \mathscr{S} \to \mathscr{T}$ heißt *t-halbmultiplikativ*, wenn für alle $A \in \operatorname{ob} \mathscr{S}$

(iv) $$\Phi t_A = t_{\Phi A}\colon \Phi A \to I.$$

Ein halbmultiplikativer (t-halbmultiplikativer) Funktor $\langle \Phi, \tilde{\Phi} \rangle\colon \mathscr{S} \to \mathscr{T}$, für welchen $\tilde{\Phi}$ ein Isomorphismus ist, heißt *multiplikativer* Funktor bzw. *t-multiplikativer* Funktor.

Es seien $\mathscr{S}, \mathscr{T}$ halbsymmetrische Kategorien. Unter einem *c-halbmultiplikativen* (*c-multiplikativen*) Funktor wird ein halbmultiplikativer (multiplikativer) Funktor $\Phi\colon \mathscr{S} \to \mathscr{T}$ verstanden, für welchen das nachstehende Diagramm ($A, B \in \operatorname{ob} \mathscr{S}$) kommutativ ist.

(v)
$$\begin{array}{ccc}
\Phi A \otimes \Phi B & \xrightarrow{c} & \Phi B \otimes \Phi A \\
{\scriptstyle \tilde{\Phi}}\downarrow & & \downarrow{\scriptstyle \tilde{\Phi}} \\
\Phi(A \otimes B) & \xrightarrow[\Phi c]{} & \Phi(B \otimes A)
\end{array}$$

Es seien $\mathscr{S}, \mathscr{T}$ *hd*-halbsymmetrische Kategorien. Dann heißt ein c-halbmultiplikativer (c-multiplikativer) Funktor $\Phi\colon \mathscr{S} \to \mathscr{T}$ *cd-halbmultiplikativ* (*cd-multiplikativ*), wenn das folgende Diagramm ($A \in \operatorname{ob} \mathscr{S}$) kommutativ ist.

(vi)
$$\begin{array}{ccc}
\Phi A & \xrightarrow{d} & \Phi A \otimes \Phi A \\
& {\scriptstyle \Phi d}\searrow & \downarrow{\scriptstyle \tilde{\Phi}} \\
& & \Phi(A \otimes A)
\end{array}$$

cdt-halbmultiplikativ bedeutet t-halbmultiplikativ und cd-halbmultiplikativ, usw.

Es seien $\mathcal{S}, \mathcal{T}$ Kronecker-Kategorien. Eine natürliche Transformation

$$s\colon \Phi \to X\colon T \to S$$

zwischen halbmultiplikativen Funktoren $\Phi, X\colon \mathcal{S} \to \mathcal{T}$ ist definiert als eine natürliche Transformation $s\colon \Phi \to X\colon \mathcal{S}_0 \to \mathcal{T}_0$ der Funktoren $\Phi, X\colon \mathcal{S}_0 \to \mathcal{T}_0$ (im gewöhnlichen Sinne) mit der zusätzlichen Eigenschaft, daß das nachstehende Diagramm kommutativ (für alle $A, B \in \operatorname{ob} \mathcal{S}$) ist.

$$\begin{array}{ccc} \Phi A \otimes \Phi B & \xrightarrow{\tilde{\Phi}} & \Phi(A \otimes B) \\ {\scriptstyle s_A \otimes s_B}\downarrow & & \downarrow{\scriptstyle s_{A \otimes B}} \\ XA \otimes XB & \xrightarrow[\tilde{X}]{} & X(A \otimes B) \end{array} \qquad (1)$$

Offenbar gilt:

4.1.1. *Es seien $\mathcal{S}, \mathcal{T}$ kleine* Kronecker-*Kategorien (bzw. halbsymmetrische bzw. hdt-halbsymmetrische Kategorien). Dann bildet die Gesamtheit aller halbmultiplikativen (c-halbmultiplikativen, cdt-halbmultiplikativen) Funktoren $\Phi\colon \mathcal{S} \to \mathcal{T}$ und deren natürliche Transformationen eine Kategorie $(\mathcal{S}, \mathcal{T})$ (bzw. $c(\mathcal{S}, \mathcal{T})$, cdt $(\mathcal{S}, \mathcal{T})$). Die entsprechend gebildete Kategorie aller multiplikativen (bzw. c-multiplikativen, cdt-multiplikativen) Funktoren $\Phi\colon \mathcal{S} \to \mathcal{T}$ werde mit $((\mathcal{S}, \mathcal{T}))$ bzw. $\big(c((\mathcal{S}, \mathcal{T}))$, cdt $((\mathcal{S}, \mathcal{T}))\big)$ bezeichnet.* ■

4.2. t-halbmultiplikative Funktoren

Es seien $\mathcal{S}, \mathcal{T}$ Kronecker-Kategorien mit je einer Folge $t = t_A\colon A \to I$ von Morphismen ($A \in \operatorname{ob} \mathcal{S}$ bzw. $A \in \operatorname{ob} \mathcal{T}$). Es sei $\langle \Phi, \tilde{\Phi} \rangle\colon \mathcal{S} \to \mathcal{T}$ ein t-halbmultiplikativer Funktor.

Für $A_1, \ldots, A_n \in \operatorname{ob} \mathcal{S}$ definiere man $\tilde{\Phi}_{A_1} = 1_{\Phi A_1}\colon \Phi A_1 \to \Phi A_1$, $\tilde{\Phi}_{A_1, A_2}\colon \Phi A_1 \otimes \Phi A_2 \to \Phi(A_1 \otimes A_2)$ wie oben und für $n \geqq 3$ rekursiv:

$$\begin{aligned} \tilde{\Phi}_{A_1 \cdots A_n} = \left(\tilde{\Phi}_{A_1 \cdots A_{n-1}} \otimes 1_{\Phi A_n}\right) \tilde{\Phi}_{A_1 \otimes \cdots \otimes A_{n-1}, A_n}&\colon \\ \Phi A_1 \otimes \cdots \otimes \Phi A_n \to \Phi(A_1 \otimes \cdots \otimes A_n)&; \end{aligned} \qquad (1)$$

dabei werde für $\tilde{\Phi}_{A_1, \ldots, A_n}$, wo keine Mißverständnisse zu befürchten sind, auch kurz $\tilde{\Phi}_{A_1 \cdots A_n}$ geschrieben.

4.2.1. *Für $n \geqq 3$, $2 \leqq k \leqq n - 1$, $1 \leqq l \leqq n - 2$ gilt stets*

$$\begin{aligned} \tilde{\Phi}_{A_1 \cdots A_n} &= \left(\tilde{\Phi}_{A_1 \cdots A_k} \otimes 1_{\Phi A_{k+1} \otimes \cdots \otimes \Phi A_n}\right) \tilde{\Phi}_{A_1 \otimes \cdots \otimes A_k, A_{k+1}, \ldots, A_n} \\ &= \left(1_{\Phi A_1 \otimes \cdots \otimes \Phi A_l} \otimes \tilde{\Phi}_{A_{l+1} \cdots A_n}\right) \tilde{\Phi}_{A_1, \ldots, A_l, A_{l+1} \otimes \cdots \otimes A_n}. \end{aligned} \qquad (2)$$

Beweis. Für $n = 3$ ist (2) mit 4.1. (iii) identisch. Es sei $n \geqq 3$ und (2) für die Werte $3, \ldots, n$ bewiesen. Es sei $2 \leqq k \leqq n$, $1 \leqq l \leqq n-1$. Wenn $k \leqq n-1$ ist, gilt nach Induktionsvoraussetzung

$$\begin{aligned}
&\left(\tilde{\Phi}_{A_1\cdots A_k} \otimes 1_{\Phi A_{k+1}\otimes\cdots\otimes\Phi A_{n+1}}\right) \tilde{\Phi}_{A_1\otimes\cdots\otimes A_k, A_{k+1},\ldots,A_{n+1}} \\
&= \left(\tilde{\Phi}_{A_1\cdots A_k} \otimes 1_{\Phi A_{k+1}\otimes\cdots\otimes\Phi A_{n+1}}\right) \left(\tilde{\Phi}_{A_1\otimes\cdots\otimes A_k, A_{k+1},\ldots,A_n} \otimes 1_{\Phi A_{n+1}}\right) \tilde{\Phi}_{A_1\otimes\cdots\otimes A_n, A_{n+1}} \\
&= \left(\left(\tilde{\Phi}_{A_1\cdots A_k} \otimes 1_{\Phi A_{k+1}\otimes\cdots\otimes\Phi A_n}\right) \tilde{\Phi}_{A_1\otimes\cdots\otimes A_k, A_{k+1},\ldots,A_n} \otimes 1_{\Phi A_{n+1}}\right) \tilde{\Phi}_{A_1\otimes\cdots\otimes A_n, A_{n+1}} \\
&= \left(\tilde{\Phi}_{A_1\cdots A_n} \otimes 1_{\Phi A_{n+1}}\right) \tilde{\Phi}_{A_1\otimes\cdots\otimes A_n, A_{n+1}} = \tilde{\Phi}_{A_1\cdots A_{n+1}}.
\end{aligned}$$

Im Fall $k = n$ ist die entsprechende Aussage auf Grund der Definition (1) trivial. Somit ist die erste Hälfte von (2) mit $n+1$ anstatt n bewiesen. Analog folgt für $l \geqq 2$ nach Induktionsvoraussetzung die (im Fall $l = 1$ triviale) Beziehung

$$\begin{aligned}
&\left(1_{\Phi A_1\otimes\cdots\otimes\Phi A_l} \otimes \tilde{\Phi}_{A_{l+1}\cdots A_{n+1}}\right) \tilde{\Phi}_{A_1,\ldots,A_l, A_{l+1}\otimes\cdots\otimes A_{n+1}} \\
&= \left(1_{\Phi A_1\otimes\cdots\otimes\Phi A_l} \otimes \tilde{\Phi}_{A_{l+1}\cdots A_{n+1}}\right) \left(1_{\Phi A_1} \otimes \tilde{\Phi}_{A_2,\ldots,A_l, A_{l+1}\otimes\cdots\otimes A_{n+1}}\right) \tilde{\Phi}_{A_1, A_2\otimes\cdots\otimes A_{n+1}} \\
&= \left(1_{\Phi A_1} \otimes \left(1_{\Phi A_2\cdots\Phi A_l} \otimes \tilde{\Phi}_{A_{l+1}\cdots A_{n+1}}\right) \tilde{\Phi}_{A_2,\ldots,A_l, A_{l+1}\otimes\cdots\otimes A_{n+1}}\right) \tilde{\Phi}_{A_1, A_2\otimes\cdots\otimes A_{n+1}} \\
&= \left(1_{\Phi A_1} \otimes \tilde{\Phi}_{A_2\cdots A_{n+1}}\right) \tilde{\Phi}_{A_1, A_2\otimes\cdots\otimes A_{n+1}}. \qquad (3)
\end{aligned}$$

Hieraus erhält man für $l = n-1$ und unter Beachtung der Induktionsvoraussetzung

$$\begin{aligned}
&\left(1_{\Phi A_1} \otimes \tilde{\Phi}_{A_2\cdots A_{n+1}}\right) \tilde{\Phi}_{A_1, A_2\otimes\cdots\otimes A_{n+1}} \\
&= \left(1_{\Phi A_1\otimes\cdots\otimes\Phi A_{n-1}} \otimes \tilde{\Phi}_{A_n A_{n+1}}\right) \tilde{\Phi}_{A_1,\ldots,A_{n-1}, A_n\otimes A_{n+1}} \\
&= \left(1_{\Phi A_1\otimes\cdots\otimes\Phi A_{n-1}} \otimes \tilde{\Phi}_{A_n A_{n+1}}\right) \left(\tilde{\Phi}_{A_1\cdots A_{n-1}} \otimes 1_{\Phi(A_n\otimes A_{n+1})}\right) \tilde{\Phi}_{A_1\otimes\cdots\otimes A_{n-1}, A_n\otimes A_{n+1}} \\
&= \left(\tilde{\Phi}_{A_1\cdots A_{n-1}} \otimes 1_{\Phi A_n} \otimes 1_{\Phi A_{n+1}}\right) \left(1_{\Phi(A_1\otimes\cdots\otimes A_{n-1})} \otimes \tilde{\Phi}_{A_n A_{n+1}}\right) \tilde{\Phi}_{A_1\otimes\cdots\otimes A_{n-1}, A_n\otimes A_{n+1}} \\
&= \left(\tilde{\Phi}_{A_1\cdots A_{n-1}} \otimes 1_{\Phi A_n} \otimes 1_{\Phi A_{n+1}}\right) \left(\tilde{\Phi}_{A_1\otimes\cdots\otimes A_{n-1}, A_n} \otimes 1_{\Phi A_{n+1}}\right) \tilde{\Phi}_{A_1\otimes\cdots\otimes A_n, A_{n+1}} \\
&= \left(\tilde{\Phi}_{A_1\cdots A_n} \otimes 1_{\Phi A_{n+1}}\right) \tilde{\Phi}_{A_1\otimes\cdots\otimes A_n, A_{n+1}} = \tilde{\Phi}_{A_1\cdots A_{n+1}}. \qquad (4)
\end{aligned}$$

Im Hinblick auf (3), (4) ist auch die zweite Hälfte von (2) mit $n+1$ anstatt n richtig. ∎

4.2.2. *Für $n, m \geqq 1$ und alle $A_i, B_j \in \operatorname{ob} \mathscr{S}$ gilt:*

$$\left(\tilde{\Phi}_{A_1\cdots A_n} \otimes \tilde{\Phi}_{B_1\cdots B_m}\right) \tilde{\Phi}_{A_1\otimes\cdots\otimes A_n, B_1\otimes\cdots\otimes B_m} = \tilde{\Phi}_{A_1\cdots A_n B_1\cdots B_m}. \qquad (5)$$

Beweis. Zufolge (2) ist mit $A = A_1 \otimes \cdots \otimes A_n$, $B = B_1 \otimes \cdots \otimes B_m$

$$\begin{aligned}
&\left(\tilde{\Phi}_{A_1\cdots A_n} \otimes \tilde{\Phi}_{B_1\cdots B_m}\right) \tilde{\Phi}_{AB} \\
&= \left(1_{\Phi A_1\otimes\cdots\otimes\Phi A_n} \otimes \tilde{\Phi}_{B_1\cdots B_m}\right) \left(\tilde{\Phi}_{A_1\cdots A_n} \otimes 1_{\Phi B}\right) \tilde{\Phi}_{A_1\otimes\cdots\otimes A_n, B} \\
&= \left(1_{\Phi A_1\otimes\cdots\otimes\Phi A_n} \otimes \tilde{\Phi}_{B_1\cdots B_m}\right) \tilde{\Phi}_{A_1\cdots A_n B} = \tilde{\Phi}_{A_1\cdots A_n B_1\cdots B_m},
\end{aligned}$$

falls $n \geqq 2$, $m \geqq 2$. Für $n = 1$, $m \geqq 2$ sowie für $n \geqq 2$, $m = 1$ schließt man ähnlich. Da nach Definition $\tilde{\Phi}_A = 1_{\Phi A}\colon \Phi A \to \Phi A$ ist, so ist (5) für $n = m = 1$ trivial. ∎

4.2.3. *Es gilt*

$$\tilde{\Phi}_{II} = \tilde{\Phi}_I = 1_{\Phi I}: \Phi I \to \Phi I$$

und allgemeiner für $n \geqq 1$

$$\tilde{\Phi}_{IA_1\cdots A_n} = \tilde{\Phi}_{A_1IA_2\cdots A_n} = \cdots = \tilde{\Phi}_{A_1A_2\cdots A_nI} = \tilde{\Phi}_{A_1\cdots A_n}. \tag{6}$$

Beweis. (6) ist gleichwertig mit

$$\tilde{\Phi}_{A_1\cdots A_n} = \tilde{\Phi}_{A_1\cdots A_{k-1}A_kA_{k+1}\cdots A_n} \quad \text{für } A_k = I \tag{7}$$

und $1 \leqq k \leqq n$, $n \geqq 2$.

Die Behauptung ist klar für $n = 2$. Es sei $n > 2$ und die Behauptung für $n - 1$ anstatt n bewiesen. Für $2 \leqq k \leqq n - 1$ folgt aus (5)

$$\begin{aligned}
&\tilde{\Phi}_{A_1\cdots A_{k-1}A_kA_{k+1}\cdots A_n} \\
&= \left(\tilde{\Phi}_{A_1\cdots A_{k-1}} \otimes \tilde{\Phi}_{A_{k+1}\cdots A_n}\right) \tilde{\Phi}_{A_1\otimes\cdots\otimes A_{k-1},A_{k+1}\otimes\cdots\otimes A_n} \\
&= \left(\tilde{\Phi}_{A_1\cdots A_{k-1}A_k} \otimes \tilde{\Phi}_{A_{k+1}\cdots A_n}\right) \tilde{\Phi}_{A_1\otimes\cdots\otimes A_k,A_{k+1}\otimes\cdots\otimes A_n} \\
&= \tilde{\Phi}_{A_1\cdots A_kA_{k+1}\cdots A_n}.
\end{aligned}$$

Ist $k = n$, so folgt aus der Definition (1)

$$\tilde{\Phi}_{A_1\cdots A_n} = \left(\tilde{\Phi}_{A_1\cdots A_{n-1}} \otimes 1_{\Phi A_n}\right) \tilde{\Phi}_{A_1\otimes\cdots\otimes A_{n-1},A_n} = \tilde{\Phi}_{A_1\cdots A_{n-1}}.$$

Für $k = 1$ folgt aus (2)

$$\tilde{\Phi}_{A_1\cdots A_n} = \left(1_{\Phi A_1} \otimes \tilde{\Phi}_{A_2\cdots A_n}\right) \tilde{\Phi}_{A_1,A_2\otimes\cdots\otimes A_n} = \tilde{\Phi}_{A_2\cdots A_n}. \blacksquare$$

Bisher wurde nur benutzt, daß $\langle\Phi, \tilde{\Phi}\rangle$ halbmultiplikativ ist; wenn $\langle\Phi, \tilde{\Phi}\rangle$ überdies verträglich mit t ist, so hat man:

4.2.4. *Für*

$$p_k^{A_1\cdots A_n} = t_{A_1} \otimes \cdots \otimes t_{A_{k-1}} \otimes 1_{A_k} \otimes t_{A_{k+1}} \otimes \cdots \otimes t_{A_n}:$$

$$A_1 \otimes \cdots \otimes A_n \to A_k, \quad 1 \leqq k \leqq n, \quad n \geqq 2$$

(*mit* $A_1, \ldots, A_n$ *aus* ob $\mathcal{S}$ *bzw. aus* ob $\mathcal{T}$) *gilt*:

$$p_k^{\Phi A_1\cdots\Phi A_n} = \tilde{\Phi}_{A_1\cdots A_n}\, \Phi\left(p_k^{A_1\cdots A_n}\right), \tag{8}$$

wo $\langle\Phi, \tilde{\Phi}\rangle: \mathcal{S} \to \mathcal{T}$ *einen t-halbmultiplikativen Funktor bezeichnet.*

Beweis. Die Eigenschaft von $\tilde{\Phi}$, eine natürliche Transformation zu sein, besagt, daß für alle $a: A \to B$, $z: C \to D \in \mathcal{S}$ gilt

$$(\Phi a \otimes \Phi z)\, \tilde{\Phi}_{BD} = \tilde{\Phi}_{AC}\Phi(a \otimes z).$$

Daraus ergibt sich für $a = 1_A$, $z = t_C$ und $a = t_A$, $z = 1_C$ bzw.

$$p_1{}^{\Phi A \Phi C} = 1_{\Phi A} \otimes t_{\Phi C} = 1_{\Phi A} \otimes \Phi t_C = \tilde{\Phi}_{AC} \Phi(1_A \otimes t_C) = \tilde{\Phi}_{AC} \Phi p_1{}^{AC},$$

$$p_2{}^{\Phi A \Phi C} = t_{\Phi A} \otimes 1_{\Phi C} = \Phi t_A \otimes 1_{\Phi C} = \tilde{\Phi}_{AC} \Phi(t_A \otimes 1_C) = \tilde{\Phi}_{AC} \Phi p_2{}^{AC},$$

d. h., (8) ist für $n = 2$ richtig. Um (8) allgemein zu beweisen, nehme man an, daß $n \geqq 3$ ist und setze (8) für $n - 1$ anstatt n als bewiesen voraus. Man findet dann, unter Beachtung von (2), im Fall $k < n$

$$\begin{aligned} p_k{}^{\Phi A_1 \cdots \Phi A_n} &= p_k{}^{\Phi A_1 \cdots \Phi A_{n-1}} \otimes \Phi t_{A_n} \\ &= \tilde{\Phi}_{A_1 \cdots A_{n-1}} \Phi p_k{}^{A_1 \cdots A_{n-1}} \otimes \Phi t_{A_n} \\ &= \left(\tilde{\Phi}_{A_1 \cdots A_{n-1}} \otimes 1_{\Phi A_n}\right) \left(\Phi p_k{}^{A_1 \cdots A_{n-1}} \otimes \Phi t_{A_n}\right) \\ &= \left(\tilde{\Phi}_{A_1 \cdots A_{n-1}} \otimes 1_{\Phi A_n}\right) \tilde{\Phi}_{A_1 \otimes \cdots \otimes A_{n-1}, A_n} \left(\Phi p_k{}^{A_1 \cdots A_{n-1}} \otimes t_{A_n}\right) \\ &= \tilde{\Phi}_{A_1 \cdots A_n} \Phi p_k{}^{A_1 \cdots A_n}. \end{aligned}$$

Der schwierigere Fall $k = n$ ergibt sich auf Grund von (2) so:

$$\begin{aligned} p_n{}^{\Phi A_1 \cdots \Phi A_n} &= t_{\Phi A_1} \otimes p_{n-1}^{\Phi A_2 \cdots \Phi A_n} \\ &= \Phi t_{A_1} \otimes \tilde{\Phi}_{A_2 \cdots A_n} \Phi p_{n-1}^{A_2 \cdots A_n} \\ &= \left(1_{\Phi A_1} \otimes \tilde{\Phi}_{A_2 \cdots A_n}\right) \left(\Phi t_{A_1} \otimes \Phi p_{n-1}^{A_2 \cdots A_n}\right) \\ &= \left(1_{\Phi A_1} \otimes \tilde{\Phi}_{A_2 \cdots A_n}\right) \tilde{\Phi}_{A_1, A_2 \otimes \cdots \otimes A_n} \Phi p_n{}^{A_1 \cdots A_n} \\ &= \tilde{\Phi}_{A_1 \cdots A_n} \Phi p_n{}^{A_1 \cdots A_n}. \end{aligned}$$

Folglich besteht (8) auch für n. ■

4.3. Spezielle Funktorkategorien als Kronecker-Kategorien

4.3.1. Satz. (a) *Es seien $\mathscr{S}$ eine* KRONECKER-*Kategorie und $\mathscr{T}$ eine symmetrische Kategorie.*

Dann ist die Kategorie $(\mathscr{S}, \mathscr{T})$ aller halbmultiplikativen Funktoren $\Phi\colon \mathscr{S} \to \mathscr{T}$ (bzw. die Kategorie $((\mathscr{S}, \mathscr{T}))$ aller multiplikativen Funktoren $\Phi\colon \mathscr{S} \to \mathscr{T}$) symmetrisch.

(b) *Es seien $\mathscr{S}$ eine halbsymmetrische, $\mathscr{T}$ eine symmetrische Kategorie.*

Dann ist die Kategorie $c(\mathscr{S}, \mathscr{T})$ aller c-halbmultiplikativen (bzw. die Kategorie $c((\mathscr{S}, \mathscr{T}))$ aller c-multiplikativen) Funktoren $\mathscr{S} \to \mathscr{T}$ symmetrisch.

Beweis. (a) Für zwei halbmultiplikative Funktoren Φ, $X\colon \mathscr{S} \to \mathscr{T}$ sei $\Phi \otimes X$ der folgende halbmultiplikative Funktor:

$$\Phi \otimes X\colon \mathscr{S} \to \mathscr{T},$$

mit

$$\Phi \otimes X \colon \mathcal{S}_0 \to \mathcal{T}_0,$$
$$A \mapsto \Phi A \otimes XA,$$
$$a \colon A \to B \mapsto \Phi a \otimes Xa \colon \Phi A \otimes XA \to \Phi B \otimes XB$$

(wo $\mathcal{S}_0, \mathcal{T}_0$ die unterliegenden Kategorien von $\mathcal{S}, \mathcal{T}$ sind) und für $A, B \in \operatorname{ob} \mathcal{S}$

$$\widetilde{\Phi \otimes X} = (\widetilde{\Phi \otimes X})_{AB} = (1_{\Phi A} \otimes c_{XA,\Phi B} \otimes 1_{XB})\ (\tilde{\Phi}_{AB} \otimes \tilde{X}_{AB}) \colon$$
$$(\Phi \otimes X)(A) \otimes (\Phi \otimes X)(B) \to (\Phi \otimes X)(A \otimes B),$$

entsprechend dem nachstehenden kommutativen Diagramm.

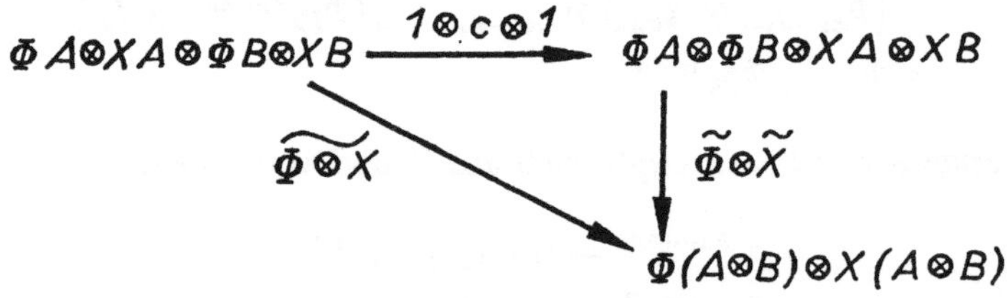

Offenbar ist $\Phi \otimes X \colon \mathcal{S}_0 \to \mathcal{T}_0$ ein Funktor. Man erkennt leicht, daß $\widetilde{\Phi \otimes X}$ eine natürliche Transformation ist und 4.1. (i)—(ii) erfüllt sind. Um 4.1. (iii) einzusehen, beachte man die in $\mathcal{T}$ gültige Beziehung

$$(c_{AB} \otimes 1_{C \otimes D})\ (1_B \otimes c_{A \otimes C, D}) = (1_{A \otimes B} \otimes c_{CD})\ (c_{A, B \otimes D} \otimes 1_C). \tag{1}$$

Damit läßt sich leicht die Kommutativität des nachstehenden Diagramms einsehen, die mit 4.1. (iii) identisch ist.

Für zwei natürliche Transformationen

$$r \colon \Phi \to \Psi \colon \mathcal{S} \to \mathcal{T}, \quad s \colon X \to H \colon \mathcal{S} \to \mathcal{T}$$

von halbmultiplikativen Funktoren Φ, Ψ, X, H sei $r \otimes s$ die wie folgt definierte natürliche Transformation,

$$r \otimes s \colon \Phi \otimes X \to \Psi \otimes H \colon \mathcal{S} \to \mathcal{T}$$

mit

$$r \otimes s \colon \Phi \otimes X \to \Psi \otimes H \colon \mathcal{S}_0 \to \mathcal{T}_0,$$
$$(r \otimes s)_A = r_A \otimes s_A \colon \Phi A \otimes XA \to \Psi A \otimes HA.$$

Es ist klar, daß $r \otimes s$ eine natürliche Transformation ist. Auch 4.1. (1) sowie die Funktoreigenschaft von $\otimes \colon (\mathcal{S}, \mathcal{T}) \times (\mathcal{S}, \mathcal{T}) \to (\mathcal{S}, \mathcal{T})$ sind leicht einzusehen. Zur Assoziativität von $\otimes$ auf $(\mathcal{S}, \mathcal{T})$ genügt es offenbar, die Assoziativität auf

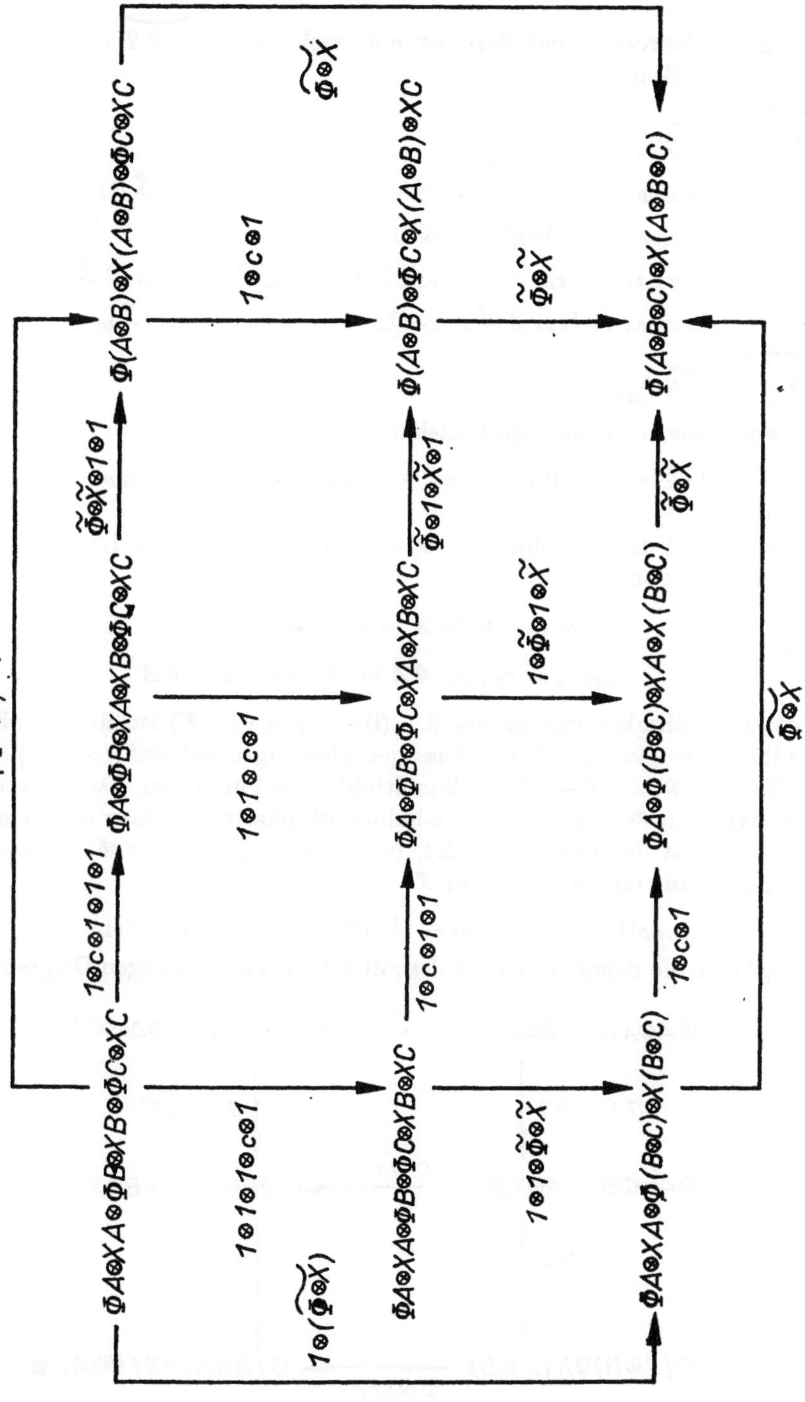
Φ(A⊗B)⊗X(A⊗B)⊗ΦC⊗XC
ΦA⊗ΦB⊗XA⊗XB⊗ΦC⊗XC
ΦA⊗XA⊗ΦB⊗XB⊗ΦC⊗XC
Φ(A⊗B)⊗ΦC⊗X(A⊗B)⊗XC
ΦA⊗ΦB⊗ΦC⊗XA⊗XB⊗XC
ΦA⊗XA⊗ΦB⊗ΦC⊗XB⊗XC
Φ(A⊗B⊗C)⊗X(A⊗B⊗C)
ΦA⊗Φ(B⊗C)⊗XA⊗X(B⊗C)
ΦA⊗XA⊗Φ(B⊗C)⊗X(B⊗C)
1⊗c⊗1
1⊗1⊗c⊗1
1⊗1⊗1⊗c⊗1
1⊗c⊗1⊗1⊗1
1⊗c⊗1⊗1
1⊗c⊗1

ob $(\mathscr{S}, \mathscr{T})$ zu beweisen, und dazu ist nur noch $\widehat{(\Phi \otimes X) \otimes \Psi} = \widehat{\Phi \otimes (X \otimes \Psi)}$ nachzuweisen. Es gilt

$$\begin{aligned}
&\big(\widehat{(\Phi \otimes X) \otimes \Psi}\big)_{AB} \\
&= (1_{\Phi A X A} \otimes c_{\Psi A, \Phi B \otimes X B} \otimes 1_{\Psi B}) \big((1_{\Phi A} \otimes c_{XA\Phi B} \otimes 1_{XB}) (\tilde{\Phi}_{AB} \otimes \tilde{X}_{AB}) \otimes \tilde{\Psi}_{AB}\big) \\
&= (1_{\Phi A X A} \otimes c_{\Psi A, \Phi B \otimes X B} \otimes 1_{\Psi B}) (1_{\Phi A} \otimes c_{XA\Phi B} \otimes 1_{XB\Psi A\Psi B}) (\tilde{\Phi}_{AB} \otimes \tilde{X}_{AB} \otimes \tilde{\Psi}_{AB}) \\
&= (1_{\Phi A} \otimes c_{XA \otimes \Psi A, \Phi B} \otimes 1_{XB\Psi B}) (1_{\Phi A \Phi B X A} \otimes c_{\Psi A, XB} \otimes 1_{\Psi B}) (\tilde{\Phi}_{AB} \otimes \tilde{X}_{AB} \otimes \tilde{\Psi}_{AB}) \\
&= (1_{\Phi A} \otimes c_{XA \otimes \Psi A, \Phi B} \otimes 1_{XB\Psi B}) \big(\tilde{\Phi}_{AB} \otimes (1_{XA} \otimes c_{\Psi A, XB} \otimes 1_{\Psi B}) (\tilde{X}_{AB} \otimes \tilde{\Psi}_{AB})\big) \\
&= \big(\widehat{\Phi \otimes (X \otimes \Psi)}\big)_{AB};
\end{aligned}$$

dabei wurde die zu (1) analoge Beziehung

$$(1_A \otimes c_{B, C \otimes D}) (c_{AC} \otimes 1_{DB}) = (c_{A \otimes B, C} \otimes 1_D) (1_{CA} \otimes c_{BD}) \tag{2}$$

verwendet.

In $(\mathscr{S}, \mathscr{T})$ sei das Einsobjekt $I: \mathscr{S} \to \mathscr{T}$ durch $A \to B \mapsto 1_I: I \to I$ und die natürliche Transformation

$$c = c_{\Phi X}: \Phi \otimes X \to X \otimes \Phi: \mathscr{S} \to \mathscr{T}$$

durch

$$(c_{\Phi X})_A = c_{\Phi A, XA}: \Phi A \otimes XA \to XA \otimes \Phi A$$

erklärt. Die Gültigkeit der Axiome 3.1. (i)—(ix) in $(\mathscr{S}, \mathscr{T})$ ist eine unmittelbare Folge ihrer Gültigkeit in $\mathscr{T}$. Die Aussagen übertragen sich auf $\big((\mathscr{S}, \mathscr{T})\big)$.

(b) Es seien $\Phi, X: \mathscr{S} \to \mathscr{T}$ c-halbmultiplikative Funktoren. Dann ist noch zu zeigen, daß auch $\Phi \otimes X: \mathscr{S} \to \mathscr{T}$ c-halbmultiplikativ ist. Dazu ist nur noch die Kommutativität des Diagramms 4.1. (v) für $\Phi \otimes X$ (anstatt Φ) nachzuweisen. Unter Benutzung der Beziehung in $\mathscr{T}$

$$c_{A \otimes B, C \otimes D}(1_C \otimes c_{DA} \otimes 1_B) = (1_A \otimes c_{BC} \otimes 1_D) (c_{AC} \otimes c_{BD}) \tag{3}$$

bestätigt man die Kommutativität des mit 4.1. (v) gleichwertigen Diagramms:

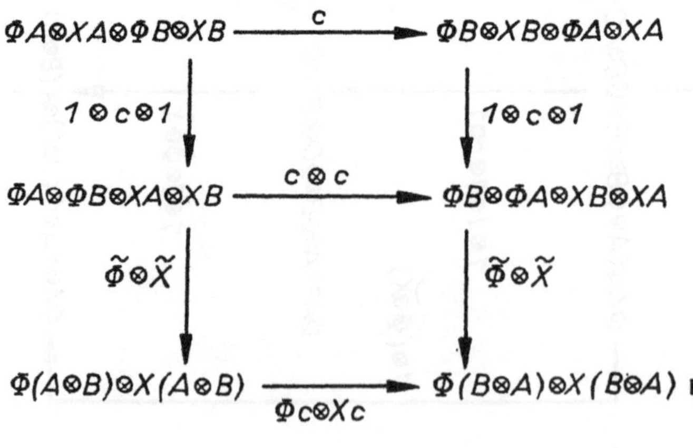

■

Es besteht zu 4.3.1 analog:

4.3.2. Satz. (a) *Es seien $\mathcal{S}$ eine* KRONECKER-*Kategorie und $\mathcal{T}$ eine hdt-symmetrische Kategorie.*

Dann ist die Kategorie $(\mathcal{S}, \mathcal{T})$ $\big($bzw. $((\mathcal{S}, \mathcal{T}))\big)$ hdt-symmetrisch.

(b) *Es sei $\mathcal{S}$ hdt-halbsymmetrisch, $\mathcal{T}$ dt-symmetrisch.*

Dann ist die Kategorie cdt $(\mathcal{S}, \mathcal{T})$ aller cdt-halbmultiplikativen Funktoren $\big($bzw. die Kategorie cdt $((\mathcal{S}, \mathcal{T}))$ aller cdt-multiplikativen Funktoren$\big)$ dt-symmetrisch.

Beweis. Wir begnügen uns mit dem Nachweis, daß das Diagramm 4.1. (vi) im Fall (b), mit $\Phi \otimes X$ anstatt Φ $\big($für $\Phi, X \in cdt\,(\mathcal{S}, \mathcal{T})\big)$, kommutativ ist. Dies ist gleichbedeutend mit der auf 3.2. (vi) beruhenden Kommutativität des nachstehenden Diagramms.

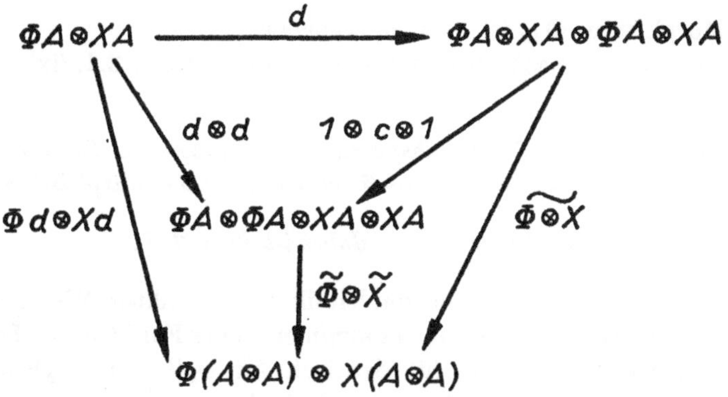

4.4. Eine Charakterisierung *cdt*-multiplikativer Funktoren

Definition. Es seien $\mathcal{S}, \mathcal{T}$ *hdt*-halbsymmetrische Kategorien. Unter einem *quasimultiplikativen* Funktor $\Phi: \mathcal{S} \to \mathcal{T}$ verstehen wir einen Funktor $\Phi: \mathcal{S}_0 \to \mathcal{T}_0$ der unterliegenden Kategorien, so daß, wenn zur Abkürzung

$$\hat{\Phi} = \hat{\Phi}_{AB} = d_{\Phi(A \otimes B)}(\Phi p_1{}^{AB} \otimes \Phi p_2{}^{AB}) \colon \Phi(A \otimes B) \to \Phi A \otimes \Phi B \tag{0}$$

gesetzt wird, folgendes gilt:

(i) $\Phi I = I$,

(ii) $\Phi t_A = t_{\Phi A}$,

(iii) $\hat{\Phi}$ ist ein natürlicher Isomorphismus,

(iv) das Diagramm

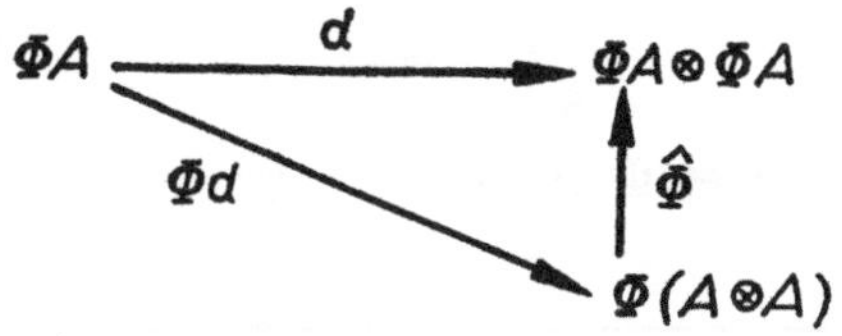

ist kommutativ,

(v) das Diagramm

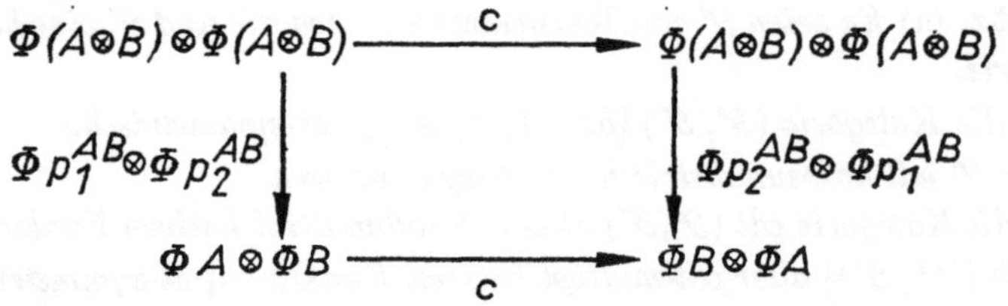

ist kommutativ.

Wenn $\mathcal{T}$ eine *dt*-halbsymmetrische Kategorie, also d eine natürliche Transformation ist, so kann (iii), wie man leicht einsieht, durch folgende Bedingung ersetzt werden:

(iii′) Jeder Morphismus $\hat{\Phi}_{AB}$ ist in $\mathcal{T}$ umkehrbar.

Für eine *hdt*-symmetrische Kategorie $\mathcal{T}$ ist (v) zufolge 3.1. (ix) offenbar von selbst erfüllt.

4.4.1. Satz. *Es seien $\mathcal{S}$, $\mathcal{T}$ hdt-halbsymmetrische Kategorien. Dann entsprechen die quasimultiplikativen Funktoren $\Phi: \mathcal{S} \to \mathcal{T}$ genau den cdt-multiplikativen Funktoren*

$$\langle\Phi, \tilde{\Phi}\rangle: \mathcal{S} \to \mathcal{T}\,;\ \text{dabei ist } \tilde{\Phi} = \hat{\Phi}^{-1}.$$

Beweis. Es sei $\Phi: \mathcal{S} \to \mathcal{T}$ ein quasimultiplikativer Funktor. Wir setzen $\tilde{\Phi} = \hat{\Phi}^{-1}$ und zeigen, daß $\langle\Phi, \tilde{\Phi}\rangle: \mathcal{S} \to \mathcal{T}$ ein *cdt*-symmetrischer Funktor ist. Die Bedingungen 4.1. (i), 4.1. (iv) sind mit (i), (ii) identisch. Mit $p_1^{AI} = 1_A$, $p_2^{AI} = t_A$ hat man $\hat{\Phi}_{AI} = d_{\Phi A}(1_{\Phi A} \otimes t_{\Phi A}) = 1_{\Phi A}$; entsprechend sieht man $\hat{\Phi}_{IA} = 1_{\Phi A}$, d. h., 4.1. (ii) ist erfüllt. Ist $\mathcal{S}_{cdt}$ wie in 3.3.2 definiert, so gilt

$$(\Phi a)\, d_{\Phi B} = d_{\Phi A}(\Phi a \otimes \Phi a) \text{ für alle } a: A \to B \in \mathcal{S}_{cdt}. \tag{1}$$

Dies ergibt sich unter Beachtung der auf Grund von 3.2.1.(a′) bestehenden Beziehung

$$a\, d_B = d_A(a \otimes a) \text{ für alle } a:\ A \to B \in \mathcal{S}_{cdt} \tag{2}$$

aus der Kommutativität des folgenden Diagramms.

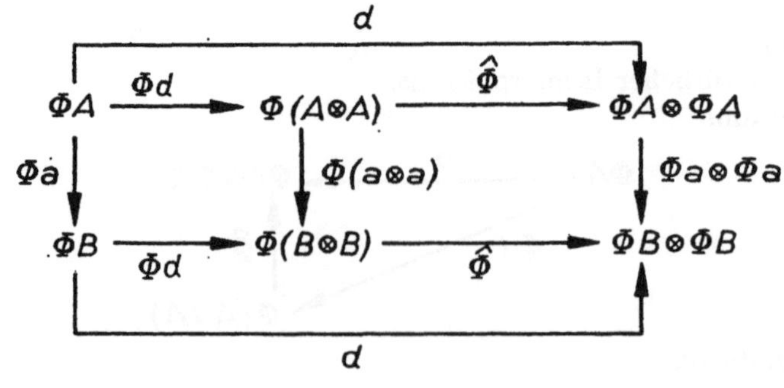

Aus (1), (v) erhält man für $a = c_{AB}\colon A \otimes B \to B \otimes A$:

$$\begin{aligned}
&(\Phi c_{AB})\,\hat{\Phi}_{BA} = (\Phi c_{AB})\, d_{\Phi(B\otimes A)}(\Phi p_1^{BA} \otimes \Phi p_2^{BA})\\
&= d_{\Phi(A\otimes B)}(\Phi c_{AB} \otimes \Phi c_{AB})\,(\Phi p_1^{BA} \otimes \Phi p_2^{BA})\\
&= d_{\Phi(A\otimes B)}\big(\Phi(c_{AB} p_1^{BA}) \otimes \Phi(c_{AB} p_2^{BA})\big)\\
&= d_{\Phi(A\otimes B)}(\Phi p_2^{AB} \otimes \Phi p_1^{AB})\\
&= d_{\Phi(A\otimes B)} c_{\Phi(A\otimes B),\Phi(A\otimes B)}(\Phi p_2^{AB} \otimes \Phi p_1^{AB})\\
&= d_{\Phi(A\otimes B)}(\Phi p_1^{AB} \otimes \Phi p_2^{AB})\, c_{\Phi A,\Phi B}\\
&= \hat{\Phi}_{AB} c_{\Phi A,\Phi B}.
\end{aligned}$$

Daher ist 4.1. (v) erfüllt. 4.1. (vi) ist auf Grund von (iv) richtig. Es ist noch 4.1 (iii) nachzuweisen.

Ersetzt man a in (1) durch $p_2^{A,B\otimes C}\colon A \otimes B \otimes C \to B \otimes C$ bzw. $p_1^{A\otimes B,C}\colon A \otimes B \otimes C \to A \otimes B$, so findet man

$$\begin{aligned}
&(\Phi p_2^{A,B\otimes C})\hat{\Phi}_{BC} = (\Phi p_2^{A,B\otimes C})\, d_{\Phi(B\otimes C)}(\Phi p_1^{BC} \otimes \Phi p_2^{BC})\\
&= d_{\Phi(A\otimes B\otimes C)}(\Phi p_2^{A,B\otimes C} \otimes \Phi p_2^{A,B\otimes C})\,(\Phi p_1^{BC} \otimes \Phi p_2^{BC})\\
&= d_{\Phi(A\otimes B\otimes C)}\big(\Phi(p_2^{A,B\otimes C} p_1^{BC}) \otimes \Phi(p_2^{A,B\otimes C} p_2^{BC})\big)\\
&= d_{\Phi(A\otimes B\otimes C)}(\Phi p_2^{ABC} \otimes \Phi p_3^{ABC}),
\end{aligned}$$

$$\begin{aligned}
&(\Phi p_1^{A\otimes B,C})\hat{\Phi}_{AB} = (\Phi p_1^{A\otimes B,C})\, d_{\Phi(A\otimes B)}(\Phi p_1^{AB} \otimes \Phi p_2^{AB})\\
&= d_{\Phi(A\otimes B\otimes C)}(\Phi p_1^{A\otimes B,C} \otimes \Phi p_1^{A\otimes B,C})\,(\Phi p_1^{AB} \otimes \Phi p_2^{AB})\\
&= d_{\Phi(A\otimes B\otimes C)}\big(\Phi(p_1^{A\otimes B,C} p_1^{AB}) \otimes \Phi(p_1^{A\otimes B,C} p_2^{AB})\big)\\
&= d_{\Phi(A\otimes B\otimes C)}(\Phi p_1^{ABC} \otimes \Phi p_2^{ABC}).
\end{aligned}$$

Dies führt zu folgender Beziehung.

$$\begin{aligned}
&\hat{\Phi}_{A\otimes B,C}(\hat{\Phi}_{AB} \otimes 1_{\Phi C}) = d_{\Phi(A\otimes B\otimes C)}(\Phi p_1^{A,B\otimes C} \otimes \Phi p_2^{A,B\otimes C})\,(1_{\Phi A} \otimes \hat{\Phi}_{BC})\\
&= d_{\Phi(A\otimes B\otimes C)}(\Phi p_1^{A,B\otimes C} \otimes (\Phi p_2^{A,B\otimes C})\,\hat{\Phi}_{BC})\\
&= d_{\Phi(A\otimes B\otimes C)}\big(\Phi p_1^{ABC} \otimes d_{\Phi(A\otimes B\otimes C)}(\Phi p_2^{ABC} \otimes \Phi p_3^{ABC})\big)\\
&= d_{\Phi(A\otimes B\otimes C)}(1_{\Phi(A\otimes B\otimes C)} \otimes d_{\Phi(A\otimes B\otimes C)})\,(\Phi p_1^{ABC} \otimes \Phi p_2^{ABC} \otimes \Phi p_3^{ABC})\\
&= d_{\Phi(A\otimes B\otimes C)}(d_{\Phi(A\otimes B\otimes C)} \otimes 1_{\Phi(A\otimes B\otimes C)})\,(\Phi p_1^{ABC} \otimes \Phi p_2^{ABC} \otimes \Phi p_3^{ABC})\\
&= d_{\Phi(A\otimes B\otimes C)}(d_{\Phi(A\otimes B\otimes C)}(\Phi p_1^{ABC} \otimes \Phi p_2^{ABC}) \otimes \Phi p_3^{ABC})\\
&= d_{\Phi(A\otimes B\otimes C)}\big((\Phi p_1^{A\otimes B,C})\,\hat{\Phi}_{AB} \otimes \Phi p_3^{ABC}\big)\\
&= d_{\Phi(A\otimes B\otimes C)}(\Phi p_1^{A\otimes B,C} \otimes \Phi p_3^{A\otimes B,C})\,(\hat{\Phi}_{AB} \otimes 1_{\Phi C})\\
&= \hat{\Phi}_{A,B\otimes C}(1_{\Phi A} \otimes \hat{\Phi}_{BC}).
\end{aligned}$$

Damit ist 4.1. (iii) bestätigt.

Nun sei umgekehrt $\langle \Phi, \hat{\Phi} \rangle : \mathcal{S} \to \mathcal{T}$ ein *cdt*-multiplikativer Funktor. Wir zeigen zuerst, daß $\tilde{\Phi} = \hat{\Phi}^{-1}$. Es ist

$$\hat{\Phi}_{AB} \tilde{\Phi}_{AB} = d_{\Phi(A \otimes B)} (\Phi p_1{}^{AB} \otimes \Phi p_2{}^{AB}) \tilde{\Phi}_{AB}$$
$$= d_{\Phi(A \otimes B)} \tilde{\Phi}_{A \otimes B, A \otimes B} \Phi(p_1{}^{AB} \otimes p_2{}^{AB})$$
$$= (\Phi d_{A \otimes B}) \Phi(p_1{}^{AB} \otimes p_2{}^{AB})$$
$$= \Phi\big(d_{A \otimes B}(p_1{}^{AB} \otimes p_2{}^{AB})\big)$$
$$= \Phi(1_{A \otimes B}) = 1_{\Phi(A \otimes B)}.$$

Da $\tilde{\Phi}$ umkehrbar, so ist $\hat{\Phi}_{AB} = \tilde{\Phi}_{AB}^{-1}$, also auch $\hat{\Phi}$ umkehrbar.

Um (v) einzusehen, bemerken wir, daß allgemeiner für alle $a: A \to C$, $b: B \to D$ aus $\mathcal{S}_{cdt}$

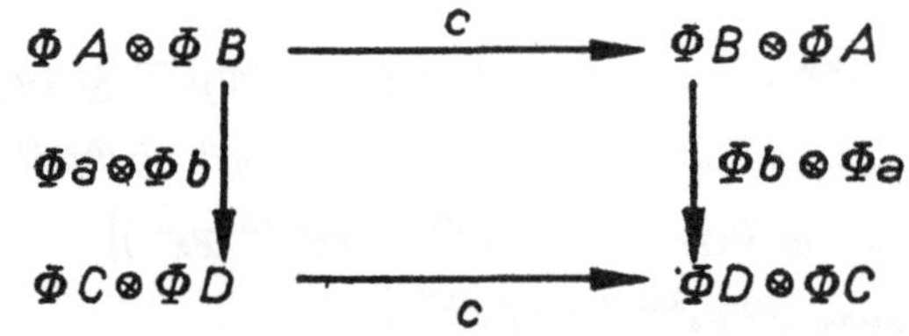

(3)

kommutativ ist. Dies ergibt sich daraus, daß $\hat{\Phi}$ ein natürlicher Isomorphismus ist und die äußeren Vierecke des nachstehenden Diagramms kommutativ sind.

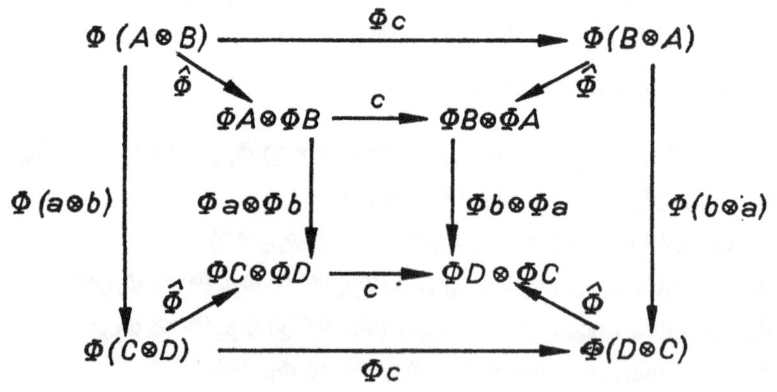

Somit ist $\Phi: \mathcal{S} \to \mathcal{T}$ quasimultiplikativ. ■

4.4.2. Folgerung. *Satz* 4.3.2.(b) *bleibt bestehen für die Kategorie aller quasimultiplikativen Funktoren* $\Phi: \mathcal{S} \to \mathcal{T}$ *und deren natürliche, der Bedingung* 4.1.(1) *unterworfenen Transformationen.* ■

4.5. Yoneda-Einbettung *hdt*-symmetrischer Kategorien

4.5.1. Satz. *Es sei $\mathscr{S}$ eine hdt-symmetrische Kategorie und*

$$h_0\colon \mathscr{S}_0 \to \mathrm{Hom}(\mathscr{S}_0^{\mathrm{op}}, Ens)$$

die kovariante YONEDA-*Einbettung der $\mathscr{S}$ unterliegenden Kategorie $\mathscr{S}_0$ in Ens.*
Dann gibt h_0 Anlaß zu einem halbmultiplikativen Funktor

$$h_1\colon \mathscr{S} \to \mathrm{Hom}(\mathscr{S}_0^{\mathrm{op}}, Ens).$$

Beweis. Soweit Mißverständnisse ausgeschlossen sind, schreiben wir einfach h anstatt h_0, h_1. Wie üblich sei für $X \in \mathrm{ob}\,\mathscr{S}$

$$h_X = \mathrm{Hom}_{\mathscr{S}}(-, X)\colon \mathscr{S}^{\mathrm{op}} \to Ens,$$

$$A(\in \mathrm{ob}\,\mathscr{S}) \mapsto \mathrm{Hom}_{\mathscr{S}}(A, X),$$

$$a\colon B \to A(\in \mathscr{S}) \mapsto \mathrm{Hom}_{\mathscr{S}}(a, X)\colon \mathrm{Hom}_{\mathscr{S}}(A, X) \to \mathrm{Hom}_{\mathscr{S}}(B, X),$$

$$s\colon A \to X \mapsto as,$$

und für $x\colon X \to Y \in \mathscr{S}$

$$h_x = \mathrm{Hom}_{\mathscr{S}}(-, x)\colon \mathrm{Hom}_{\mathscr{S}}(-, X) \to \mathrm{Hom}_{\mathscr{S}}(-, Y),$$

$$A(\in \mathrm{ob}\,\mathscr{S}) \mapsto \mathrm{Hom}_{\mathscr{S}}(A, x)\colon \mathrm{Hom}_{\mathscr{S}}(A, X) \to \mathrm{Hom}_{\mathscr{S}}(A, Y),$$

$$r\colon A \to X \mapsto rx,$$

so daß h_0 durch

$$X \mapsto h_X,\ x \mapsto h_x$$

gegeben ist.

Wie $(\mathscr{S}, \mathscr{T})$ (im Beweis von 4.3.1) läßt sich $\mathrm{Hom}(\mathscr{S}_0^{\mathrm{op}}, Ens)$ zu einer KRONECKER-Kategorie machen. Der Funktor h_0 wird zu einem halbmultiplikativen Funktor, wenn man als natürliche Transformation

$$\tilde{h} = \tilde{h}_{XY}\colon h_X \prod h_Y \to h_{X\otimes Y}$$

mit

$$\tilde{h}_{XY}(A)\colon h_X(A) \prod h_Y(A) \to h_{X\otimes Y}(A),$$

$$\langle r\colon A \to X,\ s\colon A \to Y\rangle \mapsto d_A(r \otimes s)$$

wählt. ■

4.5.2. Satz. *Es sei $\mathscr{S}$ eine hdt-symmetrische Kategorie und*

$$h_0\colon \mathscr{S}_0 \to \mathrm{Hom}(\mathscr{S}_0, Ens)$$

die kontravariante YONEDA-*Einbettung.*

Dann induziert h_0 eine kontravariante Einbettung

$$h_1: \mathscr{S}_0 \to (cdt(\mathscr{S}, Ens))_0.$$

Beweis. Anstatt h_0, h_1 schreiben wir kurz h. Wir benutzen die Schreibweise

$$h_X = \mathrm{Hom}_{\mathscr{S}}(X, -): \mathscr{S} \to Ens,$$

$$A(\in \mathrm{ob}\,\mathscr{S}) \mapsto \mathrm{Hom}_{\mathscr{S}}(A, X),$$

$$a: A \to B(\in \mathscr{S}) \mapsto \mathrm{Hom}_{\mathscr{S}}(X, a): \mathrm{Hom}_{\mathscr{S}}(X, A) \to \mathrm{Hom}_{\mathscr{S}}(X, B),$$

$$s: X \to A \mapsto sa,$$

und für $x: X \to Y \in \mathscr{S}$

$$h_x = \mathrm{Hom}_{\mathscr{S}}(x, -): \mathrm{Hom}_{\mathscr{S}}(Y, -) \to \mathrm{Hom}_{\mathscr{S}}(X, -),$$

$$A(\in \mathrm{ob}\,\mathscr{S}) \mapsto \mathrm{Hom}_{\mathscr{S}}(x, A): \mathrm{Hom}_{\mathscr{S}}(Y, A) \to \mathrm{Hom}_{\mathscr{S}}(X, A),$$

$$r: Y \to A \mapsto xr,$$

so daß h_0 durch

$$X \mapsto h_X, \quad x \mapsto h_x$$

gegeben ist.

h_X wird zu einem *cdt*-halbmultiplikativen Funktor, wenn als natürliche Transformation

$$\tilde{h}_X = (\tilde{h}_X)_{AB}: h_X(A) \prod h_X(B) \to h_X(A \otimes B)$$

mit

$$\langle r: X \to A, s: X \to B\rangle \mapsto d_X(r \otimes s): X \to A \otimes B$$

gewählt wird. Da der Beweis routinemäßig verläuft, dürfen wir ihn hier übergehen. Es sei nur bemerkt, daß die Eigenschaft der Diagonalen d von $\mathscr{S}$, eine natürliche Transformation zu sein, sowohl beim Nachweis von 4.1.(1) für $\langle h_X, \tilde{h}_X\rangle$ als auch zur Verifikation von 4.1. (vi) für $\tilde{h}_X$ benötigt wird. ■

4.6. Aufgaben

4.6.1. Eine gleichzeitige Verallgemeinerung der multiplikativen Funktoren von Kategorien mit Multiplikation und der halbmultiplikativen Funktoren von KRONECKER-Kategorien sind die monoidalen Funktoren im Sinne von S. EILENBERG — G. M. KELLY (1966).

Definition. Es seien $\mathscr{S} = \langle \mathscr{S}_0, \otimes\rangle$, $\mathscr{S}' = \langle \mathscr{S}_0', \otimes\rangle$ monoidale Kategorien. Ein *monoidaler* Funktor $\Phi: \mathscr{S} \to \mathscr{S}'$ von $\mathscr{S}$ in $\mathscr{S}'$ ist ein Tripel $\Phi = \langle \Phi, \tilde{\Phi}, \Phi^0\rangle$, wobei

$\Phi: \mathscr{S}_0 \to \mathscr{S}_0'$ ein Funktor,

$\tilde{\Phi}: (\Phi \times \Phi) \otimes \to \otimes\, \Phi: \mathscr{S}_0 \times \mathscr{S}_0 \to \mathscr{S}_0'$ eine natürliche Transformation und

$\Phi^0: I' \to \Phi I$ ein Morphismus

ist und folgende kommutative Diagramme bestehen.

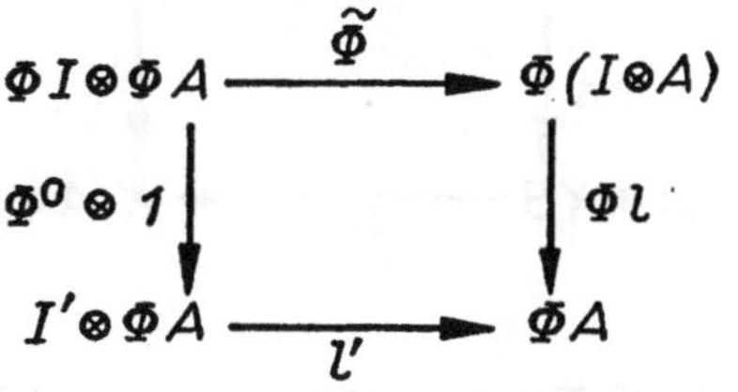

(1)

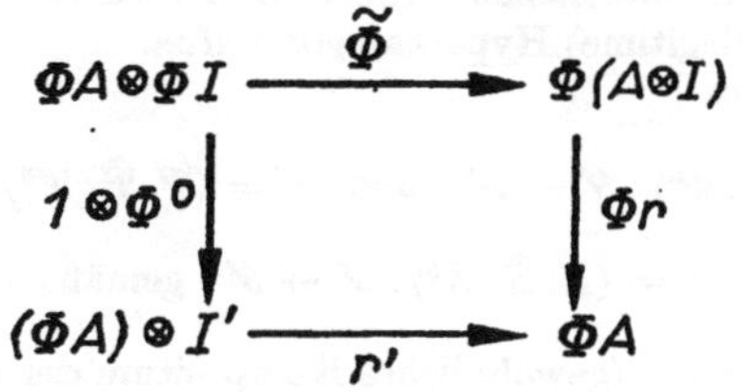

(2)

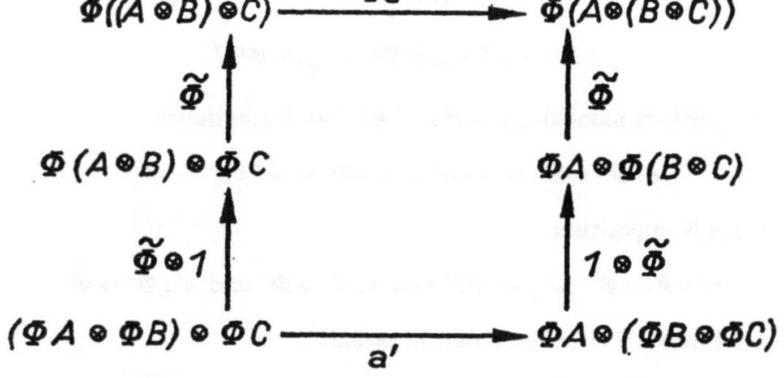

(3)

Es seien $\Phi = \langle \Phi, \tilde{\Phi}, \Phi^0 \rangle$, $X = \langle X, \tilde{X}, X^0 \rangle$ monoidale Funktoren $\mathscr{S} \to \mathscr{S}'$. Eine *monoidale natürliche Transformation*

$$s : \Phi \to X : \mathscr{S} \to \mathscr{S}'$$

ist eine natürliche Transformation

$$s : \Phi \to X : \mathscr{S}_0 \to \mathscr{S}_0'$$

(im gewöhnlichen Sinne), welche den zusätzlichen Bedingungen genügt, daß folgende Diagramme kommutativ sind.

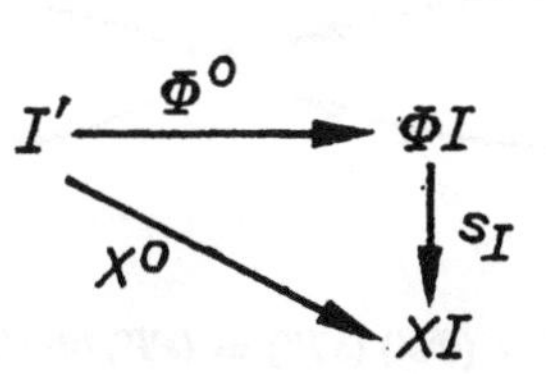

(4)

$$\begin{array}{ccc} \Phi A \otimes \Phi B & \xrightarrow{\tilde{\Phi}} & \Phi(A \otimes B) \\ {\scriptstyle s \otimes s}\downarrow & & \downarrow{\scriptstyle s} \\ XA \otimes XB & \xrightarrow[\tilde{X}]{} & X(A \otimes B) \end{array} \tag{5}$$

Man beweise den

Satz (S. EILENBERG—G. M. KELLY, 1966). Die monoidalen Kategorien, monoidalen Funktoren und monoidalen natürlichen Transformationen bilden bezüglich der folgenden Kompositionsregeln eine (illegitime) Hyperkategorie *Mon*.

Für monoidale Funktoren

$$\Phi = \langle \Phi, \tilde{\Phi}, \Phi^0 \rangle : \mathscr{S} \to \mathscr{S}' \quad \text{und} \quad \Psi = \langle \Psi, \tilde{\Psi}, \Psi^0 \rangle : \mathscr{S}' \to \mathscr{S}''$$

sei das Kompositum $\Phi\Psi = X = \langle X, \tilde{X}, X^0 \rangle : \mathscr{S} \to \mathscr{S}''$ gemäß

$$X = \Phi\Psi : \mathscr{S}_0 \to \mathscr{S}_0'' \quad \text{(gewöhnliches Kompositum der Funktoren } \Phi, \Psi), \tag{6}$$

$$\tilde{X} = (\Phi\Psi \times \Phi\Psi) \otimes \xrightarrow[(\Phi \times \Phi)\cdot\tilde{\Psi}]{} ((\Phi \times \Phi) \otimes) \Psi \xrightarrow[\tilde{\Phi}\cdot\Psi]{} \otimes \Phi\Psi \tag{7}$$

$$X^0 = I'' \xrightarrow[\Psi^0]{} \Psi I' \xrightarrow[\Psi\Phi^0]{} \Phi\Psi I \tag{8}$$

erklärt. Das Kompositum monoidaler natürlicher Transformationen

$$s : \Phi \to \Phi' : \mathscr{S} \to \mathscr{S}', \quad s' : \Phi' \to \Phi'' : \mathscr{S} \to \mathscr{S}'$$

ist definiert als das Kompositum

$$ss' : \Phi \to \Phi'' : \mathscr{S}_0 \to \mathscr{S}_0' \text{ von } s : \Phi \to \Phi' \text{ und } s' : \Phi' \to \Phi''$$

(im gewöhnlichen Sinne). Weiter sei in der Situation

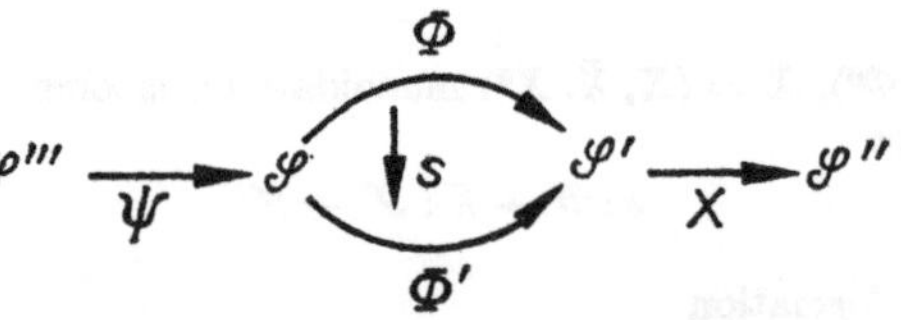

das Produkt $\Psi \cdot s$ bzw. $s \cdot X$ durch $\Psi \cdot s$ bzw. $s \cdot X$, im gewöhnlichen Sinne, definiert. Nach einer allgemeinen Beziehung ist dann auch $s \cdot s'$ in der Situation

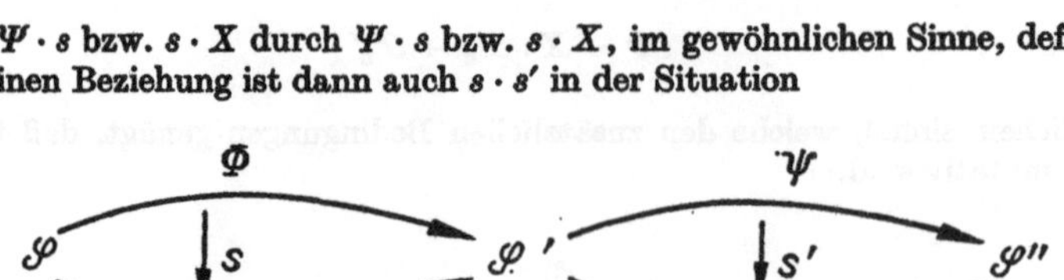

erklärt, nämlich gemäß

$$s \cdot s' = (\Phi s')(s\Psi') = (s\Psi)(\Phi' s'). \tag{9}$$

Ein monoidaler Funktor $\Phi = \langle \Phi, \tilde{\Phi}, \Phi^0 \rangle : \mathscr{S} \to \mathscr{S}'$ ist genau dann in *Mon* ein Isomorphismus, wenn seine drei Daten $\Phi : \mathscr{S}_0 \to \mathscr{S}_0'$, $\tilde{\Phi}$, Φ^0 Isomorphismen sind. Eine monoidale natürliche Transformation $s : \Phi \to \Phi' : \mathscr{S} \to \mathscr{S}'$ ist genau dann in *Mon* ($\mathscr{S}$, $\mathscr{S}'$ ein Isomorphismus, wenn das für die unterliegende natürliche Transformation $s : \Phi \to \Phi' : \mathscr{S}_0 \to \mathscr{S}_0'$ zutrifft.

4.6.2. Bezeichnen $\mathscr{S}$ und $\mathscr{S}'$ Kategorien mit Multiplikation (= symmetrische monoidale Kategorien), so wird unter einem *symmetrischen monoidalen Funktor* ein monoidaler Funktor $\Phi = \langle \Phi, \tilde{\Phi}, \Phi^0 \rangle : \mathscr{S} \to \mathscr{S}'$ verstanden, für welchen das nachstehende Diagramm kommutativ ist.

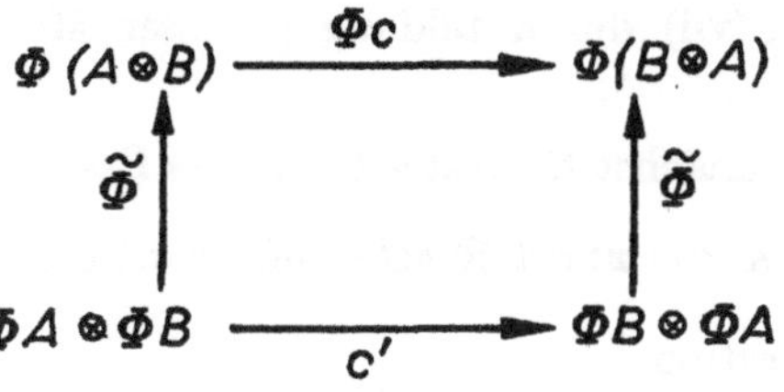

Man beweise den

Satz. (S. Eilenberg—G. M. Kelly, 1966). Die multiplikativen Kategorien, die symmetrischen monoidalen Funktoren und die monoidalen natürlichen Transformationen bilden eine Hyperkategorie.

5. Spezielle Kronecker-Kategorien als Multialgebren

5.1. Vorbereitende Betrachtungen

Wie in 1.2 sei $\langle H, \otimes, I \rangle$ das von einer Menge J frei erzeugte Monoid.

5.1.1. *Es sei*

$$\mathscr{S} = \langle \mathscr{S}, \sigma, \otimes, I, c_{\sigma A, \sigma B}, d_{\sigma A} \rangle_{A, B \in J}$$

eine Folge, in welcher $\langle \mathscr{S}, \otimes, I \rangle$ *eine* Kronecker-*Kategorie,* $\sigma : \langle H, \otimes, I \rangle \to \langle \mathrm{ob}\, \mathscr{S}, \otimes, I \rangle$ *ein surjektiver Monoid-Homomorphismus und* $\langle c_{\sigma A, \sigma B} \rangle_{A, B \in J}$ *bzw.* $\langle d_{\sigma A} \rangle_{A \in J}$ *eine Folge von Morphismen*

$$c_{\sigma A, \sigma B} : \sigma A \otimes \sigma B \to \sigma B \otimes \sigma A \quad bzw. \quad d_{\sigma A} : \sigma A \to \sigma A \otimes \sigma A$$

aus $\mathscr{S}$ *ist. Ohne Einschränkung der Allgemeinheit nehmen wir an* $H \cap \mathrm{ob}\, \mathscr{S} = \{I\}$.
Dann gilt:

(a) *In* $\mathscr{S}$ *existiert genau eine Folge* $\langle c_{AB} \rangle_{A, B \in H}$ *von Morphismen* $c_{AB} : \sigma A \otimes \sigma B \to \sigma B \otimes \sigma A$, *so daß gilt:*

(i) $c_{AI} = c_{IA} = 1_{\sigma A} : \sigma A \to \sigma A$ *für alle* $A \in J \cup \{I\}$,

(ii) $c_{AB} = c_{\sigma A, \sigma B}$ *für alle* $A, B \in J$,

(iii) $c_{A, B \otimes C} = (c_{AB} \otimes 1_{\sigma C})(1_{\sigma B} \otimes c_{AC})$ *für alle* $A, B, C \in H$,

(iv) $c_{A \otimes B, C} = (1_{\sigma A} \otimes c_{BC})(c_{AC} \otimes 1_{\sigma B})$ *für alle* $A, B, C \in H$.

(b) *In $\mathcal{S}$ existiert genau eine Folge $\langle d_A\rangle_{A\in H}$ von Morphismen $d_A\colon \sigma A \to \sigma A \otimes \sigma A$, so daß (mit den Bezeichnungen von* (a))

(v) $d_I = 1_I\colon I \to I$,

(vi) $d_A = d_{\sigma A}$ *für alle* $A \in J$,

(vii) $d_{A\otimes B} = (d_A \otimes d_B)\,(1_{\sigma A} \otimes c_{AB} \otimes 1_{\sigma B})$, für alle $A, B \in H$.

Beweis. Wir erbringen den Nachweis für die Rechtfertigung der induktiven Definitionen (iii), (iv), (vii) durch Bildung gewisser Monoide $\langle S', \circ'\rangle$, $\langle S'', \circ''\rangle$, $\langle T, \circ\rangle$.

(a) Wir betrachten zunächst für festes $C \in J$ das Paar $\langle S', \circ'\rangle$, wobei

$$S' = \{\langle \sigma A, x\rangle \mid x\colon \sigma A \otimes \sigma C \to \sigma C \otimes \sigma A \in \mathcal{S},\quad A \in H\}$$

und $\circ'$ die binäre Operation

$$\circ'\colon S' \times S' \to S',$$

$$(\langle \sigma A, x\rangle, \langle \sigma B, y\rangle) \mapsto \langle \sigma A \otimes \sigma B, (1_{\sigma A} \otimes y)\,(x \otimes 1_{\sigma B})\rangle$$

ist. Man überlegt sich leicht, daß $\langle S', \circ'\rangle$ ein Monoid mit dem Einselement $\langle I, 1_{\sigma C}\rangle$ ist. Es sei c' die Abbildung

$$c'\colon J \to S',\quad A \mapsto \langle \sigma A, c_{\sigma A, \sigma C}\rangle.$$

Da $\langle H, \otimes, I\rangle$ von J frei erzeugt ist, so existiert genau eine gleichbezeichnete homomorphe Fortsetzung

$$c'\colon \langle H, \otimes, I\rangle \to \langle S', \circ', \langle I, 1_{\sigma C}\rangle\rangle$$

von $c'\colon J \to S'$. Für $A \in H$ schreiben wir $c'(A) = \langle A', c'_{AC}\rangle$. Da der Homomorphismus

$$H \to S' \to \operatorname{ob} \mathcal{S}$$

$$A \mapsto \langle A', c'_{AC}\rangle$$

$$\langle \sigma A, x\rangle \mapsto \sigma A$$

auf J mit σ übereinstimmt, so ist er auf ganz H gleich σ, folglich ist $A' = \sigma A$ für alle $A \in H$ und $c'_{AC}\colon \sigma A \otimes \sigma C \to \sigma C \otimes \sigma A$. Außerdem ist nach Konstruktion

$$c'_{IC} = 1_{\sigma C}, \tag{1}$$

$$c'_{AC} = c_{\sigma A, \sigma C} \text{ für alle } A \in J, \tag{2}$$

$$c'_{A\otimes B, C} = (1_{\sigma A} \otimes c'_{BC})\,(c'_{AC} \otimes 1_{\sigma B}) \text{ für alle } A, B \in H. \tag{3}$$

Die Existenz und Eindeutigkeit einer den Bedingungen (1), (2), (3) (für festes $C \in J$) genügenden Morphismenfamilie $c'_{AC}\colon \sigma A \otimes \sigma C \to \sigma C \otimes \sigma A$ $(A \in H)$ ist gleichbedeutend mit der Existenz genau einer homomorphen Fortsetzung von $c'\colon J \to S'$ zu dem obigen gleichbezeichneten Monoid-Homomorphismus.

Wir setzen

$$c_{IA} = 1_{\sigma A}\colon \sigma A \to \sigma A \quad \text{für alle } A \in H. \tag{4}$$

Für festes $A \in H - \{I\}$ werde das Paar $\langle S'', \circ''\rangle$ betrachtet, wobei

$$S'' = \{\langle \sigma B, x\rangle \mid x\colon \sigma A \otimes \sigma B \to \sigma B \otimes \sigma A \in \mathscr{S},\ B \in H\}$$

und $\circ''$ die binäre Operation

$$\circ''\colon S'' \times S'' \to S'',$$
$$(\langle \sigma B, y\rangle, \langle \sigma C, z\rangle) \mapsto \langle \sigma B \otimes \sigma C,\ (y \otimes 1_{\sigma C})(1_{\sigma B} \otimes z)\rangle$$

ist. Man prüft leicht nach, daß $\langle S'', \circ''\rangle$ ein Monoid mit dem Einselement $\langle I, 1_{\sigma A}\rangle$ ist.

Es sei c'' die Abbildung

$$c''\colon J \to S'',\ B \mapsto \langle \sigma B, c_{\sigma A, \sigma B}\rangle.$$

Aus der Freiheit des Monoids $\langle H, \otimes, I\rangle$ folgt die Existenz genau einer gleichbezeichneten homomorphen Fortsetzung

$$c''\colon \langle H, \otimes, I\rangle \to \langle S'', \circ'', \langle I, 1_{\sigma A}\rangle\rangle \text{ von } c''\colon J \to S''.$$

Für $B \in H$ setze man

$$c''(B) = \langle B'', c_{AB}\rangle. \tag{5}$$

Dann folgt ähnlich wie oben, daß $B'' = \sigma B$ für alle $B \in H$ und $c_{AB}\colon \sigma A \otimes \sigma B \to \sigma B \otimes \sigma A$. Nach Konstruktion hat man

$$c_{AI} = 1_{\sigma A}\colon \sigma A \to \sigma A, \tag{6}$$

$$c_{AB} = c'_{AB} \quad \text{für alle} \quad B \in J, \tag{7}$$

$$c_{A,B\otimes C} = (c_{AB} \otimes 1_{\sigma C})(1_{\sigma B} \otimes c_{AC}) \text{ für alle } B, C \in H. \tag{8}$$

Die Existenz und Eindeutigkeit einer den Bedingungen (6), (7), (8) (für festes $A \in H - \{I\}$) genügenden Morphismenfamilie $c_{AB}\colon \sigma A \otimes \sigma B \to \sigma B \otimes \sigma A$ $(B \in H)$ ist gleichbedeutend mit der Existenz genau einer homomorphen Fortsetzung von $c''\colon J \to S''$ zu dem obigen gleichbezeichneten Monoid-Homomorphismus.

Zufolge (4) und (8) ist (iii) allgemein erfüllt. Wir zeigen, daß auch (iv) erfüllt ist. Es seien $A, B \in H$ fest gewählt und $H' = \{C \in H \mid c_{A\otimes B,C} = (1_{\sigma A} \otimes c_{BC}) \cdot (c_{AC} \otimes 1_{\sigma B})\}$. Dann ist zufolge (4), (6) $I \in H'$. Im Hinblick auf (3), (7) ist $J \subseteqq H'$. Außerdem ist H' abgeschlossen bezüglich $\otimes$: Es seien $C, D \in H'$. Dann hat man zufolge (iii)

$$\begin{aligned} c_{A\otimes B,C\otimes D} &= (c_{A\otimes B,C} \otimes 1_{\sigma D})(1_{\sigma C} \otimes c_{A\otimes B,D}) \\ &= (1_{\sigma A} \otimes c_{BC} \otimes 1_{\sigma D})(c_{AC} \otimes 1_{\sigma B\sigma D})(1_{\sigma C\sigma A} \otimes c_{BD})(1_{\sigma C} \otimes c_{AD} \otimes 1_{\sigma B}) \\ &= (1_{\sigma A} \otimes c_{BC} \otimes 1_{\sigma D})(1_{\sigma A\sigma C} \otimes c_{BD})(c_{AC} \otimes 1_{\sigma D\sigma B})(1_{\sigma C} \otimes c_{AD} \otimes 1_{\sigma B}) \\ &= (1_{\sigma A} \otimes c_{B,C\otimes D})(c_{A,C\otimes D} \otimes 1_{\sigma B}), \end{aligned}$$

d. h. $C \otimes D \in H'$. Demnach ist H' ein Teilmonoid von $\langle H, \otimes, I\rangle$, welches das Erzeugendensystem J enthält. Daher ist $H' = H$ und (iv) allgemein richtig.

Die Existenz einer Folge $\langle c_{AB}\rangle_{A,B\in H}$ gemäß (a) ist bewiesen. Um auch ihre Eindeutigkeit nachzuweisen, sind die obigen Ausführungen nur noch durch die Feststellung zu ergänzen, daß aus (i)—(iv) folgt $c_{AI} = c_{IA} = 1_{\sigma A}$ für alle $A, B \in H$. Dazu sei $H'' = \{A \in H \mid c_{AI} = c_{IA} = 1_{\sigma A}\}$. Dann folgt aus (i), (iii), (iv), daß H'' ein Teilmonoid von H mit $J \subseteqq H''$ ist und somit $H'' = H$ sein muß.

(b) Es sei

$$T = \{\langle \sigma A, a\rangle \mid a\colon \sigma A \to \sigma A \otimes \sigma A \in \mathscr{S}, A \in H\}$$

und $\circ$ die Abbildung

$$\circ\colon T \times T \to T,$$

$$(\langle \sigma A, a\rangle, \langle \sigma B, b\rangle) \mapsto \langle \sigma A \otimes \sigma B, (a \otimes b)\,(1_{\sigma A} \otimes c_{AB} \otimes 1_{\sigma B})\rangle.$$

Dann ist auf Grund von (iii), (iv) leicht einzusehen, daß $\langle T, \circ\rangle$ ein Monoid mit dem Einselement $\langle I, 1_I\rangle$ ist. Es sei d' die Abbildung

$$d'\colon J \to T,\ A \mapsto \langle \sigma A, d_{\sigma A}\rangle.$$

Da $\langle H, \otimes, I\rangle$ frei über J ist, so existiert genau eine gleichbezeichnete homomorphe Fortsetzung

$$d'\colon \langle H, \otimes, I\rangle \to \langle T, \circ, \langle I, 1_I\rangle\rangle \text{ von } d'\colon J \to T.$$

Man setze $d'(A) = \langle A', d_A\rangle$ für $A \in H$. Wie beim Beweis von (a) überlegt man sich, daß $A' = \sigma A$ für alle $A \in H$ und $d_A\colon \sigma A \to \sigma A \otimes \sigma A$ sein muß. Nach Konstruktion ist (v), (vi), (vii) erfüllt. In der Tat ist die Existenz und Eindeutigkeit einer die Bedingungen (v), (vi), (vii) erfüllenden Morphismenfamilie $d_A\colon \sigma A \to \sigma A \otimes \sigma A$ $(A \in H)$ in $\mathscr{S}$ gleichbedeutend mit der Existenz genau einer homomorphen Fortsetzung von $d'\colon J \to T$ zu dem obigen gleichbezeichneten Monoid-Homomorphismus. ∎

Aus 5.1.1 ergibt sich unmittelbar:

5.1.2. *Es sei*

$$\mathscr{S} = \langle \mathscr{S}, \sigma, \otimes, I, c_{\sigma A,\sigma B}, d_{\sigma A}\rangle_{A,B\in H}$$

eine Folge, in welcher $\langle \mathscr{S}, \otimes, I\rangle$ eine KRONECKER*-Kategorie, $\sigma\colon \langle H, \otimes, I\rangle \to \langle \text{ob}\,\mathscr{S}, \otimes, I\rangle$ ein surjektiver Monoid-Homomorphismus und $\langle c_{\sigma A,\sigma B}\rangle_{A,B\in H}$, $\langle d_{\sigma A}\rangle_{A\in H}$ Familien von Morphismen*

$$c_{\sigma A,\sigma B}\colon \sigma A \otimes \sigma B \to \sigma B \otimes \sigma A,\ d_{\sigma A}\colon \sigma A \to \sigma A \otimes \sigma A$$

aus $\mathscr{S}$ sind.

Dann gilt:

(a) *Die Familie $\langle c_{\sigma A,\sigma B}\rangle_{A,B\in H}$ ist durch die Forderungen* (i)—(iv) *eindeutig bestimmt, falls darin $c_{AB} = c_{\sigma A,\sigma B}$ für alle $A, B \in H$ gesetzt wird.*

(b) *Die Familien $\langle c_{\sigma A,\sigma B}\rangle_{A,B\in H}$, $\langle d_{\sigma A}\rangle_{A\in H}$ sind durch die Forderungen* (i)—(vii) *eindeutig bestimmt, falls darin $c_{AB} = c_{\sigma A,\sigma B}$, $d_A = d_{\sigma A}$ für alle $A, B \in H$ gesetzt wird.* ∎

Im folgenden tritt nur der Fall auf, wo σ ein Isomorphismus ist. Dann ist es, ausgehend von der in 5.1.1 beschriebenen Situation, umgekehrt möglich, aus den Familien $\langle c_{AB}\rangle_{A,B\in H}$, $\langle d_A\rangle_{A\in H}$ gemäß $c_{\sigma A,\sigma B} = c_{AB}$, $d_{\sigma A} = d_A$ $(A, B \in H)$ Familien $\langle c_{\sigma A,\sigma B}\rangle_{A,B\in H}$, $\langle d_{\sigma A}\rangle_{A\in H}$ abzuleiten.

5.2. Charakterisierung spezieller Kronecker-Kategorien als Multialgebren

Es sei $\langle H, \otimes, I\rangle$ das von J frei erzeugte Monoid und *Symh* die folgende Kategorie. Die Objekte von *Symh* seien die Folgen

$$\begin{aligned} \mathscr{S} &= \langle \mathscr{S}, \sigma, \otimes, I, c\rangle \\ &= \langle \mathscr{S}, \sigma, \otimes, I, c_{\sigma A,\sigma B}\rangle_{A,B\in H}, \end{aligned}$$

wobei $\langle \mathscr{S}, \otimes, I, c\rangle$ eine halbsymmetrische Kategorie und $\sigma\colon \langle H, \otimes, I\rangle \to \langle \mathrm{ob}\,\mathscr{S}, \otimes, I\rangle$ ein Monoid-Isomorphismus ist. In Übereinstimmung mit 5.1.2. (a) setzen wir $c_{AB} = c_{\sigma A,\sigma B}$ und $\mathscr{S}_{AB} = \mathrm{Hom}_{\mathscr{S}}(\sigma A, \sigma B)$, $A, B \in H$.

Wie die KRONECKER-Kategorien (vgl. 1.2) lassen sich auch die halbsymmetrischen Kategorien $\mathscr{S}$ aus *Symh* als Multialgebren auffassen, wobei noch $\langle c_{AB}\rangle_{A,B\in H}$ als Folge nullstelliger Operationen

$$c_{AB}\colon \sigma A \otimes \sigma B \to \sigma B \otimes \sigma A \in \mathscr{S}_{A\otimes B, B\otimes A}$$

hinzutritt. Wir sprechen in diesem Zusammenhang auch kurz von den *Algebren* aus *Symh*. Die Morphismen aus *Symh* sind die *Homomorphismen*

$$\Phi\colon \langle \mathscr{S}, \sigma, \otimes, I, c\rangle \to \langle \mathscr{S}', \sigma', \otimes', I', c'\rangle$$

zwischen Algebren aus *Symh*, also die KRONECKER-Funktoren $\Phi\colon \langle \mathscr{S}, \otimes, I\rangle \to \langle \mathscr{S}', \otimes', I'\rangle$ mit der zusätzlichen Eigenschaft, daß

$$\Phi(\sigma A) = \sigma' A \quad \text{für alle } A \in H \tag{1'}$$

$$\Phi(c_{AB}) = c'_{AB} \quad \text{für alle } A, B \in H. \tag{2'}$$

Gleichbedeutend mit (1), (2) sind

$$\Phi(\sigma A) = \sigma' A \quad \text{für alle } A \in J, \tag{1}$$

$$\Phi(c_{AB}) = c'_{AB} \quad \text{für alle } A, B \in J. \tag{2}$$

Die Implikation (1) $\Rightarrow$ (1') ist klar. Es sei (2) erfüllt. Für festes $C \in J$ sei $L = \{A \in H \mid \Phi(c_{AC}) = c'_{AC}\}$. Dann ist L zufolge (1'), (2), 2.1. (vii) ein Teilmonoid von H mit $J \subseteq L$, weshalb $L = H$ gelten muß. Daher ist (2') für $B \in J$ und alle $A \in H$ erfüllt. Für festes $A \in H$ sei $R = \{B \in H \mid \Phi(c_{AB}) = c'_{AB}\}$. Dann schließt man analog wie eben, daß $R = H$ sein muß, so daß die Implikation (2) $\Rightarrow$ (2') gleichfalls zutrifft.

Eine Algebra $\langle \mathcal{S}', \sigma', \otimes', I', c' \rangle$ aus *Symh* ist *Teilalgebra* einer Algebra $\langle \mathcal{S}, \sigma, \otimes, I, c \rangle$ aus *Symh*, wenn

(i) $\operatorname{ob} \mathcal{S} = \operatorname{ob} \mathcal{S}'$, $\sigma = \sigma'$, $c = c'$,

(ii) $I = I'$ und $\langle \mathcal{S}', \otimes', I' \rangle$ KRONECKER-Teilkategorie von $\langle \mathcal{S}, \otimes, I \rangle$ ist.

Eine Teilalgebra $\langle \mathcal{S}', \sigma, \otimes', I, c \rangle$ (aus *Symh*) einer Algebra $\langle \mathcal{S}, \sigma, \otimes, I, c \rangle$ aus *Symh* heißt *von einer Mengenfamilie* $G = \langle G_{AB} \mid A, B \in H \rangle$ *erzeugt*, wenn $\langle \mathcal{S}', \sigma, \otimes', I, c \rangle$ die kleinste Teilalgebra von $\langle \mathcal{S}, \sigma, \otimes, I, c \rangle$ ist, für welche gilt:

$$G_{AB} \subseteqq \mathcal{S}'_{AB} = \operatorname{Hom}_{\mathcal{S}'}(\sigma A, \sigma B), \text{ für alle } A, B \in H .$$

Wir schreiben dann auch für $\langle \mathcal{S}', \sigma, \otimes', I, c \rangle$ kurz $\mathcal{S}(\sigma, G)$.

In *Symh* als volle Teilkategorie enthalten ist die Kategorie *Sym*, deren Objekte die Folgen $\mathcal{S} = \langle \mathcal{S}, \sigma, \otimes, I, c \rangle$ sind, bei denen $\langle \mathcal{S}, \otimes, I, c \rangle$ eine symmetrische Kategorie ist.

Als nächstes bilden wir die Kategorie *hdt-Sym*, deren Objekte die Folgen

$$\begin{aligned} \mathcal{S} &= \langle \mathcal{S}, \sigma, \otimes, I, c, d, t \rangle \\ &= \langle \mathcal{S}, \sigma, \otimes, I, c_{\sigma A, \sigma B}, d_{\sigma A}, t_{\sigma A} \rangle_{A, B \in H} \end{aligned}$$

ind, wobei $\langle \mathcal{S}, \otimes, I, c, d, t \rangle$ eine *hdt*-symmetrische Kategorie und $\sigma: \langle H, \otimes, I \rangle \to \langle \operatorname{ob} \mathcal{S}, \otimes, I \rangle$ ein Monoid-Isomorphismus ist. In Übereinstimmung mit 5.1.2. (b) setzen wir

$$c_{AB} = c_{\sigma A, \sigma B}, \, d_A = d_{\sigma A}, \, t_A = t_{\sigma A}$$

und $\mathcal{S}_{AB} = \operatorname{Hom}_{\mathcal{S}}(\sigma A, \sigma B)$ für alle $A, B \in H$.

Es ist klar, daß $t_{A \otimes B} = t_A \otimes t_B$ für alle $A, B \in H$ und $t_I = 1_I : I \to I$ gilt. Wie die KRONECKER-Kategorien und die halbsymmetrischen Kategorien (siehe oben) lassen sich auch die *hdt*-symmetrischen Kategorien $\mathcal{S}$ aus *hdt-Sym* als Multialgebren auffassen, wobei $\langle c_{AB} \rangle_{A, B \in H}$, $\langle d_A \rangle_{A \in H}$, $\langle t_A \rangle_{A \in H}$ Folgen nullstelliger Operationen

$$\begin{aligned} c_{AB} &: \sigma A \otimes \sigma B \to \sigma B \otimes \sigma A \in \mathcal{S}_{A \otimes B, B \otimes A}, \\ d_A &: \sigma A \to \sigma A \otimes \sigma A \in \mathcal{S}_{A, A \otimes A}, \\ t_A &: \sigma A \to I \in \mathcal{S}_{AI} \end{aligned}$$

sind. Morphismen aus *hdt-Sym* sind die Homomorphismen

$$\Phi: \langle \mathcal{S}, \sigma, \otimes, I, c, d, t \rangle \to \langle \mathcal{S}', \sigma', \otimes', I', c', d', t' \rangle$$

zwischen Algebren aus *hdt-Sym*, d. h. die KRONECKER-Funktoren $\Phi: \langle \mathcal{S}, \otimes, I \rangle \to \langle \mathcal{S}', \otimes', I' \rangle$ mit den Eigenschaften (1), (2) und

$$\Phi(d_A) = d_A' \quad \text{für alle} \quad A \in H, \tag{3'}$$

$$\Phi(t_A) = t_A' \quad \text{für alle} \quad A \in H. \tag{4'}$$

Mit (3′), (4′) gleichbedeutend ist

$$\Phi(d_A) = d_A' \quad \text{für alle} \quad A \in J. \tag{3}$$

Denn (4′) folgt daraus, daß Φ ein Funktor mit $\Phi(\sigma A) = \sigma' A$, $\Phi(I) = I'$ und I' terminal in $\mathscr{S}'$ ist. Es sei (3) erfüllt und $M = \{A \in H \mid \Phi(d_A) = d_A'\}$.
Zufolge (1), (2), (3), 3.2.(vi) ist M ein Teilmonoid von H mit $J \subseteq M$, so daß $M = H$ sein muß. Folglich besteht die Implikation (3) $\Rightarrow$ (3′).

Eine Algebra $\langle \mathscr{S}', \sigma', \otimes', I', c', d', t' \rangle$ aus *hdt-Sym* ist Teilalgebra einer Algebra $\langle \mathscr{S}, \sigma, \otimes, I, c, d, t \rangle$ aus *hdt-Sym*, wenn

(iii) ob $\mathscr{S}$ = ob $\mathscr{S}'$, $\sigma = \sigma'$, $c = c'$, $d = d'$, $t = t'$,

(iv) $I = I'$ und $\langle \mathscr{S}', \otimes', I' \rangle$ Kronecker-Teilkategorie von $\langle \mathscr{S}, \otimes, I \rangle$ ist.

In *hdt-Sym* ist als volle Teilkategorie die Kategorie *dt-Sym* enthalten, deren Objekte die Folgen $\mathscr{S} = \langle \mathscr{S}, \sigma, \otimes, I, c, d, t \rangle$ sind, bei denen $\langle \mathscr{S}, \otimes, I, c, d, t \rangle$ eine *dt*-symmetrische Kategorie ist.

Die Algebren $\langle \mathscr{S}, \sigma, \otimes, I \rangle$ bzw. $\langle \mathscr{S}, \sigma, \otimes, I, c, \ldots \rangle$ aus *Kron* (bzw. *Symh*, *Sym*, *hdt-Sym*, *dt-Sym*), für welche ob $\mathscr{S} = H$, $\sigma = \mathrm{id}_H : H \to H$ der identische Homomorphismus, die Zuordnung $A \mapsto 1_A (\forall A \in H)$ eineindeutig ist und die Mengen $\mathscr{S}_{AB} = \mathrm{Hom}_{\mathscr{S}}(A, B)$ $(A, B \in H)$ paarweise disjunkt sind, heißen auch Kronecker-*Theorien* (bzw. *halbsymmetrische, symmetrische, hdt-symmetrische, dt-symmetrische Theorien*).

Die entsprechend von den Kronecker-Theorien, den halbsymmetrischen, symmetrischen, *hdt*-symmetrischen, *dt*-symmetrischen Theorien gebildeten vollen Teilkategorien aus *Kron, Symh, Sym, hdt-Sym, dt-Sym* seien *Th* (*Kron*), *Th* (*Symh*), *Th* (*Sym*), *Th*(*hdt-Sym*), *Th* (*dt-Sym*). Es besteht folgendes Diagramm, in welchem die Zeilen von Vergiß-Funktoren gebildet werden:

$$\begin{array}{ccccccccc} Th(dt\text{-}Sym) & \to & Th(hdt\text{-}Sym) & \to & Th(Sym) & \to & Th(Symh) & \to & Th(Kron) \\ \Vert\!\cap & & \Vert\!\cap & & \Vert\!\cap & & \Vert\!\cap & & \Vert\!\cap \\ dt\text{-}Sym & \to & hdt\text{-}Sym & \to & Sym & \to & Symh & \to & Kron \end{array} \tag{4}$$

5.3. Die Kategorien *Symh* und *Sym*

Wie in 5.2 sei $\langle H, \otimes, I \rangle$ das von einer Menge J frei erzeugte Monoid.

5.3.1. *Es sei $\mathscr{S}$ eine Folge*

$$\begin{aligned} \mathscr{S} &= \langle \mathscr{S}, \sigma, \otimes, I, c \rangle \\ &= \langle \mathscr{S}, \sigma, \otimes, I, c_{\sigma A, \sigma B} \rangle_{A, B \in H}, \end{aligned}$$

wobei $\langle \mathscr{S}, \otimes, I \rangle$ eine Kronecker-Kategorie, $\sigma : \langle H, \otimes, I \rangle \to \langle \mathrm{ob}\, \mathscr{S}, \otimes, I \rangle$ ein Monoid-Isomorphismus und $c = \langle c_{\sigma A, \sigma B} \rangle_{A, B \in H}$ eine Folge von Morphismen $c_{\sigma A, \sigma B}$: $\sigma A \otimes \sigma B \to \sigma B \otimes \sigma A$ aus $\mathscr{S}$ ist. Es werde $c_{AB} = c_{\sigma A, \sigma B}$ $(A, B \in H)$ gesetzt.

Dann sind folgende Aussagen einander gleichwertig.

(a) *$\mathscr{S}$ ist eine halbsymmetrische Kategorie aus Symh.*

(b) *In $\mathscr{S}$ gelten die nachstehenden Beziehungen*

(i) $c_{AI} = c_{IA} = 1_{\sigma A}: \sigma A \to \sigma A, \forall A \in J \cup \{I\}$;

(ii) $c_{A,B\otimes C} = (c_{AB} \otimes 1_{\sigma C})(1_{\sigma B} \otimes c_{AC}), \forall A, B, C \in H$;

(iii) $c_{A\otimes B,C} = (1_{\sigma A} \otimes c_{BC})(c_{AC} \otimes 1_{\sigma B}), \forall A, B, C \in H$;

(iv) $c_{AB}c_{BA} = 1_{\sigma A\otimes \sigma B}, \forall A, B \in J$;

(v) $(c_{AB} \otimes 1_{\sigma C})(1_{\sigma B} \otimes c_{AC})(c_{BC} \otimes 1_{\sigma A})$
$= (1_{\sigma A} \otimes c_{BC})(c_{AC} \otimes 1_{\sigma B})(1_{\sigma C} \otimes c_{AB}), \forall A, B, C \in J.$

Beweis. Es ist (b) $\Rightarrow$ (a) zu beweisen. Wie am Schluß des Beweises von 5.1.1.(a) bemerkt, folgt 3.1.(iii) aus (i), (ii), (iii). Für $A = I$ oder $B = I$ ist 3.1. (iv) trivial. Es sei $C \in J$ festgewählt und $H' = \{A \in H \mid c_{AC}c_{CA} = 1_{\sigma A \sigma C}\}$. Dann ist $\{I\} \cup J \subseteqq H'$, und aus $A, B \in H'$ folgt

$$\begin{aligned} &c_{A\otimes B,C}c_{C,A\otimes B} \\ &= (1_{\sigma A} \otimes c_{BC})(c_{AC} \otimes 1_{\sigma B})(c_{CA} \otimes 1_{\sigma B})(1_{\sigma A} \otimes c_{CB}) \\ &= 1_{\sigma A \sigma B \sigma C}, \end{aligned}$$

d. h. $A \otimes B \in H'$. Demnach ist H' ein Teilmonoid von H, welches das Erzeugendensystem J von H enthält. Folglich ist $H' = H$ und $c_{AC}c_{CA} = 1_{\sigma A \sigma C}$ für alle $A \in H$. Dies gilt für jedes $C \in J$. Man bilde

$H'' = \{B \in H \mid c_{AB}c_{BA} = 1_{\sigma A \sigma B}\}$ für festes $A \in H$.

Ähnlich wie eben schließt man, daß $H'' = H$ sein muß. Somit ist 3.1.(iv) bewiesen. Die Richtigkeit von 3.1.(v) in $\mathscr{S}$ ist für $A = I$ oder $B = I$ oder $C = I$ trivial. Für feste $B, C \in J$ setze man

$H_1 = \{A \in H \mid$ Gleichung (v) ist für A, B, C erfüllt$\}$.

Man rechnet leicht nach, daß H_1 ein Teilmonoid von H mit $J \subseteqq H_1$ ist und folglich $H_1 = H$ sein muß, d. h., es besteht (v) für alle $A \in H; B, C \in J$. Man wähle $A \in H, C \in J$ fest aus und setze $H_2 = \{B \in H \mid$ Gleichung (v) ist für A, B, C erfüllt$\}$. Wieder ergibt sich, daß H_2 ein Teilmonoid von H mit $J \subseteqq H_2$, somit $H_2 = H$ und (v) für alle $A, B \in H; C \in J$ erfüllt ist. Man wähle $A, B \in H$ fest aus und setze $H_3 = \{C \in H \mid$ Gleichung (v) gilt für $A, B, C\}$. Auch in diesem Fall zeigt sich, daß $H_3 = H$ sein muß. Damit ist 3.1.(v) in $\mathscr{S}$ bestätigt. ■

5.3.2. *Mit den gleichen Bezeichnungen wie in* 5.3.1 *gilt für* $\mathscr{S} = \langle \mathscr{S}, \sigma, \otimes, I, c \rangle$: *Folgende Aussagen sind einander gleichwertig.*

(a) *$\mathscr{S}$ ist eine symmetrische Kategorie aus Sym.*

(b) *In $\mathscr{S}$ gelten die Beziehungen* (i)—(v) *aus* 5.3.1 *und*

(vi) $c_{AB}(b \otimes 1_{\sigma A}) = (1_{\sigma A} \otimes b)\, c_{AD}, \forall A \in J, b: \sigma B \to \sigma D \in \mathscr{S}$, *d. h., das nachstehende Diagramm ist kommutativ:*

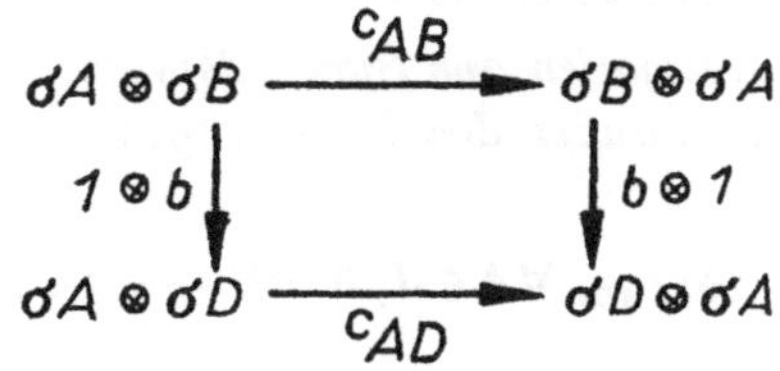

Beweis. Es ist zu zeigen, daß c eine natürliche Isomorphie ist. Für feste $B, D \in H$, $b: \sigma B \to \sigma D \in \mathscr{S}$ setze man $H' = \{A \in H \mid$ Gleichung (vi) ist für A, B, D, b erfüllt$\}$. Dann ist $\{I\} \cup J \subseteqq H'$. Für $A, C \in H'$ hat man

$$\begin{aligned}
& c_{A\otimes C,B}\,(b \otimes 1_{\sigma A\sigma C}) \\
&= (1_{\sigma A} \otimes c_{CB})\,(c_{AB} \otimes 1_{\sigma C})\,(b \otimes 1_{\sigma A\sigma C}) \\
&= (1_{\sigma A} \otimes c_{CB})\,\big(c_{AB}(b \otimes 1_{\sigma A}) \otimes 1_{\sigma C}\big) \\
&= (1_{\sigma A} \otimes c_{CB})\,\big((1_{\sigma A} \otimes b)\,c_{AD} \otimes 1_{\sigma C}\big) \\
&= (1_{\sigma A} \otimes c_{CB})\,(1_{\sigma A} \otimes b \otimes 1_{\sigma C})\,(c_{AD} \otimes 1_{\sigma C}) \\
&= \big(1_{\sigma A} \otimes c_{CB}(b \otimes 1_{\sigma C})\big)\,(c_{AD} \otimes 1_{\sigma C}) \\
&= \big(1_{\sigma A} \otimes (1_{\sigma C} \otimes b)\,c_{CD}\big)\,(c_{AD} \otimes 1_{\sigma C}) \\
&= (1_{\sigma A\sigma C} \otimes b)\,(1_{\sigma A} \otimes c_{CD})\,(c_{AD} \otimes 1_{\sigma C}) \\
&= (1_{\sigma A\sigma C} \otimes b)\,c_{A\otimes C,D},
\end{aligned}$$

d. h. $A \otimes C \in H'$. Daher ist H' ein Teilmonoid von H mit $J \subseteqq H'$, weshalb $H' = H$ gelten muß. Demnach besteht Gleichung (vi) für alle $a \in H$, $b \in \mathscr{S}$. Es seien $a: \sigma A \to \sigma C$, $b: \sigma B \to \sigma D$ beliebige Morphismen aus $\mathscr{S}$. Dann erhält man

$$\begin{aligned}
c_{AB}(b \otimes a) &= c_{AB}(b \otimes 1_{\sigma A})\,(1_{\sigma D} \otimes a) \\
&= (1_{\sigma A} \otimes b)\,c_{AD}(1_{\sigma D} \otimes a) \\
&= (1_{\sigma A} \otimes b)(a \otimes 1_{\sigma D})\,c_{CD} = (a \otimes b)\,c_{CD}. \ \blacksquare
\end{aligned}$$

Aus 5.1.1.(a) und 5.3.1, 5.3.2 ergibt sich unmittelbar die folgende vereinfachte Charakterisierung von halbsymmetrischen und symmetrischen Kategorien.

5.3.3. (a) *Die halbsymmetrischen Kategorien aus Symh entsprechen eineindeutig den Folgen*

$$\langle \mathscr{S}, \sigma, \otimes, I, c_{AB}\rangle_{A,B\in J},$$

wo $\langle \mathscr{S}, \otimes, I\rangle$ *eine* KRONECKER-*Kategorie,* $\sigma: \langle H, \otimes, I\rangle \to \langle \mathrm{ob}\,\mathscr{S}, \otimes, I\rangle$ *ein Monoid-Isomorphismus und* $\langle c_{AB}\rangle_{A,B\in J}$ *eine Folge von Morphismen* $c_{AB}: \sigma A \otimes \sigma B \to \sigma B \otimes \sigma A$ *ist, so daß die nachstehenden Relationen erfüllt sind.*

(i) $c_{AB}c_{BA} = 1_{\sigma A\sigma B}$, $\forall A, B \in J$;

(ii) $(c_{AB} \otimes 1_{\sigma C})(1_{\sigma B} \otimes c_{AC})(c_{BC} \otimes 1_{\sigma A})$
$= (1_{\sigma A} \otimes c_{BC})(c_{AC} \otimes 1_{\sigma B})(1_{\sigma C} \otimes c_{AB}), \ \forall A, B, C \in J.$

(b) *Die symmetrischen Kategorien aus Sym entsprechen eineindeutig den Folgen* $\langle \mathscr{S}, \sigma, \otimes, I, c_{AB} \rangle_{A,B \in J}$, *welche außer den Forderungen von* (a) *noch der folgenden Forderung genügen:*

(iii) $c_{AB}(b \otimes 1_{\sigma A}) = (1_{\sigma A} \otimes b)\, c_{AD}, \ \forall A \in J,\ b\colon \sigma B \to \sigma D \in \mathscr{S}.$

5.4. Die Kategorien *hdt-Sym* und *dt-Sym*

Wie in 5.3 sei $\langle H, \otimes, I \rangle$ das von einer Menge J frei erzeugte Monoid.

5.4.1. *Es sei* $\mathscr{S}$ *eine Folge*

$$\mathscr{S} = \langle \mathscr{S}, \sigma, \otimes, I, c, d, t \rangle = \langle \mathscr{S}, \sigma, \otimes, I, c_{\sigma A, \sigma B}, d_{\sigma A}, t_{\sigma A} \rangle_{A,B \in H},$$

wobei $\langle \mathscr{S}, \otimes, I \rangle$ *eine* KRONECKER-*Kategorie*, $\sigma\colon \langle H, \otimes, I \rangle \to \langle \text{ob}\, \mathscr{S}, \otimes, I \rangle$ *ein Monoid-Isomorphismus und* c, d, t *Familien von Morphismen* $c_{\sigma A, \sigma B}\colon \sigma A \otimes \sigma B \to \sigma B \otimes \sigma A$, $d_{\sigma A}\colon \sigma A \to \sigma A \otimes \sigma A$, $t_{\sigma A}\colon \sigma A \to I$ *aus* $\mathscr{S}$ *sind. Es werde* $c_{AB} = c_{\sigma A, \sigma B}$, $d_A = d_{\sigma A}$, $t_A = t_{\sigma A}$ $(A, B \in H)$ *gesetzt.*

Dann sind folgende Aussagen einander gleichwertig.

(a) $\mathscr{S}$ *ist eine hdt-symmetrische Kategorie aus hdt-Sym.*

(b) *Es gelten* (i)—(v) *aus* 5.3.1, (vi) *aus* 5.3.2 *sowie*

(vii) $a = t_A\colon \sigma A \to I$ für alle $a\colon \sigma A \to I \in \mathscr{S}$;

(viii) $d_I = 1_I\colon I \to I$;

(ix) $d_{A \otimes B} = (d_A \otimes d_B)(1_{\sigma A} \otimes c_{AB} \otimes 1_{\sigma B}), \ \forall A, B \in H$;

(x) $d_A(d_A \otimes 1_{\sigma A}) = d_A(1_{\sigma A} \otimes d_A), \ \forall A \in J$;

(xi) $d_A(1_{\sigma A} \otimes t_A) = 1_{\sigma A}, \ \forall A \in J$;

(xii) $d_A c_{AA} = d_A, \ \forall A \in J$;

(xiii) $c_{AB}(1_{\sigma B} \otimes d_A) = (d_A \otimes 1_{\sigma B})(1_{\sigma A} \otimes c_{AB})(c_{AB} \otimes 1_{\sigma A}), \ \forall A, B \in J.$

Beweis. Es ist (b)$\Rightarrow$ (a) nachzuweisen. Im Hinblick auf 5.3.2 ist $\langle \mathscr{S}, \sigma, \otimes, I, c \rangle$ eine symmetrische Kategorie aus *Sym*. Es sei $H' = \{A \in H \mid d_A(d_A \otimes 1_{\sigma A}) = d_A(1_{\sigma A} \otimes d_A)\}$. Nach Voraussetzung ist $\{I\} \cup J \subseteq H'$. Es seien $A, B \in H'$. Dann ist auch $A \otimes B \in H'$, denn es gilt:

$$\begin{aligned}
& d_{A \otimes B}(d_{A \otimes B} \otimes 1_{\sigma A \sigma B}) \\
&= (d_A \otimes d_B)(1_{\sigma A} \otimes c_{AB} \otimes 1_{\sigma B})(d_A \otimes d_B \otimes 1_{\sigma A \sigma B})(1_{\sigma A} \otimes c_{AB} \otimes 1_{\sigma B \sigma A \sigma B}) \\
&= (d_A \otimes d_B)\big(d_A \otimes c_{AB}(d_B \otimes 1_{\sigma A}) \otimes 1_{\sigma B}\big)(1_{\sigma A} \otimes c_{AB} \otimes 1_{\sigma B \sigma A \sigma B}) \\
&= (d_A \otimes d_B)(d_A \otimes 1_{\sigma A \sigma B \sigma B})\big(1_{\sigma A \sigma A} \otimes c_{AB}(d_B \otimes 1_{\sigma A}) \otimes 1_{\sigma B}\big)(1_{\sigma A} \otimes c_{AB} \otimes 1_{\sigma B \sigma A \sigma B}) \\
&= \big(d_A(d_A \otimes 1_{\sigma A}) \otimes d_B\big)\big(1_{\sigma A \sigma A} \otimes c_{AB}(d_B \otimes 1_{\sigma A}) \otimes 1_{\sigma B}\big)(1_{\sigma A} \otimes c_{AB} \otimes 1_{\sigma B \sigma A \sigma B})
\end{aligned}$$

$$= \big(d_A(1_{\sigma A} \otimes d_A) \otimes d_B\big) \big(1_{\sigma A \sigma A} \otimes (1_{\sigma A} \otimes d_B)(c_{AB} \otimes 1_{\sigma B})(1_{\sigma B} \otimes c_{AB}) \otimes 1_{\sigma B}\big) \cdot (1_{\sigma A} \otimes c_{AB} \otimes 1_{\sigma B \sigma A \sigma B})$$

$$= \big(d_A(1_{\sigma A} \otimes d_A) \otimes d_B\big) (1_{\sigma A \sigma A \sigma A} \otimes d_B \otimes 1_{\sigma B})(1_{\sigma A \sigma A} \otimes c_{AB} \otimes 1_{\sigma B \sigma B}) \cdot (1_{\sigma A \sigma A \sigma B} \otimes c_{AB} \otimes 1_{\sigma B})(1_{\sigma A} \otimes c_{AB} \otimes 1_{\sigma B \sigma A \sigma B})$$

$$= \big(d_A(1_{\sigma A} \otimes d_A) \otimes d_B(d_B \otimes 1_{\sigma B})\big) (1_{\sigma A \sigma A} \otimes c_{AB} \otimes 1_{\sigma B \sigma B}) \cdot (1_{\sigma A \sigma A \sigma B} \otimes c_{AB} \otimes 1_{\sigma B})(1_{\sigma A} \otimes c_{AB} \otimes 1_{\sigma B \sigma A \sigma B})$$

$$= \big(d_A(1_{\sigma A} \otimes d_A) \otimes d_B(1_{\sigma B} \otimes d_B)\big) (1_{\sigma A \sigma A} \otimes c_{AB} \otimes 1_{\sigma B \sigma B}) \cdot (1_{\sigma A \sigma A \sigma B} \otimes c_{AB} \otimes 1_{\sigma B})(1_{\sigma A} \otimes c_{AB} \otimes 1_{\sigma B \sigma A \sigma B})$$

$$= (d_A \otimes d_B)(1_{\sigma A} \otimes d_A \otimes 1_{\sigma B} \otimes d_B)(1_{\sigma A \sigma A} \otimes c_{AB} \otimes 1_{\sigma B \sigma B}) \cdot (1_{\sigma A \sigma A \sigma B} \otimes c_{AB} \otimes 1_{\sigma B})(1_{\sigma A} \otimes c_{AB} \otimes 1_{\sigma B \sigma A \sigma B})$$

$$= (d_A \otimes d_B)(1_{\sigma A} \otimes d_A \otimes 1_{\sigma B} \otimes d_B)(1_{\sigma A \sigma A} \otimes c_{AB} \otimes 1_{\sigma B \sigma B}) \cdot (1_{\sigma A} \otimes c_{AB} \otimes c_{AB} \otimes 1_{\sigma B})$$

$$= (d_A \otimes d_B)(1_{\sigma A} \otimes d_A \otimes 1_{\sigma B} \otimes d_B)(1_{\sigma A \sigma A} \otimes c_{AB} \otimes 1_{\sigma B \sigma B}) \cdot (1_{\sigma A} \otimes c_{AB} \otimes 1_{\sigma A \sigma B \sigma B})(1_{\sigma A \sigma B \sigma A} \otimes c_{AB} \otimes 1_{\sigma B})$$

$$= (d_A \otimes d_B)(1_{\sigma A} \otimes d_A \otimes 1_{\sigma B} \otimes d_B)\big((1_{\sigma A \sigma A} \otimes c_{AB})(1_{\sigma A} \otimes c_{AB} \otimes 1_{\sigma A}) \otimes 1_{\sigma B \sigma B}\big) \cdot (11_{\sigma A \sigma B \sigma A} \otimes c_{AB} \otimes 1_{\sigma B})$$

$$= (d_A \otimes d_B)\big((1_{\sigma A} \otimes d_A \otimes 1_{\sigma B})(1_{\sigma A \sigma A} \otimes c_{AB})(1_{\sigma A} \otimes c_{AB} \otimes 1_{\sigma A}) \otimes d_B\big) \cdot (1_{\sigma A \sigma B \sigma A} \otimes c_{AB} \otimes 1_{\sigma B})$$

$$= (d_A \otimes d_B)\big(1_{\sigma A} \otimes c_{AB}(1_{\sigma B} \otimes d_A) \otimes d_B\big)(1_{\sigma A \sigma B \sigma A} \otimes c_{AB} \otimes 1_{\sigma B})$$

$$= (d_A \otimes d_B)(1_{\sigma A} \otimes c_{AB} \otimes 1_{\sigma B})(1_{\sigma A \sigma B} \otimes d_A \otimes d_B)(1_{\sigma A \sigma B \sigma A} \otimes c_{AB} \otimes 1_{\sigma B})$$

$$= d_{A \otimes B}(1_{\sigma A \sigma B} \otimes d_{A \otimes B}).$$

Daher ist $H' = H$, und 3.2.(iii) ist in $\mathscr{S}$ erfüllt.

Es sei $H' = \{A \in H \mid d_A(1_{\sigma A} \otimes t_A) = 1_{\sigma A}\}$. Dann hat man $\{I\} \cup J \subseteqq H'$. Für $A, B \in H'$ ist $A \otimes B \in H'$, da

$$\begin{aligned} & d_{A \otimes B}(1_{\sigma A \sigma B} \otimes t_{A \otimes B}) \\ &= (d_A \otimes d_B)(1_{\sigma A} \otimes c_{AB} \otimes 1_{\sigma B})(1_{\sigma A \sigma B} \otimes t_A \otimes t_B) \\ &= (d_A \otimes d_B)\big(1_{\sigma A} \otimes c_{AB}(1_{\sigma B} \otimes t_A) \otimes t_B\big) \\ &= (d_A \otimes d_B)(1_{\sigma A} \otimes t_A \otimes 1_{\sigma B} \otimes t_B) = 1_{\sigma A \sigma B}. \end{aligned}$$

Folglich ist $H' = H$ und 3.2.(vii) in $\mathscr{S}$ erfüllt.

Es sei $H' = \{A \in H \mid d_A c_{AA} = d_A\}$. Nach Voraussetzung ist $\{I\} \cup J \subseteqq H'$. Mit $A, B \in H'$ ist auch $A \otimes B \in H'$, denn es ist

$$
\begin{aligned}
& d_{A\otimes B} c_{A\otimes B, A\otimes B} \\
&= (d_A \otimes d_B)(1_{\sigma A} \otimes c_{AB} \otimes 1_{\sigma B})(1_{\sigma A} \otimes c_{B,A\otimes B})(c_{A,A\otimes B} \otimes 1_{\sigma B}) \\
&= (d_A \otimes d_B)(1_{\sigma A} \otimes c_{AB} \otimes 1_{\sigma B})(1_{\sigma A} \otimes c_{BA} \otimes 1_{\sigma B}) \\
&\qquad \cdot (1_{\sigma A \sigma A} \otimes c_{BB})(c_{AA} \otimes 1_{\sigma B \sigma B})(1_{\sigma A} \otimes c_{AB} \otimes 1_{\sigma B}) \\
&= (d_A \otimes d_B)(c_{AA} \otimes c_{BB})(1_{\sigma A} \otimes c_{AB} \otimes 1_{\sigma B}) \\
&= (d_A c_{AA} \otimes d_B c_{BB})(1_{\sigma A} \otimes c_{AB} \otimes 1_{\sigma B}) \\
&= (d_A \otimes d_B)(1_{\sigma A} \otimes c_{AB} \otimes 1_{\sigma B}) = d_{A\otimes B}.
\end{aligned}
$$

Demnach gilt $H' = H$ und 3.2.(iv) in $\mathscr{S}$.

Die Beziehung 3.2.(I) ist für $A = I$ oder $B = \mathrm{v}$ trivialerweise richtig. Es sei $A \in J$ fest gewählt, und $H_1 = \{B \in H \mid$ Gleichung (xiii) ist für A, B erfüllt$\}$. Nach Voraussetzung ist $\{I\} \cup J \subseteqq H_1$. Für $B, D \in H_1$ ist auch $B \otimes D \in H_1$, da

$$
\begin{aligned}
& c_{A,B\otimes D}(1_{\sigma B \sigma D} \otimes d_A) \\
&= (c_{AB} \otimes 1_{\sigma D})(1_{\sigma B} \otimes c_{AD})(1_{\sigma B \sigma D} \otimes d_A) \\
&= (c_{AB} \otimes 1_{\sigma D})\big(1_{\sigma B} \otimes c_{AD}(1_{\sigma D} \otimes d_A)\big) \\
&= (c_{AB} \otimes 1_{\sigma D})(1_{\sigma B} \otimes d_A \otimes d_D)(1_{\sigma B \sigma A} \otimes c_{AD})(1_{\sigma B} \otimes c_{AD} \otimes 1_{\sigma A}) \\
&= \big(c_{AB}(1_{\sigma B} \otimes d_A) \otimes 1_{\sigma D}\big)(1_{\sigma B \sigma A} \otimes c_{AD})(1_{\sigma B} \otimes c_{AD} \otimes 1_{\sigma A}) \\
&= (d_A \otimes 1_{\sigma B \sigma D})(1_{\sigma A} \otimes c_{AB} \otimes 1_{\sigma D})(c_{AB} \otimes 1_{\sigma A \sigma D})(1_{\sigma B \sigma A} \otimes c_{AD})(1_{\sigma B} \otimes c_{AD} \otimes 1_{\sigma A}) \\
&= (d_A \otimes 1_{\sigma B \sigma D})(1_{\sigma A} \otimes c_{AB} \otimes 1_{\sigma D})(1_{\sigma A \sigma B} \otimes c_{AD})(c_{AB} \otimes 1_{\sigma D \sigma A})(1_{\sigma B} \otimes c_{AD} \otimes 1_{\sigma A}) \\
&= (d_A \otimes 1_{\sigma B \sigma D})\big(1_{\sigma A} \otimes (c_{AB} \otimes 1_{\sigma D})(1_{\sigma B} \otimes c_{AD})\big)\big((c_{AB} \otimes 1_{\sigma D})(1_{\sigma B} \otimes c_{AD}) \otimes 1_{\sigma A}\big) \\
&= (d_A \otimes 1_{\sigma B \sigma D})(1_{\sigma A} \otimes c_{A,B\otimes D})(c_{A,B\otimes D} \otimes 1_{\sigma A}).
\end{aligned}
$$

Daraus folgt $H_1 = H$, d. h. (xiii) ist für $A \in J$ und beliebiges $B \in H$ erfüllt. Nun sei $B \in H$ fest gewählt, und $H_2 = \{A \in H \mid$ Gleichung (xiii) ist für A, B erfüllt$\}$. Offenbar ist $\{I\} \cup J \subseteqq H_2$, und für $A, D \in H_2$ zeigt die nachstehende Rechnung, daß $A \otimes D \in H_2$.

$$
\begin{aligned}
& c_{A\otimes D,B}(1_{\sigma B} \otimes d_{A\otimes D}) \\
&= (1_{\sigma A} \otimes c_{DB})(c_{AB} \otimes 1_{\sigma D})\big(1_{\sigma B} \otimes (d_A \otimes d_D)(1_{\sigma A} \otimes c_{AD} \otimes 1_{\sigma D})\big) \\
&= (1_{\sigma A} \otimes c_{DB})(c_{AB} \otimes 1_{\sigma D})(1_{\sigma B} \otimes d_A \otimes d_D)(1_{\sigma B \sigma A} \otimes c_{AD} \otimes 1_{\sigma D}) \\
&= (1_{\sigma A} \otimes c_{DB})\big(c_{AB}(1_{\sigma B} \otimes d_A) \otimes d_D\big)(1_{\sigma B \sigma A} \otimes c_{AD} \otimes 1_{\sigma D}) \\
&= (1_{\sigma A} \otimes c_{DB})(1_{\sigma A \sigma B} \otimes d_D)\big(c_{AB}(1_{\sigma B} \otimes d_A) \otimes 1_{\sigma D \sigma D}\big)(1_{\sigma B \sigma A} \otimes c_{AD} \otimes 1_{\sigma D}) \\
&= (1_{\sigma A} \otimes c_{DB})(1_{\sigma A \sigma B} \otimes d_D)\big(c_{AB}(1_{\sigma B} \otimes d_A) \otimes 1_{\sigma D \sigma D}\big)(1_{\sigma B \sigma A} \otimes c_{AD} \otimes 1_{\sigma D}) \\
&= (1_{\sigma A} \otimes d_D \otimes 1_{\sigma B})(1_{\sigma A \sigma D} \otimes c_{DB})(1_{\sigma A} \otimes c_{DB} \otimes 1_{\sigma D}) \\
&\qquad \cdot (d_A \otimes 1_{\sigma B \sigma D \sigma D})(1_{\sigma A} \otimes c_{AB} \otimes 1_{\sigma D \sigma D})(c_{AB} \otimes 1_{\sigma A \sigma D \sigma D})(1_{\sigma B \sigma A} \otimes c_{AD} \otimes 1_{\sigma D})
\end{aligned}
$$

$$= (1_{\sigma A} \otimes d_D \otimes 1_{\sigma B}) (d_A \otimes 1_{\sigma D\sigma D\sigma B}) (1_{\sigma A\sigma A\sigma D} \otimes c_{DB}) (1_{\sigma A\sigma A} \otimes c_{DB} \otimes 1_{\sigma D})$$
$$\cdot (1_{\sigma A} \otimes c_{AB} \otimes 1_{\sigma D\sigma D}) (c_{AB} \otimes 1_{\sigma A\sigma D\sigma D}) (1_{\sigma B\sigma A} \otimes c_{AD} \otimes 1_{\sigma D})$$
$$= (d_A \otimes d_D \otimes 1_{\sigma B}) (1_{\sigma A\sigma A\sigma D} \otimes c_{DB})$$
$$\cdot (1_{\sigma A\sigma A} \otimes c_{DB} \otimes 1_{\sigma D}) (1_{\sigma A} \otimes c_{AB} \otimes 1_{\sigma D\sigma D}) (1_{\sigma A\sigma B} \otimes c_{AD} \otimes 1_{\sigma D}) (c_{AB} \otimes 1_{\sigma D\sigma A\sigma D})$$
$$= (d_A \otimes d_D \otimes 1_{\sigma B}) (1_{\sigma A\sigma A\sigma D} \otimes c_{DB})$$
$$\cdot \big(1_{\sigma A} \otimes (1_{\sigma A} \otimes c_{DB}) (c_{AB} \otimes 1_{\sigma D}) (1_{\sigma B} \otimes c_{AD}) \otimes 1_{\sigma D}\big) (c_{AB} \otimes 1_{\sigma D\sigma A\sigma D})$$
$$= (d_A \otimes d_D \otimes 1_{\sigma B}) (1_{\sigma A\sigma A\sigma D} \otimes c_{DB})$$
$$\cdot \big(1_{\sigma A} \otimes (c_{AD} \otimes 1_B) (1_{\sigma D} \otimes c_{AB}) (c_{DB} \otimes 1_{\sigma A}) \otimes 1_{\sigma D}\big) (c_{AB} \otimes 1_{\sigma D\sigma A\sigma D})$$
$$= (d_A \otimes d_D \otimes 1_{\sigma B}) (1_{\sigma A\sigma A\sigma D} \otimes c_{DB}) (1_{\sigma A} \otimes c_{AD} \otimes 1_{\sigma B\sigma D})$$
$$\cdot (1_{\sigma A\sigma D} \otimes c_{AB} \otimes 1_{\sigma D}) (1_{\sigma A} \otimes c_{DB} \otimes 1_{\sigma A\sigma D}) (c_{AB} \otimes 1_{\sigma D\sigma A\sigma D})$$
$$= (d_A \otimes d_D \otimes 1_{\sigma B}) (1_{\sigma A} \otimes c_{AD} \otimes 1_{\sigma D\sigma B}) (1_{\sigma A\sigma D\sigma A} \otimes c_{DB})$$
$$\cdot (1_{\sigma A\sigma D} \otimes c_{AB} \otimes 1_{\sigma D}) (1_{\sigma A} \otimes c_{DB} \otimes 1_{\sigma A\sigma D}) (c_{AB} \otimes 1_{\sigma D\sigma A\sigma D})$$
$$= (d_{A\otimes D} \otimes 1_{\sigma B}) \big(1_{\sigma A\sigma D} \otimes (1_{\sigma A} \otimes c_{DB}) (c_{AB} \otimes 1_{\sigma D})\big) \big((1_{\sigma A} \otimes c_{DB}) (c_{AB} \otimes 1_{\sigma D}) \otimes 1_{\sigma A\sigma D}\big)$$
$$= (d_{A\otimes D} \otimes 1_{\sigma B}) (1_{\sigma A\sigma D} \otimes c_{A\otimes D,B}) (c_{A\otimes D,B} \otimes 1_{\sigma A\sigma D}).$$

Damit besteht $H_2 = H$, und 3.2.(v) ist in $\mathscr{S}$ gültig. ■

Aus 5.4.1 folgt unmittelbar:

5.4.2. *Mit den gleichen Bezeichnungen wie in* **5.4.1** *gilt für* $\mathscr{S} = \langle \mathscr{S}, \sigma, \otimes, I, c, d, t\rangle$:

Folgende Aussagen sind einander gleichwertig:

(a) *$\mathscr{S}$ ist eine dt-symmetrische Kategorie aus dt-Sym.*

(b) *Es gelten* (i)—(v) *aus* 5.3.1, (vi) *aus* 5.3.2, (vii)—(xiii) *aus* 5.4.1 *und*

(xiv) $ad_B = d_A(a \otimes a)$ *für alle* $a\colon \sigma A \to \sigma B \in \mathscr{S}$. ■

Mit Rücksicht auf 5.1.1 und 5.4.1, 5.4.2 erhält man folgende vereinfachte Charakterisierung der *hdt*-symmetrischen und *dt*-symmetrischen Kategorien.

5.4.3. (a) *Die hdt-symmetrischen Kategorien aus hdt-Sym entsprechen eineindeutig den Folgen* $\langle \mathscr{S}, \sigma, \otimes, I, c_{AB}, d_A, t_A\rangle_{A,B\in J}$, *wobei* $\langle \mathscr{S}, \otimes, I\rangle$ *eine* Kronecker-*Kategorie,* $\sigma\colon \langle H, \otimes, I\rangle \to \langle \text{ob}\, \mathscr{S}, \otimes, I\rangle$ *ein Monoid-Isomorphismus und* $\langle c_{AB}\rangle_{A,B\in J}$, $\langle d_A\rangle_{A\in J}$, $\langle t_A\rangle_{A\in J}$ *Folgen von Morphismen* $c_{AB}\colon \sigma A \otimes \sigma B \to \sigma B \otimes \sigma A$, $d_A\colon \sigma A \to \sigma A \otimes \sigma A$, $t_A\colon \sigma A \to I$ *sind, für welche die Relationen* (i)—(iii) *aus* 5.3.3 *sowie die nachstehenden Relationen erfüllt sind.*

(v) $a = t_A\colon \sigma A \to I$ *für alle* $a\colon \sigma A \to I \in \mathscr{S}$;

(vi) $d_A(d_A \otimes 1_{\sigma A}) = d_A(1_{\sigma A} \otimes d_A)$, $\forall A \in J$;

(vii) $d_A(1_{\sigma A} \otimes t_A) = 1_{\sigma A}$, $\forall A \in J$;

(viii) $d_A c_{AA} = d_A$, $\forall A \in J$;

(xi) $c_{AB}(1_{\sigma B} \otimes d_A) = (d_A \otimes 1_{\sigma B}) (1_{\sigma A} \otimes c_{AB}) (c_{AB} \otimes 1_{\sigma A})$, $\forall A, B \in J$.

(b) *Die dt-symmetrischen Kategorien aus dt-Sym entsprechen eineindeutig den Folgen* $\langle \mathcal{S}, \sigma, \otimes, I, c_{AB}, d_A, t_A \rangle_{A,B \in J}$, *welche neben den Forderungen von* (a) *noch der folgenden Forderung genügen:*

(xii) $ad_B = d_A(a \otimes a)$ *für alle* $a: \sigma A \to \sigma B \in \mathcal{S}$. ■

5.5. Aufgaben

5.5.1. Es sei $\langle H, \otimes, I \rangle$ das von einer Menge J frei erzeugte Monoid und $\mathcal{S} = \langle \mathcal{S}, \sigma, \otimes, I, t_{\sigma A} \rangle_{A \in J}$ eine Folge, in welcher $\langle \mathcal{S}, \otimes, I \rangle$ eine KRONECKER-Kategorie, $\sigma: \langle H, \otimes, I \rangle \to \langle \text{ob}\,\mathcal{S}, \otimes, I \rangle$ ein surjektiver Monoid-Homomorphismus und $\langle t_{\sigma A} \rangle_{A \in J}$ eine Folge von Morphismen $t_{\sigma A}: \sigma A \to I$ aus $\mathcal{S}$ ist. Dann gilt:

In $\mathcal{S}$ existiert genau eine Folge $\langle t_A \rangle_{A \in H}$ von Morphismen $t_A: \sigma A \to I$, so daß

(i) $t_I = 1_I: I \to I$,

(ii) $t_A = t_{\sigma A}$ für alle $A \in J$,

(iii) $t_{A \otimes B} = t_A \otimes t_B$ für alle $A, B \in H$.

5.5.2. Es sei $\mathcal{S} \in \text{ob}\,Symh$ und $\mathcal{S}^c$ wie in 2.1. definiert. Es sei

$$\mathcal{S}^c(J) = \{a: A \to B \in \mathcal{S} \mid (\forall C \in J)\,(c_{CA}(a \otimes 1_C) = (1_C \otimes a)\,c_{CB})\}.$$

Dann gilt $\mathcal{S}^c(J) = \mathcal{S}^c$.

5.5.3. Die in dem Diagramm 5.2 (4) stehenden Kategorien sind in bezug auf ein festes freies Monoid $\langle H, \otimes, I \rangle$ gebildet. Man verifiziere:

In 5.2.(4) besteht jedes Paar übereinander stehender Kategorien aus zueinander äquivalenten Kategorien.

5.5.4. Im Anhang wird gezeigt, daß sich jede algebraische Theorie im Sinne von LAWVERE als eine KRONECKER-Kategorie von endlichen Produkten auffassen läßt, wobei jedes Objekt als Potenz A^n $(= A \otimes \cdots \otimes A$, n-mal$)$ eines Objektes A erscheint und alle Potenzen $A^0 = I$, $A^1 = A$, $A^2, \ldots$, paarweise voneinander verschieden sind.

Man verifiziere unter Verwendung von 3.3.1:

Die algebraischen Theorien im Sinne von LAWVERE sind mit den *dt*-symmetrischen Theorien aus *dt-Sym* (bezüglich des von der einelementigen Menge $J = \{A\}$ frei erzeugten Monoids $\langle H, \otimes, I \rangle$) identisch.

5.5.5. Man beweise (in Verallgemeinerung des für algebraische Theorien im Sinne von LAWVERE bestehenden Sachverhalts), daß sich auch die algebraischen Theorien für mehrbasige Algebren im Sinne von J. BÉNABOU (1966) und J. SCHULTE MÖNTING (1968) als KRONECKER-Kategorien von endlichen Produkten auffassen lassen.

5.5.6. Man untersuche, ob (analog zu 5.5.4) allgemein die mehrbasigen algebraischen Theorien im Sinne von 5.5.5 und die *dt*-symmetrischen Theorien aus *dt-Sym* (in bezug auf das von einer beliebigen Menge J frei erzeugte Monoid $\langle H, \otimes, I \rangle$) identisch sind.

Im Hinblick auf 5.5.5 ist dazu nachzuweisen, daß die KRONECKER-Kategorien $\mathcal{S}$ von endlichen Produkten, für die $\langle \text{ob}\,\mathcal{S}, \otimes, I \rangle = \langle H, \otimes, I \rangle$ gilt, mit den *dt*-symmetrischen Theorien aus *dt-Sym* identisch sind. Das ist z. B. in solchen Fällen sicher richtig, in denen, für jedes Paar $\langle A, B \rangle$ gilt:

Wenn nicht $\text{Hom}_{\mathcal{S}}(A, B) \neq \varnothing$ ist für alle nicht-terminalen Objekte $B \in \text{ob}\,\mathcal{S}$, so ist A terminal und $\text{Hom}_{\mathcal{S}}(A, B) = \varnothing$ für alle nicht-terminalen Objekte $B \in \text{ob}\,\mathcal{S}$.

5.5.7. Wir betrachten eine weitere Klasse spezieller KRONECKER-Kategorien. Unter einem *Monoid* in einer KRONECKER-Kategorie $\mathscr{K}$ werde ein Tripel $\langle A, j, k\rangle$ verstanden, wobei $j: I \to A$, $k: A \otimes A \to A$ Morphismen aus $\mathscr{K}$ sind, die folgenden Bedingungen genügen (vgl. auch die Ausführungen in *C* 5.1):

$$(k \otimes 1_A)\, k = (1_A \otimes k)\, k : A \otimes A \otimes A \to A, \tag{a}$$

$$(1_A \otimes j)\, k = (j \otimes 1_A)\, k = 1_A : A \to A. \tag{b}$$

Ein Monoid in $\langle \mathit{Ens}, \otimes, I\rangle$ ist im wesentlichen identisch mit einem gewöhnlichen Monoid (vgl. Anhang 1.6.8).

Unter einer *Monoid-Kategorie* verstehen wir ein Tripel $\langle \mathscr{K}, j, k\rangle$, wobei $\mathscr{K}$ eine KRONECKER-Kategorie aus *Kron* mit $J = \{A\}$ ist und j, k Morphismen aus $\mathscr{K}$ sind, die den obigen Bedingungen (a), (b) genügen. Faßt man Monoid-Kategorien als Multialgebren auf, so folgt, daß die von der Folge leerer Mengen $G_{AB} = \varnothing$ frei erzeugte Monoid-Kategorie existiert; diese Kategorie werde auch die *initiale Monoid-Theorie* genannt. Die initiale Monoid-Theorie spielt in der homologischen Algebra und der algebraischen Topologie eine wichtige Rolle; sie wird dort auch die *simpliziale Kategorie* genannt (vgl. S. MAC LANE, 1972).

Man beweise den folgenden Charakterisierungssatz (vgl. S. MAC LANE, 1972, S. 191, Satz 1).

5.5.7.1. Es sei Δ die Kategorie der endlichen Ordinalzahlen. Die Objekte von Δ sind die natürlichen Zahlen $0 = \varnothing$, $1 = \{0\}, \ldots, n = \{0, \ldots, n-1\}, \ldots$. Die Morphismen von Δ sind die isotonen Abbildungen, d.h. die Abbildungen $f: n \to n'$, für welche aus $0 \leqq i \leqq i' < n$ stets folgt $fi \leqq fi'$. Das Tripel $\langle \Delta, +, 0\rangle$ bildet eine KRONECKER-Kategorie, wobei die Operation $(+)$ für Objekte von Δ die gewöhnliche (arithmetische) Addition $(+)$ bedeutet und für Morphismen $f: n \to n'$, $g: m \to m'$ durch

$$(f+g)(i) = \begin{cases} fi, & i = 0, \ldots n-1; \\ n' + g(i-n), & i = n, \ldots, n+m-1 \end{cases}$$

definiert ist.

Dann ist Δ mit der simplizialen Kategorie identisch.

Eine Charakterisierung von Δ als Kategorie ergibt sich auf Grund folgender Bemerkungen.

(i) Jede isotone Abbildung $f: n \to n'$ ist durch ihr Bild $\{fi \mid 0 \leqq i < n\}$ $(\subseteqq n')$ und durch die Teilmenge $(\subseteqq n)$ derjenigen i aus n, in denen $fi = f(i+1)$ ist, eindeutig bestimmt.

(ii) Jede isotone Abbildung $f: n \to n'$ läßt sich gemäß $f = gh$ faktorisieren, worin $g: n \to n''$ surjektiv und isoton und $h: n'' \to n'$ injektiv und isoton sind.

(iii) Es gibt genau $n+1$ injektive isotone Abbildungen $n \to n+1$; dies sind für $i = 0, \ldots, n$ die Abbildungen $\delta_i^n: n \to n+1$, $\delta_i^n\,\{0, \ldots, n-1\} = \{0, \ldots, \hat{\imath}, \ldots, n\}$, wobei $\hat{\imath}$ bedeutet, daß die Zahl i auszulassen ist. Diesen Sachverhalt veranschaulicht man durch das Diagramm

$$0 \xrightarrow{\delta_0} 1 \underset{\delta_1}{\overset{\delta_0}{\rightrightarrows}} 2 \;\;\substack{\longrightarrow\\ \longrightarrow\\ \longrightarrow}\;\; 3 \ldots, \delta_0, \ldots, \delta_n : n \to n+1; \tag{1}$$

dabei sind die oberen Indizes weggelassen.

(iv) Es gibt genau n surjektive isotone Abbildungen $n+1 \to n$; diese sind für $i = 0, \ldots, n-1$ durch $\sigma_i^n: n+1 \to n$, $\sigma_i^n(i) = \sigma_i^n\,(i+1)$ festgelegt und werden (unter Weglassen der oberen Indizes) durch das Diagramm

$$0 \quad 1 \xleftarrow{\sigma_0} 2 \underset{\sigma_1}{\overset{\sigma_0}{\leftleftarrows}} 3 \;\;\substack{\longleftarrow\\ \longleftarrow\\ \longleftarrow}\;\; 4, \ldots, \sigma_0, \ldots, \sigma_{n-1} : n+1 \to n \tag{2}$$

(v) Die Morphismen δ, σ lassen sich durch j, k ausdrücken gemäß:

$$\delta_0 = j : 0 \to 1,$$

$$\delta_i^n = 1_i + j + 1_{n-i} : n \to n + 1, \quad i = 0, \ldots, n;$$

$$\sigma_0 = k : 2 \to 1,$$

$$\sigma_i^n = 1_i + k + 1_{n-i-1} : n + 1 \to n, \quad i = 0, \ldots, n - 1.$$

Man beweise (vgl. S. MAC LANE, 1972, S. 193, Lemma):

5.5.7.2. (Normaldarstellung) Jeder Morphismus $f : n \to n'$ aus Δ läßt sich auf genau eine Weise in der Form

$$f = \sigma_{i_1} \cdot \ldots \cdot \sigma_{i_h} \delta_{j_1} \cdot \ldots \cdot \delta_{j_k} \tag{3}$$

darstellen, wobei $n - h + k = n'$ und

$$n - 1 > i_1 > \ldots > i_h \geqq 0, \quad 0 \leqq j_1 < \ldots < j_k < n'.$$

Damit läßt sich Δ wie folgt charakterisieren (vgl. S. MAC LANE, 1972, S. 193, Satz 2).

5.5.7.3. Die Kategorie Δ, deren Objekte alle endlichen Ordinalzahlen sind, wird durch die Morphismen $\delta_i^n : n \to n + 1$, $\sigma_j^n : n + 1 \to n$ mit den definierenden Relationen

$$\delta_j \delta_i = \delta_i \delta_{j+1}, \qquad i \leqq j,$$

$$\sigma_j \sigma_i = \sigma_i \sigma_{j+1}, \qquad i \leqq j,$$

$$\sigma_j \delta_i = \begin{cases} \delta_i \sigma_{j-1}, & i < j, \\ 1, & i = j, \quad i = j + 1, \\ \delta_{i-1} \sigma_j, & i > j + 1 \end{cases}$$

erzeugt.

Geometrisch läßt sich Δ als Kategorie von Simplexen auffassen (vgl. S. MAC LANE, 1972, S. 193/194). Man definiere wie folgt einen Funktor $\Delta : \Delta \to \mathit{Top}$, welcher Δ als Teilkategorie der Kategorie *Top* darstellt. Für Objekte 0 bzw. n aus Δ sei Δ_0 der leere topologische Raum und Δ_{n+1} das aus den Punkten $p = \langle t_0, \ldots, t_n \rangle$ mit $t_0 \geqq 0, \ldots, t_n \geqq 0$, $\Sigma t_i = 1$, bestehende $n + 1$-dimensionale affine „Standard"-Simplex im euklidischen Raum $\mathbf{R}^{n+1}$. Dabei sind $t_0, t_1, \ldots, t_n$ nichtnegative reelle Zahlen, die *baryzentrischen Koordinaten* des Punktes $p \in \Delta_{n+1}$. Für einen Morphismus $f : n + 1 \to m + 1$ sei $\Delta_f : \Delta_{n+1} \to \Delta_{m+1}$ die durch

$$\Delta_f (\langle t_0, \ldots, t_n \rangle) = \langle s_0, \ldots, s_m \rangle, \quad s_j = \sum_{fi = j} t_i,$$

erklärte (affine) Abbildung aus *Top*.

6. Freie Theorien und Schaltkreise

6.1. Spezielle freie Theorien

Da die Objekte der Kategorien *Symh*, *Sym*, *hdt-Sym* und *dt-Sym* gleichungsdefinierte Klassen bilden, so existieren in diesen Kategorien auf Grund der Theorie der Multialgebren (vgl. Anhang 2) freie Objekte. Diese Tatsache läßt sich analog zu 1.3.1 ausführlicher so beschreiben: Es sei $\langle H, \otimes, I \rangle$ das von einer Menge J frei erzeugte Monoid.

Definition. Eine Algebra $\mathcal{T} = \langle \mathcal{T}, \tau, \otimes, I, c\rangle$ aus *Symh* (bzw. *Sym*) heißt von einer Mengenfamilie $\langle G_{AB} \mid A, B \in H\rangle$ *frei erzeugt* bezüglich einer Familie $\psi = \langle \psi_{AB}\rangle_{A,B\in H}$ von Abbildungen $\psi_{AB}: G_{AB} \to \mathcal{T}_{AB}$, $\mathcal{T}_{AB} = \mathrm{Hom}_{\mathcal{T}}(\tau A, \tau B)$, wenn

(i) $\mathcal{T}$ von $\langle \psi_{AB} G_{AB} \mid A, B \in H\rangle$ in *Symh* (bzw. *Sym*) erzeugt ist und

(ii) zu jeder Algebra $\langle \mathcal{S}, \sigma, \otimes, I, c\rangle$ aus *Symh* (bzw. *Sym*) und jeder Familie $\varphi = \langle \varphi_{AB}\rangle_{A,B\in H}$ von Abbildungen $\varphi_{AB}: G_{AB} \to \mathcal{S}_{AB}$, $\mathcal{S}_{AB} = \mathrm{Hom}_{\mathcal{S}}(\sigma A, \sigma B)$, ein Homomorphismus

$$\Phi: \langle \mathcal{T}, \tau, \otimes, I, c\rangle \to \langle \mathcal{S}, \sigma, \otimes, I, c\rangle$$

aus *Symh* (bzw. *Sym*) existiert, welcher das nachstehende Diagramm kommutativ schließt.

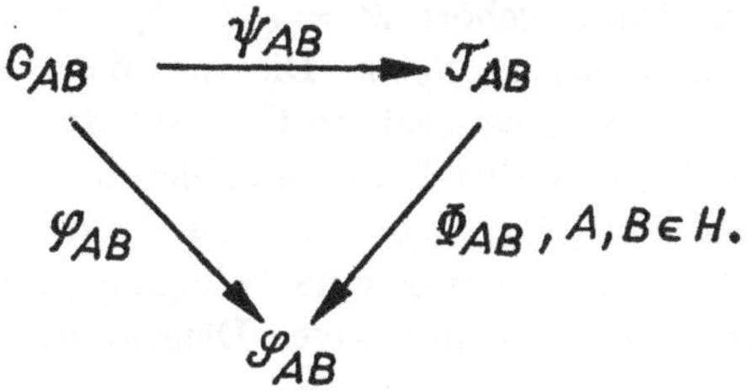

(1)

Analog ist der Begriff einer frei erzeugten Algebra aus *hdt-Sym* (bzw. *dt-Sym*) erklärt. Damit hat man (gemäß der Theorie der Multialgebren):

6.1.1. *Es sei $\langle H, \otimes, I\rangle$ das von J frei erzeugte Monoid und $G = \bigcup_{A,B\in H} G_{AB}$ eine disjunkt zerlegte Menge.*

Dann existiert eine von den G_{AB} frei bezüglich einer Familie ψ von Abbildungen erzeugte halbsymmetrische bzw. symmetrische Kategorie, die in beiden Fällen mit

$$\mathcal{T}(G) = \langle \mathcal{T}(G), \tau, \otimes, I, c_{AB}\rangle_{A,B\in H}$$

bezeichnet werde (sowie eine von den G_{AB} frei bezüglich ψ erzeugte hdt-symmetrische bzw. dt-symmetrische Kategorie, die in beiden Fällen mit

$$\mathcal{T}(G) = \langle \mathcal{T}(G), \tau, \otimes, I, c_{AB}, d_A, t_A\rangle_{A,B\in H}$$

bezeichnet sei) mit $\tau = \mathrm{id}_H$: $H \to H$, die zugleich eine halbsymmetrische bzw. symmetrische Theorie (entsprechend eine hdt-symmetrische bzw. dt-symmetrische Theorie, im Sinne von 5.2) ist.

$\mathcal{T}(G)$ ist auch frei (bezüglich ψ) in Th(Symh) bzw. Th(Sym) (entsprechend in Th(hdt-Sym) bzw. Th(dt-Sym)). Das heißt, *ist $\mathcal{S}$ eine Algebra aus Th$(\cdots)$ und $\varphi = \langle \varphi_{AB}\rangle_{A,B\in H}$ eine Familie von Abbildungen $\varphi_{AB}: G_{AB} \to \mathcal{S}_{AB}$, $\mathcal{S}_{AB} = \mathrm{Hom}_{\mathcal{S}}(A, B)$, so existiert genau ein Homomorphismus $\Phi: \mathcal{T}(G) \to \mathcal{S}$, welcher das Diagramm* (1) *(mit $\mathcal{T} = \mathcal{T}(G)$) kommutativ schließt.* ■

6.2. Spezielle Wahl der Erzeugenden

Es erhebt sich die Frage, wann die Familie ψ in 6.1.(1) aus injektiven Abbildungen besteht. Es ist klar, daß dies dann und nur dann der Fall ist, wenn überhaupt eine injektive Familie $\varphi = \varphi_{AB}: G_{AB} \to \mathcal{S}_{AB}$ existiert. Weiter ist klar, daß die Existenz einer injektiven Familie $\varphi = \varphi_{AB}: G_{AB} \to \mathcal{S}_{AB}$, wo $\mathcal{S}$ einer der Kategorien der Folgen 5.2.(4) angehört, auch die Existenz einer ebensolchen Familie nach sich zieht, bei der $\mathcal{S}$ einer der darauf folgenden Kategorie von 5.2.(4) angehört.

Wenn $\langle G_{AB}\rangle_{A,B\in H}$ eine beliebige disjunkte Familie und card $J = 1$ ist, so ergibt sich aus dem Beispiel 1.5.3.1 sofort ein Beispiel für eine injektive Familie $\varphi = \varphi_{AB}: G_{AB} \to \mathcal{S}_{AB}$ mit $\mathcal{S}$ aus *Symh*. Es sei $z \geqq 2$, $\langle \mathcal{M}, \otimes, 0\rangle$ die in 1.5.3 betrachtete Kronecker-Kategorie von Matrizen, E_{z^2} die Einheitsmatrix vom Format $z^2 \times z^2$ und $c_{11} = -E_{z^2}: 2 \to 2$. Dann gehört $\mathcal{S} = \langle \mathcal{M}, \otimes, 0, c\rangle$ (wo c_{nm} für $n, m \geqq 0$ induktiv aus c_{11} abgeleitet ist) zu *Symh*. Die in 1.5.3.1 konstruierte injektive Familie φ hat daher bereits die gewünschten Eigenschaften.

Es sei $\langle Card, ., 1\rangle$ das Monoid aller Kardinalzahlen bezüglich der gewöhnlichen Multiplikation. Eine Familie $\langle G_{AB}\rangle_{A,B\in H}$ paarweise disjunkter Mengen G_{AB} heißt von beschränkter Mächtigkeit, wenn es eine Belegung (d. h. eine Abbildung) $||: J \to Card$ gibt (die gemäß dem kommutativen Diagramm

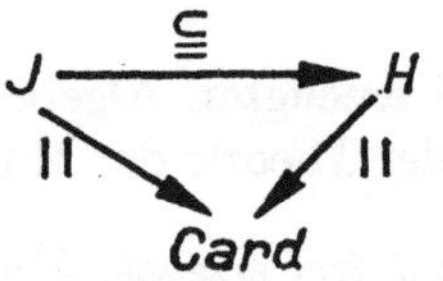

(1)

zu einem gleichbezeichneten Monoid-Homomorphismus fortgesetzt wird), so daß

$$\text{card } G_{AB} \leqq |B|^{|A|} \text{ für alle } A, B \in H. \tag{2}$$

In diesem Fall läßt sich offenbar eine Familie $\varphi = \langle \varphi_{AB}\rangle_{A,B\in H}$ von Injektionen

$$\varphi_{AB}: G_{AB} \to \text{Hom}\,(|A|, |B|) \tag{3}$$

bestimmen; dabei wird jede Kardinalzahl als die aus allen ihren Vorgängern bestehende Menge aufgefaßt. Jede Kardinalzahl ist dann eine kartesisch unzerlegbare Menge. *Card* läßt sich als Kronecker-Kategorie $\langle Card, \otimes, \{0\}\rangle$ auffassen; die darin von den Mengen $|A|$ $(A \in H)$ erzeugte volle Teilkategorie werde mit *Card* $(|H|)$ bezeichnet.

$\langle Card(|H|), \otimes, \{0\}\rangle$ wird zu einer Kronecker-Kategorie $\mathcal{S}$ von endlichen Produkten aus *dt-Sym* (vgl. auch den Beweis von 7.4.2), wenn man ob $\mathcal{S} = H$ setzt, als Morphismen von $\mathcal{S}$ die Tripel $\langle A, B, f\rangle$ mit $f: |A| \to |B|$, für $A, B \in H$, wählt und $c_{|A|,|B|}: |A| \otimes |B| \to |B| \otimes |A|$, $d_{|A|}: |A| \to |A| \otimes |A|$, $t_{|A|}: |A| \to \{0\}$ geeignet wählt. Offenbar ist (3) eine Familie von Injektionen

$$\varphi_{AB}: G_{AB} \to \mathcal{S}_{AB}, \mathcal{S}_{AB} = \text{Hom}_{\mathcal{S}}(|A|, |B|).$$

Daher ist klar, daß die Familie φ in (1) bei einer Familie $\langle G_{AB}\rangle_{A,B\in H}$ von beschränkter Mächtigkeit auch in den Fällen *Sym*, *hdt-Sym*, *dt-Sym* injektiv sein muß.

Wir bemerken, daß (2) für $B = I$ zu der Bedingung card $G_{AI} \leqq 1$ für alle $A \in H$ führt. Da I in den Fällen *hdt-Sym* und *dt-Sym* ohnehin terminal ist, so darf man in diesen Fällen von vornherein $G_{AI} = \emptyset$, $\forall A \in H$, annehmen.

6.2.1. *Es sei $\langle G_{AB}\rangle_{A,B\in H}$ eine Familie disjunkter Mengen von beschränkter Mächtigkeit, $G_{AI} = \emptyset$ für alle $A \in H$, $\mathcal{T}(G)$ die von den G_{AB} frei (bezüglich der Inklusionsabbildungen) erzeugte dt-Theorie aus dt-Sym und G^* die aus den Mengen*

$$G^*_{AB_j} = \{gp_j^{B_1\cdots B_m}: A \to B_j \mid g: A \to B \in G_{AB}, \qquad (4)$$
$$B = B_1 \otimes \cdots \otimes B_m \neq I;\; B_1, \ldots, B_m \in J\}$$

($B_j \in J$) bestehende Familie.

Dann ist $\mathcal{T}(G)$ auch frei (bezüglich der Inklusionen) von G^* erzeugt.

Beweis. Es sei $\mathcal{S}$ eine *dt*-symmetrische Kategorie aus *dt-Sym* und $\varphi^* = \langle\varphi^*_{AB}\rangle_{A,B\in H}$ die folgende Familie von Abbildungen

$$\varphi^*_{AB}: G^*_{AB} \to \mathcal{S}_{AB};\; \mathcal{S}_{AB} = \mathrm{Hom}_{\mathcal{S}}(\sigma A, \sigma B).$$

φ^*_{AB} ist die leere Abbildung $\emptyset \to \mathcal{S}_{AB}$, falls G^*_{AB} nicht die obige Form (4) besitzt. Im anderen Fall sei φ^*_{AB} beliebig.

Es werde wie folgt eine Familie $\varphi = \langle\varphi_{AB}\rangle_{A,B\in H}$ von Abbildungen

$$\varphi_{AB}: G_{AB} \to \mathcal{S}_{AB}$$

erklärt. Für $g: A \to B \in G_{AB}$, $B = B_1 \otimes \cdots \otimes B_m \neq I$; $B_1, \ldots, B_m \in J$, sei

$$\varphi_{AB}(g) = d^m_{\sigma A}\left(\varphi^*_{AB_1}(gp_1^{B_1\cdots B_m}) \otimes \cdots \otimes \varphi^*_{AB_m}(gp_m^{B_1\cdots B_m})\right).$$

φ setzt sich auf genau eine Weise zu dem das Diagramm

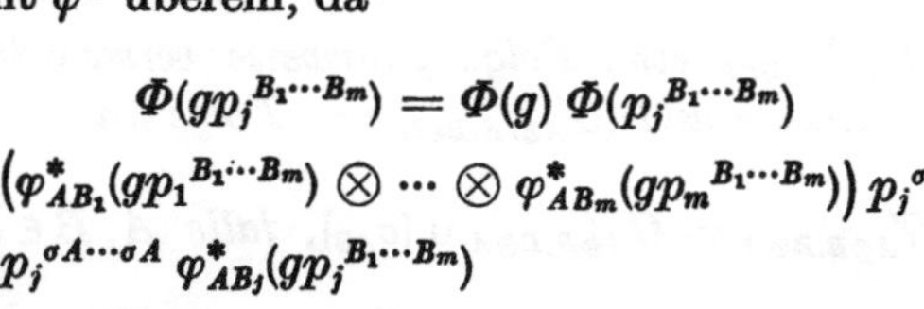

kommutativ schließenden Homomorphismus $\Phi: \mathcal{T}(G) \to \mathcal{S}$ aus *dt-Sym* fort. Φ stimmt auf G^* mit φ^* überein, da

$$\Phi(gp_j^{B_1\cdots B_m}) = \Phi(g)\,\Phi(p_j^{B_1\cdots B_m})$$
$$= d^m_{\sigma A}\left(\varphi^*_{AB_1}(gp_1^{B_1\cdots B_m}) \otimes \cdots \otimes \varphi^*_{AB_m}(gp_m^{B_1\cdots B_m})\right) p_j^{\sigma B_1\cdots\sigma B_m}$$
$$= d^m_{\sigma A} p_j^{\sigma A\cdots\sigma A}\,\varphi^*_{AB_j}(gp_j^{B_1\cdots B_m})$$
$$= \varphi^*_{AB_j}(gp_j^{B_1\cdots B_m}).$$

Demnach besteht das kommutative Diagramm

$$\begin{array}{ccc} G_{AB} & \xrightarrow{\subseteq} & \mathcal{T}(G)_{AB} \\ & {\scriptstyle \varphi^*_{AB}} \searrow \quad \swarrow {\scriptstyle \Phi_{AB}} & \\ & \mathcal{S}_{AB} & \end{array} \quad ; A, B \in H.$$

$\mathcal{T}(G)$ wird von G^* erzeugt, da

$$\begin{aligned} & d_A^m(gp_1^{B_1\cdots B_m} \otimes \cdots \otimes gp_m^{B_1\cdots B_m}) \\ &= d_A^m(g \otimes \cdots \otimes g)\,(p_1^{B_1\cdots B_m} \otimes \cdots \otimes p_m^{B_1\cdots B_m}) \\ &= g d_A^m\,(p_1^{B_1\cdots B_m} \otimes \cdots \otimes p_m^{B_1\cdots B_m}) \\ &= g\colon A \to A, \end{aligned}$$

d. h., für alle $A, B \in H$ gehört G_{AB} zu der von G^* erzeugten Teilalgebra von $\mathcal{T}(G)$ aus *dt-Sym*. Da $\mathcal{T}(G)$ von den G_{AB} erzeugt wird, muß diese Teilalgebra mit $\mathcal{T}(G)$ identisch sein. ■

Aus 5.5.4 und 6.1.1 erhält man:

6.2.2. *Es sei* card $J = 1$, $G = \bigcup_{A,B \in H} G_{AB}$.
Dann ist die von den G_{AB} frei (bezüglich ψ) erzeugte dt-symmetrische Theorie $\mathcal{T}(G)$ eine freie algebraische Theorie im Sinne von Lawvere, *und umgekehrt läßt sich jede freie algebraische Theorie im Sinne von* Lawvere *in dieser Weise darstellen.* ■

In 6.3.2.(b) wird ein volles System definierender Relationen für freie algebraische Theorien aufgestellt.

6.3. Darstellung spezieller freier Theorien durch freie Kronecker-Kategorien

Es sei $\langle H, \otimes, I \rangle$ das von einer Menge J frei erzeugte Monoid und $\langle G_{AB} \rangle_{A,B \in H}$ eine Familie disjunkter Mengen, die so beschaffen ist, daß die von den G_{AB} bezüglich der Inklusionen $G_{AB} \subseteq \mathcal{T}(G)_{AB}$ frei erzeugte, halbsymmetrische Theorie aus *Symh* bzw. symmetrische Theorie aus *Sym* (entsprechend die *hdt*-symmetrische Theorie aus *hdt-Sym* bzw. die *dt*-symmetrische Theorie aus *dt-Sym*) existiert.

6.3.1. (a) *Es sei $\langle c_{AB} \rangle_{A,B \in J}$ eine Folge paarweise verschiedener, nicht zu $G = \bigcup_{A,B \in H} G_{AB}$ gehöriger Symbole und $\langle G'_{AB} \rangle_{A,B \in H}$ eine Folge mit*

$$G'_{A \otimes B, B \otimes A} = G_{A \otimes B, B \otimes A} \cup \{c_{AB}\}, \text{ falls } A, B \in J,$$

$$G'_{AB} = G_{AB} \text{ sonst}; \; G' = \bigcup_{A,B \in H} G'_{AB}.$$

Es sei $\mathscr{F}(G')$ die (nach 1.3.1 existierende) von den G'_{AB} frei bezüglich der Inklusionen erzeugte Kronecker-*Kategorie aus Kron und R' die Menge der Paare*

$$\langle c_{AB}\, c_{BA},\, 1_{AB}\rangle,\; A, B \in J;$$

$$\langle (c_{AB} \otimes 1_C)\,(1_B \otimes c_{AC})\,(c_{BC} \otimes 1_A),\; (1_A \otimes c_{BC})\,(c_{AC} \otimes 1_B)\,(1_C \otimes c_{AB})\rangle,\; \forall A, B, C \in J.$$

Dann ist die von den G_{AB} frei bezüglich der Inklusionen erzeugte halbsymmetrische Theorie $\mathscr{T}(G)$ aus Symh, als Kronecker-*Kategorie aus Kron betrachtet, isomorph zu der Algebra $\mathscr{F}(G')/R'$ der Kongruenzklassen von $\mathscr{F}(G')$ bezüglich der von R' in $\mathscr{F}(G')$ erzeugten Kongruenz,*

$$\mathscr{T}(G) \cong \mathscr{F}(G')/R'.$$

(b) *Mit den Bezeichnungen von* (a) *sei R'' die aus den Paaren von R' und den Paaren*

$$\langle c_{AB}(g \otimes 1_A),\, (1_A \otimes g)\, c_{AD}\rangle;\; \forall A \in J,\, g\colon B \to D \in G_{BD},$$

bestehende Relationenmenge.

Dann ist die von den G_{AB} frei bezüglich der Inklusionen erzeugte symmetrische Theorie $\mathscr{T}(G)$ aus Sym, als Kronecker-*Kategorie aus Kron betrachtet, isomorph zu der Algebra $\mathscr{F}(G')/R''$ der Kongruenzklassen von $\mathscr{F}(G')$ bezüglich der von R'' in $\mathscr{F}(G')$ erzeugten Kongruenz,*

$$\mathscr{T}(G) \cong \mathscr{F}(G')/R''.$$

Beweis. (a) ist im Hinblick auf 5.3.3.(a) klar.

(b) Es bleibt nur zu zeigen $\mathscr{F}(G')/R'' \in \mathrm{ob}\, Sym$. Zufolge 3.1.1, 5.5 ist $\mathscr{S}^c$ eine Teilalgebra von $\mathscr{S} = \mathscr{F}(G')/R''$ in *Kron*, welche ein Erzeugendensystem von $\mathscr{S}$ (nämlich die Kongruenzklassen von G' bezüglich R'') enthält.

Daher muß sein $\mathscr{S}^c = \mathscr{S}$. Nun folgt die Behauptung aus 5.3.3.(b). ■

6.3.2. (a) *Es seien $\langle c_{AB}\rangle_{A,B\in J}$, $\langle d_A\rangle_{A\in J}$, $\langle t_A\rangle_{A\in J}$ Folgen insgesamt paarweise verschiedener, nicht zu G gehöriger Symbole und $\langle G''_{AB}\rangle_{A,B\in H}$ eine Folge mit*

$$G''_{A\otimes B,B\otimes A} = G_{A\otimes B,B\otimes A} \cup \{c_{AB}\};\; A, B \in J,$$

$$G''_{A,A\otimes A} = G_{A,A\otimes A} \cup \{d_A\};\; A \in J,$$

$$G''_{A,I} = G_{AI} \cup \{t_A\};\; A \in J,$$

$$G''_{AB} = G_{AB}\ \text{sonst};\; G'' = \textstyle\bigcup_{A,B\in H} G''_{AB}.$$

Es sei $\mathscr{F}(G'')$ die (nach 1.3.1 existierende) von den G''_{AB} frei bezüglich der Inklusionen erzeugte Kronecker-*Kategorie aus Kron und R''' die Menge der Paare aus R'' von*

6.3.1.(b) *und der Paare*

$$\langle d_A(d_A \otimes 1_A),\ d_A(1_A \otimes d_A)\rangle; \quad \forall A \in J,$$

$$\langle d_A(1_A \otimes t_A), 1_A\rangle; \quad \forall A \in J,$$

$$\langle d_A c_{AA}, d_A\rangle; \quad \forall A \in J,$$

$$\langle c_{AB}(1_B \otimes d_A), (d_A \otimes 1_B)(1_A \otimes c_{AB})(c_{AB} \otimes 1_A)\rangle; \quad \forall A, B \in J,$$

$$\langle c_{AB}(1_B \otimes t_A), t_A \otimes 1_B\rangle; \quad \forall A, B \in J,$$

$$\langle g t_B, t_A\rangle; \quad \forall g\colon A \to B \in G_{AB}.$$

Dann ist die von den G_{AB} frei bezüglich der Inklusionen erzeugte hdt-symmetrische Theorie $\mathscr{T}(G)$ aus hdt-Sym, als KRONECKER*-Kategorie aus Kron betrachtet, isomorph zu der Algebra $\mathscr{F}(G'')/R'''$ der Kongruenzklassen von $\mathscr{F}(G'')$ bezüglich der von R''' in $\mathscr{F}(G'')$ erzeugten Kongruenz,*

$$\mathscr{T}(G) \cong \mathscr{F}(G'')/R'''.$$

(b) *Mit den Bezeichnungen von* (a) *sei R die aus den Paaren von R''' und den Paaren*

$$\langle g d_B, d_A(g \otimes g)\rangle; \quad \forall g\colon A \to B \in G_{AB},$$

bestehende Relationenmenge.

Dann ist die von den G_{AB} frei bezüglich der Inklusionen erzeugte dt-symmetrische Theorie $\mathscr{T}(G)$ aus dt-Sym, als KRONECKER*-Kategorie aus Kron betrachtet, isomorph zu der Algebra $\mathscr{F}(G'')/R$ der Kongruenzklassen von $\mathscr{F}(G'')$ bezüglich der von R in $\mathscr{F}(G'')$ erzeugten Kongruenz,*

$$\mathscr{T}(G) = \mathscr{F}(G'')/R.$$

Beweis. (a) Es ist nachzuweisen, daß $\mathscr{S} = \mathscr{F}(G'')/R'''$ zu *hdt-Sym* gehört. Unter Beachtung von 5.5.1 bilde man

$$\mathscr{S}^t = \{a \mid a\colon A \to B \in \mathscr{S},\ a t_B = t_A\}.$$

Wegen $d_A t_{A \otimes A} = d_A(t_A \otimes t_A) = d_A(1_A \otimes t_A)\, t_A = 1_A t_A = t_A$ ist $d_A \in \mathscr{S}^t$, $\forall A \in J$. Wegen $c_{AB} t_{B \otimes A} = c_{AB}(t_B \otimes t_A) = c_{AB}(1_B \otimes t_A)\, t_B = (t_A \otimes 1_B)\, t_B = t_A \otimes t_B = t_{A \otimes B}$ ist $c_{AB} \in \mathscr{S}^t$, $\forall A, B \in J$.

Trivialerweise ist auch $t_A \in \mathscr{S}^t$. Es seien $a\colon A \to C$, $b\colon B \to D \in \mathscr{S}^t$. Wegen $(a \otimes b)\, t_{C \otimes D} = (a \otimes b)(t_C \otimes t_D) = a t_C \otimes b t_D = t_A \otimes t_B = t_{A \otimes B}$ ist $a \otimes b \in \mathscr{S}^t$. Es seien $a\colon A \to B$, $b\colon B \to C \in \mathscr{S}^t$. Wegen $a b t_C = a t_B = t_A$ ist $ab \in \mathscr{S}^t$. Aus diesen Feststellungen ersieht man, daß $\mathscr{S}^t$ eine Teilalgebra von $\mathscr{S}$ in *Kron* ist, welche ein Erzeugendensystem von $\mathscr{S}$ (nämlich die Kongruenzklassen von G'' bezüglich R''') enthält. Daher muß $\mathscr{S}^t = \mathscr{S}$ sein. Folglich gilt für alle $a\colon A \to B \in \mathscr{S}$ die Gleichung $a t_B = t_A$.

Da $t_I = 1_I\colon I \to I$, so besteht insbesondere für $a\colon A \to I$ in $\mathscr{S}$ die Gleichung $a = t_A$.

Da $R' \subseteqq R'''$, so ist $\mathscr{S}$ gemäß 5.3.3.(a) t-halbsymmetrisch. Zufolge 3.1.2.(a) ist $\mathscr{S}^c$ t-symmetrisch und $\mathscr{S}_{ct} \subseteqq \mathscr{S}^c$. Nach Definition von R''' ist

$$c_{BA}(1_A \otimes d_B) = (d_B \otimes 1_A)(1_B \otimes c_{BA})(c_{BA} \otimes 1_B)$$
$$= (d_B \otimes 1_A)\, c_{B\otimes B,A}; \quad \forall A, B \in J,$$

d. h.

$$c_{AB}(d_B \otimes 1_A) = (1_A \otimes d_B)\, c_{A,B\otimes B}; \quad \forall A, B \in J. \tag{1}$$

Aus (1), 5.5.2 folgt $d_B \in \mathscr{S}^c$ für alle $B \in J$. Mit Rücksicht auf 5.5.2 ergibt sich weiter, daß $\mathscr{S}^c$ ein Erzeugendensystem von $\mathscr{S}$ enthält. Da $\mathscr{S}^c$ Teilalgebra von $\mathscr{S}$ in *Kron* ist, muß $\mathscr{S}^c = \mathscr{S}$ sein, d. h., $\mathscr{S}$ ist t-symmetrisch.
Die Behauptung folgt jetzt aus 5.4.3.(a).

(b) Da $R''' \subseteqq R$ gilt, ist $\mathscr{S} = \mathscr{F}(G'')/R$ gemäß (a) *hdt*-symmetrisch. Zufolge 3.2.1 ist $\mathscr{S}^d$ *dt*-symmetrisch und $c_{AB}, d_A, t_A \in \mathscr{S}^d$. Nach Definition von R enthält $\mathscr{S}^d$ ein Erzeugendensystem von $\mathscr{S}$. Da $\mathscr{S}^d$ Teilalgebra von $\mathscr{S}$ in *Kron* ist, muß $\mathscr{S}^d = \mathscr{S}$ sein. Folglich ist $\mathscr{S}$ *dt*-symmetrisch. ∎

6.4. Kombinatorische Automaten und Schaltkreise in speziellen Kronecker-Kategorien

Bei der praktischen Synthese von Schaltungen ist es oft aus technischen Gründen notwendig, das Überkreuzen von Anschlüssen zu vermeiden. Dies kann durch Einführung besonderer Automaten ohne Gedächtnis, der Vertauschungsmorphismen $c_{AB}\colon A \otimes B \to B \otimes A$ geschehen, die beispielsweise in der Kategorie *Ens* und allgemeiner in halbsymmetrischen Kategorien existieren.

Weiter ist es oft erforderlich, ein Ausgangsobjekt eines Automaten gleichzeitig mit mehreren Eingabeobjekten anderer Automaten zu verbinden. Dazu müssen natürlich die betreffenden Objekte einander gleich sein. Eine solche Verzweigung eines Ausgangs kann durch einen besonderen Automaten ohne Gedächtnis vom Typ $A \to A \otimes \cdots \otimes A$ realisiert werden. Derartige Morphismen (Diagonalmorphismen) existieren beispielsweise in *Ens* und allgemeiner etwa in *hdt*-symmetrischen Kategorien. Weiter kommt es vor, daß ein Automat mit einem anderen durch Serienschaltung verbunden werden soll und dabei bestimmte Ausgangsobjekte des ersten Automaten nicht benötigt werden. Ein solches Beseitigen von Ausgängen kann durch besondere Automaten ohne Gedächtnis vom Typ $A \to I$ erreicht werden.

Alle erwähnten ausgezeichneten Automaten sind in der Kategorie *Ens* (G. Hotz, 1965) und allgemeiner etwa in *hdt*-symmetrischen Kategorien vorhanden.

Es sei $\langle H, \otimes, I\rangle$ das von einer Menge J frei erzeugte Monoid, $\mathscr{K}$ eine halbsymmetrische (bzw. symmetrische, *hdt*-symmetrische, *dt*-symmetrische) Kategorie und

$$\sigma\colon \langle H, \otimes, I\rangle \to \langle \mathrm{ob}\, \mathscr{K}, \otimes, I\rangle$$

ein injektiver Monoid-Homomorphismus. $\mathscr{K}(\sigma H)$ bezeichne die zu der Objektmenge $\sigma H = \{\sigma A \mid A \in H\} \subseteqq \mathrm{ob}\, \mathscr{K}$ gehörige volle Teilkategorie von $\mathscr{K}$. Offenbar gehört $\mathcal{S} = \mathcal{K}(\sigma H)$ zu *Symh* (bzw. *Sym*, *hdt-Sym*, *dt-Sym*). Ein Morphismus $f: \sigma A \to \sigma B \in \mathcal{S} = \mathcal{K}(\sigma H)$ wird wie in 1.4. auch als Automat ohne Gedächtnis über $\mathcal{K}$ bezeichnet. Für eine Familie $\langle G_{AB} \rangle_{A,B \in H}$ von Teilmengen

$$G_{AB} \subseteqq \mathcal{S}_{AB} = \mathrm{Hom}_{\mathcal{S}}(\sigma A, \sigma B)$$

sei $\mathcal{S}(\sigma, G)$ die von den G_{AB} erzeugte Teilalgebra von $\mathcal{S}$ aus *Symh* (bzw. *Sym*, *hdt-Sym*, *dt-Sym*).

Ohne Einschränkung der Allgemeinheit dürfen wir annehmen, daß $G = \bigcup_{A,B \in H} G_{AB}$ eine disjunkte Zerlegung ist. Wie in 6.3.1 (6.3.2) bilde man mit einer Symbolfolge $\langle c_{AB} \rangle_{A,B \in J}$ im Fall *Symh* bzw. *Sym* die Folge $\langle G'_{AB} \rangle_{A,B \in H}$ (entsprechend mit Symbolfolgen $\langle c_{AB} \rangle_{A,B \in J}$, $\langle d_A \rangle_{A \in J}$, $\langle t_A \rangle_{A \in J}$ im Fall *hdt-Sym* bzw. *dt-Sym* die Folge $\langle G''_{AB} \rangle_{A,B \in H}$). Es sei $\langle \mathcal{F}(G'), \mathrm{id}, \otimes, I \rangle$ ($\langle \mathcal{F}(G''), \mathrm{id}, \otimes, I \rangle$) die von den G'_{AB} (die von den G''_{AB}) frei erzeugte KRONECKER-Kategorie im Sinne von 1.3.1. Da die Inklusionen $G_{AB} \subseteqq \mathcal{S}(\sigma, G)_{AB} = \mathrm{Hom}_{\mathcal{S}(\sigma,G)}(\sigma A, \sigma B)$ vorliegen, existiert die von den G_{AB} frei bezüglich der Inklusionen erzeugte halbsymmetrische bzw. symmetrische (entsprechend die *hdt*-symmetrische bzw. *dt*-symmetrische) Theorie $\mathcal{T}(G)$. Mit Rücksicht auf 6.3.1 (6.3.2) bestehen demnach die kommutativen Diagramme:

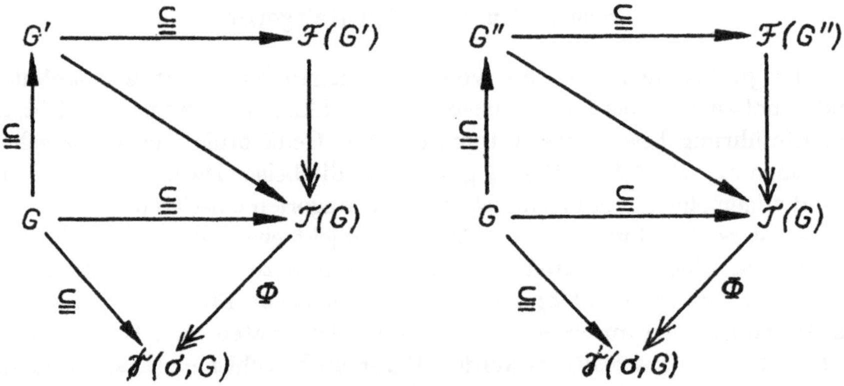

Da G ein Erzeugendensystem von $\mathcal{S}(\sigma, G)$ ist, so ist der Homomorphismus Φ: $\mathcal{T}(G) \to \mathcal{S}(\sigma, G)$ in diesen Diagrammen surjektiv. Man betrachtet Φ als KRONECKER Funktor und beachtet, daß gemäß 6.3.1 (6.3.2) auch $\mathcal{F}(G') \to \mathcal{T}(G)$ und $\mathcal{F}(G'') \to \mathcal{T}(G)$, genauer

$$P': \mathcal{F}(G') \to \mathcal{F}(G')/R' \to \mathcal{T}(G)$$

bzw.

$$P'': \mathcal{F}(G') \to \mathcal{F}(G')/R'' \to \mathcal{T}(G),$$

entsprechend

$$P''': \mathcal{F}(G'') \to \mathcal{F}(G'')/R''' \to \mathcal{T}(G)$$

bzw.

$$P: \mathcal{F}(G'') \to \mathcal{F}(G'')/R \to \mathcal{T}(G),$$

surjektive KRONECKER-Funktoren sind. Damit erhält man die surjektiven KRONECKER-Funktoren $P'\Phi$, $P''\Phi$, $P'''\Phi$, $P\Phi$. So erscheint jeder Morphismus $f: \sigma A \to \sigma B$ aus $\mathscr{S}(\sigma, G)$ als Bild

$$\Phi(u) = f: \sigma A \to \sigma B \tag{1}$$

eines geeigneten Morphismus $u: A \to B \in \mathscr{T}(G)$ und ebenso bzw. als Bild

$$\Phi\big(P'(s)\big),\ \Phi\big(P''(s)\big),\ \Phi\big(P'''(s)\big),\ \Phi\big(P(s)\big) \tag{2}$$

eines geeigneten Morphismus $s: A \to B$ aus $\mathscr{F}(G')$ $\big(\mathscr{F}(G'')\big)$.

Die Morphismen aus $\mathscr{T}(G)$ heißen *$\mathscr{T}(G)$-Schaltkreise*. Die Morphismen aus G (G als Teilmenge von $\mathscr{T}(G)$ bzw. $\mathscr{S}(\sigma, G)$ betrachtet) heißen auch *elementare $\mathscr{T}(G)$-Schaltkreise* bzw. *Elementarautomaten*.

Jeder $\mathscr{T}(G)$-Schaltkreis $u: A \to B \in \mathscr{T}(G)$ erscheint als Bild

$$u = P'(s) \text{ bzw. } u = P''(s) \ \big(u = P'''(s) \text{ bzw. } u = P(s)\big) \tag{3}$$

eines geeigneten Schaltkreises $s: A \to B$ aus $\mathscr{F}(G')$ $\big(\mathscr{F}(G'')\big)$.
(Die Morphismen von $\mathscr{F}(G')$ und $\mathscr{F}(G'')$ werden in Übereinstimmung mit 1.4 auch schlechthin Schaltkreise genannt.) Gemäß 1.4 ist jeder Schaltkreis von $\mathscr{F}(G')$ $\big(\mathscr{F}(G'')\big)$ aus den elementaren Schaltkreisen von G sowie den Schaltkreissymbolen $c_{AB}: A \otimes B \to B \otimes A$ $(c_{AB}: A \otimes B \to B \otimes A,\ d_A: A \to A \otimes A, t_A: A \to I)$; $A, B \in J$, und den identischen Morphismen $1_A: A \to A$, $A \in H$, mittels Serien- und Parallelschaltung zusammengesetzt. Wendet man auf einen dargestellten Schaltkreis s den KRONECKER-Funktor P' bzw. P'' (entsprechend P''' bzw. P) an, so erhält man einen ganz analog aus elementaren $\mathscr{T}(G)$-Schaltkreisen von G sowie den Morphismen $c_{AB}(c_{AB}, d_A, t_A)$; $A, B \in J$, und den $1_A, A \in H$, mittels Serien- und Parallelschaltung zusammengesetzten $\mathscr{T}(G)$-Schaltkreis u. Wendet man auf einen in dieser Weise als Term dargestellten $\mathscr{T}(G)$-Schaltkreis u den KRONECKER-Funktor Φ an, so ergibt sich ein entsprechend aus Elementarautomaten von G sowie den Symmetrien $c_{AB} = c_{\sigma A, \sigma B}$ $(c_{AB} = c_{\sigma A, \sigma B}, d_A = d_{\sigma A}, t_A = t_{\sigma A})$; $A, B \in J$, und den identischen Morphismen $1_{\sigma A}: \sigma A \to \sigma A$, $A \in H$, durch Morphismenkomposition (.) (= Serienschaltung) und Tensorprodukt ($\otimes$) (= Parallelschaltung) zusammengesetzter Morphismus aus $\mathscr{S}(\sigma, G)$ (d. h. ein *kombinatorisches Automatennetz oder Automatennetz ohne Gedächtnis* über $\mathscr{K}$, bezüglich σ).

Der obige Homomorphismus $\Phi: \mathscr{T}(G) \to \mathscr{S}(\sigma, G)$ heißt auch eine *Realisierung* der $\mathscr{T}(G)$-Schaltkreise durch Automatennetze (ohne Gedächtnis) über $\mathscr{K}$. Eine solche Realisierung ist bereits durch die Belegung der elementaren $\mathscr{T}(G)$-Schaltkreise mit Elementarautomaten, d. h. durch die Einschränkung $\varphi = \Phi|_G: G \to \mathscr{S}(\sigma, G)$ eindeutig bestimmt.

6.5. Aufgaben

6.5.1. Es sei $\mathscr{K}$ eine *hdt*-symmetrische Kategorie. Dann kann es sein, daß in konkreten Fällen außer den Morphismen c_{AB}, d_A, t_A noch weitere Morphismen von $\mathscr{K}$ eine besondere Rolle spielen. In einem solchen Fall wird man derartige Morphismen gleichfalls als ausgezeichnete Morphismen behandeln. Es sei beispielsweise E^2 die zweielementige Menge $E^2 = \{0, 1\}$

und $Ens\,(E^2)$ die von allen Potenzen $\bigotimes_n E^2 = E^2 \otimes \ldots \otimes E^2$ (n-mal) erzeugte volle KRONECKER-Teilkategorie der KRONECKER-Kategorie $\langle Ens, \otimes, \{0\}\rangle$. Eine Abbildung der Form $f: \bigotimes_n E^2 \to E^2$ heißt eine BOOLEsche *Funktion*. Jede Abbildung $h: \bigotimes_n E^2 \to \bigotimes_m E^2$ läßt sich wie folgt durch BOOLEsche Funktionen $hp_i: \bigotimes_n E^2 \to E^2$, $1 \leq i \leq m$, ausdrücken:

$$h = d^m_{\bigotimes_n E^2}(hp_1 \otimes \ldots \otimes hp_m); \tag{1}$$

dabei ist $p_i: \bigotimes_m E^2 \to E^2$ die i-te Projektion.

Als ausgezeichnete Abbildungen kann man in $Ens\,(E^2)$ die folgenden wählen:

$$\vee_{E_2}: E^2 \otimes E^2 \to E^2 \qquad (\textit{Disjunktion})$$

$$\wedge_{E_2}: E^2 \otimes E^2 \to E^2 \qquad (\textit{Konjunktion})$$

$$(^-)_{E_2}: E^2 \to E^2 \qquad (\textit{Negation})$$

(Mitunter ist es zweckmäßig, auch noch die nullstelligen Operationen

$$0: \{0\} \to E^2 \qquad (\textit{Falsch})$$

$$1: \{0\} \to E^2 \qquad (\textit{Wahr})$$

als ausgezeichnete Operationen zu betrachten.)

Dann ist $\langle E^2, \vee, \wedge, ^-\rangle$ eine BOOLEsche *Algebra* (d. h. ein komplementärer distributiver Verband). Diese Eigenschaften übertragen sich wie folgt auf BOOLEsche Funktionen. Für $f: \bigotimes_n E^2 \to E^2$, $g: \bigotimes_n E^2 \to E^2$ sei $f \vee g$ durch $f \vee g: \bigotimes_n E^2 \to E^2$ mit $x \mapsto f(x) \vee g(x)$ für $x \in \bigotimes_n E^2$ definiert, usw. Mit den so komponentenweise definierten Operationen $\vee$, $\wedge$, $^-$ bilden die n-stelligen BOOLEschen Funktionen $f: \bigotimes_n E^2 \to E^2$ für festes n eine zur n-ten direkten Potenz von $\langle E^2, \vee, \wedge, ^-\rangle$ isomorphe BOOLEsche Algebra.

Zum allgemeinen Fall übergehend betrachte man eine Folge

$$\mathscr{K} = \langle \mathscr{K}, \otimes, I, c_{AB}, d_A, t_A, \vee_A, \wedge_A, (^-)_A\rangle_{A,B \in \mathrm{ob}\,\mathscr{K}} \tag{2}$$

wo

$$\langle \mathscr{K}, \otimes, I, c_{AB}, d_A, t_A\rangle_{A,B \in \mathrm{ob}\,\mathscr{K}} \tag{3}$$

eine *hdt*-symmetrische (bzw. *dt*-symmetrische) Kategorie ist und

$$\vee_A: A \otimes A \to A,$$

$$\wedge_A: A \otimes A \to A,$$

$$(^-)_A: A \to A,$$

ausgezeichnete Morphismen sind, so daß für jedes $A \in \mathrm{ob}\,\mathscr{K}$ die Folge $\langle A, \vee_A, \wedge_A, (^-)_A\rangle$ ein „BOOLEsche Algebra"-Objekt über $\mathscr{K}$ ist, d. h., es sollen die nachstehenden Diagramme (i)–(v) kommutativ sein (vgl. z. B. R. SIKORSKI (1964))

(i) 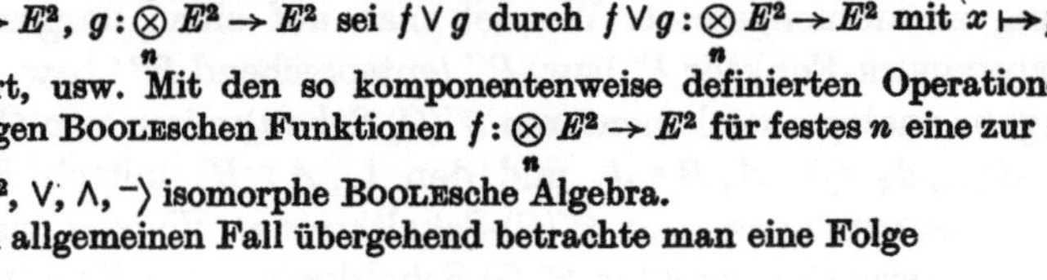

.

(ii)

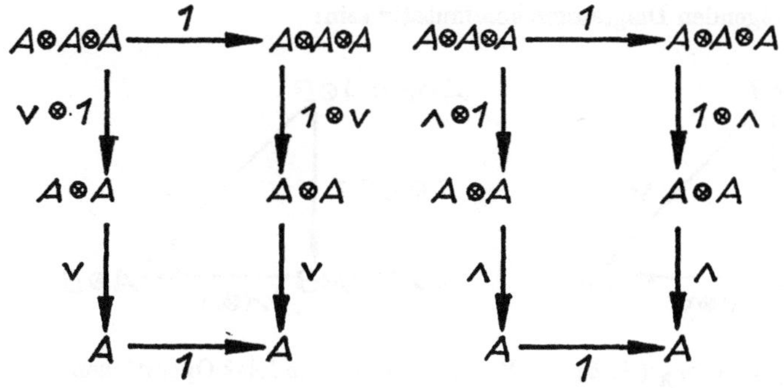
A⊗A⊗A
1
v⊗1
1⊗v
A⊗A
v
A
∧⊗1
1⊗∧
∧

(iii)

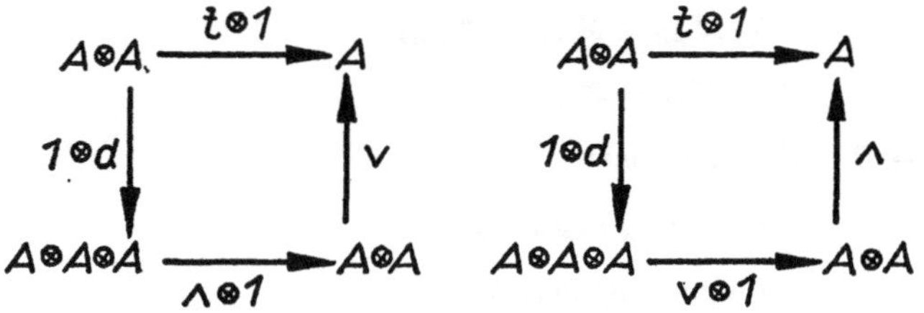
A⊗A
t⊗1
A
1⊗d
v
∧
A⊗A⊗A
∧⊗1
v⊗1

(iv)

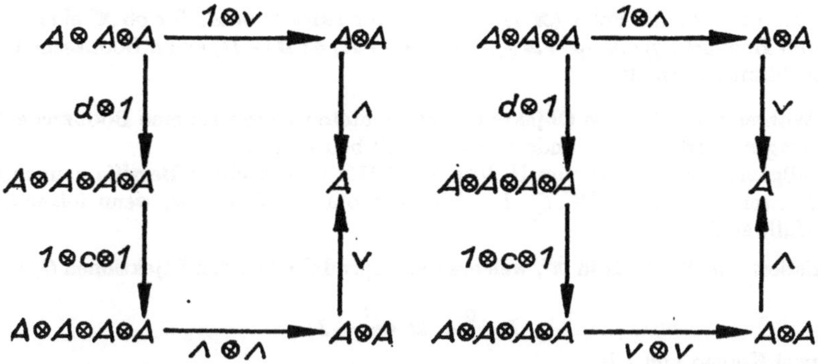
A⊗A⊗A
1⊗v
1⊗∧
A⊗A
d⊗1
A⊗A⊗A⊗A
1⊗c⊗1
A
∧⊗∧
v⊗v

(v)

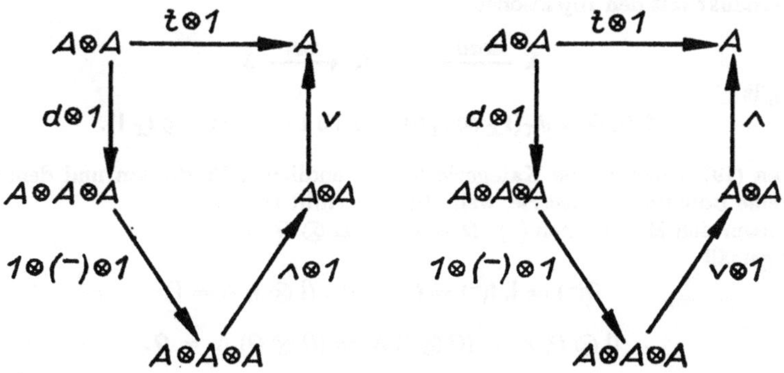
A⊗A
t⊗1
A
d⊗1
v
∧
A⊗A⊗A
1⊗(⁻)⊗1
∧⊗1
v⊗1

Überdies sollen die folgenden Diagramme kommutativ sein:

(vi)

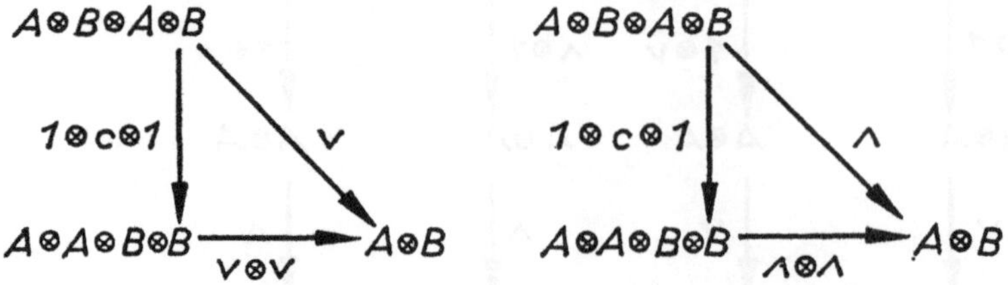

In den Mengen $\mathscr{K}_{AB} = \mathrm{Hom}_{\mathscr{K}}(A, B)$; $A, B \in \mathrm{ob}\,\mathscr{K}$, seien wie folgt Operationen

$$\vee : \mathscr{K}_{AB} \times \mathscr{K}_{AB} \to \mathscr{K}_{AB},$$

$$\wedge : \mathscr{K}_{AB} \times \mathscr{K}_{AB} \to \mathscr{K}_{AB},$$

$$(^-) : \mathscr{K}_{AB} \to \mathscr{K}_{AB}$$

eingeführt. Für $f, g : A \to B \in \mathscr{K}_{AB}$ setze man

$$f \vee g = d_A(f \otimes g) \vee_B, \tag{4}$$

$$f \wedge g = d_A(f \otimes g) \wedge_B, \tag{5}$$

$$\bar{f} = f(^-)_B. \tag{6}$$

Man prüfe nach, ob die Folge $\langle \mathscr{K}_{AB}, \vee, \wedge, (^-)\rangle$ für jedes Paar $A, B \in \mathrm{ob}\,\mathscr{K}$ eine Boolesche Algebra und $\mathrm{Hom}_{\mathscr{K}}(f, g) : \mathscr{K}_{AB} \to \mathscr{K}_{CD}$, für $f : C \to A$, $g : B \to D$, einen Booleschen Algebra-Homomorphismus darstellt.

6.5.2. Während in 6.5.1 alle Objekte der betrachteten Kategorie eine Boolesche-Algebra-Struktur tragen, wird jetzt ein anderer Extremfall betrachtet.

In Verallgemeinerung eines von H. Volger (1971) untersuchten Begriffs nennen wir eine *hdt*-symmetrische Kategorie $\langle \mathscr{K}, \otimes, I, \ldots\rangle$ eine *Boolesche Kategorie*, wenn folgende Bedingungen erfüllt sind:

(i) Es existiert ein Objekt Ω in $\mathscr{K}$, welches das Coprodukt mit den Injektionen O, I

$$I \xrightarrow{O} \Omega \xleftarrow{\mathsf{I}} I,$$

von zwei Kopien von I ist.

(ii) Der Funktor $X \otimes (-)$ erhält für jedes $X \in \mathrm{ob}\,\mathscr{K}$ das obige Coprodukt Ω, d. h., $X \otimes \Omega$ ist Coprodukt mit den Injektionen

$$X \xrightarrow{X \otimes O} X \otimes \Omega \xleftarrow{X \otimes \mathsf{I}} X.$$

Offenbar gilt

$$X \otimes O = d_X(1_X \otimes t_X O), \quad X \otimes \mathsf{I} = d_X(1_X \otimes t_X \mathsf{I}).$$

(H. Volger (1971) nennt eine Kategorie $\mathscr{K}$ mit endlichen Produkten und dem terminalen Objekt I eine *Boolesche Kategorie*, wenn (i), (ii) erfüllt sind.)

In $\mathscr{K}$ lassen sich Morphismen $(^-) : \Omega \to \Omega$, $\wedge : \Omega \otimes \Omega \to \Omega$ einführen gemäß

$$O(^-) = \mathsf{I},\ \mathsf{I}(^-) = O \quad \text{und} \quad (\mathsf{I} \otimes \mathsf{I}) \wedge = \mathsf{I},$$

$$(\mathsf{I} \otimes O) \wedge = (O \otimes \mathsf{I}) \wedge = (O \otimes O) \wedge = O.$$

Man prüfe nach, ob folgende Aussagen zutreffen:

(a) Die Folge $\langle \Omega, \wedge, (^{-}), O, \mathsf{I} \rangle$ ist ein „Boolesche-Algebra"-Objekt (wobei ein die Konstanten O, I berücksichtigendes, gegenüber (i)—(v) etwas modifiziertes einschlägiges Axiomensystem zugrunde zu legen ist).

(b) $\mathscr{K}_{X\Omega}$ ist für jedes $X \in \operatorname{ob} \mathscr{K}$ eine Boolesche Algebra, und $\operatorname{Hom}_{\mathscr{K}}(f, \Omega): \mathscr{K}_{Y\Omega} \to \mathscr{K}_{X\Omega}$ ist für jedes $f: X \to Y \in \mathscr{K}$ ein Boolescher Algebra-Homomorphismus.

6.5.3. Es sei $\langle H, \otimes, I \rangle$ das von einer Menge J frei erzeugte Monoid. Analog zu den Kategorien *hdt-Sym* und *dt-Sym* bilde man bzw. die Kategorie der als Multialgebren aufgefaßten Folgen (2). Man gebe ein System definierender Relationen für die von einer Mengenfamilie $\langle G_{AB} \mid A, B \in H \rangle$ frei (bezüglich Inklusionen) erzeugte Multialgebra $\mathscr{T}(G)$ aus dieser Kategorie an. $\mathscr{T}(G)$ ist für die aus lauter leeren Mengen bestehende Familie die initiale Theorie $\mathscr{T}(\varnothing)$. Betrachtet man den Fall, wo (3) stets *dt*-symmetrisch und $\operatorname{card} J = 1$ ist, so ist $\mathscr{T}(\varnothing)$ die algebraische Theorie im Sinne von Lawvere der gewöhnlichen Booleschen Algebren.

6.5.4. Man übertrage die Ausführungen von 6.4 über Automatennetze ohne Gedächtnis in $\mathscr{K}$ und über $\mathscr{T}(G)$-Schaltkreise auf die in 6.5.1, 6.5.2, 6.5.3 skizzierten Situationen.

6.5.5. Es sei $\langle B, +, . \rangle$ der Primkörper der Charakteristik 2, $B = \{0, 1\}$ und $\mathscr{K}$ die volle Teilkategorie von *Ens* aller Abbildungen der Form $B^k \to B^l$. Zu $\mathscr{K}$ gehören insbesondere die folgenden kombinatorischen Automaten:

$d: B \to B^2$ mit $x \mapsto (x, x)$

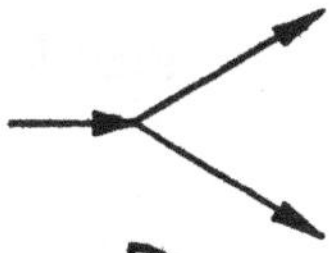

$\wedge: B^2 \to B$ mit $(x, y) \mapsto xy$

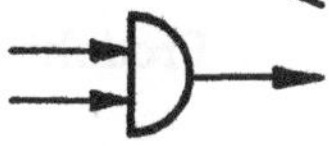

$\vee: B^2 \to B$ mit $(x, y) \mapsto x + y + xy$

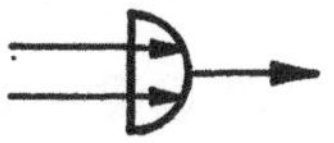

$\neg: B \to B$ mit $x \mapsto x + 1$

Man zeige, daß sich jeder kombinatorische $\mathscr{K}$-Automat mittels Parallel- und Serienschaltung aus diesen 4 Automaten und der Symmetrie

$$c: B^2 \to B^2 \text{ mit } (x, y) \to (y, x)$$

zusammensetzen läßt.

7. Normalformen für Schaltkreise und kombinatorische Automatennetze

7.1. Definition der Normalformen

Im folgenden werden im Anschluß an G. Hotz (1965), doch unter etwas allgemeineren Voraussetzungen als dort, besonders einfache Darstellungen („Normalformen") für kombinatorische Automatennetze angegeben. Da kombinatorische Automatennetze Realisierungen von Schaltkreisen sind, genügt es, solche Normalformen für Schaltkreise aufzustellen.

7.1.1. *Es sei $\langle G_{AB}\rangle_{A,B\in H}$ eine Familie disjunkter Mengen und $G_{AB} = \Phi$ für $B \notin J$. Dann läßt sich jeder $\mathcal{T}(G)$-Schaltkreis aus der von den G_{AB} frei bezüglich der Inklusionen erzeugten symmetrischen bzw. dt-symmetrischen Theorie $\mathcal{T}(G)$ in der Form*

$$hg;\ g \in \mathcal{T}_G,\ h \in \mathcal{T}_c \text{ bzw. } h \in \mathcal{T}_{cdt} \tag{1}$$

darstellen.

Dabei ist, wenn $\mathcal{T}(G)$ als KRONECKER-Kategorie aus *Kron* mit $\sigma = \mathrm{id}_H\colon H \to H$ aufgefaßt wird, $\mathcal{T}_G$ die von den G_{AB} erzeugte und $\mathcal{T}_c$ bzw. $\mathcal{T}_{cdt}$ die von den c_{AB}: $A \otimes B \to B \otimes A$ bzw. $c_{AB}\colon A \otimes B \to B \otimes A,\ d_A\colon A \to A \otimes A,\ t_A\colon A \to I;\ A, B \in J$, erzeugte Teilalgebra von $\mathcal{T}(G)$ aus *Kron*.

Beweis. Da $\mathcal{T}(G)$ als KRONECKER-Kategorie aus *Kron* von den wie in 6.3.1 bzw. 6.3.2 erklärten Mengenfamilien $\langle G'_{AB}\rangle$ bzw. $\langle G''_{AB}\rangle$ erzeugt wird, ist jeder von einem identischen Morphismus verschiedene Morphismus von $\mathcal{T}(G)$ zufolge 1.2.1 Serienschaltung von Morphismen der Form

$$1_P \otimes g_{LM} \otimes 1_Q,\ 1_C \otimes h \otimes 1_D,$$

mit

$$g_{LM}\colon L \to M \in G_{LM},\ h \in \{c_{AB}\}_{A,B\in J} \text{ bzw.}$$

$$h \in \{c_{AB}, d_A, t_A\}_{A,B\in J}.$$

Betrachtet man ein Produkt dieser Form,

$$(1_P \otimes g_{LM} \otimes 1_Q)\,(1_C \otimes h \otimes 1_D), \tag{2}$$

so hat man

$$P \otimes M \otimes Q = C \otimes A \otimes B \otimes D, \text{ falls } h = c_{AB},$$

$$P \otimes M \otimes Q = C \otimes A \otimes D, \text{ falls } h = d_A \text{ oder } h = t_A.$$

Dabei sind $M, A, B \in J$. Man überlegt sich leicht, daß sich das Produkt (2) auf Grund der Beziehungen

$$(1_A \otimes g_{LB})\, c_{AB} = c_{AL}(g_{LB} \otimes 1_A),$$

$$(g_{LA} \otimes 1_B)\, c_{AB} = c_{LB}(1_B \otimes g_{LA}),$$

$$g_{LA}\, d_A = d_L(g_{LA} \otimes g_{LA}),\ g_{LA} t_A = t_L$$

in die gewünschte Form (1) umformen läßt. ■

Im Hinblick auf (1) entsteht die Aufgabe, für die Elemente von $\mathcal{T}_c$ bzw. $\mathcal{T}_{cdt}$ Normalformen aufzustellen.

Definition. Es sei $\mathcal{T}(G)$ die von $\langle G_{AB}\rangle_{A,B\in H}$ frei bezüglich der Inklusionen erzeugte halbsymmetrische bzw. symmetrische (entsprechend die *hdt*-symmetrische bzw. *dt*-symmetrische) Theorie und $\mathcal{T}_c$ die von den c_{AB}: $A \otimes B \to B \otimes A$; $A, B \in J$, erzeugte Teilalgebra von $\mathcal{T}(G)$ aus *Kron*.

Dann heißen folgende Elemente von $\mathscr{T}_c$ *Normalformen*:

$$\left.\begin{array}{l} \text{jeder identische Morphismus von } \mathscr{T}_c, \\ \text{jedes Element der Form} \\ 1_C \otimes c_{AB} \otimes 1_D;\ A, C, D \in H;\ B \in J, \\ \text{jedes Element der Form} \\ w = (1_C \otimes c_{AB} \otimes 1_D)\,(1_{CB} \otimes w');\ A, C, D \in H;\ B \in J, \\ \text{wo } w' : A \otimes D \to L \text{ eine Normalform ist.} \end{array}\right\} \qquad (3)$$

Definition. Es sei $\mathscr{T}(G)$ die von $\langle G_{AB}\rangle_{A,B\in H}$ frei bezüglich der Inklusionen erzeugte *hdt*-symmetrische bzw. *dt*-symmetrische Theorie und $\mathscr{T}_t$ die von den t_A: $A \to I$; $A \in J$, erzeugte Teilalgebra von $\mathscr{T}(G)$ aus *Kron*. Entsprechend sei $\mathscr{T}_d$ die von den d_A: $A \to A \otimes A$; $A \in J$, erzeugte und $\mathscr{T}_{cdt}$ die von den c_{AB}, d_A, t_A; $A, B \in J$, erzeugte Teilalgebra von $\mathscr{T}(G)$ aus *Kron*.

(a) Folgende Elemente von $\mathscr{T}_t$ heißen *Normalformen*:

$$1_{A_1} \otimes t_{A_2} \otimes t_{A_3} \otimes \cdots \otimes t_{A_k} \otimes 1_{A_{k+1}} \quad (A_i \in H). \qquad (4)$$

(b) Folgende Elemente von $\mathscr{T}_d$ heißen *Normalformen*:

$$1_{A_1} \otimes d_{B_1}^{k_1} \otimes 1_{A_2} \otimes d_{B_2}^{k_2} \otimes \cdots \otimes 1_{A_j} \otimes d_{B_j}^{k_j} \otimes 1_{A_{j+1}} \quad (A_i \in H;\ B_1 \in J); \qquad (5)$$

dabei sind die Diagonalmorphismen $d_A{}^k$ wie in 2.2. (7) definiert.

(c) Die von den c_{AB}: $A \otimes B \to B \otimes A$; $A, B \in J$, erzeugte Teilalgebra $\mathscr{T}_c$ von $\mathscr{T}(G)$, als Algebra aus *Kron* betrachtet, sei, als Algebra aus *Sym* betrachtet, eine initiale symmetrische Theorie. Folgende Elemente von $\mathscr{T}_{cdt}$ heißen *Normalformen*:

$$uvw; \qquad (6)$$

dabei sind u, v, w bzw. Normalformen der Gestalt (4), (5), (3), die folgender Bedingungen genügen: Unter Bezugnahme auf den Ausdruck (5) für v,

$$v: A_1 \otimes B_1 \otimes \cdots \otimes A_j \otimes B_j \otimes A_{j+1}$$
$$\to A_1 \otimes \underbrace{B_1 \otimes \cdots \otimes B_1}_{k_1\text{-mal}} \otimes \cdots \otimes A_j \otimes \underbrace{B_j \otimes \cdots \otimes B_j}_{k_j\text{-mal}} \otimes A_{j+1},$$

soll der Morphismus w (der, wie in 7.3 nachgewiesen wird, als Permutation der $(k_1 + \cdots + k_j + j + 1)$-gliedrigen Folge

$$\langle A_1, \underbrace{\boxed{B_1, \ldots, B_1}}_{k_1\text{-mal}}, A_2, \underbrace{\boxed{B_2, \ldots, B_2}}_{k_2\text{-mal}}, \ldots, A_j, \underbrace{\boxed{B_j, \ldots, B_j}}_{k_j\text{-mal}}, A_{j+1}\rangle \qquad (7)$$

gedeutet werden kann) keine zwei von dem gleichen Eingang B_i von v herrührenden Ausgangsobjekte B_i von v miteinander „verdrillen“ (genauer, keine zwei der in

(7) innerhalb des gleichen Blocks etwa an l-ter und an m-ter Stelle ($l < m$) stehenden Glieder so permutieren, daß, wenn diese Glieder nach Ausübung der Permutation w an die l'-te bzw. m'-te Stelle rücken, dabei $l' > m'$ ist).

7.2. Das Rechnen mit Normalformen in $\mathcal{T}_c$, $\mathcal{T}_d$, $\mathcal{T}_t$

Mit den Bezeichnungen von 7.1 gilt:

7.2.1. (Normaldarstellungen) (a) *Jedes Element von $\mathcal{T}_c$ läßt sich als Normalform 7.1.(3) darstellen.*

(b) *Jedes Element von $\mathcal{T}_d$ läßt sich als Normalform 7.1. (5) darstellen.*

(c) *Jedes Element von $\mathcal{T}_t$ läßt sich als Normalform 7.1. (4) darstellen.*

Beweis. (c) folgt unmittelbar daraus, daß I terminal in $\mathcal{T}(G)$ ist.

(b) Wir setzen allgemein

$$A^k = A \otimes \cdots \otimes A \ (k\text{-mal}, k \geqq 1), \ A^0 = I.$$

Zunächst beweisen wir

$$d_A^k(1_{A^{k-1}} \otimes d_A) = d_A^{k+1}, \quad k \geqq 2. \tag{1}$$

Diese Formel ist richtig für $k = 2$. Es sei $k \geqq 3$. Dann ist

$$\begin{aligned} d_A^k(1_{A^{k-1}} \otimes d_A) &= d_A(d_A^{k-1} \otimes 1_A)(1_{A^{k-1}} \otimes d_A) = d_A(d_A^{k-1} \otimes d_A) \\ &= d_A(1_A \otimes d_A)(d_A^{k-1} \otimes 1_{A^2}) = d_A(d_A \otimes 1_A)(d_A^{k-1} \otimes 1_{A^2}) \\ &= d_A\big(d_A(d_{k-1}^A \otimes 1_A) \otimes 1_A\big) = d_A(d_A^k \otimes 1_A) = d_A^{k+1}. \end{aligned}$$

Damit ist (1) bewiesen. (Es handelt sich hierbei nicht um vollständige Induktion.) Als nächstes werde induktiv bewiesen:

$$d_A^{k+m+1}(1_{A^k} \otimes d_A \otimes 1_{A^m}) = d_A^{k+m+2}; \quad k, m \geqq 0. \tag{2}$$

Diese Formel ist richtig für $m = 0$. Sie sei für ein $m \geqq 0$ richtig. Dann hat man nach Definition

$$\begin{aligned} & d_A^{k+m+2}(1_{A^k} \otimes d_A \otimes 1_{A^{m+1}}) \\ &= d_A(d_A^{k+m+1} \otimes 1_A)(1_{A^k} \otimes d_A \otimes 1_{A^m} \otimes 1_A) \\ &= d_A\big(d_A^{k+m+1}(1_{A^k} \otimes d_A \otimes 1_{A^m}) \otimes 1_A\big) \\ &= d_A(d_A^{k+m+2} \otimes 1_A) = d_A^{k+m+3}. \end{aligned}$$

Damit läßt sich beweisen

$$d_A^{k+m+1}(1_{A^k} \otimes d_A^l \otimes 1_{A^m}) = d_A^{k+l+m}, \ k, m \geqq 0, \ l \geqq 1. \tag{3}$$

Die Behauptung ist richtig für $l = 1$, $l = 2$. Sie sei richtig für ein $l \geqq 2$.

Dann ergibt sich:

$$
\begin{aligned}
& d_A^{k+m+1}(1_{A^k} \otimes d_A^{l+1} \otimes 1_{A^m}) \\
&= d_A^{k+m+1}\big(1_{A^k} \otimes d_A(d_A^l \otimes 1_A) \otimes 1_{A^m}\big) \\
&= d_A^{k+m+1}(1_{A^k} \otimes d_A \otimes 1_{A^m})\,(1_{A^k} \otimes d_A^l \otimes 1_{A^{m+1}}) \\
&= d_A^{k+m+2}(1_{A^k} \otimes d_A^l \otimes 1_{A^{m+1}}) \\
&= d_A^{l+l+1+m},
\end{aligned}
$$

d. h., (3) ist mit $l + 1$ anstatt l und somit stets richtig.

Damit läßt sich (c) wie folgt einsehen. Es sei $\mathcal{T}'$ die Gesamtheit der Normalformen 7.1. (5) von $\mathcal{T}(G)$. Nach Voraussetzung sind die identischen Morphismen von $\mathcal{T}(G)$ sowie d_A; $A \in J$, in $\mathcal{T}'$ enthalten. Offenbar ist $\mathcal{T}'$ bezüglich $\otimes$ abgeschlossen. Betrachtet man die Morphismenkomposition zweier Normalformen der Form 7.1. (5), so ist auf Grund von (3) klar, daß ihr Kompositum gleichfalls von der Form 7.1. (5) ist.
Denn beispielsweise wird:

$$
\begin{aligned}
& d_A^{k_1+k_2+\cdots+k_{h+1}+h}(1_{A^{k_1}} \otimes d_A^{l_1} \otimes \cdots \otimes 1_{A^{k_h}} \otimes d_A^{l_h} \otimes 1_{A^{k_{h+1}}}) \\
&= d_A^{k_1+\cdots+k_{h+1}+h}(1_{A^{k_1}} \otimes d_A^{l_1} \otimes 1_{A^{k_2+\cdots+k_{h+1}+h-1}}) \\
&\quad \cdot (1_{A^{k_1+k_2+1}} \otimes d_A^{l_2} \otimes \cdots \otimes 1_{A^{k_h}} \otimes d_A^{l_h} \otimes 1_{A^{k_{h+1}}}) \\
&= d_A^{k_1+\cdots+k_h+h-1+l_1}(1_{A^{k_1+k_2+1}} \otimes d_A^{l_2} \otimes \cdots \otimes 1_{A^{k_h}} \otimes d_A^{l_h} \otimes 1_{A^{k_{h+1}}}) \\
&= d_A^{k_1+k_2+\cdots+k_{h+1}+l_1+l_2+\cdots+l_h},
\end{aligned}
$$

wenn man (3) und Induktion nach h anwendet.
Damit erweist $\mathcal{T}'$ sich als abgeschlossen bezüglich der Morphismenkomposition. Daher ist $\mathcal{T}'$ eine Teilalgebra von $\mathcal{T}_d$ aus *Kron*, die ein Erzeugendensystem von $\mathcal{T}_d$ enthält. Folglich ist $\mathcal{T}_d = \mathcal{T}'$.

(a) Aus ihrer rekursiven Definition ersieht man, daß die Normalformen 7.1. (3) die folgende Gestalt besitzen:

$$
\begin{aligned}
w &= (1_{C_n} \otimes c_{A_n B_n} \otimes 1_{D_n}) \\
&\quad \cdot (1_{C_n B_n C_{n-1}} \otimes c_{A_{n-1} B_{n-1}} \otimes 1_{D_{n-1}}) \cdots \\
&\quad \cdot (1_{C_n B_n \cdots C_{i+2} B_{i+2} C_{i+1}} \otimes c_{A_{i+1} B_{i+1}} \otimes 1_{D_{i+1}}) \\
&\quad \cdot (1_{C_n B_n \cdots C_{i+2} B_{i+2} C_{i+1} B_{i+1} C_i} \otimes c_{A_i B_i} \otimes 1_{D_i}) \cdots \\
&\quad \cdot (1_{C_n B_n \cdots C_3 B_3 C_2} \otimes c_{A_2 B_2} \otimes 1_{D_2}) \\
&\quad \cdot (1_{C_n B_n \cdots C_3 B_3 C_2 B_2 C_1} \otimes c_{A_1 B_1} \otimes 1_{D_1}),
\end{aligned}
\tag{4}
$$

dabei ist $B_i \in J$; $A_i, C_i, D_i \in H \quad (i = 1, \ldots, n)$,

$$C_i A_i B_i D_i = A_{i+1} D_{i+1}; \quad i = 1, \ldots, n-1. \tag{5}$$

Betrachtet man das Produkt w'' der ersten $n - i$ Glieder und das Produkt w_i der letzten i Glieder von w, so erhält man offenbar wieder Normalformen w'', w_i, so daß $w = w''w_i$ gilt. Setzt man $C_0 = C_nB_n \cdots C_{i+2}B_{i+2}C_{i+1}$, so kann w_i in der Form

$$w_i = (1_{C_0B_{i+1}C_i} \otimes c_{A_iB_i} \otimes 1_{D_i})\,(1_{C_0B_{i+1}C_iB_i} \otimes w'_{i-1})$$

geschrieben werden, wo $C_iA_iB_iD_i = A_{i+1}D_{i+1}$ gilt und w'_{i-1} eine Normalform ist.

Für $s = 1_L \otimes c_{B'B''} \otimes 1_M$; $B', B'' \in J$; $L, M \in H$, soll induktiv nach der Länge n von w nachgewiesen werden, daß sich das Produkt sw als Normalform schreiben läßt. Dazu denken wir uns w in der ursprünglichen Form (3) geschrieben, so daß

$$sw = (1_L \otimes c_{B'B''} \otimes 1_M)\,(1_C \otimes c_{AB} \otimes 1_D)\,(1_{CB} \otimes w') \tag{6}$$

gilt, und betrachten zuerst den Fall, daß $B'' \otimes B' \otimes M$ nicht als rechter Faktor gemäß $D = F \otimes B'' \otimes B' \otimes M$ in D (mit $F \in H$) enthalten ist. Wenn $L \otimes B''$ als linker Faktor in C enthalten ist, so ist (6) offenbar bereits die Normalform von sw. Wenn $B'' \otimes B'$ als Faktor in A enthalten ist, $A = A' \otimes B'' \otimes B' \otimes A''$, $L = C \otimes A'$, so hat man

$$\begin{aligned}
&(1_L \otimes c_{B'B''} \otimes 1_M)\,(1_C \otimes c_{AB} \otimes 1_D)\\
&= (1_{CA'} \otimes c_{B'B''} \otimes 1_{A''BD})\,(1_C \otimes c_{AB} \otimes 1_D)\\
&= (1_C \otimes c_{A'\otimes B'\otimes B''\otimes A'',B} \otimes 1_D)\,(1_{CBA'} \otimes c_{B'B''} \otimes 1_{A''D}).
\end{aligned} \tag{7}$$

Denn nach 3.1.1 ist c ein natürlicher Isomorphismus in $\mathcal{T}_c$, so daß das Diagramm

$$\begin{array}{ccc}
A' \otimes B' \otimes B'' \otimes A'' \otimes B & \xrightarrow{c_{A'\otimes B'\otimes B''\otimes A'',B}} & B \otimes A' \otimes B' \otimes B'' \otimes A'' \\
\downarrow{\scriptstyle (1_{A'} \otimes c_{B'B''} \otimes 1_{A''}) \otimes 1_B} & & \downarrow{\scriptstyle 1_B \otimes (1_{A'} \otimes c_{B'B''} \otimes 1_{A''})} \\
A \otimes B & \xrightarrow[c_{AB}]{} & B \otimes A
\end{array}$$

kommutativ ist. Aus (6), (7) ergibt sich

$$sw = (1_C \otimes c_{A'\otimes B'\otimes B''\otimes A'',B} \otimes 1_D)\big(1_{CB} \otimes (1_{A'} \otimes c_{B'B''} \otimes 1_{A''D})\,w'\big). \tag{8}$$

w' hat die Länge $n - 1$, daher läßt sich $(1_{A'} \otimes c_{B'B''} \otimes 1_{A''D})\,w'$ auf Normalform bringen, so daß auch sw, nach der Definition einer Normalform, gemäß (8) als eine solche erscheint.

Wenn $B = B'$, $A' \otimes B'' = A$, $M = D$ ist, so erhält man

$$\begin{aligned}
&(1_L \otimes c_{B'B''} \otimes 1_M)\,(1_C \otimes c_{AB} \otimes 1_D)\\
&= (1_{CA'} \otimes c_{BB''} \otimes 1_D)\,(1_C \otimes c_{A'\otimes B'',B} \otimes 1_D)\\
&= (1_C \otimes c_{A'B} \otimes 1_{B''D}),
\end{aligned}$$

wonach sw in die Normalform

$$sw = (1_C \otimes c_{A'B} \otimes 1_{B''D})\,(1_{CB} \otimes w')$$

übergeht. Wenn $B = B''$, $B' \otimes M = D$, so findet man

$$\begin{aligned} &(1_L \otimes c_{B'B''} \otimes 1_M)\,(1_C \otimes c_{AB} \otimes 1_D) \\ &= (1_{CA} \otimes c_{B'B} \otimes 1_M)\,(1_C \otimes c_{AB} \otimes 1_{B'M}) \\ &= (1_C \otimes c_{A\otimes B',B} \otimes 1_M), \end{aligned}$$

so daß sw als Normalform

$$sw = (1_C \otimes c_{A\otimes B',B} \otimes 1_M)\,(1_{CB} \otimes w')$$

erscheint.

Es bleibt somit nur noch der Fall übrig, daß $B'' \otimes B' \otimes M$ rechter Faktor von D, d. h. $D = F \otimes B'' \otimes B' \otimes M$ ist.
Dann sind zwei Fälle denkbar: Entweder $B'' \otimes B' \otimes M$ ist rechter Faktor aller D_i, $i = 1, \ldots, n$. In diesem Fall kann s mit allen n Faktoren von w vertauscht und sw so auf die Normalform gebracht werden. Oder es existiert ein größtes i mit $1 \leqq i < n$, so daß $B'' \otimes B' \otimes M$ nicht ein rechter Faktor von D_i ist. Dann hat man $D_j = F_j \otimes B'' \otimes B' \otimes M$, $i + 1 \leqq j \leqq n$, und

$$sw = sw''w_i = w'''(s'w_i), \tag{9}$$

wo w''' aus w'' dadurch hervorgeht, daß in w'' jedes Objekt D_j mit $i + 1 \leqq j \leqq n$ durch $D_j' = F_j \otimes B' \otimes B'' \otimes M$ ersetzt wird,

$$s' = 1_{C_0 B_{i+1} A_{i+1} F_{i+1}} \otimes c_{B'B''} \otimes 1_M$$

und $sw'' = w'''s'$ ist. Nun ist

$$\begin{aligned} s'w_i &= \big(1_{C_0 B_{i+1}} \otimes (1_{A_{i+1} F_{i+1}} \otimes c_{B'B''} \otimes 1_M)\,(1_{C_i} \otimes c_{A_i B_i} \otimes 1_{D_i})\,\,(1_{C_i B_i} \otimes w'_{i-1})\big) \\ &= 1_{C_0 B_{i+1}} \otimes w_i'', \end{aligned}$$

wo

$$w_i'' = (1_{A_{i+1} F_{i+1}} \otimes c_{B'B''} \otimes 1_M)\,(1_{C_i} \otimes c_{A_i B_i} \otimes 1_{D_i})\,(1_{C_i B_i} \otimes w'_{i-1})$$

nach Induktionsvoraussetzung auf Normalform gebracht werden kann. Zufolge (9) ergibt sich der Ausdruck

$$sw = w'''\,(1_{C_0 B_{i+1}} \otimes w_i''),$$

der unter Berücksichtigung der Form von

$$w''' = (1_{C_n} \otimes c_{A_n B_n} \otimes 1_{D_n'}) \cdots (1_{C_0} \otimes c_{A_{i+1} B_{i+1}} \otimes 1_{D'_{i+1}})$$

gleichfalls als Normalform erscheint. ■

7.3. Das symmetrische Gruppoid der Permutationen

Es sei $\langle H, \otimes, I\rangle$ das von einer Menge J frei erzeugte Monoid. Wir bilden folgendes Gruppoid $\mathcal{T}_H$. Objekte von $\mathcal{T}_H$ seien die Elemente von H. Morphismen von $\mathcal{T}_H$, aus $\mathrm{Hom}_{\mathcal{T}_H}(A, B)$, seien für $A = B = I$ das Tripel $1_I = \langle I, I, \mathsf{I}\colon \{1\} \to \{1\}\rangle$, und für $A, B \neq I$,

$$\left.\begin{aligned} A &= A(1) \otimes \cdots \otimes A(n);\ A(i) \in J, \\ B &= B(1) \otimes \cdots \otimes B(n);\ B(i) \in J, \end{aligned}\right\} \tag{1}$$

die Tripel

$$\langle A, B, f\rangle,$$

wo

$$f = \begin{pmatrix} 1, \ldots, n \\ i_1, \ldots, i_n \end{pmatrix} \tag{2}$$

eine Permutation der Ziffern $1, \ldots, n$ und

$$A(1) = B(f(1)), \ldots, A(n) = B(f(n)) \tag{3}$$

ist. Sind $\langle A, B, f\rangle$, $\langle B, C, g\rangle$ solche Tripel, so ist ihr Kompositum durch

$$\langle A, B, f\rangle \langle B, C, g\rangle = \langle A, C, fg\rangle$$

erklärt. ($\mathcal{T}_H$ läßt sich auch als ein Kranzprodukt auffassen, vgl. H.-J. Hoehnke (1965).)
In $\mathcal{T}_H$ werde wie folgt eine binäre Operation $\otimes$ eingeführt:

$$\langle A, C, f\rangle \otimes \langle B, D, h\rangle = \langle A \otimes B, C \otimes D, f \otimes h\rangle;$$

dabei ist

$$f \otimes h = \begin{pmatrix} 1, & \ldots, n, & n+1, & \ldots, n+m \\ f(1), & \ldots, f(n), & n+h(1), & \ldots, n+h(m) \end{pmatrix},$$

falls $A, B \neq I$ und $A = A(1) \otimes \cdots \otimes A(n)$, $B = B(1) \otimes \cdots \otimes B(m)$;
$A(i), B(j) \in J$.

Für $A = I$ ist $\langle I, I, \mathsf{I}\rangle \otimes \langle B, D, h\rangle = \langle B, D, h\rangle$;
für $B = I$ ist $\langle A, C, f\rangle \otimes \langle I, I, \mathsf{I}\rangle = \langle A, C, f\rangle$.

Damit wird $\mathcal{T}_H$ zu einem Kronecker-Gruppoid (d. i. eine Kronecker-Kategorie, deren unterliegende Kategorie ein Gruppoid ist) $\langle \mathcal{T}_H, \mathrm{id}_H, \otimes, I\rangle$ aus *Kron*. In $\mathcal{T}_H$ sind folgende Symmetrien enthalten:

$$c_{AB} = \langle A \otimes B, B \otimes A, z_{AB}\rangle\colon A \otimes B \to B \otimes A, \tag{4}$$

mit

$$z_{AB} = \begin{pmatrix} 1, & \ldots, n, n+1, \ldots, n+m \\ m+1, & \ldots, m+n, 1, \ldots, m \end{pmatrix}, \tag{5}$$

falls $A, B \neq I$ und $A = A(1) \otimes \cdots \otimes A(n), B = B(1) \otimes \cdots \otimes B(m); A(i), B(j) \in J$. Wir setzen $c_{AI} = c_{IA} = 1_A: A \to A$, $c_{II} = 1_I: I \to I$. Man prüft leicht nach, daß

$$\mathcal{T}_H = \langle \mathcal{T}_H, \mathrm{id}_H, \otimes I, c_{AB} \rangle_{A,B \in H}$$

eine Algebra aus *Sym* ist. Es ist leicht einzusehen, daß die Morphismen (4), für welche $A, B \in J$ und $z_{AB} = \binom{12}{21} \left(= (12)\right)$, ein Erzeugendensystem von $\langle \mathcal{T}_H, \mathrm{id}_H, \otimes, I \rangle$ bilden. Denn ist $\langle A, B, f \rangle \in \mathcal{T}_H$, wo A, B, f die Form (1), (2), (3) haben, und

$$f = (i_1, i_1 + 1)(i_2, i_2 + 1) \cdots (i_m, i_m + 1)$$

$(i_k, i_k + 1 \in \{1, \ldots, n\})$ eine Zerlegung von f in Transpositionen, so hat $\langle A, B, f \rangle$ die sequentielle Darstellung

$$\langle A, B, f \rangle = \langle 1_{C_1} \otimes c_{A_1 B_1} \otimes 1_{D_1} \rangle \cdots \langle 1_{C_m} \otimes c_{A_m B_m} \otimes 1_{D_m} \rangle, \tag{6}$$

wobei $A_k, B_k \in J$; $C_k, D_k \in H$; $c_{A_k B_k} = \langle A_k, B_k, (12) \rangle$ und

$$C_k = A_k(1) \otimes \cdots \otimes A_k(i_k - 1),\ L_k = A_k(i_k),\ M_k = A_k(i_k + 1),$$
$$D_k = A_k(i_k + 2) \otimes \cdots \otimes A_k(n),\ (k = 1, \ldots, m),$$

mit $A_1 = A$,

$$A_{k+1} = A_k(1) \otimes \cdots \otimes A_k(i_k - 1) \otimes A_k(i_k + 1) \otimes A_k(i_k) \otimes A_k(i_k + 2)$$
$$\otimes \cdots \otimes A_k(n),\ (k = 1, \ldots, m),\ A_{m+1} = B.$$

Als Algebra aus *Sym* betrachtet, hat $\mathcal{T}_H$ demnach eine aus lauter leeren Mengen bestehende Familie als Erzeugendensystem. Folglich existiert nach 6.1.1 die von einer aus leeren Mengen bestehenden Familie frei bezüglich der (leeren) Inklusionen erzeugte symmetrische Theorie $\mathcal{T}(\emptyset)$ aus *Sym*, die auch als ***initiale symmetrische Theorie*** bezeichnet wird, da sie offenbar initiales Objekt in der Kategorie *Th*(*Sym*) ist. Nach Definition von $\mathcal{T}(\emptyset)$ existiert genau ein Homomorphismus Φ, der das nachstehende Diagramm kommutativ schließt.

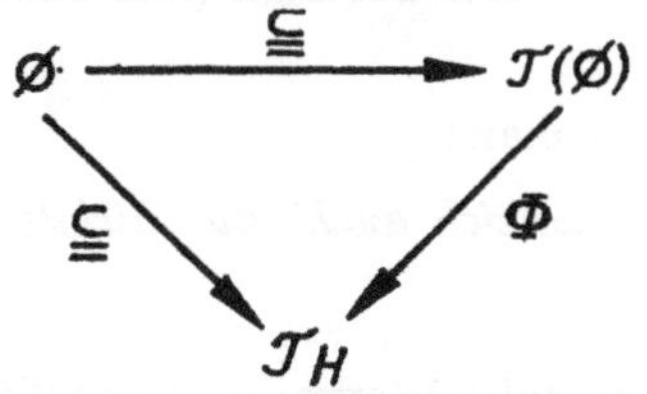

Offenbar ist Φ surjektiv. Wir zeigen, daß Φ auch injektiv (und damit ein Isomorphismus) ist. Es seien w_1, w_2 zwei verschiedene Elemente aus $\mathcal{T}(\emptyset)$. Da $\mathcal{T}(\emptyset)$ die Form $\mathcal{T}_e$ besitzt, so lassen sich w_1 und w_2 gemäß 7.2.1 als Normalformen 7.2. (4) darstellen. Da $w_1 \neq w_2$ ist, so können die Normalformen 7.2. (4) von w_1 und w_2 nicht identisch sein. (Dabei heißen zwei Normalformen 7.2 (4) identisch, wenn sie die gleiche Anzahl n von Faktoren besitzen und die i-ten Faktoren (für $i = 1, \ldots, n$)

miteinander übereinstimmen.) Da Φ ein Funktor ist, so geht eine Normalform der Gestalt 7.2. (4) mit Rücksicht auf (4) bei Φ in einen Ausdruck aus $\mathcal{T}_H$ über, der formal genauso wie 7.2. (4) zusammengesetzt ist und der ebenfalls (aus Gründen, die wir gleich erläutern werden) als *Normalform* bezeichnet werde. Überdies gehen, wie man unmittelbar einsieht, verschiedene Normalformen aus $\mathcal{T}(\phi)$ bei Φ in verschiedene Normalformen aus $\mathcal{T}_H$ (d. h. in solche, die nicht identisch sind, in einem, analog zu oben erklärten Sinne) über.

Verschiedene Normalformen in $\mathcal{T}_H$ stellen aber gewiß verschiedene Elemente aus $\mathcal{T}_H$ dar. Denn eine Normalform $w\colon A \to B$ aus $\mathcal{T}_H$ der Form 7.2. (4) ist eine wie folgt aufgebaute „Permutation".
$c_{A_i B_i}\colon A_i \otimes B_i \to B_i \otimes A_i$ $(1 \leqq i \leqq n)$ vertauscht die letzte Komponente $B_i \in J$ von $A_i \otimes B_i$ mit allen vorhergehenden Komponenten von $A_i \otimes B_i$ aus J, d. h., mit $A_i \in H$. Es sei B_n die erste (am weitesten links stehende) Komponente (= Erzeugende) von J, die in B als Faktor enthalten ist und in B nach der Ausübung von w einen anderen Platz als in A erhalten hat, d. h. $B = C_n \otimes B_n \otimes B_n'$ mit $C_n, B_n' \in H$. Dann ist C_n auch linker Faktor von A und bleibt bei w ungeändert, so daß A die Form $A = C_n \otimes A_n \otimes B_n \otimes D_n$ besitzt. Der erste Faktor $1_{C_n} \otimes c_{A_n B_n} \otimes 1_{D_n}$ überführt also die Komponente B_n von A sofort auf ihren endgültigen Platz in B. Entsprechend wird mit der nächsten, auf B_n folgenden Komponente B_{n-1} aus J verfahren, die in B einen anderen Platz als in $A' = C_n \otimes B_n \otimes A_n \otimes D_n$ hat, usw. Die Normaldarstellung einer Permutation aus $\mathcal{T}_H$ ist also ein in gewissem Sinne besonders ökonomisches Verfahren zu ihrer Herstellung. Zuerst werden alle notwendigen Vertauschungen des durch w von A an die erste Stelle von B überführten Gliedes aus J vorgenommen (falls solche auftreten) usw. Aus dieser Bedeutung der einzelnen Faktoren einer Normalform ist unmittelbar ersichtlich, daß verschiedene Normalformen in $\mathcal{T}_H$ auch verschiedene Elemente aus $\mathcal{T}_H$ repräsentieren.

Somit haben wir erhalten:

7.3.1. *Das zu dem freien Monoid $\langle H, \otimes, I\rangle$ gehörige symmetrische Gruppoid $\mathcal{T}_H$ ist die von der aus lauter leeren Mengen bestehenden Familie frei (bezüglich Inklusionen) erzeugte symmetrische Theorie aus Sym (und damit die initiale symmetrische Theorie in Th(Sym)).* ■

Mit Rücksicht auf 3.1.1 hat man:

7.3.2. Korollar. $\mathcal{T}_H$ *ist (zugleich auch) die initiale halbsymmetrische Theorie aus Symh.* ■

7.4. $\mathcal{T}_c$ als initiale symmetrische Theorie

Es sei $\mathcal{T}(G)$ die von einer Familie $\langle G_{AB} \mid A, B \in H\rangle$ frei (bezüglich der Inklusionen) erzeugte halbsymmetrische bzw. symmetrische (entsprechend die *hdt*-symmetrische bzw. *dt*-symmetrische) Theorie aus *Symh* bzw. *Sym* (entsprechend aus *hdt-Sym* bzw. *dt-Sym*). $\mathcal{T}_c$ sei die von den $c_{AB}\colon A \otimes B \to B \otimes A$; $A, B \in J$, erzeugte Teilalgebra von $\mathcal{T}(G)$ als Algebra aus *Kron*. Zufolge 7.3.1 existiert offenbar ein surjektiver Homomorphismus $X: \mathscr{T}_H \to \mathscr{T}_c$. Es erhebt sich die Frage, wann X ein Isomorphismus, d. h. $\mathscr{T}_c$ eine (bis auf Isomorphie eindeutig bestimmte) initiale symmetrische Theorie aus *Sym* ist.

7.4.1. *Es sei $\langle G_{AB} \mid A, B \in H\rangle$ eine Mengenfamilie, in welcher $G_{AB} = \emptyset$, falls das Paar $\langle A, B\rangle$ nicht die Form $\langle A_1 \otimes B_1, B_1 \otimes A_1\rangle$ hat (mit $A_1, B_1 \in H$).*

Dann ist die Teilalgebra $\mathscr{T}_c$ der von den G_{AB} frei (bezüglich der Inklusionen) erzeugten halbsymmetrischen bzw. symmetrischen Theorie $\mathscr{T}(G)$ zu $\mathscr{T}_H$ isomorph.

Beweis. Wir zeigen, daß $\mathscr{T}_c$ von der aus leeren Mengen bestehenden Familie frei erzeugt ist. Es sei A eine Algebra aus *Symh* bzw. *Sym* und φ die Familie der Abbildungen $(A, B \in H)$

$$\varphi_{AB}: G_{AB} \to \{c_{A_1,B_1}\}, \text{ falls } G_{AB} \neq \emptyset \text{ und } A = A_1 \otimes B_1, B = B_1 \otimes A_1,$$

$$\varphi_{AB} = \emptyset, \text{ falls } G_{AB} = \emptyset,$$

wo $c_{A_1B_1} \in$ A. Faßt man φ_{AB} auch als Abbildung in A auf, so erhält man das kommutative Diagramm:

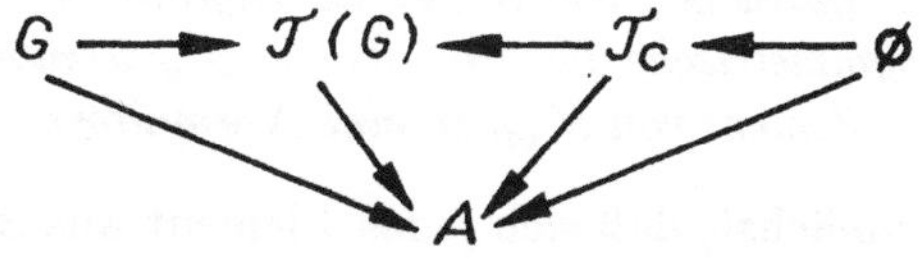

7.4.2. *Es sei $\langle G_{AB} \mid A, B \in H\rangle$ eine Mengenfamilie beschränkter Mächtigkeit.*

Dann ist die Teilalgebra $\mathscr{T}_c$ der von den G_{AB} frei (bezüglich der Inklusionen) erzeugten halbsymmetrischen bzw. symmetrischen (entsprechend der hdt-symmetrischen bzw. dt-symmetrischen) Theorie $\mathscr{T}(G)$ zu $\mathscr{T}_H$ isomorph.

Beweis. Nach Voraussetzung über G existiert ein Monoid-Homomorphismus $||: \langle H, \otimes, I\rangle \to \langle \text{ob } Card, \otimes, \{0\}\rangle$ mit card $G_{AB} \leqq |B|^{|A|}$, $\forall A, B \in H$. Wir dürfen annehmen, daß $|A| \geqq 2$ für alle $A \in J$. Wie in 6.2 sei $\mathscr{S}$ die KRONECKER-Kategorie $\langle Card(|H|), \otimes, \{0\}\rangle$ aus *Kron* mit Mengen $\mathscr{S}_{AB} = \text{Hom}_{\mathscr{S}}(|A|, |B|)$ $(A, B \in H)$, die als disjunkt betrachtet werden, d. h., Morphismen in $\mathscr{S}$ sind die Tripel $\langle A, B, f\rangle$, mit $f: |A| \to |B|$ für $A, B \in H$. Faßt man $\mathscr{S}$ als KRONECKER-Kategorie von endlichen Produkten auf und beachtet man, daß sicher $\mathscr{S}_{AB} \neq \emptyset$ gilt, so erkennt man (gemäß 2.3.1): $\mathscr{S}$ ist auch eine *dt*-symmetrische Kategorie aus *dt-Sym*. Es seien $\langle A \otimes B, B \otimes A, c_{AB}\rangle$, $\langle A, A \otimes A, d_A\rangle$, $\langle A, I, t_A\rangle$ bzw. die Symmetriemorphismen, Diagonal-Morphismen und Morphismen in das terminale Objekt von $\mathscr{S}$. Dann ist klar, daß die $c_{AB}: |A| \otimes |B| \to |B| \otimes |A|$ eineindeutige Abbildungen sind, die den Vertauschungen $(a, b) \mapsto (b, a)$ $(a \in |A|, b \in |B|)$ entsprechen. Offenbar ist die von den c_{AB}; $A, B \in J$, erzeugte Teilalgebra $\mathscr{S}_c$ von $\mathscr{S}$, aus *Kron*, als symmetrische Kategorie aus *Sym* isomorph zu $\mathscr{S}_H$.

Bezeichnet $\varphi = \langle \varphi_{AB}\rangle_{A,B \in H}$ eine Familie von Inklusionen $\varphi_{AB}: G_{AB} \to \mathscr{S}_{AB}$, so existiert genau ein Homomorphismus Φ, welcher das nachstehende Diagramm kommutativ schließt.

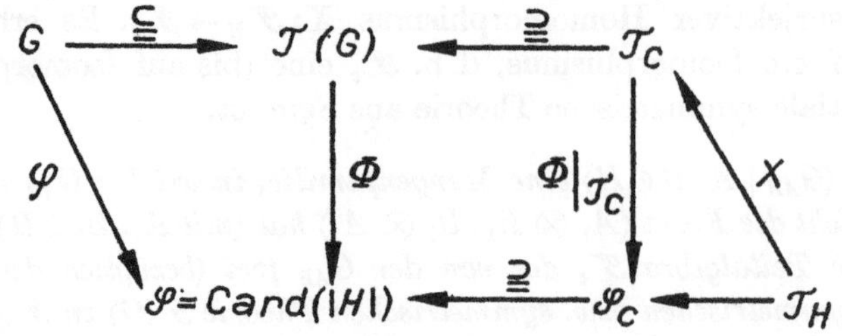

(1)

Daraus folgt, daß $X: \mathcal{T}_H \to \mathcal{T}_c$ ein Isomorphismus sein muß. ■

7.5. Normalformen in $\mathcal{T}_{cdt}$

7.5.1. (Normaldarstellung). *Es sei $\langle G_{AB} \mid A, B \in H\rangle$ eine Mengenfamilie, $\mathcal{T}(G)$ die von den G_{AB} bezüglich der Inklusionen frei erzeugte hdt-symmetrische bzw. dt-symmetrische Theorie aus dht-Sym bzw. dt-Sym. Die von den $c_{AB}: A \otimes B \to B \otimes A$; $A, B \in J$, erzeugte Teilalgebra $\mathcal{T}_c$ von $\mathcal{T}(G)$ als Algebra aus Kron sei als Algebra aus Sym eine initiale symmetrische Theorie, also zu $\mathcal{T}_H$ isomorph.*

Dann läßt sich jedes Element von $\mathcal{T}_{cdt}$ in eine Normalform überführen.

Beweis. Wir zeigen zunächst, daß sich jedes Element aus $\mathcal{T}_{cd}$ in der Form vw, mit $v \in \mathcal{T}_d$, $w \in \mathcal{T}_c$, darstellen läßt. Da jedes Element von $\mathcal{T}_{cd}$ in sequentieller Darstellung Kompositum von Faktoren der Form

$$1_C \otimes c_{AB} \otimes 1_D,\ 1_C \otimes d_A \otimes 1_D \quad (A, B \in J;\ C, D \in H)$$

ist, so genügt es, Produkte folgender Form zu betrachten:

$$\begin{aligned}
&(1_C \otimes c_{AB} \otimes 1_D)\,(1_C \otimes d_B \otimes 1_{AD})\\
&= 1_C \otimes c_{AB}(d_B \otimes 1_A) \otimes 1_D\\
&= 1_C \otimes (1_A \otimes d_B)\,(c_{AB} \otimes 1_B)\,(1_B \otimes c_{AB}) \otimes 1_D\\
&= (1_{CA} \otimes d_B \otimes 1_D)\,(1_C \otimes c_{AB} \otimes 1_{BD})\,(1_{CB} \otimes c_{AB} \otimes 1_D),\\
&(1_C \otimes c_{AB} \otimes 1_D)\,(1_{CB} \otimes d_A \otimes 1_D)\\
&= 1_C \otimes c_{AB}(1_B \otimes d_A) \otimes 1_D\\
&= 1_C \otimes (d_A \otimes 1_B)\,(1_A \otimes c_{AB})\,(c_{AB} \otimes 1_A) \otimes 1_D\\
&= (1_C \otimes d_A \otimes 1_{BD})\,(1_{CA} \otimes c_{AB} \otimes 1_D)\,(1_C \otimes c_{AB} \otimes 1_{AD}).
\end{aligned}$$

Als nächstes wird nachgewiesen, daß sich jedes Produkt der Form vw ($v \in \mathcal{T}_d$, $w \in \mathcal{T}_c$) in die Normalform 7.1. (6) überführen läßt, worin u ein identischer Morphismus ist. Wir nehmen an, v besitze die Normalform 7.1. (5), so daß $w: A \to B$

als eine Permutation der Folge 7.1. (7) erscheint. Wir identifizieren $\mathcal{T}_c$ mit $\mathcal{T}_H$ und denken uns $w = \langle A, B, f\rangle$ gemäß 7.3. (3), 7.3. (6) sequentiell dargestellt. Angenommen, vw hat nicht Normalform. Dann gibt es einen ersten Faktor $x = 1_{C_k} \otimes c_{A_k B_k} \otimes 1_{D_k}$ der sequentiellen Darstellung 7.3. (6) von w, welcher die Reihenfolge zweier Glieder des gleichen Blocks aus 7.1. (7), etwa der Glieder $A(i), A(j) \in J$, für $1 \leqq i < j \leqq n$, umkehrt.
Bezeichnet a bzw. b das Produkt der $k - 1$ ersten bzw. $m - k$ letzten Faktoren von $w = \langle A, B, f\rangle$ aus 7.3. (6), so ist $w = axb$, wobei a keine Umkehr der Reihenfolge bei Gliedern der gleichen Blöcke aus 7.1. (7) bewirkt. Es sei $a = \langle A, C, h\rangle$, mit $A(1) = C(h(1)), \ldots, A(n) = C(h(n))$. Dann ist

$$A(i) = C(h(i)) = A_k, A(j) = C(h(j)) = B_k.$$

Wir setzen

$$y = 1_{C_0} \otimes c_{A_0 B_0} \otimes 1_{D_0}: A \to A',$$

mit

$$\begin{aligned} C_0 &= A(1) \otimes \cdots \otimes A(i-1),\ D_0 = A(j+1) \otimes \cdots \otimes A(n),\\ A_0 &= A(i) \otimes \cdots \otimes A(j-1),\ B_0 = A(j),\\ A' &= A'(1) \otimes \cdots \otimes A'(n) = C_0 \otimes B_0 \otimes A_0 \otimes D_0, \end{aligned}$$

wobei $A(i) = A(i+1) = \cdots = A(j)$, also $A = A'$ ist, und behaupten, daß $y^{-1}ax$ ebenfalls keine Umkehr der Reihenfolge bei Gliederpaaren, die innerhalb eines und desselben Blocks in 7.1. (7) stehen, bewirkt. Das ist klar für alle Paare von Gliedern, die zum gleichen Block gehören und nicht an den Stellen i, j stehen. Doch auch die Reihenfolge der an diesen beiden Stellen angeordneten Glieder wird offenbar durch $y^{-1} ax$ nicht umgekehrt.
Beachtet man die Beziehung

$$d_B^k(1_C \otimes c_{AB} \otimes 1_D) = d_k^B \text{ für } B^k = C \otimes A \otimes B \otimes D, \tag{1}$$

so erkennt man, daß $vy \stackrel{\iota}{=} v$ sein muß. Damit wird $vw = vyy^{-1}axb = v(y^{-1}ax)\, b = v(y^{-1}w)$. Darauf betrachte man b anstatt w; offenbar enthält b weniger Faktoren als w, die eine Umkehr der Reihenfolge von Gliedern eines Blocks aus 7.1. (7) bewirken können (und zwar genau einen solchen Faktor weniger als w). Indem man dieses Verfahren fortsetzt, erhält man schließlich für jedes Element von $\mathcal{T}_{cd}$ eine Normaldarstellung 7.1.(6) der Form vw ($v \in \mathcal{T}_d$, $w \in \mathcal{T}_c$).

Um einzusehen, daß jeder Morphismus a aus $\mathcal{T}_{cdt}$ in die Gestalt uvw überführt werden kann, denke man sich a in sequentieller Form, d. h. als Kompositum von Faktoren der Gestalt $1_C \otimes c_{AB} \otimes 1_D$, $1_C \otimes d_A \otimes 1_D$, $1_C \otimes t_A \otimes 1_D$ ($A, B \in J$; $C, D \in H$) geschrieben.
Beachtet man die Bedingungen $c_{AB}(t_B \otimes 1_A) = 1_A \otimes t_B c_{AB}(1_B \otimes t_A) = t_A \otimes 1_B$, $d_A(t_A \otimes 1_A) = 1_A$, $d_A(1_A \otimes t_A) = 1_A$, so kann man leicht einsehen, daß sich die Faktoren der Form $1_C \otimes t_A \otimes 1_D$ in der sequentiellen Darstellung von a ganz nach vorn bringen lassen. ∎

7.6. Aufgaben

7.6.1. Es seien $A, B \in H$ mit

$$A = C_3 \otimes C_1 \otimes B_2 \otimes B_3 \otimes A_1 \otimes B_1,$$
$$B = C_3 \otimes B_3 \otimes B_2 \otimes C_1 \otimes B_1 \otimes A_1$$

($A_1, B_1, B_2, B_3, C_1, C_3 \in J$). Man verifiziere folgende Normaldarstellung in $\mathcal{T}_H$:

$$\begin{aligned}\langle A, B, (24)\,(56)\rangle = (&1_{C_3} \otimes c_{C_1 \otimes B_2, B_3} \otimes 1_{A_1 B_1}) \\ &\cdot (1_{C_3 B_3} \otimes c_{C_1 B_2} \otimes 1_{A_1 B_1}) \\ &\cdot (1_{C_3 B_3 B_2 C_1} \otimes c_{A_1 B_1});\end{aligned}$$

dabei ist (24) (56) die Permutation, welche 2 mit 4 und 5 mit 6 vertauscht.

7.6.2. Man beweise Formel 7.5. (1).

7.6.3. Es sei $\langle G_{AB} \mid A, B \in H\rangle$ eine Mengenfamilie, mit $G_{AB} = \emptyset$ für $B \notin J$, von beschränkter Mächtigkeit und $\mathcal{T}(G)$ die von den G_{AB} frei bezüglich der Inklusionen erzeugte *hdt*-symmetrische Theorie aus *hdt-Sym* bzw. *dt*-symmetrische Theorie aus *dt-Sym*.

Dann ist folgendes zu zeigen:

Bei einem in der Form *uvwg* dargestellten Element a von $\mathcal{T}(G)$, wobei $g \in \mathcal{T}_G$, $u \in \mathcal{T}_t$, $v \in \mathcal{T}_d$, $w \in \mathcal{T}_c$ und $uvw \in \mathcal{T}_{cdt}$ Normalform hat, ist das Quadrupel $\langle u, v, w, g\rangle$ bereits eindeutig durch das Element a bestimmt. Dazu bilde man wie im Beweis von 7.4.2 den Funktor $\Phi : \mathcal{T}(G) \to \mathcal{S}$ in die aus *Card* abgeleitete *dt*-symmetrische Kategorie $\mathcal{S}$ mit $|A| \geqq 2$ für alle $A \in J$. Für die erwähnte Eindeutigkeit wesentlich ist, daß w die von den gleichen Eingängen von v herrührenden Komponenten des Ausganges von v nicht miteinander „verdrillt“ (vgl. G. Hotz (1965) S. 226, Satz 13, und S. 214, Hilfssatz 14).

7.6.4. Es sei $\mathcal{T}(G)$ die von einer Mengenfamilie frei bezüglich der Inklusionen erzeugte halbsymmetrische Theorie aus *Symh* und $\mathcal{T}_c$ die von den c_{AB}; $A, B \in J$, erzeugte Teilalgebra von $\mathcal{T}(G)$, als Algebra aus *Kron* betrachtet.
Es erhebt sich die Frage, ob ohne jede Einschränkung $\mathcal{T}_c$ zu $\mathcal{T}_H$ isomorph ist. Dazu betrachte man im Fall card $J = 1$ die in 6.2 konstruierte halbsymmetrische Kategorie $\mathcal{S} = \langle \mathcal{M}, \otimes, 0, c\rangle$, die dort angegebene injektive Familie $\varphi = \langle \varphi_{AB}\rangle_{A,B \in H}$, den dadurch bestimmten Funktor Φ, welcher das Diagramm 7.4. (1) sowie die aus den $c_{AB} \in \mathcal{S}_{AB,BA}$; $A, B \in J$, erzeugte Teilalgebra $\mathcal{S}_c$ von $\mathcal{S}$, als Algebra aus *Kron* betrachtet, und untersuche, ob $\mathcal{T}_H$ zu $\mathcal{S}_c$ (als symmetrische Kategorie) isomorph ist.

7.6.5. Wie weit für den Faktor $g \in \mathcal{T}_G$ der in 7.6.3 betrachteten Zerlegung *uvwg* sich eine Normaldarstellung definieren und angeben läßt, ist im allgemeinen nicht bekannt. Nur für solche Elemente von $\mathcal{T}_G$, die noch irgendwelche zusätzlichen Bedingungen erfüllen, können in einigen Fällen Normaldarstellungen aufgestellt werden.
Man stelle in den in 6.5.4 betrachteten verfeinerten Situationen 6.5.1, 6.5.2 unter Verwendung des Begriffs der disjunktiven Normalform eine Normaldarstellung auf für die Elemente der von den Morphismen $\vee_A : A \otimes A \to A$, $\wedge_A : A \otimes A \to A$, $(^-)_A : A \to A$; $A \in J$, erzeugten Kronecker-Teilkategorie $\mathcal{T}_{\wedge\vee -}$ von $\mathcal{T}(G)$. Entsprechend verfahre man in der in 6.5.3 skizzierten Situation.

7.6.6. Die in 7.6.3—7.6.5 beschriebenen Normalformen für Automatennetze sind zwar relativ einfach zu überblicken und herzustellen. Doch stellen Normalformen im allgemeinen nicht die ökonomischste Realisierung eines Automaten dar, wie das folgende Beispiel (mit g, g_1, $g_2 \in G$) zeigt:

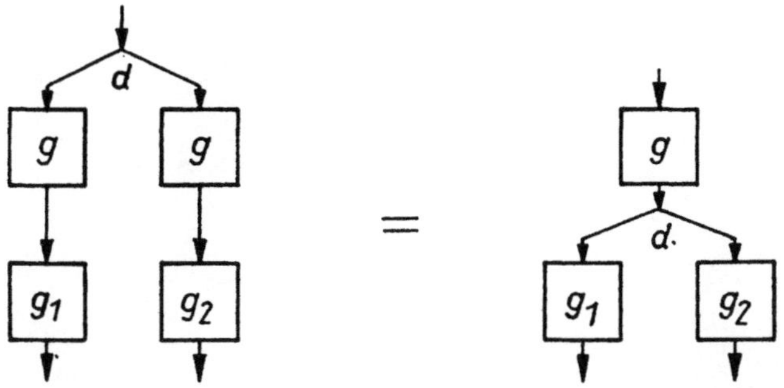

Daraus ergibt sich ganz allgemein die Aufgabe, Verfahren zur Herstellung in gewissem Sinne optimaler Automatennetze zu entwickeln. Hierzu vgl. KOBRINSKI-TRACHTENBROT (1967).

ANHÄNGE

(H. J. HOEHNKE)

ANHANG 1

KATEGORIEN

1.1. Grundbegriffe

Unter einer *Kategorie* $\mathcal{K}$ versteht man eine Klasse ob $\mathcal{K}$ von *Objekten* $A, B, C, \ldots$ und eine Klasse mor $\mathcal{K}$ von *Morphismen* oder *Pfeilen* $a, b, c, \ldots$, zusammen mit den folgenden vier Operationen:

Die Operation dom (vom englischen Wort „domain“), auch *Quelle* oder *Start* genannt, ordnet jedem $a \in \operatorname{mor} \mathcal{K}$ ein Objekt $A = \operatorname{dom} a \in \operatorname{ob} \mathcal{K}$ zu.

Die Operation codom (gelesen: „codomain“), auch als *Ziel* bezeichnet, ordnet jedem $a \in \operatorname{mor} \mathcal{K}$ ein Objekt $B = \operatorname{codom} a \in \operatorname{ob} \mathcal{K}$ zu. Ist $\operatorname{dom} a = A$, codom $a = B$, so schreibt man auch $a: A \to B$.

Die Operation id ordnet jedem $A \in \operatorname{ob} \mathcal{K}$ einen Morphismus $\operatorname{id} A = 1_A: A \to A$ aus mor $\mathcal{K}$ zu, die *Identität* von A.

Die Operation (.) ordnet einem Paar $\langle a, b\rangle$ von Morphismen a, b aus *mor* $\mathcal{K}$ unter der Voraussetzung, daß $\operatorname{codom} a = \operatorname{dom} b$, einen Morphismus $a \cdot b$ zu mit $\operatorname{dom} a \cdot b = \operatorname{dom} a$, $\operatorname{codom} a \cdot b = \operatorname{codom} b$. $a \cdot b$ heißt das *Kompositum* von a und b. Ist $a: A \to B$ und $b: B \to C$, so hat man $a \cdot b: A \to C$.

Anstelle von $a \in \operatorname{mor} \mathcal{K}$ wird auch kurz $a \in \mathcal{K}$ geschrieben.

Die Gesamtheit

$$\operatorname{mor}(A, B) = \{a \mid a: A \to B \in \mathcal{K}\}$$

soll stets eine Menge bilden. Um anzuzeigen, auf welche Kategorie sich diese Bildung bezieht, wird dafür auch $\operatorname{mor}_{\mathcal{K}}(A, B)$ geschrieben. Eine andere Bezeichnung dieser Menge ist $\operatorname{Hom}_{\mathcal{K}}(A, B)$.

Überdies sollen die folgenden Axiome erfüllt sein.

Assoziativität: Für Morphismen $a: A \to B$, $b: B \to C$, $c: C \to D$ gilt stets $(a \cdot b) \cdot c = a \cdot (b \cdot c)$.

Identität: Für jeden Morphismus $a: A \to B$ gilt $1_A \cdot a = a \cdot 1_B = a$.

Jede Kategorie $\mathcal{K} = \langle \operatorname{ob} \mathcal{K}, \operatorname{mor} \mathcal{K}, \operatorname{dom}, \operatorname{codom}, \operatorname{id}, (\cdot)\rangle$ gibt Anlaß zu einer *dualen* Kategorie $\mathcal{K}^{\mathrm{op}} = \mathcal{K}^\bullet = \langle \operatorname{ob} \mathcal{K}^\bullet, \operatorname{mor} \mathcal{K}^\bullet, \operatorname{dom}^\bullet, \operatorname{codom}^\bullet, \operatorname{id}^\bullet, (\cdot_{\mathcal{K}^\bullet})\rangle$, wobei $\operatorname{ob} \mathcal{K}^\bullet = \operatorname{ob} \mathcal{K}$, $\operatorname{mor} \mathcal{K}^\bullet = \operatorname{mor} \mathcal{K}$, $\operatorname{dom}^\bullet = \operatorname{codom}$, $\operatorname{codom}^\bullet = \operatorname{dom}$, $\operatorname{id}^\bullet = \operatorname{id}$, $a \cdot_{\mathcal{K}^\bullet} b = b \cdot a$ für $\operatorname{dom} b = \operatorname{codom} a (a, b \in \operatorname{mor} \mathcal{K})$. Es ist $\mathcal{K}^{\mathrm{op\,op}} = \mathcal{K}$.

Eine Kategorie $\mathcal{K}$ heißt *klein* ,wenn ob $\mathcal{K}$ eine Menge ist.

Unter einem *Funktor* $\Phi: \mathcal{K} \to \mathcal{L}$ einer Kategorie $\mathcal{K}$ in eine Kategorie $\mathcal{L}$

versteht man zwei Zuordnungen

$$A \mapsto \Phi A \quad (A \in \operatorname{ob} \mathscr{K}, \Phi A \in \operatorname{ob} \mathscr{L}),$$

$$a \mapsto \Phi a \quad (a \in \mathscr{K}, \Phi a \in \mathscr{L}),$$

so daß stets

$$\Phi\, 1_A = 1_{\Phi A},$$

$$\Phi(a \cdot b) = (\Phi a) \cdot (\Phi b)$$

gilt.

Bei einem zweiten, etwas allgemeineren Begriff einer Kategorie $\mathscr{K}$ wird zugelassen, daß die Hom-Mengen $\operatorname{Hom}_{\mathscr{K}}(A, B)$ nicht paarweise disjunkt sind:

Eine *Kategorie* $\mathscr{K}$ ist gegeben, wenn vorliegen:

Eine Klasse ob $\mathscr{K}$ von *Objekten*, zu jedem Paar $\langle A, B\rangle$ von Objekten $A, B \in \operatorname{ob} \mathscr{K}$ eine Menge mor (A,B) von *Morphismen*. mor $\mathscr{K} = \bigcup_{A,B \in \operatorname{ob} \mathscr{K}} \operatorname{mor}(A,B)$ heißt die *Morphismenklasse* von $\mathscr{K}$. Für $a \in \operatorname{mor}(A, B)$ schreibt man auch $a\colon A \to B$.

Eine Funktion $(\cdot)$, die jedem Tripel $\langle A, B, C\rangle$ von Objekten $A, B, C \in \operatorname{ob} \mathscr{K}$ eine Abbildung

$$(\cdot)_{ABC}\colon \operatorname{mor}(A, B) \times \operatorname{mor}(B, C) \to \operatorname{mor}(A, C)$$

zuordnet, so daß für $a\colon A \to B, b\colon B \to C, c\colon C \to D$ stets

$$(a \cdot_{ABC} b) \cdot_{ACD} c = a \cdot_{ABD} (b \cdot_{BCD} c).$$

Eine Funktion id, die jedem $A \in \operatorname{ob} \mathscr{K}$ einen Morphismus $1_A\colon A \to A \in \operatorname{mor}(A, A)$ zuordnet, so daß für alle $a\colon A \to B$ gilt

$$1_A \cdot a = a \cdot 1_B = a.$$

Ein *Funktor* $\Phi\colon \mathscr{K} \to \mathscr{L}$ zwischen Kategorien $\mathscr{K}, \mathscr{L}$ ist in diesem Fall gegeben durch eine Zuordnung

$$A \mapsto \Phi A \quad (A \in \operatorname{ob} \mathscr{K},\ \Phi A \in \operatorname{ob} \mathscr{L})$$

und für jedes Paar $\langle A, B\rangle$ von Objekten $A, B \in \operatorname{ob} \mathscr{K}$ eine Abbildung

$$\Phi_{AB}\colon \operatorname{mor}_{\mathscr{K}}(A, B) \to \operatorname{mor}_{\mathscr{L}}(\Phi A, \Phi B),$$

so daß $\Phi_{AA}(1_A) = 1_{\Phi A}$ und $\Phi_{AC}(a \cdot b) = (\Phi_{AB} a) \cdot (\Phi_{BC} b)$ für alle $a\colon A \to B$, $b\colon B \to C$.

Eine *natürliche Transformation*

$$s\colon \Phi \to X\colon \mathscr{K} \to \mathscr{L}$$

zwischen Funktoren $\Phi, X\colon \mathscr{K} \to \mathscr{L}$ ist gegeben durch eine Folge $s = \langle s_A\rangle_{A \in \operatorname{ob} \mathscr{K}}$ von Morphismen $s_A\colon \Phi A \to XA \in \mathscr{L}$, so daß für jeden Morphismus $a\colon A \to B \in \mathscr{K}$ das nachstehende Diagramm *kommutativ*,

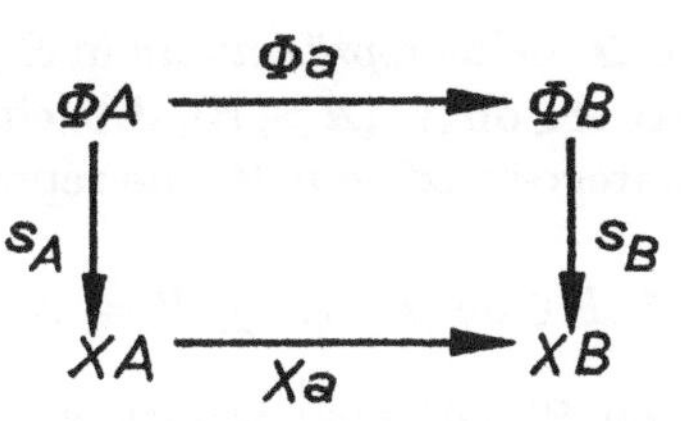

d. h., die Gleichung $(\Phi a)s_B = s_A(Xa)$ $(\forall a \in \mathscr{K})$ erfüllt ist. Ist dabei jedes s_A umkehrbar, so heißt s ein *natürlicher Isomorphismus*. Betrachtet man den Spezialfall, daß $\mathscr{K}$ nur ein Objekt A hat, also $\mathscr{K} = S$ ein Monoid, und $\mathscr{L} = \mathit{Ens}$ ist, so entsprechen die natürlichen Transformationen $s\colon \Phi \to X\colon S \to \mathit{Ens}$ genau den Homomorphismen $s_A\colon \Phi A \to XA$ zwischen den zugehörigen S-Systemen $\langle \Phi A, \Phi A \times S \to \Phi A\rangle$, $\langle XA, XA \times S \to XA\rangle$ (im Sinne von H.-J. Hoehnke (1966), d. h. mit $(a, r) \mapsto \Phi(r)\,(a)$ bzw. $(b, r) \mapsto X(r)\,(b)$).

Bezeichnen $\mathscr{K}, \mathscr{L}$ Kategorien, $\mathscr{K}$ klein, so kann man wie folgt eine Kategorie, die *Funktorkategorie* $\mathscr{L}^{\mathscr{K}}$, bilden. Die Objekte von $\mathscr{L}^{\mathscr{K}}$ sind die Funktoren $\mathscr{K} \to \mathscr{L}$. Die Morphismen von $\mathscr{L}^{\mathscr{K}}$ sind die natürlichen Transformationen $s\colon \Phi \to X\colon \mathscr{K} \to \mathscr{L}$.

Ein Funktor $\Phi\colon \mathscr{K} \to \mathscr{L}$ heißt *treu* (bzw. *objekttreu*), wenn folgendes gilt:
Wenn $a, b\colon A \to B \in \mathscr{K}$ und $\Phi a = \Phi b$, so $a = b$
(bzw. wenn $A, B \in \mathscr{K}$ und $\Phi A = \Phi B$, so $A = B$).

Ein Objekt A einer Kategorie $\mathscr{K}$ heißt *initial* bzw. *terminal*, wenn für jedes *Objekt* $B \in \operatorname{ob} \mathscr{K}$ die Menge $\operatorname{mor}(A, B)$ bzw. $\operatorname{mor}(B, A)$ genau ein Element enthält.

Ein Morphismus $a\colon A \to B \in \mathscr{K}$ heißt *Epimorphismus* (epi, $\twoheadrightarrow$) bzw. *Monomorphismus* (mono, $\rightarrowtail$), wenn

$$(\forall x_1, x_2\colon B \to C)\ (ax_1 = ax_2 \Rightarrow x_1 = x_2)$$

bzw.

$$(\forall y_1, y_2\colon D \to A)\ (y_1a = y_2a \Rightarrow y_1 = y_2).$$

Ist a zugleich epi und mono, so heißt a ein *Bimorphismus* ($\rightarrowtail\!\!\!\!\twoheadrightarrow$). Ein Morphismus $a\colon A \to B \in \mathscr{K}$ heißt *umkehrbar* oder auch ein *Isomorphismus* (iso), wenn ein Morphismus $b\colon B \to A \in \mathscr{K}$ existiert, so daß $ab = 1_A$, $ba = 1_B$; man schreibt dann auch $a\colon A \stackrel{\cong}{\to} B$ oder $A \cong B$.

Eine Kategorie $\mathscr{K}$, in der jeder Morphismus umkehrbar ist, wird *Gruppoid* genannt. Ein Gruppoid $\mathscr{K}$, in welchem stets $\operatorname{mor}(A, B) \neq \emptyset$, heißt ein Brandtsches *Gruppoid* (H. Brandt, 1926).

1.2. Teilkategorien. Äquivalenz von Kategorien

Eine Kategorie $\mathscr{K}$ heißt *Teilkategorie* einer Kategorie $\mathscr{L}$, wenn jedes Objekt von $\mathscr{K}$ ein Objekt von $\mathscr{L}$, jeder identische Morphismus $1_A\colon A \to A$ von $\mathscr{K}$ auch identischer Morphismus $1_A\colon A \to A$ von $\mathscr{L}$ ist, $\operatorname{mor}_{\mathscr{K}}(A, B) \subseteq \operatorname{mor}_{\mathscr{L}}(A, B)$ gilt und für $a\colon A \to B$, $b\colon B \to C \in \mathscr{K}$ stets $a \cdot_{\mathscr{K}} b = a \cdot_{\mathscr{L}} b$ zutrifft. Eine Teilkategorie $\mathscr{K}$ von $\mathscr{L}$ heißt *voll*, wenn, für alle $A, B \in \operatorname{ob} \mathscr{K}$, $\operatorname{mor}_{\mathscr{K}}(A, B) = \operatorname{mor}_{\mathscr{L}}(A, B)$ gilt.

Eine Teilkategorie $\mathscr{K}$ von $\mathscr{L}$ heißt *repräsentativ* in $\mathscr{L}$, wenn zu jedem $B \in \text{ob}\,\mathscr{L}$ ein zu B isomorphes Objekt $A \in \text{ob}\,\mathscr{K}$ $(A \cong B)$, d.h. ein Isomorphismus $B \to A \in \mathscr{L}$ existiert. Eine volle Teilkategorie $\mathscr{K}$ von $\mathscr{L}$, die repräsentativ ist und die Eigenschaft

$$(\forall A, B \in \text{ob}\,\mathscr{K})\ (A \cong B \Rightarrow A = B)$$

erfüllt, heißt ein *Skelett* von $\mathscr{L}$. Offenbar besitzt jede Kategorie ein Skelett.

Für einen Funktor $\Phi\colon \mathscr{K} \to \mathscr{L}$ heißt die Gesamtheit der Bilder $\Phi(A)$, $\Phi(a)\colon \Phi A \to \Phi B$ $(A \in \text{ob}\,\mathscr{K},\ a\colon A \to B \in \mathscr{K})$ das *Bild* von Φ. Das Bild von Φ ist im allgemeinen keine Teilkategorie von $\mathscr{L}$. Ein Funktor $\Phi\colon \mathscr{K} \to \mathscr{L}$ heißt *voll*, wenn $\Phi(\text{mor}_{\mathscr{K}}(A, B)) = \text{mor}_{\mathscr{L}}(\Phi A, \Phi B)$ für alle $A, B \in \text{ob}\,\mathscr{K}$ ist.

Ein Funktor $\Phi\colon \mathscr{K} \to \mathscr{L}$ heißt eine *Äquivalenz*, wenn ein Funktor $X\colon \mathscr{L} \to \mathscr{K}$ und natürliche Isomorphismen

$$\Phi X \cong\!\!> \mathit{Id}\,\mathscr{K}\colon \mathscr{K} \to \mathscr{K},\quad X\Phi \cong\!\!> \mathit{Id}\,\mathscr{L}\colon \mathscr{L} \to \mathscr{L}$$

existieren ($\mathit{Id}\,\mathscr{K}\colon \mathscr{K} \to \mathscr{K}$ der identische Funktor, usw.). In diesem Falle heißen die Kategorien $\mathscr{K}$ und $\mathscr{L}$ *äquivalent*.

1.2.1. (P. Freyd (1964), S. 74/75, Exercises A). *Folgende Bedingungen sind einander gleichwertig.*

(a) *Der Funktor* $\Phi\colon \mathscr{K} \to \mathscr{L}$ *ist eine Äquivalenz.*

(b) *Der Funktor* $\Phi\colon \mathscr{K} \to \mathscr{L}$ *ist treu und voll und hat ein repräsentatives Bild in* $\mathscr{L}$.

Beweis. (a) $\Rightarrow$ (b): Es sei $\Phi\colon \mathscr{K} \to \mathscr{L}$ eine Äquivalenz und $X\colon \mathscr{L} \to \mathscr{K}$ ein Funktor, für welchen natürliche Isomorphismen

$$r\colon \Phi X \to \text{Id}\,\mathscr{K}\colon \mathscr{K} \to \mathscr{K},\quad s\colon X\Phi \to \text{Id}\,\mathscr{L}\colon \mathscr{L} \to \mathscr{L}$$

existieren. Wir zeigen zunächst, daß Φ treu ist. Es seien $a, b\colon A \to B \in \mathscr{K}$ und $\Phi a = \Phi b$. Dann besteht das kommutative Diagramm,

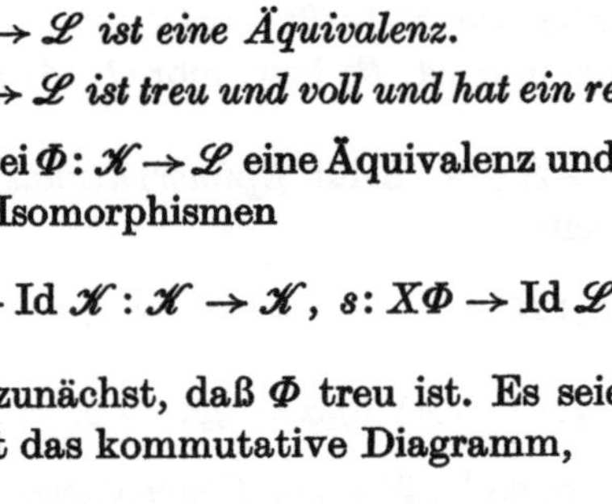

wonach gilt

$$\big((\Phi X)a\big)r_B = r_A a; \tag{1}$$

entsprechend gilt $\big((\Phi X)b\big)r_B = r_A b$. Somit ist

$$r_A b = \big((\Phi X)b\big)r_B = \big(X(\Phi b)\big)r_B = \big(X(\Phi a)\big)r_B = \big((\Phi X)a\big)r_B = r_A a$$

und $b = a$, da r_A iso. Analog zeigt man, daß auch X treu ist.

Es gilt

$$(\Phi X) r_A = r_{\Phi X A} \text{ für alle } A \in \text{ob } \mathscr{K}. \tag{2}$$

Dies ergibt sich aus (1), indem man darin $a: A \to B$ durch $r_A: (\Phi X) A \to A$ ersetzt und r_A iso beachtet.

Es sei $x: \Phi A \to \Phi B$ irgendein Morphismus aus $\mathscr{L}$. Dann ist $Xx: (\Phi X) A \to (\Phi X) B \in \mathscr{K}$, und zufolge (1), (2) hat man

$$\begin{aligned} X\big(\Phi\big((Xx)\, r_B\big)\big) &= \big((\Phi X)\,(Xx)\big)\,(\Phi X)\, r_B = \big((\Phi X)\,(Xx)\big)\, r_{\Phi X B} \\ &= r_{\Phi X A}(Xx) = \big((\Phi X)\, r_A\big)\,(Xx) = X\big((\Phi r_A)\, x\big), \end{aligned}$$

somit, da X treu, $\Phi\big((Xx)\, r_B\big) = (\Phi r_A)\, x$ und

$$\Phi\big(r_A^{-1}(Xx)\, r_B\big) = x,$$

d. h., Φ ist voll.

Es seien $a: A \to D$, $b: B \to C$ Morphismen aus $\mathscr{K}$, für welche in $\mathscr{L}$ das Produkt $(\Phi a)\,(\Phi b)$ existiert. Unter Zugrundelegung der ersten Definition einer Kategorie folgt $\Phi D = \Phi B$ und damit aus (2)

$$X(\Phi r_B) = r_{X(\Phi B)} = r_{X(\Phi D)} = X(\Phi r_D).$$

Da X treu ist, erhält man $\Phi r_B = \Phi r_D$ und $\Phi(r_D^{-1} r_B) = (\Phi r_D)^{-1}\,(\Phi r_B) = 1_{\Phi B}$. Damit ergibt sich

$$\Phi(a r_D^{-1} r_B b) = \Phi(a)\, \Phi(r_D^{-1} r_B)\, \Phi(b) = (\Phi a)\,(\Phi b),$$

d. h., das Bild des Funktors Φ ist eine Teilkategorie von $\mathscr{L}$. Wegen $s_U: \Phi(XU) \to U$ iso ist diese Teilkategorie repräsentativ.

(b) $\Rightarrow$ (a). Es seien $\mathscr{K}'$, $\mathscr{L}'$ bzw. Skelette von $\mathscr{K}$, $\mathscr{L}$. Dann sind die Inklusionen $\mathscr{K}' \xrightarrow{\subseteq} \mathscr{K}$, $\mathscr{L}' \xrightarrow{\subseteq} \mathscr{L}$ Äquivalenzen. Ist $\mathscr{K}'$ äquivalent zu $\mathscr{L}'$, so ist sogar $\mathscr{K}'$ isomorph zu $\mathscr{L}'$, $\mathscr{K}' \cong \mathscr{L}'$. Demnach gilt: Genau dann ist $\mathscr{K}$ zu $\mathscr{L}$ äquivalent, wenn $\mathscr{K}' \cong \mathscr{L}'$ ist.

Nun sei $\Phi: \mathscr{K} \to \mathscr{L}$ ein treuer und voller Funktor mit repräsentativem Bild und $\Phi': \mathscr{K}' \to \mathscr{L}'$ der das Diagramm

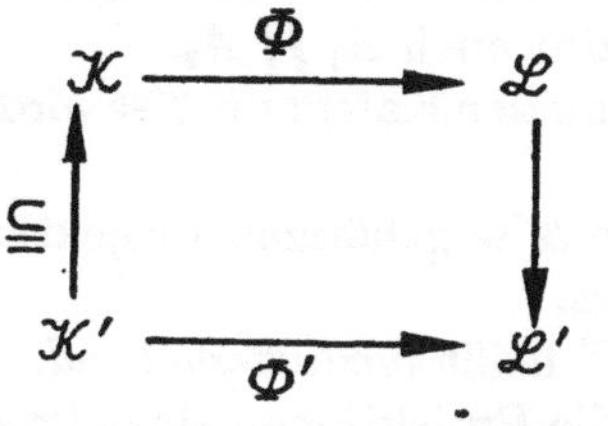

kommutativ schließende Funktor ($\mathscr{L} \to \mathscr{L}'$ eine gewisse Äquivalenz: für $A \in \text{ob}\, \mathscr{L}$ wähle man $i_A: A' \to A$ iso mit $A' \in \text{ob}\, \mathscr{L}'$ und setze $A \mapsto A'$, $a: A \to B \mapsto i_A a i_B^{-1}: A' \to B'$).

Da das Produkt treuer und voller Funktoren mit repräsentativem Bild die gleiche Eigenschaft hat, hat auch Φ' diese Eigenschaft und ist, da $\mathscr{K}', \mathscr{L}'$ Skelette sind, iso. Da im obigen Diagramm die Funktoren bis auf Φ Äquivalenzen sind, so ist auch Φ eine Äquivalenz. Denn allgemein gilt: Wenn $\Phi\Psi$ und Ψ Äquivalenzen sind, so ist auch Φ eine Äquivalenz. Dies folgt so: Es seien X, Θ Funktoren mit

$$(\Phi\Psi)\, X \cong Id,\ X(\Phi\Psi) \cong Id,$$

$$\Psi\Theta \cong Id,\ \Theta\Psi \cong Id.$$

Dann ist $X\Phi \cong X\Phi\Psi\Theta \cong \Theta$ und $(\Psi X)\,\Phi \cong \Psi\Theta \cong Id$.
Wegen $\Phi(\Psi X) \cong Id$ ist damit Φ eine Äquivalenz. Entsprechend zeigt man: Wenn $\Phi\Psi$ und Φ Äquivalenzen sind, so ist auch Ψ eine Äquivalenz. ■

1.3. Kategorien mit Produkten

Ein *Produkt* einer Folge $\langle A_j \rangle_{j \in J}$ von Objekten A_j einer Kategorie $\mathscr{K}$ ist gegeben durch ein Objekt $\prod_{i \in J} A_i$ von $\mathscr{K}$ zusammen mit einer Familie $\langle p_j \rangle_{j \in J}$ von Morphismen

$$p_j : \prod_{i \in J} A_i \to A_j \quad (j \in J),$$

für welche folgendes gilt: Ist $\langle a_j \rangle_{j \in J}$ eine beliebige Folge von Morphismen $a_j : A \to A_j$ aus $\mathscr{K}$, so existiert genau ein Morphismus $a: A \to \prod_{i \in J} A_i$, welcher die nachstehenden Diagramme kommutativ schließt $(j \in J)$:

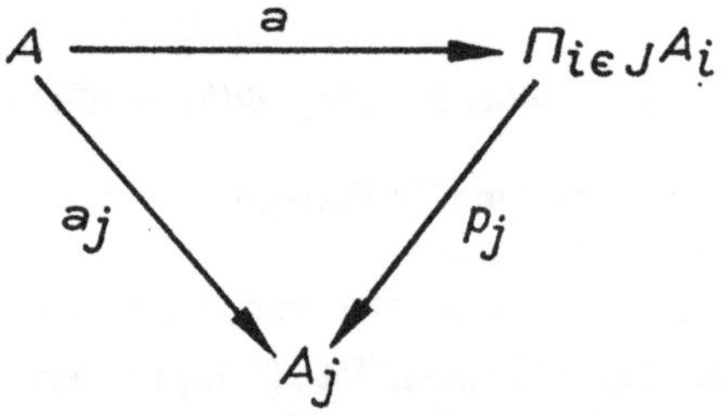

Die Morphismen p_j heißen die zugehörigen *Projektionen.* Für eine leere Menge J ist $\prod_{i \in J} A_i$ ein terminales Objekt von $\mathscr{K}$.

Jedes Produkt ist bis auf Isomorphie eindeutig bestimmt.

Ist die Indexmenge J endlich, so heißt das Produkt $\prod_{i \in J} A_i$ *endlich.* Für $J = \{1, 2\}$ schreibt man dafür auch $A_1 \prod A_2$.

Ein Produkt in der zu $\mathscr{K}$ dualen Kategorie $\mathscr{K}^{\mathrm{op}}$ wird *Coprodukt* in $\mathscr{K}$ genannt und mit $\coprod_{i \in J} A_i$ bezeichnet.

Die zu einem Produkt in $\mathscr{K}^{\mathrm{op}}$ gehörigen Projektionen heißen dann, in $\mathscr{K}$, die *Injektionen* des Coproduktes.

Ein Funktor Φ: $\mathscr{K} \to \mathscr{L}$ heißt *produkterhaltend*, wenn stets folgendes zutrifft. Sind die $p_j : \prod_{i \in J} A_i \to A_j$ die Projektionen eines Produktes in $\mathscr{K}$, so sind

$$\Phi p_j : \prod_{i \in J} \Phi A_i \to \Phi A_j \quad (j \in J)$$

die Projektionen des Produktes $\prod_{i \in J} \Phi A_i$ in $\mathscr{L}$.

1.3.1. *Es sei M eine Menge, $\mathscr{K}$ eine Kategorie, in der Produkte aus je* card M *Faktoren stets existieren, und für alle $A, B \in$ ob $\mathscr{K}$ sei* $\mathrm{Hom}_{\mathscr{K}}(A, B) \neq \emptyset$.

Betrachtet man M als diskrete Kategorie, $M =$ ob M, so existiert ein treuer produkterhaltender Funktor

$$\mathscr{K}^M \to \mathscr{K}.$$

Beweis. Die Morphismen von $\mathscr{K}^M$ sind die Folgen $\langle a_i \rangle_{i\in M} : \langle A_i \rangle_{i\in M} \to \langle B_i \rangle_{i\in M}$, worin $a_i : A_i \to B_i \in \mathscr{K}$. Da M-indizierte Produkte in $\mathscr{K}$ existieren, kann $\mathscr{K}^M \to \mathscr{K}$ wie folgt definiert werden. Zu jeder Folge $\langle A_i \rangle_{i\in M}$ wähle man ein Produkt $A = \prod_{i\in M} A_i$ aus mit den Projektionen

$$p_j^A : \prod_{i\in M} A_i \to A_j \quad (j \in M).$$

Es sei

$$\langle a_i \rangle_{i\in M} \mapsto \prod_{i\in M} a_i : A \to B$$

gemäß dem kommutativen Diagramm

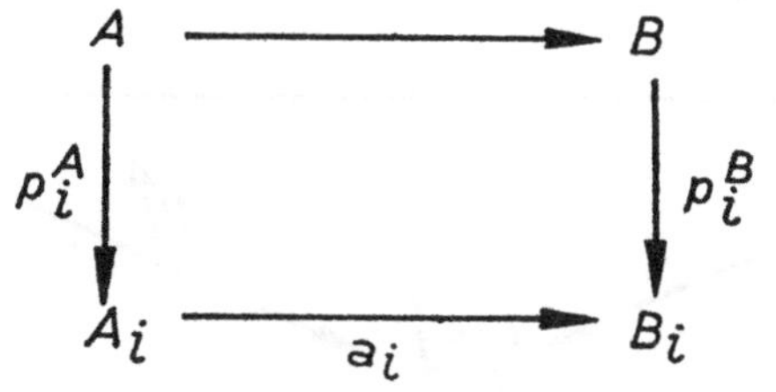

bestimmt.

Diese Zuordnung ist treu. Denn aus
$\langle b_i \rangle : \langle A_i \rangle \to \langle B_i \rangle$ und $\prod a_i = \prod b_i$ folgt

$$p_j^A a_j = \left(\prod a_i\right) p_j^B = \left(\prod b_i\right) p_j^B = p_j^A b_j.$$

Es sei

$$q_{ji} : A_j \to A_i = \begin{cases} 1_{Aj} \text{ für } i = j \\ \text{beliebig für } i \neq j. \end{cases}$$

Dann existiert $r_j : A_j \to \prod A_i$ mit dem kommutativen Diagramm

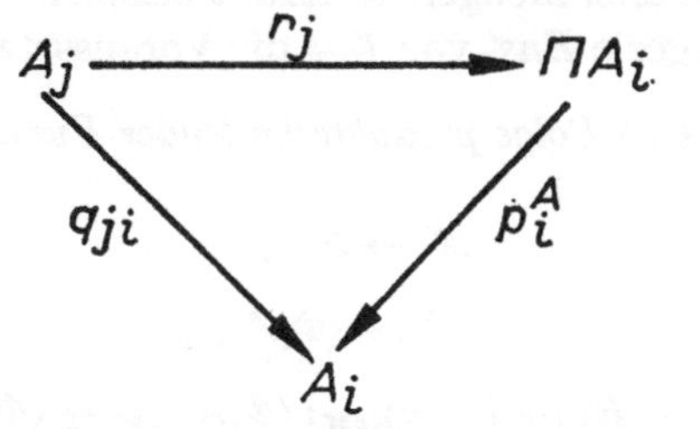

Demnach ist $r_j p_j^A = 1_{Aj}$ und

$$a_j = r_j p_j^A a_j = r_j p_j^A b_j = b_j \quad \text{für alle } j \in M.$$

Da stets $\operatorname{Hom}_{\mathscr{K}}(A, B) \neq \Phi$, so haben die in $\mathscr{K}^M$ vorhandenen Produkte bis auf Isomorphie genau die Form

$$\prod_{k\in L}\langle A_i^k\rangle_{i\in M} = \langle \prod_{k\in L} A_i^k\rangle_{i\in M}$$

mit den Projektionen

$$\langle p_i^l\rangle : \langle \prod_{k\in L} A_i^k\rangle \to \langle A_i^l\rangle \quad (l \in L),$$

wo

$$p_i^l : \prod_{k\in L} A_i^k \to A_i^l \quad (l \in L)$$

die Projektionen des Produkts $\prod_{k\in L} A_i^k$ in $\mathscr{K}$ sind ($i \in M$). Wir zeigen, daß dann auch in $\mathscr{K}$ das Produkt $A = \prod\limits_i \prod\limits_k A_i^k$ mit den Projektionen

$$\prod_i p_i^l : A \to \prod_i A_i^l \quad (l \in L)$$

existiert. Zu gegebenen Morphismen $b_l : B \to \prod\limits_i A_i^l$ $(l \in L)$ existiert folgendes kommutative Diagramm:

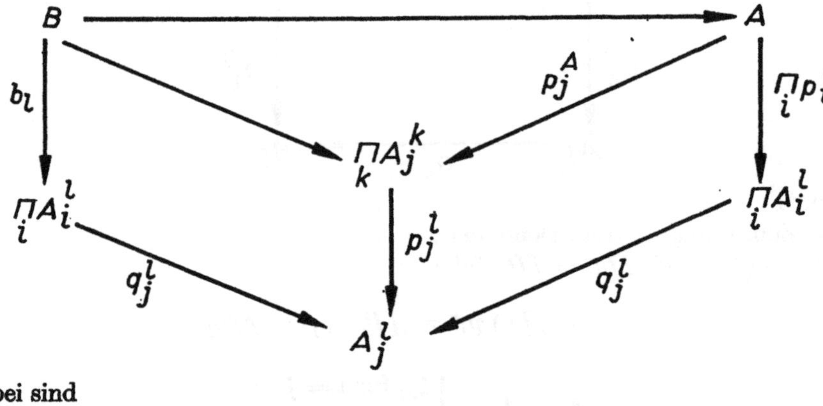

Dabei sind

$$q_j^l : \prod_i A_i^l \to A_j^l \quad (j \in M)$$

die Projektionen eines Produkts. ■

Ist *Ens* die Kategorie aller Mengen, so erfüllt beispielsweise die zu ob *Ens* — $\{\Phi\}$ gehörige volle Teilkategorie *Ens'* von *Ens* die Voraussetzungen von 1.3.1.

1.3.2. *Es sei* $\langle \Phi_i\rangle_{i\in M}$ *eine Folge produkterhaltender Funktoren* $\Phi_i : \mathscr{K} \to \mathscr{L}$. *Dann ist auch*

$$\mathscr{K} \to \mathscr{L}^M,$$

$$A \mapsto \langle \Phi_i A\rangle_{i\in M},$$

$$(a : A \to B) \mapsto \big(\langle \Phi_i a\rangle_{i\in M} : \langle \Phi_i A\rangle_{i\in M} \to \langle \Phi_i B\rangle_{i\in M}\big)$$

ein produkterhaltender Funktor. ■

Aus 1.3.1, 1.3.2 folgt:

1.3.3. *Es sei $\mathcal{K}$ eine kleine Kategorie mit terminalen Objekten und mit der Bedingung:*

(0) *Wenn nicht* $\mathrm{Hom}_{\mathcal{K}}(A,B) \neq \Phi$ *für alle nicht-terminalen Objekte* $B \in \mathrm{ob}\,\mathcal{K}$ *ist, so ist A terminal und* $\mathrm{Hom}_{\mathcal{K}}(A,B) = \Phi$ *für alle nicht-terminalen Objekte* $B \in \mathrm{ob}\,\mathcal{K}$.

Dann existiert ein treuer produkterhaltender Funktor $\mathcal{K} \to \mathit{Ens}$, nämlich für $K^0 = \{X \mid X \in \mathrm{ob}\,\mathcal{K},\ \mathrm{Hom}_{\mathcal{K}}(X, Y) \neq \Phi,\ \forall Y \in \mathrm{ob}\,\mathcal{K}\}$ *der Funktor*

$$\mathcal{K} \to \mathit{Ens}$$

$$= \mathcal{K} \xrightarrow{\langle \mathrm{Hom}_{\mathcal{K}}(X,-)\rangle_{X\in K^0}} \mathit{Ens}'^{K^0} \to \mathit{Ens}' \xrightarrow{\subseteq} \mathit{Ens}.$$

Beweis. $\mathrm{Hom}_{\mathcal{K}}(X, -)\colon \mathcal{K} \to \mathit{Ens}$ ist ein produkterhaltender Funktor.

Es seien $a, b\colon A \to B \in \mathcal{K}$ und

$\langle \mathrm{Hom}_{\mathcal{K}}(X, a)\rangle_{X\in K^0} = \langle \mathrm{Hom}_{\mathcal{K}}(X, b)\rangle_{X\in K^0}$,

d. h. $\mathrm{Hom}_{\mathcal{K}}(X, a) = \mathrm{Hom}_{\mathcal{K}}(X, b)$ für alle $X \in K^0$. Wählt man hierbei $X = A$, falls $A \in K^0$, so folgt $a = b$. Für $A \notin K^0$ ist trivialerweise $a = b$. ∎

1.4. Algebraische Theorien

Eine (*einbasige*) *algebraische Theorie* (im Sinne von F. W. Lawvere) ist eine Kategorie $\mathcal{K}$, die folgenden Bedingungen genügt:

(i) ob $\mathcal{K}$ besteht aus abzählbar vielen paarweise verschiedenen Objekten $A^0, A^1, A^2, A^3, \ldots$.

(ii) A^k ist für $k \geqq 0$ ein Produkt von k Kopien eines ausgezeichneten Objektes, des Basisobjektes $A^1 = A$, mit den Projektionen

$$p_i^k\colon A^k \to A \ (1 \leqq i \leqq k,\ k \geqq 1),\ p_1^1 = 1_A.$$

Die Morphismen $A^n \to A^1$ von $\mathcal{K}$ heißen *n-stellige Operationen*. Man überlegt sich leicht, daß $\mathcal{K}$ eine Kategorie mit endlichen Produkten und terminalem Objekt A^0 ist.

Ein *Theorie-Morphismus* $\Phi\colon \mathcal{K} \to \mathcal{L}$ zwischen algebraischen Theorien $\mathcal{K}$, $\mathcal{L}$ ist ein Funktor $\Phi\colon \mathcal{K} \to \mathcal{L}$, welcher den Bedingungen

(1) $\Phi(A^0) = B^0$ terminal in $\mathcal{L}$,

(2) $\Phi(p_i^k) = q_i^k\colon B^k \to B (1 \leqq i \leqq k,\ k \geqq 1)$ die i-te Projektion der k-ten Potenz des Basisobjektes B von $\mathcal{L}$

genügt.

Die zu $\mathcal{K}$ gehörige *algebraische Kategorie* ist erklärt als die volle Unterkategorie $\mathcal{K}^b$ von $\mathit{Ens}^{\mathcal{K}}$, deren Objekte diejenigen Funktoren sind, welche endliche Produkte erhalten. Die Objekte von $\mathcal{K}^b$ werden *$\mathcal{K}$-Algebren*, die Morphismen von $\mathcal{K}^b$ *$\mathcal{K}$-Homomorphismen* genannt (vgl. zum Beispiel H. Schubert (1970), Bd. II, S. 52ff.).

Man überlegt sich leicht die Richtigkeit der folgenden Behauptung.

1.4.1. *Es sei Φ: $\mathcal{K} \to \mathcal{L}$ ein Funktor einer algebraischen Theorie $\mathcal{K}$ in eine Kategorie $\mathcal{L}$, so daß*

$\Phi(A^0)$ terminales Objekt von $\mathcal{L}$,

$\Phi(p_i^k): \Phi(A^k) \to \Phi(A)$ die i-te Projektion

$(1 \leqq i \leqq k,\ k \geqq 1)$ der k-ten Potenz von $\Phi(A)$ in $\mathcal{L}$ ist.

Dann erhält Φ alle endlichen Produkte. ■ ·

1.4.2. Beispiel. Es sei S eine abzählbar unendliche Menge, $Ens(S)$ die volle Teilkategorie von Ens mit den Objekten

$$S^0 = \{\emptyset\},\ S^1 = S,\ S^{k+1} = S^k \times S,\ k = 1, 2, \ldots.$$

Für $n \geqq 1$ sei $f_n: S^n \to S$ eine eineindeutige Abbildung von S^n auf S. Für $n \geqq 0$ sei $1_n: S^n \to S^n$ die identische Abbildung. Wir setzen $1_1 = 1$, $1_0 = f_0$ und wählen $f_1 = 1$. Es sei $Ens_2(S)$ die volle Teilkategorie von $Ens(S)$ mit den Objekten S^0 und S^1.

Dann wird durch

$$\Phi: Ens(S) \to Ens_2(S),$$
$$S^0 \mapsto S^0,\ S^n \mapsto S\ (n \geqq 1),$$
$$a: S^n \to S^m(\in Ens(S)) \mapsto f_n^{-1} a f_m$$

ein treuer Funktor Φ definiert, der endliche Produkte erhält. ■

1.4.3. Folgerung. Es sei $\mathcal{K}$ eine (einbasige) algebraische Theorie und S die Menge $S = \prod_{k \in N^0} \mathrm{Hom}_{\mathcal{K}}(A^k, A^1)$, wobei gelte

$$N^0 = \{n \mid n \in N,\ \mathrm{Hom}_{\mathcal{K}}(A^n, A^m) \neq \emptyset,\ \forall m \in N\},\ \text{mit } N = \{0, 1, 2, \ldots\}.$$

Dann existiert ein treuer produkterhaltender Funktor $\mathcal{K} \to Ens(S)$ gemäß dem nachstehenden kommutativen Diagramm:

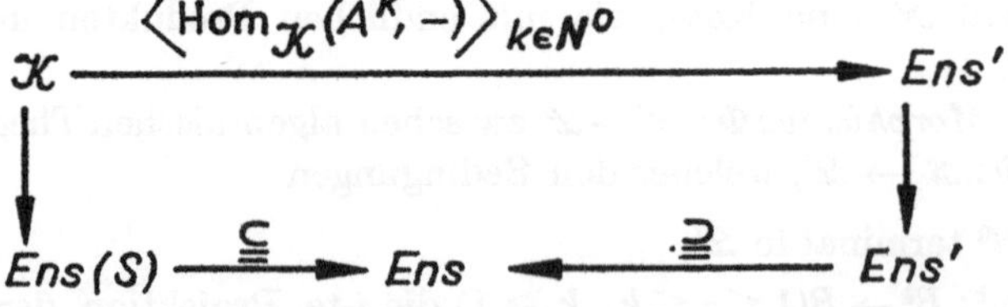

Es sei N die Kategorie der natürlichen Zahlen, d. h. die Objekte von N sind die natürlichen Zahlen 0, 1, 2, …; dabei wird jede natürliche Zahl n als Menge ihrer Vorgänger 0, 1, …, $n - 1$ aufgefaßt, mit $0 = \{\emptyset\}$. Die Kategorie N ist dann die zu diesen Objekten gehörige volle Teilkategorie von Ens. In N existieren endliche Coprodukte, und jedes Objekt von N ist Copotenz des Objektes 1. Daher ist N^{op} eine algebraische Theorie: die (in der Kategorie aller algebraischen Theorien) initiale algebraische Theorie. Man bestätigt leicht:

1.4.4. *Zu jedem $k \geqq 2$ existiert ein treuer produkterhaltender Funktor $N^{op} \to Ens(k)$ gemäß dem kommutativen Diagramm:*

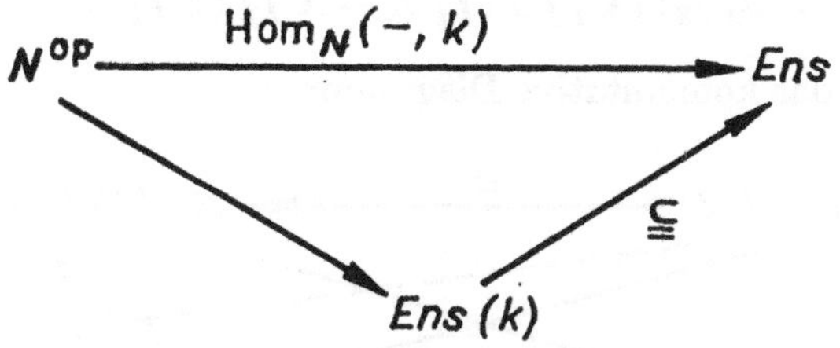

1.5. Kategorien mit endlichen Produkten

1.5.1. *Eine Kategorie $\mathscr{K}$ mit endlichen Produkten gibt Anlaß zu einer multiplikativen Kategorie $\langle \mathscr{K}, \Pi \rangle$.*

Beweisskizze. Produkte mit einer leeren Anzahl von Faktoren sind genau die terminalen Objekte von $\mathscr{K}$. Als Einsobjekt von $\mathscr{K}$ wählen wir ein terminales Objekt I von $\mathscr{K}$. Für jedes Paar $\langle A, B \rangle$ von Objekten aus $\mathscr{K}$ wählen wir ein Produkt zusammen mit seinen Projektionen fest aus und bezeichnen es durch

$$A \xleftarrow{p_A} A \Pi B \xrightarrow{p_B} B.$$

Insbesondere wählen wir für $\langle A, I \rangle, \langle I, A \rangle$ bzw.

$$A \Pi I = A, \quad p_A = 1_A,$$
$$I \Pi A = A, \quad p_A = 1_A.$$

Um diese Festsetzungen treffen zu können, ist zu beachten, daß für jede Wahl des Produkts $A \Pi I \cong A$, $I \Pi A \cong A$ ist. Sind $a: A \to A'$, $b: B \to B'$ Morphismen aus $\mathscr{K}$, so bezeichne $a \Pi b$ den eindeutig bestimmten Morphismus aus $\mathscr{K}$, welcher das nachstehende Diagramm kommutativ schließt.

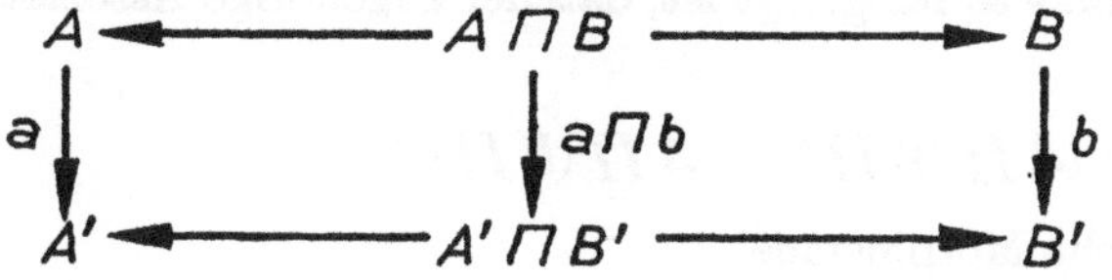

Es zeigt sich, daß durch Π ein Funktor $\Pi: \mathscr{K} \times \mathscr{K} \to \mathscr{K}$ definiert wird und zwischen den Funktoren

$$(- \Pi -) \Pi -: (\mathscr{K} \times \mathscr{K}) \times \mathscr{K} \to \mathscr{K} \times \mathscr{K} \to \mathscr{K}$$

und

$$k(- \Pi (- \Pi -)): (\mathscr{K} \times \mathscr{K}) \times \mathscr{K} \to \mathscr{K} \times (\mathscr{K} \times \mathscr{K}) \to \mathscr{K} \times \mathscr{K} \to \mathscr{K},$$

wo $k: (\mathcal{K} \times \mathcal{K}) \times \mathcal{K} \to \mathcal{K} \times (\mathcal{K} \times \mathcal{K})$ kanonisch definiert ist, ein natürlicher Isomorphismus

$$a = a_{XYZ}: (X \prod Y) \prod Z \to X \prod (Y \prod Z)$$

existiert, der durch das kommutative Diagramm

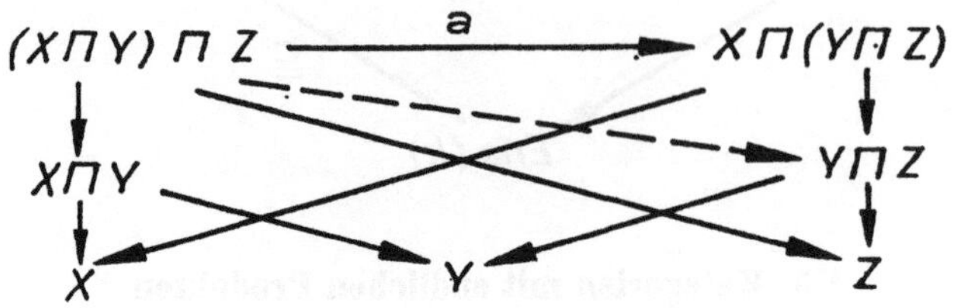

bestimmte Assoziativitätsisomorphismus. Dabei bedeuten die unbenannten ausgezogenen Pfeile Projektionen.

Die Symmetrie

$$c = c_{XY}: X \prod Y \to Y \prod X$$

ist durch das nachstehende kommutative Diagramm bestimmt.

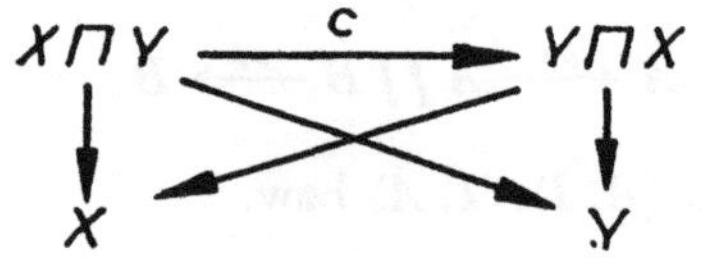

■

Eine Kategorie $\mathcal{K}$ wird als *Kategorie mit assoziativem Produkt* $\prod$ bezeichnet, wenn

(i) für jedes Paar $\langle A, B\rangle$ von Objekten A, B von $\mathcal{K}$ ein Produkt

$A \leftarrow A \prod B \to B$

existiert und

(ii) dieses Produkt so festgelegt ist, daß der zugehörige Assoziativitätsisomorphismus

$a^{\Pi} = a^{\Pi}_{ABC}: (A \prod B) \prod C \to A \prod (B \prod C)$

der identische Morphismus

$1_{(A \prod B) \prod C}: (A \prod B) \prod C \to (A \prod B) \prod C$

ist.

Eine Kategorie $\mathcal{K}$ mit assoziativem Produkt $\prod$ wird als *Kategorie mit monoidalem Produkt* $\prod$ bezeichnet, wenn

(iii) in $\mathcal{K}$ (wenigstens) ein terminales Objekt I existiert, das fixiert ist, und

(iv) $A \leftarrow A \prod I \rightarrow I = A \xleftarrow{1} A \rightarrow I$,

$I \leftarrow I \prod A \rightarrow A = I \rightarrow A \xrightarrow{1} A$

gilt.

1.5.2. *Die Kategorien mit monoidalem Produkt sind mit den* Kronecker-*Kategorien von endlichen Produkten (im Sinne von* B 3.3) *identisch.*

Beweis. Es sei $\mathscr{K}$ eine Kategorie mit monoidalem Produkt $\prod$. Wegen (ii) gilt für alle $x, y, z \in \mathscr{K}$ die Identität $(x \prod y) \prod z = x \prod (y \prod z)$. Wegen (iv) hat man $x \prod 1_I = x = 1_I \prod x$. Somit ist $\langle \mathscr{K}, \prod, I \rangle$ eine Kronecker-Kategorie.

Für ein Paar $\langle A, B \rangle$ von Objekten A, B von $\mathscr{K}$ sei

$$A \xleftarrow{p_1} A \prod B \xrightarrow{p_2} B$$

das Produkt (i). Mit $t_A: A \rightarrow I$, $t_B: B \rightarrow I$ bestehen dann die Beziehungen $p_1 = 1_A \prod t_B$, $p_2 = t_A \prod 1_B$, und zwar auf Grund der Kommutativität des Diagramms:

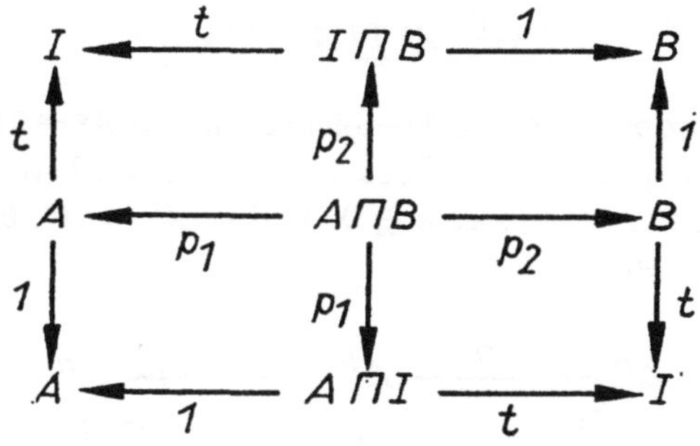

Daraus geht hervor, daß sich $\mathscr{K}$ als eine Kronecker-Kategorie von endlichen Produkten auffassen läßt. Die Umkehrung ist unmittelbar einleuchtend. ■

1.5.3. *Es sei $\mathscr{K}$ eine (einbasige) algebraische Theorie.*
Dann läßt sich $\mathscr{K}$ als Kategorie mit monoidalem Produkt $\prod$ auffassen.

Beweis. Es sei A das Basisobjekt von $\mathscr{K}$. Für jedes $n \geqq 1$ wählen wir ein System von Projektionen

$$p_i^n: A^n \rightarrow A \ (1 \leqq i \leqq n), \text{ wobei } p_1^1 = 1_A \text{ sei.}$$

Mit $1_n = 1_{A^n}: A^n \rightarrow A^0$ werde der identische Morphismus bezeichnet.

$$p_i^n: A^n \rightarrow A^0, i = 0, -1, -2, \ldots, \quad n \geqq 0$$

sei eine aus beweistechnischen Gründen eingeführte Bezeichnung für den einzigen Morphismus $A^n \rightarrow A^0$. Dann ist $p_0^0 = 1_0$; p_i^0 ist nur für $i \leqq 0$ definiert. Führt man ein Symbol A^- ein, das sowohl A^0 als auch A^1 bedeuten kann, so läßt sich p_i^n in allen Fällen in der Gestalt

$$p_i^n\colon A^n \to A^-,\ i = \ldots, -n-1, -n, -n+1, \ldots, -2, -1, 0, 1, 2, \ldots, n$$

schreiben. Für $n, m \geqq 0$ werde p_k', $k = 1, 2$, durch die kommutativen Diagramme ($i \in n^-$, $j \in m^-$)

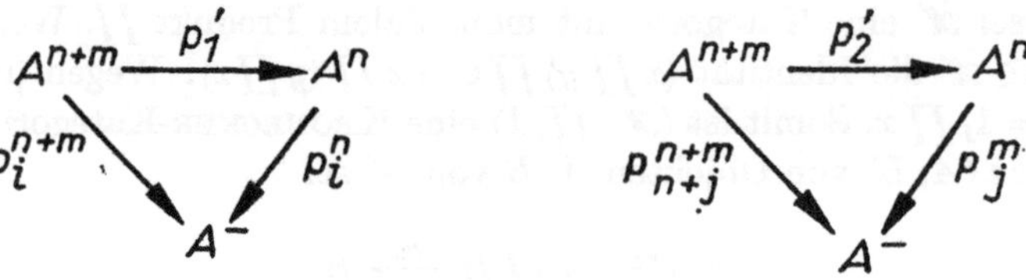

definiert. Dabei ist $n^- = \{1, 2, \ldots, n\}$, falls $n \geqq 1$, und $n^- = \{-r\}$, falls $n = 0$; r ist eine feste Zahl $\geqq m$. Entsprechend sei $m^- = \{1, 2, \ldots, m\}$, falls $m \geqq 1$, und $m^- = \{-r\}$, falls $m = 0$, mit der gleichen Zahl $r \geqq n$. (Es ist also $r \geqq \max(n, m)$.) Dann sind p_1', p_2'

$$A^n \xleftarrow{p_1'} A^n \prod A^m \xrightarrow{p_2'} A^m$$

die Projektionen eines durch $A^n \prod A^m$ bezeichneten, mit A^{n+m} identischen Produkts von A^n und A^m. Dies ergibt sich mit Rücksicht auf das nachstehende kommutative Diagramm, worin $i \in n^-$, $j \in m^-$; $n, m \geqq 0$, und $a\colon A^k \to A^n$, $b\colon A^k \to A^m$ beliebig gegebene Morphismen sind.

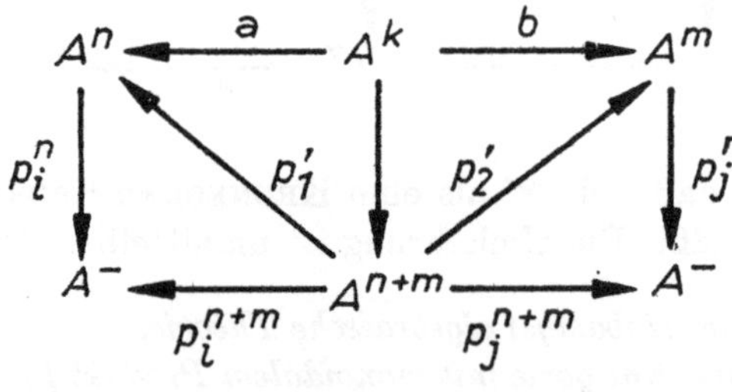

Damit sind für alle zweigliedrigen Produkte von Objekten aus $\mathcal{K}$ die zugehörigen Projektionen eindeutig festgelegt. Wie früher ist dann für $a\colon A^n \to A^m$, $b\colon A^k \to A^l$ auch $a \prod b\colon A^{n+k} \to A^{m+l}$ eindeutig definiert. Da $A^n \prod A^m = A^{n+m}$, so ist $\prod$ eine assoziative Operation auf ob $\mathcal{K}$. Darüber hinaus ist der oben definierte Assoziativitätsisomorphismus

$$a = a_{nml}\colon (A^n \prod A^m) \prod A^l \to A^n \prod (A^m \prod A^l)$$

der identische Morphismus $1_{n+m+l}\colon A^{n+m+l} \to A^{n+m+l}$. Dies entnimmt man dem nachstehenden kommutativen Diagramm.

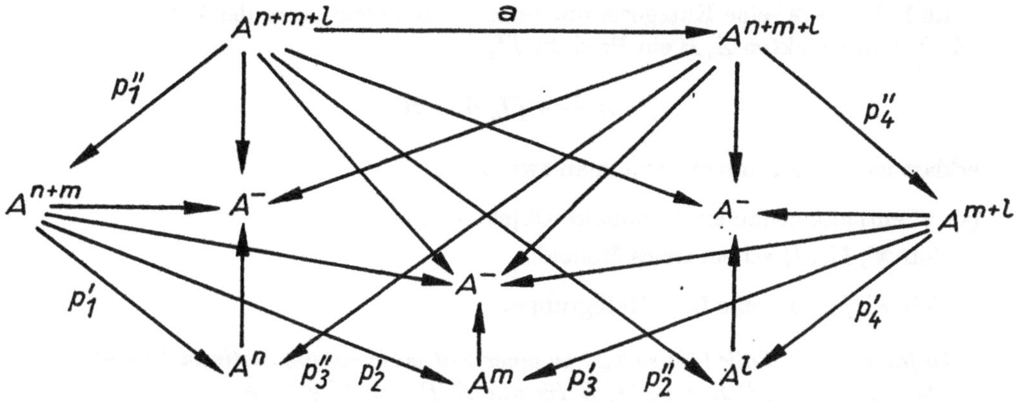

Darin haben die unbenannten Pfeile die Form

$$p_g^h\colon A^h \to A^-;\ g \in h^-,$$

mit $h^- = \{1, 2, \ldots, h\}$, falls $h \geqq 1$, und $h^- = \{-r\}$, falls $h = 0$; r ist eine feste Zahl $\geqq n + m$. Die benannten Pfeile sind die wie folgt definierten Morphismen.

$$\begin{aligned}
p_1' p_i^n &= p_i^{n+m}, & p_2' p_j^m &= p_{n+j}^{n+m}, & i &\in n^-, & j &\in m^-;\\
p_3' p_j^m &= p_j^{m+l}, & p_4' p_k^l &= p_{m+k}^{m+l}, & j &\in m^-, & k &\in l^-;\\
p_1'' p_{i'}^{n+m} &= p_{i'}^{n+m+l}, & p_2'' p_k^l &= p_{n+m+k}^{n+m+l}, & i' &\in (n+m)^-, & k &\in l^-;\\
p_3'' p_i^n &= p_i^{n+m+l}, & p_4'' p_{k'}^{m+l} &= p_{n+k'}^{n+m+l}, & k' &\in (m+l)^-, & i &\in n^-.
\end{aligned}$$

Der Assoziativitätsisomorphismus a ist nach Definition der eindeutig bestimmte Morphismus, der das aus den benannten Pfeilen bestehende Teildiagramm des obigen Diagramms kommutativ schließt. Die Gleichung $a = 1_{n+m+l}$ ist gleichbedeutend mit dem Bestehen der Gleichungen

$$p_1'' p_1' = p_3'',\ p_1'' p_2' = p_4'' p_3',\ p_2'' = p_4'' p_4'.$$

Die Gültigkeit der Gleichungen folgt aus Eindeutigkeitsgründen über die auf Grund der Definitionen bestehenden Beziehungen

$$\begin{aligned}
&p_1'' p_1' p_i^n = p_1'' p_i^{n+m} = p_i^{n+m+l} = p_3'' p_i^n, \quad i \in n^-;\\
&p_1'' p_2' p_j^m = p_1'' p_{n+j}^{n+m} = p_{n+j}^{n+m+l} = p_4'' p_j^{m+l} = p_4'' p_3' p_j^m, \quad j \in m^-;\\
&p_4'' p_4' p_k^l = p_4'' p_{m+k}^{m+l} = p_{n+m+k}^{n+m+l} = p_2'' p_k^l, \quad k \in l^-. \ \blacksquare
\end{aligned}$$

1.6. Konstruktion von Kategorien mit monoidalem Produkt

Das in 1.5.3 beschriebene Verfahren zur Darstellung einer Kategorie als Kategorie mit monoidalem Produkt läßt sich noch etwas verallgemeinern. Zunächst läßt sich analog wie in 1.5.3 folgendes einsehen:

1.6.1. Es sei $\mathscr{K}$ eine Kategorie mit terminalen Objekten, in der für jedes Paar $\langle A, B\rangle$ von Objekten A, B ein Produkt $\prod_0$

$$A \leftarrow A \prod\nolimits_0 B \rightarrow B$$

erklärt ist. Weiter unterscheide man zwei Fälle:

(a) $\mathscr{K}$ enthalte genau ein terminales Objekt I, und $\langle \text{ob } \mathscr{K}, \prod_0, I\rangle$ sei ein freies Monoid.

(b) $\langle \text{ob } \mathscr{K}, \prod_0\rangle$ sei eine freie Halbgruppe.

In jedem dieser Fälle läßt sich $\mathscr{K}$ zu einer Kategorie mit assoziativem Produkt $\prod'$ machen, so daß $A \prod' B = A \prod_0 B$ für alle $A, B \in$ ob $\mathscr{K}$ gilt. ∎

1.6.2. *Es sei $\mathscr{K}$ eine Kategorie mit assoziativem Produkt $\prod$ und ausgezeichnetem terminalen Objekt I und erfülle die Bedingung:*

(0) *Wenn I_1, I_2 terminale Objekte von $\mathscr{K}$ sind, so folgt aus $I_1 \prod I_2 = I$ stets $I_1 = I$ oder $I_2 = I$.*

In $\mathscr{K}$ führe man wie folgt ein neues Produkt $A \xleftarrow{p_1} A \otimes B \xrightarrow{p_2} B$ ein:

Für $A \neq I, B \neq I$ sei $A \leftarrow A \otimes B \rightarrow B$ gleich dem alten Produkt $A \leftarrow A \prod B \rightarrow B$. Für beliebiges $A \in$ ob $\mathscr{K}$ sei

$$A \leftarrow A \otimes I \rightarrow I = A \xleftarrow{1} A \rightarrow I,$$

$$I \leftarrow I \otimes A \rightarrow\, = I \leftarrow A \xrightarrow{1} A.$$

Dann ist $\langle \mathscr{K}, \otimes, I\rangle$ eine Kategorie mit monoidalem Produkt.

Beweis. Es ist klar, daß $A \xleftarrow{p_1} A \otimes B \xrightarrow{p_2} B$ ein Produkt in $\mathscr{K}$ ist. Wir zeigen: Wenn $A \otimes B = I$, so ist $A = I$ oder $B = I$. Angenommen, es seien $A \neq I$ und $B \neq I$. Dann hat man $A \prod B = I$, und im Hinblick auf (0) genügt es nachzuweisen, daß A und B terminale Objekte von $\mathscr{K}$ sind. Es sei $X \in$ ob $\mathscr{K}$. Da I terminal, so existiert $t_X\colon X \rightarrow I$ in $\mathscr{K}$, und man erhält damit die Morphismen

$$t_X p_1 = a\colon X \rightarrow A,\; t_X p_2 = b\colon X \rightarrow B.$$

Es seien $a'\colon X \rightarrow A$, $b'\colon X \rightarrow B$ irgend zwei Morphismen. Wegen der Produkteigenschaft von $A \otimes B$ existiert dann $t\colon X \rightarrow A \otimes B$ mit $tp_1 = a', tp_2 = b'$. Da $A \otimes B = I$ terminal, so ist $t = t_X\colon X \rightarrow I$ und

$$a' = tp_1 = t_X p_1 = a,\; b' = tp_2 = t_X p_2 = b.$$

Folglich sind A und B terminal.

Es ist noch zu zeigen, daß für den neuen Assoziativitätsisomorphismus $a^{\otimes}$

$= a^{\otimes}_{ABC} = 1_{ABC}: A \otimes B \otimes C \to A \otimes B \otimes C$ gilt. Für $A = I$ besteht das folgende kommutative Diagramm:

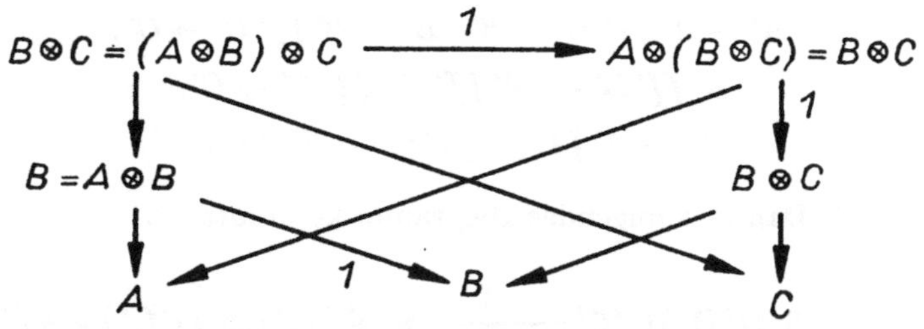

Daher ist $a^{\otimes}_{IBC} = 1$. Analog hat man für beliebige $A, B \in \operatorname{ob} \mathscr{K}$ $a^{\otimes}_{ABI} = 1$. Für $B = I$ ist das folgende Diagramm kommutativ.

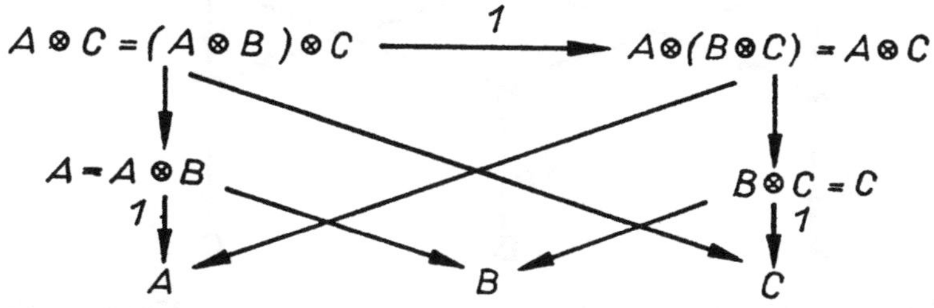

Demnach ist für alle $A, C \in \operatorname{ob} \mathscr{K}$ $a^{\otimes}_{AIC} = 1$. Für $A \neq I, B \neq I, C \neq I$ sind auch $A \otimes B \neq I$ und $B \otimes C \neq I$ und folglich $a^{\otimes}_{ABC} = a^{\Pi}_{ABC} = 1_{ABC}$. ∎

1.6.3. Voraussetzung. Es sei $\mathscr{K}'$ eine Teilkategorie einer Kategorie $\mathscr{K}$, die folgenden Bedingungen genügt.

(i) $\mathscr{K}'$ ist volle Teilkategorie von $\mathscr{K}$.

(ii) $\mathscr{K}'$ ist repräsentative Teilkategorie von $\mathscr{K}$.

(iii) $\mathscr{K}'$ ist eine Kategorie mit assoziativem Produkt Π' und ausgezeichnetem terminalen Objekt I.

(iv) Zu jedem $A \in \operatorname{ob} \mathscr{K}$ sei genau ein Isomorphismus $i_A: A' \to A \in \mathscr{K}$ mit $A' \in \operatorname{ob} \mathscr{K}'$ ausgewählt; für $A \in \operatorname{ob} \mathscr{K}'$ sei insbesondere $i_A = 1_A: A \to A$ gewählt.

(v) Bezeichnet $A' \leftarrow A' \Pi' B' \to B'$ für $A, B \in \operatorname{ob} \mathscr{K}$ das Produkt von A' und B' in $\mathscr{K}'$, so definiere man:

$$A \leftarrow A \Pi B \to B = A \xleftarrow{i_A} A' \leftarrow A' \Pi' B' \to B' \xrightarrow{i_B} B.$$

(vi) Wenn $\mathscr{K}$ mehr als ein terminales Objekt enthält und I_1, I_2 terminale Objekte von $\mathscr{K}$ sind mit $I_1' \Pi' I_2' = I$, so sei $I_1 = I$ oder $I_2 = I$.

Behauptung. *$\mathscr{K}$ ist eine Kategorie mit assoziativem Produkt Π und terminalem Objekt I und erfüllt* 1.6.2.(0). *Überdies gilt für $A, B \in \operatorname{ob} \mathscr{K}$ stets $i_{A\Pi B} = i_A \Pi i_B = 1_{A\Pi B}$.*

Beweis. Da i_A, i_B umkehrbar sind, so ist $A \prod B$ in der Tat ein Produkt in $\mathscr{K}$. Für $A, B, C \in \text{ob}\,\mathscr{K}$ seien

$$A' \leftarrow A' \textstyle\prod' B' \rightarrow B', \quad B' \leftarrow B' \prod' C' \rightarrow C',$$
$$A' \textstyle\prod' B' \leftarrow (A' \prod' B') \prod' C' \rightarrow C',$$
$$A' \leftarrow A' \textstyle\prod' (B' \prod' C') \rightarrow B' \prod' C'$$

Produkte in $\mathscr{K}'$. Dann ist folgendes Diagramm kommutativ.

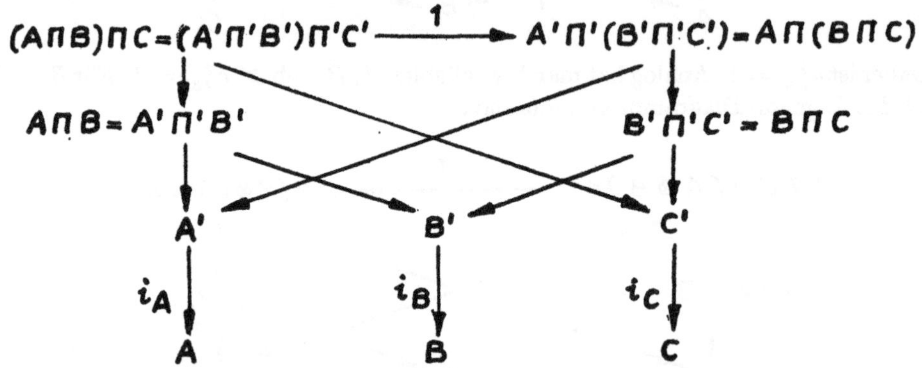

Da $A \prod B$, $B \prod C \in \text{ob}\,\mathscr{K}'$, ist $i_{A \prod B} = 1$, $i_{B \prod C} = 1$. Die Kommutativität des obigen Diagramms besagt daher, daß der Assoziativitätsisomorphismus $a^{\Pi} = a^{\Pi}_{ABC} = 1$ ist.

1.6.4. *Es sei $\mathscr{K}$ eine Kategorie mit terminalen Objekten, $\mathscr{K}'$ eine volle repräsentative Teilkategorie von $\mathscr{K}$ mit ausgezeichnetem terminalen Objekt I und einem für alle Paare $\langle A, B\rangle$ von Objekten A, B von $\mathscr{K}'$ erklärten Produkt*

$$A \leftarrow A \textstyle\prod_0 B \rightarrow B.$$

Wir betrachten zwei Fälle:

(a) *$\mathscr{K}$ enthalte genau ein terminales Objekt I; I sei in $\mathscr{K}'$ enthalten, und $\langle \text{ob}\,\mathscr{K}', \prod_0, I\rangle$ sei ein freies Monoid.*

(b) *$\langle \text{ob}\,\mathscr{K}', \prod_0\rangle$ sei eine freie Halbgruppe, deren Erzeugendensystem I enthalte.*

Dann läßt sich $\mathscr{K}$ in jedem dieser Fälle als Kategorie mit monoidalem Produkt $\otimes$ auffassen.

Beweis. Zufolge 1.6.1 läßt sich $\mathscr{K}'$ als Kategorie mit assoziativem Produkt $\prod'$ darstellen, so daß $A \prod' B = A \prod_0 B$ für alle $A, B \in \text{ob}\,\mathscr{K}'$. Da I im Fall (b) zu den freien Erzeugenden von $\langle \text{ob}\,\mathscr{K}', \prod_0\rangle$ gehört, ist eine Gleichung $I_1' \prod' I_2'$ $(= I_1' \prod_0 I_2') = I$ nicht möglich. Mit Rücksicht auf 1.6.3 ist daher $\mathscr{K}$ als eine Kategorie mit assoziativem Produkt $\prod$ und terminalem Objekt I derart darstellbar, daß 1.6.2 (0) erfüllt ist. Zufolge 1.5.2 ist $\mathscr{K}$ somit auch eine Kategorie mit monoidalem Produkt. ■

Eine Folgerung von 1.6.4 lautet:

1.6.5. *Eine algebraische Theorie mit mehreren Basisobjekten läßt sich als Kategorie mit monoidalem Produkt auffassen.* ■

Weiter läßt sich auf Grund von 1.6.4 die Kategorie *Ens* als Kategorie mit monoidalem Produkt auffassen.

1.6.6. *Bezüglich des gewöhnlichen kartesischen Produkts* $\times$ *existiert in Ens ein System von Mengen* $\{A_i\}_{i\in J}$, *so daß jede Menge* $A \neq \emptyset$ *sich auf genau eine Weise in der Form*

$$A = (A_{i_1} \times \cdots \times A_{i_n})$$

mit einer durch A *eindeutig bestimmten Beklammerung* $(\cdots)$ *schreiben läßt, während für jedes* A_i *eine Zerlegung* $A_i = B \times C$ *in Ens unmöglich ist.*

Beweis. Die Eindeutigkeit folgt aus der Definition des kartesischen Produkts in *Ens*. Es muß nur noch die Existenz einer derartigen Zerlegung nachgewiesen werden. Es sei B eine nicht leere Menge. Ist B bezüglich $\times$ unzerlegbar, so sind wir fertig. Andernfalls führt der erste Zerlegungsschritt zu $B = B_0 \times B_1$. Ist B_0 zerlegbar, $B_0 = B_{00} \times B_{01}$, B_1 unzerlegbar, so liefert der zweite Zerlegungsschritt die Darstellung $B = (B_{00} \times B_{01}) \times B_1$. Ist B_0 unzerlegbar, B_1 zerlegbar, $B_1 = B_{10} \times B_{11}$, so hat man im zweiten Schritt $B = B_0 \times (B_{10} \times B_{11})$. Sind $B_0 = B_{00} \times B_{01}$ und $B_1 = B_{10} \times B_{11}$ beide zerlegbar, so ergibt sich im zweiten Schritt

$$B = (B_{00} \times B_{01}) \times (B_{10} \times B_{11}).$$

Man erhält so im i-ten Zerlegungsschritt eine Darstellung für B, die mit eindeutig durch B und i bestimmter Beklammerung die Form

$$B = (B_{j_1} \times \cdots \times B_{j_k}), \; k = k(i), \tag{1}$$

hat. Dabei ist jedes j_l eine Folge von maximal i Ziffern von Nullen und Einsen, und dieses Maximum wird auch bei wenigstens zweien der $j_1, \ldots, j_k$ erreicht, da bei jedem Schritt jede zerlegbare Menge des vorhergehenden Schrittes auch wirklich zerlegt wird. Beim $(i+1)$-ten Schritt wird jedes zerlegbare B_{j_l} aus (1) durch $B_{j_l 0} \times B_{j_l 1} = B_{j_l}$ ersetzt. Das Verfahren bricht nach i Schritten ab, wenn nach dieser Vorschrift (1) erreicht wurde und in (1) kein B_{j_l} mehr zerlegbar ist. Wir behaupten, daß dieses Verfahren stets abbrechen und folglich bei unzerlegbaren Bestandteilen enden muß. Denn anderenfalls hätte man eine unendliche Folge der Form

1. Schritt $\quad B = B_0 \times B_1$,

2. Schritt $\quad B_i = B_{i0} \times B_{i1}$, $i = 0$ oder $i = 1$,

3. Schritt $\quad B_{ij} = B_{ij0} \times B_{ij1}$, $j = 0$ oder $j = 1$,

. . . .

Da $B \neq \Phi$, so gibt es $b \in B$, und weiter hat man

1. Schritt $b = (b_0, b_1), b_i \in B_i$,

2. Schritt $b_i = (b_{i0}, b_{i1}),\ b_{ij} \in B_{ij}$,

3. Schritt $b_{ij} = (b_{ij0}, b_{ij1}),\ b_{ijk} \in B_{ijk}$

....

Daraus ergäbe sich mit der KURATOWSKIschen Definition des geordneten Paares eine unendliche Kette der Form

$$b = (b_0, b_1) = \{\{b_0\}, \{b_0, b_1\}\} \ni \{b_0, b_1\} \ni b_i = (b_{i0}, b_{i1}) =$$
$$(b_{i0}, b_{i1}) = \{\{b_{i0}\}, \{b_{i0}, b_{i1}\}\} \ni \{b_{i0}, b_{i1}\} \ni b_{ij} = (b_{ij0}, b_{ij1}) = \ldots\ldots.$$

.....

Diese unendliche Kette widerspräche aber dem Fundierungsaxiom. Damit ist der Beweis beendet. ■

1.6.7. (M. KÜHNRICH, 1972). *Es sei $\{A_i\}_{i\in J}$ ein System von Mengen mit der in 1.6.6 angegebenen Eigenschaft. Für das kanonische Produkt $A_{i_1} \times (\cdots(A_{i_{n-1}} \times A_{i_n})\cdots)$ schreiben wir auch einfach $A_{i_1} \times \cdots \times A_{i_n}$. Es sei Ens' die volle Teilkategorie von Ens ohne das leere Objekt und Ens'' die volle Teilkategorie von Ens' aller Objekte der Form $A_{i_1} \times \cdots \times A_{i_n}$.*

Dann existiert ein Produkt $\prod_0$ in Ens'', so daß $\prod_0$ auf ob *Ens'' assoziativ ist. Außerdem gibt es ein terminales Objekt I in Ens'', so daß $I = A \prod_0 B$ in Ens'' unmöglich ist.*

Beweis. Für $A = A_{i_1} \times \cdots \times A_{i_n}$, $B = A_{j_1} \times \cdots \times A_{j_m}$ setze man

$$A \textstyle\prod_0 B = A_{i_1} \times \cdots \times A_{i_n} \times A_{j_1} \times \cdots \times A_{j_m}.$$

Es ist klar, daß $\prod_0$ auf ob *Ens''* assoziativ ist. Man wähle $I = \{\Phi\}$. ■

Auf Grund der vorstehenden Sätze und der Tatsache, daß $\langle$ob *Ens''*, $\prod_0\rangle$ eine freie Halbgruppe ist, ergibt sich unmittelbar:

1.6.8. *Ens läßt sich als Kategorie mit monoidalem Produkt auffassen.* ■

1.6.9. *Ens läßt sich als dt-symmetrische Kategorie auffassen.*

Beweisskizze. Wir verwenden die oben, insbesondere beim Beweis von 1.6.7 und 1.6.3 eingeführten Bezeichnungen. Obwohl ob *Ens''* eine Klasse ist, läßt sich der Charakterisierungssatz I. 5.4.2 auf *Ens''* übertragen. Daraus ergibt sich, daß sich *Ens''* als *dt*-symmetrische Kategorie $\langle Ens'', \prod', I, c', d', t'\rangle$ auffassen läßt. Der Übergang von *Ens''* zu *Ens'* und *Ens* führt zu einer Folge $\langle Ens, \otimes, I, c, d, t\rangle$, mit $c_{AB} = c'_{A'B'}$, $d_A = i_A^{-1}d'_{A'}$, $t_A = i_A^{-1}t'_{A'}$, für $A, B \in$ ob *Ens*. Damit prüft man leicht nach, daß *Ens* *dt*-symmetrisch ist. ■

An dieser Stelle sei darauf hingewiesen, daß jedem multiplikativen Funktor $\Phi: \mathcal{T} \to Ens$ einer algebraischen Theorie $\mathcal{T}$ in die Kategorie *Ens* im Hinblick auf

II. 4.1.1 ein KRONECKER-Funktor $\Phi': \mathcal{T} \to \boldsymbol{Ens}$ entspricht. Da die produkterhaltenden Funktoren in diesem Zusammenhang Spezialfälle multiplikativer Funktoren sind, so existiert insbesondere zufolge 1.4 stets ein treuer KRONECKER-Funktor $\mathcal{T} \to \boldsymbol{Ens}$. Wie aus II. 4.1.3 und Aufgabe II. 4.6.5 hervorgeht, erhält dieser Funktor auch die ausgezeichneten Morphismen c, d, t.

Ohne Beweis sei notiert:

1.6.10. (M. KÜHNRICH, 1972) *$\boldsymbol{Ens}^{op}$ läßt sich als Kategorie mit monoidalem und kommutativem* ($c = 1$) *Produkt auffassen.* ■

Es ist eine noch offene Frage, ob sich in $\boldsymbol{Ens}$ ein monoidales Produkt und ein monoidales und kommutatives Coprodukt einführen lassen, die genau (und nicht nur bis auf Isomorphie) mit einander vertauschbar sind. In II. 4 und II. 5 wird zur Vereinfachung der Rechnungen angenommen, daß dies zutrifft.

ANHANG 2

ALGEBREN

Nach heutiger Auffassung ist Algebra die Theorie der Operationen. Dabei lassen sich zwei Arten von Aufgaben unterscheiden:

1. Strukturelle Fragen und Beziehungen zwischen Struktur und Semantik. Dazu rechnet man Fragen der Existenz universaler bzw. couniversaler Konstruktionen (zum Beispiel freier algebraischer Systeme, freier und direkter Produkte) und der Adjungiertheit von Struktur und Semantik im Sinne von F. W. LAWVERE.
2. Kompliziertheitsfragen: Struktursätze, zum Beispiel vom ARTIN-WEDDERBURNschen bzw. REESschen bzw. CHEVALLEY-JACOBSONschen Typ; Cohomologie-Theorie.

Aufgaben erster Art für spezielle algebraische Systeme, wie Halbgruppen, Gruppen und Ringe, lassen sich im Rahmen der allgemeinen Algebra weitgehend einheitlich behandeln. Hierzu vgl. G. BIRKHOFF (1935, 1946), P. M. COHN (1965), G. GRÄTZER (1968). Während dabei hauptsächlich Algebren mit einer Trägermenge betrachtet wurden, konnte P. J. HIGGINS (1963) die BIRKHOFFsche Theorie auf den für viele Anwendungen wichtigen Fall von Algebren mit mehreren Trägermengen (Algebren mit einem Schema von Operatoren), auch mehrbasige Algebren oder Multialgebren genannt, ausdehnen. (Hierzu vgl. auch J. BÉNABOU (1966), J. SCHULTE MÖNTING (1968), G. BIRKHOFF—J. D. LIPSON (1970).) Beispiele dafür sind kleine Kategorien, Gruppoide, KRONECKER-Kategorien, Ringoide und graduierte algebraische Systeme. In letzter Zeit wurden auch Coalgebren in diese Untersuchungen einbezogen (K. DRBOHLAV, 1971).

2.1. Algebren mit einem Schema von Operatoren

Es sei J eine Menge, $H = \langle H, \otimes, I\rangle$ das von J frei erzeugte Monoid und G eine Menge von Tripeln der Form $\langle A, B, p\rangle$ mit $A \in H$; $B \in J$; p ist aus einer beliebigen Menge. Dann heißt $S = \langle J, G\rangle$ ein *Operatorenschema* mit den *Operatoren* $\langle A, B, p\rangle = g \in G$ ($A \in H$; $B \in J$), die auch in der Form $g\colon A \to B$ geschrieben werden. Offenbar ist ein Operatorenschema ein Spezialfall eines Semi-THUE-Systems (vgl. I. 2.2). Für $A \otimes B$ ($A, B \in H$) wird mitunter auch kurz AB geschrieben.

Es sei $\Phi = \langle \Phi_J, \Phi_G \rangle$ ein Paar von Abbildungen

$$\Phi_J: J \to \text{ob } Ens,$$

$$\Phi_G: G \to Ens,$$

so daß für $g: A \to B \in G$ mit

$$A = A_1 \otimes \cdots \otimes A_n \text{ und } A_i \in J \text{ falls } A \neq I,$$

gilt:

$$\Phi_G(g): \Phi_H A \to \Phi_J B,$$

wobei

$$\Phi_H A = \{\langle a_1, \ldots, a_n \rangle \mid a_i \in \Phi_J A_i,\ i = 1, \ldots, n\},\ \Phi_H I = \{\emptyset\}.$$

Dann heißt Φ eine *Algebra* mit einem Operatorenschema S oder kürzer eine *S-Algebra.* Wir schreiben dafür $\Phi: S \to Ens$ und anstatt Φ_J, Φ_G, Φ_H mitunter auch kurz Φ. Die Mengen ΦA $(A \in J)$ heißen die *Trägermengen* oder *Basismengen* der Algebra $\Phi: S \to Ens$. Für card $J = 1$ hat man den Fall einer gewöhnlichen (*einbasigen, homogenen* oder BIRKHOFF*schen*) Algebra. Für card $J > 1$ spricht man auch von einer *heterogenen* oder *Multialqebra.* Ist $g: A \to B \in G$ und A wie oben zerlegt, so heißt g ein *n-stelliger* (formaler) *Operator* und $\Phi(g): \Phi A \to \Phi B$ eine *n-stellige Operation* der Algebra Φ. Für $g: I \to B \in G$ hat man eine nullstellige Operation $\Phi(g): \{\emptyset\} \to \Phi B$.

Eine gleichwertige Definition einer Algebra $\Phi: S \to Ens$ erhält man natürlich, wenn man $\Phi_H A$ nicht als Menge von n-stelligen Folgen, sondern gemäß $\Phi_H A = (\Phi_J A_1 \times \Phi_J A_2) \times \cdots \times \Phi_J A_n$ (in der kanonischen Links-Klammerung) wählt.

Als Beispiel betrachten wir eine kleine Kategorie $\mathcal{K}$. Man setze

$$J = \text{ob } \mathcal{K} \times \text{ob } \mathcal{K},$$

$$G = \{I \to (A, A) \mid A \in \text{ob } \mathcal{K}\} \cup \{(A, B)(B, C) \to (A, C) \mid A, B, C \in \text{ob } \mathcal{K}\},$$

$$\Phi_J(A, B) = \text{Hom}_{\mathcal{K}}(A, B) \quad (A, B \in \text{ob } \mathcal{K}),$$

$$\Phi_G\big(I \to (A, A)\big) = \{\emptyset\} \to \text{Hom}_{\mathcal{K}}(A, A)\ (\emptyset \mapsto 1_A: A \to A),$$

$$\Phi_G\big((A, B)(B, C) \to (A, C)\big) = \cdot_{ABC}: \text{Hom}_{\mathcal{K}}(A, B) \times \text{Hom}_{\mathcal{K}}(B, C) \to \text{Hom}_{\mathcal{K}}(A, C)$$

$$\Big(\big(A \xrightarrow{f} B,\ B \xrightarrow{h} C\big) \mapsto A \xrightarrow{fh} C\Big).$$

2.2. Homomorphismen. Teilalgebren. Produkte

Unter einem *S-Homomorphismus* (kurz *Homomorphismus*) $f: \Phi \to X: S \to Ens$ zwischen S-Algebren $\Phi, X: S \to Ens$ versteht man eine Folge $f = \langle f_A \rangle_{A \in J}$ von Abbildungen $f_A: \Phi A \to XA$, für welche die kommutativen Diagramme

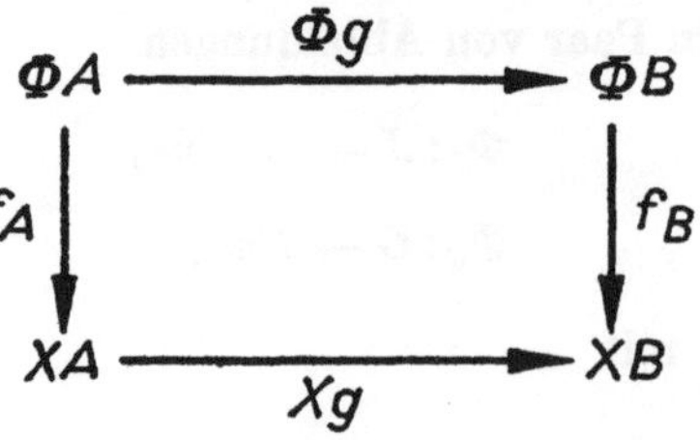

bestehen. Dabei ist $g: A \to B \in G$, und falls $A = A_1 \otimes \cdots \otimes A_n \neq I$, $A_i \in J$, ist f_A gemäß $f_A: \Phi A \to XA$, $\langle a_1, \ldots, a_n\rangle \mapsto \langle f_{A_1} a_1, \ldots, f_{A_n} a_n\rangle$ definiert. Wird die Homomorphie-Eigenschaft der Folge f vernachlässigt („vergessen"), so schreibt man auch $f_J: \Phi_J \to X_J$.

Das *Kompositum* fh zweier Folgen $f = \langle f_A\rangle_{A \in J}$, $h = \langle h_A\rangle_{A\in J}$ von Abbildungen $f_A: \Phi A \to XA$, $h_A: XA \to \Psi A$ ist die Folge $\langle f_A h_A\rangle_{A\in J}$, wobei $f_A h_A: \Phi A \to \Psi A$ das Kompositum der Abbildungen f_A und h_A $(A \in J)$ bedeutet.

2.2.1. ***Die S-Algebren und deren S-Homomorphismen bilden eine Kategorie S-Alg.*** ∎

Ein S-Homomorphismus $f: \Phi \to X: S \to \mathit{Ens}$ heißt *S-surjektiv* (*S-injektiv*), wenn jedes $f_A: \Phi A \to XA$ $(A \in J)$ surjektiv (injektiv) ist. f heißt ein *Isomorphismus,* falls f zugleich S-surjektiv und S-injektiv ist. Wo der Kontext eindeutig ist, wird der Buchstabe S weggelassen.

Sind Φ, X S-Algebren mit $\Phi A \subseteq XA$ für alle $A \in J$ und bilden diese Inklusionen einen S-Homomorphismus $\Phi \to X$, so wird Φ als *Teilalgebra,* $\Phi \leqq X$, von X bezeichnet.

Für einen S-Homomorphismus $s: \Phi \to X: S \to \mathit{Ens}$ ist das *Bild* $\Phi^s: S \to \mathit{Ens}$, mit $\Phi^s(A) = s_A(\Phi A)$ $(\forall A \in J)$ eine S-Teilalgebra von X, mit den von X induzierten Operationen.

Es seien $\Phi_r: S \to \mathit{Ens}$ $(r \in R)$ S-Teilalgebren, $\Phi_r \leqq \Phi$, einer S-Algebra Φ: $S \to \mathit{Ens}$. Dann ist auch $\wedge_{r\in R}\Phi_r: S \to \mathit{Ens}$, mit $(\wedge_{r\in R}\Phi_r)(A) = \bigcap_{r\in R}\Phi_r(A)$ für alle $A \in J$ eine *S-Teilalgebra* von Φ, der *Durchschnitt* der Φ_r.

Es seien $\Phi: S \to \mathit{Ens}$ eine S-Algebra und $Y: J \to \mathrm{ob}\,\mathit{Ens}$ eine mengenwertige Abbildung mit $YA \subseteq \Phi A (\forall A \in J)$. Der Durchschnitt $\wedge\Psi$ aller S-Teilalgebren $\Psi \leqq \Phi$ mit $YA \subseteq \Psi A (\forall A \in J)$ heißt die von Y *erzeugte* S-Teilalgebra von Φ. Die S-Teilalgebren von Φ bilden einen vollständigen Verband bezüglich $(\leqq)$ mit dem größten Element Φ. Die kleinste S-Teilalgebra $\Psi: S \to \mathit{Ens}$ von Φ ist durch $\Psi A = \emptyset$ für alle $A \in J$ gegeben, falls keine nullstelligen Operationen vorhanden sind. Im allgemeinen Fall ist sie bestimmt durch die von der mengenwertigen Abbildung $Y: J \to \mathrm{ob}\,\mathit{Ens}$ mit $YA = \{(\Phi g)(\emptyset) \mid g: I \to A \in G\}$, $YA = \emptyset$ sonst, erzeugten S'-Teilalgebra von Φ', wobei S', Φ' aus S, Φ durch Vernachlässigung der nullstelligen Operatoren und nullstelligen Operationen hervorgeht.

Das direkte Produkt $X = \Phi \times \Psi$ von S-Algebren $\Phi, \Psi: S \to \mathit{Ens}$ ist definiert durch $XA = \Phi A \times \Psi A$ $(\forall A \in J)$ mit Operationen, die wie üblich komponentenweise erklärt sind. Entsprechend ist das direkte Produkt $\Phi = \prod_{r\in R}\Phi_r$ von S-Algebren $\Phi_r: S \to \mathit{Ens}$ $(r \in R)$ die S-Algebra Φ mit $\Phi A = \prod_{r\in R}\Phi_r A$ $(\forall A \in J)$

und den S-Surjektionen (Projektionen) $p_r\colon \Phi \to \Phi_r$ $(r \in R)$; dieses direkte Produkt ist ein Produkt in der Kategorie S-*Alg*.

Eine S-*Kongruenz* in der S-Algebra Φ ist eine mengenwertige Abbildung $Q\colon J \to \operatorname{ob} Ens$, so daß

(i) QA eine Äquivalenz in der Menge ΦA $(\forall\, A \in J)$ ist und

(ii) $\forall\, g\colon A \to B \in G$ mit $A = A_1 \otimes \cdots \otimes A_n$, $A_i \in J$ $(A \neq I)$ aus $(a_i, b_i) \in QA_i$, $i = 1, \ldots, n$, stets folgt

$$\big((\Phi g)\,(\langle a_1, \ldots, a_n\rangle),\ (\Phi g)\,(\langle b_1, \ldots, b_n\rangle)\big) \in QB.$$

Bedingung (ii) besagt, daß Q eine S-Teilalgebra des direkten Produkts $\Phi \times \Phi$ ist. Eine Kongruenz Q in der S-Algebra Φ gibt Anlaß zu der S-*Faktoralgebra* Φ/Q, wobei $(\Phi/Q)A$ für $A \in J$ die Gesamtheit $\Phi A/QA$ der Kongruenzklassen von ΦA bezüglich QA ist.

Die Operationen in Φ/Q sind mittels Vertreter definiert. Die kanonischen Abbildungen $\Phi A \to \Phi A/QA$ $(A \in J)$ bilden einen S-Homomorphismus $\Phi \to \Phi/Q$. Jeder S-Homomorphismus $s\colon \Phi \to X\colon S \to Ens$ gibt Anlaß zu einer S-Kongruenz Q_s in Φ gemäß $(a, b) \in Q_sA \Leftrightarrow s_Aa = s_Ab$ $(A \in J)$. Q_s wird auch als *Kern* von s bezeichnet. Die S-Algebren Φ_s und Φ/Q_s sind kanonisch isomorph.

Die Gesamtheit der S-Kongruenzen in einer S-Algebra Φ bildet bezüglich der aus $\Phi \times \Phi$ übernommenen Teilordnung $\leqq$ einen vollständigen Verband.

2.3. Freie S-Algebren. Darstellungen. Freie Produkte

Es sei $X\colon J \to \operatorname{ob} Ens$ eine mengenwertige Abbildung, so daß $XA \cap XB = \emptyset$ für $A \neq B$ ist. Wir definieren induktiv wie folgt S-*Wörter* in X vom *Typ* (auch *Sorte* genannt) $A \in J$:

(i) Jedes $x \in XA$ ist ein S-Wort vom Typ A.

(ii) Sind $w_1, \ldots, w_n$ S-Wörter bzw. vom Typ $A_1, \ldots, A_n$ und ist $g\colon A \to B \in G$ mit $A = A_1 \otimes \ldots \otimes A_n$ $(A_i, B \in J)$, so ist $w_1 \cdots w_n g$ ein S-Wort vom Typ B. Für $g\colon I \to B \in G$ ist g selbst ein S-Wort vom Typ B.

Für jedes S-Wort w ist induktiv eine *Länge* $l(w)$ definiert gemäß:

$$l(x) = 1 \quad (x \in XA;\ A \in J),\ l(g) = 0 \text{ für } g\colon I \to B \in G,$$

$$l(w_1 \ldots w_n g) = l(w_1) + \cdots + l(w_n) + 1.$$

Jedes von einem Element aus $\bigcup_{A \in J} XA$ verschiedene S-Wort w ist eindeutig in der Form $w = w_1 \cdots w_n g$ bzw. $w = g$ darstellbar, mit $g\colon A \to B \in G$, $A = A_1 \otimes \cdots \otimes A_n$, w_i vom Typ $A_i \in J$, bzw. $g\colon I \to B \in G$.

Es sei $W_A = W_A(X)$ die Gesamtheit der S-Wörter in X vom Typ $A \in J$. Dann bildet $W(X)\colon S \to Ens$ mit $W(X)\,(A) = W_A(X)$ $(A \in J)$ und den durch (ii) definierten Operationen eine von X erzeugte S-Algebra.

Für eine Klasse K von S-Algebren, eine S-Algebra Φ, eine mengenwertige Abbildung $Y\colon J \to \operatorname{ob} \mathit{Ens}$ und eine Folge $u = \langle u_A \rangle_{A\in J}\colon Y \to \Phi_J$ von Abbildungen $u_A\colon YA \to \Phi A$ $(A \in J)$ heißt Φ *universal* für K bezüglich $u\colon Y \to \Phi_J$, wenn folgendes zutrifft. Ist $\Psi \in K$, $v\colon Y \to \Psi_J$ eine Folge von Abbildungen, so existiert genau ein S-Homomorphismus $s\colon \Phi \to \Psi$, so daß gilt: $v = us_J$. Wird dabei noch $\Phi \in K$ gefordert, so ist Φ bis auf Isomorphie bezüglich $u\colon Y \to \Phi_J$ eindeutig bestimmt und heißt die von Y *frei bezüglich* $u\colon Y \to \Phi_J$ *erzeugte freie K-Algebra* $F_K(Y)$. Ist K die Klasse aller S-Algebren, so heißt ein solches Φ (*absolut*) *frei* von Y bezüglich $u\colon Y \to \Phi_J$ erzeugt.

Die oben konstruierte S-Algebra $W(X)$ ist von X frei bezüglich der Inklusionen $XA \xrightarrow{\subseteq} W_A(X)$ $(A \in J)$ erzeugt.

Eine *S-Relation* in X ist ein geordnetes Paar (w, w') von S-Wörtern w, w' gleichen Typs. Es sei Φ eine S-Algebra und $s\colon X \to \Phi_J$ eine Folge von Abbildungen. Dann sagt man, eine aus S-Wörtern w, w' eines Typs A bestehende S-Relation (w, w') *gilt* in Φ unter s, wenn $\bar{s}_A w = \bar{s}_A w'$ ist. Dabei bezeichnet $\bar{s}$ die durch s eindeutig bestimmte Fortsetzung von s zu einem S-Homomorphismus $\bar{s}\colon W(X) \to \Phi$. Für eine Menge R von S-Relationen in X sagt man, R *gelte* in Φ unter s, wenn jedes $(w, w') \in R$ in Φ unter s gilt.

Unter einer *S-Darstellung* einer S-Algebra Φ versteht man ein Tripel $\langle X, s, R\rangle$ folgender Art. Es ist $X\colon J \to \operatorname{ob} \mathit{Ens}$ eine mengenwertige Abbildung, $s\colon X \to \Phi_J$ eine Folge von Abbildungen, R eine Menge von S-Relationen in X, so daß:

(a) $\langle s_A(XA)\rangle_{A\in J}\colon J \to \operatorname{ob} \mathit{Ens}$ erzeugt Φ.

(b) R gilt in Φ unter s.

(c) Wenn Ψ eine S-Algebra und $u\colon X \to \Psi_J$ eine Folge von Abbildungen ist, für welche R in Ψ unter u gilt, so existiert ein S-Homomorphismus $u^*\colon \Phi \to \Psi$, so daß $u = su_J^*$ gilt.

Offenbar besitzt jede S-Algebra Φ eine S-Darstellung: Man wähle zum Beispiel $X = \Phi_J$, $s\colon X \to \Phi_J = \langle 1_{\Phi A}\colon \Phi A \to \Phi A\rangle_{A\in J} = 1_X\colon X \to X$ und für R die Menge aller Paare $(a_1 \cdots a_n g, b)$ $(g \in G)$, für welche $a_1 \cdots a_n g = b$ in Φ ist. Durch $\langle X, R\rangle$ ist $\langle \Phi, s\rangle$ bis auf Isomorphie eindeutig bestimmt. Ist umgekehrt $\langle X, R\rangle$ gegeben, Q die von R erzeugte S-Kongruenz in $W(X)$, s^* die kanonische S-Surjektion $s^*\colon W(X) \to W(X)/Q$ und $s\colon X \to \big(W(X)/Q\big)_J$ die von s^* induzierte Folge von Abbildungen, so ist $\langle X, s, R\rangle$ eine S-Darstellung der S-Algebra $W(X)/Q$. Man sagt daher auch, eine S-Algebra Φ ist *durch Erzeugende X und Relationen R definiert* und schreibt $\Phi = \{X|R\}_S$.

Es sei $\langle \Phi_t\rangle_{t\in T}$ eine Folge von S-Algebren. $\langle X_t, s_t, R_t\rangle$ sei eine S-Darstellung von Φ_t. Man setze die Mengen $X_t A$ als paarweise disjunkt voraus und bilde

$$X = \langle \cup_{t\in T} X_t A\rangle_{A\in J},\ R = \cup_{t\in T} R_t,\ \Phi = \{X|R\}_S;$$

$s\colon X \to \Phi_J$ sei die kanonisch definierte Abbildungsfolge. Dann heißt Φ das *freie Produkt* der Φ_t $(t \in T)$. Φ ist das Coprodukt $\coprod_{t'\in T} \Phi_{t'}$ der Φ_t in der Kategorie

S-*Alg* mit Injektionen $i_t: \Phi_t \to \coprod_{t' \in T} \Phi_{t'}$ $(t \in T)$, die wie folgt definiert sind. Für $t \in T$ bezeichne j_t: $X_t \to X$ die Folge von Inklusionen $X_t A \subseteq XA$ $(A \in J)$. Dann gilt R_t in Φ unter $j_t s$: $X_t \to \Phi_J$, und $i_t: \Phi_t \to \Phi$ ist der von $j_t s$ induzierte S-Homomorphismus, welcher das nachstehende Diagramm kommutativ schließt.

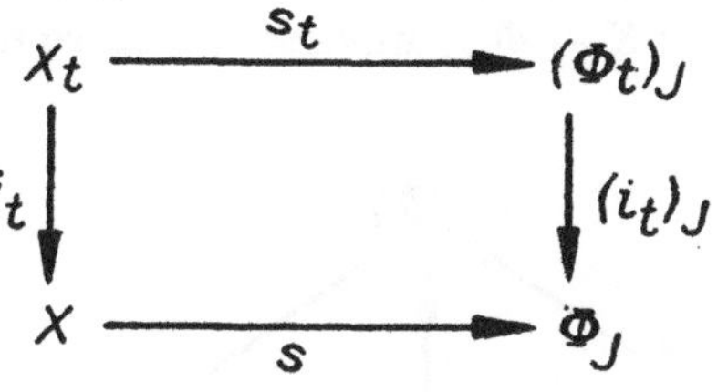

2.4. Minimal universale S-Algebren

Der im folgenden erklärte Begriff einer minimal universalen S-Algebra ist eine Verschärfung des Begriffs einer universalen S-Algebra aus 2.3 und bis auf Isomorphie eindeutig.

Es sei K eine Klasse von S-Algebren, Y: $J \to$ ob *Ens* eine mengenwertige Abbildung und $\langle \Phi, u \rangle$ ein Paar, bestehend aus einer S-Algebra Φ und einer Folge $u = \langle u_A \rangle_{A \in J}$: $Y \to \Phi_J$ von Abbildungen. $\langle \Phi, u \rangle$ heißt *minimal universal* für K, wenn $\langle \Phi, u \rangle$ universal für K ist und wenn zu jedem anderen Paar $\langle \Psi, v \rangle$ mit v: $Y \to \Psi_J$, das universal für K ist, ein S-surjektiver S-Homomorphismus t: $\Psi \to \Phi$ existiert, so daß $u = vt_J$ gilt.

Ein minimal universales Paar $\langle \Phi, u \rangle$ mit u: $Y \to \Phi_J$ ist bis auf Isomorphie bezüglich Y eindeutig durch K bestimmt.

Wenn ein für K (im Sinne von 2.3) freies Paar $\langle \Psi, v \rangle$ mit v: $Y \to \Psi_J$ existiert, so sind die für K minimal universalen Paare $\langle \Phi, u \rangle$ mit u: $Y \to \Phi_J$ offenbar auch frei für K.

2.4.1. *Zu jeder Klasse K von S-Algebren und jeder mengenwertigen Abbildung $Y: J \to$ ob* ***Ens*** *existiert stets ein für K minimal universales Paar $\langle \Phi, u \rangle = \langle C_K(Y), u \rangle$ mit u: $Y \to \Phi_J$.*

Beweis. 1. Konstruktion. Es sei X: $J \to$ ob *Ens* eine mengenwertige Abbildung und U die Gesamtheit der Abbildungsfolgen $v = \langle v_A \rangle_{A \in J}$: $X \to \Psi_J$ mit $\Psi \in K$; wir schreiben für das zugehörige Ψ genauer auch $\Psi(v)$. Es sei WX die von X frei bezüglich Inklusionen $XA \subseteq W_A X$ $(A \in J)$ erzeugte freie S-Algebra und $\bar{v}$: $WX \to \Psi(v)$ der von v: $X \to \Psi(v)_J \in U$ induzierte S-Homomorphismus. Die Kerne $Q_{\bar{v}}$ dieser S-Homomorphismen bilden eine Menge V. Es sei $Q = \bigcap_{\bar{v}} Q_{\bar{v}}$ ihr Durchschnitt. Als eine S-Kongruenz induziert Q eine S-Faktoralgebra WX/Q. Es sei w die kanonische Abbildungsfolge w: $X \to (WX/Q)_J$.

Dann ist $\langle WX/Q, w \rangle$ minimal universal für K.

2. Konstruktion. Es sei K eine Menge von S-Algebren. Φ bezeichne das direkte Produkt $\Phi = \prod_{v \in U} \Psi(v)$ der S-Algebren $\Psi(v)$ $(v \in U)$. U gibt Anlaß zu einer Abbildungsfolge $u\colon X \to \Phi_J$ mit $u_A(x) = \langle v_A(x)\rangle_{v \in U}$ (für $x \in XA$ und $A \in J$). Es sei Φ' die von der Mengenfolge $\langle \bigcup_{v \in U} v_A(XA) \mid A \in J\rangle$ erzeugte Teilalgebra von Φ und $u'\colon X' \to \Phi_J'$ die durch Einschränkung aus u hervorgehende Abbildungsfolge.

Dann ist $\langle \Phi', u'\rangle$ minimal universal für K. Denn jedenfalls ist $\langle \Phi', u'\rangle$ universal für K. Ist $\langle \Phi_1, u_1\rangle$, mit $u_1\colon X \to \Phi_{1J}$, universal für K, so folgt aus der Kommutativität des Diagramms

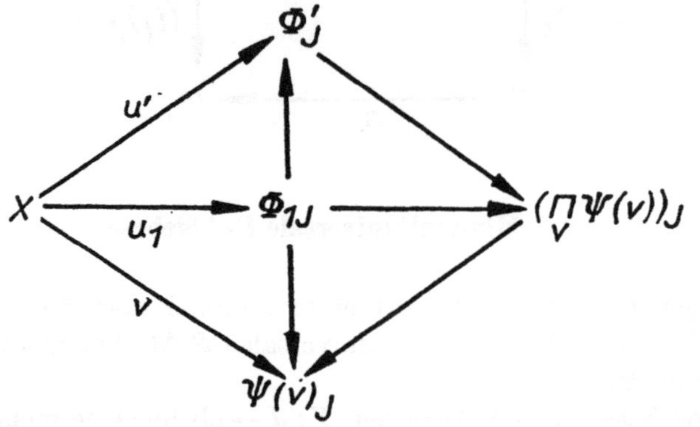

die Existenz eines S-surjektiven S-Homomorphismus $\Phi_1 \to \Phi'$. ∎

Die Konstruktionen 1 und 2 sind im wesentlichen äquivalent. (Zur Definition der Operatoren $\mathbf{S}$ und $\mathbf{P}$ sei auf Abschnitt 2.5 verwiesen.)

2.4.2. *Genau dann ist das Paar $\langle \Phi, u\rangle$ minimal universal für K, wenn $\langle \Phi, u\rangle$ frei für $\mathbf{S}(\mathbf{P}(K))$ ist.* ∎

G. B. Birkhoff—J. D. Lipson (1970) betrachteten den Spezialfall solcher für K minimal universaler Paare $\langle \Phi, u\rangle$ $(u\colon Y \to \Phi_J)$, bei denen $u_A\colon YA \to \Phi A$ für jedes $A \in J$ eine Inklusion ist. Besteht K nur aus S-Algebren Φ mit card $\Phi A \leqq 1$ für alle $A \in J$ und ist card $YA \geqq 2$ für wenigstens ein $A \in J$, so existiert ein minimal universales Paar $\langle \Phi, u\rangle$ mit Inklusionen $u_A\colon YA \xrightarrow{\subseteq} \Phi A$ offenbar nicht.

2.5. Varietäten

Es sei $Y(A)$ für jedes $A \in J$ eine feste, hier als abzählbar unendlich vorausgesetzte Menge von „Standard-Symbolen" und R eine Menge von S-Relationen in Y. Man sagt, die Relationen R sind in einer S-Algebra Φ *gültig*, wenn sie in Φ unter jeder Abbildungsfolge $s\colon Y \to \Phi_J$ gelten. Die Relationen R werden in einer Klasse K von S-Algebren *gültig* genannt, wenn sie in jeder S-Algebra aus K gültig sind. Man überlegt sich leicht: Wenn die Relationen R in einer Klasse K von S-Algebren gültig sind, so trifft das auch zu für die folgenden drei aus K abgeleiteten Klassen: die Klasse $\mathbf{H}(K)$ aller homomorphen Bilder von Algebren aus K, die

Klasse $\boldsymbol{P}(K)$ aller S-Algebren, die isomorph sind zu direkten Produkten von Algebren aus K und die Klasse $\boldsymbol{S}(K)$ aller S-Algebren, die isomorph sind zu S-Teilalgebren von Algebren aus K.

Für eine Menge R von S-Relationen in Y sei $\boldsymbol{V}(R)$ die Klasse aller S-Algebren, in denen die Relationen R gültig sind. $\boldsymbol{V}(R)$ heißt die durch R definierte *Varietät* (*gleichungsdefinierte Klasse, primitive Klasse*). Für eine Klasse K von S-Algebren sei $\boldsymbol{E}(K)$ die Menge aller in K gültigen S-Relationen in Y. Das Paar $\langle \boldsymbol{V}, \boldsymbol{E}\rangle$ bildet eine GALOIS-Verbindung zwischen Klassen von S-Algebren über einem geeigneten Universum (vgl. P. M. COHN, 1965) und Mengen von S-Relationen in Y, d. h., es gilt

$$R_1 \subseteqq R_2 \Rightarrow \boldsymbol{V}R_2 \subseteqq \boldsymbol{V}R_1,$$

$$K_1 \subseteqq K_2 \Rightarrow \boldsymbol{E}K_2 \subseteqq \boldsymbol{E}K_1,$$

$$R \subseteqq (\boldsymbol{VE})\, R,\quad K \subseteqq (\boldsymbol{EV})\, K$$

für Klassen K, K_1, K_2 von S-Algebren und Mengen R, R_1, R_2 von S-Relationen in Y. Daraus folgt bekanntlich $(\boldsymbol{VEV})\,R = \boldsymbol{V}R$, $(\boldsymbol{EVE})\,K = \boldsymbol{E}K$ sowie die Hülleneigenschaft der Operationen $\boldsymbol{VE}$ und $\boldsymbol{EV}$.

Für eine Klasse K von S-Algebren ist $(\boldsymbol{EV})\,K$ eine Varietät, die von K *erzeugte* Varietät. Genau dann gilt $(\boldsymbol{EV})\,K = K$, wenn K eine Varietät ist.

Die Algebren einer Varietät V bilden die Objektklasse einer vollen Teilkategorie V-*Alg* der Kategorie S-*Alg* aller S-Algebren.

Nach P. J. HIGGINS (1963) gilt:

2.5.1. *Es sei K eine Klasse von S-Algebren mit $\boldsymbol{P}K \subseteqq K$ und $\boldsymbol{S}K \subseteqq K$ und X: $J \to \operatorname{ob} Ens$ eine beliebige mengenwertige Abbildung mit paarweise disjunkten Mengen XA $(A \in J)$.*

Dann existiert die von X frei erzeugte freie K-Algebra $F_K(X)$. ■

2.5.2. Folgerung. *Für eine Varietät V und X wie in 2.5.1 existiert stets $F_V(X)$.* ■

Der Begriff einer S-Darstellung einer S-Algebra läßt sich auf Grund folgender Aussage verallgemeinern.

2.5.3. (P. J. HIGGINS, 1963). *Es seien V eine Varietät von S-Algebren, X wie in 2.5.1 und R eine Menge von S-Relationen in X.*

Dann existieren ein Paar $\langle \Phi, s\rangle$, bestehend aus einer Algebra $\Phi \in V$ und einer Abbildungsfolge $s\colon X \to \Phi_J$, so daß

(i) *Φ von $\langle s_A(XA)\rangle_{A\in J}$ erzeugt wird,*

(ii) *die Relationen R in Φ unter s gelten,*

(iii) *wenn Ψ eine Algebra aus V und $u\colon X \to \Psi_J$ eine Folge von Abbildungen ist, für welche R in Ψ unter u gilt, ein S-Homomorphismus $u^*\colon \Phi \to \Psi$ existiert mit $u = s u_J^*$.* ■

Das Tripel $\langle X, s, R\rangle$ aus 2.5.3 heißt eine *V-Darstellung* von Φ; man schreibt $\Phi = \{X|R\}_V$.

Analog zum freien Produkt läßt sich für eine Varietät V das *freie V-Produkt* einer Folge $\langle \Phi_i \rangle_{i \in T}$ von Algebren aus V definieren.

In Verallgemeinerung eines Theorems von G. Birkhoff (1935) gilt:

2.5.4. (P. J. Higgins, 1963). *Eine Klasse K von S-Algebren ist genau dann eine Varietät, wenn $\boldsymbol{H}(K)$, $\boldsymbol{P}(K)$ und $\boldsymbol{S}(K)$ in K enthalten sind.* ■

Kap. II: ALLGEMEINE THEORIE SEQUENTIELLER AUTOMATEN

1. Kronecker-Doppelkategorien und Automaten

1.1. Mealymaten

Im Hinblick auf die Synthese von Automaten erscheint es sinnvoll, den Begriff eines Mealy-Automaten wie folgt zu verallgemeinern. Es sei $\mathcal{K}$ eine monoidale Kategorie. Eine Folge

$$\langle A, B, R, S, l, m \rangle$$

mit

$$A, B, R, S \in \operatorname{ob} \mathcal{K},$$

$$l: R \otimes A \to B, \quad m: R \otimes A \to S \in \mathcal{K}$$

heiße ein *Mealymat* in $\mathcal{K}$. Dabei heißen A, B, R, S entsprechend *Eingabeobjekt*, *Ausgabeobjekt*, *Primärzustandsobjekt*, *Sekundärzustandsobjekt* des Mealymaten; l, m heißen entsprechend *Ergebnismorphismus* und *Überführungsmorphismus* des Mealymaten. Der obige Mealymat soll durch jedes der Symbole

$$A \xrightarrow[l,m]{R,S} B, \qquad R \xrightarrow[l,m]{A,B} S$$

repräsentiert werden.

Ein Quadrupel $\langle a, b, r, s \rangle$ wird als *Morphismus des* Mealymaten $A \xrightarrow[l,m]{R,S} B$ in den Mealymaten $A' \xrightarrow[l',m']{R',S'} B'$ bezeichnet, falls folgendes kommutative Diagramm besteht.

$$\begin{array}{ccccc}
S & \xleftarrow{\ m\ } & R \otimes A & \xrightarrow{\ l\ } & B \\
{\scriptstyle s}\downarrow & & \downarrow{\scriptstyle r \otimes a} & & \downarrow{\scriptstyle b} \\
S' & \xleftarrow[\ m'\ ]{} & R' \otimes A' & \xrightarrow[\ l'\ ]{} & B'
\end{array}$$

Die Mealymaten in $\mathcal{K}$, zusammen mit diesen Morphismen, bilden eine Kategorie $\mathcal{K}$*-Mat*. Identifiziert man einen Mealy-Automaten $A \xrightarrow[l,m]{S} B$ mit dem Mealymaten $A \xrightarrow[l,m]{S,S} B$, so erhält man einen Inklusionsfunktor

$$\mathcal{K}\text{-}Aut \to \mathcal{K}\text{-}Mat$$

der Kategorie der Mealy-Automaten in die Kategorie der Mealymaten.

Die *Parallelschaltung* zweier Mealymaten einer halbsymmetrischen Kategorie $\mathscr{K}$ ist definiert durch

$$\left(A \xrightarrow[l,m]{R,S} B\right) \otimes \left(A' \xrightarrow[l',m']{R',S'} B'\right) = A \otimes A' \xrightarrow[l'',m'']{R\otimes R',S\otimes S'} B \otimes B' \tag{1}$$

mit

$$l'' = (1_R \otimes c_{R'A} \otimes 1_{A'})\,(l \otimes l')\colon R \otimes R' \otimes A \otimes A' \to B \otimes B',$$
$$m'' = (1_R \otimes c_{R'A} \otimes 1_{A'})\,(m \otimes m') : R \otimes R' \otimes A \otimes A' \to S \otimes S',$$

d. h., für l'', m'' besteht das folgende kommutative Diagramm.

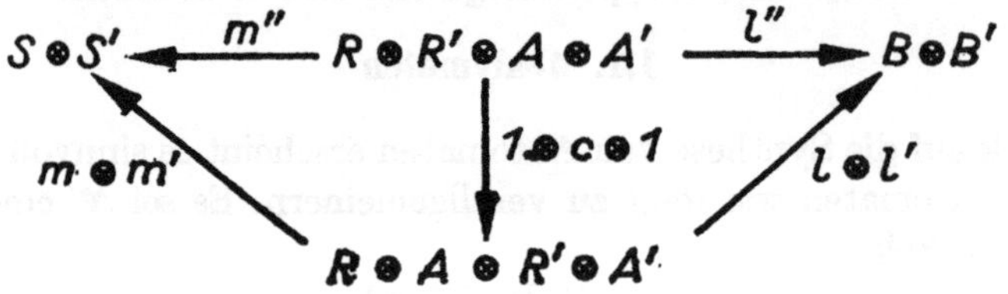

Mit (1) gleichbedeutend ist

$$\left(R \xrightarrow[l,m]{A,B}_{\perp} S\right) \otimes \left(R' \xrightarrow[l',m']{A',B'}_{\perp} S'\right) = R \otimes R' \xrightarrow[l'',m'']{A\otimes A',B\otimes B'}_{\perp} S \otimes S'. \tag{2}$$

(Allgemeiner läßt sich die Parallelschaltung zweier Mealymaten unter Verwendung der Assoziativität a in einer Kategorie $\mathscr{K}$ mit Multiplikation durch (1) definieren, wobei gilt

$$l'' = a_{RR',A\otimes A'}(1_R \otimes a^{-1}_{R'AA'})\left(1_R \otimes (c_{R'A} \otimes 1_{A'})\right)(1_R \otimes a_{AR'A'})\,a^{-1}_{RA,R'\otimes A'}(l \otimes l');$$

entsprechend m''.)

Die Parallelschaltung zweier Mealymaten (MEALY-Automaten) ist wieder ein Mealymat (MEALY-Automat).

Die Parallelschaltung ist eine assoziative Operation, da das folgende kommutative Diagramm besteht:

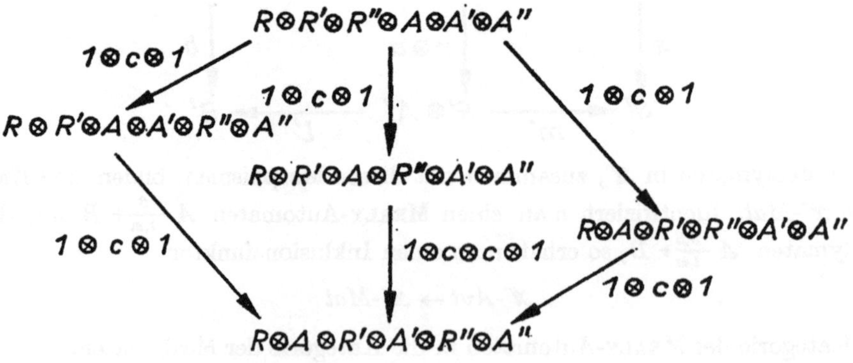

In einer *hd*-halbsymmetrischen Kategorie $\mathcal{K}$ mit der Diagonalen d läßt sich wie folgt die *Serienschaltung* zweier Mealymaten definieren

$$\left(A \xrightarrow[l,m]{R,S} B\right)\left(B \xrightarrow[l',m']{R',S'} C\right) = A \xrightarrow[l'',m'']{R'\otimes R,S'\otimes S} C$$

mit

$$l'' = (1_{R'} \otimes l)\, l' \colon R' \otimes R \otimes A \to C,$$

$$m'' = (1_{R'} \otimes d_{R\otimes A}(l \otimes m))\, (m' \otimes 1_S),$$

d. h., für l'', m'' bestehen die kommutativen Diagramme:

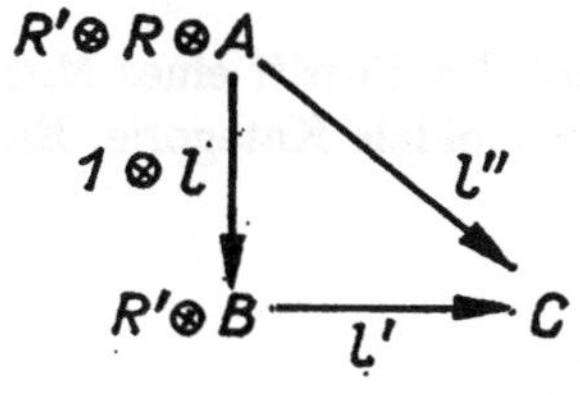

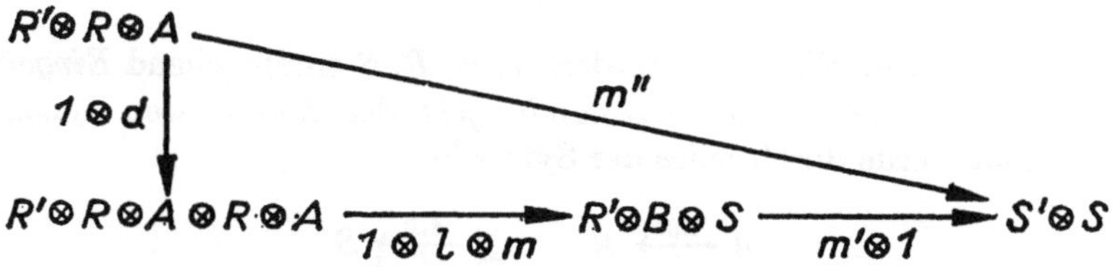

Im Hinblick auf die Synthese von Automaten erscheint es sinnvoll, den folgenden Begriff einer $\perp$-*Serienschaltung* zweier Mealymaten einzuführen.

$$\left(R \xrightarrow[l,m\ \perp]{A,B} S\right) \perp \left(S \xrightarrow[l',m'\ \perp]{A',B'} T\right) = R \xrightarrow[l'',m''\ \perp]{A\otimes A',B\otimes B'} T,$$

mit

$$l'' = (d_{R\otimes A}(l \otimes m) \otimes 1_{A'})\,(1_B \otimes l') \colon R \otimes A \otimes A' \to B \otimes B',$$

$$m'' = (m \otimes 1_{A'})m' \colon R \otimes A \otimes A' \to T,$$

d. h., für l'', m'' bestehen folgende kommutative Diagramme:

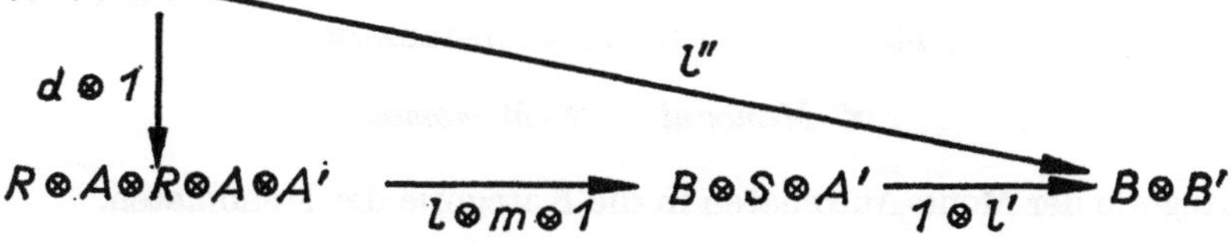

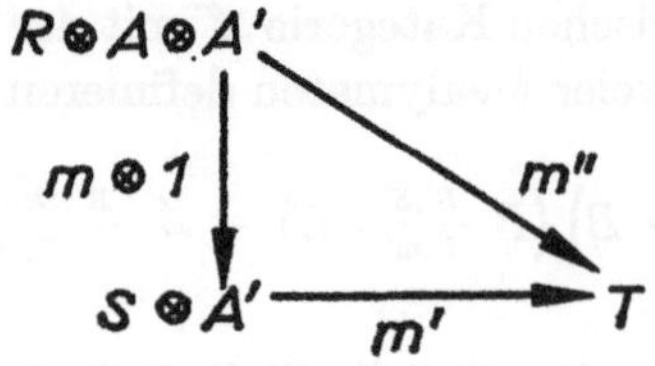

Die Serienschaltung ($\pm$-Serienschaltung) zweier Mealymaten ist wieder ein Mealymat. Die Serienschaltung ($\pm$-Serienschaltung) zweier Mealy-Automaten ist wieder ein Mealy-Automat.

1.2. Monomaten

Mit Rücksicht auf die Automatensynthese wird der Begriff eines Mono-Automaten wie folgt verallgemeinert. Es sei $\mathcal{K}$ eine monoidale Kategorie. Eine Folge

$$\langle A, B, R, S, f\rangle$$

mit

$$A, B, R, S \in \text{ob}\,\mathcal{K},$$

$$f\colon R \otimes A \to B \otimes S \in \mathcal{K}$$

heiße ein *Monomat* in $\mathcal{K}$. Dabei werden A, B, R, S entsprechend *Eingabe-*, *Ausgabe-*, *Primärzustands-*, *Sekundärzustandsobjekt* des Monomaten genannt. Der obige Monomat werde durch jedes der Symbole

$$A \xrightarrow[f]{R,S} B, \qquad R \xrightarrow[f]{A,B}{}_{\perp} S$$

repräsentiert.

Das Quadrupel $\langle a, b, r, s\rangle$ $(a, b, r, s \in \mathcal{K})$ heißt *Morphismus* des Monomaten $A \xrightarrow[f]{R,S} B$ in den Monomaten $A' \xrightarrow[f']{R',S'} B'$, wenn das nachstehende Diagramm kommutativ ist.

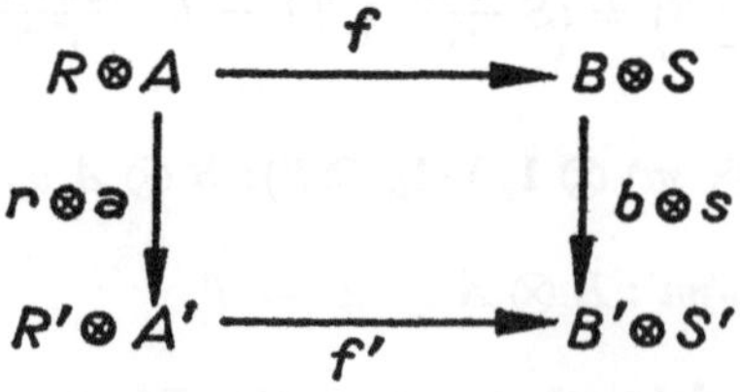

Die Monomaten in $\mathcal{K}$ bilden zusammen mit deren Morphismen eine Kategorie $\mathcal{K}$*-Monomat*. Identifiziert man einen Mono-Automaten $A \xrightarrow[f]{S} B$ mit dem Monomaten $A \xrightarrow[f]{S,S} B$, so erhält man einen Inklusionsfunktor

$$\mathcal{K}\text{-}Monoaut \to \mathcal{K}\text{-}Monomat$$

der Kategorie der Mono-Automaten in die Kategorie der Monomaten.

Ein Monomat $A \xrightarrow[f]{R,S} B$ mit $R = S = I$ heißt auch *Monomat ohne Gedächtnis*. Ein solcher Monomat ist einfach ein Morphismus $f\colon A \to B \in \mathscr{K}$. In dieser Weise hat man einen Inklusionsfunktor

$$\mathit{Morph}\ (\mathscr{K}) \to \mathscr{K}\text{-}\mathit{Monoaut}.$$

Wir erinnern daran, daß die Objekte der Kategorie *Morph* $(\mathscr{K})$ die Morphismen $f\colon A \to B \in \mathscr{K}$ und die Morphismen der Kategorie *Morph* $(\mathscr{K})$ die Paare $\langle a, b\rangle$ von Morphismen $a\colon A \to A'$, $b\colon B \to B' \in \mathscr{K}$ sind, für welche das Diagramm

$$\begin{array}{ccc} A & \xrightarrow{\quad f \quad} & B \\ {\scriptstyle a}\big\downarrow & & \big\downarrow{\scriptstyle b} \\ A' & \xrightarrow[\quad f' \quad]{} & B' \end{array}$$

kommutativ ist (vgl. S. Mac Lane, 1965).

Es sei $\mathit{Morph}\,\mathscr{K}^{\perp}$ ein zweites Exemplar von $\mathit{Morph}\,\mathscr{K}$, mit $\mathit{Morph}\,\mathscr{K} \cap \mathit{Morph}\,\mathscr{K}^{\perp} = \{1_I\colon I \to I\}$. Das einem Objekt $f\colon A \to B \in \mathit{Morph}\,\mathscr{K}$ entsprechende Objekt von $\mathit{Morph}\,\mathscr{K}^{\perp}$ werde mit $f^{\perp}\colon A \xrightarrow[\perp]{} B$ bezeichnet. Vermöge der Zuordnung $f^{\perp}\colon A \xrightarrow[\perp]{} B \mapsto A \xrightarrow[f\ \perp]{I,I} B$ hat man den Inklusionsfunktor

$$\mathit{Morph}\,\mathscr{K}^{\perp} \to \mathscr{K}\text{-}\mathit{Monoaut}.$$

Es sei $\mathscr{K}$ eine halbsymmetrische Kategorie. Die *Parallelschaltung* zweier Monomaten in $\mathscr{K}$ ist definiert gemäß

$$\left(A \xrightarrow[f]{R,S} B\right) \otimes \left(A' \xrightarrow[f']{R',S'} B'\right) = A \otimes A' \xrightarrow[f'']{R\otimes R',S\otimes S'} B \otimes B', \tag{1}$$

mit

$$f'' = (1_R \otimes c_{R'A} \otimes 1_{A'})\,(f \otimes f')\,(1_B \otimes c_{SB'} \otimes 1_{S'}),$$

d. h., man hat das folgende kommutative Diagramm:

$$\begin{array}{ccc} R\otimes R'\otimes A\otimes A' & \xrightarrow{\quad f'' \quad} & B\otimes B'\otimes S\otimes S' \\ {\scriptstyle 1\otimes c\otimes 1}\big\downarrow & & \big\uparrow{\scriptstyle 1\otimes c\otimes 1} \\ R\otimes A\otimes R'\otimes A' & \xrightarrow[\quad f\otimes f' \quad]{} & B\otimes S\otimes B'\otimes S' \end{array}$$

Gleichbedeutend mit (1) ist offenbar:

$$\left(R \xrightarrow[f\ \perp]{A,B} S\right) \otimes \left(R' \xrightarrow[f'\ \perp]{A',B'} S'\right) = R \otimes R' \xrightarrow[f''\ \perp]{A\otimes A',B\otimes B'} S \otimes S'. \tag{2}$$

Wie aus 3.1 (3) hervorgeht, ist die Parallelschaltung von Monomaten eine assoziative Operation.

Im Gegensatz zur Serienschaltung von Mealymaten kann auch die *Serienschaltung* von Monomaten in einer beliebigen KRONECKER-Kategorie $\mathcal{K}$ definiert werden, und zwar gemäß

$$\left(A \xrightarrow[f]{R,S} B\right)\left(B \xrightarrow[f']{R',S'} C\right) = A \xrightarrow[f'']{R'\otimes R,\, S'\otimes S} C$$

mit

$$f'' = (1_{R'} \otimes f)\,(f' \otimes 1_S)\colon R' \otimes R \otimes A \to C \otimes S' \otimes S,$$

d. h., es besteht folgendes kommutative Diagramm:

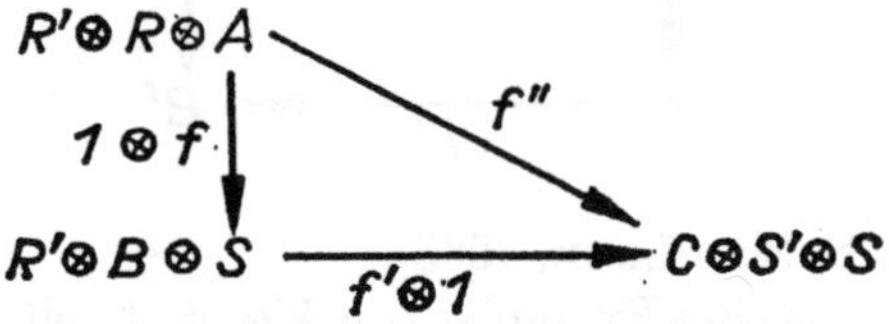

Entsprechend ist die $\perp$-Serienschaltung zweier Monomaten in $\mathcal{K}$ definiert durch:

$$\left(R \xrightarrow[f\ \perp]{A,B} S\right) \perp \left(S \xrightarrow[f'\ \perp]{A',B'} T\right) = R \xrightarrow[f''\ \perp]{A\otimes A',\, B\otimes B'} T$$

mit

$$f'' = (f \otimes 1_{A'})\,(1_B \otimes f')\colon R \otimes A \otimes A' \to B \otimes B' \otimes T,$$

wonach folgendes Diagramm kommutativ ist.

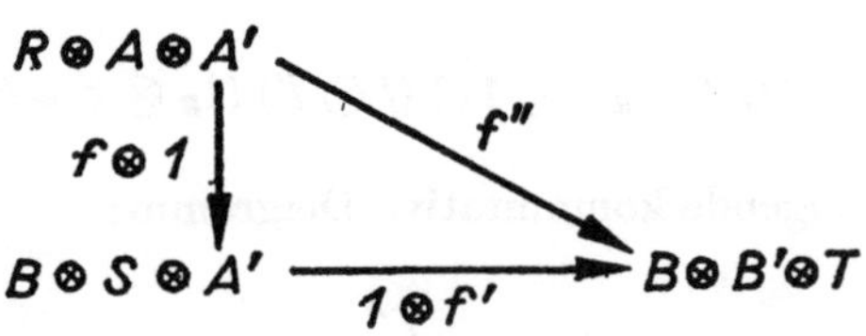

Man rechnet leicht nach, daß die Serienschaltung und die $\perp$-Serienschaltung von Monomaten in $\mathcal{K}$ assoziativ sind und folgendes *Vertauschungsgesetz* erfüllen:

$$\left(\left(A \xrightarrow[f]{R,S} B\right)\left(B \xrightarrow[f']{R',S'} C\right)\right) \perp \left(\left(A' \xrightarrow[h]{S,T} B'\right)\left(B' \xrightarrow[h']{S',T'} C'\right)\right)$$

$$= \left(\left(R \xrightarrow[f\ \perp]{A,B} S\right) \perp \left(S \xrightarrow[h\ \perp]{A',B'} T\right)\right)\left(\left(R' \xrightarrow[f'\ \perp]{B,C} S'\right) \perp \left(S' \xrightarrow[h'\ \perp]{B',C'} T'\right)\right) \qquad (3)$$

Ferner gelten in einer symmetrischen Kategorie $\mathscr{K}$ folgende Identitäten:

$$\begin{aligned}
\left(1^{\perp}_{U} \otimes c^{\perp}_{U'R} \otimes 1^{\perp}_{R'}\right) \mathbin{\overline{\perp}} \Big[&\Big(\Big(A \xrightarrow[f]{R,S} B\Big)\Big(B \xrightarrow[h]{U,V} C\Big)\Big) \\
&\otimes \Big(\Big(A' \xrightarrow[f']{R',S'} B'\Big)\Big(B' \xrightarrow[h']{U',V'} C'\Big)\Big)\Big] \\
= \Big[&\Big(\Big(A \xrightarrow[f]{R,S} B\Big) \otimes \Big(A' \xrightarrow[f']{R',S'} B'\Big)\Big) \\
&\Big(\Big(B \xrightarrow[h]{U,V} C\Big) \otimes \Big(B' \xrightarrow[h']{U',V'} C'\Big)\Big)\Big] \mathbin{\overline{\perp}} \left(1^{\perp}_{V} \otimes c^{\perp}_{V'S} \otimes 1^{\perp}_{S'}\right),
\end{aligned} \tag{4}$$

$$\begin{aligned}
(1_A \otimes c_{A'C} \otimes 1_{C'}) \Big[&\Big(\Big(R \xrightarrow[f\;\perp]{A,B} S\Big) \mathbin{\overline{\perp}} \Big(S \xrightarrow[h\;\perp]{C,D} T\Big)\Big) \\
&\otimes \Big(\Big(R' \xrightarrow[f'\;\perp]{A',B'} S'\Big) \mathbin{\overline{\perp}} \Big(S' \xrightarrow[h'\;\perp]{C',D'} T'\Big)\Big)\Big] \\
= \Big[&\Big(\Big(R \xrightarrow[f\;\perp]{A,B} S\Big) \otimes \Big(R' \xrightarrow[f'\;\perp]{A',B'} S'\Big)\Big) \\
&\mathbin{\overline{\perp}} \Big(\Big(S \xrightarrow[h\;\perp]{C,D} T\Big) \otimes \Big(S' \xrightarrow[h'\;\perp]{C',D'} T'\Big)\Big)\Big] (1_B \otimes c_{B'D} \otimes 1_{D'}).
\end{aligned} \tag{5}$$

Es genügt, den Beweis von (4) anzugeben, da (5) analog einzusehen ist. Es sei zur Abkürzung

$$f'' = (1_U \otimes f)\,(h \otimes 1_S) \otimes (1_{U'} \otimes f')\,(h' \otimes 1_{S'})$$

gesetzt.

Indem man die linke Seite von (4) von rechts mit $\mathbin{\overline{\perp}}\left(1^{\perp}_{V} \otimes c^{\perp}_{V'S} \otimes 1^{\perp}_{S'}\right)$ multipliziert, erhält man:

$$\begin{aligned}
&\langle I, I, U \otimes U' \otimes R \otimes R', U \otimes R \otimes U' \otimes R', 1_U \otimes c_{U'R} \otimes 1_{R'}\rangle \\
&\mathbin{\overline{\perp}} \langle A \otimes A', C \otimes C', U \otimes R \otimes U' \otimes R', V \otimes S \otimes V' \otimes S', \\
&\qquad (1_{UR} \otimes c_{U'\otimes R',A} \otimes 1_{A'})\, f''(1_C \otimes c_{V\otimes S,C'} \otimes 1_{V'S'})\rangle \\
&\mathbin{\overline{\perp}} \langle I, I, V \otimes S \otimes V' \otimes S', V \otimes V' \otimes S \otimes S', 1_V \otimes c_{SV'} \otimes 1_{S'})\rangle \\
&= \langle A \otimes A', C \otimes C', U \otimes U' \otimes R \otimes R', V \otimes V' \otimes S \otimes S', \\
&\quad (1_U \otimes c_{U'R} \otimes 1_{R'AA'})\,(1_{UR} \otimes c_{U'\otimes R',A} \otimes 1_{A'}). \\
&\quad f''(1_C \otimes c_{V\otimes S,C'} \otimes 1_{V'S'})\,(1_{CC'V} \otimes c_{SV'} \otimes 1_{S'})\rangle \\
&= \langle -, -, -, -, \\
&\quad (1_{UU'R} \otimes c_{R'A} \otimes 1_{A'})\,(1_U \otimes c_{U',R\otimes A} \otimes 1_{R'A'})\,(1_U \otimes f \otimes 1_{U'} \otimes f') \\
&\quad \cdot (h \otimes 1_S \otimes h' \otimes 1_{S'})\,(1_{CV} \otimes c_{S,C'\otimes V'} \otimes 1_{S'})\,(1_C \otimes c_{VC'} \otimes 1_{V'SS'})\rangle
\end{aligned}$$

$$= \langle -, -, -, -,$$

$$(1_{UU'R} \otimes c_{R'A} \otimes 1_{A'})\,(1_{UU'} \otimes f \otimes f')\,(1_U \otimes {}_{U',B\otimes S} \otimes 1_{B'S'})$$

$$\cdot\,(1_{UB} \otimes c_{S,U'\otimes B'} \otimes 1_{S'})\,(h \otimes h' \otimes 1_{SS'})\,(1_C \otimes c_{VC'} \otimes 1_{V'SS'})\rangle$$

$$= \langle -, -, -, -, (1_{UU'R} \otimes c_{R'A} \otimes 1_{A'})\,(1_{UU'} \otimes f \otimes f')$$

$$\cdot\,(1_U \otimes c_{U'B} \otimes c_{SS'} \otimes 1_{S'})\,(h \otimes h' \otimes 1_{SS'})\,(1_C \otimes c_{VC'} \otimes 1_{V'SS'})\rangle$$

$$= \langle -, -, -, -,$$

$$\big(1_{UU'} \otimes (1_R \otimes c_{R'A} \otimes 1_{A'})\,(f \otimes f')\,(1_B \otimes c_{SB'} \otimes 1_{S'})\big)$$

$$\cdot\,\big((1_U \otimes c_{U'B} \otimes 1_{B'})\,(h \otimes h')\,(1_C \otimes c_{VC'} \otimes 1_{V'}) \otimes 1_{SS'}\big)\rangle$$

$$= \langle A \otimes A',\ B \otimes B',\ R \otimes R',\ S \otimes S',$$

$$(1_R \otimes c_{R'A} \otimes 1_{A'})\,(f \otimes f')\,(1_B \otimes c_{SB'} \otimes 1_{S'})\rangle$$

$$\times \langle B \otimes B',\ C \otimes C',\ U \otimes U',\ V \otimes V',$$

$$(1_U \otimes c_{U'B} \otimes 1_{B'})\,(h \otimes h')\,(1_C \otimes c_{VC'} \otimes 1_{V'})\rangle$$

$$= \Big(\big(A \xrightarrow[f]{R,S} B\big) \otimes \big(A' \xrightarrow[f']{R',S'} B'\big)\Big)\Big(\big(B \xrightarrow[h]{U,V} C\big) \otimes \big(B' \xrightarrow[h']{U',V'} C'\big)\Big). \blacksquare$$

1.3. *Kronecker-Doppelkategorien

Definition. Ein Tripel $\langle \mathscr{L}, \bullet, \perp \rangle$ heißt eine *Doppelkategorie* im Sinne von C. Ehresmann (1963), wenn folgendes gilt:

(i) $\mathscr{L}^\bullet = \langle \mathscr{L}, \bullet \rangle$ ist eine Kategorie mit der Morphismenkomposition $(\bullet)$. Die Morphismen von $\mathscr{L}^\bullet$ werden wie üblich in der Form $A \to B$ $(A, B \in \operatorname{ob} \mathscr{L}^\bullet)$ geschrieben.
$\mathscr{L}^\perp = \langle \mathscr{L}, \perp \rangle$ ist eine Kategorie mit der Morphismenkomposition $(\perp)$. Die Morphismen von $\mathscr{L}^\perp$ werden in der Form $R \xrightarrow[\perp]{} S$ $(R, S \in \operatorname{ob} \mathscr{L}^\perp)$ geschrieben.

(ii) Für $A \to B \in \mathscr{L}^\bullet$, $R \xrightarrow[\perp]{} S \in \mathscr{L}^\perp$ setze man

$$\alpha^\bullet(A \to B) = 1_A \colon A \to A,$$

$$\beta^\bullet(A \to B) = 1_B \colon B \to B \text{ in } \mathscr{L}^\bullet,$$

$$\alpha^\perp(R \xrightarrow[\perp]{} S) = 1_R^\perp : R \xrightarrow[\perp]{} R,$$

$$\beta^\perp(R \xrightarrow[\perp]{} S) = 1_S^\perp : S \xrightarrow[\perp]{} S \text{ in } \mathscr{L}^\perp.$$

Dann soll gelten:

$\alpha^\bullet, \beta^\bullet: \mathcal{L}^\perp \to \mathcal{L}^\perp$ sind Funktoren;

$\alpha^\perp, \beta^\perp: \mathcal{L}^\bullet \to \mathcal{L}^\bullet$ sind Funktoren.

(iii) (*Vertauschungsgesetz*). In $\mathcal{L}$ bestehe die Identität

$$\left(\left(A \xrightarrow{R,S} B\right)\left(B \xrightarrow{R',S'} C\right)\right) \perp \left(\left(A' \xrightarrow{S,T} B'\right)\left(B' \xrightarrow{S',T'} C'\right)\right)$$

$$= \left(\left(R \xrightarrow[\perp]{A,B} S\right) \perp \left(S \xrightarrow[\perp]{A',B'} T\right)\right)\left(\left(R' \xrightarrow[\perp]{B,C} S'\right) \perp \left(S' \xrightarrow[\perp]{B',C'} T'\right)\right),$$

wo gilt

$$A \xrightarrow{R,S} B = R \xrightarrow[\perp]{A,B} S, \qquad B \xrightarrow{R',S'} C = R' \xrightarrow[\perp]{B,C} S',$$

$$A' \xrightarrow{S,T} B' = S \xrightarrow[\perp]{A',B'} T, \qquad B' \xrightarrow{S',T'} C' = S' \xrightarrow[\perp]{B',C'} T'.$$

Dabei bedeute $A \xrightarrow{R,S} B$, bzw. $R' \xrightarrow[\perp]{B,C} S'$, daß

$A \to B (\in \mathcal{L}^\bullet)$ von der Form $R \xrightarrow[\perp]{} S$ $(\in \mathcal{L}^\perp)$ und

$R' \xrightarrow[\perp]{} S' (\in \mathcal{L}^\perp)$ von der Form $B \to C$ $(\in \mathcal{L}^\bullet)$ ist.

Definition. Unter einer *KRONECKER-*Doppelkategorie* verstehen wir eine Folge

$$\langle \mathcal{L}, \bullet, \perp, \otimes, I, c_{AB}, c^\perp_{R,S}\rangle_{A,B \in \mathrm{ob}\,\mathcal{L}^\bullet; R,S \in \mathrm{ob}\,\mathcal{L}^\perp},$$

die den nachstehenden Forderungen genügt:

$\langle \mathcal{L}, \bullet, \perp \rangle$ ist eine Doppelkategorie.

(iv) I ist ein ausgezeichnetes Objekt von ob $\mathcal{L}^\bullet \cap$ ob $\mathcal{L}^\perp$

mit $1_I: I \to I = I \xrightarrow[\perp]{} I = 1_I^\perp$.

(v) $\langle \mathcal{L}, \otimes, 1_I \rangle$ ist ein Monoid.

(vi) $\left(A \xrightarrow{R,S} B\right) \otimes \left(A' \xrightarrow{R',S'} B'\right)$ hat die Form

$$A \otimes A' \xrightarrow{R\otimes R', S \otimes S'} B \otimes B'.$$

(vii) $\left(A \xrightarrow{R,S} B\right)\left(B \xrightarrow{R',S'} C\right)$ hat die Form

$$A \xrightarrow{R' \otimes R, S' \otimes S} C.$$

(viii*) $\left(R \xrightarrow[\perp]{A,B} S\right) \perp \left(S \xrightarrow[\perp]{A',B'} T\right)$ hat die Form

$$R \xrightarrow[\perp]{A\otimes A',B\otimes B'} T.$$

(ix) Bezeichnet $\mathscr{K}^\bullet$ bzw. $\mathscr{K}^\perp$ die Gesamtheit aller Elemente von $\mathscr{L}$ der Form $A \xrightarrow{I,I} B$ bzw. $R \xrightarrow[\perp]{I,I} S$, so sind für $A, B \in \text{ob}\,\mathscr{L}^\bullet$; $R, S \in \text{ob}\,\mathscr{L}^\perp$

$$c_{AB}: A \otimes B \to B \otimes A \in \mathscr{K}^\bullet,$$

$$c_{RS}^\perp: R \otimes S \xrightarrow[\perp]{} S \otimes R \in \mathscr{K}^\perp,$$

und

$$\langle \mathscr{K}^\bullet, \otimes, I, c_{AB}\rangle_{A,B\in\text{ob}\,\mathscr{K}^\bullet},$$

$$\langle \mathscr{K}^\perp, \otimes, I, c_{RS}^\perp\rangle_{R,S\in\text{ob}\,\mathscr{K}^\perp}$$

sind symmetrische Kategorien.
Es bestehen die Identitäten

(x) $$(1_U^\perp \otimes c_{U'R}^\perp \otimes 1_{R'}^\perp) \perp \Big[\Big(\big(A \xrightarrow{R,S} B\big)\big(B \xrightarrow{U,V} C\big)\Big) \otimes \Big(\big(A' \xrightarrow{R',S'} B'\big)\big(B' \xrightarrow{U',V'} C'\big)\Big)\Big]$$

$$= \Big[\Big(\big(A \xrightarrow{R,S} B\big) \otimes \big(A' \xrightarrow{R',S'} B'\big)\Big)\Big(\big(B \xrightarrow{U,V} C\big) \otimes \big(B' \xrightarrow{U',V'} C'\big)\Big)\Big] \perp (1_V^\perp \otimes c_{V'S}^\perp \otimes 1_{S'}^\perp),$$

(xi*) $$(1_A \otimes c_{A'C} \otimes 1_{C'}) \Big[\Big(\big(R \xrightarrow[\perp]{A,B} S\big) \perp \big(S \xrightarrow[\perp]{C,D} T\big)\Big) \otimes \Big(\big(R' \xrightarrow[\perp]{A',B'} S'\big) \perp \big(S' \xrightarrow[\perp]{C',D'} T'\big)\Big)\Big]$$

$$= \Big[\Big(\big(R \xrightarrow[\perp]{A,B} S\big) \otimes \big(R' \xrightarrow[\perp]{A',B'} S'\big)\Big) \perp \Big(\big(S \xrightarrow[\perp]{C,D} T\big) \otimes \big(S' \xrightarrow[\perp]{C',D'} T'\big)\Big)\Big] \cdot (1_B \otimes c_{B'D} \otimes 1_{D'}).$$

Aus (ii), (vii), (viii) folgt, daß für die identischen Morphismen $1_A: A \to A \in \mathscr{L}^\bullet$, $1_R^\perp: R \to R \in \mathscr{L}^\perp$ gilt:

$$1_A: A \xrightarrow{I,I} A, \qquad 1_R^\perp: R \xrightarrow[\perp]{I,I} R. \tag{1}$$

Denn zufolge (vii), (viii), (ii) hat man für alle $A, A' \in \text{ob}\,\mathscr{L}^\bullet$, $R, R' \in \text{ob}\,\mathscr{L}^\perp$

$$1_A \perp 1_{A'} = 1_{A\otimes A'}, \qquad 1_R^\perp 1_{R'}^\perp = 1_{R'\otimes R}^\perp, \tag{2}$$

also insbesondere

$$1_A \perp 1_I = 1_I \perp 1_A = 1_A, \qquad 1_R^\perp 1_I^\perp = 1_I^\perp 1_R^\perp = 1_R^\perp; \tag{3}$$

die angeschriebenen Produkte existieren aber nur dann, wenn 1_A, $1_R^\perp$ die Form (1) besitzen. ■

Wir bemerken, daß umgekehrt aus (2), (vii), (viii*) auch (ii) folgt.

Zufolge 1.2 hat man:

1.3.1. *Die Monomaten in einer symmetrischen Kategorie $\mathscr{K}$ bilden eine *KRONECKER-Doppelkategorie $^*\mathscr{D}$ ($\mathscr{K}$-Monomat).* ■

Eine Doppelkategorie $\langle \mathscr{L}', \bullet, \perp \rangle$ heißt *Teildoppelkategorie* einer Doppelkategorie $\langle \mathscr{L}, \bullet\ \perp \rangle$, wenn $\mathscr{L}'^\bullet$ Teilkategorie von $\mathscr{L}$ und $\mathscr{L}'^\perp$ Teilkategorie von $\mathscr{L}^\perp$ ist.

Eine Teilklasse $\mathscr{L}'$ einer *KRONECKER-Doppelkategorie

$$\mathscr{L} = \langle \mathscr{L}, \bullet, \perp, \otimes, I, c_{AB}, c_{RS}^\perp \rangle_{A,B \in \mathrm{ob}\, \mathscr{L}^\bullet; R,S \in \mathrm{ob}\, \mathscr{L}^\perp}$$

heißt *Teil-*KRONECKER-Doppelkategorie* von $\mathscr{L}$, wenn $\langle \mathscr{L}', \bullet, \perp \rangle$ Teildoppelkategorie von $\langle \mathscr{L}, \bullet, \perp \rangle$, $(1_I \in \mathscr{L}')$ und $\langle \mathscr{L}', \otimes, 1_I \rangle$ Teilmonoid von $\langle \mathscr{L}, \otimes, 1_I \rangle$ und c_{AB}, $c_{RS}^\perp \in \mathscr{L}'$ für alle $A, B \in \mathrm{ob}\, \mathscr{L}'^\bullet$; $R, S \in \mathrm{ob}\, \mathscr{L}'^\perp$.

1.3.2. (*Sequentielle Darstellung*). *Es sei $\mathscr{L}$ eine *KRONECKER-Doppelkategorie und G eine Teilklasse von $\mathscr{L}$. Es sei $\mathscr{L}(G)$ die von G erzeugte Teil-*KRONECKER-Doppelkategorie von $\mathscr{L}$. Es sei E_0 die aus I und allen den Objekten von $\mathscr{L}^\bullet$ bestehende Klasse, die als Start (A) oder Ziel (B) von Elementen $A \to B \in G$ auftreten und E das von E_0 erzeugte Teilmonoid von $\langle \mathrm{ob}\, \mathscr{L}^\bullet, \otimes, I \rangle$. Entsprechend sei $E_0^\perp$ die aus I und allen den Objekten von $\mathscr{L}^\perp$ bestehende Klasse, die als Start (R) oder Ziel (S) von Elementen $R \underset{\perp}{\to} S \in G$ auftreten und $E^\perp$ das von $E_0^\perp$ erzeugte Teilmonoid von $\langle \mathrm{ob}\, \mathscr{L}^\perp, \otimes, I \rangle$. Es sei E' das von $\{1_A \mid A \in E\} \cup \{1_R^\perp \mid R \in E^\perp\}$ erzeugte Teilmonoid von $\langle \mathscr{L}, \otimes, 1_I \rangle$. Es sei $\mathscr{L}'$ diejenige Teilklasse von $\mathscr{L}$, die genau aus den Elementen von $\mathscr{L}$ besteht, welche zu E' gehören oder (bei geeigneter Beklammerung [...]) die Form*

$$[s_1(\cdot)_1\, s_2(\cdot)_2 \cdots (\cdot)_{n-1} s_n] \tag{4}$$

besitzen, wo

$$(\bullet)_i = \begin{cases} \bullet \text{ oder} \\ \perp \end{cases}$$

ist und der Faktor s_i die Form

$$s_i = \begin{cases} e_i \otimes g_i \otimes f_i\ (g_i \in G) \text{ oder} \\ e_i \otimes c_{AB} \otimes f_i\ (A, B \in E) \text{ oder} \\ e_i \otimes c_{RS}^\perp \otimes f_i\ (R, S \in E^\perp) \end{cases} \tag{5}$$

hat, mit $e_i, f_i \in E'$.

Dann ist

$$\mathscr{L}' = \mathscr{L}(G).$$

Beweis. Es ist $E = \operatorname{ob} \mathscr{L}(G)^\bullet$, $E^\perp = \operatorname{ob} \mathscr{L}(G)^\perp$. Nach Voraussetzung ist daher $\{c_{AB}, c_{RS}\}_{A,B \in \operatorname{ob} \mathscr{L}(G)^\bullet, R,S \in \operatorname{ob} \mathscr{L}(G)^\perp} \subseteqq \mathscr{L}$. Wir zeigen, daß $\mathscr{L}'$ abgeschlossen in $\mathscr{L}$ bezüglich der Operationen $\bullet, \perp, \otimes$ ist. (Da $\mathscr{L}' \subseteqq \mathscr{L}(G)$ ist, folgt damit die Gleichheit $\mathscr{L}' = \mathscr{L}(G)$.)

Die Abgeschlossenheit von $\mathscr{L}'$ bezüglich $\langle \bullet, \perp \rangle$ ist trivial. Um die Abgeschlossenheit bezüglich $\otimes$ einzusehen, betrachte man beispielsweise den Ausdruck $r \perp s \otimes a'b'$, wo $a', b', r, s \in \mathscr{L}'$ von der Form

$$r : R \xrightarrow[\perp]{A,B} S, \qquad s : S \xrightarrow[\perp]{C,D} T, \qquad a' : A' \xrightarrow{R',S'} B', \qquad b' : B' \xrightarrow{U',V'} C'$$

sind. Da $r \perp s \otimes a'b' = (r \perp s)\, 1_{B \otimes D} \otimes 1_{A'}(a'b')$ ist, so hat man zufolge (x):

$$r \perp s \otimes a'b' = c^\perp_{R,U' \otimes R'}\big((r \perp s) \otimes 1_{A'}\big)\,\big(1_{B \otimes D} \otimes (a'b')\big)\, c^\perp_{V' \otimes S',T}. \tag{6}$$

Nochmalige Anwendung von (x) ergibt:

$$1_{B \otimes D} \otimes a'b' = (1_{B \otimes D} \otimes a')\,(1_{B \otimes D} \otimes b'). \tag{7}$$

Nach (3) gilt $1_{A'} = 1_{A'} \perp 1_I$, so daß sich mit (xi*)

$$r \perp s \otimes 1_{A'} = (1_A \otimes c_{CA'})\,[(r \otimes 1_{A'}) \perp s]\,(1_B \otimes c_{A'D}) \tag{8}$$

ergibt. Damit ist der Ausdruck $r \perp s \otimes a'b'$ in solche Faktoren zerlegt, in denen nur jeweils eines der Elemente r, s, a', b' auftritt, oder die bereits von der Form (5) sind. Indem man in dieser Weise fortfährt, erhält man eine Zerlegung (4). ∎

1.4. Mealymaten als Monomaten

1.4.1. *Es sei $\mathscr{K}$ eine hdt-halbsymmetrische Kategorie. Dann ist die Zuordnung MO,*

$$A \xrightarrow[l,m]{R,S} B \mapsto A \xrightarrow[d_{R \otimes A}(l \otimes m)]{R,S} B,$$

die jedem $\mathscr{K}$-Mealymaten einen $\mathscr{K}$-Monomaten zuordnet, eineindeutig.

Beweis. Es ist

$$d_{R \otimes A}(l \otimes m)\,(1_B \otimes t_S) = d_{R \otimes A}(l \otimes t_{R \otimes A}) = d_{R \otimes A}(1_{RA} \otimes t_{R \otimes A})\, l = l,$$

$$d_{R \otimes A}(l \otimes m)\,(t_B \otimes 1_S) = d_{R \otimes A}(t_{R \otimes A} \otimes m) = d_{R \otimes A}(t_{R \otimes A} \otimes 1_{RA})\, m = m. \ ∎$$

1.4.2. *Es sei $\mathscr{K}$ eine dt-symmetrische Kategorie (also eine* KRONECKER-*Kategorie von endlichen Produkten). Dann ist*

$$MO \colon \mathscr{K}\text{-}Mat \to \mathscr{K}\text{-}Monomat,$$

$$A \xrightarrow[l,m]{R,S} B \mapsto A \xrightarrow[d_{R \otimes A}(l \otimes m)]{R,S} B$$

$$\langle a, b, r, s \rangle \mapsto \langle a, b, r, s \rangle$$

ein Einbettungsfunktor, der einen Einbettungsfunktor

$$MOA: \mathcal{K}\text{-}Aut \to \mathcal{K}\text{-}Monoaut$$

induziert.

Beweis. Da die Diagonale $d = d_A: A \to A \otimes A$ von $\mathcal{K}$ eine natürliche Transformation ist, so folgt aus der Kommutativität des Diagramms

$$\begin{array}{ccccc} S & \xleftarrow{\;m\;} & R \otimes A & \xrightarrow{\;l\;} & B \\ {\scriptstyle s}\downarrow & & \downarrow{\scriptstyle r\otimes a} & & \downarrow{\scriptstyle b} \\ S' & \xleftarrow[\;m'\;]{} & R' \otimes A' & \xrightarrow[\;l'\;]{} & B' \end{array} \tag{1}$$

die Kommutativität des Diagramms

$$\begin{array}{ccccc} R \otimes A & \xrightarrow{\;d\;} & R \otimes A \otimes R \otimes A & \xrightarrow{\;l \otimes m\;} & B \otimes S \\ {\scriptstyle r\otimes a}\downarrow & & \downarrow{\scriptstyle r\otimes a\otimes r\otimes a} & & \downarrow{\scriptstyle b\otimes s} \\ R' \otimes A' & \xrightarrow[\;d\;]{} & R' \otimes A' \otimes R' \otimes A' & \xrightarrow[\;l' \otimes m'\;]{} & B' \otimes S' \end{array}$$

d. h

$$\langle a, b, r, s\rangle : \left(A \xrightarrow[d_{R\otimes A}(l\otimes m)]{R,S} B\right) \to \left(A' \xrightarrow[d_{R'\otimes A'}(l'\otimes m')]{R',S'} B'\right) \tag{2}$$

ist ein Monomatenmorphismus. Es sei umgekehrt (2) ein Monomatenmorphismus. Dann folgt

$$\begin{aligned} &(r \otimes a)\, d_{R'\otimes A'}(l' \otimes m')\,(1_{B'} \otimes t_{S'}) \\ &= d_{R\otimes A}(r \otimes a \otimes r \otimes a)\,(l' \otimes m')\,(1_{B'} \otimes t_{S'}) \\ &= d_{R\otimes A}(r \otimes a \otimes r \otimes a)\,(l' \otimes t_{R'\otimes A'}) \\ &= d_{R\otimes A}((r \otimes a)\, l' \otimes t_{R\otimes A}) \\ &= d_{R\otimes A}(1_{RA} \otimes t_{R\otimes A})\,(r \otimes a)\, l' = (r \otimes a)\, l' \end{aligned}$$

und

$$\begin{aligned} &d_{R\otimes A}(l \otimes m)\,(b \otimes s)\,(1_{B'} \otimes t_{S'}) \\ &= d_{R\otimes A}(l \otimes m)\,(b \otimes t_S) = d_{R\otimes A}(lb \otimes t_{R\otimes A}) \\ &= d_{R\otimes A}(1_{RA} \otimes t_{R\otimes A})\, lb = lb, \end{aligned}$$

somit

$$\begin{aligned} (r \otimes a)\, l' &= (r \otimes a)\, d_{R'\otimes A'}(l' \otimes m')\,(1_{B'} \otimes t_{S'}) \\ &= d_{R\otimes A}(l \otimes m)\,(b \otimes s)\,(1_{B'} \otimes t_{S'}) \\ &= lb; \end{aligned}$$

analog folgt $(r \otimes a)\, m' = ms$. Das heißt, das Diagramm (1) ist kommutativ. Daher ist $\langle a, b, r, s\rangle$ ein Mealymatenmorphismus. ■

1.4.3. *Es sei $\mathcal{K}$ eine t-halbsymmetrische Kategorie.*
Dann ist

$$ME: \mathcal{K}\text{-}Monomat \to \mathcal{K}\text{-}Mat$$

$$A \xrightarrow[f]{R,S} B \mapsto A \xrightarrow[f(1_B \otimes t_S), f(t_B \otimes 1_S)]{R,S} B,$$

$$\langle a, b, r, s\rangle \mapsto \langle a, b, r, s\rangle$$

ein Funktor, der einen Funktor

$$MEA: \mathcal{K}\text{-}Monoaut \to \mathcal{K}\text{-}Aut$$

induziert.

Beweis. Es sei

$$\langle a, b, r, s\rangle : \left(A \xrightarrow[f]{R,S} B\right) \to \left(A' \xrightarrow[f']{R',S'} B'\right) \tag{3}$$

ein Monomatenmorphismus. Dann ist $\langle a, b, r, s\rangle$ auch ein Morphismus der zugehörigen Mealymaten, da das nachstehende Diagramm kommutativ ist. ■

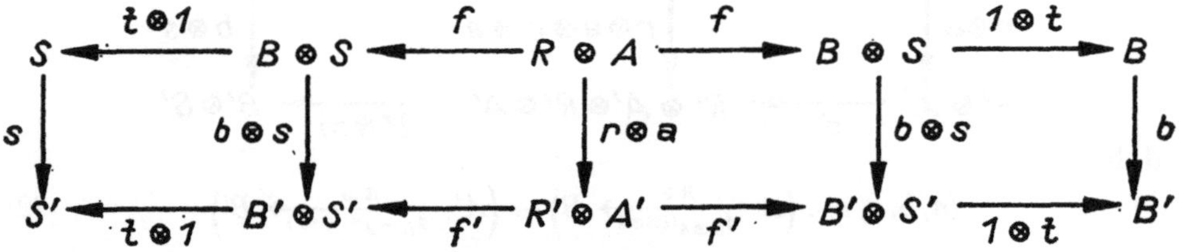

Definition. Es sei $\mathcal{K}$ eine t-halbsymmetrische Kategorie, $A \xrightarrow[f]{R,S} B$ ein $\mathcal{K}$-Monomat und

$$ME\left(A \xrightarrow[f]{R,S} B\right) = A \xrightarrow[l,m]{R,S} B$$

der zugeordnete $\mathcal{K}$-Mealymat, wobei also für l, m das folgende kommutative Diagramm besteht:

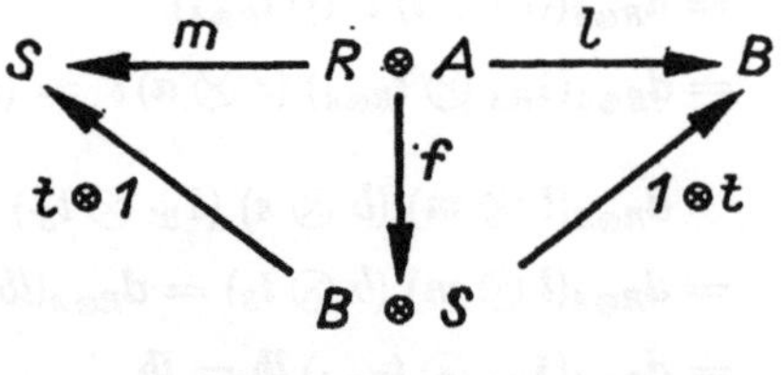

Dann heißt l der *Ergebnismorphismus* und m der *Überführungsmorphismus* des Monomaten $A \xrightarrow[f]{R,S} B$.

1.4.4. *Es sei $\mathcal{K}$ eine hdt-halbsymmetrische Kategorie. Dann ist der Funktor*

$$ME: \mathcal{K}\text{-}Monomat \to \mathcal{K}\text{-}Mat$$

surjektiv auf den Objektklassen.

Beweis. Es sei $A \xrightarrow[l,m]{R,S} B$ ein Mealymat,
$MO\left(A \xrightarrow[l,m]{R,S} B\right) = A \xrightarrow[f]{R,S} B$, mit $f = d_{R\otimes A}(l \otimes m)$, der ihm gemäß 1.4.1 zugeordnete Monomat und

$$ME\left(A \xrightarrow[f]{R,S} B\right) = A \xrightarrow[l',m']{R,S} B.$$

Dann ist, wie beim Beweis von 1.4.1 gezeigt,

$$l' = f(1_B \otimes t_S) = d_{R\otimes A}(l \otimes m)\,(1_B \otimes t_S) = l,$$

$$m' = f(t_B \otimes 1_S) = d_{R\otimes A}(l \otimes m)\,(t_B \otimes 1_S) = m,$$

somit

$$ME\left(MO\left(A \xrightarrow[l,m]{R,S} B\right)\right) = A \xrightarrow[l,m]{R,S} B. \blacksquare \tag{4}$$

1.4.5. *Es sei $\mathscr{K}$ eine dt-symmetrische Kategorie. Dann ist*

$$MO \cdot ME = \mathrm{Id}\colon \mathscr{K}\text{-}Mat \to \mathscr{K}\text{-}Mat$$

der identische Funktor.

Beweis. Im Hinblick auf (4) genügt es nachzuweisen, daß

$$ME\big(MO(\langle a, b, r, s\rangle)\big) = \langle a, b, r, s\rangle$$

gilt, für jeden Mealymatenmorphismus

$$\langle a, b, r, s\rangle : \left(A \xrightarrow[l,m]{R,S} B\right) \to \left(A' \xrightarrow[l',m']{R',S'} B'\right).$$

Dies ist aber auf Grund von 1.4.2, 1.4.3 unmittelbar klar. ■

1.4.6. Satz. *Es sei $\mathscr{K}$ eine dt-symmetrische Kategorie. Dann sind die Funktoren*

$$\mathscr{K}\text{-}Mat \underset{MO}{\overset{ME}{\leftrightarrows}} \mathscr{K}\text{-}Monomat$$

zueinander invers.

Beweis. Mit Rücksicht auf die bereits bewiesenen Aussagen bleibt nur zu zeigen, daß stets

$$MO\left(ME\left(A \xrightarrow[f]{R,S} B\right)\right) = A \xrightarrow[f]{R,S} B$$

gilt. Dies ergibt sich aus:

$$\begin{aligned}
&d_{R\otimes A}\big(f(1_B \otimes t_S) \otimes f(t_B \otimes 1_S)\big)\\
&= d_{R\otimes A}(f \otimes f)\,(1_B \otimes t_S \otimes t_B \otimes 1_S)\\
&= f\, d_{B\otimes S}(1_B \otimes t_S \otimes t_B \otimes 1_S)\\
&= f(d_B \otimes d_S)\,(1_B \otimes c_{BS} \otimes 1_S)\,(1_B \otimes t_S \otimes t_B \otimes 1_S)
\end{aligned}$$

$$= f(d_B \otimes d_S)\,(1_B \otimes c_{BS}(t_S \otimes t_B) \otimes 1_S)$$

$$= f(d_B \otimes d_S)\,(1_B \otimes t_B \otimes t_S \otimes 1_S)$$

$$= f\big(d_B(1_B \otimes t_B) \otimes d_S(t_S \otimes 1_S)\big) = f. \;\blacksquare$$

1.4.7. Korollar. *Für eine dt-symmetrische Kategorie $\mathscr{K}$ besteht die Isomorphie*

$$\mathscr{K}\text{-}Aut \cong \mathscr{K}\text{-}Monoaut. \;\blacksquare$$

1.5. Die *Kronecker-Doppelkategorie der Mealymaten

Im folgenden wird gezeigt, daß die $\mathscr{K}$-Mealymaten für eine *dt*-symmetrische Kategorie $\mathscr{K}$ eine *KRONECKER-Doppelkategorie bilden. Dabei spielt, wie man leicht durch direkte Rechnung bestätigt, die Voraussetzung, daß $\mathscr{K}$ *dt*-symmetrisch ist, eine wichtige Rolle. Da dies von vornherein feststeht, können wir den Beweis ohne Verlust an Allgemeinheit über die den Mealymaten zugeordneten Monomaten führen und so die Einfachheit des Rechnens mit Monomaten nutzen.

1.5.1. *Es sei $\langle \mathscr{L}, \bullet, \doteq, \otimes \rangle$ die Gesamtheit der $\mathscr{K}$-Mealymaten in einer dt-symmetrischen Kategorie $\mathscr{K}$, wobei $\langle \bullet, \doteq, \otimes \rangle$ die Folge der in 1.1 erklärten Operationen zwischen Mealymaten ist.*

Dann ist die Zuordnung

$$MOD\colon \mathscr{L} \to {}^*\mathscr{D}(\mathscr{K}\text{-}Monomat),$$

$$A \xrightarrow[l,m]{R,S} B \mapsto MO\left(A \xrightarrow[l,m]{R,S} B\right) = A \xrightarrow[d_{R\otimes A}(l\otimes m)]{R,S} B,$$

verträglich mit $\langle \bullet, \doteq, \otimes \rangle$.

Beweis. Wir betrachten anstatt *MOD* die dazu inverse Zuordnung

$$MED\colon \mathscr{D}^*(\mathscr{K}\text{-}Monomat) \to \mathscr{L},$$

$$A \xrightarrow[f]{R,S} B \mapsto ME\left(A \xrightarrow[f]{R,S} B\right).$$

Es sei

$$ME\left(A \xrightarrow[f]{R,S} B\right) = A \xrightarrow[l,m]{R,S} B, \qquad ME\left(B \xrightarrow[f']{R',S'} C\right) = B \xrightarrow[l',m']{R',S'} C,$$

also

$$l = f(1_B \otimes t_S), \quad m = f(t_B \otimes 1_S),$$

$$l' = f'(1_C \otimes t_{S'}), \; m' = f'(t_C \otimes 1_{S'}).$$

Es sei

$$ME\left[\left(A \xrightarrow[f]{R,S} B\right)\left(B \xrightarrow[f']{R',S'} C\right)\right] = ME\left(A \xrightarrow[(1_{R'}\otimes f)(f'\otimes 1_S)]{R'\otimes R,S'\otimes S} C\right) = A \xrightarrow[l'',m'']{R'\otimes R,S'\otimes S} C,$$

also

$$l'' = (1_{R'} \otimes f)\,(f' \otimes 1_S)\,(1_C \otimes t_{S'\otimes S}),$$
$$m'' = (1_{R'} \otimes f)\,(f' \otimes 1_S)\,(t_C \otimes 1_{S'S}).$$

Es sei

$$\left(A \xrightarrow[l,m]{R,S} B\right)\left(B \xrightarrow[l',m']{R',S'} C\right) = A \xrightarrow[l''',m''']{R'\otimes R,\,S'\otimes S} C,$$

also

$$l''' = (1_{R'} \otimes l)\,l', \; m''' = \left(1_{R'} \otimes d_{R\otimes A}\,(l \otimes m)\right)(m' \otimes 1_S).$$

Dann hat man

$$\begin{aligned} l''' &= \left(1_{R'} \otimes f(1_B \otimes t_S)\right) f'(1_C \otimes t_{S'}) \\ &= (1_{R'} \otimes f)\,(1_{R'B} \otimes t_S)\,f'(1_C \otimes t_{S'}) \\ &= (1_{R'} \otimes f)\,(f' \otimes t_S)\,(1_C \otimes t_{S'}) \\ &= (1_{R'} \otimes f)\,(f' \otimes 1_S)\,(1_{CS'} \otimes t_S)\,(1_C \otimes t_{S'}) \\ &= (1_{R'} \otimes f)\,(f' \otimes 1_S)\,(1_C \otimes t_{S'\otimes S}) \\ &= l''. \end{aligned}$$

Beachtet man, daß d eine natürliche Transformation ist, so findet man

$$d_{B\otimes S}(1_B \otimes t_S \otimes t_B \otimes 1_S) = 1_{BS}$$

und damit

$$\begin{aligned} m''' &= \left(1_{R'} \otimes d_{R\otimes A}\left(f(1_B \otimes t_S) \otimes f(t_B \otimes 1_S)\right)\right)(f' \otimes 1_S)\,(t_C \otimes 1_{S'S}) \\ &= \left(1_{R'} \otimes d_{R\otimes A}(f \otimes f)\,(1_B \otimes t_S \otimes t_B \otimes 1_S)\right)(f' \otimes 1_S)\,(t_C \otimes 1_{S'S}) \\ &= \left(1_{R'} \otimes f d_{B\otimes S}(1_B \otimes t_S \otimes t_B \otimes 1_S)\right)(f' \otimes 1_S)\,(t_C \otimes 1_{S'S}) \\ &= (1_{R'} \otimes f)\,(f' \otimes 1_S)\,(t_C \otimes 1_{S'S}) \\ &= m''. \end{aligned}$$

Daher ist MED mit der Serienschaltung verträglich. Analog folgt die Verträglichkeit von MED mit der $\pm$-Serienschaltung.

Es sei

$$ME\left(A \xrightarrow[f]{R,S} B\right) = A \xrightarrow[l,m]{R,S} B, \qquad ME\left(A' \xrightarrow[f']{R',S'} B'\right) = A' \xrightarrow[l',m']{R',S'} B',$$

also

$$l = f(1_B \otimes t_S), \qquad m = f(t_B \otimes 1_S),$$
$$l' = f'(1_{B'} \otimes t_{S'}), \quad m' = f'(t_{B'} \otimes 1_{S'}).$$

Es sei

$$\begin{aligned} ME\left[\left(A \xrightarrow[f]{R,S} B\right) \otimes \left(A' \xrightarrow[f']{R',S'} B'\right)\right] &= ME\left(A \otimes A' \xrightarrow[f''']{R\otimes R',\,S\otimes S'} B \otimes B'\right) \\ &= A \otimes A' \xrightarrow[l'',m'']{R\otimes R',\,S\otimes S'} B \otimes B', \end{aligned}$$

also

$$f'' = (1_R \otimes c_{R'A} \otimes 1_{A'})\,(f \otimes f')\,(1_B \otimes c_{SB'} \otimes 1_{S'}),$$

$$l'' = f''(1_{BB'} \otimes t_{S\otimes S}),\ m'' = f''(t_{B\otimes B'} \otimes 1_{SS'}).$$

Es sei

$$\left(A \xrightarrow[l,m]{R,S} B\right) \otimes \left(A' \xrightarrow[l',m']{R',S'} B'\right) = A \otimes A' \xrightarrow[l''',m''']{R\otimes R',S\otimes S'} B \otimes B',$$

also

$$l''' = (1_R \otimes c_{R'A} \otimes 1_{A'})\,(l \otimes l')$$

$$m''' = (1_R \otimes c_{R'A} \otimes 1_{A'})\,(m \otimes m').$$

Aus

$$c_{SB'}(1_{B'} \otimes t_S) = t_S \otimes 1_{B'}$$

folgt unmittelbar $l''' = l''$, $m''' = m''$. Demnach ist MED mit der Parallelschaltung verträglich. ■

Aus 1.5.1, 1.3.1 folgt:

1.5.2. Satz. *Die $\mathscr{K}$-Mealymaten in einer dt-symmetrischen Kategorie $\mathscr{K}$ bilden eine zu $*\mathscr{D}(\mathscr{K}$-Monomat$)$ isomorphe *Kronecker-Doppelkategorie $*\mathscr{D}(\mathscr{K}$-Mat$)$. Die Funktoren*

$$\mathscr{K}\text{-}Mat \underset{ME}{\overset{MO}{\rightleftarrows}} \mathscr{K}\text{-}Monomat$$

induzieren ein Paar zueinander inverser Isomorphien

$$*\mathscr{D}(\mathscr{K}\text{-}Mat) \underset{MED}{\overset{MOD}{\rightleftarrows}} *\mathscr{D}(\mathscr{K}\text{-}Monomat).\ ■$$

1.6. Involutorische Kronecker-Doppelkategorien

Werden in der Definition einer *Kronecker-Doppelkategorie aus 1.3 die Bedingungen (viii*) und (xi*) bzw. durch

(viii) $\left(R \xrightarrow[\perp]{A,B} S\right) \perp \left(S \xrightarrow[\perp]{A',B'} T\right)$ hat die Form

$$R \xrightarrow[\perp]{A'\otimes A,B'\otimes B} T$$

und

(xi)
$$\begin{aligned}(1_C \otimes c_{C'A} \otimes 1_{A'}) &\left[\left(\left(R \xrightarrow[\perp]{A,B} S\right) \perp \left(S \xrightarrow[\perp]{C,D} T\right)\right)\right.\\ &\left.\otimes \left(\left(R' \xrightarrow[\perp]{A',B'} S'\right) \perp \left(S' \xrightarrow[\perp]{C',D'} T'\right)\right)\right]\\ = \Big[\left(\left(R \xrightarrow[\perp]{A,B} S\right) \otimes \left(R' \xrightarrow[\perp]{A',B'} S'\right)\right) &\perp \left(\left(S \xrightarrow[\perp]{C,D} T\right) \otimes \left(S' \xrightarrow[\perp]{C',D'} T'\right)\right)\Big]\\ &\cdot (1_D \otimes c_{D'B} \otimes 1_{B'})\end{aligned}$$

ersetzt, so soll die entstehende Struktur

$$\mathcal{L} = \langle \mathcal{L}, \bullet, \perp, \otimes, I, c_{AB}, c_{RS}^{\perp} \rangle_{A,B \in \mathrm{ob}\, \mathcal{L}^{\bullet};\, R,S \in \mathrm{ob}\, \mathcal{L}^{\perp}}$$

KRONECKER-*Doppelkategorie* genannt werden.

Offenbar ist mit $\mathcal{L}$ auch

$$\mathcal{L}' = \langle \mathcal{L}, \perp, \bullet, \otimes, I, c_{RS}^{\perp}, c_{AB} \rangle_{R,S \in \mathrm{ob}\, \mathcal{L}^{\perp};\, A,B \in \mathrm{ob}\, \mathcal{L}^{\bullet}}$$

eine KRONECKER-Doppelkategorie.

Es ist klar, was unter einem KRONECKER-Doppelfunktor zwischen KRONECKER-Doppelkategorien zu verstehen ist. Ein KRONECKER-Doppelfunktor $\Delta \colon \mathcal{L} \to \mathcal{L}'$ mit

$$\Delta \left(A \xrightarrow{R,S} B\right) = A \xrightarrow{R,S}_{\perp} B, \; \Delta\Delta = \mathrm{Id}_{\mathcal{L}} : \mathcal{L} \to \mathcal{L},$$

heißt eine *Involution* von $\mathcal{L}$. Nimmt man eine solche Involution Δ zu den in $\mathcal{L}$ erklärten Operationen hinzu, so soll die entstehende Struktur ${}^{\Delta}\mathcal{L}$ KRONECKER-*Doppelkategorie mit Involution* oder *involutorische* KRONECKER-Doppelkategorie genannt werden.

Es sei $\mathcal{K}$ eine symmetrische Kategorie.

Wir ersetzen die $\doteq$-Serienschaltung in $^*\mathcal{D}(\mathcal{K}$-*Monomat*) durch die wie folgt erklärte $\perp$-*Serienschaltung*.

$$\begin{aligned} &\left(R \xrightarrow[f]{A,B}_{\perp} S\right) \perp \left(S \xrightarrow[f']{A',B'}_{\perp} T\right) \\ &= c_{A'A} \left[\left(R \xrightarrow[f]{A,B}_{\perp} S\right) \doteq S \xrightarrow[f']{A',B'}_{\perp} T\right)\right] c_{BB'} \\ &= c_{A'A} \left(R \xrightarrow[f'']{A\otimes A', B\otimes B'}_{\perp} T\right) c_{BB'} = R \xrightarrow[(1_R \otimes c_{A'A}) f'' (c_{BB'} \otimes 1_T)]{A'\otimes A, B'\otimes B}_{\perp} \cdot T \end{aligned}$$

Die so entstehende KRONECKER-Doppelkategorie sei $\mathcal{D}(\mathcal{K}$-*Monomat*).

Wir betrachten folgende auf $\mathcal{D}(\mathcal{K}$-*Monomat*) erklärte eineindeutige Zuordnung Δ:

$$\Delta \left(A \xrightarrow[f]{R,S} B\right) = A \xrightarrow[f^{\Delta}]{R,S}_{\perp} B,$$

mit

$$f^{\Delta} = c_{AR} f c_{BS} : A \otimes R \to S \otimes B.$$

Offenbar gilt $\Delta\Delta = \mathrm{Id}$.

1.6.1. *In $\mathcal{D}(\mathcal{K}$-Monomat) gelten folgende Gleichungen,*

$$\Delta\left[\left(A \xrightarrow[f]{R,S} B\right) \otimes \left(A' \xrightarrow[f']{R',S'} B'\right)\right] = \Delta\left(A \xrightarrow[f]{R,S} B\right) \otimes \Delta\left(A' \xrightarrow[f']{R',S'} B'\right), \tag{1}$$

$$\Delta\left[\left(A \xrightarrow[f]{R,S} B\right) \left(B \xrightarrow[f']{R',S'} C\right)\right] = \Delta\left(A \xrightarrow[f]{R,S} B \perp \Delta\left(B \xrightarrow[f']{R',S'} C\right), \tag{2}$$

$$\Delta\left[\left(R \xrightarrow[f]{A,B}_{\perp} S\right) \perp \left(S \xrightarrow[f']{A',B'}_{\perp} T\right)\right] = \Delta\left(R \xrightarrow[f]{A,B}_{\perp} S\right) \Delta\left(S \xrightarrow[f']{A',B'}_{\perp} T\right), \tag{3}$$

d. h., $\mathcal{D}(\mathcal{K}$-Monomat) ist eine involutorische KRONECKER-*Doppelkategorie.*

(Man kann daher auch umgekehrt (2) oder (3) zur Definition der Operation $\perp$ heranziehen.)

Beweis. (1) folgt aus

$$c_{A\otimes A',R\otimes R'}(1_R \otimes c_{R'A} \otimes 1_{A'}) = (1_A \otimes c_{A'R} \otimes 1_{R'})\,(c_{AR} \otimes c_{A'R'}),$$

$$(1_B \otimes c_{SB'} \otimes 1_{S'})\,c_{B\otimes B'\,S\otimes S'} = (c_{BS} \otimes c_{B'S'})\,(1_S = \otimes\, c_{BS'} \otimes 1_{B'}).$$

(2) Es ist

$$\Delta\left[\left(A \xrightarrow[f]{R,S} B\right)\left(B \xrightarrow[f']{R',S'} C\right)\right] = A \xrightarrow[f''\Delta]{R'\otimes R,S'\otimes S}{}_{\perp} C,$$

mit

$$f''^{\Delta} = c_{A,R'\otimes R}(1_{R'} \otimes f)\,(f' \otimes 1_S)c_{C,S'\otimes S}\colon A \otimes R' \otimes R \to S' \otimes S \otimes C;$$

$$\Delta\left(A \xrightarrow[f]{R,S}{}_{\perp} B\right) \perp \Delta\left(B \xrightarrow[f']{R',S'}{}_{\perp} C\right)$$

$$= \left(A \xrightarrow[f^\Delta]{R,S}{}_{\perp} B\right) \perp \left(B \xrightarrow[f'^\Delta]{R',S'}{}_{\perp} C\right) = A \xrightarrow[(f^\Delta\otimes 1_{R'})(1_S\otimes f'^\Delta)]{R\otimes R',S\otimes S'}{}_{\perp} C,$$

mit

$$(f^\Delta \otimes 1_{R'})\,(1_S \otimes f'^\Delta)$$

$$= (c_{AR} \otimes 1_{R'})\,(f \otimes 1_{R'})\,(c_{BS} \otimes 1_{R'})\,(1_S \otimes c_{BR'})\,(1_S \otimes f')\,(1_S \otimes c_{CS'})$$

$$= (c_{AR} \otimes 1_{R'})\,(f \otimes 1_{R'})\,c_{B,S\otimes R'}\,(1_S \otimes f')\,(1_S \otimes c_{CS'})$$

$$= (c_{AR} \otimes 1_{R'})\,(f \otimes 1_{R'})c_{B\otimes S,R'}\,(f' \otimes 1_S)c_{C\otimes S',S}(1_S \otimes c_{CS'})$$

$$= (c_{AR} \otimes 1_{R'})c_{R\otimes A,R'}(1_{R'} \otimes f)\,(f' \otimes 1_S)c_{C\otimes S',S}(1_S \otimes c_{CS'})$$

$$= (1_A \otimes c_{RR'})c_{A,R'\otimes R}(1_{R'} \otimes f)(f' \otimes 1_S)c_{C,S'\otimes S}(c_{S'S} \otimes 1_C)$$

$$= (1_A \otimes c_{RR'})f''^{\Delta}\,(c_{S'S} \otimes 1_C).$$

(3) folgt aus (2). ∎

Die $\perp$-Serienschaltung in $^*\mathcal{D}(\mathcal{K}\text{-}Mat)$ werde ersetzt durch die folgende $\perp$-*Serienschaltung*:

$$\left(R \xrightarrow[l,m]{A,B}{}_{\perp} S\right) \perp \left(S \xrightarrow[l',m']{A',B'}{}_{\perp} T\right)$$

$$= c_{A'A}\left[\left(R \xrightarrow[l,m]{A,B}{}_{\perp} S\right) \perp \left(S \xrightarrow[l',m']{A',B'}{}_{\perp} T\right)\right] c_{BB'}.$$

Die entstehende KRONECKER-Doppelkategorie sei $\mathcal{D}(\mathcal{K}\text{-}Mat)$.

Es sei $\Delta\colon \mathcal{D}(\mathcal{K}\text{-}Mat) \to \mathcal{D}(\mathcal{K}\text{-}Mat)$

definiert durch

$$\Delta\left(A \xrightarrow[l,m]{R,S} B\right) = A \xrightarrow[l\Delta,m\Delta]{R,S}{}_{\perp} B,$$

mit

$$l^{\Delta} = c_{AR}m\colon A \otimes R \to S,$$
$$m^{\Delta} = c_{AR}l\colon A \otimes R \to B.$$

Dann erhält man analog zu 1.6.1:

1.6.2. *Es sei $\mathscr{K}$ eine d-symmetrische Kategorie. Dann bestehen in $\mathscr{D}(\mathscr{K}$-Mat) folgende Gleichungen,*

$$\Delta\Big[\Big(A \xrightarrow[l,m]{R,S} B\Big) \otimes \Big(A' \xrightarrow[l',m']{R',S'} B'\Big) = \Delta\Big(A \xrightarrow[l,m]{R,S} B\Big) \otimes \Delta\Big(A' \xrightarrow[l',m']{R',S'} B'\Big), \tag{4}$$

$$\Delta\Big[\Big(A \xrightarrow[l,m]{R,S} B\Big)\Big(B \xrightarrow[l',m']{R',S'} C\Big)\Big] = \Delta\Big(A \xrightarrow[l,m]{R,S} B\Big) \perp \Delta\Big(B \xrightarrow[l',m']{R',S'} C\Big), \tag{5}$$

$$\Delta\Big[\Big(R \xrightarrow[l,m]{A,B}{}_{\perp} S\Big) \perp \Big(S \xrightarrow[l',m']{A',B'}{}_{\perp} T\Big)\Big] = \Delta\Big(R \xrightarrow[l,m]{A,B}{}_{\perp} S\Big)\, \Delta\Big(S \xrightarrow[l',m']{A',B'}{}_{\perp} T\Big), \tag{6}$$

d. h., ${}^{\Delta}\mathscr{D}(\mathscr{K}$-*Mat*) ist eine involutorische Kronecker-Doppelkategorie. ■

1.7. Aufgaben

1.7.1. Die Definition einer Kronecker-Doppelkategorie $\mathscr{L}$ aus 1.6 ist so gefaßt, daß die Objektklassen ob $\mathscr{L}^{\bullet}$ und ob $\mathscr{L}^{\perp}$ zwar das Einsobjekt I gemeinsam haben, sonst aber voneinander verschieden sein können. Bei der in 1.3.1 erwähnten *Kronecker-Doppelkategorie $\mathscr{L} = {}^{*}\mathscr{D}(\mathscr{K}$-*Monomat*) der Monomaten über einer symmetrischen Kategorie $\mathscr{K}$ sind diese beiden Objektklassen identisch mit ob $\mathscr{K}$. (Entsprechendes gilt bezüglich $^{*}\mathscr{D}(\mathscr{K}$-*Mealymat*).) Man verallgemeinere die in 1.1 und 1.2 eingeführten Begriffe eines Mealymaten und eines Monomaten so, daß dabei die Klasse der Zustandsobjekte verschieden (etwa eine Teilklasse) von der Klasse der Eingabe- und Ausgabeobjekte ist und diese allgemeineren Automatentypen wieder je eine Kronecker-Doppelkategorie bilden.

1.7.2. Die „definierenden Relationen" für die in der Einleitung, 5.1, erwähnte Kohärenz von a, r, l in einer Bikategorie $\mathscr{S} = \langle \text{ob}\,\mathscr{S}, \mathscr{S}(-,-), I, c, a, r, l\rangle$ lauten (J. Bénabou, 1967).

(i) (Kohärenz der Assoziativität). Für jedes Objekt $\langle S, T, U, V\rangle$ von $\mathscr{S}(A, B \times \mathscr{S}(B, C) \times \mathscr{S}(C, D) \times \mathscr{S}(D, E)$ ist folgendes Diagramm kommutativ.

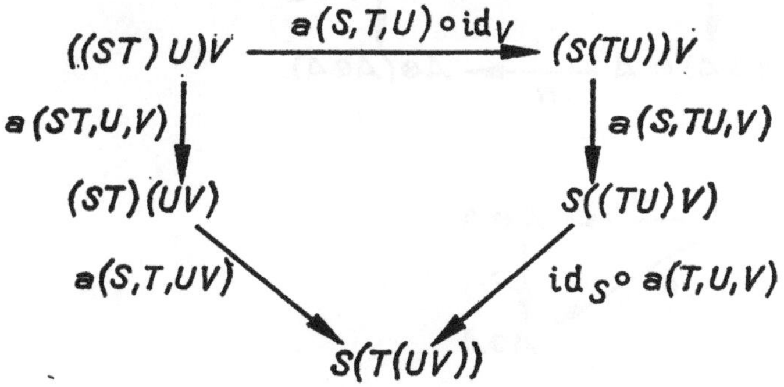

(ii) (Kohärenz der Identitäten). Für jedes Objekt $\langle S, T \rangle$ von $\mathscr{S}(A, B) \times \mathscr{S}(B, C)$ besteht folgendes kommutative Diagramm

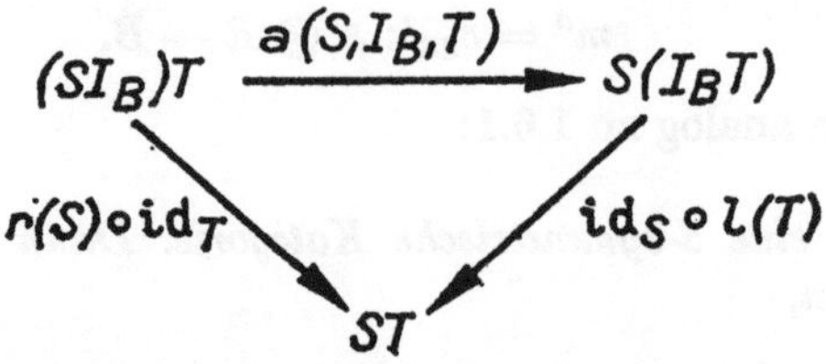

Definition. Eine Bikategorie $\mathscr{S}$, in welcher a, r, l die identischen natürlichen Transformationen sind, heißt eine *2-Kategorie* im Sinne von C. EHRESMANN (1963) oder eine *Hyperkategorie* im Sinne von S. EILENBERG — G. M. KELLY (1966). Die Morphismen aus $\mathscr{S}$ werden *Hypermorphismen* genannt.

Da a, r, l Identitäten sind, so sind die definierenden Kohärenzbedingungen einer Bikategorie in einer Hyperkategorie trivialerweise erfüllt. Die Objekte $A, B, \ldots$ einer Hyperkategorie $\mathscr{S}$ bilden zusammen mit den Pfeilen

$$A \to B, \ldots \text{ von } \mathscr{S} \text{ eine (illegitime) Kategorie } \mathscr{S}_0.$$

Man prüfe nach, daß die Kategorie $\mathscr{K}$*-Aut* und $\mathscr{K}$*-Mat* über einer *dt*-symmetrischen Kategorie $\mathscr{K}$ bezüglich der Serienschaltung Hyperkategorien bilden. Weiter gilt: Die Kategorien $\mathscr{K}$*-Monoaut* und $\mathscr{K}$*-Monomat* über einer KRONECKER-Kategorie $\mathscr{K}$ bilden bezüglich der Serienschaltung Hyperkategorien. Analog gilt: Die Kategorien $\mathscr{K}$*-Mat* über einer *dt*-symmetrischen Kategorie $\mathscr{K}$ und $\mathscr{K}$*-Monomat* über einer KRONECKER-Kategorie $\mathscr{K}$ bilden bezüglich der $\mathscr{K}$-Serienschaltung Hyperkategorien.

Betrachtet man gleichzeitig die in $\mathscr{K}$*-Mat* (bzw. $\mathscr{K}$*-Monomat*) mögliche Serienschaltung und $\perp$-Serienschaltung, so bildet $\mathscr{K}$*-Mat* für eine *dt*-symmetrische Kategorie $\mathscr{K}$ (bzw. $\mathscr{K}$*-Monomat* für eine KRONECKER-Kategorie $\mathscr{K}$) eine Struktur, die man als *Doppel-Hyperkategorie* bezeichnen kann. Nimmt man dazu noch die im Fall einer symmetrischen Kategorie $\mathscr{K}$ existierende Parallelschaltung hinzu, so erhält man eine Struktur $DH(\mathscr{K}\text{-}Mat)$ (bzw. $DH(\mathscr{K}\text{-}Monomat)$), die man als KRONECKER-*Doppel-Hyperkategorie* bezeichnen kann.

Wählt man dabei für $\mathscr{K}$ eine Kategorie mit endlichen Produkten bzw. eine Kategorie mit Multiplikation, so ergeben sich allgemeine Strukturen, die man als *Doppel-Bikategorie* und als KRONECKER-*Doppel-Bikategorie* bezeichnen kann.

(iii)

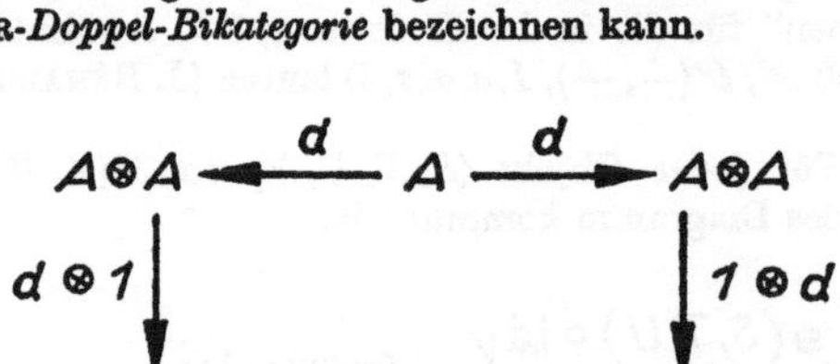

(iv)

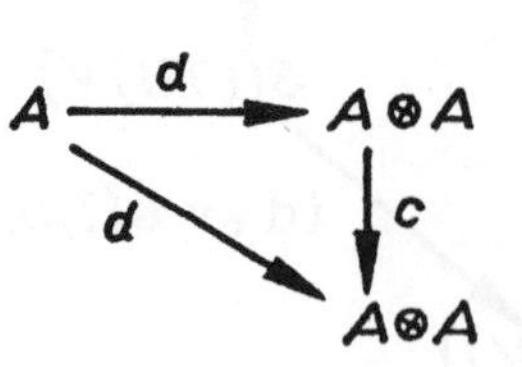

(v)

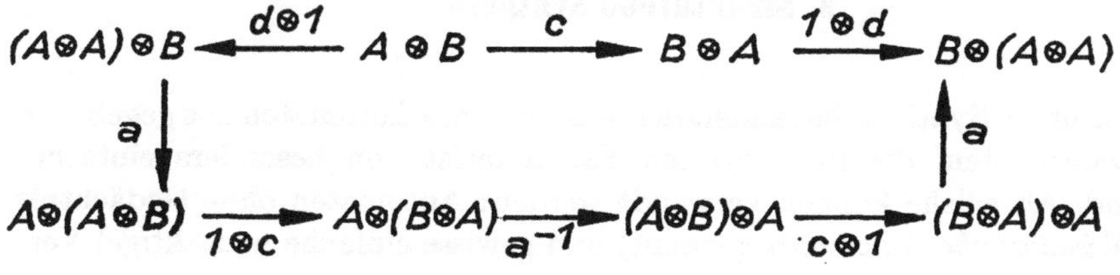

(vi)

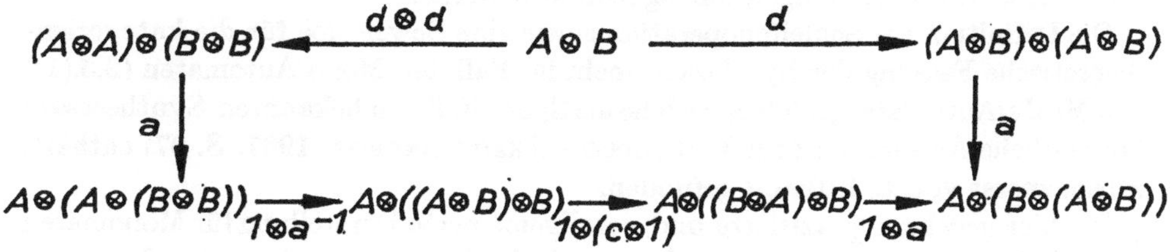

(vii)

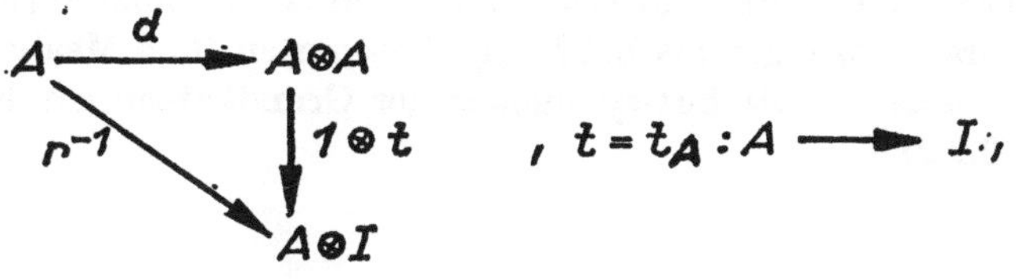

(viii)

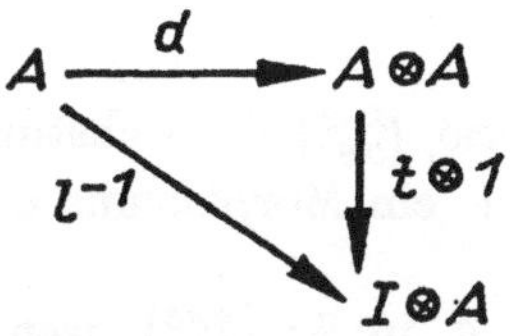

1.7.3. Eine leichte Verallgemeinerung (Einführung der Assoziativität a) der *hdt*-symmetrischen Kategorien ist der Begriff einer *Kategorie vom stochastischen Typ*. Darunter verstehen wir eine Folge

$$\mathcal{S} = \langle \mathcal{S}, \otimes, I, a_{ABC}, c_{AB}, d_A, r_A, l_A \rangle_{A,B,C \in \text{ob}\, \mathcal{S}},$$

wo $\langle \mathcal{S}, \otimes, I, a, c, r, l \rangle$ eine Kategorie mit Multiplikation, I ein terminales Objekt von $\mathcal{S}$ und $d = d_A : A \to A \otimes A$ ($A \in \text{ob}\, \mathcal{S}$) ein Morphismensystem aus $\mathcal{S}$ ist, so daß die von $\{a, c, d, l, r, t\}$ erzeugte, bezüglich $\otimes$ abgeschlossene Teilkategorie $\mathcal{S}_{acdlrt}$ endliche Produkte hat.

Man untersuche, ob diese Forderung mit der Kohärenz von a, c, r, l und der zusätzlichen Forderung der Kommutativität der vorstehenden Diagramme gleichbedeutend ist.

1.7.4. (G. Hotz — H. Walter (1969), S. 87, Hilfssatz 16). Die Klassen isomorpher Mealy-Automaten (bzw. Mono-Automaten, Mealymaten, Monomaten) in einer *dt*-symmetrischen Kategorie bilden bezüglich der Serienschaltung (bei geeigneter Auswahl der Repräsentanten) eine Kronecker-Kategorie. Das heißt, nach Übergang zu Isomorphieklassen vereinfachen sich die vorstehenden Überlegungen.

2. Strukturelle Synthese

Die strukturelle Synthese behandelt den Aufbau eines Automaten aus gegebenen Elementarautomaten, die in konkreten Fällen meist von besonders einfacher Bauart sind. Als solche können verwandt werden: Automaten ohne Gedächtnis (auch *kombinatorische Automaten* genannt) und gewisse einfache (eintaktige) Verzögerungsautomaten.

Dabei müssen zu den bisherigen Schaltoperationen sogenannte Schleifenoperationen bzw. Rückkopplungen hinzugenommen werden.

Die Definition der Schleifenoperation sowie eine Beweisidee für die kategorientheoretische Fassung der Syntheseformeln im Fall der Mono-Automaten (2.5.(1)) und Mealy-Automaten (2.5.(6)), welche als Spezialfall den bekannten Synthesesatz für endliche Automaten (vgl. Kobrinski—Trachtenbrot, 1967, S. 97) enthält, wurde zuerst von L. Budach gefunden.

Die hier gegebene präzisierte und verallgemeinerte Darstellung für Monomaten und Mealymaten läßt den eigentlichen algebraischen Charakter der Syntheseformeln hervortreten. Es zeigt sich, daß bei Mono-Automaten (und Monomaten) stärkere Voraussetzungen als bei Mealy-Automaten (und Mealymaten), nämlich dt-symmetrische anstatt hdt-symmetrischer Grundkategorien benötigt werden (vgl. auch 3.2.2).

2.1. Definition der Schleifenoperationen für Monomaten

Es sei $\mathcal{K}$ eine *hdt*-symmetrische Kategorie, $\binom{RAS}{UBV}$ ein Sechstupel von Objekten aus $\mathcal{K}$ und $h\colon R \otimes A \otimes S \to U \otimes B \otimes V$ ein Morphismus aus $\mathcal{K}$. Für diese Situation schreiben wir auch kurz $h\colon \binom{RAS}{UBV}$

Definition. B heißt *unabhängig* von A in $h\colon \binom{RAS}{UBV}$, wenn genau ein $h'\colon R \otimes S \to B \in \mathcal{K}$ existiert, welches das nachstehende Diagramm kommutativ schließt.

$$\begin{array}{ccc} R\otimes A\otimes S & \xrightarrow{h} & U\otimes B\otimes V \\ \downarrow{\scriptstyle 1_R\otimes t_A\otimes 1_S} & & \downarrow{\scriptstyle t_U\otimes 1_B\otimes t_V} \\ R\otimes S & \xrightarrow{h'} & B \end{array}$$

Offenbar ist die Eindeutigkeit von h' gewährleistet, falls der Projektionsmorphismus $p_{13}^{RAS} = 1_R \otimes t_A \otimes 1_S\colon R \otimes A \otimes S \to R \otimes S$ ein Epimorphismus ist.

Definition. Es sei $A \xrightarrow[f]{R,S} B$ ein $\mathscr{K}$-Monomat, mit

$$A = A_1 \otimes \cdots \otimes A_n,$$
$$B = B_1 \otimes \cdots \otimes B_m$$

und $A_i = B_j$ für ein festes Indexpaar $\langle i, j \rangle$. Es sei B_j von A_i in

$$f\colon \begin{pmatrix} R \otimes A_1 \otimes \cdots \otimes A_{i-1}, A_i, A_{i+1} \otimes \cdots \otimes A_n \\ B_1 \otimes \cdots \otimes B_{j-1}, B_j, B_{j+1} \otimes \cdots \otimes B_m \otimes S \end{pmatrix} \tag{1}$$

unabhängig. Dann heißt $A \xrightarrow[f]{R,S} B$ (bezüglich der aus

$$\begin{pmatrix} A_1 \otimes \cdots \otimes A_{i-1}, A_i, A_{i+1} \otimes \cdots \otimes A_n \\ B_1 \otimes \cdots \otimes B_{j-1}, B_j, B_{j+1} \otimes \cdots \otimes B_m \end{pmatrix}$$

ersichtlichen Aufspaltung von A und B) *$\langle B_j, A_i \rangle$-koppelbar.*

In diesem Falle bilde man den $\mathscr{K}$-Monomaten $\hat{A} \xrightarrow[\hat{f}]{R,S} \hat{B}$ gemäß dem nachstehenden kommutativen Diagramm:

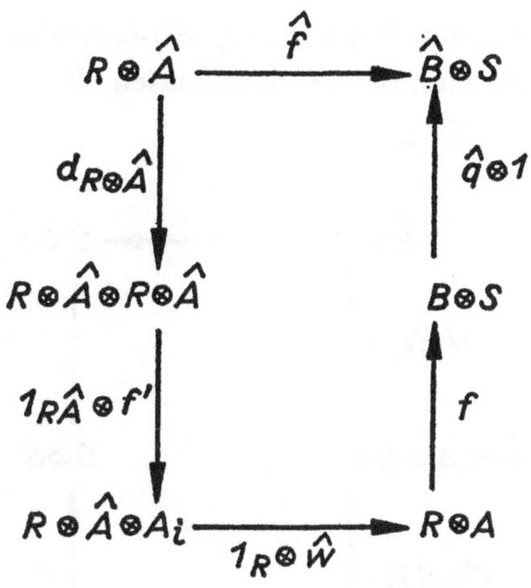

Dabei ist

$$\hat{A} = A_1 \otimes \cdots \otimes A_{i-1} \otimes A_{i+1} \otimes \cdots \otimes A_n,$$
$$\hat{B} = B_1 \otimes \cdots \otimes B_{j-1} \otimes B_{j+1} \otimes \cdots \otimes B_m,$$
$$\hat{w} = 1_{A_1 \otimes \cdots \otimes A_{i-1}} \otimes c_{A_{i+1} \otimes \cdots \otimes A_n, A_i} : \hat{A} \otimes A_i \to A,$$
$$\hat{q} = 1_{B_1 \cdots B_{j-1}} \otimes t_{B_j} \otimes 1_{B_{j+1} \cdots B_m} : B \to \hat{B}.$$

Wir definieren die *Schleifenoperation* $\int\limits_{B_j}^{A_i}$ (bezüglich der obigen Aufspaltung von

A und B) durch

$$\int_{B_j}^{A_i} A \xrightarrow[f]{R,S} B = \hat{A} \xrightarrow[\hat{f}]{R,S} \hat{B}.$$

Die Schleifenoperation, auf einen Mono-Automaten angewandt, ergibt wieder einen Mono-Automaten.

Definition. Es sei $R \xrightarrow[f\ \perp]{A,B} S$ ein $\mathscr{K}$-Monomat, mit

$$R = R_1 \otimes \cdots \otimes R_k,$$

$$S = S_1 \otimes \cdots \otimes S_l$$

und $R_i = S_j$ für ein festes Paar $\langle i, j\rangle$. Es sei S_j von R_i in

$$f\colon \begin{pmatrix} R_1 \otimes \cdots \otimes R_{i-1}, R_i, R_{i+1} \otimes \cdots \otimes R_k \otimes A \\ B \otimes S_1 \otimes \cdots \otimes S_{j-1}, S_j, S_{j+1} \otimes \cdots \otimes S_l \end{pmatrix} \tag{2}$$

unabhängig. Dann heißt $R \xrightarrow[f\ \perp]{A,B} S$ (bezüglich der aus

$$\begin{pmatrix} R_1 \otimes \cdots \otimes R_{i-1}, R_i, R_{i+1} \otimes \cdots \otimes R_k \\ S_1 \otimes \cdots \otimes S_{j-1}, S_j, S_{j+1} \otimes \cdots \otimes S_l \end{pmatrix}$$

ersichtlichen Aufspaltung von R und S) $\langle S_j, R_i\rangle$-*koppelbar*.

In diesem Falle bilde man den $\mathscr{K}$-Monomaten $\hat{R} \xrightarrow[\hat{f}\ \perp]{A,B} \hat{S}$ gemäß dem nachstehenden kommutativen Diagramm:

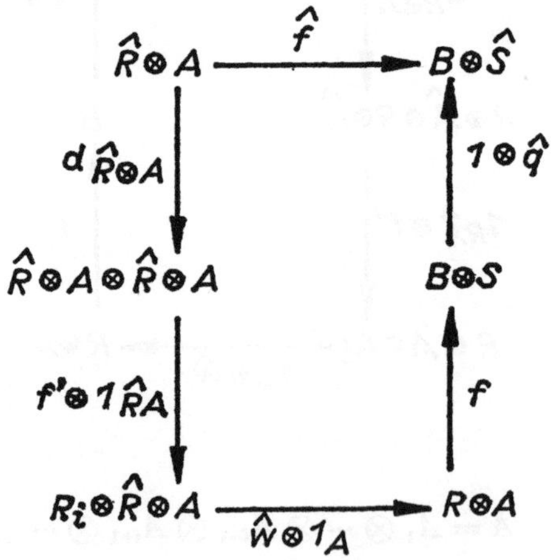

Dabei ist

$$\hat{R} = R_1 \otimes \cdots \otimes R_{i-1} \otimes R_{i+1} \otimes \cdots \otimes R_k,$$

$$\hat{S} = S_1 \otimes \cdots \otimes S_{j-1} \otimes S_{j+1} \otimes \cdots \otimes S_l,$$

$$\hat{w} = c_{R_i, R_1 \otimes \cdots \otimes R_{i-1}} \otimes 1_{R_{i+1} \cdots R_k}\colon R_i \otimes \hat{R} \to R,$$

$$\hat{q} = 1_{S_1 \cdots S_{j-1}} \otimes t_{S_j} \otimes 1_{S_{j+1} \cdots S_l}\colon S \to \hat{S}.$$

Die $\perp$-*Schleifenoperation* $\int_{S_j}^{\perp\, R_i}$ (bezüglich der obigen Aufspaltung von R und S) ist dann definiert durch

$$\int_{S_j}^{\perp\, R_i} R \xrightarrow[f\ \perp]{A,B} S = \hat{R} \xrightarrow[\hat{f}\ \perp]{A,B} \hat{S}.$$

2.2. Definition der Schleifenoperationen für Mealymaten

Es sei $\mathscr{K}$ eine *hdt*-symmetrische Kategorie.

Definition. Es sei $A \xrightarrow[l,m]{R,S} B$ ein $\mathscr{K}$-Mealymat, mit

$$A = A_1 \otimes \cdots \otimes A_n,$$
$$B = B_1 \otimes \cdots \otimes B_m$$

und $A_i = B_j$ für ein festes Indexpaar $\langle i, j\rangle$.

Es sei B_j von A_i in

$$l = \begin{pmatrix} R \otimes A_1 \otimes \cdots \otimes A_{i-1}, A_i, A_{i+1} \otimes \cdots \otimes A_n \\ B_1 \otimes \cdots \otimes B_{j-1}, B_j, B_{j+1} \otimes \cdots \otimes B_m \end{pmatrix} \tag{1}$$

unabhängig. Dann heißt $A \xrightarrow[l,m]{R,S} B$ (bezüglich der aus

$$\begin{pmatrix} A_1 \otimes \cdots \otimes A_{i-1}, A_i, A_{i+1} \otimes \cdots \otimes A_n \\ B_1 \otimes \cdots \otimes B_{j-1}, B_j, B_{j+1} \otimes \cdots \otimes B_m \end{pmatrix}$$

ersichtlichen Aufspaltung von A und B) $\langle B_j, A_i\rangle$-*koppelbar*.

Ist dies der Fall, so bilde man den $\mathscr{K}$-Mealymaten $\hat{A} \xrightarrow[\hat{l},\hat{m}]{R,S} \hat{B}$ entsprechend dem nachstehenden kommutativen Diagramm:

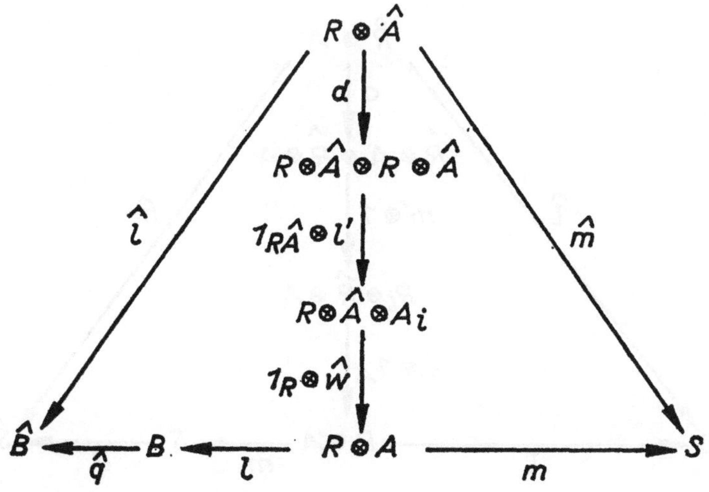

Dabei ist

$$\begin{aligned}
\hat{A} &= A_1 \otimes \cdots \otimes A_{i-1} \otimes A_{i+1} \otimes \cdots \otimes A_n\,,\\
\hat{B} &= B_1 \otimes \cdots \otimes B_{j-1} \otimes B_{j+1} \otimes \cdots \otimes B_m\,,\\
\hat{w} &= 1_{A_1\cdots A_{i-1}} \otimes c_{A_{i+1}\otimes\cdots\otimes A_n, A_i} : \hat{A} \otimes A_i \to A\,,\\
\hat{q} &= 1_{B_1\cdots B_{j-1}} \otimes \iota_{B_j} \otimes 1_{B_{j+1}\cdots B_m} : B \to \hat{B}\,.
\end{aligned}$$

Die *Schleifenoperation* $\int_{B_j}^{A_i}$ (bezüglich der obigen Aufspaltung von A und B) ist durch

$$\int_{B_j}^{A_i} A \xrightarrow[l,m]{R,S} B = \hat{A} \xrightarrow[\hat{l},\hat{m}]{R,S} \hat{B}$$

definiert; sie ergibt, auf MEALY-Automaten angewandt, wieder MEALY-Automaten.

Definition. Es sei $R \xrightarrow[l,m]{A,B}_{1} S$ ein $\mathscr{K}$-Mealymat, mit

$$\begin{aligned}
R &= R_1 \otimes \cdots \otimes R_k\,,\\
S &= S_1 \otimes \cdots \otimes S_l
\end{aligned}$$

und $R_i = S_j$ für ein festes Paar $\langle i, j\rangle$. Es sei S_j von R_i in

$$m\colon \begin{pmatrix} R_1 \otimes \cdots \otimes R_{i-1}, R_i, R_{i+1} \otimes \cdots \otimes R_k \otimes A \\ S_1 \otimes \cdots \otimes S_{j-1}, S_j, S_{j+1} \otimes \cdots \otimes S_l \end{pmatrix} \tag{2}$$

unabhängig. Dann wird $R \xrightarrow[l,m]{A,B}_{1} S$ (bezüglich der aus

$$\begin{pmatrix} R_1 \otimes \cdots \otimes R_{i-1}, R_i, R_{i+1} \otimes \cdots \otimes R_k \\ S_1 \otimes \cdots \otimes S_{j-1}, S_j, S_{j+1} \otimes \cdots \otimes S_l \end{pmatrix}$$

ersichtlichen Aufspaltung von R und S) $\langle S_j, R_i\rangle$-*koppelbar* genannt.

Wenn dies der Fall ist, bilde man den $\mathscr{K}$-Mealymaten $\hat{R} \xrightarrow[\hat{l},\hat{m}]{A,B}_{1} \hat{S}$ entsprechend dem nachstehenden kommutativen Diagramm:

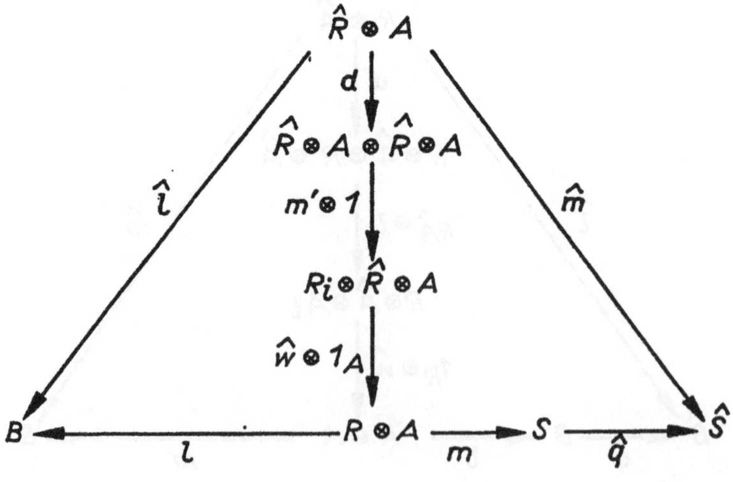

Dabei ist

$$\hat{R} = R_1 \otimes \cdots \otimes R_{i-1} \otimes R_{i+1} \otimes \cdots \otimes R_k,$$

$$\hat{S} = S_1 \otimes \cdots \otimes S_{j-1} \otimes S_{j+1} \otimes \cdots \otimes S_l,$$

$$\hat{w} = c_{R_i,R_1\otimes\cdots\otimes R_{i-1}} \otimes 1_{R_{i+1}\cdots R_k} : R_i \otimes \hat{R} \to R,$$

$$\hat{q} = 1_{S_1\cdots S_{j-1}} \otimes t_{S_j} \otimes 1_{S_{j+1}\cdots S_l} : S \to \hat{S}.$$

Die $\perp$-*Schleifenoperation* $\int_{S_j}^{\perp R_i}$ (bezüglich der obigen Aufspaltung von R und S) ist definiert durch

$$\int_{S_j}^{\perp\, R_i} R \xrightarrow[l,m\ \perp]{A,B} S = \hat{R} \xrightarrow[\hat{l},\hat{m}\ \perp]{A,B} \hat{S}.$$

2.3. Involution und Schleifenoperation

Die folgenden Beziehungen gestatten es (unter Beachtung von $\Delta\Delta = \mathrm{Id}$), die $\perp$-Schleifenoperation durch die Schleifenoperation auszudrücken (und umgekehrt).

2.3.1. *Es sei $\mathcal{K}$ eine t-symmetrische Kategorie.*

Dann gilt:

$$\Delta \int_{S_j}^{\perp R_i} R \xrightarrow[f\ \perp]{A,B} S = \int_{S_j}^{R_i} \Delta\left(A \xrightarrow[f]{R,S} B\right), \tag{1}$$

$$\Delta \int_{B_j}^{A_i} A \xrightarrow[f]{R,S} B = \int_{B_j}^{\perp A_i} \Delta\left(R \xrightarrow[f\ \perp]{A,B} S\right) \tag{2}$$

Beweis. Es genügt, (1) zu beweisen, da (2) eine Folge von (1) ist.

Es sei $R \xrightarrow[f\ \perp]{A,B} S$ (bezüglich der aus 1.1 ersichtlichen Aufspaltung von R und S) $\langle S_j, R_i\rangle$-koppelbar. Dann ist, wie aus dem nachstehenden kommutativen Diagramm hervorgeht, auch $R \xrightarrow[f^\Delta]{A,B} S$ (mit $f^\Delta = c_{AR} f c_{BS}$) $\langle S_j, R_i\rangle$-koppelbar; dabei ist $R_i = S_j$, und $\hat{p}\colon R \to \hat{R}$, $q_j\colon S \to S_j$ sind Projektionen:

$$\hat{p} = 1_{R_1\cdots R_{i-1}} \otimes t_{R_i} \otimes 1_{R_{i+1}\cdots R_k}\colon R \to \hat{R},$$

$$q_j = t_{S_1\otimes\cdots\otimes S_{j-1}} \otimes 1_{S_j} \otimes t_{S_{j+1}\otimes\cdots\otimes S_l} : S \to S_j.$$

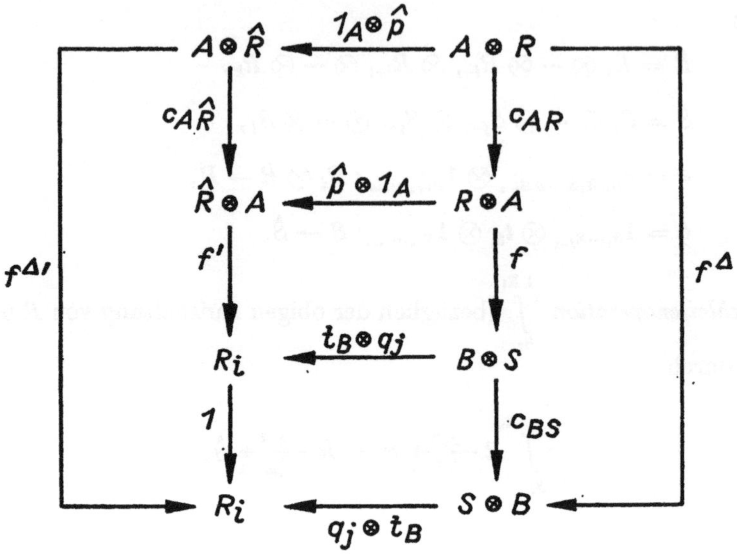

Daher hat der auf der rechten Seite von (1) stehende Ausdruck einen Sinn:

$$\int_{S_j}^{R_i} \Delta\left(A \xrightarrow[f]{R,S} B\right) = \int_{S_j}^{R_i} A \xrightarrow[f^\Delta]{R,S}{}_{\perp} B = \int_{S_j}^{R_i} R \xrightarrow[f^\Delta]{A,B} S$$

$$= \hat{R} \xrightarrow[\widehat{f^\Delta}]{A,B} \hat{S}.$$

Dabei ist

$$\widehat{f^\Delta}: A \otimes \hat{R} \to \hat{S} \otimes B$$
$$= d_{A\otimes\hat{R}}(1_{A\otimes\hat{R}} \otimes f^{\Delta\prime})\,(1_A \otimes w_1)\, f^\Delta(\hat{q} \otimes 1_B),$$

mit

$$w_1 = 1_{R_1\cdots R_{i-1}} \otimes c_{R_{i+1}\otimes\cdots\otimes R_k, R_i}: \hat{R} \otimes R_i \to R,$$
$$\hat{q} = 1_{S_1\cdots S_{j-1}} \otimes t_{S_j} \otimes 1_{S_{j+1}\cdots S_l}: S \to \hat{S}.$$

Für den auf der linken Seite von (1) stehenden Ausdruck ergibt sich nach Definition:

$$\Delta\left(\hat{R} \xrightarrow[\hat{f}]{A,B}{}_{\perp} \hat{S}\right) = \Delta\left(A \xrightarrow[\hat{f}]{\hat{R},\hat{S}} B\right)$$

$$= A \xrightarrow[\hat{f}^\Delta]{\hat{R},\hat{S}}{}_{\perp} B = \hat{R} \xrightarrow[\hat{f}^\Delta]{A,B} \hat{S}.$$

Dabei ist

$$\hat{f}^\Delta = c_{A\hat{R}}\hat{f}c_{B\hat{S}}: A \otimes \hat{R} \to \hat{S} \otimes B$$
$$= c_{A\hat{R}}\, d_{\hat{R}\otimes A}(f' \otimes 1_{\hat{R}A})\,(w \otimes 1_A)\, f(1_B \otimes \hat{q})c_{B\hat{S}}.$$

$$= d_{A\otimes\hat{R}}(c_{A\hat{R}} \otimes c_{A\hat{R}})\,(f' \otimes 1_{\hat{R}A})\,(w \otimes 1_A)\,fc_{BS}(\hat{q} \otimes 1_B)$$

$$= d_{A\otimes\hat{R}}(f^{\Delta\prime} \otimes c_{A\hat{R}})\,(w \otimes 1_A)\,c_{RA}f^{\Delta}(\hat{q} \otimes 1_B)$$

$$= d_{A\otimes\hat{R}}c_{A\otimes\hat{R},A\otimes\hat{R}}\,(f^{\Delta\prime} \otimes 1_{A\hat{R}})\,(1_{R_i} \otimes c_{A\hat{R}}) \cdot (w \otimes 1_A)\,c_{RA}f^{\Delta}(\hat{q} \otimes 1_B)$$

$$= d_{A\otimes\hat{R}}(1_{A\hat{R}} \otimes f^{\Delta\prime})c_{A\otimes\hat{R},R_i}\,(1_{R_i} \otimes c_{A\hat{R}}) \cdot (w \otimes 1_A)c_{RA}f^{\Delta}(\hat{q} \otimes 1_B)$$

$$= \widehat{f^{\Delta}}.$$

Hierin sind $\hat{q}\colon S \to \hat{S}$, $f'\colon \hat{R} \otimes A \to R_i$ wie oben festgelegt, und w ist durch

$$w = c_{R_i,R_1\otimes\cdots\otimes R_{i-1}} \otimes 1_{R_{i+1}\cdots R_k}\colon R_i \otimes \hat{R} \to R$$

erklärt. Außerdem ist die folgende Beziehung zu beachten.

$$c_{A\otimes\hat{R},R_i}(1_{R_i} \otimes c_{A\hat{R}})\,(w \otimes 1_A)\,c_{RA}$$
$$= c_{A\otimes\hat{R},R_i}\,(1_{R_i} \otimes c_{A\hat{R}})\,c_{R_i\otimes\hat{R},A}\,(1_A \otimes w)$$
$$= (1_A \otimes c_{\hat{R}R_i})\,(c_{AR_i} \otimes 1_{\hat{R}})\,(1_{R_i} \otimes c_{A\hat{R}}) \cdot (1_{R_i} \otimes c_{\hat{R}A})\,(c_{R_iA} \otimes 1_{\hat{R}})\,(1_A \otimes w)$$
$$= (1_A \otimes c_{\hat{R}R_i})\,(1_A \otimes w) = 1_A \otimes c_{\hat{R}R_i}w$$
$$= 1_A \otimes w_1. \ \blacksquare$$

Analog zu 2.3.1 erhält man:

2.3.2. Es sei $\mathscr{K}$ eine *dt*-symmetrische Kategorie. Dann gilt:

$$\Delta \overset{\perp}{\int_{S_j}^{R_i}} R \xrightarrow[l,m]{A,B}_{\perp} S = \int_{S_j}^{R_i} \Delta\left(A \xrightarrow[l,m]{R,S} B\right), \tag{3}$$

$$\Delta \int_{B_j}^{A_i} A \xrightarrow[l,m]{R,S} B = \overset{\perp}{\int_{B_j}^{A_i}} \Delta\left(R \xrightarrow[l,m]{A,B}_{\perp} S\right). \ \blacksquare \tag{4}$$

2.4. Zusammenhang zwischen Serien-, Parallel- und Schleifenoperationen

Es sei $\mathscr{K}$ eine *hdt*-symmetrische Kategorie.

2.4.1. *In $\mathscr{K}$ sei die Projektion*

$1_{UR} \otimes t_B \otimes 1_A\colon U \otimes R \otimes B \otimes A \to U \otimes R \otimes A$ *ein Epimorphismus, und für* $f\colon R \otimes A \to B \otimes S$ *gelte*:

$$d_{R\otimes A}(f \otimes f) = fd_{B\otimes S}.$$

(Dies ist erfüllt, falls d in $\mathscr{K}$ eine natürliche Transformation ist.)

Dann läßt sich die Serienschaltung zweier Monomaten (Mono-Automaten) wie folgt durch Parallelschaltung der Monomaten (Mono-Automaten) und Schleifenoperation ausdrücken.

$$\left(A \xrightarrow[f]{R,S} B\right)\left(B \xrightarrow[h]{U,V} C\right) = \int_B^B \left[\left(B \xrightarrow[h]{U,V} C\right) \otimes \left(A \xrightarrow[f]{R,S} B\right)\right].$$

Beweis. Der Monomat

$$\left(B \xrightarrow[h]{U,V} C\right) \otimes \left(A \xrightarrow[f]{R,S} B\right) = B \otimes A \xrightarrow[g]{U\otimes R, V\otimes S} C \otimes B$$

mit

$$g = (1_U \otimes c_{RB} \otimes 1_A)(h \otimes f)(1_C \otimes c_{VB} \otimes 1_S) : U \otimes R \otimes B \otimes A \to C \otimes B \otimes V \otimes S$$

st $\langle B, B\rangle$-koppelbar bezüglich $\begin{pmatrix} I, B, A \\ C, B, I \end{pmatrix}$. Denn mit Rücksicht auf

$$c_{RB}(t_B \otimes 1_R) = 1_R \otimes t_B, \; c_{VB}(1_B \otimes t_V) = t_V \otimes 1_B$$

ist folgendes Diagramm kommutativ.

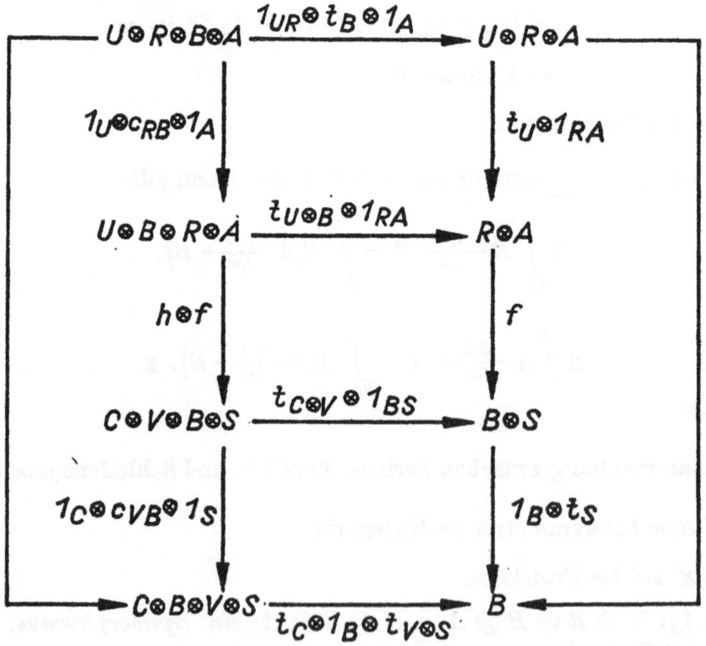

Die Behauptung in 2.4.1 ergibt sich aus der Kommutativität des nachstehenden Diagramms,

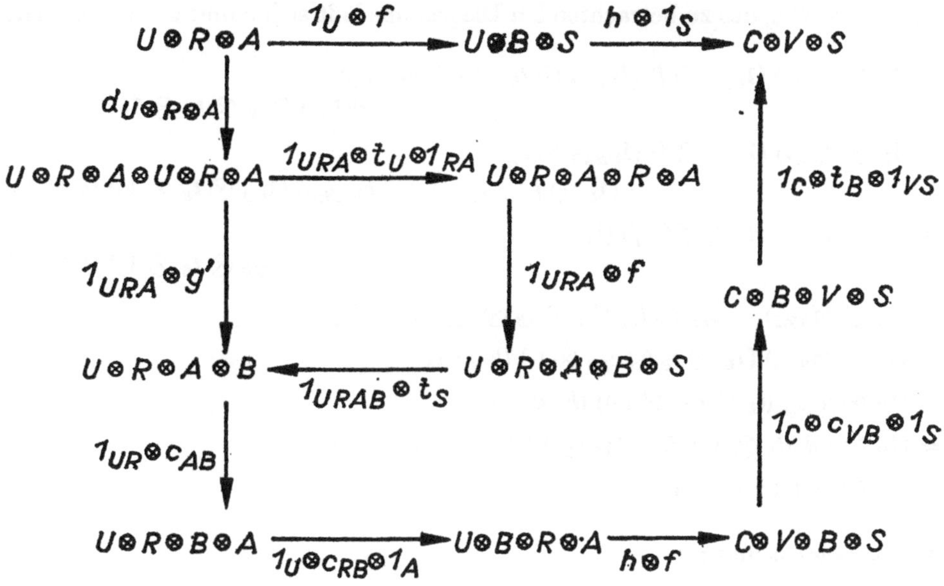

die wie folgt einzusehen ist: Es ist

$$c_{VB}(t_B \otimes 1_V) = 1_V \otimes t_B,$$
$$(1_R \otimes c_{AB})\,(c_{RB} \otimes 1_A) = c_{R\otimes A,B};$$

weiter besteht das kommutative Diagramm

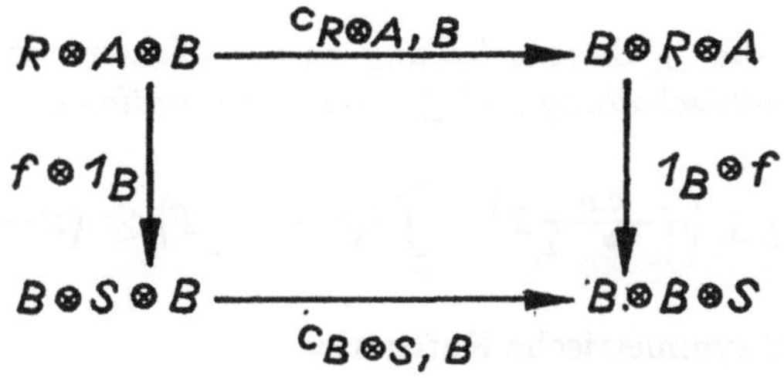

und es gilt

$$c_{B\otimes S,B}(1_B \otimes t_B \otimes 1_S) = t_B \otimes c_{SB}.$$

Ferner besteht die für $X = R \otimes A$ benötigte Beziehung

$$\begin{aligned} & d_{U\otimes X}(1_{UX} \otimes t_U \otimes 1_X) \\ &= (d_U \otimes d_X)\,(1_U \otimes c_{UX} \otimes 1_X)\,(1_{UX} \otimes t_U \otimes 1_X) \\ &= (d_U \otimes d_X)\,(1_U \otimes c_{UX}(1_X \otimes t_U) \otimes 1_X) \\ &= (d_U \otimes d_X)\,(1_U \otimes t_U \otimes 1_{XX}) \\ &= 1_U \otimes d_X. \end{aligned}$$

Der untere Weg des zu betrachtenden Diagramms läßt sich damit so ausdrücken:

$$(1_U \otimes d_{R\otimes A})\,(1_{URA} \otimes f)\,(1_{URAB} \otimes t_S)\,(1_U \otimes c_{R\otimes A,B}) \cdot (1_{UB} \otimes f)\,(h \otimes 1_{BS})\,(1_{CV} \otimes t_B \otimes 1_S)$$

$$= (1_U \otimes d_{R\otimes A})\,(1_{URA} \otimes f)\,(1_{URAB} \otimes t_S) \cdot (1_U \otimes f \otimes 1_B)\,(1_U \otimes c_{B\otimes S,B})\,(1_{UB} \otimes t_B \otimes 1_S)\,(h \otimes 1_S)$$

$$= (1_U \otimes d_{R\otimes A})\,(1_U \otimes f \otimes f)\,(1_{UBSB} \otimes t_S) \cdot (1_U \otimes c_{B\otimes S,B})\,(1_{UB} \otimes t_B \otimes 1_S)\,(h \otimes 1_S)$$

$$= (1_U \otimes fd_{B\otimes S})\,(1_{UBSB} \otimes t_S)\,(1_U \otimes t_B \otimes c_{SB})\,(h \otimes 1_S)$$

$$= (1_U \otimes fd_{B\otimes S})\,(1_U \otimes t_B \otimes c_{SB} \otimes t_S)\,(h \otimes 1_S)$$

$$= (1_U \otimes fd_{B\otimes S}(t_B \otimes c_{SB} \otimes t_S))\,(h \otimes 1_S)$$

$$= (1_U \otimes f(d_B(t_B \otimes 1_B) \otimes d_S(1_S \otimes t_S)))\,(h \otimes 1_S)$$

$$= (1_U \otimes f)\,(h \otimes 1_S). \;\blacksquare$$

Analog beweist man:

2.4.2. *In $\mathcal{K}$ sei die Projektion*

$t_S \otimes 1_{RCA}: S \otimes R \otimes C \otimes A \to R \otimes C \otimes A$

ein Epimorphismus, und für $f: R \otimes A \to B \otimes S$ gelte:

$$d_{R\otimes A}(f \otimes f) = fd_{B\otimes S}.$$

Dann läßt sich die $\perp$-Serienschaltung zweier Monomaten (Mono-Automaten) wie folgt durch Parallelschaltung und $\perp$-Schleifenoperation ausdrücken.

$$\left(R \xrightarrow[f\ \ \perp]{A,B} S\right) \perp \left(S \xrightarrow[h\ \ \perp]{C,D} T\right) = \int_S^{\perp\ S} \left[\left(S \xrightarrow[h\ \ \perp]{C,D} T\right) \otimes \left(R \xrightarrow[f\ \ \perp]{A,B} S\right)\right]. \;\blacksquare$$

Es sei $\mathcal{K}$ eine *hdt*-symmetrische Kategorie.

2.4.3. *In $\mathcal{K}$ sei die Projektion $1_{UR} \otimes t_B \otimes 1_A$ ein Epimorphismus, und es gelte:*

$$d_{R\otimes A}\,(l \otimes l) = ld_B.$$

Dann läßt sich die Serienschaltung zweier Mealymaten (Mealy-*Automaten*) *wie folgt durch Parallelschaltung und Schleifenoperation ausdrücken.*

$$\left(A \xrightarrow[l,m]{R,S} B\right)\left(B \xrightarrow[h,n]{U,V} C\right) = \int_B^B \left[\left(B \xrightarrow[h,n]{U,V} C\right) \otimes \left(A \xrightarrow[l,m]{R,S} B\right)\right].$$

Beweis. Der Mealymat

$$\left(B \xrightarrow[h,n]{U,V} C\right) \otimes \left(A \xrightarrow[l,m]{R,S} B\right) = B \otimes A \xrightarrow[g,k]{U \otimes R, V \otimes S} C \otimes B,$$

mit

$$g = (1_U \otimes c_{RB} \otimes 1_A)\,(h \otimes l)\colon U \otimes R \otimes B \otimes A \to C \otimes B,$$
$$k = (1_U \otimes c_{RB} \otimes 1_A)\,(n \otimes m)\colon U \otimes R \otimes B \otimes A \to V \otimes S$$

ist $\langle B, B\rangle$-koppelbar bezüglich $\begin{pmatrix} I, B, A \\ C, B, I \end{pmatrix}$. Dies erkennt man aus der Kommutativität des nachstehenden Diagramms.

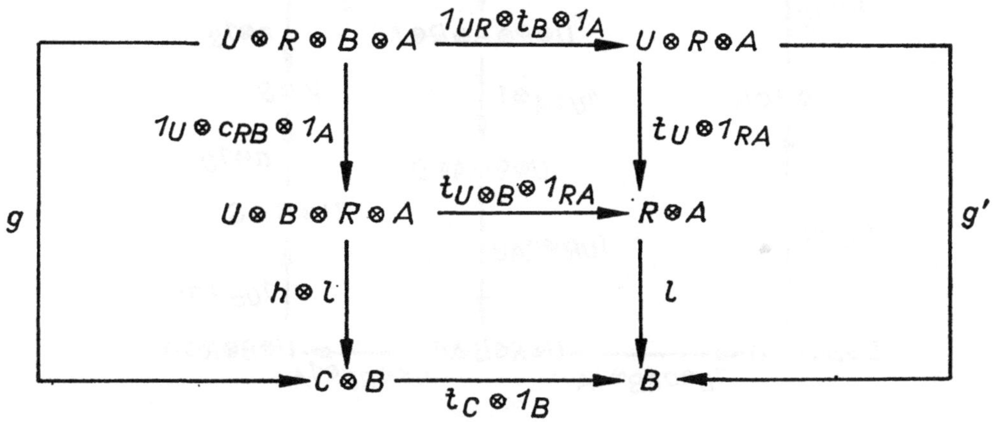

Die Behauptung von 2.4.3 ist gleichbedeutend mit der Kommutativität des Diagramms auf der nächsten Seite.

Entsprechend ergibt sich:

2.4.4. *In $\mathcal{K}$ sei die Projektion $t_S \otimes 1_{RCA}$ ein Epimorphismus, und es gelte*

$$d_{R \otimes A}(m \otimes m) = m d_S.$$

Dann läßt sich die $\perp$-Serienschaltung zweier Mealymaten (Mealy-*Automaten*) *wie folgt durch Parallelschaltung und $\perp$-Schleifenoperation ausdrücken.*

$$\left(R \xrightarrow[l,m]{A,B}_{\perp} S\right) \perp \left(S \xrightarrow[h,n]{C,D}_{\perp} T\right) = \int_S^{\perp\, S} \left[\left(S \xrightarrow[h,n]{C,D}_{\perp} T\right) \otimes \left(R \xrightarrow[l,m]{A,B}_{\perp} S\right)\right]. \blacksquare$$

2.5. Syntheseformeln

2.5.1. *Es sei $\mathcal{K}$ eine hdt-symmetrische Kategorie. Die Projektion $1_R \otimes t_R \otimes 1_A$: $R \otimes R \otimes A \to R \otimes A$ sei ein Epimorphismus, und es gelte:*

$$d_{R \otimes A}(f \otimes f) = f d_{B \otimes S} \text{ für } f\colon R \otimes A \to B \otimes S.$$

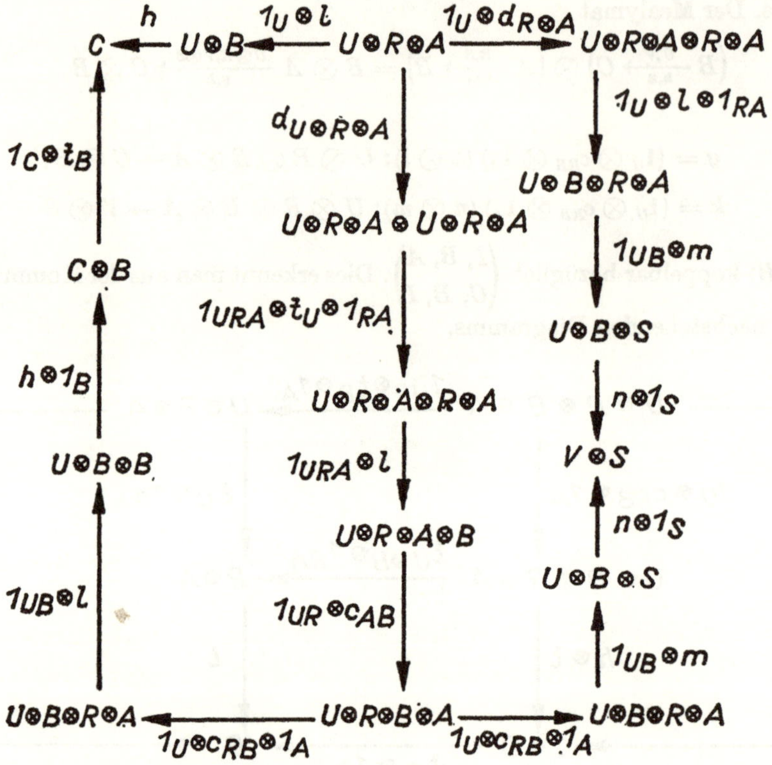

Dann besteht die Formel

$$A \xrightarrow[f]{R,S} B = \int_R^R d_{R\otimes A}\left[fp_1 \otimes \left(fp_2\left(S \xrightarrow[1_{RS}]{R,S} R\right)\right)\right], \tag{1}$$

worin p_1, p_2 *die Projektionen*

$$p_1 = p_1^{BS} = 1_B \otimes t_S\colon B \otimes S \to B,$$
$$p_2 = p_2^{BS} = t_B \otimes 1_S\colon B \otimes S \to S$$

sind.

Formel (1) besagt, daß sich jeder Monomat $A \xrightarrow[f]{R,S} B$ (bzw., im Fall $R = S$, jeder Mono-Automat) aus den Mono-Automaten ohne Gedächtnis

$$R \otimes A \xrightarrow[d_{R\otimes A}]{I,I} R \otimes A \otimes R \otimes A,\; R \otimes A \xrightarrow[fp_1]{I,I} B,\; R \otimes A \xrightarrow[fp_2]{I,I} S$$

und dem ganz einfachen Monomaten $S \xrightarrow[1_{RS}]{R,S} R$ (bzw. dem Mono-Automaten $S \xrightarrow[1_{SS}]{S,S} S$) zusammensetzen läßt. Dies wird durch folgendes Schaltbild veranschaulicht.

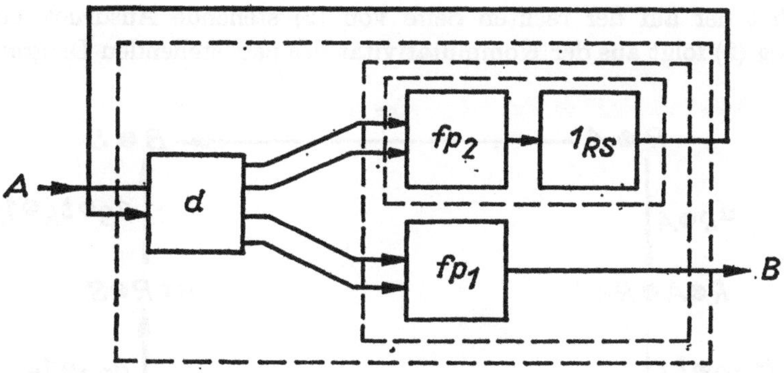

Beweis. Es ist

$$d_{R\otimes A}\left[fp_1 \otimes \left(fp_2\left(S \xrightarrow[1_{RS}]{R,S} R\right)\right)\right]$$

$$= d_{R\otimes A}\left[fp_1 \otimes \left(R \otimes A \xrightarrow[1_R\otimes fp_2]{R,S} R\right)\right]$$

$$= d_{R\otimes A}\left(R \otimes A \otimes R \otimes A \xrightarrow[(c_{R,R\otimes A}\otimes 1_{RA})(fp_1\otimes 1_R\otimes fp_2)]{R,S} B \otimes R\right)$$

$$= R \otimes A \xrightarrow[(1_R\otimes d_{R\otimes A})(c_{R,R\otimes A}\otimes 1_{RA})(fp_1\otimes 1_R\otimes fp_2)]{R,S} B \otimes R$$

$$= R \otimes A \xrightarrow[(1_R\otimes f)(c_{RC}\otimes 1_S)]{R,S} B \otimes R$$

$$= \left(R \otimes A \xrightarrow[f]{I,S} B\right)\left(B \xrightarrow[c_{RB}]{R,I} B \otimes R\right).$$

Es gilt (falls $1_R \otimes t_R \otimes 1_A$ ein Epimorphismus ist)

$$A \xrightarrow[f]{R,S} B = \int_R^R \left(R \otimes A \xrightarrow[f]{I,S} B\right)\left(B \xrightarrow[c_{RB}]{R,I} B \otimes R\right). \tag{2}$$

Denn aus dem folgenden kommutativen Diagramm geht hervor, daß der Monomat $R \otimes A \xrightarrow[(1_R\otimes f)(c_{RB}\otimes 1_S)]{R,S} B \otimes R$ bezüglich der aus

$$\begin{pmatrix} I, R, A \\ B, R, I \end{pmatrix} \tag{3}$$

ersichtlichen Aufspaltung von $R \otimes A$ und $B \otimes R$ $\langle R, R\rangle$-koppelbar ist.

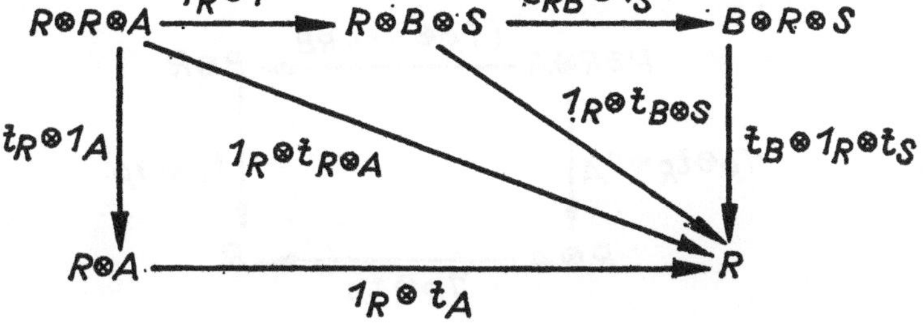

Daher hat der auf der rechten Seite von (2) stehende Ausdruck einen Sinn. Gleichung (2) folgt aus der Kommutativität des nachstehenden Diagramms

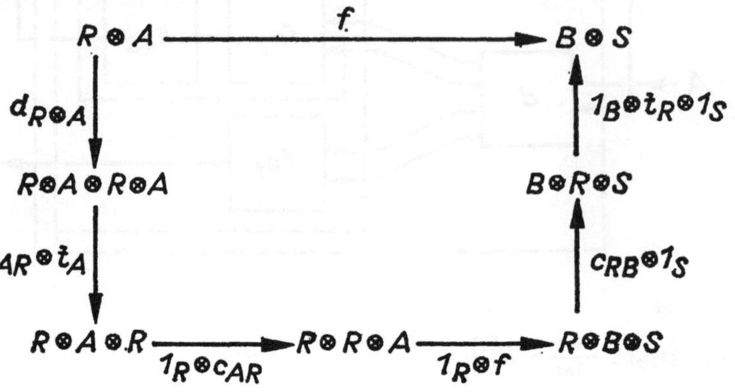

die so einzusehen ist:

$$(d_R \otimes d_A)(1_R \otimes c_{RA} \otimes 1_A)(1_{RAR} \otimes t_A)(1_R \otimes c_{AR}f)(t_R \otimes 1_{BS})$$
$$= (d_R \otimes d_A)(1_R \otimes c_{RA} \otimes 1_A)(1_{RAR} \otimes t_A)(t_R \otimes 1_{AR})\, c_{AR}f$$
$$= (d_R \otimes d_A)(t_R \otimes 1_{RA} \otimes t_A)\, c_{RA}c_{AR}f$$
$$= \big(d_R(t_R \otimes 1_R) \otimes d_A(1_A \otimes t_A)\big) f = f. \;\blacksquare$$

Als nächstes beweisen wir für Mealymaten, unter der Voraussetzung, daß $1_R \otimes t_R \otimes 1_A$ ein Epimorphismus ist, die zu (2) analoge Beziehung:

$$A \xrightarrow[l,m]{R,S} B = \int_R^R \Big(R \otimes A \xrightarrow[l,m]{I,S} B\Big)\Big(B \xrightarrow[c_{RB},t_R\otimes B]{R,I} B \otimes R\Big). \tag{4}$$

Wie das nachstehende kommutative Diagramm zeigt, ist der Monomat

$$\Big(R \otimes A \xrightarrow[l,m]{I,S} B\Big)\Big(B \xrightarrow[c_{RB},t_R\otimes B]{R,I} B \otimes R\Big) = R \otimes A \xrightarrow[(1_R\otimes l)c_{RB},t_R\otimes m]{R,S} B \otimes R$$

bezüglich der aus

$$\begin{pmatrix} I, R, A \\ B, R, I \end{pmatrix} \tag{5}$$

ersichtlichen Aufspaltung von $R \otimes A$ und $B \otimes R$ $\langle R, R\rangle$-koppelbar.

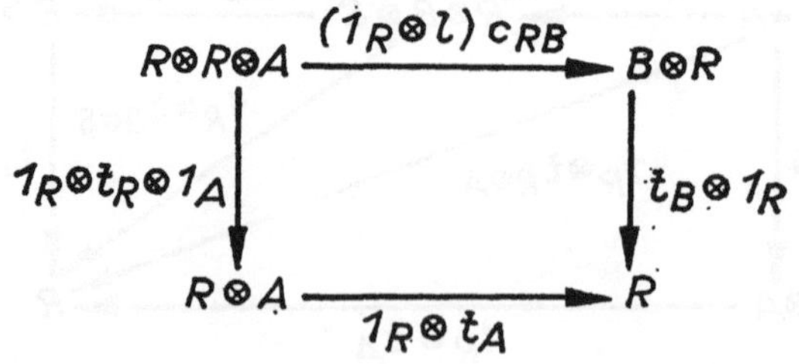

Gleichung (4) ist mit der Kommutativität des nachstehenden Diagramms gleichbedeutend.

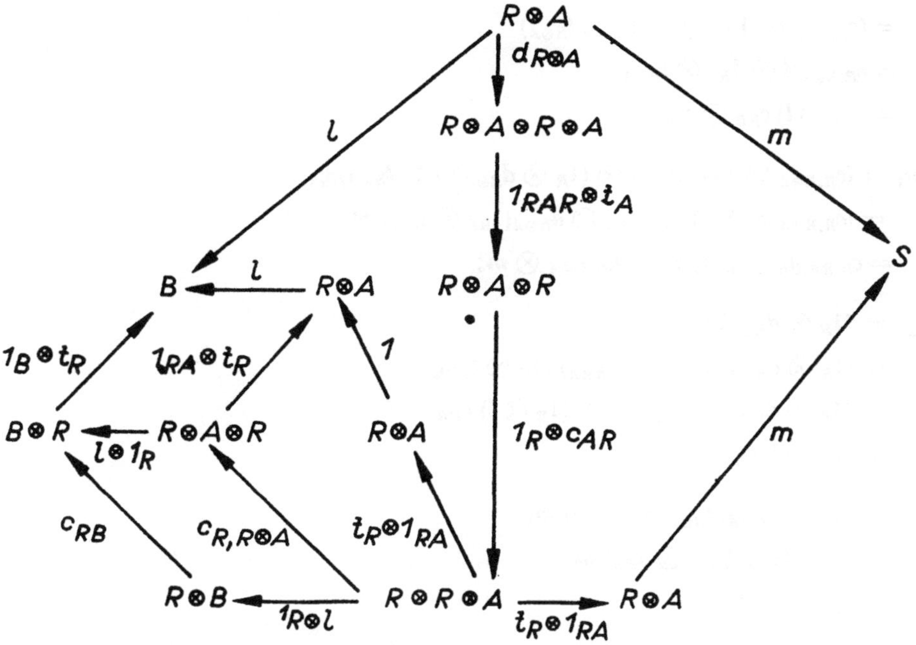

Unter Verwendung von (4) erhält man:

2.5.2. *Es sei $\mathscr{K}$ eine hdt-symmetrische Kategorie. Die Projektion $1_R \otimes t_R \otimes 1_A$: $R \otimes R \otimes A \to R \otimes A$ sei ein Epimorphismus.*

Dann besteht die Formel

$$A \xrightarrow[l,m]{R,S} B = \int_R^R d_{R\otimes A} \left[l \otimes \left(m \left(S \xrightarrow[q_1,q_2]{R,S} R \right)\right)\right], \tag{6}$$

wobei q_1, q_2 die Projektionen

$$q_1 = p_1^{RS} = 1_R \otimes t_S \colon R \otimes S \to R,$$
$$q_2 = p_2^{RS} = t_R \otimes 1_S \colon R \otimes S \to S$$

sind.

Beweis. Es ist

$$\begin{aligned} & d_{R\otimes A} \left[l \otimes m \left(S \xrightarrow[q_1,q_2]{R,S} R \right)\right] \\ & \quad = d_{R\otimes A} \left[l \otimes \left(R \otimes A \xrightarrow[(1_R\otimes m)q_1,\ (1_R\otimes d_{R\otimes A}(m\otimes t_{R\otimes A}))q_2]{R,S} R \right)\right] \\ & \quad = d_{R\otimes A} \left(R \otimes A \otimes R \otimes A \xrightarrow[l_1,m_1]{R,S} B \otimes R \right) \\ & \quad = R \otimes A \xrightarrow[l_2,m_2]{R,S} B \otimes R, \end{aligned}$$

mit

$$l_1 = (c_{R,R\otimes A,} \otimes 1_{RA})\,(l \otimes (1_R \otimes m)q_1)$$
$$= (c_{R,R\otimes A} \otimes 1_{RA})\,(l \otimes 1_R \otimes t_{R\otimes A})$$
$$= c_{R,R\otimes A}(l \otimes 1_R) \otimes t_{R\otimes A}$$
$$= (1_R \otimes l)\,c_{RB} \otimes t_{R\otimes A},$$

$$m_1 = (c_{R,R\otimes A} \otimes 1_{RA})\,(t_{R\otimes A} \otimes (1_R \otimes d_{R\otimes A}(m \otimes t_{R\otimes A}))q_2)$$
$$= (c_{R,R\otimes A} \otimes 1_{RA})\,(t_{R\otimes A\otimes R} \otimes d_{R\otimes A}(1_{RA} \otimes t_{R\otimes A})m)$$
$$= c_{R,R\otimes A}t_{R\otimes A\otimes R} \otimes m = t_{R\otimes R\otimes A} \otimes m;$$

$$l_2 = (1_R \otimes d_{R\otimes A})\,l_1$$
$$= (1_R \otimes d_{R\otimes A})\,(1_{RRA} \otimes t_{R\otimes A})\,(1_R \otimes l)\,c_{RB}$$
$$= (1_R \otimes d_{R\otimes A}(1_{RA} \otimes t_{R\otimes A}))\,(1_R \otimes l)\,c_{RB}$$
$$= (1_R \otimes l)\,c_{RB},$$

$$m_2 = (1_R \otimes d_{R\otimes A}(d_{R\otimes A} \otimes t_{R\otimes A}))\,m_1$$
$$= t_R \otimes d_{R\otimes A}(t_{R\otimes A} \otimes 1_{RA})\,m$$
$$= t_R \otimes m. \blacksquare$$

Es sei bemerkt, daß die Formel (6) auch im Fall $R = S$ anwendbar ist und dann eine Syntheseformel für MEALY-Automaten darstellt: Jeder MEALY-Automat $A \xrightarrow[l,m]{R,S} B$ ist aus den MEALY-Automaten ohne Gedächtnis

$$R \otimes A \xrightarrow[d_{R\otimes A},t_{R\otimes A}]{I,I} R \otimes A \otimes R \otimes A,\; R \otimes A \xrightarrow[l,t_{R\otimes A}]{I,I} B,\; R \otimes A \xrightarrow[m,t_{R\otimes A}]{I,I} S.$$

und dem ganz einfachen MEALY-Automaten $S \xrightarrow[q_1,q_2]{S,S} S$, der auch (*eintaktiger*) *Verzögerungsautomat* genannt wird, zusammengesetzt.

Zu (1), (2), (4), (6) analoge Syntheseformeln bestehen für die $\perp$-Schleifenoperation.

2.6. Aufgaben

2.6.1. Anstelle der Schleifenoperation wird vielfach auch die mit ihr eng verbundene *Rückkopplung* angewandt, die wie folgt erklärt ist.

Es sei $\mathscr{K}$ eine *hdt*-symmetrische Kategorie und x ein $\mathscr{K}$-Monomat $A \xrightarrow[f]{R,S} B$ bzw. ein $\mathscr{K}$-Mealymat $A \xrightarrow[l,m]{R,S} B$, der bezüglich der aus $\begin{pmatrix} A', A_0, A'' \\ B', B_0, B'' \end{pmatrix}$ ersichtlichen Aufspaltung von A und B $\langle A_0, B_0\rangle$-koppelbar ist.

Unter Verwendung der Bezeichnungen von 1.1 bzw. 1.2 definiere man die Rückkopplung

$\int^{A_0} x$ gemäß

$$\int^{A_0} x = \hat{A} \xrightarrow[\tilde{f}]{R,S} B,$$

mit

$$\tilde{f} = d_{R\otimes\hat{A}}\,(1_{R\otimes\hat{A}} \otimes f')(1_R \otimes \hat{w})\, f : R \otimes \hat{A} \to B \otimes S$$

bzw.

$$\int^{A_0} x = \hat{A} \xrightarrow[\tilde{l},\hat{m}]{R,S} B,$$

mit

$$\tilde{l} = d_{R\otimes\hat{A}}(1_{R\hat{A}} \otimes l')\,(1_R \otimes \hat{w})\, l : R \otimes \hat{A} \to B.$$

Man zeige, daß Rückkopplung und Schleifenoperation wie folgt miteinander zusammenhängen.

$$\int^{A_0} x = \int_{B_0}^{A_0} (x(1_{B'} \otimes d_{B_0} \otimes 1_{B''})), \tag{1}$$

$$\int_{B_0}^{A_0} x = (\int^{A_0} x)\,(1_{B'} \otimes t_{B_0} \otimes 1_{B''}). \tag{2}$$

Analog der $\perp$-Schleifenoperation $\int_{-}^{\perp\,-}$ läßt sich eine $\perp$-Rückkopplung $\int^{\perp\,-}$ definieren.

2.6.2. Einen anderen Rückkopplungsbegriff erhält man wie folgt. Für einen beliebigen Automaten der Form

$$x = A \otimes C \xrightarrow[l,m]{S} B \otimes C$$

in einer *hdt*-symmetrischen Kategorie $\mathscr{K}$ definiere man eine Rückkopplung durch

$$\int_C x = A \xrightarrow[l_1,m_1]{C\otimes S} B,$$

wobei l_1, m_1 durch das kommutative Diagramm auf S. 204 erklärte Morphismen aus $\mathscr{K}$ sind. (Vgl. G. Holtz — H. Walter, 1969).

Man beweise die Gültigkeit der Syntheseformel

$$A \xrightarrow[l,m]{S} B = \int_S c_{AS} d_{S\otimes A}\,(l \otimes m),$$

aus der hervorgeht, daß sich jeder $\mathscr{K}$-Automat $A \xrightarrow[l,m]{S} B$ mittels der Operation $\int$ durch kombinatorische Automaten ausdrücken läßt. (Hierzu vgl. auch 1.4.1.)

3. Weiterführung der strukturellen Synthese

3.1. Mehrfachschleifen

3.1.1. *Es sei $\mathscr{K}$ eine hdt-symmetrische Kategorie. In $\mathscr{K}$ seien Morphismen der Form* $1_{C_1} \otimes t_{C_2} \otimes \cdots \otimes 1_{C_{k-1}} \otimes t_{C_k} \otimes 1_{C_{k+1}}$ *Epimorphismen, und es bestehe die Beziehung* $f d_{B\otimes S} = d_{R\otimes A}(f \otimes f)$.

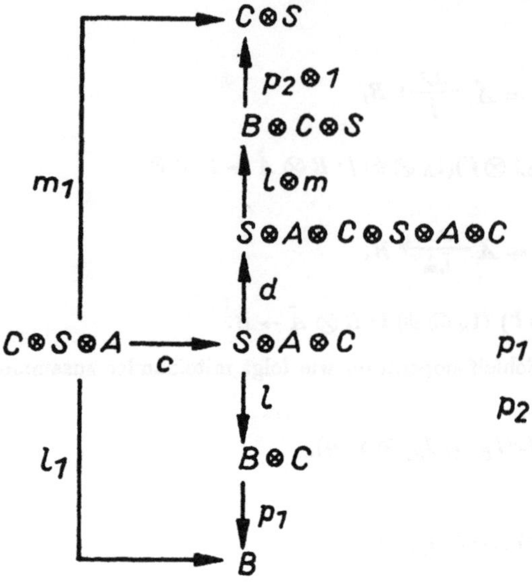

$$p_1 = 1_B \otimes t_C\colon B \otimes C \longrightarrow B,$$
$$p_2 = t_B \otimes 1_C\colon B \otimes C \longrightarrow C.$$

Dann gilt:

(a) *Wenn der $\mathscr{K}$-Monomat $A \xrightarrow[f]{R,S} B$ bezüglich der aus*

$$\begin{pmatrix} A_1 \otimes \cdots \otimes A_{i-1}, & A_i \otimes A_{i+1}, & A_{i+2} \otimes \cdots \otimes A_n \\ B_1 \otimes \cdots \otimes B_{j-1}, & B_j \otimes B_{j+1}, & B_{j+2} \otimes \cdots \otimes B_m \end{pmatrix} \tag{1}$$

$$A_i = B_j,\ A_{i+1} = B_{j+1},$$

ersichtlichen Aufspaltung von A und B $\langle B_j \otimes B_{j+1}, A_i \otimes A_{i+1}\rangle$-koppelbar ist, so ist

$$\int_{B_j \otimes B_{j+1}}^{A_i \otimes A_{i+1}} A \xrightarrow[f]{R,S} B = \int_{B_{j+1}}^{A_{i+1}} \int_{B_j}^{A_i} A \xrightarrow[f]{R,S} B = \int_{B_j}^{A_i} \int_{B_{j+1}}^{A_{i+1}} A \xrightarrow[f]{R,S} B. \tag{2}$$

(b) *Analoge Formeln bestehen für die $\perp$-Schleifenoperation.*

Beweis. (a) Zunächst ist zu zeigen, daß $A \xrightarrow[f]{R,S} B$ bezüglich der aus

$$\begin{pmatrix} A_1 \otimes \cdots \otimes A_{i-1}, A_i, & A_{i+1} \otimes \cdots \otimes A_n \\ B_1 \otimes \cdots \otimes B_{j-1}, B_j, & B_{j+1} \otimes \cdots \otimes B_m \end{pmatrix} \tag{3}$$

ersichtlichen Aufspaltung von A und B $\langle B_j, A_i\rangle$-koppelbar ist. Nach Voraussetzung existiert genau ein Morphismus f'', welcher das nachstehende Diagramm kommutativ schließt.

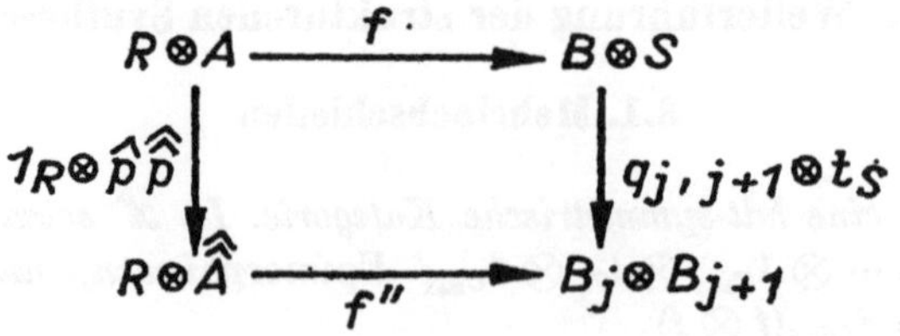

(4)

Dabei ist

$$\hat{p} = 1_{A_1\cdots A_{i-1}} \otimes t_{A_i} \otimes 1_{A_{i+1}\cdots A_n} : A \to \hat{A},$$

$$\hat{\hat{p}} = 1_{A_1\cdots A_{i-1}} \otimes t_{A_{i+1}} \otimes 1_{A_{i+2}\cdots A_n} : \hat{A} \to \hat{\hat{A}},$$

$$q_{j,j+1} = t_{B_1\otimes\cdots\otimes B_{j-1}} \otimes 1_{B_jB_{j+1}} \otimes t_{B_{j+2}\otimes\cdots\otimes B_m} : B \to B_j \otimes B_{j+1}.$$

Setzt man

$$f' = (1_R \otimes \hat{\hat{p}})\, f'' p_1^{A_iA_{i+1}} : R \otimes \hat{\hat{A}} \to A_i, \tag{5}$$

so erhält man folgendes kommutative Diagramm.

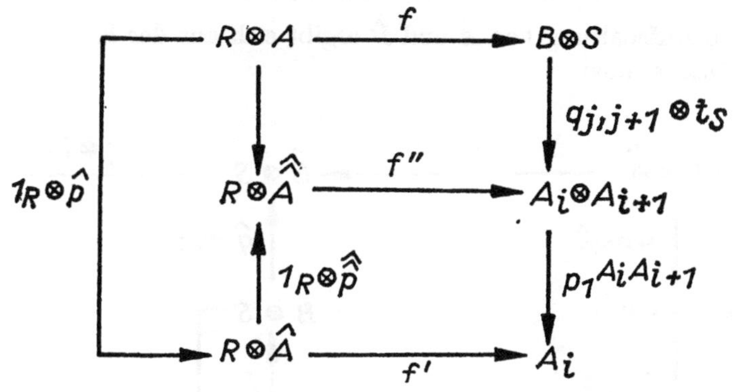

Demnach existiert

$$\int_{B_j}^{A_i} A \xrightarrow[f]{R,S} B = \hat{A} \xrightarrow[\hat{f}]{R,S} \hat{B},$$

mit

$$\hat{A} = A_1 \otimes \cdots \otimes A_{i-1} \otimes A_{i+1} \otimes \cdots \otimes A_n,$$

$$\hat{B} = B_1 \otimes \cdots \otimes B_{j-1} \otimes B_{j+1} \otimes \cdots \otimes B_m,$$

$$\hat{f} = d_{R\otimes\hat{A}}(1_{R\hat{A}} \otimes f')\,(1_R \otimes \hat{w})\, f(\hat{q} \otimes 1_S) : R \otimes \hat{A} \to \hat{B} \otimes S, \tag{6}$$

$$\hat{w} = 1_{A_1\cdots A_{i-1}} \otimes c_{A_{i+1}\otimes\cdots\otimes A_n, A_i} : \hat{A} \otimes A_i \to A,$$

$$\hat{q} = 1_{B_1\cdots B_{j-1}} \otimes t_{B_j} \otimes 1_{B_{j+1}\cdots B_m} : B \to \hat{B}.$$

Nach Voraussetzung existiert

$$\int_{B_j\otimes B_{j+1}}^{A_i\otimes A_{i+1}} A \xrightarrow[f]{R,S} B = \hat{\hat{A}} \xrightarrow[\hat{\hat{f}}]{R,S} \hat{\hat{B}},$$

mit

$$\hat{\hat{A}} = A_1 \otimes \cdots \otimes A_{i-1} \otimes A_{i+2} \otimes \cdots \otimes A_n,$$

$$\hat{\hat{B}} = B_1 \otimes \cdots \otimes B_{j-1} \otimes B_{j+2} \otimes \cdots \otimes B_m,$$

$$\hat{f} = d_{R\otimes\hat{A}}\,(1_{R\hat{A}} \otimes f'')\,(1_R \otimes (\check{w} \otimes 1_{A_{i+1}})\,\check{w})\,f(\hat{q}\hat{q} \otimes 1_S)\colon R \otimes \hat{A} \to \hat{B} \otimes S, \tag{7}$$

$$\check{w} = 1_{A_1\cdots A_i} \otimes c_{A_{i+2}\otimes\cdots\otimes A_n,\,A_{i+1}}\colon \check{A} \otimes A_{i+1} \to A,$$

$$\check{w} = 1_{A_1\cdots A_{i-1}} \otimes c_{A_{i+2}\otimes\cdots\otimes A_n,A_i}\colon \hat{A} \otimes A_i \to \check{A},$$

$$\hat{q} = 1_{B_1\cdots B_{j-1}} \otimes t_{B_{j+1}} \otimes 1_{B_{j+2}\cdots B_m}\colon \hat{B} \to \hat{B}.$$

Die $\langle B_{j+1}, A_{i+1}\rangle$-Koppelbarkeit von $\hat{A} \xrightarrow[\hat{f}]{R,S} \hat{B}$ bezüglich der aus

$$\begin{pmatrix} A_1 \otimes \cdots \otimes A_{i-1}, & A_{i+1}, & A_{i+2} \otimes \cdots \otimes A_n \\ B_1 \otimes \cdots \otimes B_{j-1}, & B_{j+1}, & B_{j+2} \otimes \cdots \otimes B_m \end{pmatrix} \tag{8}$$

ersichtlichen Aufspaltung von $\hat{A}$ und $\hat{B}$ ergibt sich aus der Kommutativität des folgenden Diagramms:

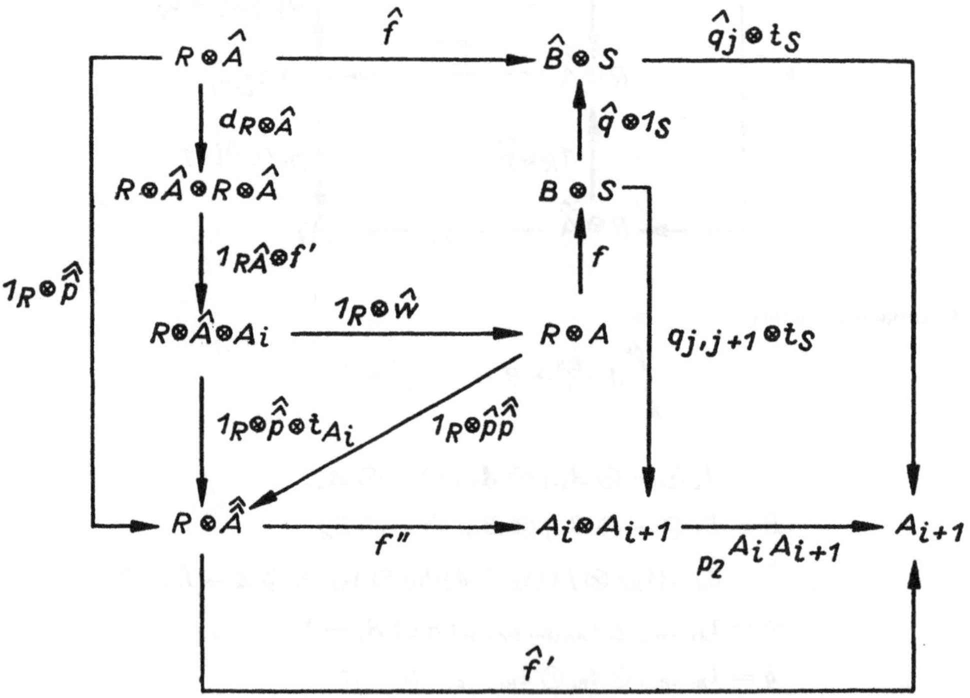

Dabei ist

$$\hat{f}' = f''\,p_2{}^{A_iA_{i+1}}\colon R \otimes \hat{A} \to A_{i+1},$$

$$\hat{q}_j = t_{B_1\otimes\cdots\otimes B_{j-1}} \otimes 1_{B_{j+1}}\,t_{B_{j+2}\otimes\cdots\otimes B_m}\colon \hat{B} \to B_{j+1},$$

$$p_2{}^{A_iA_{i+1}} = t_{A_i} \otimes 1_{A_{i+1}}\colon A_i \otimes A_{i+1} \to A_{i+1},$$

$$\hat{p} \otimes t_{A_i} = \hat{w}\,\hat{p}\,\hat{p}.$$

Wir setzen

$$\int_{B_{j+1}}^{A_{i+1}} \hat{A} \xrightarrow[\hat{f}]{R,S} \hat{B} = \hat{A} \xrightarrow[f^*]{R,S} \hat{B},$$

$$\hat{w} = 1_{A_1 \cdots A_{i-1}} \otimes c_{A_{i+2} \otimes \cdots \otimes A_n, A_{i+1}} : \hat{A} \otimes A_{i+1} \to \hat{A}$$

und weisen nach, daß $f^* = \hat{f}$ ist. Es gilt:

$$
\begin{aligned}
f^* &= d_{R\otimes\hat{A}}\ (1_{R\hat{A}} \otimes \hat{f}')\ (1_R \otimes \hat{w})\ \hat{f}(\hat{q} \otimes 1_S) \\
&= d_{R\otimes\hat{A}}\ (1_{R\hat{A}} \otimes f'')\ (1_{R\hat{A}} \otimes p_2{}^{A_iA_{i+1}})\ (1_R \otimes \hat{w}) \\
&\quad \cdot d_{R\otimes\hat{A}}\ (1_{R\hat{A}R} \otimes \hat{p})\ (1_{R\hat{A}} \otimes f'')\ (1_{R\hat{A}} \otimes p_1{}^{A_iA_{i+1}})\ (1_R \otimes \hat{w})\ f\ (\hat{q} \otimes 1_S)\ (\hat{q} \otimes 1_S) \\
&= d_{R\otimes\hat{A}}\ [d_{R\otimes\hat{A}}\ (1_{R\hat{A}} \otimes f'')\ (1_{R\hat{A}} \otimes p_2{}^{A_iA_{i+1}})(1_R \otimes \hat{w}) \\
&\qquad \otimes d_{R\otimes\hat{A}}\ (1_{R\hat{A}} \otimes f'')\ (1_{R\hat{A}} \otimes p_2{}^{A_iA_{i+1}})\ (1_R \otimes \hat{w})\ (1_R \otimes \hat{p})\ f''\ p_1{}^{A_iA_{i+1}}] \\
&\quad \cdot (1_R \otimes \hat{w})\ f(\hat{q}\,\hat{q} \otimes 1_S) \\
&= d_{R\otimes\hat{A}}\ [d_{R\otimes\hat{A}}\ (1_{R\hat{A}} \otimes f'')\ (1_{R\hat{A}} \otimes p_2{}^{A_iA_{i+1}})\ (1_R \otimes \hat{w}) \otimes f''\ p_1{}^{A_iA_{i+1}}] \\
&\quad \cdot (1_R \otimes \hat{w})\ f(\hat{q}\,\hat{q} \otimes 1_S) \\
&= d_{R\otimes\hat{A}}\ \big(d_{R\otimes\hat{A}}\ (1_{R\hat{A}} \otimes f'') \otimes f''\big)\ (1_{R\hat{A}} \otimes p_2{}^{A_iA_{i+1}} \otimes p_1{}^{A_iA_{i+1}}) \\
&\quad \cdot (1_R \otimes \hat{w} \otimes 1_{A_i})\ (1_R \otimes \hat{w})\ f(\hat{q}\,\hat{q} \otimes 1_S) \\
&= d_{R\otimes\hat{A}}\ (d_{R\otimes\hat{A}} \otimes 1_{R\hat{A}})\ (1_{RA} \otimes f'' \otimes f'') \\
&\quad \cdot (1_{R\hat{A}} \times \otimes p_2{}^{A_iA_{i+1}} \otimes p_1{}^{A_iA_{i+1}})\ (1_R \otimes \hat{w} \otimes 1_{A_i})\ (1_R \otimes \hat{w})\ f(\hat{q}\,\hat{q} \otimes 1_S) \\
&= d_{R\otimes\hat{A}}\ (1_{R\hat{A}} \otimes f'')\ (1_{R\hat{A}} \otimes c_{A_iA_{i+1}})\ (1_R \otimes \hat{w} \otimes 1_{A_i})\ (1_R \otimes \hat{w})\ f(\hat{q}\,\hat{q} \otimes 1_S) \\
&= \hat{f}.
\end{aligned}
$$

Die dabei verwendete Beziehung

$$d_{R\otimes\hat{A}}\ (f'' \otimes f'') = f'' d_{A_i \otimes A_{i+1}} \tag{9}$$

folgt so: Da die Diagonale d von $\mathscr{K}$ mit allen aus den Morphismen t_C ($C \in \mathrm{ob}\ \mathscr{K}$) abgeleiteten Morphismen vertauschbar ist, so besteht folgendes kommutative Diagramm.

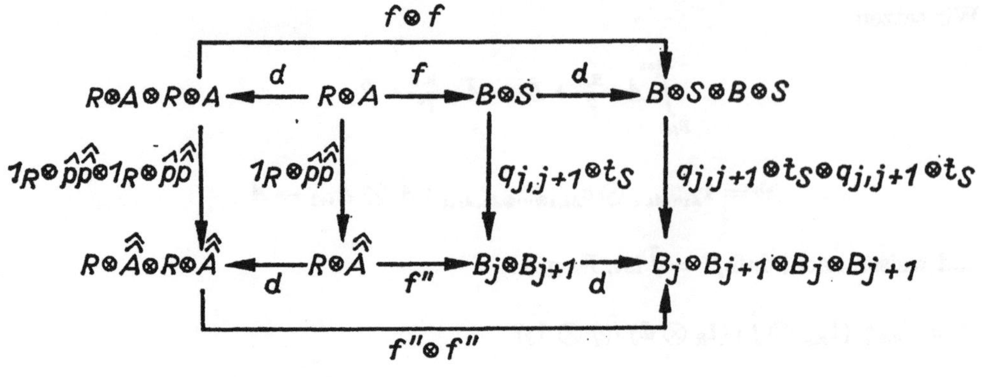

Ähnlich wie 3.1.1 beweist man:

3.1.2. *Es sei $\mathcal{K}$ eine hdt-symmetrische Kategorie. In $\mathcal{K}$ seien die Morphismen der Form* $1_{C_1} \otimes t_{C_2} \otimes \cdots \otimes 1_{C_{k-1}} \otimes t_{C_k} \otimes 1_{C_{k+1}}$ *Epimorphismen, und es sei* $l\, d_B = d_{R\otimes A}\,(l \otimes l)$.

Dann gilt:

(a) *Wenn der $\mathcal{K}$-Mealymat* $A \xrightarrow[l,m]{R,S} B$ *bezüglich der aus*

$$\begin{pmatrix} A_1 \otimes \cdots \otimes A_{i-1}, A_i \otimes A_{i+1}, A_{i+2} \otimes \cdots \otimes A_n \\ B_1 \otimes \cdots \otimes B_{j-1}, B_j \otimes B_{j+1}, B_{j+2} \otimes \cdots \otimes B_m \end{pmatrix}, \tag{10}$$

$$A_i = B_j, \quad A_{i+1} = B_{j+1}$$

ersichtlichen Aufspaltung von A und B $\langle B_j \otimes B_{j+1}, A_i \otimes A_{i+1}\rangle$*-koppelbar ist, so ist*

$$\int_{B_j \otimes B_{j+1}}^{A_i \otimes A_{i+1}} A \xrightarrow[l,m]{R,S} B = \int_{B_{j+1}}^{A_{i+1}} \int_{B_j}^{A_i} A \xrightarrow[l,m]{R,S} B = \int_{B_j}^{A_i} \int_{B_{j+1}}^{A_{i+1}} A \xrightarrow[l,m]{R,S} B. \tag{11}$$

(b) *Analoge Formeln bestehen für die $\perp$-Schleifenoperation.* ■

Allgemeiner hat man:

3.1.3. *Es sei $\mathcal{K}$ eine hdt-symmetrische Kategorie. In $\mathcal{K}$ seien die Morphismen der Form* $1_{C_1} \otimes t_{C_2} \otimes \cdots \otimes 1_{C_{h-1}} \otimes t_{C_h} \otimes 1_{C_{h+1}}$ *Epimorphismen. Dann gilt:*

(a) *Der $\mathcal{K}$-Monomat* $A \xrightarrow[f]{R,S} B$ *sei bezüglich der aus*

$$\begin{pmatrix} A_1 \otimes \cdots \otimes A_{i-1}, A_i \otimes \cdots \otimes A_{i+k}, A_{i+k+1} \otimes \cdots \otimes A_n \\ B_1 \otimes \cdots \otimes B_{j-1}, B_j \otimes \cdots \otimes B_{j+k}, B_{j+k+1} \otimes \cdots \otimes B_m \end{pmatrix} \tag{12}$$

$$A_i = B_j, \ldots, A_{i+k} = B_{j+k} \ (k \geqq 1),$$

ersichtlichen Aufspaltung von A und B $\langle B_j \otimes \cdots \otimes B_{j+k}, A_i \otimes \cdots \otimes A_{i+k}\rangle$*-koppelbar, d. h., es existiert ein Morphismus f'', welcher das nachstehende Diagramm kommutativ schließt.*

$$\begin{array}{ccc} R\otimes A & \xrightarrow{f} & B\otimes S \\ \Big\downarrow {}^{1}RA_1\cdots A_{i-1}{}^{\otimes t}A_i\otimes\cdots\otimes A_{i+k}{}^{\otimes 1}A_{i+k+1}\cdots A_n & & \Big\downarrow p^{B_1\cdots B_m}_{j,\ldots,j+k}\otimes t_S \\ R\otimes A_1\otimes\cdots\otimes A_{i-1}\otimes A_{i+k+1}\otimes\cdots\otimes A_n & \xrightarrow[f'']{} & B_j\otimes\cdots\otimes B_{j+k} \end{array} \qquad (13)$$

Es sei f'' mit der Diagonalen d von $\mathcal{K}$ vertauschbar.

Dann ist

$$\int\limits_{B_j\otimes\cdots\otimes B_{j+k}}^{A_i\otimes\cdots\otimes A_{i+k}} A \xrightarrow[f]{R,S} B = \int\limits_{B_{j+k}}^{A_{i+k}} \cdots \int\limits_{B_j}^{A_i} A \xrightarrow[f]{R,S} B = \cdots. \qquad (14)$$

(b) *Der $\mathcal{K}$-Mealymat $A \xrightarrow[l,m]{R,S} B$ sei bezüglich der aus*

$$\begin{pmatrix} A_1\otimes\cdots\otimes A_{i-1}, A_i\otimes\cdots\otimes A_{i+k}, A_{i+k+1}\otimes\cdots\otimes A_n \\ B_1\otimes\cdots\otimes B_{j-1}, B_j\otimes\cdots\otimes B_{j+k}, B_{j+k+1}\otimes\cdots\otimes B_m \end{pmatrix}, \qquad (15)$$

$$A_i = B_j, \ldots, A_{i+k} = B_{j+k} \quad (k \geqq 1),$$

ersichtlichen Aufspaltung von A und B $\langle B_j\otimes\cdots\otimes B_{j+k}, A_i\otimes\cdots\otimes A_{i+k}\rangle$-koppelbar, d. h., es existiert ein Morphismus l'', welcher das nachstehende Diagramm kommutativ schließt.

$$\begin{array}{ccc} R\otimes A & \xrightarrow{l} & B \\ \Big\downarrow {}^{1}RA_1\cdots A_{i-1}{}^{\otimes t}A_i\otimes\cdots\otimes A_{i+k}{}^{\otimes 1}A_{i+k+1}\cdots A_n & & \Big\downarrow p^{B_1\cdots B_m}_{j,\ldots,j+k} \\ R\otimes A_1\otimes\cdots\otimes A_{i-1}\otimes A_{i+k+1}\otimes\cdots\otimes A_n & \xrightarrow[l'']{} & B_j\otimes\cdots\otimes B_{j+k} \end{array}$$

Es sei l'' mit der Diagonalen d von $\mathcal{K}$ vertauschbar.

Dann ist

$$\int\limits_{B_j\otimes\cdots\otimes B_{j+k}}^{A_i\otimes\cdots\otimes A_{i+k}} A \xrightarrow[l,m]{R,S} B = \int\limits_{B_{j+k}}^{A_{i+k}} \cdots \int\limits_{B_j}^{A_i} A \xrightarrow[l,m]{R,S} B = \cdots. \qquad (17)$$

Beweis. (a) Aus dem Beweis von 3.1.1 geht hervor, daß (2) schon dann besteht, wenn der dort definierte Morphismus $f''\colon R\otimes \hat{A} \to B_j\otimes B_{j+1}$ mit d vertauschbar ist. Ersetzt man darin A_{i+1} durch $A_{i+1} \otimes \cdots \otimes A_{i+k}$ und B_{j+1} durch $B_{j+1} \otimes \cdots \otimes B_{j+k}$, so erhält man

$$\int_{B_j \otimes \cdots \otimes B_{j+k}}^{A_i \otimes \cdots \otimes A_{i+k}} A \xrightarrow[f]{R,S} B = \int_{B_{j+1} \otimes \cdots \otimes B_{j+k}}^{A_{i+1} \otimes \cdots \otimes A_{i+k}} \int_{B_j}^{A_i} A \xrightarrow[f]{R,S} B,$$

wo

$$\int_{B_j}^{A_i} A \xrightarrow[f]{R,S} B = \hat{A} \xrightarrow[\hat{f}]{R,S} \hat{B}$$

bezüglich der aus

$$\begin{pmatrix} A_1 \otimes \cdots \otimes A_{i-1}, A_{i+1} \otimes \cdots \otimes A_{i+k}, A_{i+k+1} \otimes \cdots \otimes A_n \\ B_1 \otimes \cdots \otimes B_{j-1}, B_{j+1} \otimes \cdots \otimes B_{j+k}, B_{j+k+1} \otimes \cdots \otimes B_m \end{pmatrix}$$

ersichtlichen Aufspaltung von A und B $\langle B_{j+1} \otimes \cdots \otimes B_{j+k}, A_{i+1} \otimes \cdots \otimes A_{i+k}\rangle$-koppelbar ist. Der Morphismus $\hat{f}'$ aus 3.1.1 hat hier die Gestalt

$$\hat{f}' = f''\, p_2^{A_i, A_{i+1} \otimes \cdots \otimes A_{i+k}}$$

und ist demnach wie f'' mit der Diagonalen d vertauschbar. Man kann somit den Prozeß der Abspaltung einer Schleife induktiv fortsetzen und erhält schließlich die gewünschte Darstellung (14). Der Beweis von (b) verläuft analog zu (a). ■

3.2. Der Synthesesatz

Wir setzen voraus, daß $\mathscr{K}$ eine *hdt*-symmetrische Kategorie ist, in welcher alle Morphismen der Gestalt $1_{C_1} \otimes t_{C_2} \otimes \cdots \otimes 1_{C_{h-1}} \otimes t_{C_h} \otimes 1_{C_h}$ Epimorphismen sind. Es sei R ein Objekt aus $\mathscr{K}$ der Form $R = R_1 \otimes \cdots \otimes R_k$ $(k \geqq 1)$.

3.2.1. (a) *Jeder $\mathscr{K}$-Monomat $A \xrightarrow[f]{R,S} B$ besitzt die Darstellung*

$$A \xrightarrow[f]{R,S} B = \int_{R_k}^{R_k} \cdots \int_{R_1}^{R_1} \left(R \otimes A \xrightarrow[f]{I,S} B\right)\left(B \xrightarrow[c_{RB}]{R,I} B \otimes R\right). \qquad (1)$$

(b) *Jeder $\mathscr{K}$-Mealymat $A \xrightarrow[l,m]{R,S} B$ besitzt die Darstellung*

$$A \xrightarrow[l,m]{R,S} B = \int_{R_k}^{R_k} \cdots \int_{R_1}^{R_1} \left(R \otimes A \xrightarrow[l,m]{I,S} B\right)\left(B \xrightarrow[c_{RB}, t_{R \otimes B}]{R,I} B \otimes R\right). \qquad (2)$$

B e w e i s. (a) Zufolge 2.5. (2) ist

$$\left(R \otimes A \xrightarrow[f]{I,S} B\right)\left(B \xrightarrow[c_{RB}]{R,I} B \otimes R\right) = R \otimes A \xrightarrow[g]{R,S} B \otimes R,$$

mit $g = (1_R \otimes f)\,(c_{RB} \otimes 1_S)$, bezüglich der aus $\begin{pmatrix} I, R, A \\ B, R, I \end{pmatrix}$ ersichtlichen Aufspaltung von $R \otimes A$ und $B \otimes R$ $\langle R, R\rangle$-koppelbar. Der das Diagramm

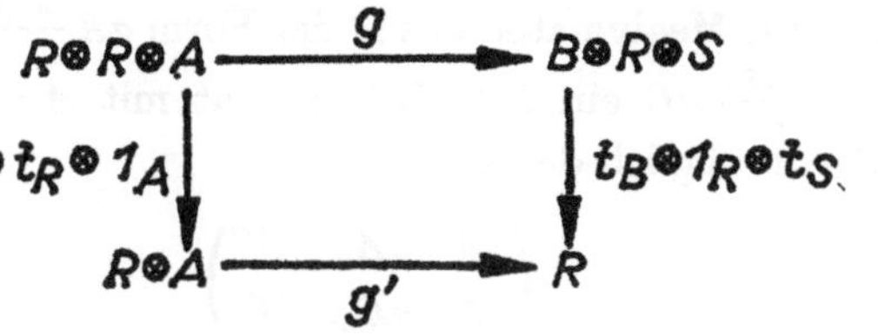

kommutativ schließende Morphismus $g' = 1_R \otimes t_A$ ist mit der Diagonalen d vertauschbar, so daß 3.1.3. (a) auf

$$R_1 \otimes \cdots \otimes R_k \otimes A \xrightarrow[g]{R,S} B \otimes R_1 \otimes \cdots \otimes R_k$$

anwendbar ist.

Analog ist (b) einzusehen. ■

Mit (1), (2) ergibt sich im Hinblick auf 2.5.1., 2.5.2. unmittelbar:

3.2.2. (Synthesesatz) (a) *Ist $\mathcal{K}$ dt-symmetrisch, so läßt sich jeder $\mathcal{K}$-Monomat in der Form*

$$A \xrightarrow[f]{R,S} B = \int_{R_k}^{R_k} \cdots \int_{R_1}^{R_1} d_{R \otimes A} \left[f p_1^{BS} \otimes f p_2^{BS} \left(S \xrightarrow[1_{RS}]{R,S} R \right) \right] \tag{3}$$

darstellen.

(b) *Ist $\mathcal{K}$ hdt-symmetrisch, so ist jeder $\mathcal{K}$-Mealymat in der Form*

$$A \xrightarrow[l,m]{R,S} B = \int_{R_k}^{R_k} \cdots \int_{R_1}^{R_1} d_{R \otimes A} \left[l \otimes m \left(S \xrightarrow[p_1{}^{RS}, p_2{}^{RS}]{R,S} R \right) \right] \tag{4}$$

darstellbar.

(c) *Im Fall $R = S$ hat man*

$$R \xrightarrow[1_{RR}]{R,R} R = \left(R_1 \xrightarrow[1_{R_1R_1}]{R_1,R_1} R_1 \right) \otimes \cdots \otimes \left(R_k \xrightarrow[1_{R_kR_k}]{R_k,R_k} R_k \right), \tag{5}$$

$$R \xrightarrow[p_1{}^{RR}, p_2{}^{RR}]{R,R} R = \left(R_1 \xrightarrow[p_1{}^{R_1R_1}, p_2{}^{R_1R_1}]{R_1,R_1} R_1 \right) \otimes \cdots \otimes \left(R_k \xrightarrow[p_1{}^{R_kR_k}, p_2{}^{R_kR_k}]{R_k,R_k} R_k \right). \tag{6}$$

3.3. Die Schleifenoperation als algebraische Operation

Wie bei kombinatorischen Automatennetzen legen wir auch hier das von einer Menge J frei erzeugte Monoid $\langle H, \otimes, I\rangle$ zugrunde. Es sei

$$\sigma : \langle H, \otimes, I\rangle \to \langle \mathrm{ob}\,\mathcal{K}, \otimes, I\rangle$$

ein injektiver Monoid-Homomorphismus, wobei $\mathcal{K}$ eine *hdt*-symmetrische bzw. *dt*-symmetrische Kategorie bezeichnet. Betrachtet werden Monomaten bzw. Mealymaten in $\mathcal{K}(\sigma H)$. Für ${}^{\Delta}\mathcal{D}(\mathcal{K}(\sigma H)\text{-Monomat})$ bzw. ${}^{\Delta}\mathcal{D}(\mathcal{K}(\sigma H)\text{-Mealymat})$ schreiben wir kurz $\mathcal{D}$ bzw. $\mathcal{D}$. Mit $\mathcal{D}_{AB}^{RS}$ $(A, B, R, S \in H)$ bezeichnen wir die Menge aller Monomaten bzw. Mealymaten aus $\mathcal{D}$ der Form $\sigma A \xrightarrow{\sigma R, \sigma S} \sigma B$.

Es sei $x = \sigma A \xrightarrow[f]{\sigma R, \sigma S} \sigma B$ ein $\mathcal{K}(\sigma H)$-Monomat mit $A = A' \otimes A_0 \otimes A''$, $B = B \otimes B_0 \otimes B''$, der, bezüglich der aus

$$\begin{pmatrix} \sigma A', \sigma A_0, \sigma A'' \\ \sigma B', \sigma B_0, \sigma B'' \end{pmatrix}$$

ersichtlichen Aufspaltung von σA und σB, $\langle \sigma A_0, \sigma B_0\rangle$-koppelbar ist. Wir sagen dann, der betreffende Monomat sei bezüglich der aus $\begin{pmatrix} A', A_0, A'' \\ B', B_0, B'' \end{pmatrix}$ ersichtlichen Aufspaltung von A und B $\langle A_0, B_0\rangle$-koppelbar und schreiben auch $\int_{B_0}^{A_0} x$ anstatt $\int_{\sigma B_0}^{\sigma A_0} x$. Analoge Vereinbarungen seien für $\mathcal{K}(\sigma H)$-Mealymaten getroffen.

Wir setzen zur Abkürzung

$$p = p_{13}^{A'A_0A''} = 1_{\sigma A'} \otimes t_{A_0} \otimes 1_{\sigma A''} \colon \sigma A \to \sigma A' \otimes \sigma A'',$$
$$q = p_2^{B'B_0B''} = t_{B'} \otimes 1_{\sigma B_0} \otimes t_{B''} \colon \sigma B \to \sigma B_0$$

und im Fall der Monomaten bzw. Mealymaten

$$o_{SR} = o_{RS}^{\perp} = \sigma S \xrightarrow[1_{\sigma R \sigma S}]{\sigma R, \sigma S} \sigma R = o_{\sigma S \sigma R} = o_{\sigma R \sigma S}^{\perp}$$

bzw.

$$o_{SR} = o_{RS}^{\perp} = \sigma S \xrightarrow[1_{\sigma R} \otimes t_S,\, t_R \otimes 1_{\sigma S}]{\sigma R, \sigma S} \sigma R = o_{\sigma S \sigma R} = o_{\sigma R \sigma S}^{\perp}.$$

Im Fall der Monomaten bzw. Mealymaten bestehen folgende wichtigen Beziehungen:

$$\big((c_{RA}(o_{RI} \perp x)) \perp o_{IS}\big)\, c_{SB} = c_{RA}\big(o_{RI} \perp ((x \perp o_{IS})\, c_{SB})\big) = f, \tag{1}$$

für $x = \sigma A \xrightarrow[l,m]{\sigma R, \sigma S} \sigma B$;

bzw.

$$\big((c_{RA}(o_{RI} \perp x)) \perp o_{IS}\big)\, c_{SB} = c_{RA}(o_{RI} \perp ((x \perp o_{IS})\, c_{SB}\big) = d_{R \otimes A}(l \otimes m), \tag{2}$$

für $x = \sigma A \xrightarrow[l,m]{\sigma R, \sigma S} \sigma B$.

In beiden Fällen hat man die Eindeutigkeitsaussage:

$$\Big[x_1, x_2 \in \mathcal{D}_{AB}^{RS} \text{ und } \big((c_{RA}(o_{RI} \perp x_1)) \perp o_{IS}\big)\, c_{SB} \tag{3}$$
$$= \big((c_{RA}(o_{RI} \perp x_2)) \perp o_{IS}\big)\, c_{SB}\Big] \Rightarrow (x_1 = x_2).$$

Durch direkte Rechnung bestätigt man im Fall der Monomaten:

3.3.1. *Folgende vier Bedingungen sind paarweise einander äquivalent:*

(i) *Der $\mathscr{K}(\sigma H)$-Monomat $\sigma A \xrightarrow[f]{\sigma R, \sigma S} \sigma B$ ist bezüglich der aus $\begin{pmatrix} A', A_0, A'' \\ B', B_0, B'' \end{pmatrix}$ ersichtlichen Aufspaltung von $A = A' \otimes A_0 \otimes A''$ und $B = B' \otimes B_0 \otimes B''$ $\langle A_0, B_0 \rangle$-koppelbar, und für f' besteht das kommutative Diagramm*

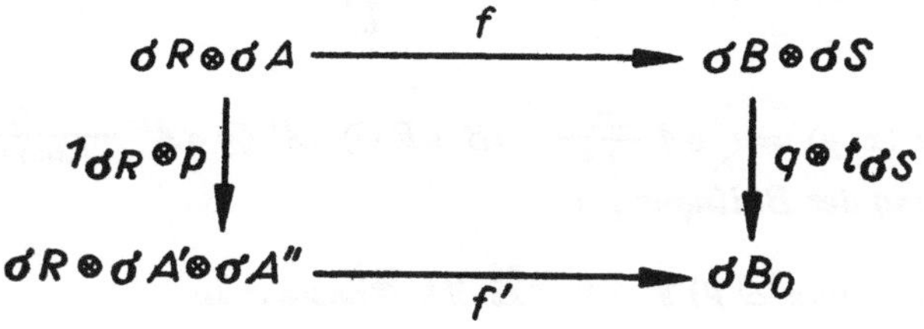

(ii) *Das Paar $\langle x, y \rangle = \left\langle \sigma A \xrightarrow[f]{\sigma R, \sigma S} \sigma B, \sigma R \otimes \sigma A' \otimes \sigma A'' \xrightarrow[f']{I, I} \sigma B_0 \right\rangle$ genügt den Bedingungen*

$$(x \perp t_S)\, q = (o_{IR} \otimes p)\, y; \; x \in \mathscr{D}^{RS}_{AB}, \; y \in \mathscr{D}^{II}_{R \otimes A' \otimes A'', A_0}, \tag{5}$$

$$[z \in \mathscr{D}^{II}_{R \otimes A' \otimes A'', A_0} \text{ und } (o_{IR} \otimes p)\, y = (o_{IR} \otimes p)\, z] \Rightarrow (y = z). \tag{6}$$

(iii) *Das Paar $\langle x, y \rangle = \left\langle \sigma A \xrightarrow[f]{\sigma R, \sigma S} \sigma B, \sigma A' \otimes \sigma A'' \xrightarrow[f']{\sigma R, I} \sigma B_0 \right\rangle$ genügt den Bedingungen*

$$(x \perp t_S)\, q = py; \; A_0 = B_0, \tag{7}$$

$$(\forall z)\, \big((py = pz) \Rightarrow (y = z)\big). \tag{8}$$

(iv) *Das Paar $\langle x, y \rangle = \left\langle \sigma A \xrightarrow[f]{\sigma R, \sigma S} \sigma B, \sigma R \otimes \sigma A' \otimes \sigma A'' \xrightarrow[f']{I, I} \sigma B_0 \right\rangle$ genügt der Bedingung*

$$\big((c_{RA}(o_{RI} \perp x)\big) \perp o_{IS}\big)\, c_{SB}(q \otimes 1_{\sigma S}) = (1_{\sigma R} \otimes p)\, y, \text{ wobei} \tag{9}$$

$$\big[z_1, z_2 \in \mathscr{D}^{II}_{R \otimes A' \otimes A'', A_0} \text{ und } \big((1_{\sigma R} \otimes p)\, z_1 = (1_{\sigma R} \otimes p)\, z_2\big)\big] \Rightarrow (z_1 = z_2). \; \blacksquare \tag{10}$$

Analog hat man im Fall der Mealymaten:

3.3.2. *Die folgenden vier Bedingungen sind einander gleichwertig:*

(i) *Der $\mathscr{K}(\sigma H)$-Mealymat $\sigma A \xrightarrow[l, m]{\sigma R, \sigma S} \sigma B$ ist bezüglich der aus $\begin{pmatrix} A', A_0, A'' \\ B', B_0, B'' \end{pmatrix}$ ersichtlichen Aufspaltung von A und B $\langle A_0, B_0 \rangle$-koppelbar, und für l' besteht das* *kommutative Diagramm*

$$
\begin{array}{ccc}
\sigma R \otimes \sigma A & \xrightarrow{\quad l \quad} & \sigma B \\
{\scriptstyle 1_{\sigma R} \otimes p}\big\downarrow & & \big\downarrow{\scriptstyle q} \\
\sigma R \otimes \sigma A' \otimes \sigma A'' & \xrightarrow[\quad l' \quad]{} & \sigma B_0
\end{array}
\tag{11}
$$

(ii) *Das Paar* $\langle x, y\rangle = \left\langle \sigma A \xrightarrow[l,m]{\sigma R, \sigma S} \sigma B, \sigma R \otimes \sigma A' \otimes \sigma A'' \xrightarrow[l', t_{R \otimes A' \otimes A''}]{I,I} \sigma B_0 \right\rangle$ *ist eine Lösung der Bedingungen*

$$(x \perp t_S^{\perp})\, q = (o_{IR} \otimes p)\, y;\ x \in \mathscr{D}_{AB}^{RS},\ y \in \mathscr{D}^{II}_{R \otimes A' \otimes A'', A_0}, \tag{12}$$

$$[z \in \mathscr{D}^{II}_{R \otimes A' \otimes A'', A_0}\ \textit{und}\ (o_{IR} \otimes p)\, y = (o_{IR} \otimes p)\, z] \Rightarrow (y = z). \tag{13}$$

(iii) *Das Paar* $\langle x, y\rangle = \left\langle \sigma A \xrightarrow[l,m]{\sigma R, \sigma S} \sigma B, \sigma A' \otimes \sigma A'' \xrightarrow[l', t_{R \otimes A' \otimes A''}]{\sigma R, I} \sigma B_0 \right\rangle$ *ist eine Lösung der Bedingungen*

$$(x \perp t_S^{\perp})\, q = py;\ A_0' = B_0, \tag{14}$$

$$(\forall z)\big((py = pz) \Rightarrow (y = z)\big). \tag{15}$$

(iv) *Das Paar* $\langle x,y\rangle = \left\langle \sigma A \xrightarrow[l,m]{\sigma R, \sigma S} \sigma B, \sigma R \otimes \sigma A' \otimes \sigma A'' \xrightarrow[l', t_{R \otimes A' \otimes A''}]{I,I} \sigma B_0 \right\rangle$ *ist eine Lösung von* (9) *mit* (10)

Dabei sind $1_{\sigma R}$, $1_{\sigma S}$, c_{RA}, c_{SB}, p, q, l' *auf Grund der Einbettung von* $\mathscr{K}$ *in* $\mathscr{D}$,

$$g\colon \sigma X \to \sigma Y \mapsto \sigma X \xrightarrow[g, t_X]{I,I} \sigma Y, \tag{16}$$

interpretiert. ■

Wenn $x = \sigma A \xrightarrow[f]{\sigma R, \sigma S} \sigma B$ bezüglich $\begin{pmatrix} A'\ A_0\ ,A'' \\ B', B_0, B'' \end{pmatrix}$ $\langle A_0, B_0\rangle$-koppelbar und somit $\langle x, y\rangle$ eine Lösung von (9) ist, so besteht die Gleichung

$$
\begin{aligned}
&\Big(\big(c_{R\hat{A}}\,(o_{RI} \perp \int_{B_0}^{A_0} x)\big) \perp o_{IS}\Big)\, c_{S\hat{B}} \\
&= d_{R \otimes \hat{A}}(1_{\sigma R \sigma \hat{A}} \otimes y)\,(1_{\sigma R} \otimes \hat{w})\Big(\big(c_{RA}(o_{RI} \perp x)\big) \perp o_{IS}\Big)\, c_{SB}(\hat{q} \otimes 1_{\sigma S});
\end{aligned}
\tag{17}
$$

dabei ist

$$\hat{A} = A' \otimes A'',\ \hat{B} = B' \otimes B'',$$

$$\hat{w} = 1_{\sigma A'} \otimes c_{A'' A_0}\colon \hat{A} \otimes A_0 \to A,$$

$$\hat{q} = 1_{\sigma B'} \otimes t_{B_0} \otimes 1_{\sigma B''}\colon B \to \hat{B}.$$

Durch die Bedingung (17) ist $\int_{B_0}^{A_0} x$ auf Grund von (3) eindeutig bestimmt.

Die Beziehung (17) besteht auch für einen $\langle A_0, B_0\rangle$-koppelbaren Mealymaten $x = \sigma A \xrightarrow[l,m]{\sigma R,\sigma S} \sigma B$, da man zufolge 1.2 für

$$\hat{x} = \int_{B_0}^{A_0} x = \hat{A} \xrightarrow[l,m]{R,S} \hat{B} \text{ und } y = l'$$

$$d_{R\otimes\hat{A}}(\hat{l} \otimes \hat{m})$$
$$= d_{R\otimes\hat{A}}\big(d_{R\otimes\hat{A}}(1_{\sigma R\sigma\hat{A}} \otimes y)\,(1_{\sigma R} \otimes \hat{w}) \otimes d_{R\otimes\hat{A}}(1_{\sigma R\sigma\hat{A}} \otimes y)\,(1_{\sigma R} \otimes \hat{w})\big)\,(l \otimes m)\,(\hat{q} \otimes 1_{\sigma S})$$
$$= d_{R\otimes\hat{A}}(1_{\sigma R\sigma\hat{A}} \otimes y)\,(1_{\sigma R} \otimes \hat{w})\,d_{R\otimes A}(l \otimes m)\,(\hat{q} \otimes 1_{\sigma S})$$

und

$$\big((c_{R\hat{A}}(o_{RI} \perp x)) \perp o_{IS}\big)\,c_{SB} = R \otimes A \xrightarrow[d_{R\otimes A}(l\otimes m),\,t_{R\otimes A}]{I,I} B \otimes S,$$
$$\big((c_{R\hat{A}}(o_{RI} \perp \hat{x})) \perp o_{IS}\big)\,c_{S\hat{B}} = R \otimes \hat{A} \xrightarrow[d_{R\otimes\hat{A}}(\hat{l}\otimes\hat{m}),\,t_{R\otimes\hat{A}}]{I,I} \hat{B} \otimes S$$

hat, woraus sich unter Beachtung von (16) die Gleichung (17) ergibt.

Somit kann (17) zusammen mit (9), (10) im Fall der Monomaten bzw. mit 3.3.2 (iv) im Fall der Mealymaten als eine Definition der Schleifenoperation durch Serien-, $\perp$-Serien- und Parallelschaltung (unter Zuhilfenahme der Konstanten $1_{\sigma A}, c_{AB}, d_A, t_A, o_{AB}$) im Sinne der Prädikatenlogik erster Stufe mit Identität angesehen werden.

Um die Schleifenoperation algebraisch behandeln zu können, sei für $A, B, R, S, A', A_0, A'', B', B_0, B'' \in H$ und

$$A = A' \otimes A_0 \otimes A'',\ B = B' \otimes B_0 \otimes B'',\ A_0 = B_0,$$

folgender Operator als „Schleifenoperator" eingeführt.

$$\int \begin{pmatrix} R, S \\ A, B \end{pmatrix} \begin{pmatrix} A', A_0, A'' \\ B', B_0, B'' \end{pmatrix} (x,y) = \int_{B_0}^{A_0} x. \tag{18}$$

Dabei soll das Paar $\langle x, y\rangle$ genau dann zum Definitionsbereich des Operators $\int \begin{pmatrix} R, S \\ A, B \end{pmatrix} \begin{pmatrix} A', A_0, A'' \\ B', B_0, B'' \end{pmatrix}$ gehören, wenn für $x \in \mathcal{D}_{AB}^{RS}, y \in \mathcal{D}_{R\otimes A'\otimes A'',A_0}^{II}$ die Bedingungen (9), (10) erfüllt sind. Der Wert (18) des Operators für ein zu seinem Definitionsbereich gehöriges Paar $\langle x, y\rangle$ ist dann als das Ergebnis der Schleifenoperation (im ursprünglichen Sinne) $\int_{B_0}^{A_0} x$ für $x = \sigma A \xrightarrow[f]{\sigma R,\sigma S} \sigma B$ bzw. $x = \sigma A \xrightarrow[l,m]{\sigma R,\sigma S} \sigma B$ erklärt. Für (18) wird abgekürzt wieder $\int_{B_0}^{A_0} x$ geschrieben.

Es sei bemerkt, daß nach Definition für einen Monomaten $x = \sigma A \xrightarrow[f]{\sigma R, \sigma S} \sigma B$

$$\int_{B_0}^{A_0} x = \sigma A' \otimes \sigma A'' \xrightarrow[\hat{f}]{\sigma R, \sigma S} \sigma B' \otimes \sigma B'' \tag{19}$$

gilt, wobei

$$\hat{f} = d_{R \otimes A' \otimes A''}(1_{\sigma R \sigma A' \sigma A''} \otimes f') \, (1_{\sigma R} \otimes \hat{w}) \, f(\hat{q} \otimes 1_{\sigma S}), \tag{20}$$

$$\hat{w} = 1_{\sigma A'} \otimes c_{A'' A_0}, \; \hat{q} = 1_{\sigma B'} \otimes t_{B_0} \otimes 1_{\sigma B''}$$

und $f\colon \sigma R \otimes \sigma A \to \sigma B \otimes \sigma S$, $f'\colon \sigma R \otimes \sigma A' \otimes \sigma A'' \to \sigma B_0$ mit $\langle x, y\rangle$ gemäß 3.3.1. (iv) zusammenhängen. Offensichtlich würde durch (19), (20) dem Schleifenoperator an der Stelle $\langle x, y\rangle$ ein eindeutiger (allerdings von x und y abhängiger) Wert erteilt, wenn (10) nicht erfüllt ist. Eine entsprechende Bemerkung trifft für Mealymaten zu.

Es sei ferner bemerkt, daß sich in $\mathscr{D}$ jeder Verzögerungs-Monomat bzw. -Mealymat in der Form

$$o_{SR} = o_{SI} o_{IR} \tag{21}$$

ausdrücken läßt und die Beziehungen

$$\Delta(o_{SR}) = o_{RS}, \; o_{IR} o_{RI} = 1_{\sigma R} \tag{22}$$

gelten.

3.4. Schleifenkategorien

In diesem Abschnitt wird die mit der Schleifenoperation verbundene algebraische Struktur betrachtet. Dabei werden die gleichen Bezeichnungen wie in 3.3 verwendet.

Es sei *hdt-$\mathscr{L}$* bzw. *dt-$\mathscr{L}$* die folgende Kategorie. (Die Morphismen werden weiter unten erklärt.) Die Objekte von *hdt-$\mathscr{L}$* bzw. *dt-$\mathscr{L}$* seien die Folgen der Gestalt

$$L = \langle L, \cdot, \bot, \Delta, \sigma, \otimes, \int \begin{pmatrix} R, S \\ A, B \end{pmatrix} \begin{pmatrix} A', A_0, A'' \\ B', B_0, B'' \end{pmatrix}, \int^{\bot} \begin{pmatrix} U, V \\ Z, X \end{pmatrix} \begin{pmatrix} U', U_0, U'' \\ V', V_0, V'' \end{pmatrix},$$

$$I, c_{XY}, d_X, t_X, o_{XY}, c^{\bot}_{ST}, d^{\bot}_S, t^{\bot}_S, o^{\bot}_{ST}$$

$$\mid X, Y, S, T, B', B'', V', V'' \in H;$$

$$\langle A', A_0, A'', R\rangle, \langle U', U_0, U'', Z\rangle \in P;$$

$$A = A' \otimes A_0 \otimes A'', \; B = B' \otimes B_0 \otimes B'', \; A_0 = B_0,$$

$$U = U' \otimes U_0 \otimes U'', \; V = V' \otimes V_0 \otimes V'', \; U_0 = V_0\rangle.$$

Dabei seien

(i) $P \subseteqq H \times H \times H$;

(ii) $\langle L, ., \perp, \sigma, \otimes, I, c_{XY}, c_{ST}^{\perp}\rangle_{X,Y \in \mathrm{ob}\, \mathscr{L}^{\bullet},\, S,T \in \mathrm{ob}\, \mathscr{L}^{\perp}}$
eine KRONECKER-Doppelkategorie mit Involution Δ und mit $\mathrm{ob}\, \mathscr{L}^{\bullet} = \mathrm{ob}\, \mathscr{L}^{\perp} = \sigma H$;

(iii) $\langle \mathscr{K}^{\bullet}, \sigma, \otimes, I, c_{XY}, d_X, t_X\rangle_{X,Y \in \mathrm{ob}\, \mathscr{K}^{\bullet}}$ und
$\langle \mathscr{K}^{\perp}, \sigma, \otimes, I, c_{ST}^{\perp}, d_S^{\perp}, t_S^{\perp}\rangle_{S,T \in \mathrm{ob}\, \mathscr{K}^{\perp}}$ (vgl. C 3.3)
Algebren aus *hdt-Sym* bzw. *dt-Sym*, zwischen denen Δ einen involutorischen Isomorphismus induziert;

(iv) $o_{XY} = o_{\sigma X, \sigma Y} : \sigma X \xrightarrow{\sigma Y, \sigma X} \sigma Y$, $o_{ST}^{\perp} = o_{\sigma S, \sigma T}^{\perp} = \sigma S \underset{\perp}{\xrightarrow{\sigma S, \sigma T}} \sigma T$

ausgezeichnete Morphismen, die den Bedingungen

(1) $\Delta(o_{XY}) = o_{XY}^{\perp} = o_{YX}$,

(2) $o_{XY} = o_{IY} \perp o_{XI}$, $o_{ST}^{\perp} = o_{IT}^{\perp}\, o_{SI}^{\perp}$,

(3) $o_{XI} \perp o_{IX} = 1_{\sigma X}$, $o_{SI}^{\perp}\, o_{IS}^{\perp} = 1_{\sigma S}^{\perp}$

genügen;

(v) $\displaystyle\int \begin{pmatrix} R, S \\ A, B \end{pmatrix} \begin{pmatrix} A', A_0, A'' \\ B', B_0, B'' \end{pmatrix}$ eine binäre Operation, die, wenn zur Abkürzung allgemein

(4) $\mathscr{L}_{YX}^{ST} = \mathrm{Hom}_{\mathscr{L}^{\bullet}}(\sigma X, \sigma Y) \cap \mathrm{Hom}_{\mathscr{L}^{\perp}}(\sigma S, \sigma T)$

und vorübergehend

(5) $p = 1_{\sigma A_0} \otimes t_A \otimes 1_{\sigma A''}$, $q = t_{B'} \otimes 1_{\sigma B_0} \otimes t_{B''}$

gesetzt wird, genau für diejenigen Paare $\langle x, y\rangle$ mit $x \in \mathscr{L}_{AB}^{RS}$, $y \in \mathscr{L}_{R \otimes A' \otimes A'', A_0}^{II}$ definiert ist, für welche gilt

(6) $\big((c_{RA}(o_{RI} \perp x)) \perp o_{IS}\big)\, c_{SB}(q \otimes t_S) = (1_{\sigma R} \otimes p)\, y$;

(vi) $\displaystyle\overset{\perp}{\int} \begin{pmatrix} U, V \\ Z, X \end{pmatrix} \begin{pmatrix} U', U_0, U'' \\ V', V_0, V'' \end{pmatrix}$ eine binäre Operation, die wenn vorübergehend

(7) $r = 1_{\sigma U} \otimes t_{U_0} \otimes 1_{\sigma U''}$, $s = t_V \otimes 1_{\sigma V_0} \otimes t_{V''}$

gesetzt wird, genau für diejenigen Paare $\langle x, y\rangle$ mit $x \in \mathscr{L}_{ZX}^{UV}$, $y \in \mathscr{L}_{U' \otimes U'' \otimes Z, U_0}^{II}$ definiert ist, für welche

(8) $\big((c_{UZ}(o_{UI} \perp x)) \perp o_{IV}\big)\, c_{VX}(t_X \otimes s) = (r \otimes 1_{\sigma Z})\, y$
besteht.

Weiter fordern wir für $\mathcal{L}$:

(vii) Wie in 2.3 sei $\int^{\perp}$ durch $\int$ und Δ ausdrückbar.

(viii) Für $\langle A', A_0, A'', R\rangle \in P$ gilt:

(9) $(\forall z_1, z_2 \in \mathcal{L}^{II}_{R\otimes A'\otimes'' A, A_0}) \left(\left((1_{\sigma R} \otimes p)\, z_1 = (1_{\sigma R} \otimes p)\, z_2\right) \Rightarrow (z_1 = z_2)\right)$

(ix) In den Objekten $\mathcal{L}$ von *hdt-*$\mathcal{L}$ bzw. *dt-*$\mathcal{L}$ sollen alle in den in 3.3 betrachteten KRONECKER-Doppelkategorien $\mathcal{D}$ bzw. $\mathcal{D}$ (mit Involution Δ und Schleifenoperation $\int$) gültigen Identitäten und identischen Implikationen gültig sein.

Eine solche Algebra $\mathcal{L}$ soll eine *Schleifenkategorie* (aus *hdt-*$\mathcal{L}$ bzw. *dt-*$\mathcal{L}$) heißen. Die Schleifenkategorien bilden einen Spezialfall der von KAPHENGST—REICHEL (1971, 1972) untersuchten Algebren (auch Multialgebren oder operative Systeme genannt).

Morphismen in *hdt-*$\mathcal{L}$ bzw. *dt-*$\mathcal{L}$ sind die Homomorphismen zwischen den als Algebren im Sinne von KAPHENGST—REICHEL betrachteten Schleifenkategorien. Eine Schleifenkategorie $\mathcal{L}'$ heißt *Teil-Schleifenkategorie* einer Schleifenkategorie $\mathcal{L}$, wenn die Inklusionen

$$\mathcal{L}'^{RS}_{AB} \subseteqq \mathcal{L}^{RS}_{AB} \; (A, B, R, S \in H)$$

bestehen und „Isomorphismen in" darstellen. Der Durchschnitt von Teil-Schleifenkategorien bildet wieder eine Teil-Schleifenkategorie.

Wir stellen einige für alle Schleifenkategorien gültige identische Implikationen auf.

Gemäß 3.3 (3) gilt für beliebige $A, B, R, S \in H$

$$(\forall x_1, x_2 \in \mathcal{L}^{RS}_{AB}) \left(\left(\left(c_{RA}(o_{RI} \perp x_1)\right) \perp o_{IS}\right) c_{SB} = \left(\left(c_{RA}(o_{RI} \perp x_2)\right) \perp o_{IS}\right) c_{SB}\right) \Rightarrow (x_1 = x_2)\Big). \tag{10}$$

Im Hinblick auf 3.3 (17) hat man für $\langle A', A_0, A'', R\rangle \in P$ und $x \in \mathcal{L}^{RS}_{AB}$, $y \in \mathcal{L}^{II}_{R\otimes A'\otimes A'', A_0}$ die Implikation

$$(6) \Rightarrow 3.3\ (17). \tag{11}$$

Die in 3.1.1 bzw. 3.1.2 formulierte Eigenschaft der Schleifenoperation gibt unter Berücksichtigung des Beweises von 3.1.1 (und des hier unterdrückten analogen Beweises von 3.1.2) Anlaß zu folgender Implikation:

$$\text{Für } x \in \mathcal{L}^{RS}_{AB},\ y \in \mathcal{L}^{II}_{R\otimes A'\otimes A'', A_0}, \tag{12}$$

$$\langle A', A_0, A'', R\rangle \in P,\ \langle A', A_i, A_{i+1} \otimes A'', R\rangle \in P,\ \langle A', A_{i+1}, A'', R\rangle \in P$$

gilt: Wenn

$$\int \begin{pmatrix} R, S \\ A, B \end{pmatrix} \begin{pmatrix} A', A_0, A'' \\ B', B_0, B'' \end{pmatrix} (x, y) \tag{12a}$$

zutrifft (d. h. das Paar $\langle x, y\rangle$ zum Definitionsbereich des davor stehenden Operators gehört) und

$$y\, d_{A_i \otimes A_{i+1}} = d_{R \otimes A' \otimes A''}\,(y \otimes y) \tag{12b}$$

gilt, so hat man:

$$\int\begin{pmatrix} R, S \\ A, B\end{pmatrix}\begin{pmatrix} A', A_0, A'' \\ B', B_0, B''\end{pmatrix}(x, y) \tag{12c}$$

$$= \int\begin{pmatrix} R, S \\ \hat{A}, \hat{B}\end{pmatrix}\begin{pmatrix} A', A_{i+1}, A'' \\ B', B_{j+1}, B''\end{pmatrix}\left[\int\begin{pmatrix} R, S \\ A, B\end{pmatrix}\begin{pmatrix} A', A_i, A_{i+1} \otimes A'' \\ B', B_j, B_{j+1} \otimes B''\end{pmatrix}\right.$$

$$\left.\left(x, (1_R \otimes \hat{p})\, y p_1{}^{A_i A_{i+1}}\right), y p_2{}^{A_i A_{i+1}}\right].$$

Dabei ist $\langle i, j\rangle$ ein festes Indexpaar und

$$A' = A_1 \otimes \cdots \otimes A_{i-1},\ A_0 = A_i \otimes A_{i+1},\ A'' = A_{i+2} \otimes \cdots \otimes A_n, \tag{12d}$$

$$B' = B_1 \otimes \cdots \otimes B_{j-1},\ B_0 = B_j \otimes B_{j+1},\ B'' = B_{j+2} \otimes \cdots \otimes B_m,$$

$$\hat{A} = A' \otimes A_{i+1} \otimes A'',\ \hat{B} = B' \otimes B_{j+1} \otimes B'',\ A_i = B_j,\ A_{i+1} = B_{j+1},$$

$$\hat{p} = 1_{\sigma A'} \otimes t_{A_i} \otimes 1_{\sigma A_{i+1} \sigma A''},\ \hat{p} = 1_{\sigma A} \otimes t_{A_{i+1}} \otimes 1_{\sigma A''},$$

$$p_1^{A_i A_{i+1}} = 1_{\sigma A_i} \otimes t_{A_{i+1}},\ p_2{}^{A_i A_{i+1}} = t_{A_i} \otimes 1_{\sigma A_{i+1}}.$$

Der Beweis von 2.5 (2) bzw. 2.5 (4) gibt Anlaß zu folgender Identität. Für $\langle I, R, A, R\rangle \in P$ hat man

$$(\forall x \in \mathscr{L}_{AB}^{RS})\left[x = \int\begin{pmatrix} R, S \\ R \otimes A, B \otimes S\end{pmatrix}\begin{pmatrix} I, R, A \\ B, R, I\end{pmatrix}\right.$$

$$\left.\left(c_{RA}(o_{RI} \perp x)\,(o_{BR} \perp o_{IB}),\ 1_{\sigma R} \otimes t_A\right)\right]. \tag{13}$$

Der Beweis von 2.5.1 bzw. 2.5.2 veranlaßt die Implikation:

Wenn $x \in \mathscr{L}_{AB}^{RS}$ und (14)

$$\left(\left(c_{R\otimes A}(o_{RI} \perp x)\right) \perp o_{IS}\right) c_{SB} d_{B \otimes S} \tag{14a}$$

$$= d_{R\otimes A}\left[\left(\left(c_{RA}(o_{RI} \perp x)\right) \perp o_{IS}\right) c_{SB} \otimes \left(\left(c_{RA}(o_{RI} \perp x)\right) \perp o_{IS}\right) c_{SB}\right],$$

so besteht die Gleichung

$$c_{RA}(o_{RI} \perp x)\,(o_{BR} \perp o_{IB}) \tag{14b}$$

$$= d_{R\otimes A}\left[\left(\left(c_{RA}(o_{RI} \perp x)\right) \perp o_{IS}\right) c_{SB}(1_{\sigma B} \otimes t_S)\right.$$

$$\left.\otimes \left(\left(c_{RA}(o_{RI} \perp x)\right) \perp o_{IS}\right) c_{SB}(t_B \otimes 1_{\sigma S})\, o_{RS}\right].$$

Aus (13), (14) erhält man die Implikation:

3.4.1. (Syntheseformel) *Wenn* $\langle I, R, A, R\rangle \in P$ *und* (14a) *auf* $x \in \mathscr{L}_{AB}^{RS}$ *zutrifft, so hat man*

$$x = \int \begin{pmatrix} R, S \\ R \otimes A, B \otimes S \end{pmatrix} \begin{pmatrix} I, R, A \\ B, S, I \end{pmatrix} \tag{15}$$

$$\Big(d_{R \otimes A} \Big[\Big(\big(c_{RA}(o_{RI} \perp x)\big) \perp o_{IS}\Big) c_{SB}(1_{\sigma B} \otimes t_S)$$

$$\otimes \Big(\big(c_{RA}(o_{RI} \perp x)\big) \perp o_{IS}\Big) c_{SB}(t_B \otimes 1_{\sigma S})\, o_{SR}\Big], 1_{\sigma R} \otimes t_A\Big). \blacksquare$$

Es sei bemerkt, daß (14a) im Fall dt-$\mathscr{L}$ auf Grund der Vertauschbarkeitseigenschaft der Diagonalen d von $\mathscr{K}^\bullet$ trivialerweise erfüllt ist.

Die Implikation 3.4.1 enthält ihrer Herleitung nach als Spezialfall die Syntheseformel 2.5 (1) bzw. 2.5 (6) in $\mathscr{D}$.

3.5. Automatennetze

Es werden die gleichen Bezeichnungen wie in 3.4 verwendet.

Ähnliche praktische Gesichtspunkte wie bei Automatennetzen ohne Gedächtnis führen zu der Aufgabe, einen beliebigen Automaten aus einem gegebenen System von Elementarautomaten aufzubauen und eine Übersicht über alle möglichen solchen Darstellungen eines und desselben Automaten zu gewinnen. Praktisch sind dann die Automatennetze als optimal anzusehen, die bei einer gegebenen Kostenbelegung des Systems der Elementarautomaten minimale Gesamtkosten ergeben.

Die zuvor entwickelten Begriffe gestatten eine Algebraisierung des Syntheseproblems für Automaten. Diese Aufgabe kann dadurch noch vereinfacht werden, daß man sie sich in das allgemeinere Syntheseproblem für Monomaten bzw. Mealymaten eingebettet denkt.

Daher legen wir den Betrachtungen die in 3.3 eingeführte Kronecker-Doppelkategorie $\mathscr{D}$ der Monomaten bzw. Mealymaten zugrunde, die, als Schleifenkategorie im Sinne von 3.4 aufgefaßt, mit ${}^{\int}\mathscr{D}$ bezeichnet sei. Anstelle von $\mathscr{D}_{AB}^{RS}$ schreiben wir dann auch ${}^{\int}\mathscr{D}_{AB}^{RS}$.

Es sei $\langle G_{AB}^{RS}\rangle_{A,B,R,S \in H}$ eine Familie von Mengen

$$G_{AB}^{RS} \subseteq {}^{\int}\mathscr{D}_{AB}^{RS} \tag{1}$$

und ${}^{\int}\mathscr{D}(\sigma, G)$ die von den G_{AB}^{RS} erzeugte Teil-Schleifenkategorie von ${}^{\int}\mathscr{D}$ (d. h. der Durchschnitt aller Teil-Schleifenkategorien $\mathscr{L} \subseteq {}^{\int}\mathscr{D}$ mit $G_{AB}^{RS} \subseteq \mathscr{L}_{AB}^{RS}$ ($A, B, R, S \in H$).

Die Morphismen aus der Menge $G = \bigcup_{A,B,R,S \in H} G_{AB}^{RS}$ werden *Elementar-Monomaten* bzw. *Elementar-Mealymaten*, die Morphismen aus ${}^{\int}\mathscr{D}(\sigma, G)$ die aus den Elementar-Mono- bzw. Mealymaten mittels der in der Schleifenkategorie ${}^{\int}\mathscr{D}(\sigma, G)$ erklärten (Grund-) Operationen zusammengesetzten *Monomaten-* bzw. *Mealymaten-Netze* genannt.

Aus der Theorie der Algebren im Sinne von KAPHENGST—REICHEL folgt für eine beliebige Mengenfamilie $\langle G_{AB}^{RS}\rangle_{A,B,R,S\in H}$ die Existenz der von den G_{AB}^{RS} bezüglich einer Familie $\varphi = \langle \varphi_{AB}^{RS}\rangle_{A,B,R,S\in H}$ von Abbildungen

$$\varphi_{AB}^{RS}\colon G_{AB}^{RS} \to \mathscr{S}(G)_{AB}^{RS} \tag{2}$$

frei erzeugte Schleifenkategorie $\mathscr{S}$ (G) aus *hdt-$\mathscr{L}$* bzw. *dt-$\mathscr{L}$*; dabei bedeutet

$$\mathscr{S}\,(G)_{AB}^{RS} = \mathrm{Hom}_{\mathscr{S}(G)^{\cdot}}\,(A, B) \cap \mathrm{Hom}_{\mathscr{S}(G)^{\perp}}\,(R, S)$$

$(A, B, R, S \in H;\ \sigma = id_H)$. Wählt man für $\langle G_{AB}^{RS}\rangle$ insbesondere eine Familie von Mengen gemäß (1), so sind die Abbildungen in (2) notwendig injektiv, so daß man sie durch Inklusionen ersetzen darf. Aus der Universaleigenschaft von $\mathscr{S}(G)$ folgt die Existenz eines das nachstehende Diagramm kommutativ schließenden Homomorphismus $\Phi\colon \mathscr{S}(G) \to {}^{\int}\mathscr{D}(\sigma, G)$.

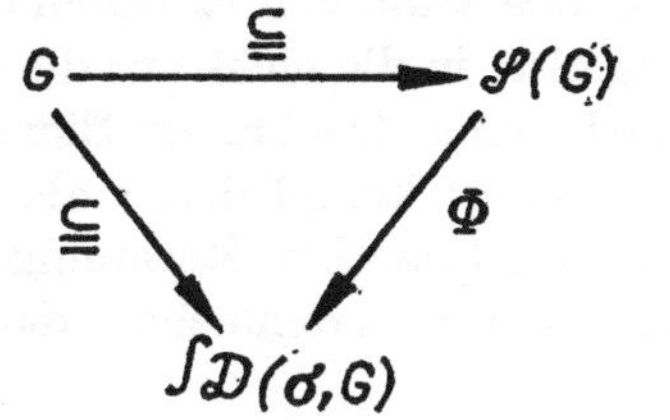

(3)

$\mathscr{S}(G)$ ist eine Termsprache (Theorie) für Schleifenkategorien. Da es sich hierbei nicht um Multialgebren im Sinne von P. J. HIGGINS handelt, ist Φ nicht notwendig surjektiv. Daher besitzen diejenigen Erzeugendensysteme G ein besonderes Interesse, für welche Φ (in (3)) surjektiv ist.

Eine Familie $\langle F_{AB}\rangle_{A,B\in H}$ von Teilmengen $F_{AB} \subseteq \mathscr{K}^{\cdot}{}_{AB}$, mit $\mathscr{K}^{\cdot}{}_{AB} = \mathrm{Hom}_{\mathscr{K}^{\cdot}}(\sigma A, \sigma B)$, heißt *vollständig*, wenn (mit der Bezeichnung von I.6.4 und mit $F = \bigcup_{A,B\in H} F_{AB}$) $\mathscr{K}^{\cdot}(\sigma, F)\ \big(= \mathscr{K}(\sigma H)\big) = \mathscr{K}^{\cdot}$. Wir nennen eine Familie von Teilmengen $G_{AB}^{RS} \subseteq {}^{\int}\mathscr{D}_{AB}^{RS}$ *$\int$-vollständig*, wenn gilt ${}^{\int}\mathscr{D}(\sigma, G) = {}^{\int}\mathscr{D}$.

Aus 3.3 (2), 2.5.2 ergibt sich unmittelbar:

3.5.1. Es sei $\langle G_{AB}^{RS}\rangle_{A,B,R,S\in H}$ eine Familie von Teilmengen von $\int\mathscr{D}$; die durch

$$F_{XY} = \bigcup_{A,B,R,S\in H} \Big\{\Big(\big(c_{RA}(o_{RI} \perp x)\big) \perp o_{IS}\Big)\, c_{SB} \mid x \in G_{AB}^{RS}\Big\}$$
$$X = R \otimes A,\ Y = B \otimes S$$

definierte Familie $\langle F_{XY}\rangle_{X,Y\in H}$ von Teilmengen $F_{XY} \subseteq \mathscr{K}^{\cdot}{}_{XY}$ sei vollständig.

Dann gilt im Fall der Mealymaten:

(a) G ist $\int$-vollständig.

(b) Der Homomorphismus Φ von (3) ist surjektiv.

Betrachtet man die Menge der $\mathscr{K}(\sigma H)$-Mono-Automaten bzw. $\mathscr{K}(\sigma H)$-MEALY-

Automaten von ${}^{\int}\mathscr{D}$, zusammen mit der Grundoperationenfolge

$$\Big\langle \cdot, \sigma, \otimes, \int\begin{pmatrix} S, & S \\ A, & B \end{pmatrix}\begin{pmatrix} A', A_0, A'' \\ B', B_0, B'' \end{pmatrix}, I, c_{XY}, d_X, t_X, o_{XY} \,|$$

$$B', B'', S, X, Y \in H;\ \langle A', A_0, A'', S\rangle \in P,$$

$$A = A' \otimes A_0 \otimes A'', B = B' \otimes B_0 \otimes B'', A_0 = B_0 \Big\rangle \tag{4}$$

so erhält man eine mit ${}^{\int}\mathscr{C}\big(\mathscr{K}(\sigma H)\text{-Monoaut}\big)$ bzw. ${}^{\int}\mathscr{C}\big(\mathscr{K}\sigma(H)\text{-}Aut\big)$ (kurz auch mit ${}^{\int}\mathscr{G}$ bzw. ${}^{\int}\mathscr{C}$) bezeichnete Algebra. Dabei ist $\int\begin{pmatrix} R, S \\ A, B \end{pmatrix}\begin{pmatrix} A', A_0, A'' \\ B', B_0, B'' \end{pmatrix}$ die von der gleichbezeichneten Schleifenoperation von ${}^{\int}\mathscr{D}$ in ${}^{\int}\mathscr{C}$ induzierte binäre Operation, die gleichfalls Schleifenoperation genannt wird. Es ist zu beachten, daß der Definitionsbereich der Schleifenoperation von ${}^{\int}\mathscr{C}$ durch die Gleichung 3.4 (6) festgelegt ist, durch eine Gleichung also, in die nicht nur die Operationen der Folge (4) eingehen. Daher ist ${}^{\int}\mathscr{C}$ nicht eine Algebra im Sinne von KAPHENGST—REICHEL. Die Struktur von ${}^{\int}\mathscr{C}$ ist somit komplizierter als diejenige von ${}^{\int}\mathscr{D}$. Da aber ${}^{\int}\mathscr{C} = {}^{\int}\mathscr{D}$, so lassen sich die algebraischen Rechnungen mit Mono-Automaten bzw. mit MEALY-Automaten dadurch vereinfachen, daß sie innerhalb ${}^{\int}\mathscr{D}$ ausgeführt werden.

3.6. Aufgaben

3.6.1. Man bestimme explizite ein System von Identitäten und identischen Implikationen, die in den Algebren $\mathscr{L}$ von *hdt*-$\mathscr{L}$ bzw. *dt*-$\mathscr{L}$ gelten und aus denen alle in 3.4 (ix) genannten Identitäten und identischen Implikationen folgen.

3.6.2. Man stelle ein System von Normalformen auf für die in 3.5 eingeführte Termsprache $\mathscr{S}$(G) für Schleifenkategorien.

3.6.3. Man ermittle im Fall der $\mathscr{K}$(σH)-Monomaten ($\mathscr{K}$*hdt*-symmetrisch) eine $\int$-vollständige Familie G im Sinne der Definition 3.5.

3.6.4. Man verwende die Ergebnisse von 3.6.1—3.6.3 zur Untersuchung der Struktur der in 3.5 eingeführten Algebra ${}^{\int}\mathscr{C}$.

4. Allgemeine Algebra in speziellen Kronecker-Kategorien

In Analogie zu der funktoriellen Darstellung allgemeiner Algebren und dem kategorientheoretischen Aufbau der Theorie der Algebren durch F. W. LAWVERE (1963, 1965) (vgl. auch W. FELSCHER (1965, 1969), H. VOLGER (1967), F. E. J. LINTON (1969), H. SCHUBERT (1970), G. C. WRAITH (1970); für Multialgebren: J. BÉNABOU (1966), J. SCHULTE MONTING (1968), und für operative Systeme: H. KAPHENGST—H. REICHEL (1971, 1972)) läßt sich allgemeiner eine Theorie der Multialgebren über speziellen KRONECKER-Kategorien entwickeln. Einen Spezialfall davon bilden Theorien für Automaten über speziellen KRONECKER-Kategorien.

4.1. Multiplikative Funktoren von Theorien als Kronecker-Funktoren

Es seien $\langle H, \otimes, I\rangle$ das von einer Menge J frei erzeugte Monoid, $\mathcal{T} = \langle \mathcal{T}, \sigma, \otimes, I\rangle$ eine KRONECKER-Kategorie aus *Kron*, mit $\sigma = \mathrm{id}_H: H \to H$, und $\mathcal{S} = \langle \mathcal{S}, \otimes, I\rangle$ eine beliebige KRONECKER-Kategorie.

4.1.1. *Jedes Element $a: A \to B \in \mathcal{T}$ sei eindeutig in der Form*

$$a: A_1 \otimes \cdots \otimes A_n \to B_1 \otimes \cdots \otimes B_m$$

dargestellt, wo, im Fall $A = I$ (bzw. $B = I$), $n = 1$ und $A_1 = I$ (bzw. $m = 1$ und $B_1 = I$) gesetzt werde und sonst $A_1, \ldots, A_n, B_1, \ldots, B_m \in J$ sei.

(a) *Es sei $\Phi: \mathcal{T} \to \mathcal{S}$ ein multiplikativer Funktor. Dann wird durch*

$$\Phi': \mathcal{T} \to \mathcal{S},$$

$$A = A_1 \otimes \cdots \otimes A_n \mapsto \Phi A_1 \otimes \cdots \otimes \Phi A_n, \tag{1}$$

$$a: A_1 \otimes \cdots \otimes A_n \to B_1 \otimes \cdots \otimes B_m \mapsto \tilde{\Phi}_{A_1 \cdots A_n} \Phi(a) \tilde{\Phi}^{-1}_{B_1 \cdots B_m}$$

ein KRONECKER-*Funktor Φ' erklärt.*

(b) *Es sei $\Phi': \mathcal{T} \to \mathcal{S}$ ein* KRONECKER-*Funktor, und es sei F: ob $\mathcal{T} \to$ ob $\mathcal{S}$ eine Abbildung mit*

$$FA = \Phi' A \text{ für } A \in J \cup \{I\}. \tag{2}$$

Für $A_1, \ldots, A_n \in J \cup \{I\}$ seien

$$\tilde{\Phi}_{A_1 \cdots A_n}: \Phi' A_1 \otimes \cdots \otimes \Phi' A_n \to F(A_1 \otimes \cdots \otimes A_n), \; n \geqq 1, \tag{3}$$

gegebene umkehrbare Morphismen aus $\mathcal{S}$, wobei stets

$$\tilde{\Phi}_{A_1 \cdots A_n} = \tilde{\Phi}_{A_1 \cdots A_{k-1} A_{k+1} \cdots A_n},$$

$$\text{für } 1 \leqq k \leqq n, \; n \geqq 2 \text{ und } A_k = I; \tag{4}$$

$$\tilde{\Phi}_A = 1_{\Phi A}: \Phi A \to \Phi A \text{ für } A \in J \cup \{I\}$$

gelte. Das Paar $\langle \Phi, \tilde{\Phi}\rangle$ sei definiert gemäß

$$\Phi(a) = \tilde{\Phi}^{-1}_{A_1 \cdots A_n} \Phi'(a) \tilde{\Phi}_{B_1 \cdots B_m} \text{ für } a: A \to B \in \mathcal{T}, \tag{5}$$

$$\tilde{\Phi}_{AB} = (\tilde{\Phi}^{-1}_{A_1 \cdots A_n} \otimes \tilde{\Phi}^{-1}_{B_1 \cdots B_m}) \tilde{\Phi}_{A_1 \cdots A_n B_1 \cdots B_m} \text{ für } A, B \in H. \tag{6}$$

Dann ist $\langle \Phi, \tilde{\Phi}\rangle$ ein multiplikativer Funktor von $\mathcal{T}$ in $\mathcal{S}$ mit folgender Eigenschaft: Definiert man $\tilde{\Phi}_{A_1 \cdots A_n}$ allgemein für $A_1, \ldots, A_n \in H$ gemäß B 4.2 (1) *unter Verwendung von* (6), *so stimmt diese Größe für $A_1, \ldots, A_n \in J \cup \{I\}$ mit* (3) *überein.*

Beweis. (a) Es ist klar, daß Φ' ein Funktor und $\Phi' I = I$ ist. Es seien

$$a: A \to C, A = A_1 \otimes \cdots \otimes A_n, C = C_1 \otimes \cdots \otimes C_k,$$

$$b: B \to D, B = B_1 \otimes \cdots \otimes B_m, D = D_1 \otimes \cdots \otimes D_l$$

Morphismen aus $\mathscr{T}$. Wir zeigen, daß dann $\Phi'(a \otimes b) = \Phi' a \otimes \Phi' b$. Im Hinblick auf Formel I. 4.2 (5) hat man

$$\begin{aligned}\Phi' a \otimes \Phi' b &= \tilde{\Phi}_{A_1\cdots A_n} \Phi(a)\, \tilde{\Phi}^{-1}_{C_1\cdots C_k} \otimes \tilde{\Phi}_{B_1\cdots B_m} \Phi(b)\, \tilde{\Phi}^{-1}_{D_1\cdots D_l}\\ &= (\tilde{\Phi}_{A_1\cdots A_n} \otimes \tilde{\Phi}_{B_1\cdots B_m})\, (\Phi a \otimes \Phi b)\, (\tilde{\Phi}^{-1}_{C_1\cdots C_k} \otimes \tilde{\Phi}^{-1}_{D_1\cdots D_l})\\ &= (\tilde{\Phi}_{A_1\cdots A_n} \otimes \tilde{\Phi}_{B_1\cdots B_m})\, \tilde{\Phi}_{A_1\otimes\cdots\otimes A_n, B_1\otimes\cdots\otimes B_m}\, \tilde{\Phi}(a \otimes b)\\ &\quad \cdot \tilde{\Phi}^{-1}_{C_1\otimes\cdots\otimes C_k, D_1\otimes\cdots\otimes D_l}\, (\tilde{\Phi}^{-1}_{C_1\cdots C_k} \otimes \tilde{\Phi}^{-1}_{D_1\cdots D_l})\\ &= \tilde{\Phi}_{A_1\cdots A_n B_1\cdots B_m}\, \Phi(a \otimes b)\, \tilde{\Phi}^{-1}_{C_1\cdots C_k D_1\cdots D_l}.\end{aligned}$$

(b) Es seien $\tilde{\Phi}_{A_1\cdots A_n}$ die durch I. 4.2 (1) definierten Größen, $n \geqq 3$. Die definierende Gleichung (6) ist mit der in (3) eingeführten Bezeichnung konsistent. Wir zeigen, daß

$$\tilde{\Phi}'_{A_1\cdots A_n} = \tilde{\Phi}_{A_1\cdots A_n},\ n \geqq 3.$$

Im Fall $n = 3$ hat man

$$\begin{aligned}\tilde{\Phi}'_{A_1A_2A_3} &= (\tilde{\Phi}_{A_1A_2} \otimes 1_{\Phi A_3}) = \tilde{\Phi}_{A_1\otimes A_2, A_3}\\ &= (\tilde{\Phi}_{A_1A_2} \otimes 1_{\Phi A_3})\, (\tilde{\Phi}^{-1}_{A_1A_2} \otimes \tilde{\Phi}^{-1}_{A_3})\, \tilde{\Phi}_{A_1A_2A_3}\\ &= \tilde{\Phi}_{A_1A_2A_3}.\end{aligned}$$

Es sei $n > 3$ und die Behauptung für $n - 1$ anstatt n bewiesen. Dann ergibt sich aus I. 4.2 (1) und (6) wie behauptet

$$\tilde{\Phi}'_{A_1\cdots A_n} = (\tilde{\Phi}_{A_1\cdots A_{n-1}} \otimes 1_{\Phi A_n})\, (\tilde{\Phi}^{-1}_{A_1\cdots A_{n-1}} \otimes 1_{\Phi A_n})\, \tilde{\Phi}_{A_1\cdots A_{n-1}A_n} = \tilde{\Phi}_{A_1\cdots A_n}.$$

Die Funktoreigenschaft von Φ ist unmittelbar klar. Die Aussage, daß Φ_{AB} $(A, B \in H)$ eine natürliche Transformation sei, ist wie folgt einzusehen. Es seien $a\colon A \to C,\ b\colon B \to D \in \mathscr{T}$,

$$A = A_1 \otimes \cdots \otimes A_n,\ B = B_1 \otimes \cdots \otimes B_m,$$
$$C = C_1 \otimes \cdots \otimes C_k,\ D = D_1 \otimes \cdots \otimes D_l$$

und bzw. $A_i, B_i, C_i, D_i \in J$, falls $A, B, C, D \neq I$. Dann hat man

$$\begin{aligned}\tilde{\Phi}_{AB}\, (a \otimes b) &= (\tilde{\Phi}^{-1}_{A_1\cdots A_n} \otimes \tilde{\Phi}^{-1}_{B_1\cdots B_m})\, \tilde{\Phi}_{A_1\cdots A_nB_1\cdots B_m}\\ &\quad \cdot \tilde{\Phi}^{-1}_{A_1\cdots A_nB_1\cdots B_m}\, (\Phi' a \otimes \Phi' b)\, \tilde{\Phi}_{C_1\cdots C_kD_1\cdots D_l}\\ &= (\tilde{\Phi}^{-1}_{A_1\cdots A_n} \otimes \tilde{\Phi}^{-1}_{B_1\cdots B_m})(\Phi' a \otimes \Phi' b)\, \tilde{\Phi}_{C_1\cdots C_kD_1\cdots D_l}\\ &= (\tilde{\Phi}^{-1}_{A_1\cdots A_n}\Phi' a \otimes \tilde{\Phi}^{-1}_{B_1\cdots B_m}\, \Phi' b)\, \tilde{\Phi}_{C_1\cdots C_kD_1\cdots D_l}\\ &= (\tilde{\Phi}^{-1}_{A_1\cdots A_n}\, \Phi' a\, \tilde{\Phi}_{C_1\cdots C_k} \otimes \tilde{\Phi}^{-1}_{B_1\cdots B_m}\, \Phi' b\, \tilde{\Phi}_{D_1\cdots D_l})\\ &\quad \cdot (\tilde{\Phi}^{-1}_{C_1\cdots C_k} \otimes \tilde{\Phi}^{-1}_{D_1\cdots D_l})\, \tilde{\Phi}_{C_1\cdots C_kD_1\cdots D_l}\\ &= (\Phi a \otimes \Phi b)\, \tilde{\Phi}_{CD}.\end{aligned}$$

Die Bedingungen I. 4.1 (i), I. 4.1 (ii) sind offenbar erfüllt. I. 4.1 (iii) ergibt sich so:

$$(\tilde{\Phi}_{AB} \otimes 1_{\Phi C})\, \tilde{\Phi}_{A\otimes B,C} = \big((\tilde{\Phi}^{-1}_{A_1\cdots A_n} \otimes \tilde{\Phi}^{-1}_{B_1\cdots B_m})\, \tilde{\Phi}_{A_1\cdots A_n B_1\cdots B_m} \otimes 1_{\Phi C}\big)$$
$$\cdot\, (\tilde{\Phi}^{-1}_{A_1\cdots A_n B_1\cdots B_m} \otimes \tilde{\Phi}^{-1}_{C_1\cdots C_k})\, \tilde{\Phi}_{A_1\cdots A_n B_1\cdots B_m C_1\cdots C_k}$$
$$= (\tilde{\Phi}^{-1}_{A_1\cdots A_n} \otimes \tilde{\Phi}^{-1}_{B_1\cdots B_m} \otimes \tilde{\Phi}^{-1}_{C_1\cdots C_k})\, \tilde{\Phi}_{A_1\cdots A_n B_1\cdots B_m C_1\cdots C_k}$$
$$= (1_{\Phi A} \otimes \tilde{\Phi}_{BC})\, \tilde{\Phi}_{A,B\otimes C}. \ \blacksquare$$

4.1.2. *Es sei* $\big((\mathcal{T}, \mathcal{S})\big)_0$ *die Kategorie, deren Objekte die Paare* $\langle \Phi', \tilde{\Phi}\rangle : \mathcal{T} \to \mathcal{S}$ *sind, wobei* Φ' *ein* Kronecker-*Funktor und für* $A = A_1 \otimes \cdots \otimes A_n$ *(wo* $n = 1$ *für* $A = I$ *und* $A_i \in J$ *sonst)* $\tilde{\Phi}_A = \tilde{\Phi}_{A_1\ldots A_n}$ *als umkehrbarer Morphismus durch* (3) *gegeben ist. Morphismen seien die natürlichen Transformationen* $s'\colon \Phi' \to X'\colon \mathcal{T} \to \mathcal{S}$*, die der Bedingung*

$$\begin{cases} s'_{AB} = s'_A \otimes s'_B \text{ für alle } A, B \in H, \\ s_I = 1_I\colon I \to I \end{cases} \tag{7}$$

genügen.

Dann ist die Zuordnung (vgl. B 4.1.1)

$$\big((\mathcal{S},\mathcal{T})\big) \to \big((\mathcal{T},\mathcal{S})\big)_0,$$

$$\begin{cases} \langle \Phi, \tilde{\Phi}\rangle \mapsto \langle \Phi', \overline{\Phi}\rangle, \\ s\colon \langle \Phi, \tilde{\Phi}\rangle \to \langle X, \tilde{X}\rangle \mapsto \overline{\Phi} s \overline{X}^{-1}\colon \Phi' \to \Phi \to X \to X' \end{cases} \tag{8}$$

$$(\overline{\Phi}_A = \tilde{\Phi}_{A_1\ldots A_n} \text{ für } A = A_1 \otimes \cdots \otimes A_n, \text{ wo } n = 1$$
$$\text{für } A = I \text{ und } A_i \in J \text{ sonst}),$$

ein Isomorphismus.

Beweis. Man beachte, daß $\overline{\Phi} = \langle \overline{\Phi}_A\rangle_{A\in H}\colon \Phi' \to \Phi\colon \mathcal{T} \to \mathcal{S}$ ein natürlicher Isomorphismus ist. Es sei $s'\colon \langle \Phi', \overline{\Phi}\rangle \to \langle X', \overline{X}\rangle$ aus $\big((\mathcal{T}, \mathcal{S})\big)_0$. Dann genügt $s = \overline{\Phi}^{-1} s' \overline{X}\colon \Phi \to \Phi' \to X' \to X$ der Bedingung 4.1 (1), da

$$(s_A \otimes s_B)\, \tilde{X}_{AB} = (\tilde{\Phi}^{-1}_{A_1\cdots A_n} \otimes \tilde{\Phi}^{-1}_{B_1\cdots B_m})\, (s'_A \otimes s'_B)$$
$$\cdot\, (\tilde{X}_{A_1\cdots A_n} \otimes \tilde{X}_{B_1\cdots B_m})\, (\tilde{X}^{-1}_{A_1\cdots A_n} \otimes \tilde{X}^{-1}_{B_1\cdots B_m})\, \tilde{X}_{A_1\cdots A_n B_1\cdots B_m}$$
$$= (\tilde{\Phi}^{-1}_{A_1\cdots A_n} \otimes \tilde{\Phi}^{-1}_{B_1\cdots B_m})\, \tilde{\Phi}_{A_1\cdots A_n B_1\cdots B_m}\, \overline{\Phi}^{-1}{}_{A\otimes B}\, s'_{A\otimes B}\, \overline{X}_{AB}$$
$$= \tilde{\Phi}_{AB} s_{A\otimes B}. \ \blacksquare$$

4.1.3. Korollar. Es seien $\mathcal{T}$ *eine symmetrische Theorie aus Sym und* $\mathcal{S}$ *eine beliebige symmetrische Kategorie.* $c\big((\mathcal{T},\mathcal{S})\big)_0$ *bezeichne die Kategorie, deren Objekte die Paare* $\langle \Phi', \overline{\Phi}\rangle\colon \mathcal{T} \to \mathcal{S}$ *sind, wobei* Φ' *ein der Bedingung*

$$\Phi' c_{AB} = c_{\Phi' A, \Phi' B} \text{ für alle } A, B \in H \tag{9}$$

genügender KRONECKER-*Funktor von* $\mathcal{T}$ *in* $\mathcal{S}$ *und* Φ *wie in* B 4.1.2 *gegeben ist. Morphismen seien die natürlichen Transformationen* $s'\colon \Phi' \to X'\colon \mathcal{T} \to \mathcal{S}$, *welche die Forderung* (7) *erfüllen.*

Dann ist die durch (8) *definierte Zuordnung ein Isomorphismus* (*vgl.* B 4.1.1)

$$c((\mathcal{T},\mathcal{S})) \to c((\mathcal{T},\mathcal{S}))_0.$$

Beweis. Es sei $\Phi\colon \mathcal{T} \to \mathcal{S}$ ein c-multiplikativer Funktor. Da c in $\mathcal{S}$ ein natürlicher Isomorphismus ist, so folgt für $A = A_1 \otimes \cdots \otimes A_n$, $B = B_1 \otimes \cdots \otimes B_m$ (mit $n = 1$ für $A = I, m = 1$ für $B = I$ und $A_i, B_j \in J$ sonst) mit Rücksicht auf B 4.2(5)

$$\begin{aligned} &c_{\Phi A,\Phi B}\tilde{\Phi}_{BA} \\ &= c_{\Phi A,\Phi B}(\tilde{\Phi}^{-1}_{B_1\cdots B_m} \otimes \tilde{\Phi}_{A_1\cdots A_n})\,\tilde{\Phi}_{B_1\cdots B_m A_1\cdots A_n} \\ &= (\tilde{\Phi}^{-1}_{A_1\cdots A_n} \otimes \tilde{\Phi}^{-1}_{B_1\cdots B_m})\, c_{\Phi A_1\otimes\cdots\otimes\Phi A_n,\Phi B_1\otimes\cdots\otimes\Phi B_m}\, \tilde{\Phi}_{B_1\cdots B_m A_1\cdots A_n} \end{aligned}$$

und

$$\begin{aligned} &\tilde{\Phi}_{AB}\,\Phi c_{AB} \\ &= (\tilde{\Phi}^{-1}_{A_1\cdots A_n} \otimes \tilde{\Phi}^{-1}_{B_1\cdots B_m})\,\tilde{\Phi}_{A_1\cdots A_n B_1\cdots B_m}\Phi c_{AB}. \end{aligned}$$

Man beachte, daß der in beiden Gleichungen links auftretende gemeinsame Faktor $\tilde{\Phi}^{-1}_{A_1\cdots A_n} \otimes \tilde{\Phi}^{-1}_{B_1\cdots B_m}$ invertierbar ist, d. h., (9) ist erfüllt. Die Umkehrung ist analog zu beweisen. ■

4.2. Algebren in symmetrischen Kategorien

Es seien $\langle H, \otimes, I\rangle$ das von einer Menge J frei erzeugte Monoid, $\mathcal{T}$ eine symmetrische Theorie aus *Sym* und $\mathcal{S} = \langle \mathcal{S}, \otimes, I, c_{AB}\rangle_{A,B \in \text{ob}\,\mathcal{S}}$ eine beliebige symmetrische Kategorie.

Unter einer $\langle \mathcal{T},\mathcal{S}\rangle$-Algebra verstehen wir hier einen KRONECKER-Funktor $\Phi\colon \mathcal{T} \to \mathcal{S}$, so daß

$$\Phi c_{AB} = c_{\Phi A,\Phi B} \text{ für alle } A, B \in H. \tag{1'}$$

Gleichbedeutend mit (1′) ist

$$\Phi c_{AB} = c_{\Phi A,\Phi B} \text{ für alle } A, B \in J. \tag{1}$$

Ein Homomorphismus $s\colon \Phi \to X$ zwischen $\langle \mathcal{T},\mathcal{S}\rangle$-Algebren Φ, X ist eine natürliche Transformation $s\colon \Phi \to X\colon \mathcal{T} \to \mathcal{S}$, welche noch der Bedingung

$$\begin{cases} s_{A\otimes B} = s_A \otimes s_B \text{ für alle } A, B \in H, \\ s_I = 1_I\colon I \to I \end{cases} \tag{2}$$

genügt. (Für eine t-symmetrische Kategorie $\mathcal{S}$ ist $s_I = 1_I$ trivialerweise erfüllt.)

Die $\langle \mathcal{T}, \mathcal{S}\rangle$-Algebren und ihre Homomorphismen bilden eine Kategorie $c\text{-}Alg\,(\mathcal{T}, \mathcal{S})$.

4.2.1. *c-Alg $(\mathcal{T}, \mathcal{S})$ ist eine symmetrische Kategorie.*

Beweis. Für eine $\langle \mathcal{T}, \mathcal{S}\rangle$-Algebren $\Phi\colon \mathcal{T} \to \mathcal{S}$ ist das Paar $\langle \Phi, \tilde{\Phi}\rangle$ mit $\tilde{\Phi}_{AB} = 1_{\Phi A, \Phi B}\colon$ $\Phi A \otimes \Phi B \to \Phi A \otimes \Phi B$ offenbar ein c-multiplikativer Funktor. Es seien $\Phi, X\colon$ $\mathcal{T} \to \mathcal{S}$ $\langle \mathcal{T}, \mathcal{S}\rangle$-Algebren. Dann ist das gemäß B 4.3.1 definierte Tensorprodukt $\langle \Phi \otimes X, \widetilde{\Phi \otimes X}\rangle$ ein c-multiplikativer Funktor aus $c\big((\mathcal{T}, \mathcal{S})\big)$ mit $(\widetilde{\Phi \otimes X})_{AB}$ $= 1_{\Phi A} \otimes c_{XA, \Phi B} \otimes 1_{XB}$. Wir bezeichnen dieses Tensorprodukt von Φ und X jetzt mit $\Phi \otimes_1 X$, d. h.

$$\Phi \otimes_1 X = \langle \Phi \otimes_1 X, \widetilde{\Phi \otimes_1 X}\rangle, \ (\widetilde{\Phi \otimes_1 X})_{AB} = 1_{\Phi A} \otimes c_{XA, \Phi B} \otimes 1_{XB}.$$

(Wie in B 4.2 (1) seien für $A_1, \ldots, A_n \in H$ Morphismen

$$(\widetilde{\Phi \otimes_1 X})_{A_1 \cdots A_n}\colon \Phi A_1 \otimes XA_1 \otimes \cdots \otimes \Phi A_n \otimes XA_n \to (\Phi \otimes_1 X)\,(A_1 \otimes \cdots \otimes A_n) \quad (3)$$

definiert. Gemäß 4.1.(1) wird dann ein der Forderung 4.1 (9) genügender Kronecker-Funktor, d. h. eine $\langle \mathcal{T}, \mathcal{S}\rangle$-Algebra $\Phi \otimes X$, erklärt:

$$\Phi \otimes X\colon \mathcal{T} \to \mathcal{S}, \quad (4)$$

$$A = A_1 \otimes \cdots \otimes A_n \mapsto \Phi A_1 \otimes XA_1 \otimes \cdots \otimes \Phi A_n \otimes XA_n$$

$$(\text{wobei } n = 1 \text{ für } A = I \text{ und } A_i \in J \text{ sonst}),$$

$$a\colon A_1 \otimes \cdots \otimes A_n \to B_1 \otimes \cdots \otimes B_m \mapsto (\widetilde{\Phi \otimes_1 X})_{A_1 \cdots A_n}\,(\Phi a \otimes Xa)\,(\widetilde{\Phi \otimes_1 X})^{-1}_{B_1 \cdots B_m}$$

(wobei $n = 1$ für $A = I$, $m = 1$ für $B = I$ und $A_i, B_j \in J$ sonst).

Für zwei Morphismen $r\colon \Phi \to \Psi\colon \mathcal{T} \to \mathcal{S}$, $s\colon X \to \Theta\colon \mathcal{T} \to \mathcal{S}$ aus $c\text{-}Alg\,(\mathcal{T}, \mathcal{S})$ sei $r \otimes_1 s$ wie in B 4.3.1 (mit $\otimes_1$ anstatt $\otimes$) definiert. Gemäß 4.1 (8) wird dann eine die Bedingung 4.1 (7) erfüllende natürliche Transformation, d. h. ein Homomorphismus $r \otimes s\colon \Phi \otimes X \to \Psi \otimes \Theta$ zwischen $\langle \mathcal{T}, \mathcal{S}\rangle$-Algebren, erklärt:

$$r \otimes s = \widetilde{\Phi \otimes_1 X}\,(r \otimes_1 s)\,\widetilde{\Psi \otimes_1 \Theta}^{-1}. \quad (5)$$

Es sei $\big((\mathcal{T}, \mathcal{S})\big)'$ die Teilkategorie von $c\big((\mathcal{T}, \mathcal{S})\big)$, deren Objekte die Form $\langle \Phi, \tilde{\Phi}\rangle$ haben, wo $\Phi\colon \mathcal{T} \to \mathcal{S}$ eine $\langle \mathcal{T}, \mathcal{S}\rangle$-Algebra und $\tilde{\Phi}_{AB} = 1_{\Phi A, \Phi B}$ ist, und deren Morphismen durch $s\colon \langle \Phi, 1\rangle \to \langle X, 1\rangle$, mit $s\colon \Phi \to X \in c\text{-}Alg\,(\mathcal{T}, \mathcal{S})$, gegeben sind, d. h. mit denen aus $c\text{-}Alg\,(\mathcal{T}, \mathcal{S})$ identifiziert werden dürfen. $\big((\mathcal{S}, \mathcal{T})\big)_0'$ sei die Bildkategorie bei der Abbildung $c\big((\mathcal{T}, \mathcal{S})\big) \to c\big((\mathcal{T}, \mathcal{S})\big)_0$ von 4.1.3. $\big((\mathcal{T}, \mathcal{S})\big)'$ und $\big((\mathcal{T}, \mathcal{S})\big)_0'$ können mit $c\text{-}Alg\,(\mathcal{T}, \mathcal{S})$ identifiziert werden. Bezeichnet man das in $c\big((\mathcal{T}, \mathcal{S})\big)$ definierte Tensorprodukt $\otimes$ vorübergehend mit $\otimes_1$, so läßt sich $\otimes_1$ mittels der Zuordnung 4.1. (8) auf $c\big((\mathcal{T}, \mathcal{S})\big)_0$ übertragen; das so in $c\big((\mathcal{T}, \mathcal{S})\big)_0$ definierte Tensorprodukt werde mit $\otimes$ bezeichnet, d. h., für $r\colon \Phi \to \Psi$, $s\colon X \to \Theta \in c((\mathcal{T}, \mathcal{S}))$ sei in $c((\mathcal{T}, \mathcal{S}))_0$

$$\bar{\Phi} r \bar{\Psi}^{-1} \otimes X s \bar{\Theta}^{-1} = \widetilde{\Phi \otimes_1 X}\,(r \otimes_1 s)\,\widetilde{\Psi \otimes_1 \Theta}^{-1}. \tag{6}$$

Es ist klar, daß dann auch $c((\mathcal{T}, \mathcal{S}))_0$ (wie $c((\mathcal{T}, \mathcal{S}))$) eine symmetrische Kategorie ist. Offenbar stimmen (5) und (6) für $r, s \in c\text{-}Alg\,(\mathcal{T}, \mathcal{S})$ miteinander überein. Daher ist $c\text{-}Alg\,(\mathcal{T}, \mathcal{S})$ bezüglich $\otimes$ ein Monoid. Das Einsobjekt von $c\text{-}Alg\,(\mathcal{T}, \mathcal{S})$ ist der konstante Funktor

$$\begin{gathered} I\colon \mathcal{T} \to \mathcal{S}, \\ A \mapsto I, \\ a\colon A \to B \mapsto 1_I\colon I \to I. \end{gathered}$$

Die Symmetrie von $c\text{-}Alg\,(\mathcal{T}, \mathcal{S})$ ist

$$c = c_{\Phi X}\colon \Phi \otimes X \to X \otimes \Phi;\quad \Phi, X \in \operatorname{ob} c\text{-}Alg\,(\mathcal{T}, \mathcal{S}), \tag{7}$$

wobei

$$c_{\Phi X}(A) = (\widetilde{\Phi \otimes_1 X})_A\, c_{\Phi A, XA} (\widetilde{X \otimes_1 \Phi})_A^{-1},\quad A \in H. \tag{8}$$

Die Tatsache, daß $c_{\Phi X} \in c\text{-}Alg\,(\mathcal{T}, \mathcal{S})$, ist gleichbedeutend mit der Beziehung

$$c_{\Phi X}(A \otimes B) = c_{\Phi X}(A) \otimes c_{\Phi X}(B) \text{ für alle } A, B \in H,$$

die wie folgt einzusehen ist.

$$\begin{aligned}
c_{\Phi X}(A \otimes B) &= (\widetilde{\Phi \otimes_1 X})_{A\otimes B}\, c_{\Phi A \otimes \Phi B, XA \otimes XB} (\widetilde{X \otimes_1 \Phi})_{A\otimes B}^{-1} \\
&= \big((\widetilde{\Phi \otimes_1 X})_A \otimes (\widetilde{\Phi \otimes_1 X})_B\big)\,(\widetilde{\Phi \otimes_1 X})_{AB} \cdot (1_{\Phi A} \otimes c_{\Phi B, XA\otimes XB}) \\
&\quad \cdot (c_{\Phi A, XA \otimes XB} \otimes 1_{\Phi B})\,(\widetilde{X \otimes_1 \Phi})_{A\otimes B} \\
&= \big((\widetilde{\Phi \otimes_1 X})_A \otimes (\widetilde{\Phi \otimes_1 X})_B\big)\,(\widetilde{\Phi \otimes_1 X})_{AB} \big(1_{\Phi A} \otimes (c_{\Phi BXA} \otimes 1_{XB})\,(1_{XA} \otimes c_{\Phi BXB})\big) \\
&\quad \cdot \big((c_{\Phi AXA} \otimes 1_{XB})(1_{XA} \otimes c_{\Phi AXB}) \otimes 1_{\Phi B}\big)\,(\widetilde{X \otimes_1 \Phi})_{AB}^{-1} \big((\widetilde{X \otimes_1 \Phi})_A^{-1} \otimes (\widetilde{X \otimes_1 \Phi})_B^{-1}\big) \\
&= \big((\widetilde{\Phi \otimes_1 X})_A \otimes (\widetilde{\Phi \otimes_1 X})_B\big)\,(1_{\Phi A} \otimes c_{XA\Phi B} \otimes 1_{XB})\,(1_{\Phi A} \otimes c_{\Phi BXA} \otimes 1_{XB}) \\
&\quad \cdot (1_{\Phi AXA} \otimes c_{\Phi BXB})\,(c_{\Phi AXA} \otimes 1_{XB\Phi B})\,(1_{XA} \otimes c_{\Phi AXB} \otimes 1_{\Phi B}) \\
&\quad \cdot (1_{XA} \otimes c_{XB\Phi A} \otimes 1_{\Phi B})\,\big((\widetilde{X \otimes_1 \Phi})_A \otimes (\widetilde{X \otimes_1 \Phi})_B\big) \\
&= (\widetilde{\Phi \otimes_1 X})_A\, c_{\Phi AXA} (\widetilde{X \otimes_1 \Phi})_A^{-1} \otimes (\widetilde{\Phi \otimes_1 X})_B\, c_{\Phi BXB} (\widetilde{X \otimes_1 \Phi})_B^{-1} \\
&= c_{\Phi X} A \otimes c_{\Phi X} B. \ \blacksquare
\end{aligned}$$

4.3. Wechsel der Zielkategorie

Es sei $\langle H, \otimes, I\rangle$ das von einer Menge J frei erzeugte Monoid. Für eine gemäß $G = \bigcup_{A,B\in H} G_{AB}$ disjunkt zerlegte Menge G sei $\mathscr{T}(G)$ die von der Familie $\langle G_{AB}\rangle_{A,B\in H}$ frei bezüglich Inklusionen erzeugte symmetrische Theorie aus *Sym*.

4.3.1. *Voraussetzung.*

(i) *Es sei* $\langle X, \tilde{X}\rangle\colon \mathscr{S} \to \mathscr{S}'$ *ein c-halbmultiplikativer Funktor zwischen symmetrischen Kategorien* $\mathscr{S}, \mathscr{S}'$.

(ii) G *bestehe nur aus Morphismen der Form* $g\colon A \to B$ *mit* $B \in J$.

Behauptung. Dann gibt X *Anlaß zu einem c-halbmultiplikativen Funktor*

$$\langle \Psi, \tilde{\Psi}\rangle\colon c\text{-}Alg\left(\mathscr{T}(G), \mathscr{S}\right) \to c\text{-}Alg\left(\mathscr{T}(G), \mathscr{S}'\right).$$

Beweis. Es sei $\Phi\colon \mathscr{T}(G) \to \mathscr{S}$ eine $\langle(\mathscr{T}G), \mathscr{S}\rangle$-Algebra im Sinne von 4.2, $\sigma\colon \langle H, \otimes, I\rangle \to \langle \text{ob}\,\mathscr{S}, \otimes, I\rangle$ der durch $\sigma A = \Phi A$, $A \in H$, definierte Monoid-Homomorphismus. Es sei $J \to \text{ob}\,\mathscr{S}'$ die durch $A \mapsto X(\Phi A)$, $A \in J$, definierte Abbildung, $\sigma'\colon \langle H, \otimes, I\rangle \to \langle \text{ob}\,\mathscr{S}', \otimes, I'\rangle$ der das nachstehende Diagramm kommutativ schließende Monoid-Homomorphismus.

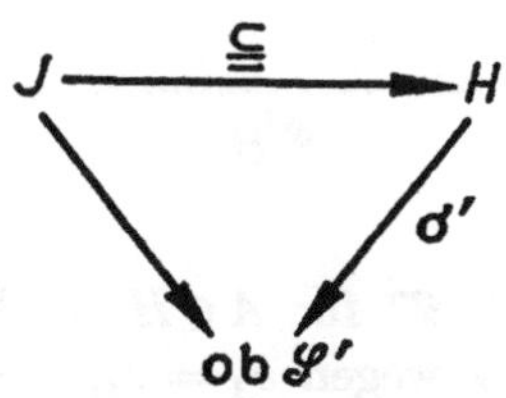

Es sei $\sigma H \subseteq \text{ob}\,\mathscr{S}$, $\sigma' H \subseteq \text{ob}\,\mathscr{S}'$ bzw. das Bild von H bei σ, σ'. Es sei $\mathscr{S}(\sigma H)$, $\mathscr{S}'(\sigma' H)$ bzw. die zu σH, $\sigma' H$ gehörige volle Teilkategorie von $\mathscr{S}, \mathscr{S}'$. Wir können ohne Einschränkung der Allgemeinheit voraussetzen, daß σ und σ' eineindeutig und damit $\mathscr{S}(\sigma H)$, $\mathscr{S}'(\sigma' H)$ in *Sym* enthalten sind.

Es sei $G \to \mathscr{S}'(\sigma' H)$ die durch

$$g\colon A \to B \mapsto X_{\Phi A_1 \cdots \Phi A_n} X(\Phi g)\colon X(\Phi A_1) \otimes \cdots \otimes X(\Phi A_n) \to X(\Phi B)$$

erklärte Abbildung, wobei $A = A_1 \otimes \cdots \otimes A_n$, mit $n = 1$ für $A = I$ und $A_1, \ldots, A_n \in J$ sonst. Dann existiert genau ein Homomorphismus $\Phi'\colon \mathscr{T}(G) \to \mathscr{S}'(\sigma' H) \in$ *Sym*, der das nachstehende Diagramm kommutativ schließt.

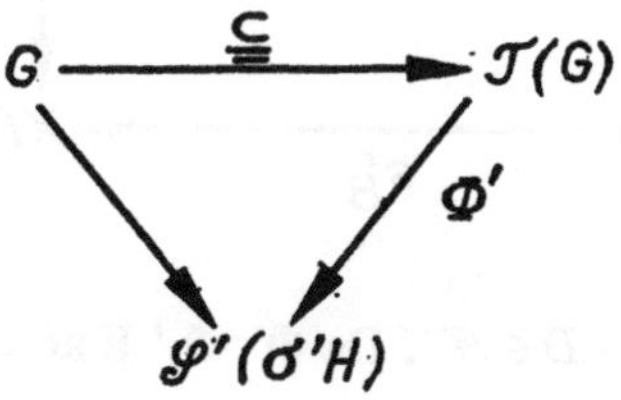

Nach Definition von *Sym* ist

$$\mathscr{T}(G) \xrightarrow{\Phi'} \mathscr{S}'(\sigma' H) \xrightarrow{\subseteqq} \mathscr{S}'$$

eine $\langle \mathscr{T}(G), \mathscr{S}' \rangle$-Algebra, die kürzehalber gleichfalls mit Φ' bezeichnet werde.

Es sei $s\colon \Phi \to \Phi_1\colon \mathscr{T}(G) \to \mathscr{S}$ ein Homomorphismus $\in$ *Sym* und

$$s_A' = X(s_A)\colon X(\Phi A) \to X(\Phi_1 A) \text{ für } A \in J \cup \{I\},$$

$$s_A' = s_{A_1}' \otimes \cdots \otimes s_{A_n}' \text{ für } A = A_1 \otimes \cdots \otimes A_n \text{ mit } A_i \in J.$$

Dann ist $s'\colon \Phi' \to \Phi_1'\colon \mathscr{T}(G) \to \mathscr{S}'$ eine natürliche Transformation. Denn es sei $\mathscr{T}'$ die Gesamtheit aller $a\colon A \to B \in \mathscr{T}(G)$, für welche das Diagramm

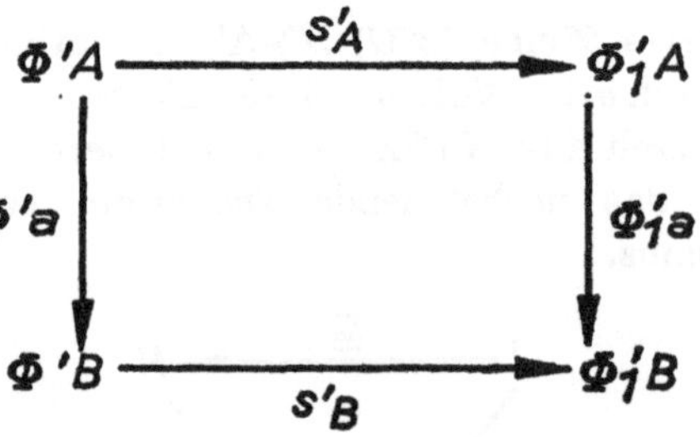

kommutativ ist. Dann ist $1_A \in \mathscr{T}'$ für $A \in H$, und nach Voraussetzung ist auch $G \subseteqq \mathscr{T}'$, da für $g\colon A \to B \in G$ wegen $s_A = s_{A_1} \otimes \cdots \otimes s_{A_n}$ und $s_B' = X(s_B)$ das folgende kommutative Diagramm besteht.

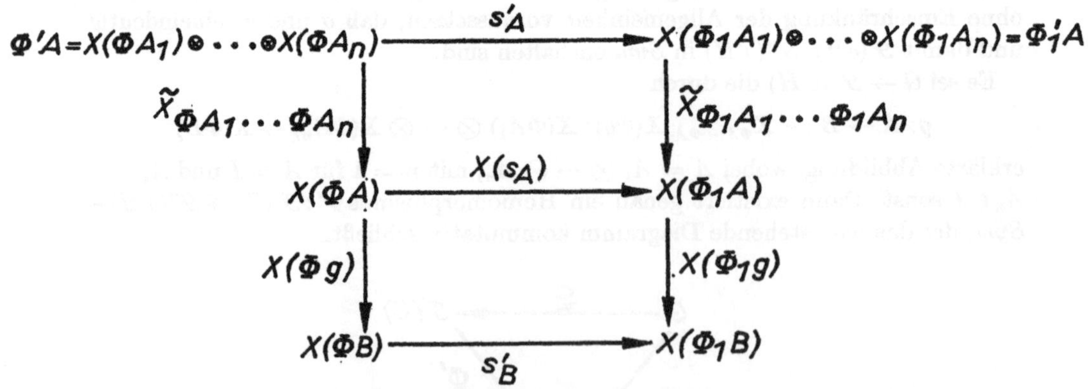

Es seien $a\colon A \to C$, $b\colon B \to D \in \mathscr{T}'$. Da Φ', Φ_1' KRONECKER-Funktoren sind, so ist die Kommutativität des Diagramms

$$\begin{array}{ccc}
\Phi'A \otimes \Phi'B & \xrightarrow{s'_A \otimes s'_B} & \Phi'_1 A \otimes \Phi'_1 B \\
\Big\downarrow {\scriptstyle \Phi'a \otimes \Phi'b} & & \Big\downarrow {\scriptstyle \Phi'_1 a \otimes \Phi'_1 b} \\
\Phi'C \otimes \Phi'D & \xrightarrow[s'_C \otimes s'_D]{} & \Phi'_1 C \otimes \Phi'_1 D
\end{array}$$

gleichbedeutend mit $s'_{A\otimes B}\Phi_1'(a \otimes b)\, s_{C\otimes D}$, d. h. $a \otimes b \in \mathcal{T}'$. Es seien $a\colon A \to C$, $b\colon C \to D \in \mathcal{T}'$. Dann hat man

$$\begin{aligned} s_A'\Phi_1'(ab) &= s_A'\Phi_1'a\Phi_1'b = \Phi'as_C'\Phi_1'b \\ &= \Phi'a\Phi'bs_D' = \Phi'(ab)\, s_D', \end{aligned}$$

d. h. $ab \in \mathcal{T}'$. Da die Symmetrie c' von $\mathcal{S}'$ eine natürliche Transformation ist, so ist das Diagramm

$$\begin{array}{ccc}
\Phi'A \otimes \Phi'B & \xrightarrow{s'_A \otimes s'_B} & \Phi'_1 A \otimes \Phi'_1 B \\
\Big\downarrow {\scriptstyle c'_{\Phi'A, \Phi'B}} & & \Big\downarrow {\scriptstyle c'_{\Phi'_1 A, \Phi'_1 B}} \\
\Phi'B \otimes \Phi'A & \xrightarrow[s'_B \otimes s'_A]{} & \Phi'_1 B \otimes \Phi'_1 A
\end{array}$$

kommutativ, folglich

$$s'_{A\otimes B}\Phi_1'c_{AB} = (s_A' \otimes s_B')\, c'_{\Phi_1'A\Phi_1'B} = c'_{\Phi'A\Phi'B}(s_B' \otimes s_A') = \Phi'(c_{AB})\, s'_{B\otimes A}$$

und $c_{AB} \in \mathcal{T}'$ für $A, B \in H$. Daher muß gelten $\mathcal{T}' = \mathcal{T}(G)$, d. h., s' ist eine natürliche Transformation. Da stets $s'_{A\otimes B} = s_A' \otimes s_B'$, so ist $t'\colon \Phi' \to \Phi_1' \in Sym$.

Der c-halbmultiplikative Funktor $\langle\Psi, \Psi\rangle$ ist definiert gemäß:

$$\begin{aligned} &\Psi\colon c\text{-}Alg(\mathcal{T}(G), \mathcal{S}) \to c\text{-}Alg(\mathcal{T}(G), \mathcal{S}'), \\ &\Phi\colon \mathcal{T}(G) \to \mathcal{S} \mapsto \Phi'\colon \mathcal{T}(G) \to \mathcal{S}', \\ &t\colon \Phi \to \Phi_1 \mapsto t'\colon \Phi' \to \Phi_1' \end{aligned}$$

und

$$\overline{\Psi} = \overline{\Psi}_{\Phi\Theta}\colon \Psi(\Phi) \otimes \Psi(\theta) \to \Psi(\Phi \otimes \theta)$$
$$= \overline{\Psi}_{\Phi}{}^{\Theta}\colon \Phi' \otimes \theta' \to (\Phi \otimes \theta)'$$

mit

$$(\overline{\Psi}_{\Phi\Theta})_A = \overline{X}_{\Phi A}\colon X(\Phi A) \otimes X(\theta A) \to X(\Phi A \otimes \theta A)$$
$$= \overline{X}_{\Phi A \Theta A}\colon (\Phi' \otimes \theta')_A \to (\Phi \otimes \theta)_A{}'$$

für $A \in J \cup \{I\}$ und

$$(\overline{\Psi}_{\Phi\Theta})_A = \overline{X}_{\Phi A_1 \Theta A_1} \otimes \cdots \otimes \overline{X}_{\Phi A_n \Theta A_n}$$

für $A = A_1 \otimes \cdots \otimes A_n$ mit $A_i \in J$. ■

4.4. Freie symmetrische Theorien für Monomaten, Mealymaten, Mono-Automaten und Automaten

Als Beispiele zu den vorstehenden Ausführungen betrachten wir Automaten als Algebren und bilden die sie beschreibenden Theorien. Es sei $\mathscr{K}$ eine symmetrische Kategorie. Für eine Menge J sei H das von J frei erzeugte Monoid.

4.4.1. (a) *Es sei $J = \{A, B, R, S\}$, und für $G = \{f\colon R \otimes A \to B \otimes S\}$ sei $\mathscr{T}(G)$ die von G bezüglich Inklusion frei erzeugte symmetrische Theorie aus Sym.*

Dann besteht die Isomorphie: c-Alg $(\mathscr{T}(G), \mathscr{K}) \cong$ Monomat.

(b) *Es sei $J = \{A, B, R, S\}$, und für $G = \{l\colon R \otimes A \to B,\ m\colon R \otimes A \to S\}$ sei $\mathscr{T}(G)$ die von G bezüglich Inklusion frei erzeugte symmetrische Theorie aus Sym.*

Dann gilt:

$$\text{c-}Alg\,(\mathscr{T}(G), \mathscr{K}) \cong \mathscr{K}\text{-}Mat.$$

Beweis. (a) Es sei E der wie folgt definierte Funktor:

$$E\colon \text{c-}Alg\,(\mathscr{T}(G), \mathscr{K}) \to \mathscr{K}\text{-}Monomat,$$

$$\Phi\colon \mathscr{T}(G) \to \mathscr{K} \mapsto \langle \Phi A, \Phi B, \Phi R, \Phi S, \Phi f\colon \Phi R \otimes \Phi A \to \Phi B \otimes \Phi S\rangle,$$

$$s\colon \Phi \to X \mapsto \left(\Phi A \xrightarrow[\Phi f]{\Phi R, \Phi S} \Phi B\right) \xrightarrow[s_A, s_B]{s_R, s_S} \left(XA \xrightarrow[Xf]{XR, XS} XB\right).$$

Dabei drückt der Pfeil $\xrightarrow[s_A, s_B]{s_R, s_S}$ die Homomorphieeigenschaft, d. h. die Kommutativität des folgenden Diagrammes aus.

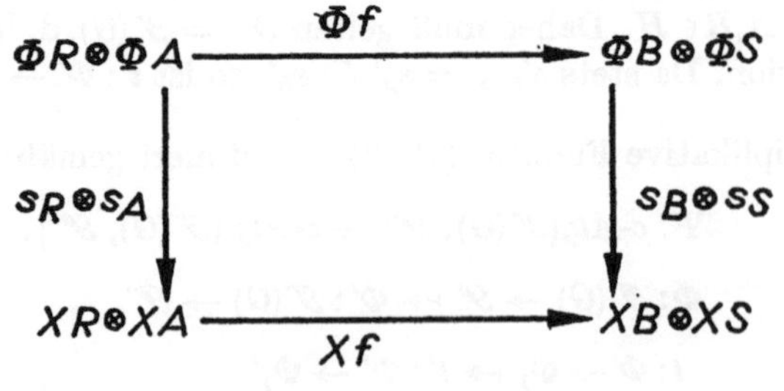

Der Funktor $F\colon \mathscr{K}\text{-}Monomat \to c\text{-}Alg\,(\mathscr{T}(G), \mathscr{K})$ werde so definiert. Jedem $\mathscr{K}$-Monomaten $A_0 \xrightarrow[f_0]{R_0, S_0} B_0$ sei die Abbildung

$$\Phi_0\colon G \to \mathscr{K},\ \Phi_0 f = f_0$$

zugeordnet. Da $\mathscr{T}(G)$ frei von G erzeugt ist, so existiert eine durch Φ_0 eindeutig bestimmte, gleichbezeichnete homomorphe Fortsetzung $\Phi_0\colon \mathscr{T}(G) \to \mathscr{K}$ von Φ_0.

$$\text{Für } \left(A_0 \xrightarrow[f_0]{R_0, S_0} B_0\right) \xrightarrow[a,b]{r,s} \left(A_1 \xrightarrow[f_1]{R_1, S_1} B_1\right)$$

sei $k\colon \Phi_0 \to \Phi_1$ die so erklärte natürliche Transformation:

$$k_I = 1_I\colon I \to I = 1_I\colon \Phi_0 I \to \Phi_0 I,$$

$$k_A = a\colon A_0 \to A_1 = a\colon \Phi_0 A \to \Phi_1 A,$$

$$k_B = b\colon B_0 \to B_1 = b\colon \Phi_0 B \to \Phi_1 B,$$

$$k_R = r\colon R_0 \to R_1 = r\colon \Phi_0 R \to \Phi_1 R,$$

$$k_S = s\colon S_0 \to S_1 = s\colon \Phi_0 S \to \Phi_1 S;$$

$$k_{T_1 \otimes \cdots \otimes T_n} = k_{T_1} \otimes \cdots \otimes k_{T_n}\colon \Phi_0(T_1 \otimes \cdots \otimes T_n) \to \Phi_1(T_1 \otimes \cdots \otimes T_n),$$
$$\text{für } T_1, \ldots, T_n \in J.$$

Für alle $x\colon X \to Y \in \mathscr{T}(G)$ ist das nachstehende Diagramm kommutativ.

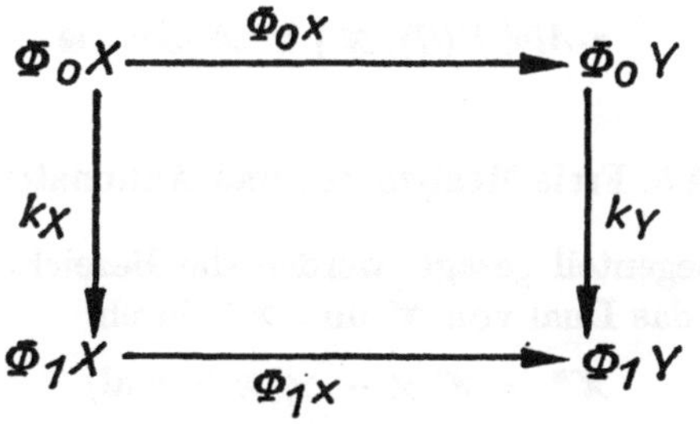

Um diese Behauptung einzusehen, bilde man die Gesamtheit $\mathscr{T}'$ der Morphismen $x\colon X \to Y \in \mathscr{T}(G)$, für welche das obige Diagramm kommutativ ist. Es ist $1_X\colon X \to X \in \mathscr{T}'$, und nach Voraussetzung ist $G \cup \{c_{XY}\}_{X,Y \in J} \subseteq \mathscr{T}'$.

Es seien $x\colon X \to Z$, $z\colon Z \to W$, $y\colon Y \to W \in \mathscr{T}'$. Dann hat man $k_{X \otimes Y} = k_X \otimes k_Y$, $k_{Z \otimes W} = k_Z \otimes k_W$,

$$\Phi_0(xz)\, k_W = \Phi_0(x)\, \Phi_0(z)\, k_W = \Phi_0(x)\, k_Z \Phi_1(z)$$
$$= k_X \Phi_1(x)\, \Phi_1(z) = k_X \Phi_1(xz),$$

$$\begin{aligned}\Phi_0(x \otimes y)k_{Z\otimes W} &= \big(\Phi_0(x) \otimes \Phi_0(y)\big)(k_Z \otimes k_W)\\ &= \Phi_0(x)k_Z \otimes \Phi_0(y)k_W = k_X\Phi_1(x) \otimes k_Y\Phi_1(y)\\ &= k_{X\otimes Y}\Phi_1(x \otimes y),\end{aligned}$$

d. h. xz, $x \otimes y \in \mathcal{T}'$. Daher muß gelten $\mathcal{T}' = \mathcal{T}(G)$. Folglich ist $k\colon \Phi_0 \to \Phi_1$ eine natürliche Transformation mit $k_{X\otimes Y} = k_X \otimes k_Y$ für alle $X, Y \in H$.

Man überlegt leicht, daß

$$EF = \mathrm{Id}_{c\text{-}Alg(\mathcal{T}(G),\mathcal{K})},$$
$$FE = \mathrm{Id}_{\mathcal{K}\text{-}Monomat}$$

die identischen Funktoren sind.

(b) wird analog bewiesen. ■

Entsprechend 4.4.1 beweist man:

4.4.2. (a) *Es sei* $J = \{A, B, S\}$, *und für* $G = \{f\colon S \otimes A \to B \otimes S\}$ *sei* $\mathcal{T}(G)$ *die von* G *bezüglich Inklusionen frei erzeugte symmetrische Theorie aus Sym.*

Dann besteht die Isomorphie

$$c\text{-}Alg\big(\mathcal{T}(G), \mathcal{K}\big) \cong \mathcal{K}\text{-}Monoaut.$$

(b) *Es sei* $J = \{A, B, S\}$, *und für* $G = \{l;\ S \otimes A \to B,\ m\colon S \otimes A \to S\}$ *sei* $\mathcal{T}(G)$ *die von* G *bezüglich Inklusion frei erzeugte symmetrische Theorie aus Sym.*

Dann ist

$$c\text{-}Alg\big(\mathcal{T}(G), \mathcal{K}\big) \cong \mathcal{K}\text{-}Aut. \ ■$$

4.5. Freie Mealymaten und Automaten

Soweit nicht das Gegenteil gesagt, werden die Bezeichnungen von 4.4 beibehalten. Ferner sei $\mathcal{K}^{\bullet}$ das Dual von $\mathcal{K}$ und $\mathcal{K}^n$ durch

$$\mathcal{K}^n = \mathcal{K} \times \cdots \times \mathcal{K} \,(n\text{-mal})$$

erklärt.

4.5.1. *Voraussetzung: Es sei* $\mathcal{K}$ *die Folge*

$$\langle \mathcal{K}, \otimes, I, c_{AB}, \oplus, I', c_{AB}, d_A', t_A' \rangle_{A,B \in \mathrm{ob}\,\mathcal{K}},$$

wobei $\langle \mathcal{K}, \otimes, I, c_{AB}\rangle_{A,B \in \mathrm{ob}\,\mathcal{L}}$ *eine symmetrische Kategorie und*

$$\begin{aligned}&I' \in \mathrm{ob}\,\mathcal{K} \ \textit{und}\\ &c'_{AB}\colon B \oplus A \to A \oplus B,\\ &d_A'\colon A \oplus A \to A,\\ &t_A'\colon I' \to A\end{aligned}$$

ausgezeichnete Morphismen aus $\mathscr{K}$ *sind, so daß* $\langle \mathscr{K}^\bullet, \oplus, I', c'_{AB}, d_A', t_A' \rangle_{A,B \in \mathrm{ob}\,\mathscr{K}}$ *eine dt-symmetrische Kategorie, also* $\oplus$ *ein Coprodukt in* $\mathscr{K}$ *ist.*

Behauptung: Der Vergiß-Funktor

$$U: \mathscr{K}\text{-}Mat \to \mathscr{K}^4,$$

$$A \xrightarrow[l,m]{R,S} B \mapsto \langle A, B, R, S \rangle,$$

$$\left(A_0 \xrightarrow[l_0,m_0]{R_0,S_0} B_0\right) \xrightarrow[a,b]{r,s} \left(A_1 \xrightarrow[l_1,m_1]{R_1,S_1} B_1\right) \mapsto \langle a, b, r, s \rangle$$

besitzt einen Adjungierten $F: \mathscr{K}^4 \to \mathscr{K}\text{-}Mat$.

Beweis. Der Funktor F sei wie folgt definiert.

$$F: \mathscr{K}^4 \to \mathscr{K}\text{-}Mat,$$

$$\langle A, B, R, S \rangle \ (\in \mathrm{ob}\, \mathscr{K}^4) \mapsto F(\langle A, B, R, S \rangle) = A \xrightarrow[l^*,m^*]{R,S^*} B^*,$$

mit

$$B^* = B \oplus R \otimes A, \quad S^* = S \oplus R \otimes A$$

und den Injektionen

$$B \oplus R \otimes A \xleftarrow{l^*} R \otimes A \xrightarrow{m^*} S \oplus R \otimes A.$$

Für einen Morphismus $\langle a, b, r, s \rangle : \langle A, B, R, S \rangle \to \langle A_1, B_1, R_1, S_1 \rangle$ aus $\mathscr{K}^4$ existiert genau ein Morphismus aus $\mathscr{K}\text{-}Mat$

$$\left(A \xrightarrow[l^*,m^*]{R,S^*} B^*\right) \xrightarrow[a^*,b^*]{r^*,s^*} \left(A_1 \xrightarrow[l_1,m_1]{R_1,S_1} B_1\right),$$

der zu dem nachstehenden kommutativen Diagramm Anlaß gibt.

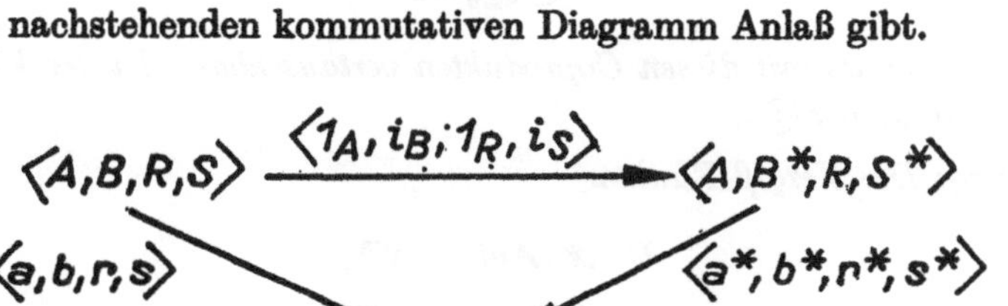

(0)

Dabei sind i_B, i_S die kanonischen Injektionen

d. h. $$B \xrightarrow{i_B} B \oplus R \otimes A \leftarrow I', S \xrightarrow{i_S} S \oplus R \otimes A \leftarrow I',$$

$$i_B = 1_B \oplus t'_{R\otimes A}, \quad i_S = 1_S \oplus t'_{R\otimes A}.$$

Es ist klar, daß $a^* = a$, $r^* = r$. Weiter seien b^*, s^* die gemäß folgenden kommutativen Diagrammen eindeutig bestimmten Morphismen aus $\mathscr{K}$.

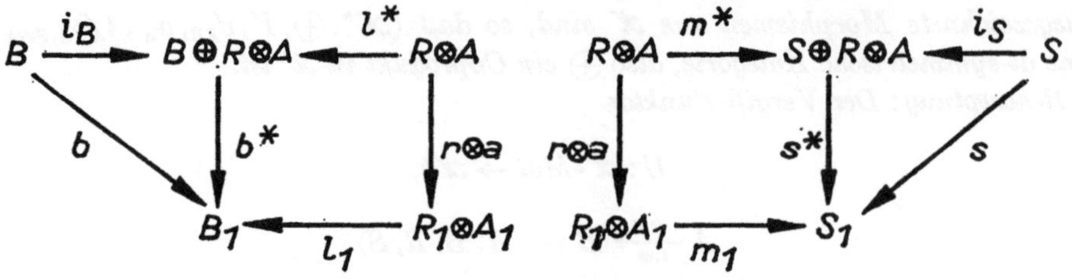

Setzt man

$$UF(\langle a, b, r, s\rangle) = \langle a_1{}^*, b_1{}^*, r_1{}^*, s_1{}^*\rangle,$$

wo $\langle a_1{}^*, b_1{}^*, r_1{}^*, s_1{}^*\rangle$ der das nachstehende Diagramm kommutativ schließende Morphismus aus $\mathcal{K}^4$ ist,

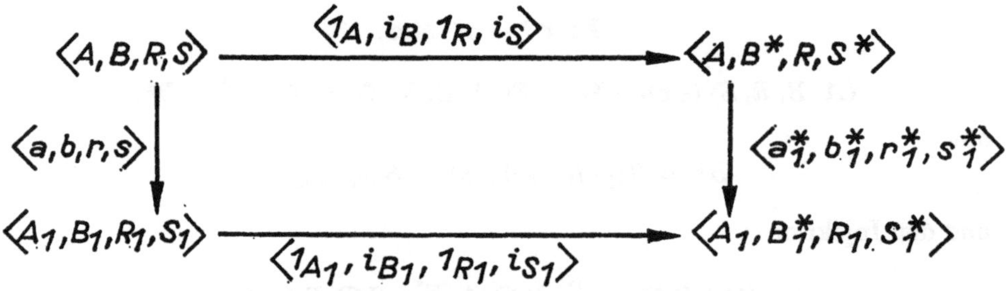

so folgt schon aus den allgemeinen kategorientheoretischen Eigenschaften adjungierter Funktoren, daß F zu U adjungiert sein muß. ■

4.5.2. *Voraussetzung: $\mathcal{K}$ erfülle die gleiche Voraussetzung wie in* **4.5.1.** *Überdies mögen in $\mathcal{K}$ abzählbare Coprodukte*

$$\bigoplus_{k\geq 0} A_k$$

existieren, und $\otimes$ sei mit diesen Coprodukten vertauschbar. (In der klammerfreien Schreibung gehe $\otimes$ vor $\oplus$.)

Behauptung: Der Vergiß-Funktor

$$U: \mathcal{K}\text{-}Aut \to \mathcal{K}^3,$$

$$A \xrightarrow[l,m]{S} B \mapsto \langle A, B, S\rangle,$$

$$\left(A_0 \xrightarrow[l_0,m_0]{S_0} B_0\right) \xrightarrow[a,b]{s} \left(A_1 \xrightarrow[l_1,m_1]{S_1} B_1\right) \mapsto \langle a, b, s\rangle$$

besitzt einen Adjungierten $F: \mathcal{K}^3 \to \mathcal{K}\text{-}Aut$.

Beweis. Der Funktor F sei jetzt so definiert:

$$F: \mathcal{K}^3 \to \mathcal{K}\text{-}Aut,$$

$$\langle A, B, S\rangle \ (\in \operatorname{ob} \mathcal{K}^3) \mapsto F(\langle A, B, S\rangle) = A \xrightarrow[l^*,m^*]{S^*} B^*,$$

mit

$$B^* = B \oplus S', \; S^* = S \oplus S',$$

$$S' = S \otimes A \oplus S \otimes A \otimes A \oplus \cdots$$

$$= \textstyle\bigoplus_{k \geqq 1} S \otimes A^k.$$

Wir identifizieren $S \oplus S'$ mit $\bigoplus_{k \geqq 0} S \otimes A^k$.

Es sei $m^{(i)}: S \otimes A^i \to \bigoplus_{k \geqq 0} S \otimes A^k$ die i-te Injektion, $i = 0, 1, 2, \ldots$.
Es sei $A_1 \xrightarrow[l_1, m_1]{S_1} B_1$ ein $\mathscr{K}$-Automat und $\langle a, b, s\rangle: \langle A, B, S\rangle \to \langle A_1, B_1, S_1\rangle$ ein Morphismus aus $\mathscr{K}^3$. Induktiv definiere man:

$$\left.\begin{array}{l} s^{(0)} = s: S \to S_1, \\ s^{(1)} = (s \otimes a)\, m_1: S \otimes A \to S_1, \\ \cdots\cdots\cdots\cdots\cdots\cdots \\ s^{(i+1)} = (s^{(i)} \otimes a)\, m_1: S \otimes A^{i+1} \to S_1, \\ \cdots\cdots\cdots\cdots\cdots\cdots \end{array}\right\} \quad (1)$$

Damit bilde man den durch die kommutativen Diagramme

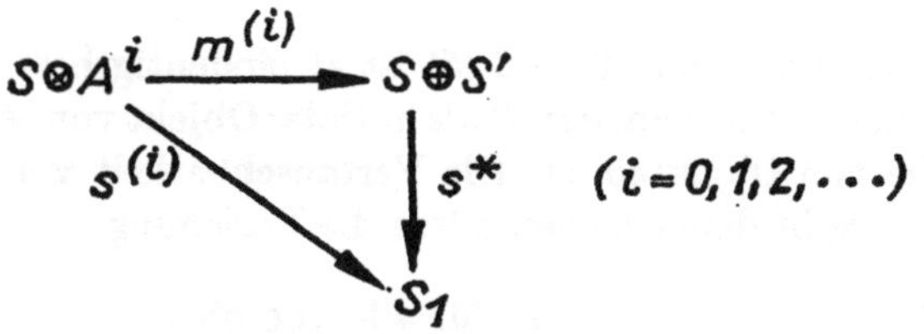

(2)

eindeutig bestimmten Morphismus $s^* = \boxplus_{k \geqq 0} s^{(k)}: S \oplus S' \to S_1$.
Es bezeichnen l^*, m^* die kanonischen Injektionen

$$B \oplus S' \xleftarrow{l^*} S' \xrightarrow{m^*} S \oplus S';$$

genauer sei m^* durch die kommutativen Diagramme

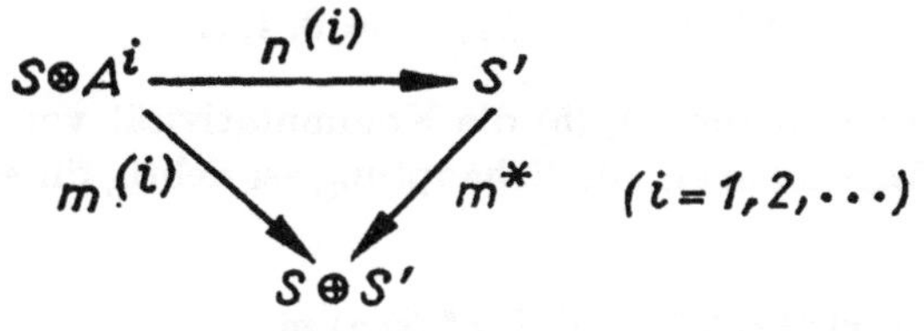

(3)

bestimmt, wo $n^{(i)}: S \otimes A^{(i)} \to \bigoplus_{k \geqq 1} S \otimes A^{(k)}$ die kanonischen Injektionen in S' sind; wir schreiben dafür $m^* = \bigoplus_{k \geqq 1} m^{(k)}$. Dann besteht das kommutative Diagramm

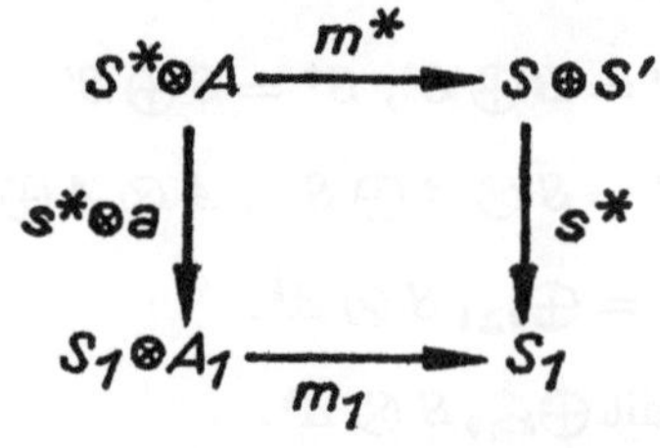

(4)

Denn es gilt:

$$(s^* \otimes a)\, m_1 = \left(\boxplus_{k\geq 0}(s^{(k)} \otimes a)\right) m_1$$
$$= \boxplus_{k\geq 0} (s^{(k)} \otimes a)\, m_1 = \boxplus_{k\geq 0}\, s^{(k+1)}$$
$$= \boxplus_{k\geq 1}\, m^{(k)} s^* = \left(\boxplus_{k\geq 1}\, m^{(k)}\right) s^* = m^* s^* .$$

Für $i = 0$ ergibt (2) das kommutative Diagramm

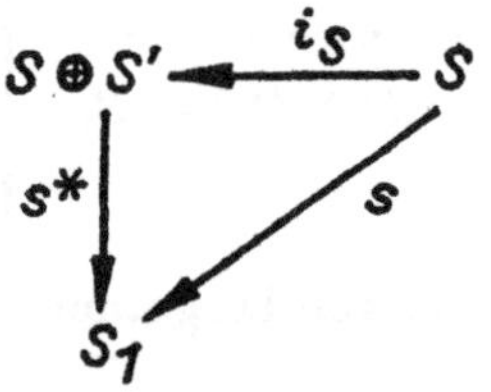

$$, \quad i_S = m^{(0)}. \tag{5}$$

Durch die Kommutativität von (4) und (5) ist s^* eindeutig bestimmt. Um diese Tatsache einzusehen, beachte man, daß I' als initiales Objekt von $\mathscr{K}$ das Coprodukt einer leeren Familie von Objekten ist. Die Vertauschbarkeit von $\otimes$ mit abzählbaren Coprodukten ergibt daher insbesondere die Beziehung

$$I' \otimes A = A \otimes I' = I' \text{ für alle } A \in \operatorname{ob} \mathscr{K} . \tag{6}$$

Demnach hat man

$$n^{(1)} = 1_{SA} \oplus t'_{\oplus_{k>1} S\otimes A^k} = 1_{SA} \oplus t'_{\oplus_{k\geq 1} S\otimes A^k} \otimes 1_A$$
$$= \left(1_S \oplus t'_{\oplus_{k\geq 1} S\otimes A^k}\right) \otimes 1_A = m^{(0)} \otimes 1_A .$$

Analog ergibt sich

$$n^{(i+1)} = m^{(i)} \otimes 1_A, \quad i = 0, 1, \ldots \tag{7}$$

Wir zeigen induktiv, daß aus (4), (5) die Kommutativität von (2) folgt. Dies ist richtig für $i = 0$. Angenommen, die Behauptung sei richtig für einen Index $i \geqq 0$. Dann ist

$$m^{(i+1)} s^* = n^{(i+1)} m^* s^* = n^{(i+1)} (s^* \otimes a)\, m_1$$
$$= (m^{(i)} \otimes 1_A)\, (s^* \otimes a)\, m_1 = (m^{(i)} s^* \otimes a)\, m_1$$
$$= (s^{(i)} \otimes a)\, m_1 = s^{(i+1)},$$

d. h., die Behauptung gilt auch für $i + 1$ anstatt i und ist somit allgemein richtig. Durch die kommutativen Diagramme in (2) ist s^* eindeutig bestimmt.

Es sei b^* der durch das nachstehende kommutative Diagramm eindeutig festgelegte Morphismus aus $\mathscr{K}$.

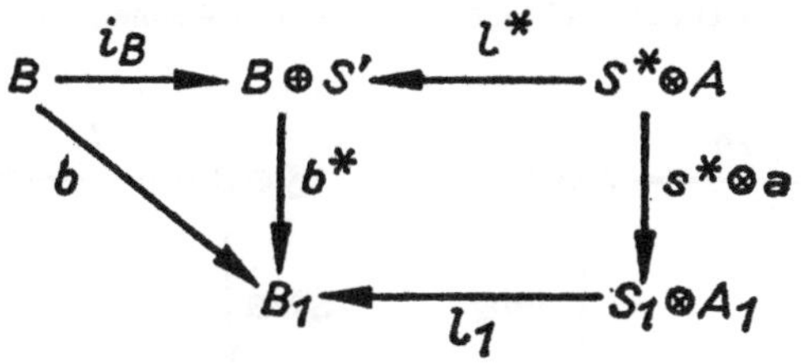

Damit ist gezeigt: Für einen Morphismus

$$\langle a, b, s\rangle : \langle A, B, S\rangle \to \langle A_1, B_1, S_1\rangle$$

aus $\mathscr{K}^3$ existiert genau ein Morphismus aus $\mathscr{K}$-*Aut*

$$\left(A \xrightarrow[l^*, m^*]{S^*} B^*\right) \xrightarrow[a^*, b^*]{s^*} \left(A_1 \xrightarrow[l_1, m_1]{S_1} B_1\right),$$

welcher das nachstehende kommutative Diagramm veranlaßt:

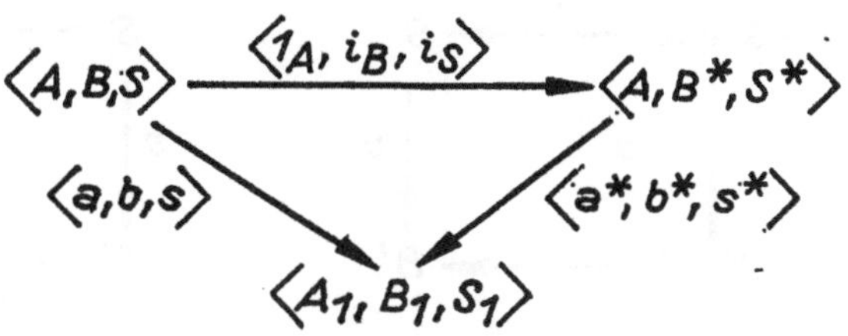

(8)

Dabei sind i_B, i_S die kanonischen Injektionen

$$B \xrightarrow{i_B} B \oplus S' \leftarrow I', \; S \xrightarrow{i_S} S \oplus S' \leftarrow I';$$

$$i_B = 1_B \oplus t'_{S'}, \; i_S = 1_S \oplus t'_{S'}.$$

Es ist $a^* = a$, und b^*, s^* sind die oben erklärten eindeutig bestimmte Morphismen aus $\mathscr{K}$.

Damit läßt sich der Beweis ähnlich wie bei 4.5.1 abschließen. ■

Wegen seiner in dem Diagramm (0) bzw. (8) ausgedrückten Universaleigenschaft, heißt $F(\langle A, B, R, S\rangle)$ bzw. $F(\langle A, B, S\rangle)$ auch der von $\langle A, B, R, S\rangle$ bzw. von $\langle A, B, S\rangle$ *frei erzeugte* Mealymat bzw. Automat.

4.6. Aufgaben

4.6.1. Es sei $\mathcal{K}$ eine symmetrische Kategorie und $\mathcal{K}_1$ die Kategorie aller 6-Tupel der Form

$$\langle A, B, R, S, l: S \otimes A \to B,\ m: R \otimes A \to S\rangle.$$

Morphismen in $\mathcal{K}_1$ sind die Quadrupel $\langle a, b, r, s\rangle$ von Morphismen aus $\mathcal{K}$, für welche die kommutativen Diagramme

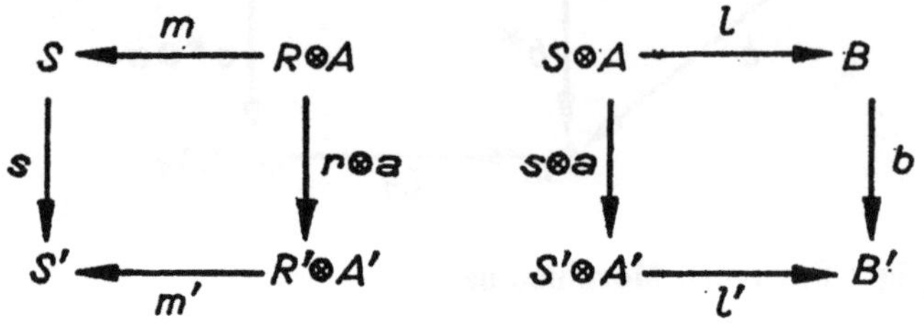

bestehen.

Man studiere für $\mathcal{K}_1$ die zu 4.4, 4.5 analogen Aufgaben.

4.6.2. Es sei $\mathcal{K}$ eine symmetrische Kategorie. Ein Realisierungs-Automat (kurz R-Automat) in $\mathcal{K}$ im Sinne von D. MODROW (1971) ist ein 6-Tupel

$$\langle A, B, S, l, m, u\rangle,$$

wobei $\langle A, B, S, l, m\rangle$ ein $\mathcal{K}$-MEALY-Automat und u ein Morphismus aus $\mathcal{K}$ der Form u: $S \to B$, der *Restmorphismus* des R-Automaten, ist. Es sei $\mathcal{K}_2$ die Kategorie der R-Automaten n $\mathcal{K}$; Morphismen in $\mathcal{K}_2$ sind die Tripel $\langle a, b, s\rangle$, für welche die kommutativen Diagramme

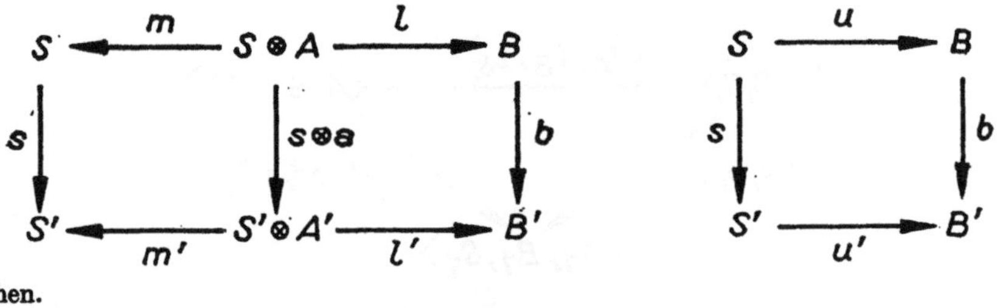

bestehen.

Man löse für $\mathcal{K}_2$ die zu 4.4, 4.5 analogen Fragen.

4.6.3. Man definiere allgemein den Begriff einer Multialgebra in einer symmetrischen Kategorie $\mathcal{K}$ (analog zum Begriff einer Multialgebra in *Ens*), betrachte die von den $\mathcal{K}$-Multialgebren einer festen Signatur Σ gebildete Kategorie $\mathcal{K}_\Sigma$ und beweise das den Isomorphie-Aussagen von 4.4.1, 4.4.2 entsprechende allgemeine Resultat.

4.6.4. Es sei $\mathcal{K}$ eine Kategorie, welche der Voraussetzung von 4.5.2 genügt, $\mathcal{T}$ eine symmetrische Theorie aus *Sym*, *c-Alg*$(\mathcal{T}, \mathcal{K})$ die in 4.2 erklärte Kategorie der $\langle\mathcal{T}, \mathcal{K}\rangle$-Algebren und U der Vergiß-Funktor

$$U: c\text{-}Alg\,(\mathcal{T}, \mathcal{K}) \to \mathcal{K}^J,$$

$$\Phi: \mathcal{T} \to \mathcal{K} \mapsto \Phi\,|_J : J \to \mathrm{ob}\,\mathcal{K},$$

$$s: \Phi \to X: \mathcal{T} \to \mathcal{K} \mapsto \langle s_A: \Phi(A) \to X(A)\rangle_{A \in J}.$$

Man untersuche in Verallgemeinerung der Sätze 4.5.1, 4.5.2 und 5.1.2 die Frage der Existenz eines Adjungierten $F: \mathcal{K}^J \to c\text{-}Alg\,(\mathcal{T}, \mathcal{K})$ und seiner Konstruktion.

4.6.5. In den Abschnitten 4.1—4.5 wurde eine symmetrische Kategorie $\langle \mathcal{K}, \otimes, I, c_{AB}\rangle_{A,B\in \mathrm{ob}\,\mathcal{K}}$ und entsprechend eine symmetrische Theorie $\langle \mathcal{T}, \otimes, I, c_{AB}\rangle_{A,B\in H}$ zugrunde gelegt, d. h., es wurden nur die Symmetrien $c_{AB}(A, B \in H)$ in die Theorie $\mathcal{T}$ einbezogen. Damit lassen sich nur solche Gleichungen als Gleichungen in $\mathcal{T}$ beschreiben, die außer den Operationen der Algebra $\Phi : \mathcal{T} \to \mathcal{K}$, d. h. außer den Morphismen $\Phi(a)$ $(a : A \to B \in \mathcal{T})$, zu denen auch die Symmetrien $c_{AB} : \sigma A \otimes \sigma B \to \sigma B \otimes \sigma A$ $(A, B \in H)$ gehören, keine weiteren Morphismen aus $\mathcal{K}$ enthalten.

Reichhaltigere Sprachen bilden die *hdt*-symmetrischen Theorien aus *Symh* und die *dt*-symmetrischen Theorien aus *Sym*. In ihnen sind beispielsweise die in 5.2. zu betrachtenden Monoid-Automaten beschreibbar. Als Vorbereitung dazu verschärfe man die Resultate der Abschnitte 4.1—4.5 für den Fall der *hdt*-symmetrischen bzw. *dt*-symmetrischen Theorien.

4.6.6. Man untersuche im Hinblick auf 4.6.5 die zu 4.6.4 analogen Aufgaben für *hdt*-symmetrische und für *dt*-symmetrische Theorien. (Der Fall der *dt*-symmetrischen Theorien wird im wesentlichen durch die LAWVEREsche Theorie beantwortet.)

4.6.7. In einer adjungierten Situation $\mathcal{L} \underset{F}{\overset{U}{\rightleftarrows}} \mathcal{K}$ entsteht allgemein die Frage nach der Tripelbarkeit oder Monadizität des Vergiß-Funktors U. Ist U tripelbar, so sagt man auch, die Kategorie $\mathcal{L}$ ist *algebraisch* über $\mathcal{K}$ (mittels U; vgl. M. PFENDER (1971)). Man zeige:

(a) Die Kategorie $\mathcal{K}$-*Mat* ist algebraisch über $\mathcal{K}$.

(b) In der Basiskategorie $\mathcal{K}$ mögen abzählbare Coprodukte existieren, und $\otimes$ sei mit diesen Coprodukten vertauschbar. Dann ist $\mathcal{K}$-*Aut* algebraisch über $\mathcal{K}^3$.

c) Man löse die analogen Aufgaben für $\mathcal{K}$-Monomat und $\mathcal{K}$-Monoaut.

4.6.8. Unter der Voraussetzung von 4.6.7 (b) über $\mathcal{K}$ untersuche man die Frage, ob die Kategorie *c-Alg* $(\mathcal{T}, \mathcal{K})$ von 4.6.4 algebraisch über $\mathcal{K}^J$ (mittels U) ist.

4.6.9. Man löse die zu 4.6.8 analoge Aufgabe für die in 4.6.6 betrachteten Fälle.

4.6.10. Es sei $\langle A, B, S\rangle$ ein Tripel von Mengen und $F = F(A, B, S)$ der von $\langle A, B, S\rangle$ frei erzeugte freie MEALY-Automat über Ens. Man zeige, daß sich F stets als MOORE-Automat auffassen läßt, wenn nicht der Fall $A = B = \emptyset$, $S \neq \emptyset$ vorliegt. (Analoges gilt für Mealymaten.)

4.6.11. Unter einem *Zustandsautomaten* oder *Halbautomaten* in einer KRONECKER-Kategorie $\mathcal{K}$ versteht man ein Tripel $\langle S, A, f\rangle$, wobei S, A ($\in$ ob $\mathcal{K}$) das Zustands- bzw. Eingabe-Objekt und $f : S \otimes A \to S$ ($\in \mathcal{K}$) die Übergangsfunktion ist. Unter einem Homomorphismus $\langle s, a\rangle : \langle S, A, f\rangle \to \langle S', A', f'\rangle$ zwischen Halbautomaten $\langle S, A, f\rangle$ und $\langle S', A', f'\rangle$ versteht man ein Paar $\langle s, a\rangle$ von Morphismen $s : S \to S'$ und $a : A \to A'$, für welche das nachstehende Diagramm kommutativ ist.

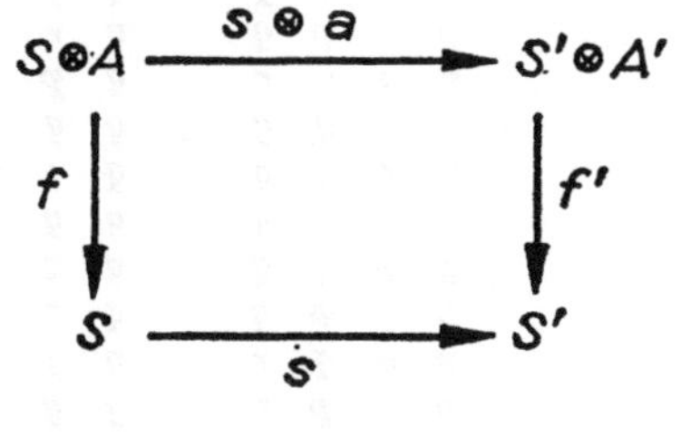

Die $\mathcal{K}$-Halbautomaten bilden zusammen mit deren Homomorphismen offenbar eine Kategorie. Die Halbautomaten in *Ens* können als Algebren mit zwei Trägermengen angesehen werden. Demgemäß wählen wir $J = \{1, 2\}$. Für X wählen wir die durch $X(1) = X_1 = \{s\}$, $X(2) = X_2 = \{x, y\}$ definierte Abbildung $X : J \to$ ob *Ens*. Offenbar besitzt der von X (bezüglich Inklusionen) frei erzeugte freie Halbautomat WX (vgl. Anhang 2.3) unendlich viele Zustände.

Es sei $M = \langle S, A, f \rangle$ ein Halbautomat in Ens mit $S = \{p, q, r\}$, $A = \{0, 1\}$ und dem Zustandsdiagramm

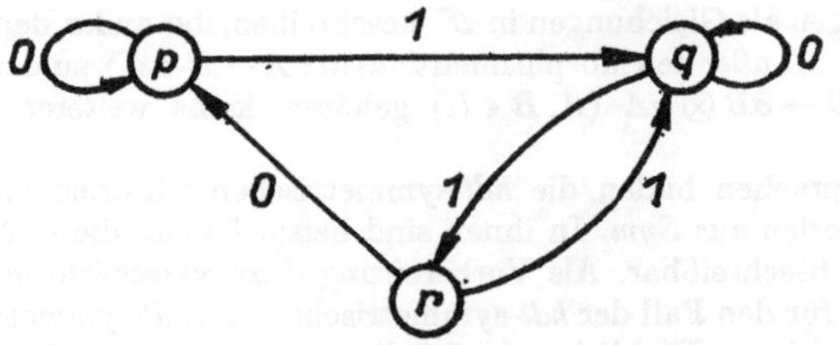

Dann entsteht die Aufgabe, ein für die allein aus der Algebra M bestehende Menge $K = \{M\}$ minimal universales Paar $\langle C_K(X), u \rangle$ (im Sinne von Anhang 2.4) zu konstruieren. Im Gegensatz zu WXhat $C_K(X)$ nur endlich viele Zustände.

In der Tat zeigen G. BIRKHOFF—J. D. LIPSON (1970) anhand der nachstehenden Tabelle 1, daß $C_M(X)$ 9 Zustände, die einfach durch $s, s \cdot x, s \cdot y, s \cdot xx, s \cdot xy, s \cdot yx, s \cdot yy, s \cdot xyx, s \cdot xyy$ bezeichnen werden können, zwei Eingabe-Symbole x, y hat und u inklusiv gewählt werden kann.

Tabelle 1

Belegungen												
s	p				q				r			
(x, y)	00	01	10	11	00	01	10	11	00	01	10	11
Zustands-Polynome												
s	p	p	p	p	q	q	q	q	r	r	r	r
$s \cdot x$	p	p	q	q	q	q	r	r	p	p	q	q
$s \cdot y$	p	q	p	q	q	r	q	r	p	q	p	q
$s \cdot xx$	p	p	r	r	q	q	q	q	p	p	r	r
$s \cdot xy$	p	q	q	r	q	r	p	q	p	q	q	r
$s \cdot yx$	p	q	q	r	q	p	r	q	p	q	q	r
$s \cdot yy$	p	r	p	r	q	q	q	q	p	r	p	r
$s \cdot xxx = s \cdot x$	p	p	q	q	q	q	r	r	p	p	q	q
$s \cdot xxx = s \cdot y$	p	q	p	q	q	r	q	r	p	q	p	q
$s \cdot xyx$	p	q	r	r	q	p	q	q	p	q	r	r
$s \cdot xyy$	p	r	q	q	q	q	p	r	p	r	q	q
$s \cdot yxx = s \cdot xyy$	p	r	q	q	q	q	p	r	p	r	q	q
$s \cdot yxy = s \cdot xyy$	p	r	q	q	q	q	p	r	p	r	q	q
$s \cdot yyx = s \cdot x$	p	p	q	q	q	q	r	r	p	p	q	q
$s \cdot yyy = s \cdot y$	p	q	p	q	q	r	q	r	p	q	p	q
$s \cdot xyxx = s \cdot s . yx$	p	q	q	r	q	p	r	q	p	q	q	r
$s \cdot xyxy = s \cdot yy$	p	r	p	r	q	q	q	q	p	r	p	r
$s \cdot xyyx = s \cdot xx$	p	p	r	r	q	q	q	q	p	p	r	r
$s \cdot xyyy = s \cdot xy$	p	q	q	r	q	r	p	q	p	q	q	r
Eingabe-Polynome												
x	0	0	1	1	0	0	1	1	0	0	1	1
y	0	1	0	1	0	1	0	1	0	1	0	1

Als Zustandsdiagramm für $C_M(X)$ erhält man:

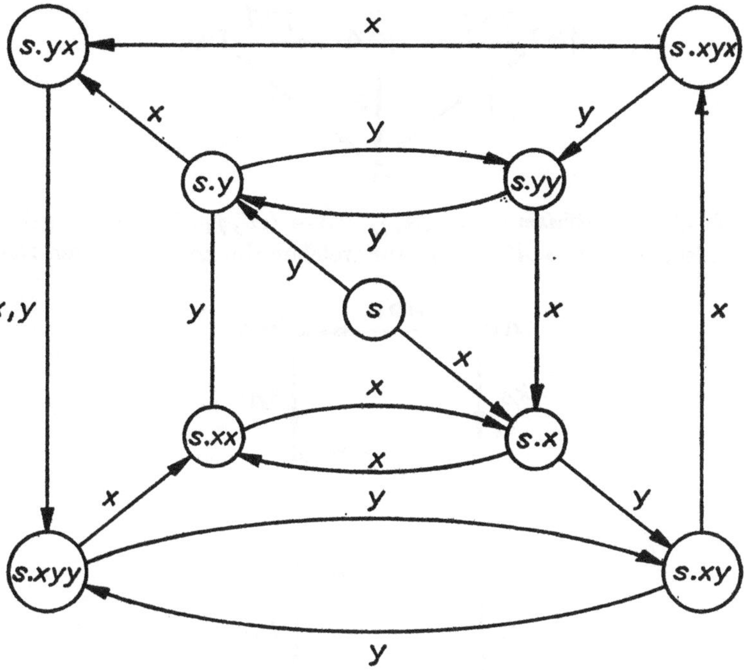

5. Das Verhalten von Automaten

5.1. Monoide in Kronecker-Kategorien

Es sei $\mathscr{K}$ eine KRONECKER-Kategorie. Unter einem *$\mathscr{K}$-Monoid* verstehen wir ein Tripel $\langle A, j, k\rangle$, wobei $j: I \to A$, $k: A \otimes A \to A$ Morphismen aus $\mathscr{K}$ sind, für welche folgende kommutativen Diagramme bestehen.

(1) (Assoziativität)

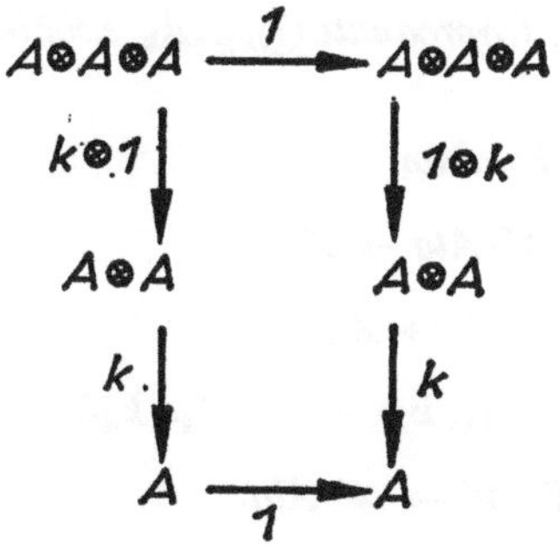

(2) (Rechts- und Linksidentitäten)

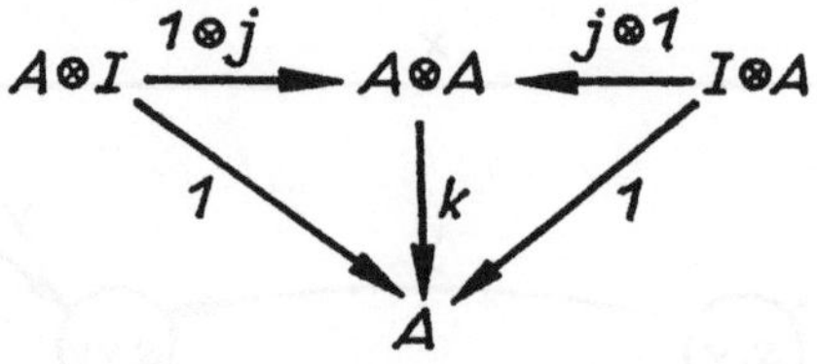

Ein *Monoid-Homomorphismus* $a\colon \langle A, j_A, k_A\rangle \to \langle A', j_{A'}, k_{A'}\rangle$ ist gegeben durch einen Morphismus $a\colon A \to A'$ aus $\mathscr{K}$, für welchen die kommutativen Diagramme

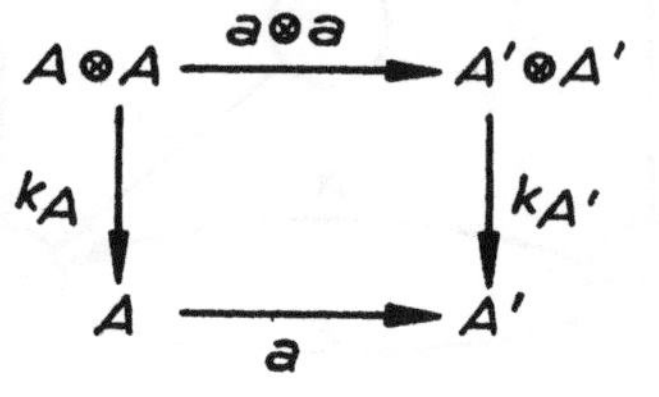

(3)

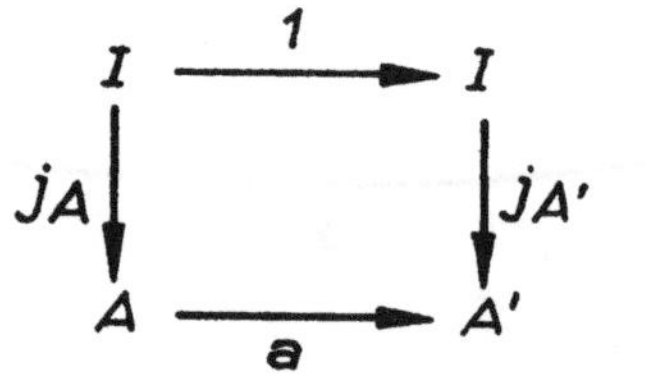

(4)

bestehen.

Die Monoide in $\mathscr{K}$ werden auch Algebren in $\mathscr{K}$ genannt (vgl. A 6.1) und bilden zusammen mit den Monoid-Homomorphismen eine Kategorie $\mathscr{K}$*-Alg*.

5.1.2. (M. Barr, 1966). *Voraussetzung*:

(i) *Es sei* $\mathscr{K}$ *die Folge*

$$\mathscr{K} = \langle \mathscr{K}, \otimes, I, \oplus, I', c'_{AB}, d_A', t_A'\rangle_{A,B\in\mathrm{ob}\mathscr{K}},$$

wobei $\langle \mathscr{K}, \otimes, I\rangle$ *eine* Kronecker*-Kategorie und* $\langle \mathscr{K}^{\bullet}, \oplus, I', c'_{AB}, d_A', t_A'\rangle_{A,B\in\mathrm{ob}\mathscr{K}}$ *(mit* $\mathscr{K}^{\bullet}$ *als Dual von* $\mathscr{K}$*) eine dt-symmetrische Kategorie ist.*

(ii) *In* $\mathscr{K}$ *mögen abzählbare Coprodukte* $\bigoplus_{k\geq 0} A_k$ *existieren, und* $\otimes$ *sei mit diesen Coprodukten vertauschbar.*

Behauptung: *Der Vergiß-Funktor*

$$U\colon \mathscr{K}\text{-}Alg \to \mathscr{K},$$

$$\langle A, j, k\rangle \mapsto A,$$

$$a\colon \langle A, j_A, k_A\rangle \to \langle A', j_{A'}, k_{A'}\rangle \mapsto a\colon A \to A'$$

besitzt einen Adjungierten $W\colon \mathscr{K} \to \mathscr{K}$*-Alg.*

Beweis. Es sei $A^n = A \otimes \cdots \otimes A$ (n-mal), $A^0 = I$, und $A^* = \bigoplus_{n \geq 0} A^n$ mit den kanonischen Injektionen $i_n \colon A^n \to A^*$. Da $\otimes$ mit abzählbaren Coprodukten vertauschbar ist, so ist

$$A^* \otimes A^* = \bigoplus_{n \geq 0, m \geq 0} A^{n+m}$$

ein Coprodukt mit den kanonischen Injektionen

$$i_n \otimes i_m \colon A^{n+m} \to A^* \otimes A^*.$$

Daher existiert genau ein Morphismus k_{A^*}, welcher das Diagramm

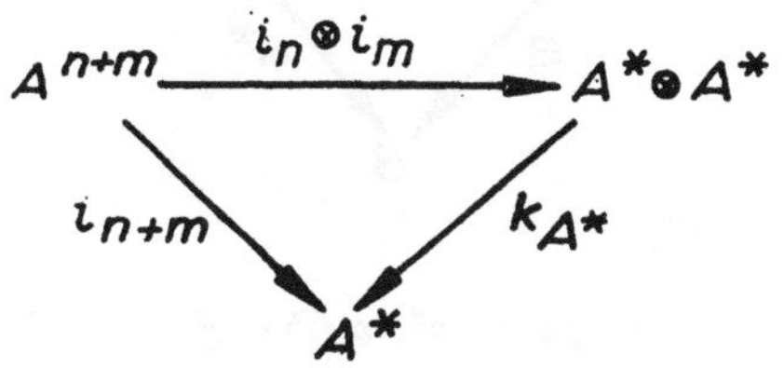

kommutativ schließt.

Setzt man $j_{A^*} = i_0 \colon I \to A^*$, so besteht das kommutative Diagramm:

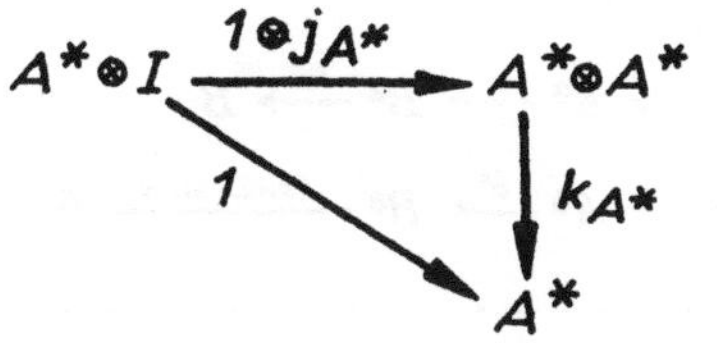

Denn es gilt

$$\begin{aligned} i_n(1_{A^*} \otimes j_{A^*})\, k_{A^*} &= (i_n \otimes 1_I)\,(1_{A^*} \otimes j_{A^*})\, k_{A^*} \\ &= (i_n \otimes i_0)\, k_{A^*} = i_n, \end{aligned}$$

(wobei die i_n kanonische Injektionen eines Coprodukts sind). Analog beweist man die Gültigkeit der Gleichung

$$(j_{A^*} \otimes 1_{A^*})\, k_{A^*} = 1_{A^*},$$

Wir weisen nach, daß das Assoziativgesetz

$$(1_{A^*} \otimes k_{A^*})\, k_{A^*} = (k_{A^*} \otimes 1)\, k_{A^*} \tag{4}$$

besteht. Dazu beachte man, daß

$$i_n \otimes i_m \otimes i_l;\ A^{n+m+1} \to A^* \otimes A^* \otimes A^*$$

kanonische Injektionen eines Coprodukts sind. Damit folgt aus der Beziehung

$$\begin{aligned} &(i_n \otimes i_m \otimes i_l)\,(1_{A^*} \otimes k_{A^*})\, k_{A^*} = \big(i_n \otimes (i_m \otimes i_l)\, k_{A^*}\big)\, k_{A^*} \\ &= (i_n \otimes i_{m+l})\, k_{A^*} = i_{n+m+l} = (i_{n+m} \otimes i_l)\, k_{A^*} \\ &= \big((i_n \otimes i_m)\, k_{A^*} \otimes i_l\big)\, k_{A^*} = (i_n \otimes i_m \otimes i_l)\,(k_{A^*} \otimes 1_{A^*})\, k_{A^*} \end{aligned}$$

die behauptete Gleichung (4).

Demnach ist

$$WA = \langle A^*, j_A^*, k_A^* \rangle$$

eine $\mathscr{K}$-Algebra. Weiter wird behauptet:
Wenn $\langle B, j_B, k_B \rangle$ eine $\mathscr{K}$-Algebra und $a: A \to B$ ein Morphismus aus $\mathscr{K}$ ist, so existiert genau ein Morphismus $a^* \in \mathscr{K}\text{-}Alg$, so daß folgendes kommutative Diagramm besteht:

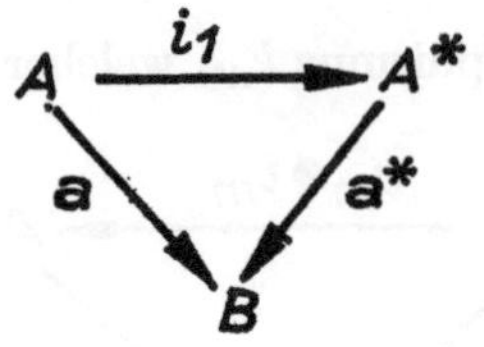

(5)

Wir setzen zur Abkürzung

$$a = a^1, a \otimes a = a^2, a \otimes a \otimes a = a^3, \ldots$$

und

$$a_0 = j_B: I \to B,$$

$$a_1 = a: A \to B,$$

$$a_2 = A^2 \xrightarrow{a^2} B^2 \xrightarrow{k_B} B,$$

$$a_3 = A^3 \xrightarrow{a^3} B^3 \xrightarrow{(k_B \otimes 1_B) k_B} B,$$

$$\cdots\cdots\cdots\cdots\cdots\cdots$$

$$a_{n+1} = (a_n \otimes a)\, k_B, \tag{6}$$

$$\cdots\cdots\cdots\cdots\cdots\cdots$$

Aus der definierenden Eigenschaft des Coprodukts A^* folgt die Existenz genau eines Morphismus $a^*: A^* \to B$, so daß

$$i_n a^* = a_n, \quad n = 0, 1, \ldots \tag{7}$$

Es ist

$$(a_n \otimes a_m)\, k_B = a_{n+m}. \tag{8}$$

Dies ist richtig für $m = 0$ wegen

$$(a_n \otimes a_0)\, k_B = a_n (1_B \otimes j_B)\, k_B = a_n.$$

Es sei (8) bewiesen für ein m. Dann hat man

$$\begin{aligned}(a_n \otimes a_{m+1})\, k_B &= \big(a_n \otimes (a_m \otimes a)\, k_B\big)\, k_B \\ &= (a_n \otimes a_m \otimes a)\,(1_B \otimes k_B)\, k_B \\ &= (a_n \otimes a_m \otimes a)\,(k_B \otimes 1_B)\, k_B \\ &= \big((a_n \otimes a_m) k_B \otimes a\big)\, k_B \\ &= (a_{n+m} \otimes a)\, k_B = a_{n+m+1},\end{aligned}$$

d. h., (8) ist auch für $m + 1$ anstatt m und damit für alle m richtig.

Mittels (8) erhält man

$$\begin{aligned}(i_n \otimes i_m)\, k_A{}^* a^* &= i_{n+m} a^* = a_{n+m} \\ &= (a_n \otimes a_m)\, k_B = (i_n a^* \otimes i_m a^*)\, k_B \\ &= (i_n \otimes i_m)\,(a^* \otimes a^*)\, k_B\end{aligned}$$

und damit

$$k_A{}^* a^* = (a^* \otimes a^*)\, k_B .$$

Nach Definitionen von a^* ist

$$j_A{}^* a^* = i_0 a^* = a_0 = j_B : I \to B .$$

Eindeutigkeit von a^*. Aus (6), (7) folgt

$$i_n a^* = (i_{n-1} a \otimes a)\, k_B , \quad n \geqq 1 .$$

Es sei $b: A^* \to B \in \mathscr{K}\text{-}Alg$, so daß $i_1\, b = a$. Nach der Homomorphiebedingung (4) ist $i_0 b = j_B = i_0 a^*$; nach Voraussetzung hat man $i_1 b = a = i_1 a^*$. Angenommen, es sei schon bewiesen, daß $i_{n-1} b = i_{n-1} a^*$.

Dann gilt

$$\begin{aligned}i_n a^* &= (i_{n-1} a^* \otimes a)\, k_B = (i_{n-1} b \otimes i_1 b)\, k_B \\ &= (i_{n-1} \otimes i_1)\,(b \otimes b)\, k_B = (i_{n-1} \otimes i_1)\, k_A{}^* b \\ &= i_n b .\end{aligned}$$

Demnach muß $a^* = b$ sein. ■

$WA = \langle A^*, j_A{}^*, k_A{}^* \rangle$ heißt die von $A \in \text{ob}\, \mathscr{K}$ erzeugte *Tensoralgebra* über $\mathscr{K}$.

5.2. Monoid-Automaten und Ausgabemonoid-Automaten

Die im folgenden betrachteten Monoid-Automaten wurden im wesentlichen (ohne Berücksichtigung der nachstehenden Bedingung (6)) von R. Davis, Jr. (1967), in Kategorien mit endlichen Produkten untersucht. Hier verwenden wir sie, um die Verhaltensfunktion eines Automaten durch Gleichungen zu beschreiben.

Es sei $\mathscr{K}$ eine *hdt*-symmetrische Kategorie. Unter einem $\mathscr{K}$-*Monoid-Automaten* verstehen wir ein 10-Tupel

$$\langle A, B, S, d_{S\otimes A}, j_A, j_B, k_A, k_B, l, m \rangle . \tag{1}$$

Dabei sind

$$\langle A, B, S, l, m \rangle = A \xrightarrow[l,m]{S} B \tag{2}$$

ein $\mathscr{K}$-Automat, $d_{S\otimes A} : S \otimes A \to S \otimes A \otimes S \otimes A$ ein Diagonalmorphismus aus $\mathscr{K}$,

$$j_A : I \to A ,\ j_B : I \to B ,$$

$$k_A : A \otimes A \to A ,\ k_B : B \otimes B \to B$$

Morphismen aus $\mathscr{K}$, so daß folgendes gilt:
$\langle A, j_A, k_A\rangle$, $\langle B, j_B, k_B\rangle$ sind $\mathscr{K}$-Monoide.

$\langle S, m\rangle$ ist ein *unitales A-Rechtssystem* in $\mathscr{K}$, d. h., die nachstehenden Diagramme sind kommutativ:

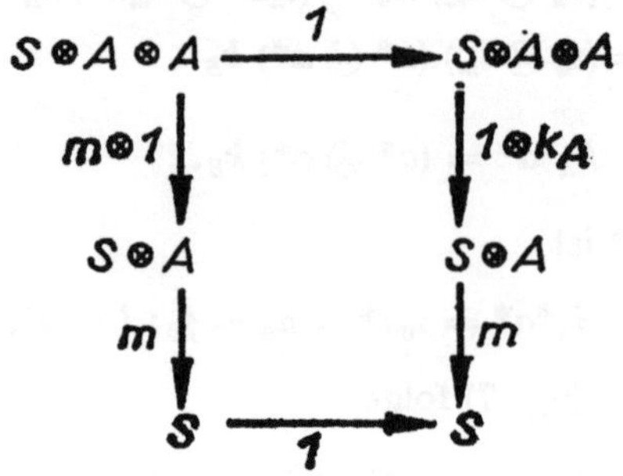

(3)

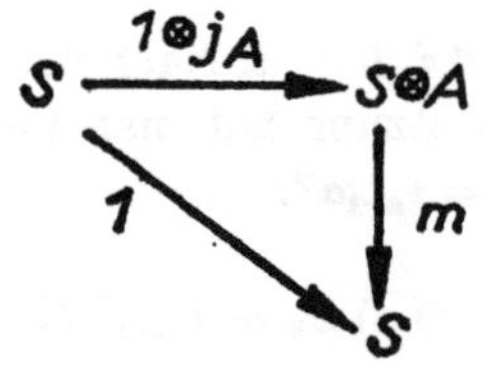

(4)

Weiter sollen die Diagramme

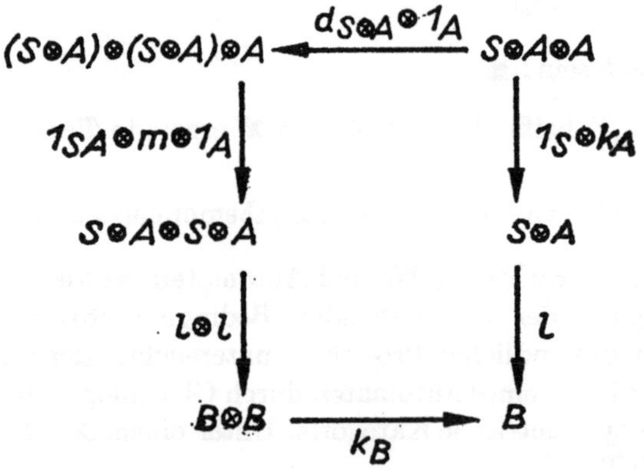

(5)

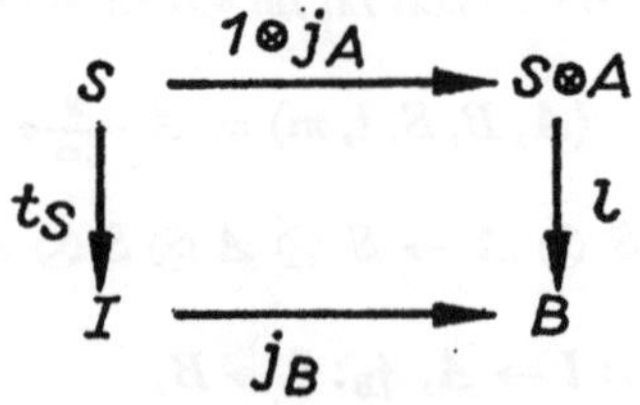

(6)

kommutativ sein.

Der $\mathcal{K}$-Monoid-Automat (1) werde, sofern Mißverständnisse ausgeschlossen sind, kurz auch mit $A \xrightarrow[l,m]{S} B$, d. h. mit dem gleichen Symbol wie (2) bezeichnet. Ein *Homomorphismus* zwischen $\mathcal{K}$-Monoid-Automaten ist ein Tripel

$$\langle a, b, s\rangle = \left(A \xrightarrow[l,m]{S} B\right) \xrightarrow[a,b]{s} \left(A' \xrightarrow[l',m']{S'} B'\right), \tag{7}$$

so daß (7) einen gewöhnlichen Homomorphismus zwischen Automaten und gleichzeitig

$$a\colon \langle A, j_A, k_A\rangle \to \langle A', j_{A'}, k_{A'}\rangle,$$

$$b\colon \langle B, j_B, k_B\rangle \to \langle B', j_{B'}, k_{B'}\rangle$$

Monoid-Homomorphismen darstellen. Überdies sei das Diagramm

$$\begin{array}{ccc} S\otimes A & \xrightarrow{s\otimes a} & S'\otimes A' \\ {\scriptstyle d'}\big\downarrow & & \big\downarrow{\scriptstyle d} \\ S\otimes A\otimes S\otimes A & \xrightarrow[s\otimes a\otimes s\otimes a]{} & S'\otimes A'\otimes S'\otimes A' \end{array} \tag{8}$$

kommutativ.

In einer *dt*-symmetrischen Kategorie $\mathcal{K}$ ist (8) von selbst erfüllt. In einer solchen Kategorie darf daher der Morphismus $d_{S\otimes A}$ in der Folge (1) weggelassen werden, ohne daß sich damit die algebraischen Eigenschaften des betreffenden $\mathcal{K}$-Monoid-Automaten ändern. Die $\mathcal{K}$-Monoid-Automaten und deren Homomorphismen bilden eine Kategorie $\mathcal{K}$*-Maut*.

Eine Zwischenstellung zwischen Automaten und Monoid-Automaten nehmen die Ausgabemonoid-Automaten in einer KRONECKER-Kategorie $\mathcal{K}$ ein. Das sind 7-Tupel

$$\langle A, B, S, j_B, k_B, l, m\rangle, \tag{9}$$

wobei

$$\langle A, B, S, l, m\rangle = A \xrightarrow[l,m]{S} B \tag{10}$$

ein $\mathcal{K}$-Automat und

$$\langle B, j_B, k_B\rangle \tag{11}$$

ein $\mathcal{K}$-Monoid ist. *Homomorphismen* von Ausgabemonoid-Automaten sind die Tripel

$$\langle a, b, s\rangle = \left(A \xrightarrow[l,m]{S} B\right) \xrightarrow[a,b]{s} \left(A' \xrightarrow[l',m']{S'} B'\right), \tag{12}$$

so daß (12) einen gewöhnlichen Homomorphismus zwischen Automaten und gleichzeitig

$$b\colon \langle B, j_B, k_B\rangle \to \langle B', j_{B'}, k_{B'}\rangle$$

einen Monoid-Homomorphismus darstellt.

Die $\mathscr{K}$-Ausgabemonoid-Automaten und deren Homomorphismen bilden eine Kategorie *$\mathscr{K}$-Amaut*.

5.2.1. *Unter den Voraussetzungen* (i), (ii) *von* 5.1.2 *gilt:*
Der Vergiß-Funktor

$$U: \mathscr{K}\text{-}Amaut \to \mathscr{K}\text{-}Aut,$$

der dadurch definiert ist, daß die $\mathscr{K}$-Monoid-Struktur der Ausgabe $\langle B, j_B, k_B\rangle$ eines Ausgabemonoid-Automaten $A \xrightarrow[l,m]{s} B$ vergessen wird, besitzt einen Adjungierten

$$F: \mathscr{K}\text{-}Aut \to \mathscr{K}\text{-}Amaut,$$

$$A \xrightarrow[l,m]{s} B \mapsto A \xrightarrow[li_1,m]{s} B^*,$$

wo $\langle B^*, j_{B^*}, k_{B^*}\rangle$ das von B frei erzeugte $\mathscr{K}$-Monoid und $i_n: B^n \to B^*$ $(n \geqq 0)$ die kanonischen Injektionen sind.

Beweis. Es sei $A' \xrightarrow[l',m']{s'} B'$ ein $\mathscr{K}$-Ausgabemonoid-Automat, als $\mathscr{K}$-Automat betrachtet. Es sei

$$\langle a, b, s\rangle: \left(A \xrightarrow[l,m]{s} B\right) \to \left(A' \xrightarrow[l',m']{s'} B'\right)$$

ein Homomorphismus zwischen Automaten und
$b^*: \langle B^*, j_{B^*}, k_{B^*}\rangle \to \langle B', j_{B'}, k_{B'}\rangle$ der eindeutig bestimmte Monoid-Homomorphismus, für welchen das kommutative Diagramm

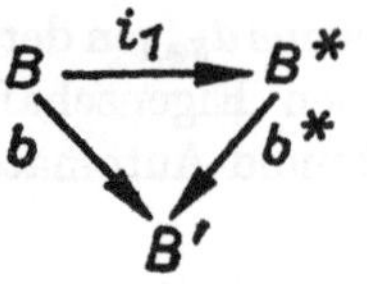

besteht. Dann ist offenbar

$$\langle a, b^*, s\rangle: \left(A \xrightarrow[li_1,m]{s} B^*\right) \to \left(A' \xrightarrow[l,m]{s} B'\right)$$

der eindeutig bestimmte Ausgabemonoid-Automaten-Homomorphismus mit dem kommutativen Diagramm

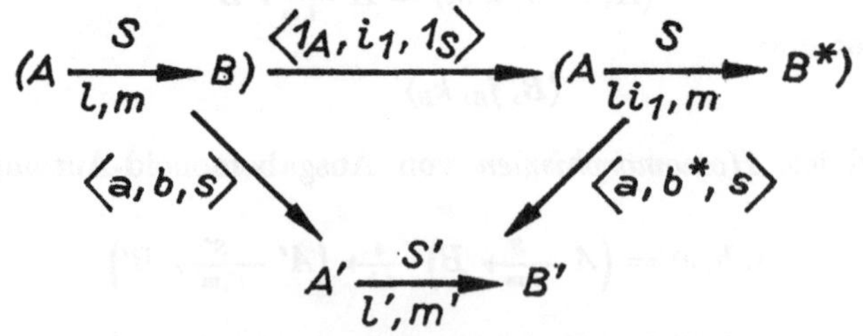

(13)

Mittels der in (13) ausgedrückten Universaleigenschaft läßt sich die Konstruktion eines Funktors F mit den verlangten Eigenschaften zum Abschluß bringen. ■

Zu einem gegebenen $\mathscr{K}$-Automaten $A \xrightarrow[l,m]{s} B$ heißt $A \xrightarrow[li_1,m]{s} B^*$ der von $A \xrightarrow[l,m]{s} B$ *frei erzeugte* $\mathscr{K}$-Ausgabemonoid-Automat.

5.3. Freie Monoid-Automaten

5.3.1. *Voraussetzung.*

(i) *Es sei $\mathcal{K}$ die Folge*
$\langle \mathcal{K}, \otimes, I, c_{AB}, d_A, t_A, \oplus, I', c'_{AB}, d_{A'}, t_{A'}\rangle_{A,B\in \mathrm{ob}\mathcal{K}}$, *wobei* $\langle \mathcal{K}, \otimes, I, c_{AB}, d_A, t_A\rangle_{A,B\in \mathrm{ob}\mathcal{K}}$ *und* $\langle \mathcal{K}^*, \oplus, I', c'_{AB}, d_A', t_A'\rangle_{A,B\in \mathrm{ob}\mathcal{K}}$ *(mit $\mathcal{K}^*$ als dem Dual von $\mathcal{K}$) dt-symmetrische Kategorien sind.*

(ii) *In $\mathcal{K}$ mögen abzählbare Coprodukte $\bigoplus_{k\geq 0} A_k$ existieren, und $\otimes$ sei mit diesen Coprodukten vertauschbar* (vgl. 4.5.2).

Behauptung: (a) *Der Vergiß-Funktor U: $\mathcal{K}$-Maut $\to$ $\mathcal{K}$-Amaut,*

$$\langle A, B, S, j_A, j_B, k_A, k_B, l, m\rangle \mapsto \langle A, B, S, j_B, k_B, l, m\rangle,$$

$$\langle a, b, s\rangle \mapsto \langle a, b, s\rangle$$

hat einen Adjungierten

$$F\colon \mathcal{K}\text{-Amaut} \to \mathcal{K}\text{-Maut}.$$

(b) *Der Vergiß-Funktor U: $\mathcal{K}$-Maut $\to$ $\mathcal{K}$-Aut,*

$$\langle A, B, S, j_A, j_B, k_A, k_B, l, m\rangle \mapsto \langle A, B, S, l, m\rangle,$$

$$\langle a, b, s\rangle \mapsto \langle a, b, s\rangle$$

hat einen Adjungierten

$$F\colon \mathcal{K}\text{-Aut} \to \mathcal{K}\text{-Maut}.$$

Beweis. (a) Der Funktor F sei wie folgt definiert.

$$F\colon \mathcal{K}\text{-Amaut} \to \mathcal{K}\text{-Maut},$$

$$A \xrightarrow[l,m]{S} B\,(\in \mathrm{ob}\,(\mathcal{K}\text{-Amaut})) \mapsto A^* \xrightarrow[l^*\circ\alpha,m^*]{S} B.$$

Dabei ist $A^* = \langle A^*, j_{A^*}, k_{A^*}\rangle$ das von $A \in \mathrm{ob}\,\mathcal{K}$ erzeugte freie $\mathcal{K}$-Monoid. m^* ist wie folgt definiert. Es sei $A^0 = I$, $A^n = A \otimes \cdots \otimes A$ (n-mal).

$$m_0 = 1_S\colon S \to S;$$

$$m_1 = m\colon S \otimes A \to S,$$

$$m_{n+1} = (m \otimes 1_{A^n})\, m_n\colon S \otimes A^{n+1} \to S,\ n \geq 0. \tag{1}$$

Bezeichnen $i_n\colon A^n \to A^*$ die kanonischen Injektionen des Coprodukts $A^* = \bigoplus_{n\geq 0} A^n$, so sei m^* der das nachstehende Diagramm kommutativ schließende Morphismus, aus $\mathcal{K}$.

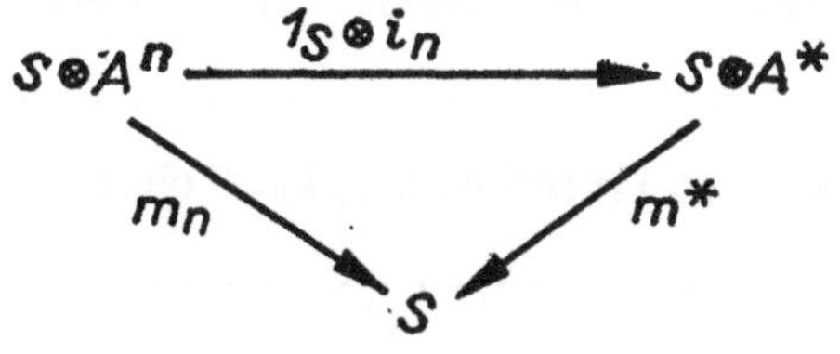

(2)

Dabei ist $S \otimes A^* = \bigoplus_{n \geqq 0} S \otimes A^n$ ein Coprodukt mit den kanonischen Injektionen $1_S \otimes i_n: S \otimes A^n \to S \otimes A^*$.

Wir zeigen, daß $\langle S, m^* \rangle$ ein unitäres A^*-Rechtssystem ist. Da $(1_S \otimes j_{A^*})\, m^* = (1_S \otimes i_0)\, m^* = m_0 = 1_S: S \to S$ ist, so ist 5.2.(4) erfüllt. Um 5.2. (3) einzusehen, benötigen wir die Beziehung

$$(m_n \otimes 1_{A^r})\, m_r = m_{n+r} \quad \text{für } n, r \geqq 0.$$

Diese Beziehung ist für $n = 0, 1$ trivialerweise richtig. Sie sei für ein $n \geqq 1$ gültig. Dann hat man

$$\begin{aligned}(m_{n+1} \otimes 1_{A^r})\, m_r &= \big((m \otimes 1_{A^n})\, m_n \otimes 1_{A^r}\big)\, m_r \\ &= (m \otimes 1_{A^{n+r}})\,(m_n \otimes 1_{A^r})\, m_r = (m \otimes 1_{A^{n+r}})\, m_{n+r} \\ &= m_{n+r+1}.\end{aligned}$$

Die betrachtete Beziehung ist daher auch für $n + 1$ anstatt n und somit stets richtig.

Aus

$$\begin{aligned}(1_S \otimes i_n \otimes i_r)\,(1_S \otimes k_A{}^*)\, m^* &= (1_S \otimes i_{n+r})\, m^* \\ = m_{n+r} = (m_n \otimes 1_{A^r})\, m_r &= (m_n \otimes 1_{A^r})\,(1_S \otimes i_r)\, m^* \\ = \big((1_S \otimes i_n)\, m^* \otimes i_r\big)\, m^* &= (1_S \otimes i_n \otimes i_r)\,(m^* \otimes 1_{A^*})\, m^*\end{aligned}$$

für alle n, $r \geqq 0$ folgt $(1_S \otimes k_A{}^*)\, m^* = (m^* \otimes 1_{A^*})\, m^*$ und damit 5.2 (3).

Für eine Folge $\langle f_n \rangle_{n \geqq 0}$ von Morphismen $f_n: S \otimes A^n \to B$ von $\mathcal{K}$ mit $f_0 = t_S j_B: S \to I \to B$ sei f^* der die nachstehende Diagramme kommutativ schließende Morphismus aus $\mathcal{K}$:

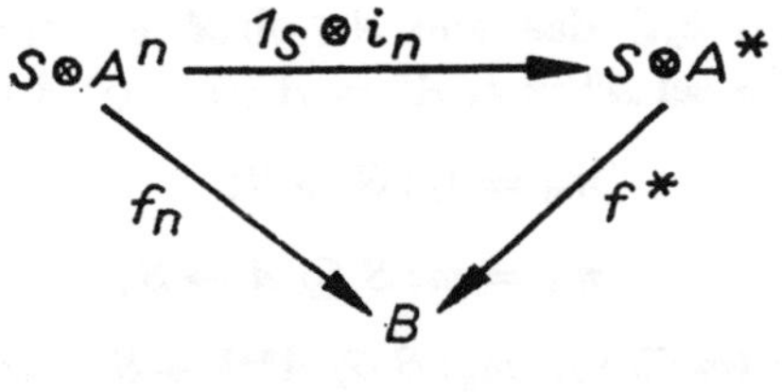

(3)

Wir setzen

$$\begin{aligned} f^{(0)} &= f_0 = t_S j_B: S \to B, \\ f^{(1)} &= f_1: S \otimes A \to B, \\ f^{(2)} &= (d_{S \otimes A} \otimes 1_A)\,(f_1 \otimes f_2) k_B: S \otimes A^2 \to B, \\ &\ldots\ldots\ldots\ldots\ldots\ldots\ldots\ldots\ldots\ldots \\ f^{(n+1)} &= (d_{S \otimes A^n} \otimes 1_A)\,(f^{(n)} \otimes f_{n+1})\, k_B: S \otimes A^{n+1} \to B, \\ &\ldots\ldots\ldots\ldots\ldots\ldots\ldots\ldots\ldots\ldots \end{aligned} \qquad (4)$$

und bezeichnen mit $f^{*\mathrm{seq}}$ den die Diagramme

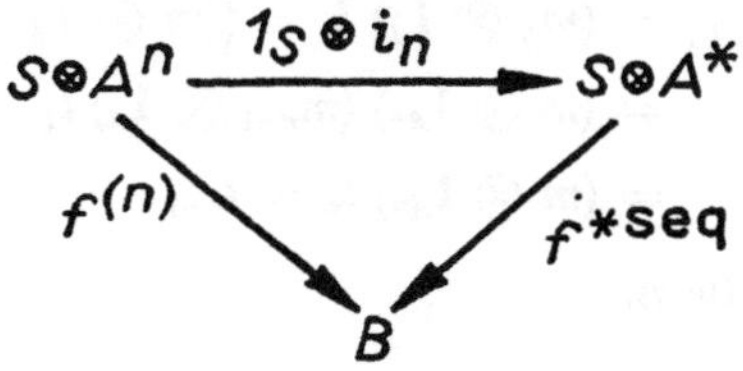

(5)

kommutativ schließenden Morphismus aus $\mathscr{K}$.
$f^{*\mathrm{seq}} = \boxplus_{n \geqq 0} f^{(n)}$ heißt der aus $f^* = \boxplus_{n \geqq 0} f_n$ abgeleitete sequentielle Morphismus.

Wir definieren

$$l_0 = t_S j_B : S \to B,$$

$$l_1 = l : S \otimes A \to B,$$

$$l_2 = (m \otimes 1_A)\, l : S \otimes A^2 \to B,$$

$$\ldots\ldots\ldots\ldots\ldots\ldots\ldots\ldots$$

$$l_{n+1} = (m \otimes 1_{A^n})\, l_n : S \otimes A^{n+1} \to B,$$

$$\ldots\ldots\ldots\ldots\ldots\ldots\ldots\ldots \qquad (6)$$

Es sei $l^{*\mathrm{seq}} = \boxplus_{n \geqq 0} l^{(n)}$ der aus $l^* = \boxplus_{n \geqq 0} l_n$ abgeleitete sequentielle Morphismus.

Dann besteht das kommutative Diagramm:

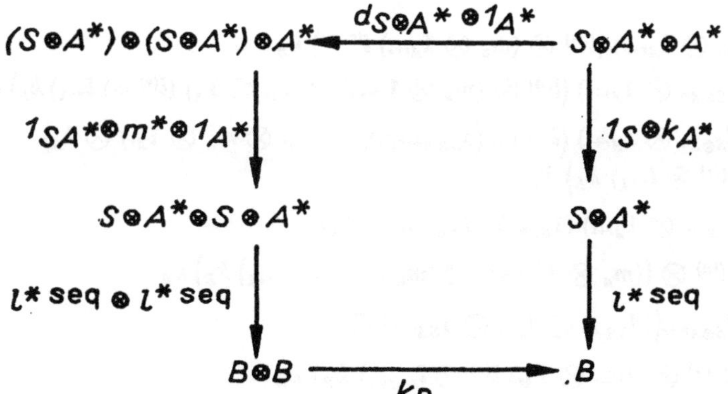

(7)

Um diese Tatsache einzusehen, benötigt man folgende Beziehungen.

Setzt man $l_0' = l_0$, $l'_{n+1} = (m_n \otimes 1_A)\, l_1$ für $n \geqq 0$, so folgt

$$l_n = l_n' \text{ für } n \geqq 0. \qquad (8)$$

Dies ist richtig für $n = 0, 1, 2$. Angenommen, (8) sei für einen Index $n \geqq 2$ richtig, dann wird

$$\begin{aligned} l'_{n+1} &= (m_n \otimes 1_A)\, l_1 = \big((m \otimes 1_{A^{n-1}}) m_{n-1} \otimes 1_A\big)\, l_1 \\ &= (m \otimes 1_{A^n})\, (m_{n-1} \otimes 1_A)\, l_1 \\ &= (m \otimes 1_{A^n})\, l_n = l_{n+1}. \end{aligned}$$

Folglich besteht (8) für alle n.

Es gilt

$$l_{n+r} = (m_n \otimes 1_{A^r})\, l_r \quad \text{für} \quad n \geqq 0, r \geqq 1. \tag{9}$$

Denn (9) ist richtig für $r = 1$. Es sei (9) bewiesen für einen Index $r \geqq 1$. Dann erhält man

$$\begin{aligned} &(m_n \otimes 1_{A^{r+1}})\, l_{r+1} = (m_n \otimes 1_{A^{r+1}})\, (m \otimes 1_{A^r})\, l_r \\ &= \big((m_n \otimes 1_A)\, m \otimes 1_{A^r}\big)\, l_r = (m_{n+1} \otimes 1_{A^r})\, l_r = l_{n+1+r}. \end{aligned}$$

Demnach besteht (9) für alle $r \geqq 1$.

Für $n, r \geqq 0$ gilt

$$l^{(n+r)} = (d_{S \otimes A^n} \otimes 1_{A^r})\, \big(l^{(n)} \otimes (m_n \otimes 1_{A^r})\, l^{(r)}\big)\, k_B. \tag{10}$$

Dies trifft zu für $n = 0$, da

$$\begin{aligned} &(d_S \otimes 1_{A^r})\, (t_S j_B \otimes l^{(r)})\, k_B = \big(d_S(t_S \otimes 1_S) \otimes 1_{A^r}\big)\, (j_B \otimes l^{(r)})\, k_B \\ &= (j_B \otimes l^{(r)})\, k_B = l^{(r)}(j_B \otimes 1_B)\, k_B = l^{(r)}. \end{aligned}$$

Ähnlich ist die Richtigkeit von (10) für $r = 0$ einzusehen. Es sei $n \geqq 1$. Für $r = 1$ ist (10) auf Grund von (4), (8) richtig. Es sei (10) für ein $r \geqq 1$ bewiesen. Dann hat man

$$\begin{aligned} &(d_{S \otimes A^n} \otimes 1_{A^{r+1}})\, \big(l^{(n)} \otimes (m_n \otimes 1_{A^{r+1}})\, l^{(r+1)}\big)\, k_B \\ &= (d_{S \otimes A^n} \otimes 1_{A^{r+1}})\, \big(l^{(n)} \otimes (m_n \otimes 1_{A^{r+1}})\, (d_{S \otimes A^r} \otimes 1_A)\, (l^{(r)} \otimes l_{r+1})\, k_B\big)\, k_B \\ &= (d_{S \otimes A^n} \otimes 1_{A^{r+1}})\, \big(l^{(n)} \otimes \big(d_{S \otimes A^{n+r}}(m_n \otimes 1_{A^r} \otimes m_n \otimes 1_{A^r}) \otimes 1_A\big) \\ &\quad \cdot (l^{(r)} \otimes l_{r+1})\, k_B\big)\, k_B \\ &= (d_{S \otimes A^n} \otimes 1_{A^{r+1}})\, (1_{SA^n} \otimes d_{S \otimes A^{n+r}} \otimes 1_A) \\ &\quad \cdot \big(l^{(n)} \otimes \big((m_n \otimes 1_{A^r})\, l^{(r)} \otimes (m_n \otimes 1_{A^{r+1}})\, l_{r+1}\big)\, k_B\big)\, k_B \\ &= \big(d_{S \otimes A^{n+r}}\big((d_{S \otimes A^n} \otimes 1_{A^r}) \otimes 1_{SA^{n+r}}\big) \otimes 1_A\big) \\ &\quad \cdot \big(l^{(n)} \otimes \big((m_n \otimes 1_{A^r})\, l^{(r)} \otimes l_{n+r+1}\big)\, k_B\big)\, k_B \\ &= (d_{S \otimes A^{n+r}} \otimes 1_A)\, (d_{S \otimes A^n} \otimes 1_{A^r} \otimes 1_{SA^{n+r+1}}) \\ &\quad \cdot \big(\big(l^{(n)} \otimes (m_n \otimes 1_{A^r})\, l^{(r)}\big)\, k_B \otimes l_{n+r+1}\big)\, k_B \\ &= (d_{S \otimes A^{n+r}} \otimes 1_A)\, (l^{(n+r)} \otimes l_{n+r+1})\, k_B = l^{(n+r+1)}, \end{aligned}$$

d. h., (10) ist auch für $r + 1$ anstatt r und somit stets richtig.

Die Kommutativität des Diagramms (7) ergibt sich unter Beachtung von (10) wie folgt.
Für $n, r \geqq 0$ ist

$$(1_S \otimes i_n \otimes i_r)(1_S \otimes k_A{}^*)\, l^{*\mathrm{seq}} = (1_S \otimes i_{n+r})\, l^{*\mathrm{seq}}$$

$$= l^{(n+r)} = (d_{S \otimes A^n} \otimes 1_{A^r})\left(l^{(n)} \otimes (m_n \otimes 1_{A^r})\, l^{(r)}\right) k_B$$

$$= (d_{S \otimes A^n} \otimes 1_{A^r})(1_{SA^n} \otimes m_n \otimes 1_{A^r})(l^{(n)} \otimes l^{(r)})\, k_B$$

$$= (d_{S \otimes A^n} \otimes 1_{A^r})(1_S \otimes i_n \otimes m_n \otimes i_r)(l^{*\mathrm{seq}} \otimes l^{*\mathrm{seq}})\, k_B$$

$$= (d_{S \otimes A^n} \otimes 1_{A^r})\left(1_S \otimes i_n \otimes (1_S \otimes i_n)\, m^* \otimes i_r\right)(l^{*\mathrm{seq}} \otimes l^{*\mathrm{seq}})\, k_B$$

$$= (1_S \otimes i_n \otimes i_r)(d_{S \otimes A^*} \otimes 1_{A^*})(1_{SA^*} \otimes m^* \otimes 1_{A^*})(l^{*\mathrm{seq}} \otimes l^{*\mathrm{seq}})\, k_B.$$

Da $1_S \otimes i_n \otimes i_r : S \otimes A^{n+r} \to S \otimes A^* \otimes A^*$ die kanonischen Injektionen eines Coprodukts sind, so folgt (7), d. h. 5.2 (5).

Da auch 5.2 (6) erfüllt ist, so ist gezeigt, daß $A^* \xrightarrow[l^{*\mathrm{seq}}, m^*]{S} B$ ein Monoid-Automat ist. Der Morphismus

$$l^{*\mathrm{seq}} : S \otimes A^* \to B$$

heißt der *Verhaltensmorphismus* des Ausgabemonoid-Automaten $A \xrightarrow[l,m]{S} B$.

Es sei $A' \xrightarrow[l',m']{S'} B'$ ein Monoid-Automat, den wir jetzt als Ausgabemonoid-Automaten betrachten, und

$$\langle a, b, s\rangle : \left(A \xrightarrow[l,m]{S} B\right) \to \left(A' \xrightarrow[l',m']{S'} B'\right) \tag{11}$$

ein gegebener Homomorphismus zwischen Ausgabemonoid-Automaten. Es sei $a^* : \langle A^*, j_{A^*}, k_{A^*}\rangle \to \langle A', j_{A'}, k_{A'}\rangle$ der eindeutig bestimmte, das nachstehende Diagramm kommutativ schließende $\mathscr{K}$-Monoid-Homomorphismus.

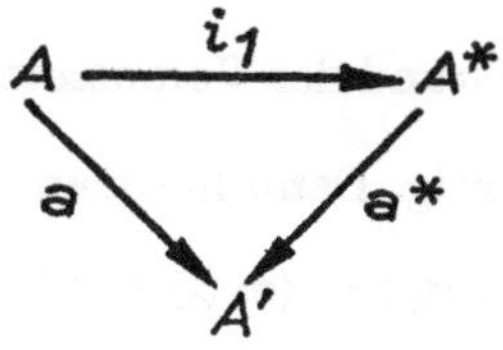

Dann ist

$$\langle a^*, b, s\rangle : \left(A^* \xrightarrow[l^{*\mathrm{seq}}, m^*]{S} B\right) \to \left(A' \xrightarrow[l',m']{S'} B'\right) \tag{12}$$

der eindeutig bestimmte Monoid-Automaten-Homomorphismus, für welchen das kommutative Diagramm

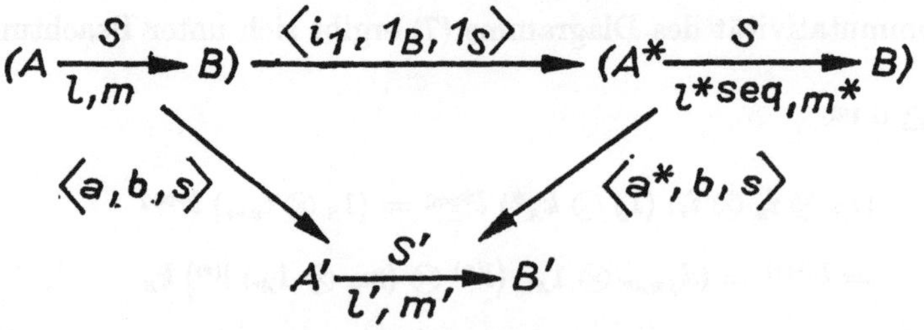

(13)

(von Ausgabemonoid-Automaten-Homomorphismen) besteht. Dies ergibt sich unmittelbar aus der Tatsache, daß (12) ein Monoid-Automaten-Homomorphismus ist. Dazu ist die Kommutativität des folgenden Diagramms nachzuweisen.

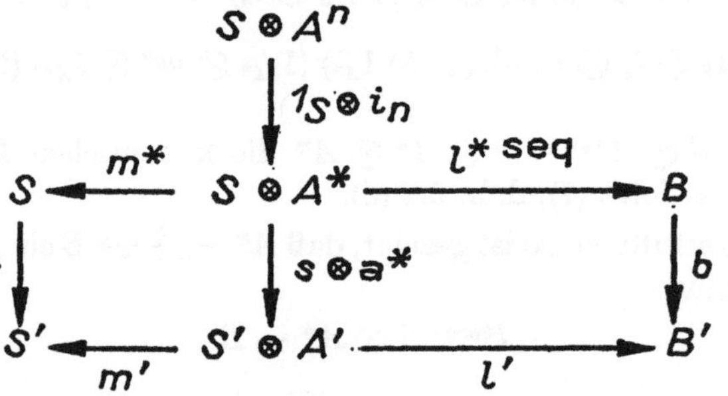

Damit ist gleichbedeutend die Gültigkeit der Gleichungen (für $n = 0, 1, 2, \ldots$)

$$m_n s = (s \otimes a_n)\, m', \tag{14}$$

$$l^{(n)} b = (s \otimes a_n)\, l'. \tag{15}$$

Offenbar ist (14) bzw. (15) für $n = 0$ gleichbedeutend mit

$$s = s(1_{S'} \otimes j_{A'})\, m' = (s \otimes j_{A'})\, m' = (s \otimes a_0)\, m'$$

bzw. (nach 5.2(6)) mit

$$l^{(0)} b = t_S j_B b = t_S j_{B'} = (s \otimes j_{A'})\, l' = (s \otimes a_0)\, l'.$$

Für $n = 1$ sind (14), (15) auf Grund der Voraussetzung (11) erfüllt.

Es sei (14) für ein $n \geqq 1$ richtig. Dann hat man

$$\begin{aligned} m_{n+1} s &= (m \otimes 1_{A^n})\, m_n s = (m \otimes 1_{A^n})\, (s \otimes a_n)\, m' \\ &= (ms \otimes a_n)\, m' = \big((s \otimes a)\, m' \otimes a_n\big)\, m' \\ &= (s \otimes a \otimes a_n)\, (m' \otimes 1_{A'})\, m' = (s \otimes a \otimes a_n)\, (1_{A'} \otimes k_{A'})\, m' \\ &= \big(s \otimes (a_1 \otimes a_n)\, k_A\big)\, m' = (s \otimes a_{n+1})\, m', \end{aligned}$$

d. h., es besteht (14) für $n + 1$ anstatt n und demnach für alle $n \geqq 0$.

Es gelte (15) für ein $n \geqq 1$. Dann ergibt sich aus (10):

$$\begin{aligned}
l^{(n+1)}b &= (d_{S\otimes A} \otimes 1_{A^n}) \big(l_1 \otimes (m \otimes 1_{A^n})\, l^{(n)}\big)\, k_B b \\
&= (d_{S\otimes A} \otimes 1_{A^n}) \big(l \otimes (m \otimes 1_{A^n})\, l^{(n)}\big) (b \otimes b)\, k_{B'} \\
&= (d_{S\otimes A} \otimes 1_{A^n}) \big(lb \otimes (m \otimes 1_{A^n})\, l^{(n)} b\big)\, k_{B'} \\
&= (d_{S\otimes A} \otimes 1_{A^n}) \big((s \otimes a)\, l' \otimes \big((s \otimes a)\, m' \otimes a_n\big)\, l'\big)\, k_{B'} \\
&= (d_{S\otimes A} \otimes 1_{A^n}) (s \otimes a \otimes s \otimes a \otimes a_n) (1_{S'A'} \otimes m' \otimes 1_{A'}) (l' \otimes l')\, k_{B'} \\
&= (s \otimes a \otimes a_n) (d_{S'\otimes A'} \otimes 1_{A'}) (1_{S'A'} \otimes m' \otimes 1_{A'}) (l' \otimes l')\, k_{B'} \\
&= (s \otimes a \otimes a_n) (1_{S'} \otimes k_{A'})\, l' = \big(s \otimes (a \otimes a_n)\, k_{A'}\big)\, l' \\
&= (s \otimes a_{n+1})\, l',
\end{aligned}$$

d. h. (15) mit $n + 1$ anstatt n. Somit gilt (15) stets.

(b) folgt aus (a) in Verbindung mit 5.2.1. ■

Zu einem gegebenen $\mathcal{K}$-Ausgabe-Monoid-Automaten $A \xrightarrow[l,m]{S} B$ heißt $A^* \xrightarrow[l^{*\text{seq}},m^*]{S} B$ der von $A \xrightarrow[l,m]{S} B$ *frei* (bezüglich des Homomorphismus

$$\left(A \xrightarrow[l,m]{S} B\right) \xrightarrow[1_A,1_B]{1_S} \left(A^* \xrightarrow[l^{*\text{seq}},m^*]{S} B\right)\Big)$$

erzeugte $\mathcal{K}$-Monoid-Automat. Zu gegebenem $\mathcal{K}$-Automaten $A \xrightarrow[l,m]{S} B$ wird $A^* \xrightarrow[(li_B)^{*\text{seq}},m^*]{S} B^*$ der von $A \xrightarrow[l,m]{S} B$ *frei* (bezüglich des $\mathcal{K}$-Automaten-Homomorphismus

$$\left(A \xrightarrow[l,m]{S} B\right) \xrightarrow[i_A,i_B]{1_S} \left(A^* \xrightarrow[l^{*\text{seq}},m^*]{S} B^*\right)\Big)$$

erzeugte $\mathcal{K}$-Monoid-Automat genannt.

Dabei ist $i_A\colon A \to A^*$ bzw. $i_B\colon B \to B^*$ die kanonische Injektion. Der Verhaltensmorphismus $(li_B)^{*\text{seq}}\colon S \otimes A^* \to B^*$ des Ausgabemonoid-Automaten $A \xrightarrow[li_B,m]{S} B^*$ wird auch als der *Verhaltensmorphismus* des Automaten $A \xrightarrow[l,m]{S} B$ bezeichnet.

5.4. Serien- und Parallelschaltung von Monoid-Automaten

Die Serienschaltung bzw. Parallelschaltung

$$\left(A \xrightarrow[l,m]{S} B\right) \left(B \xrightarrow[l',m']{S'} C\right) = A \xrightarrow[l'',m'']{S'\otimes S} C$$

bzw.

$$\left(A \xrightarrow[l,m]{S} B\right) \otimes \left(A' \xrightarrow[l',m']{S'} B'\right) = A \otimes A' \xrightarrow[l'',m'']{S\otimes S'} B \otimes B'$$

zweier Monoid-Automaten $A \xrightarrow[l,m]{S} B$, $B \xrightarrow[l',m']{S'} C$ bzw. $A \xrightarrow[l,m]{S} B$, $A' \xrightarrow[l',m']{S'} B'$ in einer *hdt*-symmetrischen Kategorie $\mathcal{K}$ ist wie für Mealy-Automaten (vgl. den Beweis von A 5.3.1 bzw. 1.1) definiert.

5.4.1. *Die Serienschaltung bzw. Parallelschaltung von $\mathcal{X}$-Monoid-Automaten in einer dt-symmetrischen Kategorie ist wieder ein $\mathcal{X}$-Monoid-Automat.*

Beweis. Serienschaltung:

Zuerst wird nachgewiesen, daß $\langle S' \otimes S, m'' \rangle$ ein unitäres A-Rechtssystem in $\mathcal{X}$ ist, d. h. daß die Gleichungen

$$(1_{S'S} \otimes k_A)\, m'' = (m'' \otimes 1_A)\, m'', \tag{1}$$

$$(1_{S'S} \otimes j_A)\, m'' = 1_{S'S} \tag{2}$$

erfüllt sind.
Es ist

$$\begin{aligned}
&(d_A \otimes 1_B)(1_A \otimes d_{A\otimes B}) = (d_A \otimes 1_B)(1_A \otimes d_A \otimes d_B)(1_{AA} \otimes c_{AB} \otimes 1_B)\\
&= \big(d_A(1_A \otimes d_A) \otimes d_B\big)(1_{AA} \otimes c_{AB} \otimes 1_B)\\
&= \big(d_A(d_A \otimes 1_A) \otimes d_B\big)(1_{AA} \otimes c_{AB} \otimes 1_B)\\
&= (d_A \otimes d_B)(d_A \otimes 1_A \otimes 1_{BB})(1_{AA} \otimes c_{AB} \otimes 1_B)\\
&= (d_A \otimes d_B)(d_A \otimes c_{AB} \otimes 1_B)\\
&= (d_A \otimes d_B)(1_A \otimes c_{AB} \otimes 1_B)(d_A \otimes 1_{BAB})\\
&= d_{AB}(d_A \otimes 1_{BAB}).
\end{aligned} \tag{3}$$

Ersetzt man hierin A, B bzw. durch $S \otimes A, A$, so erhält man

$$d_{S\otimes A\otimes A}(d_{S\otimes A} \otimes 1_{ASAA}) = (d_{S\otimes A} \otimes 1_A)(1_{SA} \otimes d_{S\otimes A\otimes A}). \tag{4}$$

Man findet:

$$\begin{aligned}
&(1_{S'S} \otimes k_A)\, m''\\
&= (1_{S'S} \otimes k_A)(1_{S'} \otimes d_{S\otimes A})(1_{S'} \otimes l \otimes m)(m' \otimes 1_S)\\
&= \big(1_{S'} \otimes d_{S\otimes A\otimes A}(1_S \otimes k_A \otimes 1_S \otimes k_A)\big)(1_{S'} \otimes l \otimes m)(m' \otimes 1_S)\\
&= (1_{S'} \otimes d_{S\otimes A\otimes A})(1_{S'S} \otimes k_A \otimes 1_S \otimes k_A)(1_{S'} \otimes l \otimes m)(m' \otimes 1_S)\\
&= (1_{S'} \otimes d_{S\otimes A\otimes A})\big(1_{S'} \otimes (1_S \otimes k_A)\, l \otimes (1_S \otimes k_A)\, m\big)(m' \otimes 1_S)\\
&= (1_{S'} \otimes d_{S\otimes A\otimes A})\big(1_{S'} \otimes (d_{S\otimes A} \otimes 1_A)(1_{SA} \otimes m \otimes 1_A)(l \otimes l)\, k_B\\
&\quad \otimes (m \otimes 1_A)\, m\big)(m' \otimes 1_S)\\
&= (1_{S'} \otimes d_{S\otimes A\otimes A}(d_{S\otimes A} \otimes 1_A \otimes m \otimes 1_A))\\
&\quad \cdot \big(1_{S'} \otimes (1_{SA} \otimes m \otimes 1_A)(l \otimes l) \otimes m\big)(1_{S'} \otimes k_B \otimes 1_S)(m' \otimes 1_S)\\
&= \big(1_{S'} \otimes d_{S\otimes A\otimes A}(d_{S\otimes A} \otimes 1_{ASAA})(1_{SASAA} \otimes m \otimes 1_A)\big)\\
&\quad \cdot \big(1_{S'} \otimes (1_{SA} \otimes m \otimes 1_A)(l \otimes l) \otimes m\big)\big((m' \otimes 1_B)\, m' \otimes 1_S\big)\\
&= \big(1_{S'} \otimes d_{S\otimes A\otimes A}(d_{S\otimes A} \otimes 1_{ASAA})\big)(1_{S'SASAA} \otimes m \otimes 1_A)\\
&\quad \cdot \big(1_{S'} \otimes (l \otimes m \otimes 1_A)(1_B \otimes l) \otimes m\big)(m' \otimes 1_{BS})(m' \otimes 1_S)
\end{aligned}$$

$$= \big(1_{S'} \otimes (d_{S\otimes A} \otimes 1_A)(1_{SA} \otimes d_{S\otimes A\otimes A})\big)(1_{S'SASAA} \otimes m \otimes 1_A)$$
$$\cdot (1_{S'} \otimes l \otimes m \otimes 1_{ASA})(m' \otimes l \otimes m)(m' \otimes 1_S)$$
$$= \big(1_{S'} \otimes (d_{S\otimes A} \otimes 1_A)(1_{SA} \otimes d_{S\otimes A\otimes A})\big)(1_{S'} \otimes l \otimes m \otimes 1_A \otimes m \otimes 1_A)$$
$$\cdot (m' \otimes 1_{SASA})(1_{S'} \otimes l \otimes m)(m' \otimes 1_S)$$
$$= (1_{S'} \otimes d_{S\otimes A} \otimes 1_A)\big((1_{S'} \otimes l)m' \otimes d_{S\otimes A\otimes A}(m \otimes 1_A \otimes m \otimes 1_A)\big)$$
$$\cdot (1_{S'} \otimes l \otimes m)(m' \otimes 1_S)$$
$$= (1_{S'} \otimes d_{S\otimes A} \otimes 1_A)(1_{S'} \otimes l \otimes m \otimes 1_A)(m' \otimes 1_{SA})$$
$$\cdot (1_{S'} \otimes d_{S\otimes A})(1_{S'} \otimes l \otimes m)(m' \otimes 1_S)$$
$$= (m'' \otimes 1_A)\, m''.$$

Damit ist (1) bewiesen. (2) folgt so:

$$(1_{S'S} \otimes j_A)\, m''$$
$$= (1_{S'S} \otimes j_A)(1_{S'} \otimes d_{S\otimes A})(1_{S'} \otimes l \otimes m)(m' \otimes 1_S)$$
$$= \big(1_{S'} \otimes d_S(1_S \otimes j_A \otimes 1_S \otimes j_A)(l \otimes m)\big)(m' \otimes 1_S)$$
$$= \big(1_{S'} \otimes d_S(t_S j_B \otimes 1_S)\big)(m' \otimes 1_S)$$
$$= \big(1_{S'} \otimes d_S(t_S \otimes 1_S)(j_B \otimes 1_S)\big)(m' \otimes 1_S)$$
$$= (1_{S'} \otimes j_B)\, m' \otimes 1_S = 1_{S'S}.$$

Weiter ist die Kommutativität der Diagramme (5), (6) von 5.2 für die Serienschaltung, d. h. die Gültigkeit der Gleichungen

$$(1_{S'S} \otimes k_A)\, l'' = (d_{S'\otimes S\otimes A} \otimes 1_A)(1_{S'SA} \otimes m'' \otimes 1_A)(l'' \otimes l'')\, k_C, \tag{5}$$

$$(1_{S'S} \otimes j_A)\, l'' = t_{S'\otimes S_{j_C}} \tag{6}$$

nachzuweisen. (6) folgt gemäß

$$(1_{S'S} \otimes j_A)\, l'' = (1_{S'S} \otimes j_A)(1_{S'} \otimes l)\, l'$$
$$= \big(1_{S'} \otimes (1_S \otimes j_A)\, l\big)\, l' = (1_{S'} \otimes t_S j_B)\, l'$$
$$= (1_{S'} \otimes t_S)(1_{S'} \otimes j_B)\, l' = (1_{S'} \otimes t_S)\, t_{S'} j_C$$
$$= t_{S'\otimes S}\, j_C.$$

Analog zu (3) beweist man

$$(1_A \otimes d_B)(d_{A\otimes B} \otimes 1_B) = d_{A\otimes B}(1_{ABA} \otimes d_B). \tag{7}$$

Damit ergibt sich die Beziehung (5) wie folgt:

$$(d_{S'\otimes S\otimes A} \otimes 1_A)(1_{S'SA} \otimes m'' \otimes 1_A)(l'' \otimes l'')\, k_C$$
$$= (d_{S'\otimes S\otimes A} \otimes 1_A)\big(1_{S'SA} \otimes (1_{S'} \otimes d_{S\otimes A})(1_{S'} \otimes l \otimes m)(m' \otimes 1_S) \otimes 1_A\big)$$
$$\cdot \big((1_{S'} \otimes l)\, l' \otimes (1_{S'} \otimes l)\, l'\big)\, k_C$$

$$= (d_{S'\otimes S\otimes A} \otimes 1_A)(1_{S'SAS'} \otimes d_{S\otimes A} \otimes 1_A)(1_{S'SAS'} \otimes l \otimes m \otimes 1_A)$$
$$\cdot (1_{S'} \otimes l \otimes 1_{S'B} \otimes l)(1_{S'B} \otimes m' \otimes 1_B)(l' \otimes l')\, k_C$$
$$= (1_{S'} \otimes d_{S\otimes A} \otimes 1_A)(d_{S'\otimes S\otimes A} \otimes 1_{SAA})(1_{S'} \otimes l \otimes 1_{S'} \otimes l \otimes m \otimes 1_A)$$
$$\cdot (1_{S'BS'B} \otimes l)(1_{S'B} \otimes m' \otimes 1_B)(l' \otimes l')\, k_C$$
$$= \big(1_{S'} \otimes d_{S\otimes A} \otimes 1_A)(1_{S'} \otimes l \otimes (m \otimes 1_A)\, l\big)$$
$$\cdot (d_{S'\otimes B} \otimes 1_B)(1_{S'B} \otimes m' \otimes 1_B)(l' \otimes l')\, k_C$$
$$= \big(1_{S'} \otimes (d_{S\otimes A} \otimes 1_A)(1_{SA} \otimes m \otimes 1_A)(l \otimes l)\, k_B\big)\, l'$$
$$= (1_{S'S} \otimes k_A)(1_{S'} \otimes l)\, l' = (1_{S'S} \otimes k_A)\, l''.$$

Parallelschaltung: Hierfür ist die Behauptung eine Folge von 4.2.1 und Aufgabe 4.6.2. ■

Da die Serienschaltung von Monoid-Automaten hinsichtlich der Überführungs- und Ergebnismorphismen nach der gleichen Vorschrift gebildet wird wie für die unterliegenden Mealy-Automaten, so folgt aus 1.5.2 und 5.4.1:

5.4.2. *Die $\mathscr{K}$-Monoid-Automaten in einer dt-symmetrischen Kategorie $\mathscr{K}$ bilden bezüglich der Serienschaltung eine Kategorie $\mathscr{K}$-Maut$^{\rightarrow}$.* ■

5.5. Das Verhalten der Serienschaltung

Es sei $\mathscr{K}$ eine *dt*-symmetrische Kategorie.

Wir betrachten die Gesamtheit $\mathscr{K}$-*Famaut*$^{\rightarrow}$ aller $\mathscr{K}$-Ausgabemonoid-Automaten der Form $A \xrightarrow[l,m]{S} B^*$, wo B^* das von $B \in \operatorname{ob} \mathscr{K}$ frei erzeugte $\mathscr{K}$-Monoid bezeichnet.

Als *Serienschaltung* zweier $\mathscr{K}$-Ausgabemonoid-Automaten $A \xrightarrow[l,m]{S} B^*$, $B \xrightarrow[l',m']{S'} C^*$ aus $\mathscr{K}$-*Famaut*$^{\rightarrow}$ definieren wir den Ausdruck

$$\big(A \xrightarrow[l,m]{S} B^*\big)\big(B \xrightarrow[l',m']{S'} C^*\big) = \big(A \xrightarrow[l,m]{S} B^*\big)\big(B^* \xrightarrow[l'^{*\mathrm{seq}},m'^{*}]{S'} C^*\big), \tag{1}$$

wobei $B^* \xrightarrow[l'^{*\mathrm{seq}},m'^{*}]{S'} C^*$ den von $B \xrightarrow[l',m']{S'} C^*$ frei erzeugten $\mathscr{K}$-Monoid-Automaten bezeichnet und auf der rechten Seite von (1) die Serienschaltung von Mealy-Automaten zu verwenden ist.

5.5.1. *Für eine dt-symmetrische Kategorie $\mathscr{K}$ ist $\mathscr{K}$-Famaut$^{\rightarrow}$ (bezüglich der Serienschaltung) eine Kategorie und*

$$F\colon \mathscr{K}\text{-}Famaut^{\rightarrow} \to \mathscr{K}\text{-}Maut^{\rightarrow},$$

$$A \xrightarrow[l,m]{S} B^* \mapsto A^* \xrightarrow[l^{*\mathrm{seq}},m^{*}]{S} B^*,$$

wobei $A^* \xrightarrow[l^{*\mathrm{seq}},m^{*}]{S} B^*$ den von $A \xrightarrow[l,m]{S} B^*$ frei erzeugten Monoid-Automaten in $\mathscr{K}$ bezeichnet, ein Funktor.

Beweis. Wir zeigen zuerst die Gültigkeit der Beziehung

$$F\left(\left(A \xrightarrow[l,m]{S} B^*\right)\left(B \xrightarrow[l',m']{S'} C^*\right)\right) = F\left(A \xrightarrow[l,m]{S} B^*\right) F\left(B \xrightarrow[l',m']{S'} C^*\right). \quad (2)$$

Die rechte Seite von (2) lautet:

$$\left(A^* \xrightarrow[l^{*\mathrm{seq}},m^*]{S} B^*\right)\left(B^* \xrightarrow[l'^{*\mathrm{seq}},m'^*]{S'} C^*\right) = A^* \xrightarrow[l''',m''']{S'\otimes S} C^*,$$

mit

$$l''' = (1_{S'} \otimes l^{*\mathrm{seq}})\, l'^{*\mathrm{seq}} \colon S' \otimes S \otimes A^* \to C^*, \quad (3)$$

$$m''' = \left(1_{S'} \otimes d_{S\otimes A^*}(l^{*\mathrm{seq}} \otimes m^*)\right)(m'^* \otimes 1_S) \colon S' \otimes S \otimes A^* \to S' \otimes S. \quad (4)$$

Für die linke Seite von (2) ergibt sich:

$$F\left(\left(A \xrightarrow[l,m]{S} B^*\right)\left(B^* \xrightarrow[l'^{*\mathrm{seq}},m'^*]{S'} C^*\right)\right)$$

$$= F\left(A \xrightarrow[l'',m'']{S'\otimes S} C^*\right) = A^* \xrightarrow[l''^{*\mathrm{seq}},m''^*]{S'\otimes S} C^*,$$

mit

$$l'' = (1_{S'} \otimes l)\, l'^{*\mathrm{seq}} \colon S' \otimes S \otimes A \to C^*, \quad (5)$$

$$m'' = \left(1_{S'} \otimes d_{S\otimes A}(l \otimes m)\right)(m'^* \otimes 1_S) \colon S' \otimes S \otimes A \to S' \otimes S. \quad (6)$$

Die Beziehung (2) ist daher gleichbedeutend mit

$$l''^{*\mathrm{seq}} = l''', \quad (7)$$

$$m''^* = m''', \quad (8)$$

sowie mit

$$l''^{(n)} = (1_{S'S} \otimes i_n)\, l''', \quad (9)$$

$$m''_n = (1_{S'S} \otimes i_n)\, m''' \quad (10)$$

für alle $n = 0, 1, 2, \ldots$ Dabei sind $i_n \colon A^n \to A^*$, $n = 0, 1, 2, \ldots$, die kanonischen Injektionen.

Wir beweisen zuerst die Gültigkeit von (10) durch Induktion nach n. Für $n = 0$ hat man

$$\begin{aligned}
&(1_{S'S} \otimes i_0)\, m''' \\
&= \left(1_{S'} \otimes (1_S \otimes j_{A^*})\, d_{S\otimes A^*}(l^{*\mathrm{seq}} \otimes m^*)\right)(m'^* \otimes 1_S) \\
&= \left(1_{S'} \otimes d_S(1_S \otimes j_{A^*} \otimes 1_S \otimes j_{A^*})\,(l^{*\mathrm{seq}} \otimes m^*)\right)(m'^* \otimes 1_S) \\
&= \left(1_{S'} \otimes d_S\left((1_S \otimes j_{A^*})\, l^{*\mathrm{seq}} \otimes (1_S \otimes j_{A^*})\, m^*\right)\right)(m'^* \otimes 1_S) \\
&= \left(1_{S'} \otimes d_S(t_S j_{B^*} \otimes 1_S)\right)(m'^* \otimes 1_S) \\
&= \left(1_{S'} \otimes d_S(t_S \otimes 1_S)\,(j_{B^*} \otimes 1_S)\right)(m'^* \otimes 1_S) \\
&= (1_{S'} \otimes j_{B^*} \otimes 1_S)(m'^* \otimes 1_S) \\
&= (1_{S'} \otimes j_{B^*})\, m'^* \otimes 1_S = 1_{S'S} = m_0''.
\end{aligned}$$

Für $n \geqq 0$ ist

$$
\begin{aligned}
&(1_{S'S} \otimes i_n)\, m''' \\
&= \big(1_{S'} \otimes (1_S \otimes i_n)\, d_{S \otimes A^*}\, (l^{*\mathrm{seq}} \otimes m^*)\big)\, (m'^* \otimes 1_S) \\
&= \big(1_{S'} \otimes d_{S \otimes A^n}(1_S \otimes i_n \otimes 1_S \otimes i_n)\, (l^{*\mathrm{seq}} \otimes m^*)\big)\, (m'^* \otimes 1_S) \\
&= (1_{S'} \otimes d_{S \otimes A^n})\, \big(1_{S'} \otimes (1_S \otimes i_n)\, l^{*\mathrm{seq}} \otimes (1_S \otimes i_n)\, m^*\big)\, (m'^* \otimes 1_S) \\
&= (1_{S'} \otimes d_{S \otimes A^n})\, (1_{S'} \otimes l^{(n)} \otimes m_n)\, (m'^* \otimes 1_S) \\
&= \big(1_{S'} \otimes d_{S \otimes A^n}(l^{(n)} \otimes m_n)\big)\, (m'^* \otimes 1_S).
\end{aligned} \tag{11}
$$

Es sei (10) für einen Index $n \geqq 0$ bewiesen.
Dann ist zufolge (11) und 5.4 (3):

$$
\begin{aligned}
&(1_{S'S} \otimes i_{n+1})\, m''' \\
&= \big(1_{S'} \otimes d_{S \otimes A^{n+1}}\big((d_{S \otimes A^n} \otimes 1_A)\, (l^{(n)} \otimes l_{n+1})\, k_{B^*} \otimes m_{n+1}\big)\big)\, (m'^* \otimes 1_S) \\
&= \big(1_{S'} \otimes d_{S \otimes A^{n+1}}\big((d_{S \otimes A^n} \otimes 1_A)\, (l^{(n)} \otimes m_n \otimes 1_A)\, (1_{B^*} \otimes l)\, k_{B^*} \\
&\quad \otimes (m_n \otimes 1_A)\, m\big)\big)\, (m'^* \otimes 1_S) \\
&= \big(1_{S'} \otimes d_{S \otimes A^{n+1}}\big((d_{S \otimes A^n} \otimes 1_A)\, (l^{(n)} \otimes m_n \otimes 1_A) \otimes m_n \otimes 1_A\big) \\
&\quad \cdot \big((1_{B^*} \otimes l)\, k_{B^*} \otimes m\big)\big)\, (m'^* \otimes 1_S) \\
&= \big(1_{S'} \otimes d_{S \otimes A^{n+1}}\big(d_{S \otimes A^n}(l^{(n)} \otimes m_n) \otimes 1_A \otimes m_n \otimes 1_A\big) \\
&\quad \cdot \big((1_{B^*} \otimes l)\, k_{B^*} \otimes m\big)\big)\, (m'^* \otimes 1_S) \\
&= \big(1_{S'} \otimes d_{S \otimes A^{n+1}}\, (d_{S \otimes A^n} \otimes 1_{ASA^{n+1}})\, (l^{(n)} \otimes m_n \otimes 1_A \otimes m_n \otimes 1_A) \\
&\quad \cdot \big((1_{B^*} \otimes l)\, k_{B^*} \otimes m\big)\big)\, (m'^* \otimes 1_S) \\
&= \big(1_{S'} \otimes (d_{S \otimes A^n} \otimes 1_A)\, (1_{SA^n} \otimes d_{S \otimes A^{n+1}})\, (l^{(n)} \otimes m_n \otimes 1_A \otimes m_n \otimes 1_A) \\
&\quad \cdot \big((1_{B^*} \otimes l)\, k_{B^*} \otimes m\big)\big)\, (m'^* \otimes 1_S) \\
&= \big(1_{S'} \otimes (d_{S \otimes A^n} \otimes 1_A)\big)\, \big(l^{(n)} \otimes (m_n \otimes 1_A)\, d_{S \otimes A}\big)\, \big((1_{B^*} \otimes l)\, k_{B^*} \otimes m\big)\, (m'^* \otimes 1_S) \\
&= \big(1_{S'} \otimes d_{S \otimes A^n}(l'^{(n)} \otimes m_n) \otimes 1_A\big)\, (1_{S'B^*} \otimes d_{S \otimes A}) \\
&\quad \cdot (1_{S'B^*} \otimes l \otimes m)\, \big((1_{S'} \otimes k_{B^*})\, m'^* \otimes 1_S\big) \\
&= \big(1_{S'} \otimes d_{S \otimes A^n}(l^{(n)} \otimes m_n) \otimes 1_A\big)\, \big(1_{S'B^*} \otimes d_{S \otimes A}(l \otimes m)\big)\, \big((m'^* \otimes 1_{B^*})\, m'^* \otimes 1_S\big) \\
&= \big(1_{S'} \otimes d_{S \otimes A^n}(l^{(n)} \otimes m_n) \otimes 1_A\big)\, \big(m'^* \otimes d_{S \otimes A}(l \otimes m)\big)\, (m'^* \otimes 1_S) \\
&= \big(1_{S'} \otimes d_{S \otimes A^n}(l^{(n)} \otimes m_n) \otimes 1_A\big)\, (m'^* \otimes 1_{SA})\, \big(1_{S'} \otimes d_{S \otimes A}(l \otimes m)\big)\, (m'^* \otimes 1_S) \\
&= \big((1_{S'S} \otimes i_n)\, m''' \otimes 1_A\big)\, m'' = (m_n'' \otimes 1_A)\, m'' = m_{n+1}''.
\end{aligned}
$$

Daher gilt (10) auch für $n + 1$ anstatt n und somit für alle $n \geqq 0$.

Für $n = 0$ ist (9) erfüllt, da

$$(1_{S'S} \otimes i_0)\, l''' = \big(1_{S'} \otimes (1_S \otimes i_0)\, l^{*\text{seq}}\big)\, l'^{*\text{seq}}$$
$$= (1_{S'} \otimes t_S j_{B^*})\, l'^{*\text{seq}} = (1_{S'} \otimes t_S)\,(1_{S'} \otimes j_{B^*})\, l'^{*\text{seq}}$$
$$= (1_{S'} \otimes t_S)\, t_{S'} j_{C^*} = t_{S' \otimes S} j_{C^*} = l''^{(0)}.$$

Für $n = 1$ ist (9) erfüllt wegen

$$(1_{S'S} \otimes i_1)\, l''' = \big(1_{S'} \otimes (1_S \otimes i_1)\, l^{*\text{seq}}\big)\, l'^{*\text{seq}}$$
$$= (1_{S'} \otimes l)\, l'^{*\text{seq}} = l'' = l''^{(1)}.$$

Für $n \geqq 0$ gilt:

$$(1_{S'S} \otimes i_n)\, l'''$$
$$= \big(1_{S'} \otimes (1_S \otimes i_n)\, l^{*\text{seq}}\big)\, l'^{*\text{seq}}$$
$$= (1_{S'} \otimes l^{(n)})\, l'^{*\text{seq}}. \tag{12}$$

Auf Grund von (10), (11) besteht für $n \geqq 0$ die Gleichung

$$m_n'' = \big(1_{S'} \otimes d_{S \otimes A^n}(l^{(n)} \otimes m_n)\big)\,(m'^* \otimes 1_S). \tag{13}$$

Damit erhält man für $n \geqq 0$:

$$l''_{n+1} = (m_n'' \otimes 1_A)\, l''$$
$$= \big(1_{S'} \otimes d_{S \otimes A^n}(l^{(n)} \otimes m_n) \otimes 1_A\big)\,(m'^* \otimes 1_{SA})\,(1_{S'} \otimes l)\, l'^{*\text{seq}}$$
$$= (1_{S'} \otimes d_{S \otimes A^n} \otimes 1_A)\,(1_{S'} \otimes l^{(n)} \otimes m_n \otimes 1_A)\,(m'^* \otimes l)\, l'^{*\text{seq}}$$
$$= (1_{S'} \otimes d_{S \otimes A^n} \otimes 1_A)\,\big((1_{S'} \otimes l^{(n)})\, m'^* \otimes (m_n \otimes 1_A)\, l\big)\, l'^{*\text{seq}}$$
$$= (1_{S'} \otimes d_{S \otimes A^n} \otimes 1_A)\,\big((1_{S'} \otimes l^{(n)})\, m'^* \otimes l_{n+1}\big)\, l'^{*\text{seq}}. \tag{14}$$

Es sei (9) für einen Index $n \geqq 0$ bewiesen. Dann ergibt sich aus (12), (14) und 5.4 (7):

$$(1_{S'S} \otimes i_{n+1})\, l''' = (1_{S'} \otimes l^{(n+1)})\, l'^{*\text{seq}}$$
$$= (1_{S'} \otimes d_{S \otimes A^n} \otimes 1_A)\,(1_{S'} \otimes l^{(n)} \otimes l_{n+1})\,(1_{S'} \otimes k_{B^*})\, l'^{*\text{seq}}$$
$$= (1_{S'} \otimes d_{S \otimes A^n} \otimes 1_A)\,(1_{S'} \otimes l^{(n)} \otimes l_{n+1})$$
$$\cdot (d_{S' \otimes B^*} \otimes 1_{B^*})\,(1_{S'B^*} \otimes m'^* \otimes 1_{B^*})\,(l'^{*\text{seq}} \otimes l'^{*\text{seq}})\, k_{C^*}$$
$$= (1_{S'} \otimes d_{S \otimes A^n} \otimes 1_A)\,\big(d_{S' \otimes S \otimes A^n}(1_{S'} \otimes l^{(n)} \otimes 1_{S'} \otimes l^{(n)}) \otimes l_{n+1}\big)$$
$$\cdot (1_{S'B^*} \otimes m'^* \otimes 1_{B^*})\,(l'^{*\text{seq}} \otimes l'^{*\text{seq}})\big)\, k_{C^*}$$
$$= (1_{S'} \otimes d_{S \otimes A^n} \otimes 1_A)\,(d_{S' \otimes S \otimes A^n} \otimes 1_{SA^{n+1}})\,(1_{S'} \otimes l^{(n)} \otimes 1_{S'} \otimes l^{(n)} \otimes l_{n+1})$$
$$\cdot (1_{S'B^*} \otimes m'^* \otimes 1_{B^*})\,(l'^{*\text{seq}} \otimes l'^{*\text{seq}})\, k_{C^*}$$

$$= \big((1_{S'} \otimes d_{S\otimes A^n})\,(d_{S'\otimes S\otimes A^n} \otimes 1_{S\otimes A^n}) \otimes 1_A\big)\,(1_{S'} \otimes l^{(n)} \otimes 1_{S'} \otimes l^{(n)} \otimes l_{n+1})$$
$$\cdot\,(l'^{*\mathrm{seq}} \otimes (m'^{*} \otimes 1_{B*})\, l'^{*\mathrm{seq}})\, k_{C*}$$
$$= (d_{S'\otimes S\otimes A^n}(1_{S'SA^nS'} \otimes d_{S\otimes A^n}) \otimes 1_A)$$
$$\cdot\,\big((1_{S'} \otimes l^{(n)})\, l'^{*\mathrm{seq}} \otimes \big((1_{S'} \otimes l^{(n)})\, m'^{*} \otimes l_{n+1}\big)\, l'^{*\mathrm{seq}}\big)\, k_{C*}$$
$$= (d_{S'\otimes S\otimes A^n} \otimes 1_A)\,(1_{S'SA^nS'} \otimes d_{S\otimes A^n} \otimes 1_A)$$
$$\cdot\,\big(l''^{(n)} \otimes \big((1_{S'} \otimes l^{(n)})\, m'^{*} \otimes l_{n+1}\big)\, l'^{*\mathrm{seq}}\big)\, k_{C*}$$
$$= (d_{S'\otimes S\otimes A^n} \otimes 1_A)\,\big(l''^{(n)} \otimes (1_{S'} \otimes d_{S\otimes A^n} \otimes 1_A)\,\big((1_{S'} \otimes l^{(n)})\, m'^{*} \otimes l_{n+1}\big)\, l'^{*\mathrm{seq}}\big)\, k_{C*}$$
$$= (d_{S'\otimes S\otimes A^n} \otimes 1_A)\,(l''^{(n)} \otimes l''_{n+1})\, k_{C*} = l''^{(n+1)}.$$

Daher besteht (9) auch für $n + 1$ anstatt n und somit stets.

Unter Verwendung der Beziehung (2) läßt sich leicht nachweisen, daß die Serienschaltung in $\mathscr{K}$*-Famaut*$^{\rightarrow}$ assoziativ und $\mathscr{K}$*-Famaut*$^{\rightarrow}$ demnach eine Kategorie ist. Es seien

$$A \xrightarrow[l,m]{S} B^*,\quad B \xrightarrow[l',m']{S'} C^*,\quad C \xrightarrow[l'',m'']{S''} D^*$$

gegebene Ausgabemonoid-Automaten aus $\mathscr{K}$*-Famaut*$^{\rightarrow}$. Dann hat man

$$\Big(\big(A \xrightarrow[l,m]{S} B^*\big)\big(B \xrightarrow[l',m']{S'} C^*\big)\Big)\big(C \xrightarrow[l'',m'']{S''} D^*\big)$$
$$= \big(A \xrightarrow[l,m]{S} B^*\big)\, F\big(B \xrightarrow[l',m']{S'} C^*\big)\, F\big(C \xrightarrow[l'',m'']{S''} D^*\big)$$
$$= \big(A \xrightarrow[l,m]{S} B^*\big)\, F\Big(\big(B \xrightarrow[l',m']{S'} C^*\big)\big(C \xrightarrow[l'',m'']{S''} D^*\big)\Big)$$
$$= \big(A \xrightarrow[l,m]{S} B^*\big)\Big(\big(B \xrightarrow[l',m']{S'} C^*\big)\big(C \xrightarrow[l'',m'']{S''} D^*\big)\Big). \blacksquare$$

Es sei $\mathscr{K}$*-Aut*$^{\rightarrow}$ die Gesamtheit der Mealy-Automaten in $\mathscr{K}$. Zufolge 1.5.2 bildet $\mathscr{K}$*-Aut*$^{\rightarrow}$ bezüglich der Serienschaltung eine Kategorie (mit ob ($\mathscr{K}$*-Aut*$^{\rightarrow}$) = ob $\mathscr{K}$).

5.5.2. *Für eine dt-symmetrische Kategorie* $\mathscr{K}$ *ist*

$$F\colon \mathscr{K}\text{-}Aut^{\rightarrow} \to \mathscr{K}\text{-}Famaut^{\rightarrow},$$
$$A \xrightarrow[l,m]{S} B \mapsto A \xrightarrow[li_B,m]{S} B^*,$$

ein Funktor.

Dabei bezeichnet $A \xrightarrow[li_B,m]{S} B^*$ *(mit* $i_B\colon B \to B^*$ *als kanonischer Injektion) den von* $A \xrightarrow[l,m]{S} B$ *frei erzeugten* $\mathscr{K}$*-Ausgabemonoid-Automaten.*

Beweis. Es sei

$$\big(A \xrightarrow[l,m]{S} B\big)\big(B \xrightarrow[l',m']{S'} C\big) = A \xrightarrow[l'',m'']{S'\otimes S} C,$$
$$\big(A \xrightarrow[li_B,m]{S} B^*\big)\big(B \xrightarrow[l'i_C,m']{S'} C^*\big)$$
$$= \big(A \xrightarrow[li_B,m]{S} B^*\big)\big(B^* \xrightarrow[(l'i_C)^{*\mathrm{seq}},m'^*]{S'} C^*\big) = A \xrightarrow[l''',m''']{S'\otimes S} C^*.$$

Zu zeigen ist:

$$F\left(A \xrightarrow[l'',m'']{S'\otimes S} C\right) = A \xrightarrow[l''i_C,m'']{S'\otimes S} C^* = A \xrightarrow[l''',m''']{S'\otimes S} C^*,$$

d. h. $l''i_C = l''', m'' = m'''$.
Es ist

$$\begin{aligned} l''' &= (1_{S'} \otimes li_B)\,(l'i_C)^{*\text{seq}} \\ &= (1_{S'} \otimes l)\,(1_{S'} \otimes i_B)\,(l'i_C)^{*\text{seq}} \\ &= (1_{S'} \otimes l)\,l'i_C = l''\,i_C. \end{aligned}$$

Beachtet man die Beziehungen

$$m'' = \left(1_{S'} \otimes d_{S\otimes A}(l \otimes m)\right)(m' \otimes 1_S),\; m' = (1_{S'} \otimes i_B)\,m'^*,$$

so folgt:

$$\begin{aligned} m''' &= \left(1_{S'} \otimes d_{S\otimes A}(li_B \otimes m)\right)(m'^* \otimes 1_S) \\ &= \left(1_{S'} \otimes d_{S\otimes A}(l \otimes m)\,(i_B \otimes 1_S)\right)(m'^* \otimes 1_S) \\ &= \left(1_{S'} \otimes d_{S\otimes A}(l \otimes m)\right)(1_{S'} \otimes i_B \otimes 1_S)\,(m'^* \otimes 1_S) \\ &= \left(1_{S'} \otimes d_{S\otimes A}(l \otimes m)\right)\left((1_{S'} \otimes i_B)\,m'^* \otimes 1_S\right) = m''. \;\blacksquare \end{aligned}$$

Aus 5.5.1, 5.5.2 ergibt sich:

5.5.3. *Für eine dt-symmetrische Kategorie $\mathscr{K}$ vermittelt die Zuordnung, die jedem $\mathscr{K}$-Mealy-Automaten $A \xrightarrow[l,m]{S} B$ den von ihm frei erzeugten $\mathscr{K}$-Monoid-Automaten zuordnet, einen Funktor*

$$\mathscr{K}\text{-}Aut^{\rightarrow} \to \mathscr{K}\text{-}Maut^{\rightarrow}. \;\blacksquare$$

Im Hinblick auf 5.5.1, 5.5.3 hat man insbesondere die folgende Charakterisierung des Verhaltensmorphismus einer Serienschaltung:

5.5.4. *Es sei $\mathscr{K}$ eine dt-symmetrische Kategorie.*
Dann gilt: Der Verhaltensmorphismus der Serienschaltung zweier $\mathscr{K}$-Mealy-Automaten (bzw. zweier $\mathscr{K}$-Ausgabemonoid-Automaten aus $\mathscr{K}$-Famaut$^{\rightarrow}$) ist identisch mit dem Ergebnismorphismus der Serienschaltung der von den betreffenden Mealy-Automaten (bzw. Ausgabemonoid-Automaten) frei erzeugten $\mathscr{K}$-Monoid-Automaten. $\blacksquare$

5.6. Aufgaben

5.6.1. Man definiere die Schleifenoperation für $\mathscr{K}$-Monoid-Automaten nach den gleichen Formeln wie für $\mathscr{K}$-Mealy-Automaten, prüfe nach, ob der entstehende Mealy-Automat wieder ein Monoid-Automat ist, und untersuche die Frage der Gültigkeit eines zu 2.2.2 (b) (mit $R = S$) analogen Synthesesatzes.

5.6.2. In 5.5 wurde das Verhalten der Serienschaltung von MEALY-Automaten untersucht. Man löse die analoge Aufgabe für die Parallelschaltung von MEALY-Automaten und (im Hinblick auf 5.6.1) für die Schleifenoperation von MEALY-Automaten.

5.6.3. Die Parallelschaltung von $\mathcal{K}$-Ausgabemonoid-Automaten $A \xrightarrow[l,m]{S} B^*$, $A' \xrightarrow[l',m']{S'} B'^*$ aus $\mathcal{K}$-*Famaut* werden definiert gemäß

$$\left(A \xrightarrow[l,m]{S} B^*\right) \otimes \left(A' \xrightarrow[l',m']{S'} B'^*\right) = A \otimes A' \xrightarrow[l'' i_{B^* \otimes B'^*}, m'']{S \otimes S'} (B^* \otimes B'^*)^*, \tag{1}$$

wobei $A \otimes A' \xrightarrow[l'',m'']{S \otimes S'} B^* \otimes B'^*$ die Parallelschaltung der den $A \xrightarrow[l,m]{S} B^*$, $A' \xrightarrow[l',m']{S'} B'^*$ unterliegenden MEALY-Automaten und der auf der rechten Seite von (1) stehende Ausdruck den davon frei erzeugten Ausgabemonoid-Automaten bezeichnet.

Man studiere das Verhalten der Parallelschaltung von Ausgabemonoid-Automaten aus $\mathcal{K}$-*Famaut*, analog zu der in 5.5 für die Serienschaltung durchgeführten Untersuchung.

5.6.4. Man definiere nach einer ähnlichen Methode wie in 5.6.3 (1) im Falle der Parallelschaltung die Schleifenoperation von Ausgabemonoid-Automaten aus $\mathcal{K}$-*Famaut*, und hierfür untersuche man das zu 5.6.2 analoge Problem.

6. Schleifenfreie Dekomposition

6.1. Ein Zerlegungslemma

Es sei $\mathcal{K}$ eine *hdt*-symmetrische Kategorie.
Es sei $\langle a, b, r, s\rangle$ ein Homomorphismus zwischen $\mathcal{K}$-Mealymaten

$$\left(A \xrightarrow[l,m]{R,S} B\right) \xrightarrow[a,b]{r,s} \left(A' \xrightarrow[l',m']{R',S'} B'\right)$$

bzw. zwischen $\mathcal{K}$-Monomaten

$$\left(A \xrightarrow[f]{R,S} B\right) \xrightarrow[a,b]{r,s} \left(A' \xrightarrow[f']{R',S'} B'\right).$$

Der Homomorphismus $\langle a, b, r, s\rangle$ heißt eine *Reduktion*, wenn $A = A'$, $B = B'$ und

$$a = 1_A\colon A \to A, \quad b = 1_B\colon B \to B,$$
$$r\colon R \to R', \ s\colon S \to S'$$

Epimorphismen sind. Der Homomorphismus $\langle a, b, r, s\rangle$ heißt *m-Homomorphismus* (bzw. *m-Epimorphismus*), wenn $B' = I$, $b\colon B \to B' = t_B\colon B \to I$ (bzw. a, b, r, s Epimorphismen und $B' = I$) gilt.
Ein Morphismus $f\colon S \to S_1 \in \mathcal{K}$ heiße *begrenzt*, wenn Morphismen

$$u\colon S \to S_0, \quad v\colon S_0 \otimes S_1 \to S$$

und Morphismen

$$w\colon I \to S_1, \quad z\colon S_0 \to S$$

existieren, so daß folgende kommutativen Diagramme bestehen:

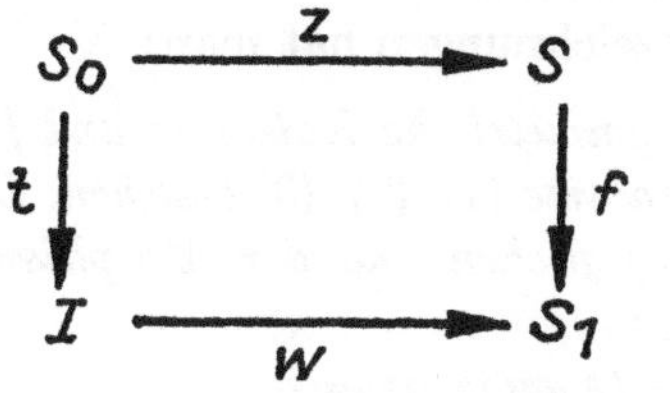

(1)

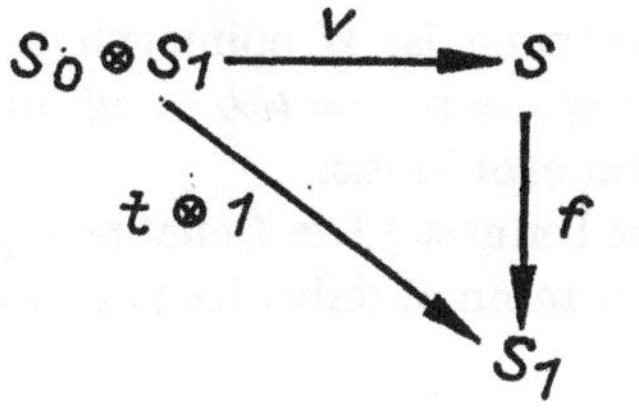

(2)

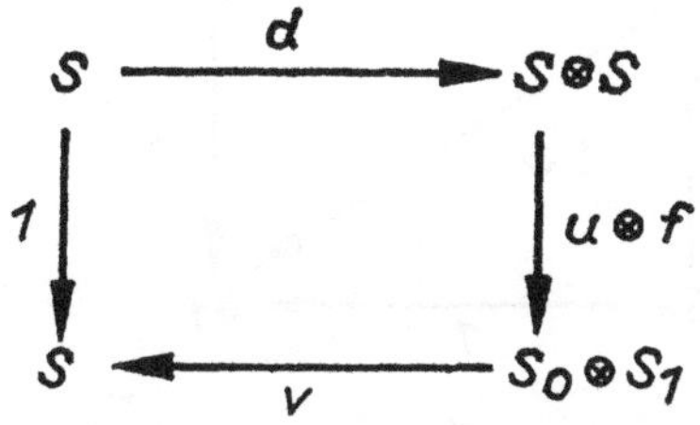

(3)

Zur Motivation dieses Begriffs betrachten wir die Kategorie $\mathscr{K} = Ens$ bezüglich des Produkts $\otimes$. Dann ist jede Abbildung $f\colon S \to S_1$, für welche wenigstens eine der Mengen S, S_1 endlich ist, begrenzt. Denn dann existiert $s_0 \in S_1$, so daß die Kardinalzahl card $f^{-1}(s_0)$ das Maximum aller card $f^{-1}(s)$ $(s \in S_1)$ ist. Daher lassen sich Abbildungen

$$u_s\colon f^{-1}(s) \to f^{-1}(s_0),\quad v_s\colon f^{-1}(s_0) \to f^{-1}(s) \ (s \in S_1)$$

inden, für welche die kommutativen Diagramme

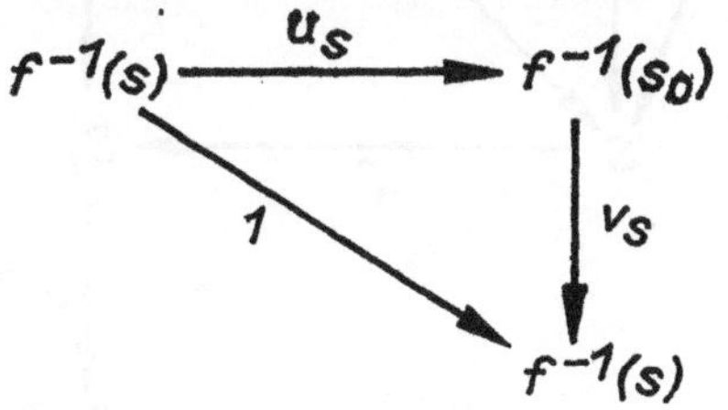

bestehen. Man setze $f^{-1}(s_0) = S_0$, $\{s_0\} = I$ und

$$u(r) = u_{f(r)}(r);\quad r \in S,$$

$$v(r, s) = v_s(r);\ r \in S_0,\ s \in S_1$$

$$w(s_0) = s_0,\quad z(r) = r;\quad r \in S_0.$$

Dann sind (1), (2), (3) erfüllt.

Ein Objekt $A \in \text{ob}\,\mathscr{K}$ werde *ausgeglichen* (*balanced*) genannt, wenn jeder Bimorphismus $A \to B$ ein Isomorphismus ist.

Mit den vorstehenden Bezeichnungen hat man:

6.1.1. *Es sei $\mathscr{K}$ eine hdt-symmetrische Kategorie und $f\colon S \to S_1 \in \mathscr{K}$ begrenzt, so daß die kommutativen Diagramme* (1), (2), (3) *bestehen. Dann gilt:*

(a) *Ist f epimorph, I ausgeglichen und der Morphismus $z\colon S_0 \to S$ in* (1) *ein Isomorphismus, so ist $S_1 \cong I$.*

(b) *Ist $S_0 \cong I$, so ist f ein Isomorphismus.*

Beweis. (a) Nach Voraussetzung ist zf epimorph und $w\colon I \to S_1$ monomorph. Aus $wa = wb$ und (1) folgt $zfa = twa = twb = zfb$ und $a = b$, d. h., w ist auch epimorph und damit ein Isomorphismus.

(b) (Hierbei wird (1) nicht benutzt.) Die Behauptung folgt aus der Kommutativität der nachstehenden Diagramme; dabei ist $j\colon I \to S_0$ ein Isomorphismus.

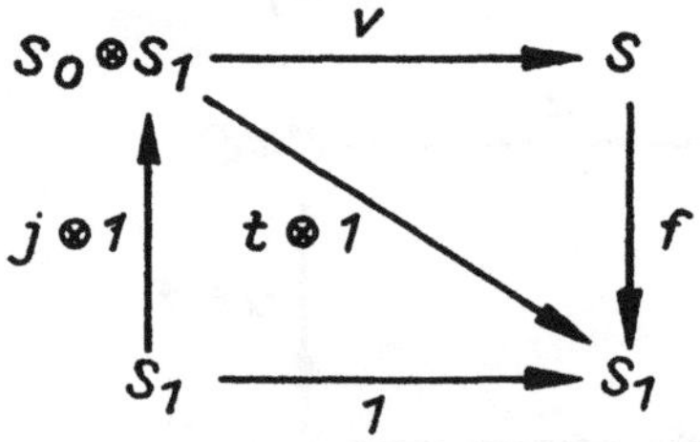

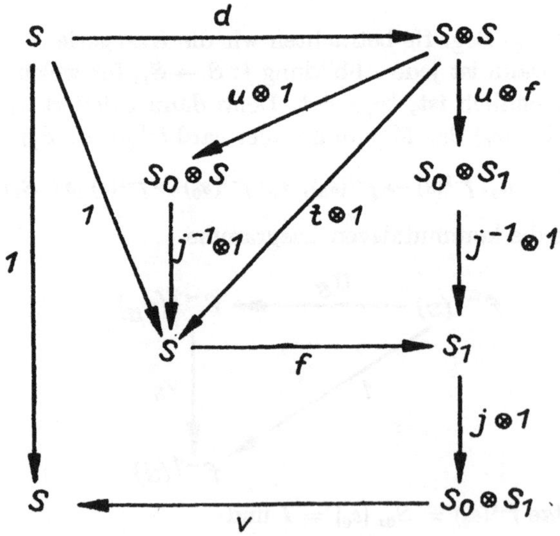

■

6.1.2. (*Zerlegungslemma*). *Es sei $\mathscr{K}$ eine dt-symmetrische Kategorie. Für einen m-Epimorphismus*

$$\left(A \xrightarrow[l,m]{R,S} B\right) \xrightarrow[a,b]{r,s} \left(A_1 \xrightarrow[l_1,m_1]{R_1,S_1} B_1\right)$$

mit begrenzten Morphismen r, s setze man

$$A_1' \xrightarrow[l_1',m_1']{R_1',S_1'} B_1' = A \xrightarrow[l_1',m_1']{R_1,S_1} R_1 \otimes A,$$

wobei $l_1' = 1_{R_1 \otimes A}$ *und* m_1' *entsprechend dem kommutativen Diagramm*

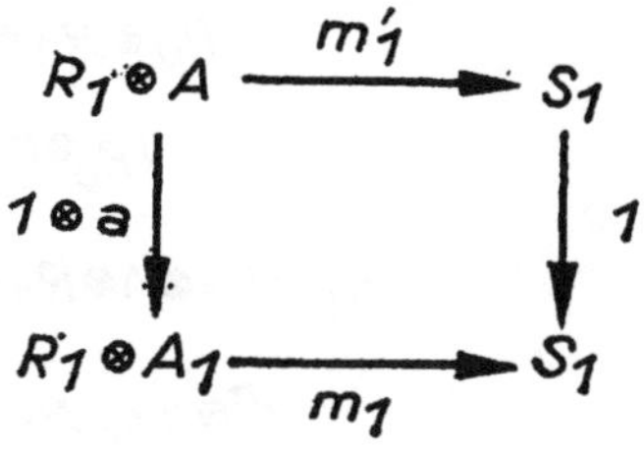

bestimmt ist.

Dann existiert ein Mealymat $A_2' \xrightarrow[l_2',m_2']{R_2',S_2'} B_2'$ *mit* $A_2' = B_1'$ *und für*

$$A' \xrightarrow[l',m']{R',S'} B' = \left(A_1' \xrightarrow[l_1',m_1']{R_1',S_1'} B_1'\right)\left(A_2' \xrightarrow[l_2',m_2']{R_2',S_2'} B_2'\right)$$

eine Reduktion

$$\left(A' \xrightarrow[l',m']{R',S'} B'\right) \xrightarrow[1,1]{r',s'} \left(A \xrightarrow[l,m]{R,S} B\right) \tag{4}$$

sowie ein Homomorphismus

$$\left(A \xrightarrow[l,m]{R,S} B\right) \xrightarrow[1,1]{r'',s''} \left(A' \xrightarrow[l',m']{R',S'} B'\right), \tag{5}$$

so daß gilt

$$\langle 1_A, 1_B, r'', s''\rangle \langle 1_A, 1_B, r', s'\rangle = \langle 1_A, 1_B, r''r', s''s'\rangle = \langle 1_A, 1_B, 1_R, 1_S\rangle.$$

B e w e i s. Man setze

$$A_2' \xrightarrow[l_2',m_2']{R_2',S_2'} B_2' = R_1 \otimes A \xrightarrow[l_2',m_2']{R_2',S_2'} B.$$

Da $r: R \to R_1$, $s: S \to S_1$ begrenzte Morphismen sind, so existieren Morphismen bzw. Monomorphismen

$$u^r: R \to R_0,\ v^r: R_0 \otimes R_1 \to R \quad \text{bzw.} \quad w^r: I \to R_1,\ z^r: R_0 \to R,$$

$$u^s: S \to S_0,\ v^s: S_0 \otimes S_1 \to S \quad \text{bzw.} \quad w^s: I \to S_1,\ z^s: S_0 \to S,$$

für welche bzw. (1), (2), (3) kommutativ sind.

Man setze

$$R_2' = R_0, \quad S_2' = S_0$$

und definiere l_2', m_2' gemäß dem nachstehenden kommutativen Diagramm.

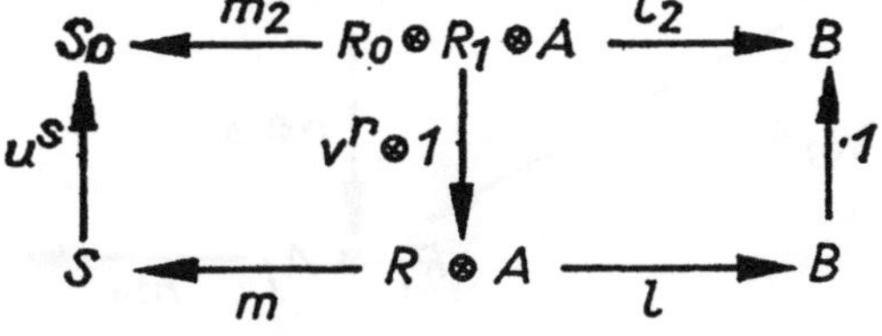

Nach Definition ist

$$A' \xrightarrow[l',m']{R',S'} B' = A \xrightarrow[l',m']{R_0\otimes R_1,S_0\otimes S_1} B$$

mit den durch die folgenden kommutativen Diagramme bestimmten Morphismen. l', m'.

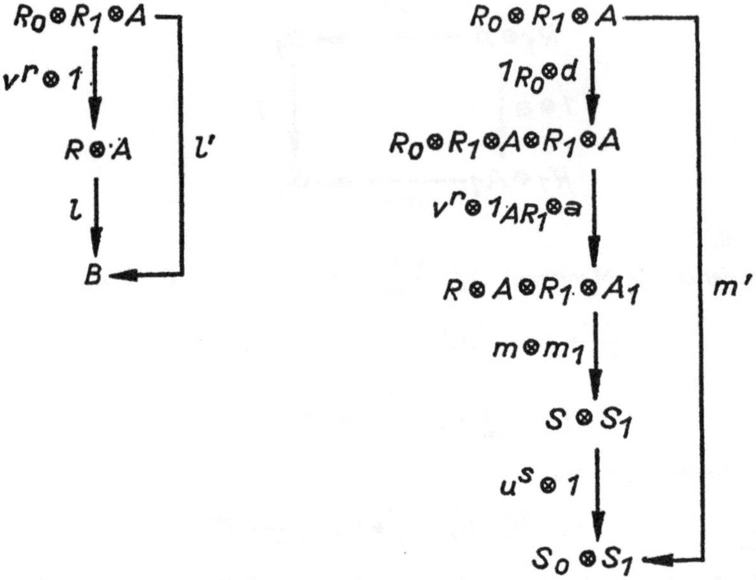

In (4) setze man $r' = v^r, s' = v^s$. Wie aus (3) hervorgeht, sind v^r, v^s Epimorphismen Die Homomorphie-Eigenschaft von $\langle 1_A, 1_B, r', s'\rangle$ ist gleichbedeutend mit der Kommutativität des Diagramms,

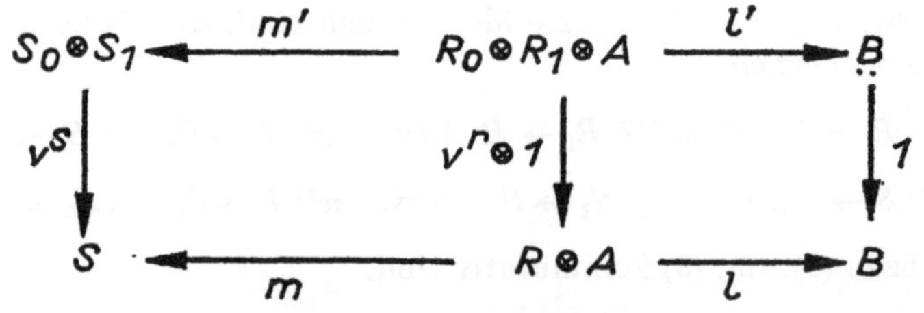

(6)

die wie folgt einzusehen ist. Die Kommutativität der rechten Hälfte dieses Diagramms ist trivial. Weiter bestehen die kommutativen Diagramme:

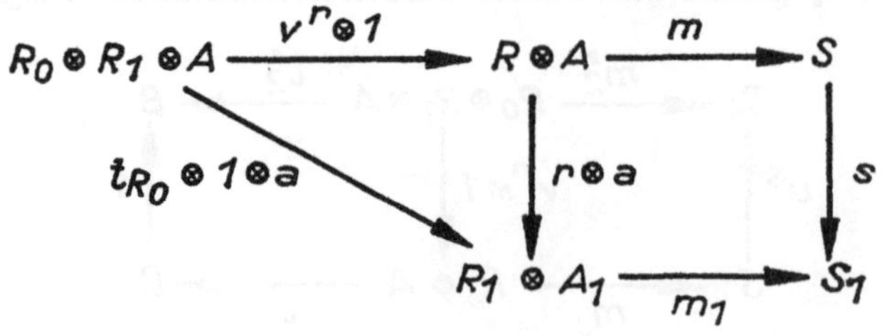

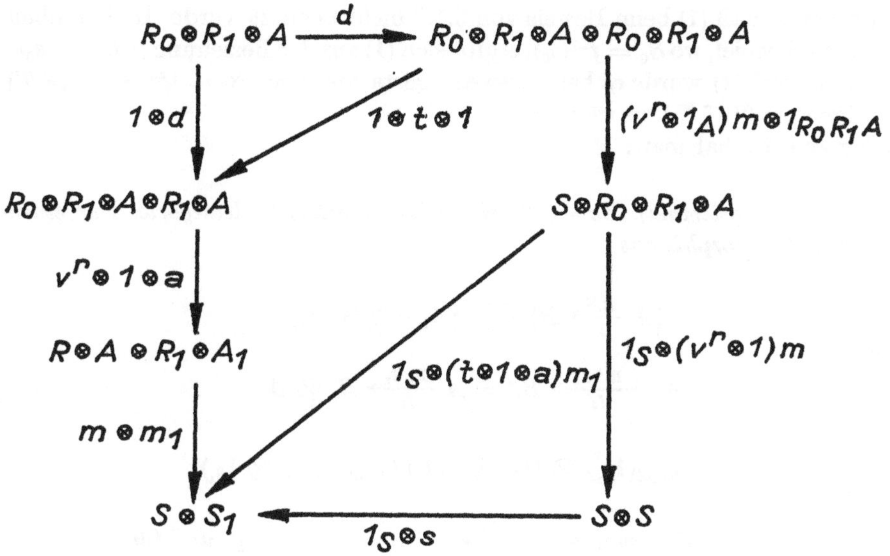

(7)

Demnach gilt:

$$m' v^s = d\big((v^r \otimes 1_A)\, m \otimes (v^r \otimes 1_A)\, m\big)\, (1_S \otimes s)\, (u^s \otimes 1_{S_1})\, v^s$$
$$= (v^r \otimes 1_A)\, m d (u^s \otimes s)\, v^s = (v^r \otimes 1_A)\, m\,.$$

Damit ist die Kommutativität des Diagramms (6) nachgewiesen.

In (5) setze man

$$r'' = d_R(u^r \otimes r)\,, \quad s'' = d_S(u^s \otimes s)\,.$$

Zufolge (3) ist dann $r''r' = 1_R$, $s''s' = 1_S$. Die Homomorphie-Eigenschaft von $\langle 1_A, 1_B, r'', s'' \rangle$ ist gleichbedeutend mit der Kommutativität des Diagramms:

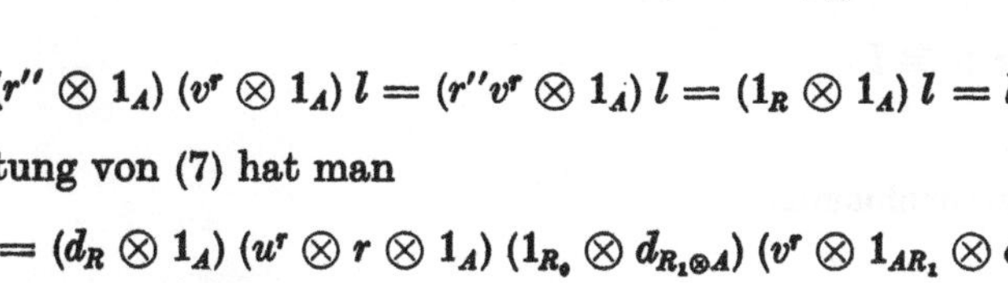

Es ist

$$(r'' \otimes 1_A)\, (v^r \otimes 1_A)\, l = (r'' v^r \otimes 1_A)\, l = (1_R \otimes 1_A)\, l = l\,.$$

Unter Beachtung von (7) hat man

$$(r'' \otimes 1_A)\, m' = (d_R \otimes 1_A)\, (u^r \otimes r \otimes 1_A)\, (1_{R_0} \otimes d_{R_1 \otimes A})\, (v^r \otimes 1_{AR_1} \otimes a)$$
$$\cdot\, (m \otimes m_1)\, (u^s \otimes 1_{S_1})$$
$$= (d_R \otimes 1_A)\, (u^r \otimes r \otimes 1_A)\, (v^r \otimes 1_A)\, m\, d_S (1_S \otimes s)\, (u^s \otimes 1_{S_1})$$
$$= \big(d_R(u^r \otimes r)\, v^r \otimes 1_A\big)\, m\, d_S(u^s \otimes s) = m s''\,. \quad \blacksquare$$

Man beachte, daß (1) beim Beweis von 6.1.2 nicht benutzt wurde. In dem oben diskutierten Beispiel, wo $S_0 = f^{-1}(s_0)$, ergibt sich (1) aus der Beziehung $f(S_0) = \{s_0\}$. Der Verzicht auf (1) würde es beispielsweise gestatten, auch $S_0 = \{f^{-1}(s_0) \mid s_0 \in T\}$ (mit geeignetem $T \subseteq S_1$) zu wählen.

Analog zu 6.1.2 hat man:

6.1.3. (*Zerlegungslemma*). *Es sei $\mathscr{K}$ eine hdt-symmetrische Kategorie. Für einen begrenzten m-Epimorphismus*

$$\left(A \xrightarrow[f]{R,S} B\right) \xrightarrow[a,b]{r,s} \left(A_1 \xrightarrow[f_1]{R_1,S_1} B_1\right)$$

setze man

$$A_1' \xrightarrow[f_1']{R_1',S_1'} B_1' = A \xrightarrow[f_1']{R_1,S_1} R_1 \otimes A$$

mit

$$f_1' = d_{R_1 \otimes A}\left(1_{R_1 A} \otimes (1_{R_1} \otimes a)\, f_1\right)(1_{R_1 A} \otimes t_{B_1} \otimes 1_{S_1}).$$

Dann existieren ein Monomat $A_2' \xrightarrow[f_2']{R_2',S_2'} B_2'$ mit $A_2' = B_1'$ und für

$$A' \xrightarrow[f']{R',S'} B' = \left(A_1' \xrightarrow[f_1']{R_1',S_1'} B_1'\right)\left(A_2' \xrightarrow[f_2']{R_2',S_2'} B_2'\right)$$

eine Reduktion

$$\left(A' \xrightarrow[f']{R',S'} B'\right) \xrightarrow[1,1]{r',s'} \left(A \xrightarrow[f]{R,S} B\right) \tag{8}$$

sowie ein Homomorphismus

$$\left(A \xrightarrow[f]{R,S} B\right) \xrightarrow[1,1]{r'',s''} \left(A' \xrightarrow[f']{R',S'} B'\right), \tag{9}$$

so daß gilt $r''r' = 1_R$, $s''s' = 1_S$. ■

6.2. Prim-Automaten

Es sei $\mathscr{K}$ eine *dt*-symmetrische Kategorie. Ein Mealymat $A \xrightarrow[t,m]{R,S} I$ heißt *prim*, falls gilt

(i) $R \not\cong I$ oder $S \not\cong I$

und

(ii) jeder *m*-Epimorphismus

$$\left(A \xrightarrow[t,m]{R,S} I\right) \xrightarrow[a,1]{r,s} \left(A' \xrightarrow[t,m']{R',S'} I\right)$$

mit $R' \not\cong I$ oder $S' \not\cong I$ ein Isomorphismus ist.

Entsprechende Definitionen gelten in der Bikategorie der $\mathscr{K}$-Automaten. (Für Mengenautomaten vgl. G. HOTZ—H. WALTER (1969)).

Ein Objekt $A \in \text{ob}\,\mathscr{K}$ soll NOETHERsch heißen, wenn in jeder Folge von Epimorphismen

$$A \to A_1 \to A_2 \to \cdots$$

höchstens endlich viele Morphismen von Isomorphismen verschieden sind.

Ein Objekt $A \in \text{ob}\,\mathscr{K}$ heiße *streng* NOETHERsch, wenn sowohl A als auch $A_1 \otimes \cdots \otimes A_k \otimes A$ NOETHERsch sind für beliebige NOETHERsche Objekte $A_1, \ldots, A_k$ $(k \geqq 1)$.

Ein Objekt A heiße ARTINsch, wenn in jeder Folge von Monomorphismen

$$\cdots \to A_2 \to A_1 \to A$$

höchstens endlich viele Morphismen auftreten, die von Isomorphismen verschieden sind.

Ein Objekt $A \in \text{ob}\,\mathscr{K}$ heiße *begrenzt,* wenn es ARTINsch und NOETHERsch ist und jeder Epimorphismus $A \to B \in \mathscr{K}$ begrenzt ist. A heiße *streng begrenzt,* wenn für jedes Teilobjekt $\langle B, b\rangle$ von A (d. h. für jeden Monomorphismus $b\colon B \to A$) gilt: B ist begrenzt.

In der Kategorie der Mengen sind offenbar genau die endlichen Mengen begrenzt; sie sind gleichzeitig streng begrenzt.

Aus den vorstehenden Betrachtungen ergibt sich der für Automaten in der Kategorie *Ens* von G. HOTZ—H. WALTER (1969) (vgl. auch H. EHRIG—M. PFENDER (1971)) angegebene Satz vom KROHN—RHODESschen Typ (K. B. KROHN—J. L. RHODES, 1963).

6.2.1. (1. *Zerlegungssatz für Mealymaten*). *Es sei* $A \xrightarrow[l,m]{R,S} B$ *ein Mealymat in einer dt-symmetrischen Kategorie* $\mathscr{K}$ *mit ausgeglichenem Einsobjekt* I, *der folgenden Bedingungen genügt:*

(i) $R \not\cong I$ oder $S \not\cong I$;

(ii) *das Objekt* A *sei streng* NOETHERsch;

(iii) *die Objekte* R *und* S *seien streng begrenzt.*

Dann existieren endlich viele Mealymaten

$A_i' \xrightarrow[l_i',m_i']{R_i',S_i'} B_i' \in \mathscr{K}\text{-}Mat,\ i = 1, \ldots, n$ $(n \geqq 1)$, *mit folgenden Eigenschaften:*

(1) *Es existieren Homomorphismen gemäß*

$$\left(A \xrightarrow[l,m]{R,S} B\right) \xrightarrow[1,1]{r'',s''} \left[\left(A_1' \xrightarrow[l_1',m_1']{R_1',S_1'} B_1'\right) \cdots \left(A_n' \xrightarrow[l_n',m_n']{R_n',S_n'} B_n'\right)\right] \xrightarrow[1,1]{r',s'} \left(A \xrightarrow[l,m]{R,S} B\right) = 1$$

(*mit* $r''r' = 1, s''s' = 1$).

(2) *Für jeden Index $i = 1, \ldots, n$ existiert ein m-Epimorphismus*

$$\left(A_i' \xrightarrow[l_i', m_i']{R_i', S_i'} B_i'\right) \xrightarrow[a_i, t]{1,1} \left(A_i \xrightarrow[t, m_i]{R_i, S_i} I\right),$$

mit $R_i' = R_i$, $S_i' = S_i$, auf einen Prim-Mealymaten $A_i \xrightarrow[t, m_i]{R_i, S_i} I$.

Beweis. Wir betrachten den Mealymaten $A \xrightarrow[t,m]{R,S} I$. Offenbar ist

$$\left(A \xrightarrow[l,m]{R,S} B\right) \xrightarrow[1,t]{1,1} \left(A \xrightarrow[t,m]{R,S} I\right)$$

ein m-Epimorphismus. Ist $A \xrightarrow[t,m]{R,S} I$ ein Prim-Mealymat, so besteht 6.2.1 mit $n = 1$, d. h., in diesem Fall ist nichts zu beweisen. Ist $A \xrightarrow[t,m]{R,S} I$ kein Prim-Mealymat, so existiert nach Definition ein m-Epimorphismus

$$\left(A \xrightarrow[t,m]{R,S} I\right) \xrightarrow[a,1]{r,s} \left(A' \xrightarrow[t,m']{R',S'} I\right), \text{ mit } R' \not\cong I \text{ oder } S' \not\cong I,$$

der kein Isomorphismus ist. Den gleichen Schluß kann man auf $A' \xrightarrow[t,m']{R',S'} I$ anwenden, usw. Da A, R, S nach Voraussetzung Noethersch sind, so erhält man schließlich einen m-Epimorphismus

$$\left(A \xrightarrow[l,m]{R,S} B\right) \xrightarrow[a_1,t]{r_1,s_1} \left(A_1 \xrightarrow[l_1,m_1]{R_1,S_1} I\right) \tag{3}$$

auf einen Prim-Mealymaten $A_1 \xrightarrow[l_1,m_1]{R_1,S_1} I$.

Die Anwendung von 6.1.2 ergibt Homomorphismen

$$\left(A \xrightarrow[l,m]{R,S} B\right) \xrightarrow[1,1]{r_1'', s_1''} \left(A_1' \xrightarrow[l_1',m_1']{R_1',S_1'} B_1'\right) \left(A_2' \xrightarrow[l_2',m_2']{R_2',S_2'} B_2'\right) \xrightarrow[1,1]{r_1', s_1'} \left(A \xrightarrow[l,m]{R,S} B\right)$$

mit $r_1''r_1' = 1$, $s_1''s_1' = 1$ und einen m-Epimorphismus

$$\left(A_1' \xrightarrow[l_1',m_1']{R_1',S_1'} B_1'\right) \xrightarrow[a_1,t]{1,1} \left(A_1 \xrightarrow[l_1,m_1]{R_1,S_1} I\right);$$

dabei ist $A_2' = R_1 \otimes A$, und R_2' und S_2' sind Teilobjekte von R bzw. S. Somit sind auch A_2' streng Noethersch und R_2', S_2' streng begrenzt.

Wenn $R_2' \cong I$, $S_2' \cong I$, so sind (wegen $R_2' = R_0$, $S_2' = S_0$, vgl. den Beweis von 6.1.2) auch $R_0 \cong I$, $S_0 \cong I$, und zufolge 6.1.1 sind r_1, s_1 in (3) Isomorphismen, die man ohne Einschränkung der Allgemeinheit als dentische Morphismen wählen kann. Demnach besteht in diesem Fall 6.2.1 mit $n = 1$. Es sei also $R_2' \not\cong I$ oder $S_2' \not\cong I$. Dann erfüllt $A_2' \xrightarrow[l_2',m_2']{R_2',S_2'} B_2'$ die Voraussetzungen 6.2.1 (i), (ii), (iii). Man kann daher auf diesen Mealymaten den gleichen Schluß wie bei $A \xrightarrow[l,m]{R,S} B$ anwenden. Vergleicht man noch $R_2' = R_0$ mit R und $S_2' = S_0$ mit S, so erkennt man, daß nicht beide Monomorphismen $z^{r_1}: R_0 \to R$, $z^{s_1}: S_0 \to S$

gleichzeitig Isomorphismen sein können, denn sonst wären nach 6.1.1 $R_1 \cong I$ und $S_1 \cong I$, was der Voraussetzung über $A_1 \xrightarrow[l_1,m_1]{R_1,S_1} I$ widerspricht.

Setzt man diesen Schluß fort, so erhält man zwei Folgen von Monomorphismen

$$\cdots \to R^2 \to R^1 \to R_0 \to R, \quad \cdots \to S^2 \to S^1 \to S_0 \to S,$$

die nach Voraussetzung über R und S abbrechen müssen, d. h., dieses Verfahren bricht nach endlich vielen Schritten ab. Die so erhaltene Folge der Zerlegungen von Mealymaten sei

$$M_{i-1}'' \xrightarrow{q_i''} M_i'M_i'' \xrightarrow{q_i'} M_{i-1}'' = 1; \; i = 1, \ldots, n-1; \tag{4}$$

mit

$$M_0'' = A \xrightarrow[l,m]{R,S} B, \; M_{n-1}'' = M_n', \; q_i' = \langle 1, 1, r_i', s_i' \rangle, \; q_i'' = \langle 1, 1, r_i'', s_i'' \rangle.$$

Da die $\mathcal{K}$-Mealymaten (wie die $\mathcal{K}$-Automaten) eine Bikategorie bilden, in der die Serienschaltung den Kompositionsfunktor definiert, und die Homomorphismen q_i', q_i'' dieser Bikategorie angehören, so folgt aus (4), wenn man zur Abkürzung $1_{M_i'} = 1_i'$, $1_{M_i''} = 1_i''$, $M_1' \otimes M_1'' = M_1'M_1''$, usw. setzt,

$$M_0'' \xrightarrow{q_1''} M_1'M_1'' \xrightarrow{1_1' \otimes q_2''} M_1'M_2'M_2'' \xrightarrow{1_1' \otimes 1_2' \otimes q_3''} M_1'M_2'M_3'M_3'' \to$$

$$\cdots \xrightarrow{1_1' \otimes 1_2' \otimes \cdots 1_{n-2}' \otimes q_{n-1}''} M_1'M_2' \cdots M_{n-1}'M_n' \xrightarrow{1_n' \otimes 1_2' \otimes \cdots 1_{n-2}' \otimes q_{n-1}'} \cdots$$

$$\to M_1'M_2'M_3'M_3'' \xrightarrow{1_1' \otimes 1_2' \otimes q_3'} M_1'M_2'M_2'' \xrightarrow{1_1' \otimes q_2'} M_1'M_1'' \xrightarrow{q_1'} M_0'' = 1.$$

Damit ist 6.2.1 bewiesen. ■

Analog zu 6.2.1 gilt:

6.2.2. (1. *Zerlegungssatz für Automaten*). *Es sei* $A \xrightarrow[l,m]{S}$ *ein Automat in einer dt-symmetrischen Kategorie* $\mathcal{K}$ *mit ausgeglichenem Einsobjekt* I, *der folgenden Bedingungen genügt:*

(i) $S \ncong I$;

(ii) A *ist streng* NOETHERsch;

(iii) S *ist streng begrenzt.*

Dann besteht die zu 6.2.1 *analoge Automaten-Zerlegung* ($R_i' = S_i'$, $R_i = S_i$). ■

Es sei erwähnt, daß sich auf Grund des Zerlegungslemmas 6.1.3 ein 2. Zerlegungssatz für Automaten in sogenannte Permutations-Reset-Automaten aufstellen läßt (vgl. H. EHRIG—M. PFENDER (1972), S. 163, Satz 6.35). Eine weitere Verfeinerung dieser Zerlegung führt dann zur eigentlichen „KROHN—RHODES-Zerlegung" von Automaten.

6.3. Aufgaben

6.3.1. Für einen Mealymaten x in der Kategorie *Ens* sei $\cap P$ der Durchschnitt aller Kongruenzen P, die in x (als Multialgebra aufgefaßt) von Epimorphismen auf Prim-Mealymaten in *Ens* hervorgerufen werden. Wir nennen $\cap P =$ primrad x das Primradikal von x. Der Faktorautomat x/primrad x ist dann subdirekt zerlegbar in Prim-Mealymaten.

Es erhebt sich die Frage nach einer inneren Charakterisierung von primrad x.

6.3.2. Man untersuche die zu 6.3.1 analoge Fragestellung für Automaten.

TEIL B

KOMMUTATIVE ALGEBRA DER AUTOMATEN[1])

(LOTHAR BUDACH)

1. Modulautomaten und Automaten in tensorierten Kategorien

Sei K ein kommutativer Ring. Die Kategorie K-*Mod* aller K-Moduln ist unterliegende Kategorie für zwei Kategorien mit Multiplikation:

— der Kategorie $\langle K\text{-}Mod, \oplus, 0\rangle$, in der die Multiplikation durch die direkte Summe $\oplus$ gegeben ist ($\oplus$ ist zugleich Produkt und Koprodukt); Einselement der Multiplikation ist der Nullmodul 0.

— der Kategorie $\langle K\text{-}Mod, \otimes, K\rangle$, in der die Multiplikation durch das Tensorprodukt $\otimes$ gegeben ist.[2]) Einsobjekt ist der K-Modul K.

Die Automaten der Kategorie $\langle K\text{-}Mod, \oplus, 0\rangle$ werden als K-lineare Automaten bezeichnet. Je nach dem Typ des Automaten sprechen wir also von K-linearen Monomaten, K-linearen MEALY-Automaten, K-linearen MOORE-Automaten usw., wenn wir Monomaten, MEALY-Automaten, MOORE-Automaten usw. in der Kategorie $\langle K\text{-}Mod, \oplus, 0\rangle$ meinen. Wird der Ring K festgehalten, bzw. geht aus dem Zusammenhang eindeutig hervor, welcher Grundring betrachtet wird, verwenden wir die Bezeichnung linear statt K-linear.

Gegenstand des vorliegenden Teils D sind die Automaten in der multiplikativen Kategorie $\langle K\text{-}Mod, \otimes, K\rangle$, die als K-Modulautomaten bezeichnet werden oder kurz als *Modulautomaten*, wenn aus dem Zusammenhang die Wahl des Grundringes K eindeutig hervorgeht. Je nach dem Typ des Automaten spricht man also von einem K-Modulmonomat, K-Modul-MEALY-Automat (meist MEALY-Modulautomat genannt), K-Modul-MOORE-Automat (meist MOORE-Modulautomat genannt), wenn ein Monomat, MEALY-Automat, MOORE-Automat der Kategorie $\langle K\text{-}Mod, \otimes, K\rangle$ gemeint ist.

Modulautomaten treten überall dort auf, wo Eingabe-, Ausgabe- und Zustandsmengen Moduln über einem passenden Grundring sind (z. B. Vektorräume über $\boldsymbol{R}$, $\boldsymbol{C}$ oder $\boldsymbol{Z}_2$) und die lokale Verarbeitung der Information bei festem Zustand

---

[1] In diesem Teil ist das Produkt fg zweier Abbildungen f, g im Gegensatz zu den vorhergehenden Teilen durch die Konvention „erst g, dann f anwenden" festgelegt.

[2] Zur Definition des Tensorprodukts und zu den übrigen Grundlagen der kommutativen Algebra (d. h. der Theorie der Moduln über einem kommutativen Ring) vergleiche N. BOURBAKI (1961), P. SAMUEL-O. ZARISKI (1958).

linear erfolgt in linearer Abhängigkeit von dem betreffenden Zustand. Zur Präzisierung dieser Aussage ist es nützlich, zunächst den Schnittfunktor für Kategorien mit Multiplikation einzuführen.

1.1. Der Schnittfunktor

Sei $\mathscr{C} = \langle \mathscr{C}, \otimes, I \rangle$ eine Kategorie mit Multiplikation. Unter einem Schnitt des Objektes M von $\mathscr{C}$ soll ein Morphismus $s\colon I \to M$ verstanden werden. Die Menge aller Schnitte des Objektes M soll mit $\Gamma_{\mathscr{C}}(M)$ bezeichnet werden, d. h. $\Gamma_{\mathscr{C}}(M) = \mathrm{Hom}_{\mathscr{C}}(I, M)$. Dementsprechend soll der Funktor $\Gamma_{\mathscr{C}} = \mathrm{Hom}_{\mathscr{C}}(I, -)$ als Schnittfunktor der multiplikativen Kategorie bezeichnet werden.

Betrachten wir einige Beispiele:

1.1.1. Γ_{Ens} ist eine Äquivalenz der Kategorie der Mengen in sich. Die Schnitte einer Menge entsprechen den Elementen der betreffenden Menge eineindeutig (man beachte, daß eine Funktion $s\colon \{\emptyset\} \to M$ durch das Element $s(\emptyset) \in M$ vollkommen beschrieben ist).

1.1.2. Ein Schnitt $s\colon K \to M$ in der Kategorie der K-Moduln ist durch $s(1)$ vollkommen beschrieben, da $s(a) = as(1)$ ist. Infolgedessen entsprechen die Schnitte von M eineindeutig den Elementen von M. Identifizieren wir die Elemente eines K-Moduls mit den ihnen entsprechenden Schnitten, so wird $\Gamma_{K\text{-}Mod}$ der Vergiß-Funktor, der jedem K-Modul seine unterliegende Menge zuordnet, d. h. die Modulstruktur vergißt.

1.1.3. Die Schnitte einer Menge M in der Kategorie $\boldsymbol{T}$ der Transduktoren entsprechen eineindeutig den nichtleeren Teilmengen von M. Dementsprechend ist (bis auf Äquivalenz) $\Gamma_{\boldsymbol{T}}$ der Funktor P' ($P'(M)$ ist die Menge aller nichtleeren Teilmengen von M).

1.1.4. Die Schnitte einer Menge M in der Kategorie $\boldsymbol{S}$ der diskreten Kanäle sind genau die diskreten Wahrscheinlichkeitsverteilungen über M. Dementsprechend ist $\Gamma_{\boldsymbol{S}}$ der Funktor W ($W(M)$ ist die Menge aller diskreten Wahrscheinlichkeitsverteilungen über M).

1.1.5. Betrachten wir nun diejenige Kategorie, die dem Schnittfunktor ihren Namen gegeben hat. Sei $\mathscr{H}$ eine kleine Kategorie und $\mathscr{C} = \mathrm{Hom}\,(\mathscr{H}^{op}, Ens)$ die Kategorie der mengenwertigen kontravarianten Funktoren von $\mathscr{H}$. $\mathscr{C}$ ist eine Kategorie mit Produkten. (Das Produkt zweier Funktoren F und G ist der Funktor $F \times G$ mit $(F \times G)(h) = F(h) \times G(h)$. Das terminale Objekt von $\mathscr{C}$ und damit das Einsobjekt der Multiplikation, ist der Funktor e mit $e(h) = \{\emptyset\}$ für alle Objekte h von $\mathscr{H}$ und $e(f) = \{\emptyset\} \to \{\emptyset\}$ für alle Morphismen f von $\mathscr{H}$.

Ein Schnitt $s\colon e \to F$ ist entsprechend 1.1.1 eine Funktion, die jedem Objekt h von $\mathscr{H}$ ein Element s_h von $F(h)$ zuordnet derart, daß für jeden Morphismus $f\colon h_1 \to h_2$ gilt $F(f)\,(s_{h_2}) = s_{h_1}$. Ist z. B. $\mathscr{H}$ die Kategorie aller offenen Teilmengen eines topologischen Raumes X (Hom (U, V) ist genau dann von der leeren Menge

verschieden — und in diesem Fall einelementig — wenn $U \subset V$ ist.), so ist $\mathscr{C}$ die Kategorie aller Prägarben über X. Ein Schnitt s der Prägarbe F ist wie üblich eine Funktion, die jeder offenen Menge U ein Element s_U von $F(U)$ zuordnet, derart, daß die Einschränkung von s_U auf V für $V \subset U$ mit s_V übereinstimmt.
Die Schnittfunktoren erhalten ihre automatentheoretische Bedeutung durch den folgenden **Satz**:

1.1.6. *Sei $\mathscr{C} = (\mathscr{C}, \otimes, I)$ eine Kategorie mit Multiplikation. Dann ist der Schnittfunktor*

$$\Gamma_{\mathscr{C}}: \mathscr{C} \to \mathbf{Ens}$$

ein fastmultiplikativer Funktor.

Beweis. Die natürliche Transformation

$$\Phi^{\mathscr{C}}: \times \circ (\Gamma_{\mathscr{C}} \times \Gamma_{\mathscr{C}}) \to \Gamma_{\mathscr{C}} \circ \otimes$$

konstruieren wir wie folgt:
Sind $s: I \to M$, $t: I \to N$ Schnitte der Objekte M bzw. N, so ist $I \to I \otimes I \xrightarrow{s \otimes t} M \otimes N$ ein Schnitt von $M \otimes N$. Diesen Schnitt bezeichnen wir mit $\Phi^{\mathscr{C}}_{M,N}(s, t)$. $\Phi^{\mathscr{C}}_{M,N}$ ist eine Funktion $\Phi^{\mathscr{C}}_{M,N}: \Gamma_{\mathscr{C}} M \times \Gamma_{\mathscr{C}} N \to \Gamma_{\mathscr{C}}(M \otimes N)$, durch die eine natürliche Transformation $\Phi^{\mathscr{C}}$ definiert wird, die den Bedingungen von B 1. ▭ genügt.
Ist $A \xrightarrow[l,m]{S} B$ ein MEALY-Automat der multiplikativen Kategorie $\mathscr{C}$, so wird durch $\Gamma_{\mathscr{C}}$ nach B 1. ▭ ein MEALY-Mengenautomat $\Gamma_{\mathscr{C}}(S)$ definiert. Erinnern wir uns an die Definition von $\Gamma_{\mathscr{C}}(S)$: $\Gamma_{\mathscr{C}}(S)$ ist ein MEALY-Mengenautomat mit $\Gamma_{\mathscr{C}}(A)$ als Eingabe-, $\Gamma_{\mathscr{C}}(B)$ als Ausgabe- und $\Gamma_{\mathscr{C}}(S)$ als Zustandsalphabet.
Die Überführungsfunktion m' von $\Gamma_{\mathscr{C}}(S)$ wird durch $m' = \Gamma_{\mathscr{C}}(S) \times \Gamma_{\mathscr{C}}(A) \xrightarrow{\Phi^{\mathscr{C}}_{S,A}} \Gamma_{\mathscr{C}}(S \otimes A) \xrightarrow{\Gamma_{\mathscr{C}}(m)} \Gamma_{\mathscr{C}}(S)$ und die Ergebnisfunktion l' durch

$$l' = \Gamma_{\mathscr{C}}(S) \times \Gamma_{\mathscr{C}}(A) \xrightarrow{\Phi^{\mathscr{C}}_{S,A}} \Gamma_{\mathscr{C}}(S \otimes A) \xrightarrow{\Gamma_{\mathscr{C}}(l)} \Gamma_{\mathscr{C}}(B)$$

definiert. ■
$\Gamma_{\mathscr{C}}(S)$ wird als das Mengenabbild des MEALY-Automaten S bezeichnet.
Betrachten wir auch hier Beispiele:

1.1.7. Das Mengenabbild eines MEALY-Mengenautomaten ist (bis auf Isomorphie) eben dieser Mengenautomat.

1.1.8. Betrachten wir nunmehr das Mengenabbild eines MEALY-Modulautomaten. Wir betrachten zunächst die natürliche Transformation $\Phi = \Phi^{A\text{-}Mod.}$ Seien M und N zwei K-Moduln, dann ist

$$\Phi_{M,N}: \Gamma M \times \Gamma N \to \Gamma(M \otimes N)$$

eine Abbildung der Menge $M \times N$ in die Menge $M \otimes N$, die durch $(m, n) \mapsto m \otimes n$ beschrieben wird.
Ist $f: M \otimes N \to P$ eine K-lineare Abbildung, so ist

$$f' = \Gamma(f) \circ \Phi_{M,N}: \Gamma M \times \Gamma N \to \Gamma P$$

eine Abbildung der Menge $M \times N$ in die Menge P, die linear in beiden Argumenten, d. h. eine bilineare Abbildung ist.
Umgekehrt gibt es zu jeder bilinearen Abbildung $h: \Gamma M \times \Gamma N \to \Gamma P$ genau eine lineare Abbildung $f: M \otimes N \to P$ mit $h = f' = \Gamma(f) \circ \Phi_{M,N}$ (Definition des Tensorproduktes!).
Ist nun $A \xrightarrow[l,m]{S} B$ ein MEALY-Modulautomat, so ist $\Gamma(S)$ derjenige Mengenautomat, der durch

$$B \xleftarrow{l'} S \times A \xrightarrow{m'} S$$

definiert ist, dessen Überführungs- und Ergebnisfunktion also bilineare Abbildungen sind.
Sind umgekehrt A, B, S K-Moduln und l' und m' bilineare Abbildungen, so ist ΓS Mengenabbild eines MEALY-Modulautomaten S. Wir bemerken also, daß die Mengenabbilder von MEALY-Modulautomaten gerade diejenigen Mengenautomaten sind, deren Eingabe-, Ausgabe- und Zustandsalphabet Moduln sind und deren lokale Informationsverarbeitung bilinear (also linear in der Eingabe und linear im Zustand) ist.

1.1.9. Das Mengenabbild nichtdeterministischer (bzw. stochastischer) Automaten beschreibt, wie bei der nichtdeterministischen (bzw. stochastischen) Informationsverarbeitung dieser Automaten die entsprechenden nichtleeren Teilmengen (bzw. diskreten Wahrscheinlichkeitsverteilungen) des Eingabe-, Ausgabe- und Zustandsalphabets determiniert verarbeitet werden.

1.1.10. Das Mengenabbild von MEALY-Funktorautomaten $A \xrightarrow{S} B$ (d. h. MEALY-Automaten der Kategorie Hom $(\mathscr{H}^{op}, \mathit{Ens})$ beschreibt die zur Informationsverarbeitung „im Kleinen" (damit ist die Informationsverarbeitung der Automaten $A(h) \xrightarrow{S(h)} B(h)$ gemeint) gehörige Informationsverarbeitung „im Großen". (Das Beispiel $\mathscr{H} = \mathit{Top}\ X$ = Kategorie der offenen Teilmengen eines topologischen Raumes rechtfertigt die Bezeichnung „im Kleinen", „im Großen").
Bevor wir das Analyse- und Syntheseproblem für Modulautomaten behandeln, betrachten wir Modulautomaten, die sich aus endlichen Mengenautomaten und endlichen stochastischen Automaten gewinnen lassen.
Zur Vorbereitung dient eine Methode zur einheitlichen Betrachtung von endlichen stochastischenAutomaten und endlichen nichtdeterministischen Automaten, die im folgenden Abschnitt dargelegt werden soll.

1.2. Wahrscheinlichkeitsringe

Definition. Unter einem (kommutativen) Halbring K versteht man ein Quintupel $K = \langle K, +, \cdot, 0, 1\rangle$ bestehend aus einem kommutativen Monoid $\langle K, +, 0\rangle$ und einem kommutativen Monoid $\langle K, \cdot, 1\rangle$.
Es wird vorausgesetzt, daß die beiden folgenden Axiome gelten:
— Für alle $a \in K$ gilt $a0 = 0$
— Für alle $a, b, c \in K$ gilt $(a + b)\,c = ac + bc$ (Distributivgesetz).

Ist $\langle K, +, 0\rangle$ eine Gruppe, so ist K ein (kommutativer) Ring.
Außer den Ringen führen wir folgende Beispiele an:

— die natürlichen Zahlen N bezüglich der gewöhnlichen Addition und Multiplikation.
— die nicht-negativen rationalen (oder reellen) Zahlen bezüglich der gewöhnlichen Addition und Multiplikation.
— der Halbring $B = \{0, 1\}$ mit der folgenden Additions- und Multiplikationstafel:

+	0	1
0	0	1
1	1	1

·	0	1
0	0	0
1	0	1

(+ ist also „oder", · ist „und")

Wir haben damit die Vorbereitungen, den Begriff des Wahrscheinlichkeitsringes zu definieren.

1.2.1. Definition Ein (*diskreter*) *Wahrscheinlichkeitsring* W ist ein Tripel $W = \langle K, L, M\rangle$, bestehend aus einem Halbring K, einem Untermonoid L von $\langle K, \cdot, 1\rangle$ und einem Untermonoid M von L. Es wird angenommen, daß folgende Axiome gelten:

(i) $0 \in L$

(ii) Ist $l_1, \ldots, l_n$ eine Folge von Elementen aus L, $m_1, \ldots, m_n$ eine Folge von Elementen aus L (bzw. aus M) und ist $\sum_{i=1}^{n} l_i$ ein Element von L (bzw. M), so ist $\sum_{i=1}^{n} l_i m_i$ Element von L (bzw. M).

W heißt *eigentlicher* Wahrscheinlichkeitsring, wenn $M = \{1\}$ ist.

Für eigentliche Wahrscheinlichkeitsringe genügt es, zum Nachweis von Axiom (ii) die folgende Aussage zu verifizieren (ii)^b Ist $l_1, \ldots, l_n; m_1, \ldots, m_n$ eine Folge von Elementen aus L und $\sum_{i=1}^{n} l_i \in L$, so ist $\sum_{i=1}^{n} l_i m_i \in L$.
Es gilt nämlich ($M = \{1\}$ und (ii)$^b \Rightarrow$ (ii).
Wir betrachten drei Beispiele für diskrete Wahrscheinlichkeitsringe:

1.2.2. Sei K ein kommutativer Halbring. Dann ist $\langle K, K, K\rangle$ ein Wahrscheinlichkeitsring (jedoch natürlich kein eigentlicher Wahrscheinlichkeitsring). Dieser Wahrscheinlichkeitsring wird mit $K^{\sim}$ bezeichnet. $K^{\sim}$ ist der größte Wahrscheinlichkeitsring mit K als unterliegendem Halbring.

1.2.3. Der kleinste Wahrscheinlichkeitsring mit K als unterliegendem Halbring ist durch

$$K_{\sim} = \langle K, \{0,1\}, \{1\}\rangle$$

gegeben. $K_{\sim}$ ist natürlich ein eigentlicher Wahrscheinlichkeitsring. Es gibt nur zwei Wahrscheinlichkeitsringe mit B als unterliegendem Halbring, nämlich $B^{\sim}$ und $B_{\sim}$.

1.2.4. Der Standardwahrscheinlichkeitsring S. Sein unterliegender Ring ist der Körper der reellen Zahlen und L ist die Menge aller reellen Zahlen im Intervall [0,1,] $M = \{1\}$.

1.2.5. Sei $W = \langle K, L, M \rangle$ ein Wahrscheinlichkeitsring und A eine endliche Menge. Eine W-Verteilung über A ist eine Funktion $p\colon A \to L$ mit $\sum_{a \in A} p(a) \in M$. Die Menge aller W-Verteilungen über A werde mit $W(A)$ bezeichnet. Betrachten wir einige Beispiele:

1.2.6. $K^{\sim}(A)$ ist die Menge aller Funktionen $p\colon A \to L$.
Bezüglich der Operationen $+$ und $\cdot$, die durch

$$(p + q)(a) = p(a) + q(a)$$

$$pq(a) = p(a)q(a)$$

definiert sind, bildet $K^{\sim}(A)$ einen Halbring. Einselement ist die Funktion 1 mit $1(a) = 1$ für alle $a \in A$ und Nullelement ist die Funktion 0 mit $0(a) = 0$ für alle $a \in A$.
Durch $K \xrightarrow{\varphi} K^{\sim}(A)$ mit $(\varphi(k))\,(a) = k$ ist ein Halbringhomomorphismus definiert. Daher wird $K^{\sim}(A)$ als die *von A erzeugte K-Algebra* bezeichnet. Ist K ein Ring, so ist $K^{\sim}(A)$ ein Ring. Betrachten wir nur den unterliegenden Modul $(K^{\sim}(A), +, 0)$, so wird dieser als der *von A erzeugte freie A-Modul* bezeichnet.

1.2.7. Ist K ein Halbring der Charakteristik 0, so ist $K_{\sim}(A)$ zu A isomorph. Die Zuordnung wird wie folgt hergestellt: Ist $a \in A$, so ist die dazugehörige $K_{\sim}$-Verteilung p durch $p(a') = \delta_{aa'}$ ($\delta_{aa'} = 1$ für $a = a'$ und $= 0$ sonst) definiert. Ist p eine $K_{\sim}$-Verteilung, so ist $p(a) \in \{0, 1\}$ für alle $a \in A$. Da $\sum_{a \in A} p(a) = 1$, gibt es genau ein $a \in A$ mit $p(a) = 1$. Dieses a ist das zu p gehörige Element aus A.

1.2.8. $B^{\sim}(A)$ ist die Potenzmenge $P(A)$ von A und $B_{\sim}(A)$ ist die Menge $P'(A)$ aller nichtleeren Teilmengen von A. $S(A)$ ist die Menge aller diskreten Wahrscheinlichkeitsverteilungen über A.

1.2.9. Unter einem *W-Kanal* $f\colon A \to B$ (A und B endliche Mengen) verstehen wir eine Funktion $f\colon A \to W(B)$, d. h. eine Funktion, die jedem Element $a \in A$ eine W-Verteilung über B zuordnet. A heißt *Quelle* oder *Sender* des Kanals und B der *Empfänger* desselben.

Ein $K_{\sim}$-Kanal $f\colon A \to B$ ist eine Funktion von A in B, wenn K ein Halbring der Charakteristik 0 ist. Ein $B^{\sim}$-Kanal f ist eine partielle mehrdeutige Abbildung von A in B (d. h. eine Korrespondenz im Sinne von 4.1. Für die $a \in A$, für die $f(a) = \emptyset$ ist, soll f nicht erklärt sein). Ein $B_{\sim}$-Kanal $f\colon A \to B$ ist ein Transduktor, und ein S-Kanal ist ein gewöhnlicher diskreter Kanal.

Sind $f\colon A \to B$ und $g\colon B \to C$ zwei W-Kanäle (W sei irgend ein Wahrscheinlichkeitsring), so läßt sich ihr *Produkt* gf wie folgt erklären:

$$(gf)\,(a)\,[c] = \sum_{b \in B} f(a)\,[b]\,g(b)\,[c]$$

($f(a)\,[b]$ sei der Wert der W-Verteilung $f(a)$ an der Stelle b).

Satz. *gf ist ein W-Kanal.*

Um das nachzuweisen, muß man zeigen, daß $(gf)\,(a)$ eine W-Verteilung über C ist. für alle $b \in B$ $g(b)$ eine W-Verteilung über C ist, ist $\sum_{c \in C} g(b)\,[c] \in M$. Entsprechend $\sum_{b \in B} f(a)\,[b] \in M$ und $f(a)\,[b] \in L$ für alle $a \in A$. Durch Anwendung von (ii) ergibt sich: $\sum_{b \in B} f(a)\,[b] \sum_{c \in C} g(b)\,[c] \in M$ und daher $\sum_{c \in C} (gf)\,(a)\,[c] = \sum_{c \in C} \sum_{b \in B} f(a)\,[b]\,g(b)\,[c] \in M$. Auf Grund des folgenden Sachverhalts folgt daraus

$$(gf)\,(a)\,[c] \in L \text{ für alle } a \in A,\ c \in C.$$

Ist $l_1, \ldots, l_n$ eine Folge von Elementen aus L und $\sum_{i=1} l_i \in L$, so ist $\sum_{i \in I} l_i \in L$ für alle $I \subset \{1, \ldots, n\}$.

Zum Beweis genügt es, (ii) auf die Folge $l_1, \ldots, l_n; m_1, \ldots, m_n$ mit $m_i = 1$ für $i \in I$ und $m_i = 0$ für $i \notin I$ anzuwenden.

Ist a ein Element von A, so versteht man unter der *charakteristischen W-Verteilung* von a die W-Verteilung d_a, die für a den Wert 1 und für alle von a verschiedenen Elemente von A den Wert 0 annimmt. Eine W-Verteilung p über A heißt *determiniert*, wenn es ein $a \in A$ gibt, so daß $p = d_a$ ist.

Ist $f\colon A \to B$ eine Funktion, so versteht man unter dem *charakteristischen W-Kanal* von f den W-Kanal d_f, der durch $d_f(a) = d_{f(a)}$ definiert ist. Einen Kanal $g\colon A \to B$, für den es eine Funktion $f\colon A \to B$ gibt mit $g = d_f$, nennt man *determiniert*. Gibt es ein solches f nicht, sagt man auch: *g rauscht.*

Wenn keine Mißverständnisse möglich sind, werden wir den Kanal d_f ebenfalls mit f bezeichnen.

Insbesondere definiert die identische Abbildung $1_A\colon A \to A$ einen determinierten Kanal 1_A, für den gilt: Sind $f\colon A \to B$ und $g\colon C \to A$ Kanäle, so ist $f\,1_A = f$ und $1_A g = g$. Da die Multiplikation von Kanälen eine assoziative Operation ist, haben wir erhalten:

1.2.10. Satz. *Die W-Kanäle bilden eine Kategorie W-Kan. Das kartesische Produkt von Mengen definiert in W-Kan eine Multiplikation, so daß $\langle W\text{-Kan}, \times, I = \{\emptyset\}\rangle$ eine Kategorie mit Multiplikation ist.*

Sind $f_1\colon A_1 \to B_1, \ldots, f_n\colon A_n \to B_n$ W-Kanäle, so ist $f_1 \times \cdots \times f_n\colon A_1 \times \cdots \times A_n \to B_1 \times \cdots \times B_n$ durch $(f_1 \times \cdots \times f_n)\,\big((a_1, \ldots, a_n)\big)\,[(b_1, \ldots, b_n)] = \prod_{i=1}^{n} f_i(a_i)[b_i]$ definiert.

$\langle W\text{-Kan}, \times, I\rangle$ ist überdies eine Kategorie von stochastischem Typ. Ist A eine Menge, so ist die Diagonale der durch die gewöhnliche mengentheoretische Diagonale Δ definierte determinierte Kanal d_Δ.

Der **Beweis** dieses Satzes vollzieht sich völlig analog zu und wird daher nicht noch einmal geführt. ■

Zu bemerken wäre, daß die Kategorie $B_\sim$-*Kan* zu $\boldsymbol{T}$ äquivalent ist und $\boldsymbol{S} = S$-*Kan* gilt. Sind $W = \langle K, L, M\rangle$ und $W' = \langle K', L', M'\rangle$ zwei Wahrscheinlichkeitsringe, so versteht man unter einem *Morphismus* $w\colon W \to W'$ einen Halbringhomomorphismus $w\colon K \to K'$, für den $w(L) \subset L'$ und $w(M) \subset M'$ gilt.

Ist A eine endliche Menge und p eine W-Verteilung über A, so ist wp (die Hintereinanderausführung der Funktion $p\colon A \to L$ und $w\colon L \to L'$) eine W'-Verteilung über A, da $\sum\limits_{a\in A} wp(a) = w(\sum\limits_{a\in A} p(a)) \in w(M) \in M'$.

Ist $f\colon A \to B$ ein W-Kanal, so ist wf mit $(wf)\,(a) = wf(a)$ ein W'-Kanal. Sind $f\colon A \to B$ und $g\colon B \to C$ zwei W-Kanäle, so ist

$$\begin{aligned}\big((wg)\,(wf)\big)\,(a)\,[c] &= \sum_{b\in B} wf(a)\,[b]\,wg(b)\,[c]\\ &= w(\sum_{b\in B} f(a)\,[b]\,g(b)\,[c]) = w\big((gf)\,(a)\,[c]\big),\end{aligned}$$

d. h. $w(gf) = (wg)\,(wf)$. Die Abbildung $f \mapsto wf$ definiert demzufolge einen Funktor

$$w\text{-Kan}\colon W\text{-}Kan \to W'\text{-}Kan$$

w-Kan ist ein multiplikativer Funktor, da

$$\begin{aligned}w(f_1 \times \cdots \times f_n)\,(\langle a_1, \ldots, a_n\rangle)\,[\langle b_1, \ldots, b_n\rangle] &= w \prod_{i=1}^{n} f_i(a_i)\,[b_i]\\ &= \prod_{i=1}^{n} wf_i(a_i)\,[b_i] = (wf_1) \times \cdots \times (wf_n)\,(\langle a_1, \ldots, a_n\rangle)\,[\langle b_1, \ldots, b_n\rangle].\end{aligned}$$

Überdies erhält w-*Kan* natürlich Diagonalen.

Wir haben also erhalten:

1.2.11. Satz. *Jeder Morphismus* $w\colon W \to W'$ *von Wahrscheinlichkeitsringen definiert einen multiplikativen Funktor, welcher* Diagonalen erhält:

$$w\text{-Kan}\colon W\text{-}Kan \to W'\text{-}Kan$$
$$f \mapsto wf.$$

wf heißt der aus f durch *Basiswechsel* $w\colon W \to W'$ hervorgegangene Kanal.

Wir betrachten einige Beispiele:

1.2.12. Nach 1.2.7 und 1.2.9 ist $N_\sim$-*Kan* die Kategorie ***Ensf*** der endlichen Mengen. $N_\sim$ ist offenbar initialer Wahrscheinlichkeitsring:

Zu jedem Wahrscheinlichkeitsring $W = \langle K, L, M\rangle$ gibt es genau einen Morphismus

$$w\colon N_\sim \to W,$$

der durch $1 \mapsto 1_K$ beschrieben wird. Demzufolge gibt es für alle Wahrscheinlichkeitsringe W einen Funktor

$$d = w\text{-Kan}\colon N_\sim\text{-}Kan \to W\text{-}Kan,$$

d. h. einen Funktor

$$d\colon \mathit{Ensf} \to W\text{-}\mathit{Kan}.$$

Dieser Funktor ordnet gerade jeder Funktion f den Kanal d_f zu.

1.2.13. Sei $W = \langle K, L, M\rangle$ ein Wahrscheinlichkeitsring, der der folgenden Bedingung genügt:

Sind $l, l' \in K$ und $l + l' = 0$, so ist $l = l' = 0$.

Diese Bedingung ist z. B. für $W = N_\sim$ erfüllt.

Dann gibt es einen Morphismus

$$nd\colon W \to B_\sim,$$

der durch $nd\colon K \to B$ wie folgt definiert ist:

$$nd(k) = \begin{cases} 0 \text{ für } k = 0 \\ 1 \text{ für } k \neq 0 \end{cases}$$

Der dazugehörige Funktor

$$nd\text{-Kan}\colon W\text{-}\mathit{Kan} \to B_\sim\text{-}\mathit{Kan} \cong \boldsymbol{T}$$

wird uns in der folgenden Nummer noch interessieren.

1.2.14. Sei $W = \langle K, L, M\rangle$ ein Wahrscheinlichkeitsring und $W' = \langle K', L', M'\rangle$ der folgende Wahrscheinlichkeitsring: $L' = L$, $M' = M$ und K' sei der von L in K erzeugte Halbring. Die kanonische Inklusion $i\colon W' \xrightarrow{\subset} W$ definiert einen Funktor i-Kan: $W'\text{-}\mathit{Kan} \to W\text{-}\mathit{Kan}$, der offensichtlich eine Äquivalenz der Kategorien herstellt. ■

Betrachten wir nunmehr einen Wahrscheinlichkeitsring $W = \langle K, L, M\rangle$, der der folgenden Bedingung genügt:

Sind $l, l' \in L$ und $l + l' = 0$, so ist $l = l' = 0$.

Diese Bedingung ist weitaus schwächer als die Bedingung aus 1.2.13. Beispielsweise ist sie für $W = S$ erfüllt.

W' erfüllt dann die Bedingung aus 1.2.13. Seien nämlich l und l' Elemente aus K'. Da K' der von L in K erzeugte Halbring ist, ist $l = \sum_{i=1}^{n} l_i$, $l_i \in L$, und $l' = \sum_{j=1}^{m} l_j'$, $l_j' \in L$.

Unter der Voraussetzung, daß $l + l' = 0$ ist, folgt $\sum_i l_i + \sum_j l_j' = 0 \in L$ und daher $l \in L$, $l' \in L$ und $l + l' = 0$, folglich $l = l' = 0$.

Demzufolge gibt es nach 1.2.13 einen Funktor

$$nd\text{-Kan}\colon W'\text{-}\mathit{Kan} \to \boldsymbol{T}$$

der, komponiert mit dem zu i-Kan: $W'\text{-}\mathit{Kan} \to W\text{-}\mathit{Kan}$ inversen Funktor$(i\text{-Kan})^{-1}$ einen Funktor

$$ND = (nd\text{-Kan}) \quad (i\text{-Kan})^{-1}\colon W\text{-}\mathit{Kan} \to \boldsymbol{T}$$

ergibt. Ist f ein W-*Kan*, so wird $ND(f)$ als das *nichtdeterministische Abbild* von f bezeichnet. Für den Spezialfall W-*Kan* $= \mathbf{S}$ haben wir es schon in A. 4.1.4 kennengelernt.

1.2.15. Sei $W = \langle K, L, M\rangle$ ein Wahrscheinlichkeitsring. Sind $p_1, \ldots, p_n$ W-Verteilungen über der endlichen Menge A, und sind $l_1, \ldots, l_n$ Elemente aus L mit $\sum_{i=1}^{n} l_i \in M$, so ist die durch $h(a) = \sum_{i=1}^{n} l_i p_i(a)$ definierte Funktion $h: A \to K$ eine W-Verteilung, denn $l_i p_i(a) \in L$ und $\sum_{a\in A} h(a) = \sum_{i=1}^{n} l_i \sum_{a\in A} p_i(a) \in M$ nach (ii), folglich auch $h(a) \in L$ nach dem in 1.2.9 gezeigten.

Die so definierte W-Verteilung h wird als $\sum_{i=1}^{n} l_i p_i$ bezeichnet. Die Menge aller $\sum_{i=1}^{n} l_i p_i$ mit $l_i \in L$ und $\sum_{i=1}^{n} l_i \in M$ wird bei festgehaltenem n-Tupel $\langle p_1, \ldots, p_n\rangle$ als W-konvexe Hülle $H(p_1, \ldots, p_n)$ von $\langle p_1, \ldots, p_n\rangle$ bezeichnet. Jede W-Verteilung p läßt sich als $\sum_{a\in A} p(a)a$ (a als d_a aufgefaßt) darstellen, ist also Element der W-konvexen Hülle diskreter Verteilungen. Sind $f_1, \ldots, f_n$ Kanäle mit gleicher Quelle und gleichem Empfänger, so wird für Elemente $l_i \in L$ mit $\sum_{i=1}^{n} l_i \in M$ die Summe $\sum_{i=1}^{n} l_i f_i$ durch

$$\left(\sum_{i=1}^{n} l_i f_i\right)(a) = \sum_{i=1}^{n} l_i f_i(a)$$

definiert. $H(f_1, \ldots, f_n) = \left\{\sum_{i=1}^{n} l_i f_i,\ l_i \in L,\ \sum_{i=1}^{n} l_i \in M\right\}$ heißt die W-konvexe Hülle von $f_1, \ldots, f_n$.

Bezeichne L_n die Teilmenge aller n-tupel $\langle l_1, \ldots, l_n\rangle$ aus L^n mit $\sum_{i=1}^{n} l_i \in M$. Dann wird durch

$$(l_1, \ldots, l_n, f_1, \ldots, f_n) \mapsto \sum_{i=1}^{n} l_i f_i$$

eine Funktion $L_n \times (\mathrm{Hom}_W(A, B))^n \xrightarrow{\mu_n} \mathrm{Hom}_W(A, B)$ definiert. $\mu = \{\mu_n\}$ drückt aus, wie man partiell Elemente aus $\mathrm{Hom}_W(A, B)$ (damit ist $\mathrm{Hom}_{W\text{-}Kan}(A, B)$ abkürzend bezeichnet) mit Elementen aus K multiplizieren und addieren kann.

Verallgemeinernd definieren wir: Unter einem *W-Modul A* versteht man eine Menge A, für die eine Folge $\mu = \{\mu_n\}$ von Operationen:

$$\mu_n: L_n \times A^n \to A$$

definiert ist (für $\mu_n(l_1, \ldots, l_n, a_1, \ldots, a_n)$ schreiben wir $\sum_{i=1}^{n} l_i a_i$ oder $l_1 a_1 + \cdots + l_n a_n$), die den folgenden Eigenschaften genügt:

$$1a = a \tag{1}$$

$$\sum_{i=1}^{n} l_i \sum_{v_i=1}^{n_i} l_{iv_i} a_{iv_i} = \sum_{i=1}^{n} \sum_{v_i=1}^{n_i} l_i l_{iv_i} a_{iv_i} \tag{2}$$

$$l_1a_1 + \cdots + l_ra_r + Oa_{r+1} + \cdots + Oa_n = l_1a_1 + \cdots + l_ra_r \tag{3}$$

$$\sum_{i=1}^{n} l_i a = (\sum_{i=1}^{n} l_i)\, a \left(= \mu_1(\sum_{i=1}^{n} l_i, a)\right) \tag{4}$$

Wie bereits gezeigt wurde, ist $\mathrm{Hom}_W(A, B)$ ein W-Modul. Ein anderes Beispiel eines W-Moduls ist die Menge M aus $W = (K, L, M)$.

Sind A und B W-Moduln, so versteht man unter einer *W-linearen Abbildung* $\varphi: A \to B$ eine Abbildung φ der Menge A in die Menge B, die der folgenden Eigenschaft genügt:

$$\varphi(\sum_{i=1}^{n} l_i a_i) = \sum_{i=1}^{n} l_i \varphi(a_i)$$

Ist A Teilmenge von B und die Inklusionsabbildung $A \xrightarrow{\subset} B$ eine W-lineare Abbildung, so heißt A *W-Untermodul* von B. Ist A eine beliebige Teilmenge von B, so wird der kleinste Untermodul von B, der A umfaßt, mit $H(A)$ bezeichnet. Da für Kanäle $H(f_1, \ldots, f_n)$ gerade die W-konvexe Hülle von $\{f_1, \ldots, f_n\}$ war, nennen wir $H(A)$ ebenfalls konvexe Hülle von A.

Wie man zeigen kann, ist die Multiplikation von W-Kanälen eine W-lineare Operation, d. h., es gilt:
Sind $f_i: A \to B$, $g: B \to C$, $h: D \to A$ Kanäle, so ist

$$g(\sum_{i=1}^{n} l_i f_i) = \sum_{i=1}^{n} l_i g f_i$$

$$(\sum_{i=1}^{n} l_i f_i)\, h = \sum_{i=1}^{n} l_i f_i h$$

Da die Hintereinanderausführung W-linearer Abbildungen eine W-lineare Abbildung ist, ergibt sich der folgende Satz.

1.2.16. *Die W-Moduln über einem Wahrscheinlichkeitsring W bilden eine Kategorie W-Mod. Die Morphismen dieser Kategorie sind die W-linearen Abbildungen.* $\mathrm{Hom}_{W\text{-}Mod}(A, B)$ *ist für alle W-Moduln A, B ebenfalls ein W-Modul und die Multiplikation von Morphismen ist eine W-lineare Abbildung.*
W-Mod ist eine multiplikative Kategorie.
Es gibt einen treuen und vollen multiplikativen Funktor Γ'_W: W-Kan → W-Mod, für den das Diagramm von Kategorien und Funktoren

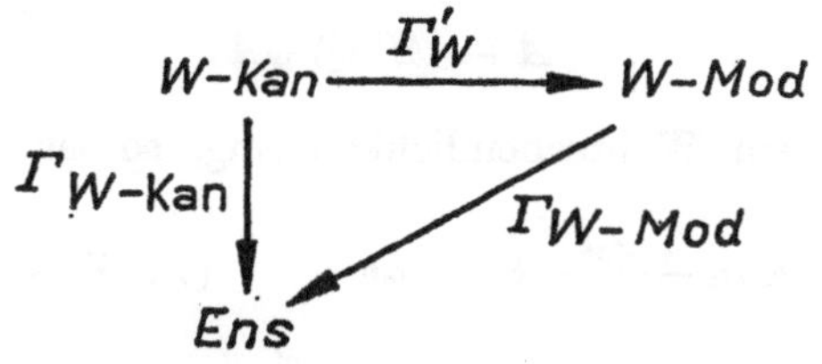

kommutativ ist.

Für jeden Morphismus $w: W \to W'$ von Wahrscheinlichkeitsringen gibt es einen treuen Vergiß-Funktor

$$V_w: W'\text{-}Mod \to W\text{-}Mod,$$

der einen adjungierten besitzt.
Ist $W = K^{\sim}$ und K ein Ring, so ist W-Mod zu K-Mod äquivalent und $\otimes_W$ das gewöhnliche Tensorprodukt $\otimes_K$.

Wir skizzieren den **Beweis**.

Da $\Gamma_{W\text{-}Kan}(A) = \mathrm{Hom}_W(I, A) = W(A)$ ein W-Modul ist und die Multiplikation von Kanälen W-linear ist, läßt sich Γ_{W-Kan} über *W-Mod* faktorisieren. Der dabei auftretende Faktor *W-Kan* $\to$ *W-Mod* sei Γ'_W. Für $\Gamma_{W\text{-}Kan}$ schreiben wir im folgenden kurz Γ_W.

Sei A eine beliebige Menge. Bezeichnen wir mit $F(A)$ die Menge aller endlichen Teilmengen von A, so ist $F(A)$ eine rechtsfiltrierte Halbordnung bzgl. der Inklusion, da mit $A_1, A_2 \in F(A)$ auch $A_1 \cup A_2 \in F(A)$ ist.

Ist $A_1 \subset A_2$, $A_1, A_2 \in F(A)$, so definiert jede W-Verteilung p über A_1 eine W-Verteilung ip ($i: A_1 \to A_2$ sei die Injektionsabbildung, aufgefaßt als diskreter Kanal).
Sei

$$W(A) = \underset{B \in F(A)}{\underrightarrow{\lim}} W(B).$$

Da alle $W(B)$ für $B \in F(A)$ W-Moduln und die betrachteten Abbildungen zwischen den $W(B)$ W-linear sind, ist $W(A)$ ein W-Modul. Seien nunmehr A und B zwei W-Moduln. In $W(A \times B)$ kann man die durch die Relationen

$$\left(a, \sum_{i=1}^{n} l_i b_i\right) \sim \sum_{i=1}^{n} l_i(a, b_i)$$

$$\left(\sum_{i=1}^{n} l_i a_i, b\right) \sim \sum_{i=1}^{n} l_i(a_i, b)$$

erzeugte Kongruenzrelation (bzgl. $\mu = \{\mu_n\}$) betrachten. Die Faktormenge nach dieser Kongruenzrelation hat wiederum eine kanonische W-Modulstruktur. Dieser Modul wird mit $A \otimes_W B$ bezeichnet. Er repräsentiert den Funktor Bil_W $(A, B, -)$ ($\mathrm{Bil}_W(A, B; C)$ ist die Menge aller W-bilinearen Abbildungen von A, B in C).

Der Adjungierte von V_w ist der Funktor

$$A \mapsto M' \otimes {}_W A.$$

Ist $W = (K, L, M)$ ein Wahrscheinlichkeitsring, so ist die Komposition der Funktoren

$$W\text{-}Kan \xrightarrow{w\text{-}Kan} K^{\sim}\text{-}Kan \qquad (w: W \to K^{\sim})$$

und

$$K^{\sim}\text{-}Kan \xrightarrow{\Gamma'_{K^{\sim}}} K\text{-}Mod$$

ein Funktor

$$W\text{-}Kan \to K\text{-}Mod.$$

Dieser Funktor ist als Komposition multiplikativer und treuer Funktoren ebenfalls multiplikativ und treu.
Er definiert eine Einlagerung der (i a. nicht abelschen) Kategorie *W-Kan* in die abelsche Kategorie *K-Mod*.

1.2.17. Abschließend noch eine Bemerkung über den Funktor

$$\Gamma'_K{}^{\sim}\colon K^{\sim}\text{-}Kan \to K\text{-}Mod$$

Wie schon gesagt wurde, ist dieser Funktor multiplikativ und treu. Er ist überdies voll: Sind A und B endliche Mengen und ist $f\colon K^{\sim}(A) \to K^{\sim}(B)$ eine K-lineare Abbildung des freien K-Moduls $K^{\sim}(A)$ in den freien K-Modul $K^{\sim}(B)$, so definiert die Einschränkung von f auf A einen $K^{\sim}$-Kanal $g\colon A \to B$, der durch $g = f \mid A\colon A \to K^{\sim}(B)$ definiert ist und dessen lineare Fortsetzung $\Gamma'_K{}^{\sim}(g)$ auf $K^{\sim}(A)$ gerade f ergibt, d. h.

$$f = \Gamma'_K{}^{\sim}(g),$$

und Γ'_K ist damit als voller Funktor nachgewiesen. Ist K ein Körper, so ist jeder endlichdimensionale K-Modul M zu einem $\Gamma'_K{}^{\sim}(A)$ isomorph — man wähle für A eine Menge der Mächtigkeit $\dim_K M$. Also ist für Körper $\Gamma'_K{}^{\sim}$ eine Äquivalenz. Diese Bemerkungen motivieren die folgende Änderung der Bezeichnungsweise:

Einen $K^{\sim}$-Kanal bezeichnen wir im weiteren Verlauf dieser Arbeit als K-Kanal. Entsprechend ersetzen wir

$K^{\sim}$-*Kan* durch *K-Kan*

$K^{\sim}(A)$ durch $K(A)$ oder auch KA

$\Gamma'_K{}^{\sim}$ durch Γ_K' oder auch K.

Wir unterscheiden nicht wesentlich einen K-Kanal $f\colon A \to B$ und die durch ihn definierte K-lineare Abbildung

$$Kf = \Gamma_K'(f)\colon KA \to KB.$$

Einen Automaten in der Kategorie *K-Kan* bezeichnen wir als *K-Automaten*. Entsprechend spezifiziert sprechen wir von K-Monomaten, K-Mealy-Automaten, K-Moore-Automaten usw. Wir unterscheiden nicht wesentlich einen K-Automaten S und den durch ihn definierten K-Modulautomaten $KS = \Gamma_K'S$.

2. Analyse und Synthese von Modul-Automaten

Sei K ein im folgenden fest gewählter kommutativer mit Ring Einselement. Wir betrachten in diesem Abschnitt nur K-MEALY-Modulautomaten und K-MOORE-Modulautomaten bzw. K-MEALY-Automaten und K-MOORE-Automaten, obschon sich eine Reihe von Ergebnissen auf allgemeinere Automatentypen übertragen lassen.

Zur Vorbereitung der weiteren Betrachtungen dient der folgende Satz, der in mehreren Schritten bewiesen wird:

2.1. Satz. *Die Kategorie K-Maut A aller K-*MOORE*-Modul-Automaten mit festem Eingabemodul A (und variablem Ausgabemodul) ist eine abelsche Kategorie.*

*Ist A ein projektiver Modul, so ist die Kategorie K-Aut A aller K-*MEALY*-Modul-Automaten mit festem Eingabemodul A (und variablem Ausgabemodul) eine abelsche Kategorie.*

Zur Vorbereitung des Beweises wird ein Begriff definiert, der von großem Wert für die Entwicklung geeigneter Kohomologietheorien für Automaten ist — der Begriff des Apparates. Apparate stellen eine geeignete Verallgemeinerung von MOORE-Modulautomaten dar und haben insofern auch eine selbständige Bedeutung.

2.1.1. Unter einer *Adjunktion* $\boldsymbol{F}$ verstehen wir ein Quintupel

$$\boldsymbol{F} = \langle \mathcal{C}, \mathcal{D}, S, T, F \rangle$$

bestehend aus zwei abelschen Kategorien $\mathcal{C}$ und $\mathcal{D}$, zwei additiven Funktoren $S\colon \mathcal{C} \to \mathcal{D}$ und $T\colon \mathcal{D} \to \mathcal{C}$ und einer natürlichen Äquivalenz F der Funktoren

$$F_{M,N}\colon \mathrm{Hom}_{\mathcal{D}}(SM, N) \xrightarrow{\sim} \mathrm{Hom}_{\mathcal{C}}(M, TN)$$

(aufgefaßt als Funktoren der Kategorie $\mathcal{C}^{op} \times \mathcal{D}$ in die Kategorie der Mengen). Man sagt in dieser Situation, daß S der zu T adjungierte Funktor ist oder daß T der zu S koadjungierte Funktor ist. Nach bekannten Resultaten gilt dann: T ist linksexakt und mit projektiven Limites vertauschbar, und S ist rechtsexakt und mit induktiven Limites vertauschbar.

2.1.2. Sei $\boldsymbol{F} = \langle \mathcal{C}, \mathcal{D}, S, T, F \rangle$ eine Adjunktion, so gibt es natürliche Transformationen $u\colon \mathrm{Id}_{\mathcal{C}} \to TS$ und $v\colon ST \to \mathrm{Id}_{\mathcal{D}}$, so daß

$$T(v_D)u_{TD} = 1_{TD} \text{ und } v_{SC}S(u_C) = 1_{SC}$$

für alle Objekte C aus $\mathcal{C}$ und D aus $\mathcal{D}$ ist. u und v sind durch die Gleichungen

$$u_C = F_{C,SC}(1_{SC})$$
$$v_D = F^{-1}_{TD,D}(1_{TD})$$

definiert.

2.1.3. Hilfssatz. *Ist $d\colon SC \to D$ ein beliebiger Morphismus in $\mathcal{D}$, so ist*

a) $SC \xrightarrow{S(F(d))} STD \xrightarrow{v_D} D = SC \xrightarrow{d} D$ *und*

b) $C \xrightarrow{u_C} TSC \xrightarrow{T(d)} TD = C \xrightarrow{F(d)} TD$.

Ist $c\colon C \to TD$ ein beliebiger Morphismus in $\mathcal{C}$, so ist

c) $C \xrightarrow{u_C} TSC \xrightarrow{T(F^{-1}(c))} TD = C \xrightarrow{c} TD$ *und*

d) $SC \xrightarrow{S(c)} STD \xrightarrow{v_D} D = SC \xrightarrow{F^{-1}(c)} D$

Der Beweis für alle vier Behauptungen erfolgt in ähnlicher Weise. Führen wir als Beispiel hier den Beweis von a) an:
Sei $d\colon SC \to D$ ein beliebiger Morphismus. Die natürliche Äquivalenz F gibt Anlaß zu dem folgenden kommutativen Diagramm

$$\begin{array}{ccc} \mathrm{Hom}_{\mathcal{D}}(SC, SC) & \xrightarrow{F} & \mathrm{Hom}_{\mathcal{C}}(C, TSC) \\ \Big\downarrow \mathrm{Hom}_{\mathcal{D}}(S1_C, d) & & \Big\downarrow \mathrm{Hom}_{\mathcal{C}}(1_C, Td) \\ \mathrm{Hom}_{\mathcal{D}}(SC, D) & \xrightarrow[F]{} & \mathrm{Hom}_{\mathcal{C}}(C, TD) \end{array}$$

1_{SC} wird längs dieses Diagramms in der folgenden Weise abgebildet.

$$\begin{array}{ccc} 1_{SC} & \mapsto & F(1_{SC}) = u_C \\ \downarrow & & \downarrow \\ d = d1_{SC} & \mapsto & F(d) = (Td)\, u_C \end{array}$$

Wenden wir dieses Ergebnis zur Berechnung von

$$SC \xrightarrow{S(F(d))} STD \xrightarrow{v_D} D$$

an, so ergibt sich

$$v_D S\big(F(d)\big) = v_D S\big((Td)\,(u_C)\big) = v_D(STd)\,(Su_C) = dv_{SC}Su_C = d\,1_{SC} = d. \blacksquare$$

2.1.4. Die Kategorie *App F*. Wir setzen im folgenden immer voraus, daß $F = (\mathcal{C}, \mathcal{D}, S, T, F)$ eine Adjunktion und daß S exakt ist.
Unter *App F* verstehen wir dann die folgende Kategorie:

— Die Objekte (Apparate im folgenden genannt) sind Tripel $\langle C, D, s\rangle$, wobei $C \in \mathrm{ob}\,\mathcal{C}$, $D \in \mathrm{ob}\,\mathcal{D}$, $s\colon SC \to D \in$ *Morph* $\mathcal{D}$. C heiße Zustands- und D Ausgabeobjekt. Für $\langle C, D, s\rangle$ werden wir im folgenden $C \xrightarrow{s} D$ schreiben.

— Die Morphismen von $\langle C, D, s\rangle$ in $\langle C', D', s'\rangle$ sind Paare (c, d), wobei $c\colon C \to C' \in$ *Morph* $\mathscr{C}$, $d\colon D \to D' \in$ *Morph* $\mathscr{D}$ und das Diagramm

$$\begin{array}{ccc} SC & \xrightarrow{Sc} & SC' \\ {\scriptstyle s}\downarrow & & \downarrow{\scriptstyle s'} \\ D & \xrightarrow{d} & D' \end{array}$$

kommutativ ist.

Dieses Diagramm werden wir im folgenden durch

$$\begin{array}{ccc} C & \xrightarrow{c} & C' \\ {\scriptstyle s}\downarrow & & \downarrow{\scriptstyle s'} \\ D & \xrightarrow{d} & D' \end{array}$$

notieren.

2.1.5. Satz. *Ist S exakter Funktor, so ist App $\mathbf{F}$ eine abelsche Kategorie.*

Beweis: Wir betrachten die Verklebung $\mathscr{C}\ \Pi_{\mathscr{D}}$ *Morph* $\mathscr{D}$ von $\mathscr{C}$ mit *Morph* $\mathscr{D}$, die durch die Funktoren

$$\begin{array}{ccc} \mathscr{C} & & \\ & \searrow^{S} & \\ & & \mathscr{D} \\ & \nearrow_{d} & \\ \text{Morph } \mathscr{D} & & \end{array}$$

gegeben ist, wobei d der Funktor ist, der jedem Morphismus seinen Definitionsbereich (domain) zuordnet. (*S.* dazu *P.* Gabriel (1962), Seite 439ff). P. Gabriel zeigte 1962, daß Verklebungen von abelschen Kategorien längs abelscher Kategorien bei exakten Verklebungsfunktoren wiederum abelsch sind. Also ist *App* $\mathbf{F}$ abelsch.

2.1.6. Wir wenden nun diesen Satz an, um zu beweisen, daß die Kategorie der Moore-Automaten mit festem Eingabemodul A eine abelsche Kategorie ist.

Wir führen dazu den Begriff des Halbautomaten ein: Sei A ein K-Modul, so verstehen wir unter einem A-Halbautomaten einen K-Modul S zusammen mit einer K-linearen Abbildung

$$m\colon S \otimes A \to S$$

Die A-Halbautomaten bilden eine Kategorie *A-Haut*, wenn man vereinbart, daß ein Morphismus des A-Halbautomaten $\langle S, m\rangle$ in den A-Halbautomaten

$\langle S', m' \rangle$ eine K-lineare Abbildung $s\colon S \to S'$ ist, für die das Diagramm

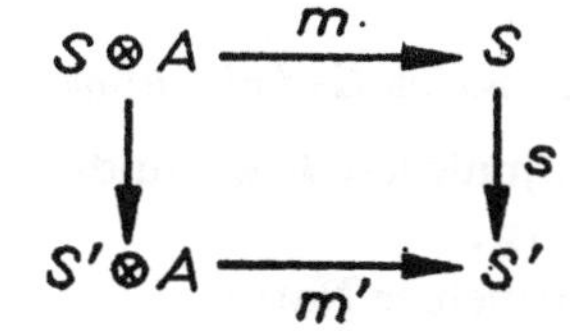

kommutativ ist. Ist $s \in S$, $a \in A$, so schreiben wir für $m(s \otimes a)$ mitunter auch sma oder sa, wenn keine Mißverständnisse auftreten können.

Es ist offensichtlich, daß die Kategorie A-*Haut* zur Kategorie $T(A)$-*Mod* aller $T(A)$-Rechtsmoduln äquivalent ist, wobei $T(A) = \bigoplus_{i=0}^{\infty} A^{\otimes i}$ die Tensoralgebra von A über K ist ($A^{\otimes 0} = K$ gesetzt). Die Äquivalenz wird wie folgt hergestellt: Ist $\langle S, m \rangle$ ein A-Halbautomat, so läßt sich S durch $s(a_1 \otimes a_2 \otimes \cdots \otimes a_i) = ((sma_1) ma_2 \cdots) ma_i)$ zu einem $T(A)$-Rechtsmodul machen. Umgekehrt ist jeder $T(A)$-Rechtsmodul S ein A-Halbautomat $\langle S, m \rangle$, wenn man setzt $m(s \otimes a) = sa$.

Da $T(A)$-*Mod* eine abelsche Kategorie ist, ist A-*Haut* eine abelsche Kategorie, die wir im folgenden mit $T(A)$-*Mod* identifizieren werden.

Sei nun L eine beliebige K-Algebra. (Später werden wir $L = T(A)$ setzen). Der Vergißfunktor

$$V\colon L\text{-}Mod \to K\text{-}Mod$$

besitzt sowohl einen adjungierten als auch einen koadjungierten Funktor. Der adjungierte Funktor zu V ist der Funktor $- \otimes_K L$, der koadjungierte Funktor zu V ist der Funktor $T = \mathrm{Hom}_K(L, -)$. (TM ist der folgende L-Rechtsmodul: ist $f\colon L \to M \in TM$, so ist fl mit $l \in L$ wie folgt erklärt: $(fl)(l') = f(ll')$). Ist

$$F_{M,N}\colon \mathrm{Hom}_{K\text{-}Mod}(VM, N) \to \mathrm{Hom}_{L\text{-}Mod}(M, TN)$$

die kanonische natürliche Äquivalenz, so ist

$$\boldsymbol{F} = \langle L\text{-}Mod, K\text{-}Mod, V, T, F \rangle$$

eine Adjunktion. Die Apparate dieser Adjunktion sind Tripel $\langle S, B, K \rangle$, wobei S ein L-Modul, B ein K-Modul und $K\colon VS \to B$ eine K-lineare Abbildung ist. Für $L = T(A)$ sind das wegen A-*Haut* $\simeq T(A)$-*Mod* gerade Quadrupel $\langle S, m, B, K \rangle$, bestehend aus zwei K-Moduln S und B und zwei K-linearen Abbildungen

$$m\colon S \otimes_K A \to S \quad \text{und} \quad k\colon S \to B.$$

Das heißt, die Apparate von $\boldsymbol{F}$ sind genau die Moore-Modulautomaten mit A als Eingabemodul. Entsprechend zeigt man, daß die Morphismen von *App* $\boldsymbol{F}$ gerade die Morphismen der entsprechenden Moore-Modulautomaten sind.

Zusammengefaßt: Die Kategorie *App* $\boldsymbol{F}$ ist zu K-*Maut* A kanonisch isomorph und daher ist nach 2.1.5 K-*Maut* A eine abelsche Kategorie.

2.1.7. Nach einer Idee von Brunner und Hamann beweisen wir nun den zweiten Teil von 2.1.:

Ist A ein projektiver A-Modul, so ist K-$AutA$ abelsch.

Auch hier gelingt es, eine Adjunktion $\boldsymbol{F}$ zu finden, für die K-$AutA$ zu $App\ \boldsymbol{F}$ äquivalent und daher abelsch ist.
Zuvor zwei Bemerkungen allgemeiner Natur:

Bei der Bezeichnung von Adjunktionen $\boldsymbol{F} = \langle \mathscr{C}, \mathscr{D}, S, T, F \rangle$ werden wir im folgenden die natürliche Äquivalenz F im allgemeinen nicht angeben, da sie zumeist kanonisch gegeben ist. Wir schreiben also

$$\boldsymbol{F} = \langle \mathscr{C}, \mathscr{D}, S, T \rangle$$

oder, um sofort deutlich zu machen, daß S der linksadjungierte (d. h. adjungierte) Funktor von T und T der rechtsadjungierte (d. h. koadjungierte) Funktor von S ist:

$$\boldsymbol{F} = S \begin{array}{c} \mathscr{D} \\ \downarrow\uparrow \\ \mathscr{C} \end{array} T$$

Sind $\boldsymbol{F}$ und $\boldsymbol{G}$ zwei Adjunktionen:

$$\boldsymbol{F} = S \begin{array}{c} \mathscr{C} \\ \downarrow\uparrow \\ \mathscr{D} \end{array} T \qquad\qquad \boldsymbol{G} = S' \begin{array}{c} \mathscr{D} \\ \downarrow\uparrow \\ \mathscr{E} \end{array} T'$$

so ist ein Produkt dieser beiden Adjunktionen definiert:

$$\boldsymbol{GF}_{\mathrm{Df}} = S'S \begin{array}{c} \mathscr{C} \\ \downarrow\uparrow \\ \mathscr{E} \end{array} TT'$$

$\boldsymbol{GF}$ ist wiederum eine Adjunktion. Sind die Funktoren S und S' exakt, so auch $S'S$, d. h. $App\ \boldsymbol{F}\ \boldsymbol{G}$ ist abelsch nach 2.1.5. Wir betrachten nun die beiden Adjunktionen

$$\boldsymbol{F} = V \begin{array}{c} T(A)\text{-}Mod \\ \downarrow\uparrow \\ K\text{-}Mod \end{array} \mathrm{Hom}_K(T(A), -)$$

(das ist die Adjunktion, die bereits in 2.1.6 betrachtet wurde) und

$$\boldsymbol{G} = - \otimes {}_K A \begin{array}{c} K\text{-}Mod \\ \downarrow\uparrow \\ K\text{-}Mod \end{array} \mathrm{Hom}_K(A, -)$$

V ist stets exakt und $-\otimes_K A$ ebenfalls, sofern A ein projektiver K-Modul ist. Demzufolge erfüllt die Adjunktion GF die Voraussetzungen von 2.1.5, und $App\, GF$ ist daher abelsch.

Ein Apparat von $G\,F$ ist ein Tripel $\langle S, B, l\rangle$, wobei S ein $T(A)$-Modul ist, B ein K-Modul und l eine K-lineare Abbildung

$$l\colon S \otimes_K A \to B$$

ist. Demzufolge ist $App\; G\,F$ zur Kategorie der Mealy-Modulautomaten mit A als Eingabemodul äquivalent.

2.1.8. Wir wollen zum Abschluß noch genauer die Adjunktion $M = F\,G$ untersuchen mit

$$\begin{array}{c} T(A)\text{-}Mod \\ F = V \;\big\downarrow\big\uparrow\; \mathrm{Hom}_K(T(A), -) \\ K\text{-}Mod \end{array} \quad \text{und} \quad \begin{array}{c} K\text{-}Mod \\ G = -\otimes_K A \;\big\downarrow\big\uparrow\; \mathrm{Hom}_K(A, -) \\ K\text{-}Mod \end{array}$$

Sei also $M = \langle T(A)\text{-}Mod,\;\; K\text{-}Mod,\;\; (-\otimes_K A)V,\;\; \mathrm{Hom}_K(T(A)\otimes_K A, -), M\rangle$ (Man beachte die Cartan-Äquivalenz

$$\mathrm{Hom}_K\big(T(A), \mathrm{Hom}_K(A, -)\big) \cong \mathrm{Hom}_K\big(T(A) \otimes_K A, -\big)\big)$$

Dann ist M die natürliche Äquivalenz

$$M_{S,B}\colon \mathrm{Hom}_K(S \otimes_K A, B) \to \mathrm{Hom}_{T(A)}\big(S, \mathrm{Hom}_K(T(A) \otimes_K A, B)\big)$$

Diese natürliche Äquivalenz ist wie folgt definiert:

Sei $l\colon S \otimes_K A \to B$ gegeben, so ist $M_{S,B}(l)$ eine $T(A)$-lineare Abbildung, die jedem Zustand $s \in S$ eine K-lineare Abbildung $\big(M_{S,B}(l)\big)(s)$ zuordnet.

Da $l\colon S \otimes_K A \to B$ dem Automaten $S = A \xrightarrow[m,l]{S} B$ entspricht, schreiben wir zur Abkürzung M_S für $M_{S,B}(l)$ und $M_S(s)$ für $\big(M_{S,B}(l)\big)(s)$. Diese Abbildung $M_S(s)$ ist wie folgt definiert:

Ist $w \in T(A)$, $a \in A$, so ist

$$\big(M_S(s)\big)\,(w \otimes a) = l\big((sw) \otimes a\big)$$

Ist umgekehrt $n\colon S \to \mathrm{Hom}_K(T(A) \otimes_K A, B)$ eine $T(A)$-lineare Abbildung, so ist $M_{S,B}^{-1}(n)\colon S \otimes_K A \to B$ die folgende K-lineare Abbildung

$$\big(M_{S,B}^{-1}(n)\big)\,(s \otimes a) = \big(n(s)\big)\,(a)$$

$M_{S,B}$ und $M_{S,B}^{-1}$ sind in der Tat zueinander inverse Abbildungen, da für $l\colon S \otimes_K A \to B$ gilt:

$$\big((M_{S,B}^{-1} M_{S,B})\,(l)\big)\,(s \otimes a) = (M_{S,B}^{-1} M_S)\,(s \otimes a) = \big(M_S(s)\big)\,(a) = l(s \otimes a)$$

und für $n: S \to \mathrm{Hom}_K(T(A) \otimes_K A, B)$ gilt:

$$\big(M_{S,B} M_{S,B}^{-1}(n)\big)(s)(w \otimes a) = M_{S,B}^{-1}(n)\big((sw) \otimes a\big) = \big(n(sw)\big)(a) = \big(n(s)\big)(w \otimes a)$$

Man bemerke, daß alle zuletzt dargestellten Sachverhalte auch richtig bleiben, wenn man $T(A)$ durch eine beliebige K-Algebra $\wedge$ ersetzt, für die es eine K-lineare Abbildung $i: A \to \wedge$ gibt, die monomorph ist.

Wir werden darauf später noch zurückkommen.

2.2. Maschinen. Sei $\langle \mathscr{C}, \otimes, I \rangle$ eine multiplikative Kategorie und $\Gamma = \Gamma_{\mathscr{C}}$ der in 1.1. eingeführte Schnittfunktor. Sind A und B Objekte von $\mathscr{C}$, so verstehen wir unter einer $\mathscr{C}$-Maschine mit Eingabe A und Ausgabe B oder kurz Maschine, wenn aus dem Zusammenhang deutlich ist, welche Kategorie betrachtet wird, eine Familie $f = \{f_n: A^n \to B\}$ von Morphismen ($n = 1, 2, \ldots$).
Dabei ist $A^n = \underbrace{A \otimes \cdots \otimes A}_{n \text{ mal}}$.

Eine MOORE-*Maschine* ist eine Familie $f = (f_n)_{n=0,1,2,\ldots}$ von Morphismen

$$f_0: I \to B$$

$$f_n: A^n \to B, \quad n = 1, 2, \ldots,$$

d. h. ein Paar, bestehend aus einer Maschine $f = (f_n)_{n=1,2,\ldots}$ und einem Morphismus $f_0: I \to B$.
Sei $f = (f_n)_{n=1,2,\ldots}$ eine $\mathscr{C}$-Maschine. Sie definiert in kanonischer Weise eine *Ens*-Maschine $\Gamma_{\mathscr{C}} f$ durch

$$(\Gamma_{\mathscr{C}} f)_n = \big(\Gamma(A)\big)^n \to \Gamma_{\mathscr{C}}(A^n) \xrightarrow{\Gamma_{\mathscr{C}}(f_n)} \Gamma_{\mathscr{C}}(B)$$

$\Gamma f = \Gamma_{\mathscr{C}} f$ ist eine Maschine mit ΓA als Eingabe und ΓB als Ausgabe. Eine Maschine g mit Γ als Eingabe und ΓB als Ausgabe ist genau dann ein Γf, wenn sich alle $g_n: (\Gamma A)^n \to \Gamma B$ über $\Gamma(A^n)$ so faktorieren lassen, daß der auftretende Faktor $\Gamma(A^n) \to \Gamma B$ Bild eines $\mathscr{C}$-Morphismus $A^n \to B$ ist.
Die W-*Mod*-Maschinen bezeichnen wir als W-Modulmaschinen (entsprechend W-Modul-MOORE-Maschinen). Die W-*Kan*-Maschinen als W-Maschinen (W-MOORE-Maschinen) entsprechend.

2.2.1. Bezeichne $\mathrm{Masch}_{\mathscr{C}}(A,B)$ die Menge aller $\mathscr{C}$-Maschinen mit A als Eingabe und B als Ausgabe. $\Gamma_{\mathscr{C}}$ definiert eine Abbildung

$$\Gamma = \Gamma: \mathrm{Masch}_{\mathscr{C}}(A, B) \to \mathrm{Masch}_{Ens}(\Gamma A, \Gamma B)$$

Diese Abbildung ist unter gewissen Umständen sogar injektiv: Sei $\langle \mathscr{C}, \otimes, I \rangle$ eine multiplikative Kategorie, die die folgenden Eigenschaften erfülle:

1. Der Schnittfunktor Γ ist treu.

2. Sind $g, f\colon A^n \to B$ zwei Morphismen und ist

$$(\Gamma A)^n \to \Gamma A^n \xrightarrow{\Gamma f_n} \Gamma B = (\Gamma A)^n \to \Gamma A^n \xrightarrow{\Gamma g_n} \Gamma B,$$

so ist $f = g$.

(Man beachte, daß Bedingung 1 ein Spezialfall von Bedingung 2 für $n = 1$ ist.) Sind unter dieser Voraussetzung f und g zwei $\mathscr{C}$-Maschinen mit A als Eingabe und B als Ausgabe und ist $\Gamma f = \Gamma g$, so ist $(\Gamma f)_n = (\Gamma g)_n$, d. h.

$$(\Gamma A)^n \to \Gamma A^n \xrightarrow{\Gamma f_n} \Gamma B = (\Gamma A)^n \to \Gamma A^n \xrightarrow{\Gamma g_n} \Gamma B$$

und daher $f_n = g_n$ für $n = 1, 2, \ldots$, also $f = g$.

2.2.2. Sei $\langle \mathscr{C}, \otimes, I\rangle$ eine beliebige multiplikative Kategorie und $S \xleftarrow{m} S \otimes A \xrightarrow{l} B$ ein MEALY-Automat über $\mathscr{C}$.
m läßt sich zu einer Folge $\langle m_n\rangle_{n=1,2,\ldots}$ von Morphismen induktiv wie folgt fortsetzen:

$$m_1 = m$$

$$m_{n+1} = S \otimes A^{n+1} \xrightarrow{\simeq} (S \otimes A^n) \otimes A \xrightarrow{m_n \otimes 1} S \otimes A \xrightarrow{m} S$$

Entsprechend läßt sich l zu einer Folge $(l_n)_{n=1,2,\ldots}$ fortsetzen:

$$l_1 = l$$

$$l_{n+1} = S \otimes A^{n+1} \xrightarrow{\simeq} (S \otimes A^n) \otimes A \xrightarrow{m_n \otimes 1} S \otimes A \xrightarrow{l} B$$

Sei $s \in \Gamma_{\mathscr{C}}(S)$ ein „$\mathscr{C}$-Zustand" von S, d. h. ein Morphismus $s\colon I \to S$. s definiert eine $\mathscr{C}$-Maschine $M_S(s)$ wie folgt

$$\big(M_S(s)\big)_n = A^n \xrightarrow{\simeq} I \otimes A^n \xrightarrow{s \otimes 1} S \otimes A^n \xrightarrow{l_n} B$$

Eine Maschine $f \in \mathrm{Masch}_{\mathscr{C}}(A, B)$ heiße im Automaten S darstellbar, falls es einen $\mathscr{C}$-Zustand $s \in \Gamma_{\mathscr{C}} S$ gibt, so daß

$$f = M_S(s)$$

ist. s wird als der f darstellende Zustand bezeichnet und f heißt die durch s dargestellte Maschine.

Bilden wir das Mengenabbild $\Gamma_{\mathscr{C}}(S)$ des Automaten S, so ist $s \in \Gamma_{\mathscr{C}}(S)$ natürlich auch ein Zustand dieses Mengenabbildes, und man kann die Maschine $M_{\Gamma(S)}(s)$ mit $\Gamma_{\mathscr{C}} A$ als Eingabe und $\Gamma_{\mathscr{C}} B$ als Ausgabe bilden. Es gilt dann

$$M_{\Gamma S} = \Gamma_{\mathscr{C}} M_S,$$

wie sich durch eine leichte Rechnung ergibt.
Eine Maschine $f \in \mathrm{Masch}_{\mathbf{Ens}}(\Gamma A, \Gamma B)$ heiße im Automaten S darstellbar, falls es einen $\mathscr{C}$-Zustand $s \in \Gamma_{\mathscr{C}} S$ gibt, so daß

$$f = M_{\Gamma S}(s) = \Gamma_{\mathscr{C}} M_S(s)$$

ist.

f ist in S genau dann darstellbar, falls es eine Maschine $g \in \text{Masch}_{\mathscr{C}}(A, B)$ gibt mit $f = \Gamma_{\mathscr{C}} g$ und g in S darstellbar ist. Das Analyse- und Syntheseproblem läßt sich nun für beliebige multiplikative Kategorien wie folgt formulieren:

2.3. Analyse- und Syntheseproblem. Sei $\langle \mathscr{C}, \otimes, I \rangle$ eine multiplikative Kategorie und seinen A und B Objekte derselben.
Sei $f \in \text{Masch}_{Ens}(\Gamma_{\mathscr{C}} A, \Gamma_{\mathscr{C}} B)$. Man formuliere notwendige und hinreichende Bedingungen, denen f genügen muß, um in einem Automaten $A \xrightarrow{S} B$ aus $\mathscr{C}$ darstellbar zu sein.
Offensichtlich enthält das Analyse- und Syntheseproblem zwei Teilprobleme:

(I) Man gebe notwendige und hinreichende Bedingungen dafür an, daß $f = \Gamma g$ mit $g \in \text{Masch}_{\mathscr{C}}(A, B)$ ist.

(II) Man gebe notwendige und hinreichende Bedingungen dafür an, daß $g \in \text{Masch}_{\mathscr{C}}(A, B)$ in einem Automaten $A \xrightarrow{S} B$ aus $\mathscr{C}$ darstellbar ist.

Die Lösung beider Probleme ist natürlich i. A. noch keine volle Lösung des Analyse- und Syntheseproblems.

Betrachten wir einige Beispiele:

2.3.1. *Ens*-**Maschinen.** Jede Maschine $f \in \text{Masch}_{Ens}(A, B)$ läßt sich in einem Mengenautomaten darstellen. Wir wollen den Beweis dieses bekannten Ergebnisses kurz skizzieren:

Sei $W'(A)$ die Halbgruppe aller nichtleeren Worte und $W(A)$ das Monoid aller Worte über dem Alphabet A, d. h.

$$W(A) = W'(A) \cup \{e\}$$
$$W'(A) = W(A)\, A = A W(A)$$

(e sei das leere Wort). Ein $W(A)$-Modul M ist eine Menge zusammen mit einer Operation $M \times W(A) \to M$ $\big((m, w) \mapsto mw\big)$, für die gilt

$$me = m \quad \text{und} \quad (mw)\, w' = m(ww').$$

Insbesondere bildet $\text{Masch}_{Ens}(A, B)$ einen $W(A)$-Modul, indem man definiert

$$(fw)_{n'}(w') = f_{n+n'}(ww')$$

($w \in A^n$, $w' \in A^{n'}$). Ist $f \in \text{Masch}_{Ens}(A, B)$, so ist $S = fW(A)$ ein Untermodul von $\text{Masch}_{Ens}(A, B)$. Die Multiplikation mit Elementen aus A definiert eine Abbildung $S \otimes A \xrightarrow{m} S$. Durch $(l\langle g, a\rangle) = g(a)$ wird eine Abbildung $S \times A \xrightarrow{l} B$ definiert. Demzufolge ist $S \xleftarrow{m} S \times A \xrightarrow{l} B$ ein Mealy-Automat, und es gilt für den Zustand $f \in S$:

$$M_S(f) = f$$

2.3.2. *Ensf*-**Maschinen.** Das Problem I hat auch hier eine triviale Lösung: $\text{Masch}_{Ensf}(A, B) = \text{Masch}_{Ens}(A, B)$. Das Problem II ist nach dem in 2.3.1 Ge-

sagten zu dem folgenden Problem äquivalent: Man gebe notwendige und hinreichende Bedingungen dafür an, daß $fW(A)$ eine endliche Menge ist.
Für die Lösung dieses Problems gibt es zahlreiche äquivalente Formulierungen, auf die hier nicht noch einmal eingegangen werden soll. (S. C. KLEENE 1956, E. F. MOORE 1956. Eine einheitliche Darstellung dieser Thematik findet man etwa in W. M. GLUSCHKOW 1963 oder P. STARKE 1969).

2.3.3. Analyse und Synthese von Modulautomaten

Da *K-Mod* eine abelsche Kategorie mit beliebigen direkten Summen ist (also covollständig), entspricht einer K-Modulmaschine $f = (f_n)_{n=1,2,\ldots}$

$$f_n : A^n \to B \qquad (A^n = A^{\otimes n})$$

eineindeutig eine K-lineare Abbildung

$$f : \bigoplus_{n=1}^{\infty} A^n \to B$$

und umgekehrt. Da die Tensoralgebra $T(A)$ durch

$$T(A) = \bigoplus_{n=0}^{\infty} A^n$$

definiert ist, gilt

$$\bigoplus_{n=1}^{\infty} A^n = T(A) \otimes_K A = A \otimes_K T(A)$$

und wir definieren $T'(A)$ durch diesen Ausdruck. Es gilt also

$$\mathrm{Masch}_K(A, B) \cong \mathrm{Hom}_K(T'(A), B).$$

Nach dem bereits in 2.1.6 Bemerkten, bilden die K-Modulmaschinen daher einen $T(A)$-Rechtsmodul:

Ist f eine K-Modulmaschine und $a \in T(A)$, so ist fa durch $(fa)\,(b) = f(ab)$ definiert.
Sei nun $A \xrightarrow[m,l]{S} B$ ein K-Modulautomat und $s \in S$ ein Zustand desselben. Die gemäß 2.2.2 durch s dargestellte Maschine $f = M_S(s) \in \mathrm{Masch}_{K\text{-}Mod}(A, B)$ ist durch

$$f_n = A^n \to K \otimes A^n \xrightarrow{\varphi_s \otimes 1} S \otimes A^n \xrightarrow{l_n} B$$

definiert, wobei $\varphi_s : K \to S$ die Abbildung $k \mapsto ks$ ist. Demzufolge ist

$$f(a_1 \otimes \cdots \otimes a_n) = l_n(s \otimes a_1 \otimes \cdots \otimes a_n)$$

und daher für $w \in T(A)$, $a \in A$:

$$M_S(s)\ (w \otimes a) = f(w \otimes a) = l(sw) \otimes a),$$

d. h., M_S ist die in 2.1.8 definierte $T(A)$-lineare Abbildung $M_{S,B}(l)$.

Wir bemerken, daß, weil M_S eine $T(A)$-lineare Abbildung ist, die Menge aller in einem Automaten S darstellbaren Maschinen einen Untermodul $\operatorname{Im} M_S$ des Moduls $\operatorname{Masch}_{K\text{-}Mod}(A, B)$ aller Maschinen bildet.

2.3.4. Satz. *Zu jeder Teilmenge $R \subset \operatorname{Masch}_{K\text{-}Mod}(A, B)$ der Menge aller K-Modulmaschinen mit A als Eingabe und B als Ausgabe gibt es einen K-Modulautomaten, in dem alle Maschinen aus R realisiert werden können.*
Eine Teilmenge $R \subset \operatorname{Masch}_{Ens}(A,B)$ der Menge aller Maschinen ist genau dann in einem K-Modulautomaten darstellbar, wenn für alle Elemente f von R die Abbildungen

$$f_n : \underbrace{A \times \cdots \times A}_{n\ mal} \to B$$

linear in jeder Komponente sind.

Beweis. Sei S ein $T(A)$-Untermodul von $\operatorname{Masch}_{K\text{-}Mod}(A, B)$, in dem alle Elemente von R enthalten sind (z. B. kann S als der kleinste Untermodul mit dieser Eigenschaft gewählt werden). Die $T(A)$-Modulstruktur von S definiert eine K-lineare Abbildung

$$S \otimes A \xrightarrow{m} S$$

$$s \otimes a \mapsto sa.$$

Außerdem haben wir die K-lineare Abbildung

$$S \otimes A \xrightarrow{l} B$$

$$s \otimes a \to s(a)$$

Beide Abbildungen definieren einen K-Modulautomaten

$$A \xrightarrow[m,l]{S} B$$

Ist $s \in S$, so ist

$$\big(M_S(s)\big)(w \otimes a) = s(w \otimes a), \text{ d. h. } M_S(s) = s.$$

Infolgedessen werden alle Maschinen aus S durch Zustände des Automaten $A \xrightarrow[m,l]{S} B$ dargestellt, also auch die Maschinen aus R. Die zweite Aussage ergibt sich aus der ersten.

3. Redundanz von Modul-Automaten

3.1. Injektive und projektive Apparate

Sei $\boldsymbol{F} = \langle \mathscr{C}, \mathscr{D}, S, T, F \rangle$ eine Adjunktion im Sinne von 2.1.1. Wir setzen in diesem Abschnitt darüber hinaus voraus, daß $\mathscr{C}$ und $\mathscr{D}$ Grothendieck-Kategorien (d. h. abelsche Kategorien mit Erzeugenden und exakten induktiven

Limites) sind und daß S ein exakter Funktor ist. Betrachten wir die Funktoren

$$\mathscr{C} \xrightarrow{S} \mathscr{D} \text{ und } Morph\, \mathscr{D} \xrightarrow{d} \mathscr{D}$$

(siehe 2.1.5.).
Da $\mathscr{C}$ und $Morph\, \mathscr{D}$ GROTHENDIECKsch und S und d mit induktiven Limites vertauschbar sind, besitzt $App\, F$ exakte induktive Limites. Ist $\{C_i\}_{i \in I}$ (bzw. $\{D_j\}_{j \in J}$) eine Familie von Erzeugenden von $\mathscr{C}$ (bzw. von $\mathscr{D}$), so ist $\{\langle C_i, SC_i, S1_{C_i}\rangle, \langle O, D_j, O\rangle\}_{i \in I, j \in J}$ eine Familie von Erzeugenden von $App\, F$. Also ist $App\, F$ GROTHENDIECK-Kategorie. Nach GROTHENDIECK (1957) besitzt in GROTHENDIECK-Kategorien jedes Objekt eine injektive Hülle. Das Ziel dieses Abschnittes besteht darin,

a) eine Klassifikation aller injektiven Objekte von $App\, F$ anzugeben;

b) die injektive Hülle eines jeden Apparats $C \xrightarrow{s} D$ zu bestimmen.

Zunächst erhalten wir:

3.1.1. Satz. *Sei $I \xrightarrow{i} J$ ein injektiver Apparat. Dann ist I injektives Objekt in $\mathscr{C}$ und J injektives Objekt in $\mathscr{D}$.*

Beweis: a) I ist injektiv. Sei $C \in \text{ob}\, \mathscr{C}$, $C' \to C$ ein Morphismus und $C' \xrightarrow{c} I$ ein Morphismus. Dann ist

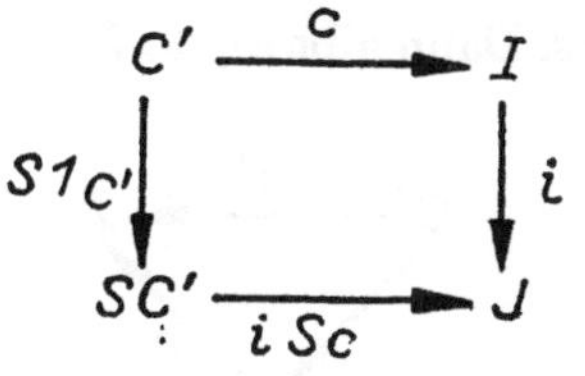

ein Morphismus in $App\, F$, und es gibt daher einen Morphismus

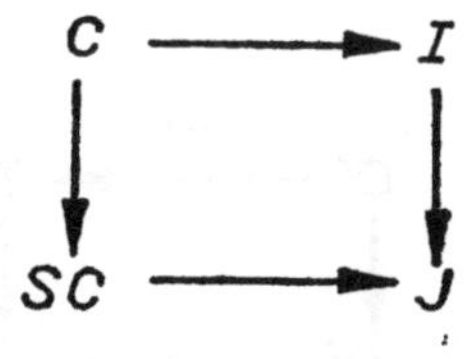

so daß das Diagramm

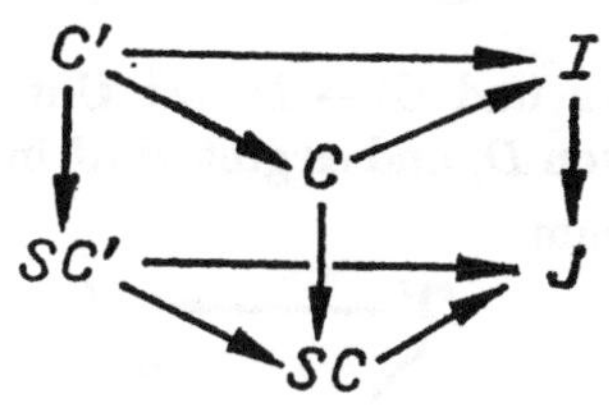

kommutativ ist.
Das obere Dreieck dieses Prismas zeigt, daß I injektiv ist. b) J ist injektiv. Sei $D \in \text{ob}\, \mathscr{D}$, D' Unterobjekt von D und $d: D' \to J$ ein Morphismus. Entsprechend

der Beweisführung von a) ergibt sich aus dem kommutativen Diagramm

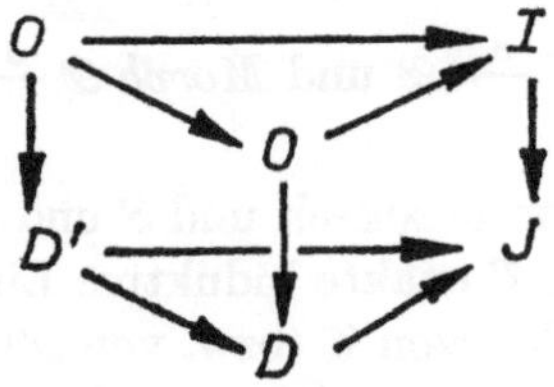

die Behauptung. ■

3.1.2. Beispiele für injektive Apparate. Sei I injektives Objekt in $\mathscr{C}$, J injektives Objekt in $\mathscr{D}$. Dann sind $I \to 0$ und $TJ \xrightarrow{j} J$ $(j = v_J)$ injektive Apparate.

Beweis.

1. $I \to 0$ ist injektiv. Sei $C \to D$ ein Apparat und $C' \to D'$ Unterapparat davon.

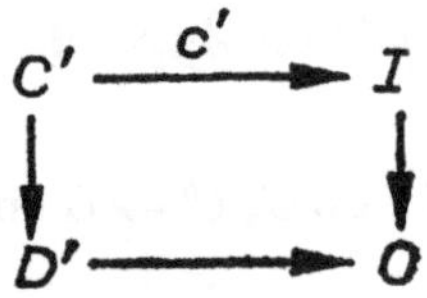

sei ein Apparatemorphismus. Dann gibt es, da I injektiv ist, einen $\mathscr{C}$-Morphismus, $c: C \to I$, für den

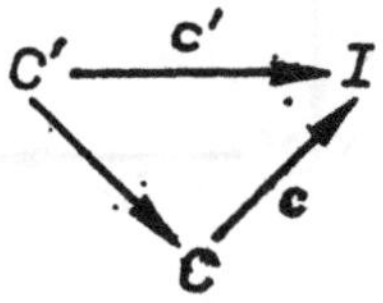

kommutativ ist.

$\langle c, 0\rangle$ ist der gesuchte Morphismus von $C \to D$ in $I \to 0$.

2. $TJ \xrightarrow{j} J$ ist injektiv.

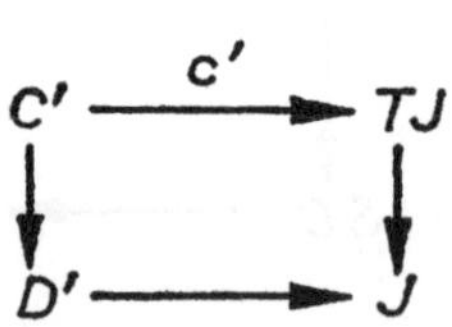

sei ein Apparatemorphismus und $C' \to D'$ sei Unterobjekt von $C \to D$. Demzufolge ist D' Unterobjekt von D, und es gibt, da J injektiv ist, einen Morphismus $D \xrightarrow{s} J$, so daß das Diagramm

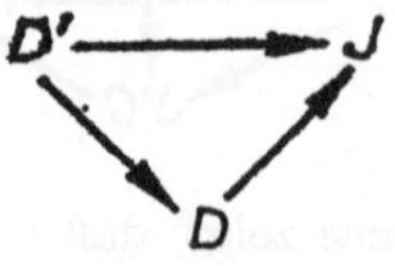

kommutativ ist.

Mit dem Morphismus $D \xrightarrow{s} J$ ergibt sich das folgende kommutative Diagramm in $\mathscr{D}$.

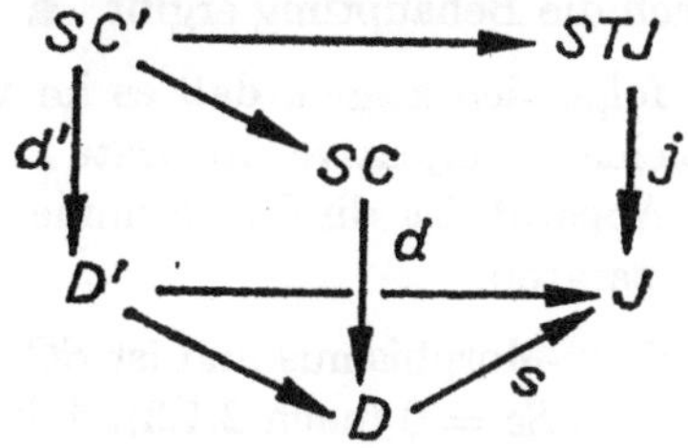

Über F erhält man daraus das kommutative Diagramm in $\mathscr{C}$,

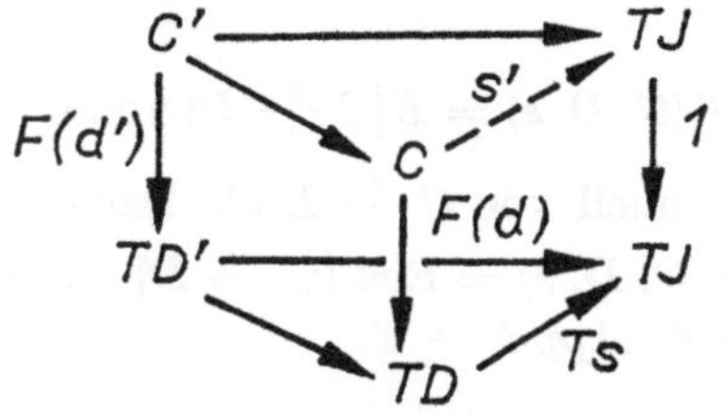

in dem $C \xrightarrow{s'} TJ$ in eindeutiger Weise definiert werden kann, so daß das entstehende Diagramm kommutativ wird: Man setze $s' = TsF(d)$!
Setzen wir auf dieses Diagramm den Funktor S und verlängern es mittels der natürlichen Transformation v, so erhalten wir das Diagramm

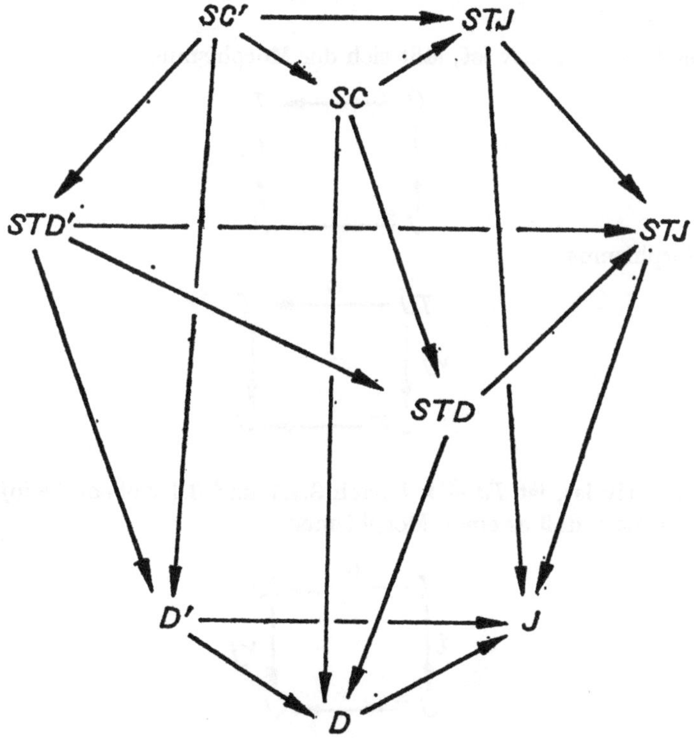

dessen äußerer Doppelpyramidenstumpf kommutativ ist und daher auch dessen inneres Prisma, womit sich die Behauptung ergibt. ∎

3.1.3. Wir werden im folgenden zeigen, daß es im wesentlichen außer den in 3.1.2 aufgeführten Beispielen für injektive Apparate keine weiteren gibt. Genauer gesagt, jeder injektive Apparat ist direkte Summe der in 3.1.2 angegebenen Typen von injektiven Apparaten.

3.1.4. Ist $c\colon C \to TD$ ein $\mathscr{C}$-Morphismus und ist $SC \xrightarrow{Sc} STD \xrightarrow{v_D} D = 0$, so ist $c = 0$. Denn $F^{-1}(c) = v_D \cdot Sc = 0$ (nach 2.1.3), d. h. $c = 0$.

3.1.5. Definition. Unter dem Kern eines Apparates $\langle C, D, s\rangle$ versteht man das maximale Unterobjekt

$$K \to 0 = K(C, D, s) = K\big(C \xrightarrow{s} D\big) \text{ von } C \xrightarrow{s} D.$$

Der Kern K hängt funktionell von $C \xrightarrow{s} D$ ab. Das Zustandsobjekt des Kerns wird als Redundanz $\operatorname{Red}(C, D, s) = \operatorname{Red}\big(C \xrightarrow{s} D\big)$ bezeichnet. Auch die Redundanz ist ein Funktor $\operatorname{Red}\colon \mathit{App}\,\boldsymbol{F} \to \mathscr{C}$.

Satz. $K(TD, D, v_D) = 0$.
Das folgt direkt aus 3.1.4 und der Definition des Kerns.

3.1.6. Hauptsatz über injektive Apparate. *Sei $I \xrightarrow{i} J$ ein injektiver Apparat, dann sind $TJ \xrightarrow{v_J} J$ und $K\big(I \xrightarrow{i} J\big)$ injektive Apparate, und $I \xrightarrow{i} J$ ist die direkte Summe der beiden.*

Beweis. Da $I \to J$ injektiv ist, läßt sich der Morphismus

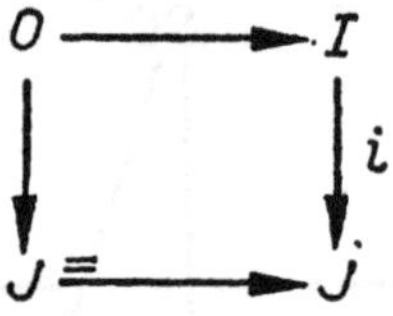

zu einem Morphismus

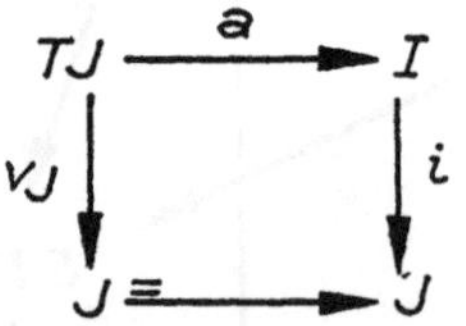

fortsetzen.
Da $I \xrightarrow{i} J$ injektiv ist, ist $TJ \xrightarrow{v_J} J$ nach 3.1.1 und 3.1.2 ebenfalls injektiv, und wie eben zeigt man, daß es einen Morphismus

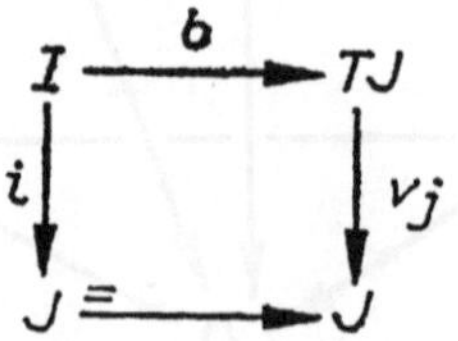

gibt. Die Komposition dieser beiden Morphismen ergibt einen Endomorphismus

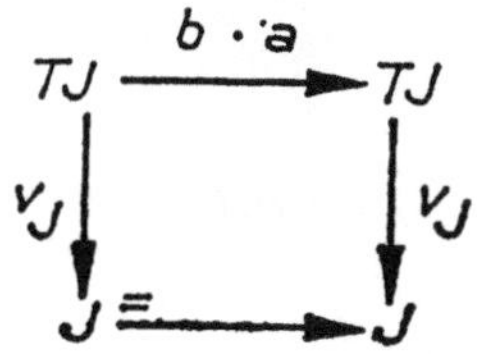

Infolgedessen ist $STJ \xrightarrow{S(b \cdot a)} STJ \xrightarrow{v_J} J = STJ \xrightarrow{v_J} J$ und d. h. $STJ \xrightarrow{S(ba) - 1_{TJ}} STJ \xrightarrow{v_J} J = 0$, also nach 3.1.4. $b \cdot a - 1_{TJ} = 0$, d. h. $b \cdot a = 1_{TJ}$.
Daraus folgt $(b, 1_J)\,(a, 1_J) = (1_{TJ}, 1_J)$ und d. h.: $TJ \xrightarrow{v_J} J$ ist direkter Summand von $I \xrightarrow{i} J$, also $I \xrightarrow{i} J = \left(TJ \xrightarrow{v_J} J\right) \oplus \left(I' \xrightarrow{i'} J'\right)$. Da nach Definition der direkten Summe $I' \xrightarrow{i'} J'$ Kern der Projektion $(b, 1_J)$ ist, gilt $J' =$ Ker $1_J = 0$ und damit auch $i' = 0$, d. h.

$$I \xrightarrow{i} J = \left(TJ \xrightarrow{v_J} J\right) \oplus (I' \to 0).$$

Da der Kern K ein additiver Funktor ist, gilt:

$$K(I \to J) = K\left(TJ \xrightarrow{v_J} J\right) \oplus K(I' \to 0) = 0 \oplus (I' \to 0) = I' \to 0$$

nach 3.1.5, womit der Satz bewiesen ist. ∎

Wir kommen nunmehr zur Charakterisierung der injektiven Hülle von Apparaten.

3.1.7. Sei $C \xrightarrow{s} D$ ein Apparat und Red s = Red $\left(C \xrightarrow{s} D\right)$ die Redundanz desselben. Red s ist ein Objekt von $\mathscr{C}$. Sei I die injektive Hülle von Red s und Red $s \xrightarrow{i'} I$ die kanonische Injektion.
Da Red $s \xrightarrow{\subset} C$, gibt es einen Morphismus $i\colon C \to I$, so daß das Diagramm

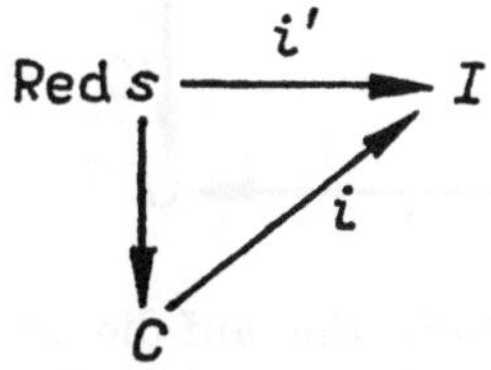

kommutatativ ist.

Sei J die injektive Hülle von D und $j'\colon D \to J$ die kanonische Injektion. Wenden wir auf den Morphismus $SC \xrightarrow{s} D \xrightarrow{j'} J$ die Abbildung F an, so erhalten wir einen Morphismus $j = F(j's)\colon C \to TJ$, für den das Diagramm

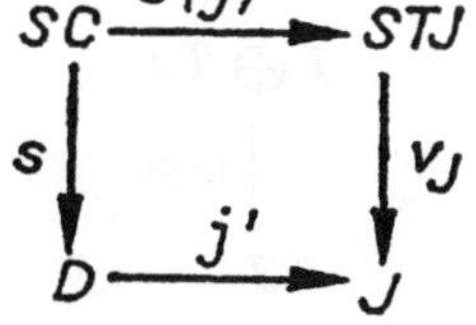

nach 2.1.3. a) kommutativ ist. Wir haben also zwei Morphismen

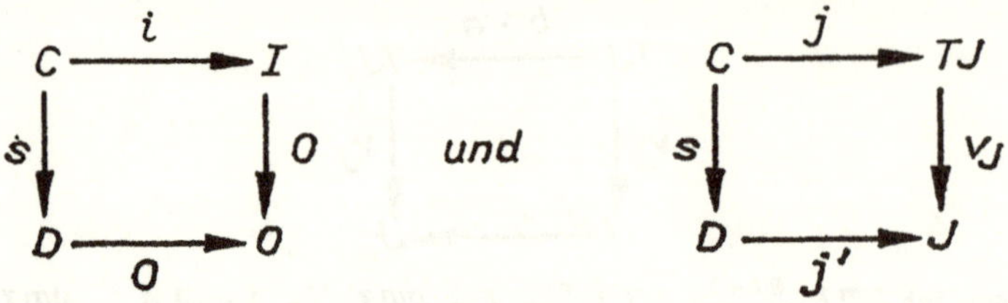

Demzufolge haben wir genau einen Morphismus

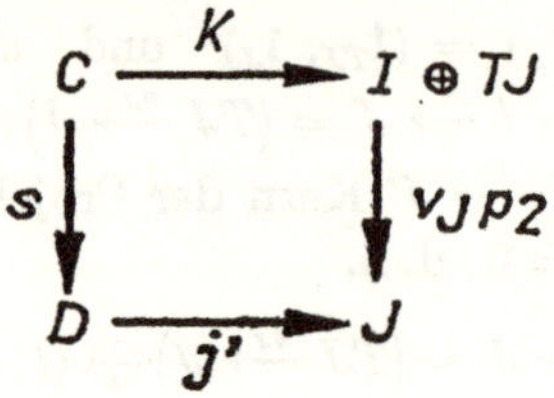

($p_2: I \oplus TJ \to TJ$ sei die kanonische Projektion auf die zweite Komponente), für den

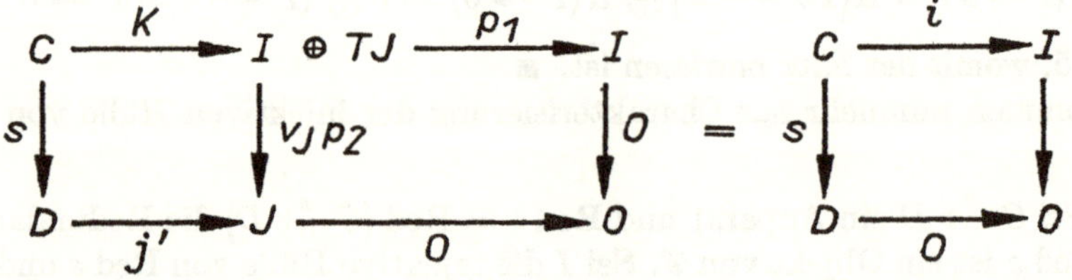

und

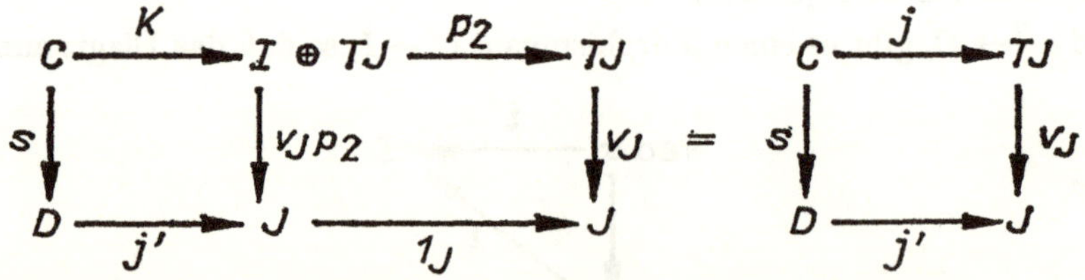

gilt ($p_1: I \oplus TJ \to I$ sei die Projektion auf die erste Komponente). Demzufolge ist $\operatorname{Ker} K \subset \operatorname{Ker} p_2 K = \operatorname{Ker} j = \operatorname{Ker} T(j')F(s) = \operatorname{Ker} F(s) = \operatorname{Red} s$ (nach 3.1.11.1). Da außerdem

$$\operatorname{Ker} K \subset \operatorname{Ker} p_1 K = \operatorname{Ker} i, \text{ ist } \operatorname{Ker} K \subset \operatorname{Red} s \cap \operatorname{Ker} i = \operatorname{Ker} i' = 0$$

und daher ist K ein Monomorphismus. Da j' nach Definition Monomorphismus ist, ist (K, j') Monomorphismus und s ist damit Unterobjekt des injektiven Apparats

$$\begin{array}{c} I \oplus TJ \\ \downarrow{\scriptstyle v_J p_2} \\ J \end{array}$$

Wenn wir noch zeigen, daß dieser Apparat eine wesentliche Erweiterung von s ist, haben wir gezeigt, daß er die injektive Hülle von s ist. Wir erinnern noch einmal an die Definition wesentlicher Erweiterungen.

3.1.8. Definition. Sei

$$\begin{array}{ccc} C & \longrightarrow & C' \\ {\scriptstyle s}\downarrow & & \downarrow{\scriptstyle s'} \\ D & \longrightarrow & D' \end{array}$$

ein Monomorphismus von Apparaten. $C' \xrightarrow{s'} D'$ heißt *wesentliche Erweiterung* von $C \xrightarrow{s} D$, wenn für alle Unterapparate $C'' \xrightarrow{c''} D''$ von $C' \xrightarrow{s} D'$ gilt: Ist $C \cap C'' = 0$ und $D \cap D'' = 0$, so ist

$$C'' \xrightarrow{s''} D'' = 0 \xrightarrow{0} 0.$$

3.1.9. Hilfssatz.

$$\begin{array}{ccc} C & \xrightarrow{K} & I \oplus TJ \\ {\scriptstyle s}\downarrow & & \downarrow{\scriptstyle v_J} \\ D & \xrightarrow[j']{} & J \end{array}$$

ist eine wesentliche Erweiterung.

Beweis. Sei $C'' \xrightarrow{s''} D''$ ein Unterapparat von $I \oplus TJ \xrightarrow{v_J p_2} J$ und sei $C'' \cap C = 0$, $D'' \cap D = 0$. Dann ist $D'' = 0$, da J injektive Hülle von D ist (3.1.7). Infolgedessen ist

$$C'' \xrightarrow{s''} D'' \subset K(I \oplus TJ \xrightarrow{v_J p_2} J) = I \to 0$$

d. h. $C'' \subset I$.
Da $C'' \cap \operatorname{Red} s \subset C'' \cap C = 0$ und I injektive Hülle von $\operatorname{Red} s$ ist, folgt $C'' = 0$. ■

Wir haben also bewiesen:

3.1.10. Hauptsatz über die injektive Hülle von Apparaten.
Der in 3.1.7 konstruierte Apparat $I \oplus TJ \xrightarrow{v_J p_2} J$ ist die injektive Hülle von $C \xrightarrow{s} D$. Ist also $I' \xrightarrow{i'} J'$ die injektive Hülle von $C \xrightarrow{s} D$, so ist

$$\begin{array}{ccccc} I' & & I & & TJ \\ {\scriptstyle i'}\downarrow & = & \downarrow & \oplus & \downarrow{\scriptstyle v_J} \\ J' & & 0 & & J \end{array}$$

und dabei ist J injektive Hülle von D und I injektive Hülle von $\operatorname{Red} s$.

3.1.11. Ergänzungen. Wir beschließen den dritten Abschnitt mit einigen Ergänzungen. Die Beweise sind alle sehr einfach und werden dem Leser zur Übung überlassen.

3.1.11.1. Kern und Redundanz.

a) $K(C \xrightarrow{s} D) = (\operatorname{Ker} F(s)) \to 0$

b) Ist $C' \xrightarrow{s'} D'$ Unterapparat von $C \xrightarrow{s} D$, so gilt

$$K(C' \xrightarrow{s'} D') = K(C \xrightarrow{s} D) \cap (C' \xrightarrow{s'} D').$$

c) K ist linksexakt.

d) K führt injektive Apparate in injektive Apparate über.

e) K ist ein relativer Lokalisierungsfunktor im Sinne von Budach—Holzapfel 1975.

a') $\operatorname{Red} s = \operatorname{Ker} F(s)$

b') Ist $C' \xrightarrow{s'} D'$ Unterapparat von $C \xrightarrow{s} D$, so gilt $\operatorname{Red} s' = \operatorname{Red} s \cap C'$

c') Red ist ein kovarianter, additiver linksexakter Funktor von $App\,\boldsymbol{F}$ in $\mathscr{C}$.

d') Red führt injektive Apparate in injektive Objekte aus $\mathscr{C}$ über.

e') $\operatorname{Red} s$ ist das größte Unterobjekt von C mit $S \operatorname{Red} s \to SC \xrightarrow{s} D = 0$.

3.1.11.2. Ausgabe- und Zustandsfunktor. Projektive Apparate.

a) Definition: Der Funktor A: $App\,\boldsymbol{F} \to \mathscr{D}$, der jedem Apparat (Apparatemorphismus) sein Ausgabeteil zuordnet, heißt Ausgabefunktor.
Der Funktor Z: $App\,\boldsymbol{F} \to \mathscr{C}$, der jedem Apparat (Apparatemorphismus) sein Zustandsteil zuordnet, heißt Zustandsfunktor.

b) A besitzt einen adjungierten A^l und koadjungierten A^r.
Z besitzt einen adjungierten Z^l und koadjungierten Z^r.

(Man setzt $A^lD = 0 \to D$

$$A^rD = TD \xrightarrow{vD} D$$
$$Z^lC = C \xrightarrow{1sc} SC$$
$$Z^rC = C \to 0)$$

c) A^l und Z^r sind exakte Funktoren.
A^r ist exakt, wenn T exakt ist.
Z^l ist exakt (da S exakt ist).

d) Unter Verwendung von b) und c) kann man erneut 3.1.1 und 3.1.2 beweisen. Entsprechend zeigt man:

d_1) Ist $C \to D$ projektiv, so ist D projektiv, sofern T exakt ist.

d_2) Ist $C \to D$ projektiv, so ist C projektiv.

d_3) Ist C projektiv, so ist $C \xrightarrow{1sc} SC$ projektiv.

d_4) Ist D projektiv, so ist $0 \to D$ projektiv.

3.1.11.3. Dualität. Sei $\langle \boldsymbol{F} = \mathscr{C}, \mathscr{D}, S, T, F\rangle$ eine Adjunktion. Sei $\mathscr{C}^{\mathrm{op}}$ (bzw. $\mathscr{D}^{\mathrm{op}}$) die zu $\mathscr{C}$ (bzw. $\mathscr{D}$) duale Kategorie und seien $S^{\mathrm{op}}\colon \mathscr{C}^{\mathrm{op}} \to \mathscr{D}^{\mathrm{op}}$, $T^{\mathrm{op}}\colon \mathscr{D}^{\mathrm{op}} \to \mathscr{C}^{\mathrm{op}}$ die durch S und T definierten Funktoren. Dann ist S^{op} exakt, da S exakt ist. Sei

$$F^{\mathrm{op}}_{D,C} = F^{-1}_{C,D}\colon \mathrm{Hom}_{\mathscr{C}^{\mathrm{op}}}(T^{\mathrm{op}}D, C) \xrightarrow{\sim} \mathrm{Hom}_{\mathscr{D}^{\mathrm{op}}}(D, S^{\mathrm{op}}C)$$

die durch F definierte natürliche Äquivalenz. Dann ist $\boldsymbol{F}^{\mathrm{op}} = (\mathscr{C}^{\mathrm{op}}, \mathscr{D}^{\mathrm{op}}, S^{\mathrm{op}}, T^{\mathrm{op}}, F^{\mathrm{op}})$ eine Adjunktion.

a) Es gibt eine natürliche Äquivalenz zwischen Kategorien:

$Q\colon \mathit{App}\,\boldsymbol{F}^{\mathrm{op}} \xrightarrow{\sim} (\mathit{App}\,\boldsymbol{F})^{\mathrm{op}}$

$\big((\mathit{App}\,\boldsymbol{F})^{\mathrm{op}}$ sei die zu $\mathit{App}\,\boldsymbol{F}$ duale Kategorie$\big)$

b) Sei $K^{\times}(C \xrightarrow{s} D) = 0 \to \mathrm{Koker}\,(SC \xrightarrow{s} D)$, so sind K und $K^{\times}$ im folgenden Sinne dual zueinander:

K definiert in kanonischer Weise einen Funktor $K^{\mathrm{op}} = K^{\times\mathrm{op}}\colon (\mathit{App}\,\boldsymbol{F})^{\mathrm{op}} \to (\mathit{App}\,\boldsymbol{F})^{\mathrm{op}}$. Das folgende Diagramm von Funktoren ist dann kommutativ:

$$\begin{array}{ccc}
(\mathit{App}\,F)^{\mathrm{op}} & \xrightarrow[\simeq]{Q} & \mathit{App}\,F^{\mathrm{op}} \\
{\scriptstyle K^{\mathrm{op}}}\downarrow & & \downarrow{\scriptstyle K} \\
(\mathit{App}\,F)^{\mathrm{op}} & \xrightarrow[Q]{\simeq} & \mathit{App}\,F^{\mathrm{op}}
\end{array}$$

Unter Verwendung von a), b) und 3.1.6 zeigt man dann unmittelbar:

c) *Hauptsatz über projektive Apparate. Sei $P \xrightarrow{p} Q$ ein projektiver Apparat, dann sind $P \xrightarrow{1SP} SP$ und $K^{\times}\,(P \xrightarrow{p} Q)$ projektive Apparate, und $P \xrightarrow{p} Q$ ist die direkte Summe der beiden.*

3.2. Redundanz von Apparaten

3.2.1. Sei $\boldsymbol{F} = \langle \mathscr{C}, \mathscr{D}, S, T, F\rangle$ eine Adjunktion und S exakt. Seien darüber hinaus die Voraussetzungen von 3.1 erfüllt. Da es in $\mathit{App}\,\boldsymbol{F}$ nach Abschnitt 3.1 genügend viele injektive Objekte gibt, existieren die rechtsabgeleiteten Funktoren $R^{i}G$ eines jeden additiven, kovarianten Funktors G von $\mathit{App}\,\boldsymbol{F}$ in eine beliebige abelsche Kategorie $\mathscr{A}$. Im besonderen existieren die rechtsabgeleiteten Funktoren $R^{i}\mathrm{Red}$ von Red, die wir abkürzend als Red^{i} bzeichnen. $\mathrm{Red}^{i}s$ ($s\colon C \to D$ sei ein beliebiger Apparat) wird also gewonnen, indem man eine injektive Auflösung $0 \to s \to i^{0} \to i^{1} \to i^{2} \to \cdots \to i^{v} \to \cdots$ von s durch injektive Apparate $i^{v}\colon I^{v} \to J^{v}$ wählt und definiert:

$$\mathrm{Red}^{v}\, s = \mathrm{Ker}\,(\mathrm{Red}\; i^{v} \to \mathrm{Red}\; i^{v+1})/\mathrm{Im}\,(\mathrm{Red}\; i^{v-1} \to \mathrm{Red}\; i^{v})$$

für $v = 0, 1, \ldots$ wobei $i^{-1} = 0 \to 0$ gesetzt wird.

3.2.2. $\mathrm{Red}^v s$ hat die drei folgenden Eigenschaften, die diese Folge von Funktoren im wesentlichen eindeutig charakterisieren:

a) $\mathrm{Red}^0 s = \mathrm{Red}\, s$

b) $\mathrm{Red}^v s = 0$ für $v \neq 0$, wenn s injektiver Apparat ist.

c) Ist $0 \to s' \to s \to s'' \to 0$ eine exakte Folge von Apparaten, so gibt es eine exakte Folge

$$0 \to \mathrm{Red}\, s' \to \mathrm{Red}\, s \to \mathrm{Red}\, s'' \to \mathrm{Red}^1 s' \to \cdots \to \mathrm{Red}^{v-1} s'' \to \mathrm{Red}^v s' \to \mathrm{Red}^v s$$
$$\to \mathrm{Red}^v s'' \to \mathrm{Red}^{v+1} s' \to \cdots.$$

3.2.3. Beispiele

3.2.3.1. Ist $C \to 0$ ein Apparat, dessen Ausgabeteil Null ist, so ist $\mathrm{Red}\, s = C$ sein Zustandsteil und die höheren Redundanzen $\mathrm{Red}^v s$ $(v > 0)$ verschwinden.

Beweis- Sei $0 \to C \to I^0 \to I^1 \to \cdots \to I^v \to \cdots$ eine injektive Auflösung von C in $\mathscr{C}$. Da $Z^r\colon C \to App\, F$ $(Z^r C = C \to 0)$ exakt ist und injektive Objekte in injektive Apparate überführt, ist

$$\mathrm{Red}^v(s) = \big(R^v(\mathrm{Red}\, Z^r)\big)\,(C) = R^v\, \mathrm{Id}_{\mathscr{C}}\, C = \begin{cases} C \text{ für } v = 0 \\ 0 \text{ sonst.} \end{cases} \blacksquare$$

3.2.3.2. Ist $C \xrightarrow{s} D$ ein beliebiger Apparat, so heißt $s/\mathrm{K}s$ ($\mathrm{K}s$ der Kern von s) der zu s gehörige reduzierte Apparat. Ein Apparat ist demzufolge reduziert, wenn $\mathrm{K}s = 0$, d. h. $\mathrm{Red}\ s = 0$ ist. Zwei Apparate heißen äquivalent, wenn ihre reduzierten Apparate isomorph sind. Es gilt dann:

Die höheren Redundanzen Red^v $(v > 0)$ von äquivalenten Apparaten sind isomorph.

Beweis. Es genügt zu zeigen, daß $\mathrm{Red}^v s \simeq \mathrm{Red}^v(s/\mathrm{K}s)$ für $v > 0$ ist. Dazu betrachten wir die exakte Folge

$$0 \to \mathrm{K}s \to s \to s/\mathrm{K}s \to 0.$$

Aus 3.2.2 und 3.2.3.1 ergibt sich zusammen mit der Bemerkung, daß $\mathrm{K}s = \mathrm{Red}\ s \to 0$ ist, das Resultat.

3.2.4. Für die Untersuchung der höheren Redundanzen beliebiger Apparate benötigen wir den folgenden Satz von Grothendieck, der ein Konstruktionsverfahren für Spektralsequenzen liefert:

Satz. *Sind $\mathscr{A}$ und $\mathscr{B}$ Grothendieck-Kategorien (d. h. abelsche Kategorien mit Erzeugenden und exakten induktiven Limites) und ist $\mathscr{C}$ eine abelsche Kategorie, so gibt es für jedes Paar $S\colon \mathscr{A} \to \mathscr{B}$, $T\colon \mathscr{B} \to \mathscr{C}$* von linksexakten Funktoren mit *der Eigenschaft, daß S injektive Objekte in T-azyklische Objekte überführt (das ist z. B. stets der Fall, wenn S injektive Objekte in injektive Objekte überführt) eine Spektralsequenz*

$$E_2^{pq} = (R^p T) \circ (R^q S) \Rightarrow E^n = R^n(T \circ S)$$

von Funktoren.

Wenden wir diesen Satz auf die Funktoren $A^r\colon \mathcal{D} \to App\,F$, Red: $App\,F \to \mathcal{C}$ an, so erhalten wir, da $(\mathrm{Red} \circ A^r)\, D = \mathrm{Red} \begin{array}{c} TD \\ \downarrow \\ D \end{array} = 0$ ist, die Spektralsequenz

$$E_2^{pq} = \mathrm{Red}^p \circ R^q A^r \Rightarrow 0$$

(Das Ende dieser Sequenz ist also Null).
Für den Anfang gilt:

$$E_2^{pq} = \mathrm{Red}^p \circ R^q A^r = \begin{cases} 0 & \text{für } p = 0,\ q = 0 \\ R^q T & \text{für } p = 0,\ q > 0 \\ \mathrm{Red}^p \circ A^r & \text{für } p > 0,\ q = 0 \\ 0 & \text{für } p > 0,\ q > 0 \\ \text{(nach 3.2.3.1)} & \end{cases}$$

da $R^q A^r D = \begin{array}{c} R^q TD \\ \downarrow \\ 0 \end{array}$ für $q > 0$ ist.

Um letztere Gleichheit einzusehen, betrachten wir eine injektive Auflösung

$$0 \to D \xrightarrow{\varepsilon} I^0 \xrightarrow{d^0} I^1 \xrightarrow{d^1} \cdots$$

von D und wenden darauf A^r an; wir erhalten

$$\begin{array}{ccccccccc} 0 & \longrightarrow & TD & \xrightarrow{T\varepsilon} & TI^0 & \xrightarrow{Td^0} & TI^1 & \xrightarrow{Td^1} & \cdots \\ & & \downarrow & & \downarrow & & \downarrow & & \\ 0 & \longrightarrow & D & \xrightarrow{\varepsilon} & I^0 & \xrightarrow{d^0} & I^1 & \xrightarrow{d^1} & \cdots \end{array}$$

Da die untere Folge exakt ist, sind die Kohomologieapparate dieser Folge

$$\begin{aligned} R^q A^r D &= \mathrm{Ker}\,(Td^q, d^q)/\mathrm{Im}\,(Td^{q-1}, d^{q-1}) \\ &= \begin{array}{c} \mathrm{Ker}\, Td^q/\mathrm{Im}\, Td^{q-1} \\ \downarrow \\ 0 \end{array} = \begin{array}{c} R^q TD \\ \downarrow \\ 0 \end{array} \end{aligned}$$

für $q > 0$.

Infolgedessen sind höchstens die beiden Kanten dieser Spektralsequenz von Null verschieden.

Das einzige von Null verschiedene Differential der r-ten Schicht der Spektralsequenz ist das Differential

$$d_r^{0,r-1} : E_r^{0,r-1} \to E_r^{r,0}$$

Wir veranschaulichen uns das an der folgenden Abbildung:

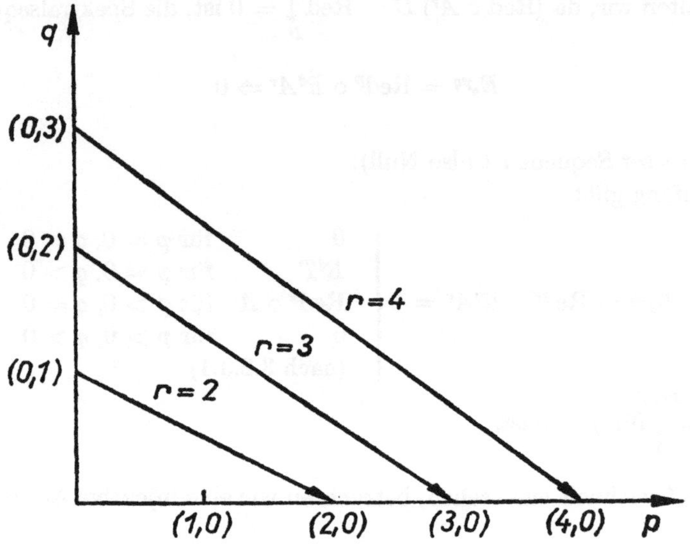

Demzufolge ist

$$E_2^{0q} \simeq E_3^{0q} \simeq \cdots \simeq E_{q+1}^{0q} \supset \operatorname{Ker} d_{q+1}^{0q} \simeq E_{q+2}^{0q} \simeq E_{q+3}^{0q} \simeq \cdots \simeq E_\infty^{0q}$$

$$E_2^{p0} \simeq E_3^{p0} \simeq \cdots \simeq E_p^{p0} \to E_p^{p0}/\operatorname{Im} d_p^{0,p-1} \simeq E_{p+1}^{p0} \simeq \cdots \simeq E_\infty^{p0}$$

Da $E^n = 0$ ist, folgt $E_\infty^{pq} = 0$ für alle $\langle p, q\rangle$ und daher ist Ker $d_{q+1}^{0q} = 0$ und $\operatorname{Im} d_p^{0,p-1} = E_p^{p0}$, d. h. $d_r^{0,r-1}$ ist ein Isomorphismus, und es folgt daraus

$$E_{0q}^2 \simeq E_{q+1}^{0q} \xrightarrow[\sim]{d_{q+1}^{0q}} E_{q+1}^{q+1,0} \simeq E_2^{q+1,0}$$

d. h. $R^qT \simeq \operatorname{Red}^{q+1} A^r$ für $q > 0$.
Außerdem folgt aus der obigen Abbildung direkt

$$\operatorname{Red}^1 A^r = E_2^{10} = 0$$

Wir haben damit den folgenden Satz bewiesen:

3.2.5. Satz. $\operatorname{Red} A^r = \operatorname{Red}^1 A^r = 0$

$$\operatorname{Red}^n A^r = R^{n-1}T \text{ für } n > 1,$$

d. h.: Ist D ein Objekt von $\mathfrak{D}$, so gilt für den Apparat $s = \begin{matrix} TD \\ \downarrow \\ D \end{matrix}$

$$\operatorname{Red} s = \operatorname{Red}^1 s = 0$$

$$\operatorname{Red}^n s = R^{n-1}TD \text{ für } n > 1.$$

3.2.6. Korollar. *Ist* $0 \xrightarrow{s'} D$ *ein Apparat mit verschwindendem Zustandsobjekt, so ist*

$$\text{Red}\, s' = 0 \text{ und}$$
$$\text{Red}^n s' = R^{n-1}TD \text{ für } n > 0.$$

Beweis. Wir betrachten die exakte Folge von Apparaten:

$$\begin{array}{ccccccccc} 0 & \to & 0 & \to & TD & \to & TD & \to & 0 \\ & & \downarrow{\scriptstyle s'} & & \downarrow{\scriptstyle s} & & \downarrow{\scriptstyle s''} & & \\ 0 & \to & D & \to & D & \to & 0 & \to & 0 \end{array}$$

Die exakte Kohomologiesequenz 3.2.2 c) ergibt die exakten Folgen

$$0 \to TD \to \text{Red}^1 s' \to \text{Red}^1 s$$
$$\text{Red}^{n-1} s'' \to \text{Red}^n s' \to \text{Red}^n s \to \text{Red}^n s''.$$

Da $\text{Red}^1 s = 0$ nach 3.2.5, folgt

$$TD \simeq \text{Red}^1 s'.$$

Da $\text{Red}^n s'' = 0$ für $n > 0$ nach 3.2.3.1, folgt

$$\text{Red}^n s' \simeq \text{Red}^n s \simeq R^{n-1}TD \text{ für } n > 1$$

nach 3.2.5. ■

3.2.7. Satz. *Sei* $C \xrightarrow{s} D$ *ein beliebiger Apparat, so ist*

a) $\text{Red}^0 s = \text{Red}\, s$

b) $\text{Red}^1 s = \text{Koker}\,(C \xrightarrow{F(s)} TD)$

c) $\text{Red}^{v+1} s = R^v TD = (R^v T)(As) = R^v(TA)\, s$ *für* $v \geqq 1$.

Beweis. a) ist trivial. Sei nun $C \xrightarrow{s} D$ ein beliebiger Apparat, so ist

$$\begin{array}{ccccccccc} 0 & \to & 0 & \to & C & \xrightarrow{1_C} & C & \to & 0 \\ & & \downarrow{\scriptstyle s'} & & \downarrow{\scriptstyle s} & & \downarrow{\scriptstyle s''} & & \\ 0 & \to & D & \xrightarrow{1_D} & D & \to & 0 & \to & 0 \end{array}$$

oder, anders geschrieben,

$$0 \to A^l As \to s \to Z^r Zs \to 0$$

(s. 3.1.11.2) die Darstellung von s als Erweiterung eines ausgabefreien Apparates mit einem zustandsfreien. Die exakte Kohomologiesequenz von Red ergibt mit 3.2.3.1

$$0 \to \text{Red}\, s \to C \to \text{Red}^1 s' \to \text{Red}^1 s \to 0 \quad \text{und}$$

$$\text{Red}^v s' \xrightarrow{\sim} \text{Red}^v s \text{ für } v > 1.$$

Die zweite Zeile ergibt zusammen mit 3.2.6 die Aussage c). Aus der ersten Zeile und 3.2.6 folgt, daß

$$0 \to \mathrm{Red}\, s \to C \to TD \to \mathrm{Red}^1 s \to 0$$

exakt ist und d. h. $\mathrm{Red}^1 s \simeq \mathrm{Koker}\,(C \to TD)$ (Aussage b). ■

3.2.8. Korollar. *Sei $C \xrightarrow{s} D$ ein Apparat und D ein T-azyklisches Objekt (diese Bedingung ist z. B. erfüllt, wenn D injektiv ist), so ist* $\mathrm{Red}^v s = 0$ *für* $v > 1$.

3.2.9. Korollar. *Ist*

$$\begin{array}{ccccccccc} 0 & \longrightarrow & C' & \longrightarrow & C & \longrightarrow & C'' & \longrightarrow & 0 \\ & & \downarrow{\scriptstyle s'} & & \downarrow{\scriptstyle s} & & \downarrow{\scriptstyle s''} & & \\ 0 & \longrightarrow & D' & \longrightarrow & D & \longrightarrow & D'' & \longrightarrow & 0 \end{array}$$

eine exakte Folge von Apparaten, so gewinnt man den Anfang der Kohomologiesequenz 3.2.2. c) als exakte Folge der Kerne und Kokerne[1] *der Morphismen* $F(s')$, $F(s)$, $F(s'')$: *Das Diagramm*

$$\begin{array}{ccccccccccc} 0 \to & \mathrm{Ker}\,F(s') & \to & \mathrm{Ker}\,F(s) & \to & \mathrm{Ker}\,F(s'') & \to & \mathrm{Koker}\,F(s') & \to & \mathrm{Koker}\,F(s) & \to & \mathrm{Koker}\,F(s'') \\ & \downarrow\wr & & \downarrow\wr & & \downarrow\wr & & \downarrow\wr & & \downarrow\wr & & \downarrow\wr \\ 0 \to & \mathrm{Red}\, s' & \longrightarrow & \mathrm{Red}\, s & \longrightarrow & \mathrm{Red}\, s'' & \longrightarrow & \mathrm{Red}^1 s' & \longrightarrow & \mathrm{Red}^1 s & \longrightarrow & \mathrm{Red}^1 s' \end{array}$$

ist kommutativ, und die beiden Zeilen sind exakt.

3.3. Redundanz von Automaten

3.3.1. Sei $A \xrightarrow[m,l]{S} B$ ein K-Modulautomat und $M_S\colon S \to \mathrm{Masch}_{K\text{-}Mod}\,(A, B_0)$ die gemäß 2.2.2 und 2.4 definierte $T(A)$-lineare Abbildung, die jedem Zustand s von S die durch ihn realisierte K-Modul-Maschine zuordnet. Zwei Zustände s_1 und s_2 aus S heißen äquivalent, wenn $M_S(s_1) = M_S(s_2)$ ist. Da die in 2.2.2 definierte Abbildung

$$\Gamma_{K\text{-}Mod}\colon \mathrm{Masch}_{K\text{-}Mod}\,(A,B) \to \mathrm{Masch}_{Ens}(A,B)$$

injektiv ist, sind zwei Zustände genau dann äquivalent, wenn sie als Zustände des Mengenabbildes (s. 1.1.8) äquivalent sind.

Da M_S eine $T(A)$-lineare Abbildung ist, sind zwei Zustände s_1 und s_2 genau dann zueinander äquivalent, wenn $s_1 - s_2$ zum Nullzustand äquivalent ist.

Bezeichnen wir diejenigen Zustände, die zum Nullzustand äquivalent sind, als redundante Zustände (die Bezeichnung ist dadurch gerechtfertigt, daß die redundanten Zustände genau diejenigen sind, die die Nullmaschine realisieren) und be-

[1] Siehe N. Bourbaki (1961), Algèbre commutative, chap. 1 §1, Prop. 2, S. 19

zeichnen wir die Menge aller redundanten Zustände des Automaten S mit Red S (die Redundanz von S), so gilt:

— Red S = Ker M_S
— Da M_S eine $T(A)$-lineare Abbildung ist, ist Red S ein $T(A)$-Untermodul von S.
— Die Nebenklassen modulo Red S sind die Äquivalenzklassen der soeben definierten Äquivalenzrelation.

3.3.2. Satz. *Ist A ein projektiver K-Modul, so ist die Redundanz eines K-Modulautomaten $A \xrightarrow[m,l]{S} B$ gleich der Redundanz (im Sinne von 3.1.5) des Apparates $S \xrightarrow{l} B$, der entsprechend 2.1.7 dem Automaten entspricht.*

Beweis. Nach 2.1.8 und 2.4 ist $M_S = M_{S,B}(l)$ und daher Ker M_S = Ker $M_{S,B}(l)$ = Red ($S \xrightarrow{l} B$) (Man beachte, daß im Sinne von 2.1.4 und 2.1.7 $S \xrightarrow{l} B$ das Tripel $\langle S, A, l\rangle$ bezeichnet, wobei S ein $T(A)$-Modul, B ein K-Modul und l eine K-lineare Abbildung $S \otimes A \xrightarrow{l} B$ ist.) ■

3.3.3. Korollar. Red: *K-Aut $A \to T(A)$-Mod ist ein linksexakter Funktor, dessen abgeleitete Funktoren den folgenden Eigenschaften genügen:*

a) $\mathrm{Red}^0 = \mathrm{Red}$ b) $\mathrm{Red}^1 S$ = Koker M_S c) $\mathrm{Red}^v S = 0$ *für* $v > 1$.

Beweis. Das folgt direkt aus 3.3.2 und 3.2.7, wenn man beachtet, daß in diesem speziellen Fall nach 2.1.8 $T = \mathrm{Hom}_K(T(A) \otimes_K A, -)$ ist und $T(A) \otimes_K A = \bigoplus_{n=1}^{\infty} A^{\otimes n}$ ein projektiver K-Modul ist und daher $R^n T = 0$ für $n > 0$ gilt. ■

3.3.4. Ist K ein Körper und S endlichdimensional, so ist $\dim_K \mathrm{Red}^1 S$ = dim Koker M_S = dim $\mathrm{Masch}_{K\text{-}Mod}(A,B)$ — dim Im $M_S = \infty$, da dim $\mathrm{Masch}_{K\text{-}Mod}(A,B) = \infty$ ist. Demzufolge ist die einzige von Null verschiedene Kohomologiegruppe unendlichdimensional. Um dieser Schwierigkeit zu begegnen, wird im folgenden der Funktor Red auf eine kleinere Kategorie eingeschränkt. Dadurch werden sich endlich dimensionale Kohomologiegruppen ergeben, die ein gewisses Verhältnis zwischen der inneren Struktur, d. h. dem Zustandsverhalten, und der äußeren Struktur, d. h. dem Eingabe-Ausgabe-Verhalten, herstellen werden.

Sei $\mathfrak{a}$ ein zweiseitiges Ideal von $T(A)$. $\Lambda = T(A)/\mathfrak{a}$ sei der Restklassenring von $T(A)$ nach $\mathfrak{a}$. Wir betrachten die Unterkategorie *K-Aut $A/\mathfrak{a}$* von *K-Aut A* aller Automaten (aus *K-Aut A*), deren Zustandsmodul S von $\mathfrak{a}$ annulliert wird, d. h. für die gilt $S\mathfrak{a} = 0$.

Analog zu 2.1.7 zeigt man, daß *K-Aut $A/\mathfrak{a}$* zur Kategorie aller Apparate der Adjunktion $M/\mathfrak{a} \underset{\mathrm{Df}}{=} G(F/\mathfrak{a})$ isomorph ist, wobei

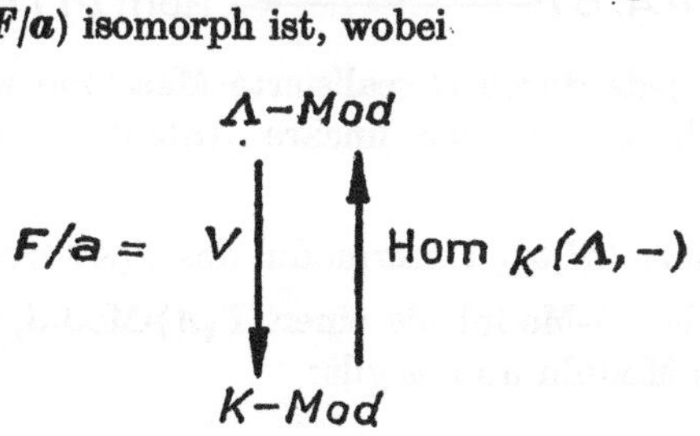

und

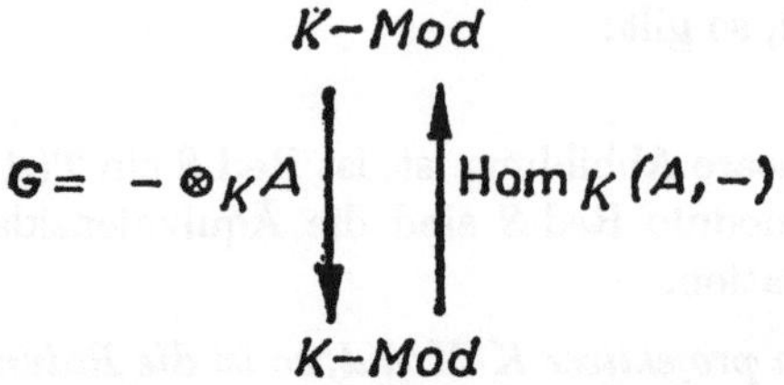

ist. Daher ist (bei K-projektivem A) K-*Aut* $A/\mathfrak{a}$ eine Grothendieck-Kategorie. Der Funktor

$$K\text{-}Aut\ A/\mathfrak{a} \to K\text{-}Aut\ A$$

ist eine exakte volle Einbettung.
Sei Red/$\mathfrak{a}$ der gemäß 3.1.5 definierte Redundanzfunktor

$$\mathrm{Red}/\mathfrak{a}\colon K\text{-}Aut/\mathfrak{a} \to \Lambda\text{-}Mod$$

und seien Red^i/$\mathfrak{a}$ die abgeleiteten Funktoren dieses Funktors, d. h.

$$\mathrm{Red}^i/\mathfrak{a} \underset{\mathrm{Df}}{=} R^i(\mathrm{Red}/\mathfrak{a}).$$

Dann gilt

1. **Ist $A \xrightarrow[m,l]{s} B$ ein Automat aus K-*Aut* $A/\mathfrak{a}$, so ist der dazugehörige Apparat aus *App* $M/\mathfrak{a}$ das wie folgt definierte Tripel $\langle S, B, l\rangle$:**
   S ist der Zustandsmodul des Automaten, der wegen $S\mathfrak{a} = 0$ als Λ-Modul aufgefaßt werden kann, und $l\colon S \otimes_K A \to B$ ist die Ausgabefunktion des Automaten.

2. **Die durch die Adjunktion $M/\mathfrak{a}$ definierte Abbildung $(M/\mathfrak{a})_{S,B}\colon \mathrm{Hom}_K(S \otimes_K A, B) \simeq \mathrm{Hom}_\Lambda\big(S, \mathrm{Hom}_K(\Lambda \otimes_K A, B)\big)$ besitzt die folgende Eigenschaft: Ist $l\colon S \otimes_K A \to B$ eine K-lineare Abbildung und ersetzen wir entsprechend der Vereinbarung aus 2.1.8 (dort wurde $M_{S,B}(l)$ durch M_S abgekürzt) $(M/\mathfrak{a})_{S,B}(l)$ durch $(M/\mathfrak{a})_S$, so ist das Diagramm**

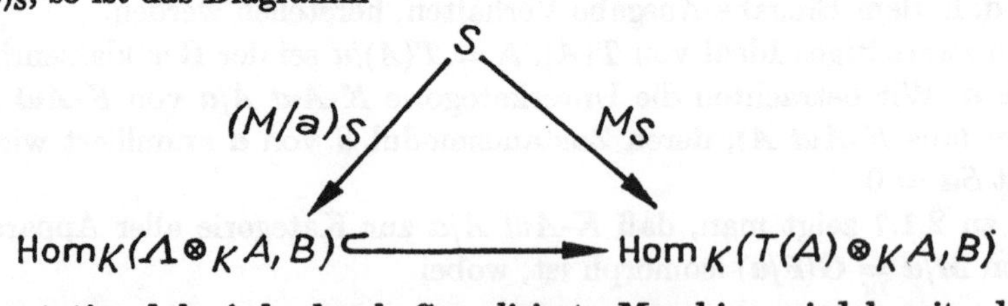

   kommutativ, d. h. jede durch S realisierte Maschine wird bereits durch eine „Λ-Maschine", d. h. durch eine lineare Abbildung aus $\mathrm{Hom}_K(\Lambda \otimes_K A, B)$ realisiert.

3. **Demzufolge ist Koker $(M/\mathfrak{a})_S$ Untermodul des $T(A)$-Moduls Koker M_S.**

4. **Betrachten wir jeden Λ-Modul als einen $T(A)$-Modul, so sind alle $(\mathrm{Red}/^i\mathfrak{a})\,S$ Λ- und daher $T(A)$-Moduln und es gilt:**

a) $\mathrm{Red}^0/\boldsymbol{a} = \mathrm{Red}^0 = \mathrm{Red}/\boldsymbol{a} = \mathrm{Red}$
b) $(\mathrm{Red}^1/\boldsymbol{a})\, S = \mathrm{Koker}\,(M/\boldsymbol{a})_S \subset \mathrm{Red}^1 S$
c) $(\mathrm{Red}^{v+1}/\boldsymbol{a})\, S = \mathrm{Ext}_K{}^v\, (\Lambda \otimes {}_K A, B)$

All diese Behauptungen ergeben sich durch leichte Rechnungen unter Verwendung von 3.2.7.

3.3.5. Der Vorteil des Übergangs von *K-Aut A* zu *K-Aut A/a* wird besonders deutlich, wenn wir als Grundring K einen Körper wählen. Ist $\boldsymbol{a}$ ein Ideal aus $T(A)$ derart, daß $T(A)/\boldsymbol{a} = \Lambda$ eine endlichdimensionale K-Algebra ist, so ist

$$\dim_K \mathrm{Hom}_K(\Lambda \otimes {}_K A, B) = (\dim_K A)\,(\dim_K B)\,(\dim_K \Lambda) < \infty,$$

wenn A und B endlichdimensionale K-Vektorräume sind. Daher ist $(\mathrm{Red}^1/\boldsymbol{a})\, S$ als Faktorraum von $\mathrm{Hom}_K(\Lambda \otimes_K A, B)$ ebenfalls endlichdimensional. Da K ein Körper ist, ist $(\mathrm{Red}^{v+1}/\boldsymbol{a})\, S = \mathrm{Ext}_K{}^v\, (\Lambda \otimes_K A, B) = 0$ für $v > 0$.
Bezeichne red S (bzw. $(\mathrm{red}^1/\boldsymbol{a})S$) die K-Dimension von $(\mathrm{Red}/\boldsymbol{a})\, S$ ($\simeq$ Red S) (bzw. $(\mathrm{Red}^1/\boldsymbol{a})S$), so sind für endlichdimensionales S (einen K-Modulautomaten nennen wir endlichdimensional, wenn A, B und S endlichdimensionale Vektorräume sind) $(\mathrm{red}/\boldsymbol{a})\, S$ und $(\mathrm{red}^1/\boldsymbol{a})\, S$ natürliche Zahlen.
Die Funktion (Euler—Poincaré-Charakteristik)

$$\chi/\boldsymbol{a}\colon \textit{K-Aut}/\boldsymbol{a} \to \boldsymbol{Z}, \text{ die durch}$$

$$(\chi/\boldsymbol{a})\, S = \mathrm{red}\, S - (\mathrm{red}^1/\boldsymbol{a})\, S$$

definiert wird, ist additiv, d. h.: ist

$$0 \to S' \to S \to S'' \to 0$$

eine exakte Folge von endlich-dimensionalen Automaten aus *K-Aut/a*, so gilt:

$$(\chi/\boldsymbol{a})\, S = (\chi/\boldsymbol{a})\, S' + (\chi/\boldsymbol{a})\, S''$$

Sei $A \xrightarrow[m,l]{s} B$ ein beliebiger endlichdimensionaler Automat. Dann läßt sich S als Erweiterung eines ausgabefreien mit einem zustandsfreien Automaten darstellen:

$$\begin{array}{ccccccccc}
0 & \longrightarrow & 0 & \longrightarrow & S & \longrightarrow & S & \longrightarrow & 0 \\
 & & \downarrow l' & & \downarrow l & & \downarrow l'' & & \\
0 & \longrightarrow & B & \longrightarrow & B & \longrightarrow & 0 & \longrightarrow & 0
\end{array}$$

(in der Schreibweise der Apparate). Demzufolge ist

$$(\chi/\boldsymbol{a})\, l = (\chi/\boldsymbol{a})\, l' + (\chi/\boldsymbol{a})\, l''$$

Für l' ist red $l' = 0$ und

$$\begin{aligned}(\mathrm{red}^1\boldsymbol{a})\, l' &= \dim_K \mathrm{Hom}_K\, (\Lambda \otimes_K A, B)\\ &= (\dim_K A)\,(\dim_K B)\,(\dim_K \Lambda)\end{aligned}$$

Für l'' dagegen ist $\operatorname{red} l'' = \dim_K S$ und $(\operatorname{red}^1/\mathfrak{a})\, l'' = 0$. Daraus folgt:

$$(\chi/\mathfrak{a})\, S = (\chi/\mathfrak{a})\, l = \big(0 - (\dim_K A)\, (\dim_K B)\, (\dim_K \Lambda)\big)$$
$$+ (\dim_K S - 0)$$

d. h.

$$(\chi/\mathfrak{a})\, S = \operatorname{red} S - (\operatorname{red}^1/\mathfrak{a})\, S = \dim_K S - (\dim_K A)\, (\dim_K B)\, (\dim_K \Lambda)$$

Um der ersten Kohomologiegruppe $(\operatorname{Red}^1/\mathfrak{a})\, S$ eine kybernetische Deutung zu geben, betrachten wir den Spezialfall, der aus der allgemeinen Betrachtung entsteht, wenn wir die Euler—Poincaré-Charakteristik des Automaten durch Wahl von $\mathfrak{a}$ möglichst groß wählen. Das geschieht offensichtlich, wenn wir $\dim_K \Lambda$ möglichst klein wählen oder — anders ausgedrückt — wenn wir $\mathfrak{a}$ maximal mit der Eigenschaft $S\mathfrak{a} = 0$ wählen. Das maximale Ideal $\mathfrak{a}$ mit dieser Eigenschaft ist der Annullator $\operatorname{Ann} S$ von S. Er besteht aus allen Elementen p von $T(A)$, für die $sp = 0$ für alle $s \in S$ ist. Den Faktorring $\operatorname{Alg} S \underset{\mathrm{Df}}{=} T(A)/\operatorname{Ann} S$ bezeichnen wir als die Algebra des Automaten S. $\operatorname{Alg} S$ ist für endlichdimensionale Automaten S eine endlichdimensionale Algebra.
Das erkennt man wie folgt: Jedes Element $p \in T(A)$ definiert einen K-Endomorphismus φ_p von S:

$$\varphi_p\colon S \longrightarrow S$$
$$s \longmapsto sp$$

Offensichtlich ist $\varphi_{p_1 p_2} = \varphi_{p_1} \varphi_{p_2}$, so daß sich $T(A)$ homomorph in $\operatorname{End}_K S$ abbilden läßt:

$$\varphi\colon T(A) \longrightarrow \operatorname{End}_K S$$
$$p \longmapsto \varphi_p$$

Der Kern von φ besteht aus allen Elementen $p \in T(A)$, für die $\varphi_p = 0$ ist, d. h.

$$\operatorname{Ker} \varphi = \operatorname{Ann} S$$

Demzufolge ist $\operatorname{Alg} S = T(A)/\operatorname{Ann} S \simeq \operatorname{Im} \varphi$ einer Unteralgebra von $\operatorname{End}_K S$ isomorph und daraus folgt:

$$\dim_K \operatorname{Alg} S \leqq \dim_K \operatorname{End}_K S = (\dim_K S)^2$$

Es gilt der folgende Satz:

3.3.6. Satz. *Seien A und B endlichdimensionale Vektorräume und sei $\mathfrak{a}$ ein Ideal aus $T(A)$ mit $\dim_K \Lambda < \infty$ $(\Lambda = T(A)/\mathfrak{a})$. Unter allen Automaten $A \xrightarrow{S} B$ mit $S\mathfrak{a} = 0$ gibt es einen Automaten S_t, der folgenden Eigenschaften genügt:*

1. *S_t ist reduziert;*
2. *Ist $A \xrightarrow{S} B$ mit $S\mathfrak{a} = 0$ beliebig, so gibt es einen Homomorphismus $\varphi_S\colon S \to S_t$ mit $M_S = M_{S_t} \varphi_S$.*

S_t ist durch 1. *und* 2. *eindeutig bestimmt, und es gilt*

$$\dim_K S_t = (\dim_K A)\,(\dim_K B)\,(\dim_K \Lambda)$$

Beweis. $A \xrightarrow[m_t,l_t]{S_t} B$ sei der folgende Automat:
Sein Zustandsraum S_t sei $\operatorname{Hom}_K(\Lambda \otimes_K A, B)$. Da S_t ein Λ- und daher auch ein $T(A)$-Rechtsmodul ist, wird die Abbildung $S_t \otimes_K A \xrightarrow{m_t} S_t$ durch die Rechtsmultiplikation mit Elementen aus A definiert. Die Abbildung

$$l_t\colon S_t \otimes_K A \to B$$

ist durch $l_t(f \otimes a) = f(1 \otimes a)$ definiert. S_t ist reduziert. Ist $A \xrightarrow[m,l]{S} B$ ein beliebiger Automat mit $S\mathfrak{a} = 0$, so definiert die Abbildung $(M/\mathfrak{a})_S$ (die im wesentlichen nach 3.3.4 mit der Abbildung M_S übereinstimmt) einen Homomorphismus φ_S von S in S_t, denn M_S ist ein $T(A)$-Modulhomomorphismus, und daher ist

$$\begin{array}{ccc} S \otimes_K A & \xrightarrow{\;m\;} & S \\ {\scriptstyle M_S \otimes_K 1}\downarrow & & \downarrow{\scriptstyle M_S} \\ S_t \otimes_K A & \xrightarrow[\;m_t\;]{} & S_t \end{array}$$

kommutativ. Da $l_t(M_S \otimes 1)\,(s \otimes a) = l_t\big(M_S(s) \otimes a\big) = M_S(s)\,(1 \otimes a) = l(s \otimes a)$ ist, ist auch

$$\begin{array}{ccc} S \otimes_K A & \xrightarrow{\;l\;} & B \\ {\scriptstyle M_S \otimes_K 1}\downarrow & & \downarrow{\scriptstyle 1} \\ S_t \otimes_K A & \xrightarrow[\;l_t\;]{} & B \end{array}$$

kommutativ. Offensichtlich ist $M_S = M_{S_t}\varphi_S$. ∎

3.3.7. Kennt man den Annullator eines Modulautomaten $A \xrightarrow{S} B$ z. B. dadurch, daß man den Automaten mit einem Rückstellknopf und einer Anzeigevorrichtung versieht, die signalisiert, wenn der Automat sich im Nullzustand befindet (unter dieser Voraussetzung kann man den Annullator experimentell bestimmen), so weiß man nach 3.3.6, daß seine maximal denkbare Leistung durch den Automaten S_t ($\mathfrak{a} = \operatorname{Ann} S$ gesetzt) realisiert wird. S_t kann aber

$$(\dim_K J)\,(\dim_K B)\,(\dim_K \operatorname{Alg} S)$$

linear unabhängige K-Modulmaschinen realisieren (und mehr nicht).

Der Quotient

$$\frac{\dim_K \operatorname{Im} M_S}{(\dim_K A)\,(\dim_K B)\,(\dim_K \operatorname{Alg} S)}$$

setzt also das wirkliche Leistungsvermögen — d. h. die Maximalanzahl linear unabhängiger in S realisierbarer Maschinen — zum im Hinblick auf die durchgeführten Experimente maximal denkbaren Leistungsvermögen ins Verhältnis. Wir bezeichnen daher diesen Quotienten als Effizienz (eff S) des Automaten S.

Sei $a = \dim_K A$, $b = \dim_K B$, $s = \dim_K S$
und $\operatorname{alg} S = \dim_K \operatorname{Alg} S$,
so gilt:

$$\dim_K \operatorname{Im} M_S = s - \operatorname{red} S$$

und daher

$$\operatorname{eff} S = \frac{s - \operatorname{red} S}{ab \operatorname{alg} S}$$

Da nach 3.3.5

$$\operatorname{red} S - (\operatorname{red}^1/\operatorname{Ann} S)\, S = s - ab \operatorname{alg} S$$

ist, ergibt sich

$$(\operatorname{red}^1/\operatorname{Ann} S)\, S = ab \operatorname{alg} S (1 - \operatorname{eff} S)$$

d. h. insbesondere:

$$(\operatorname{red}^1/\operatorname{Ann} S)\, S = 0 \Leftrightarrow \operatorname{eff} S = 1$$

Die erste Redundanz eines Automaten verschwindet also genau dann, wenn S mit höchster Effizienz arbeitet. Da $\operatorname{red} S = 0$ genau dann gilt, wenn M_S injektiv ist und $(\operatorname{red}^1/\operatorname{Ann} S)\, S = 0$ genau dann gilt, wenn $S \twoheadrightarrow S_t$ surjektiv ist, ergibt sich: Der Automat S_t ist in der Klasse aller Automaten, die von $\operatorname{Ann} S$ annulliert werden durch die Eigenschaft

$$\operatorname{red} S_t = (\operatorname{red}^1/\operatorname{Ann} S)\, S_t = 0$$

eindeutig bestimmt.

3.3.8. Zyklische Modulautomaten. Einen K-Modulautomaten $A \xrightarrow{s} B$ nennen wir zyklisch, wenn es einen Zustand $s_0 \in S$ gibt, so daß $s_0 T(A) = S$ ist; durch $p \mapsto s_0 p$ wird ein Epimorphismus $T(A) \twoheadrightarrow S$ definiert, dessen Kern $\mathfrak{n}$ aus allen Elementen p besteht, für die $s_0 p = 0$ ist. Offensichtlich ist $\operatorname{Ann} S \subset \mathfrak{n}$, und $\mathfrak{n}$ ist ein Rechtsideal. $\operatorname{Ann} S$ ist das größte zweiseitige Ideal, das in $\mathfrak{n}$ enthalten ist, denn sei $\mathfrak{a}$ ein beliebiges zweiseitiges Ideal mit $\mathfrak{a} \subset \mathfrak{n}$, so gilt:

Ist $s \in S$ ein beliebiger Zustand, so gibt es, da S zyklisch ist, ein $p \in T(A)$ mit $s_0 p = s$. Daher ist

$$s\mathfrak{a} = s_0 p \mathfrak{a} \subset s_0 \mathfrak{a} \subset s_0 \mathfrak{n} = 0$$

und daraus folgt $\mathfrak{a} \subset \operatorname{Ann} S$.

Demzufolge ist für einen Körper K

$$s = \dim_K S = \dim_K T(A)/\mathfrak{n} \leqq \dim_K T(A)/\operatorname{Ann} S = \operatorname{alg} S.$$

Den Quotienten $e(S) = \frac{s}{\operatorname{alg} S}$, der stets $\leqq 1$ ist (für kommutative zyklische Automaten ist $e(S) = 1$), bezeichnen wir als zyklische Abweichung des zyklischen Automaten S. Bezeichnen wir darüber hinaus den Quotienten

$$\operatorname{rel} S = \frac{\operatorname{red} S}{s}$$

als relative Redundanz, so ergibt sich für zyklische Automaten:

$$\operatorname{eff} S = \frac{e(S)}{ab} (1 - \operatorname{rel} S)$$

Demzufolge ist für zyklische Automaten stets

$$\operatorname{eff} S \leqq \frac{1}{ab}$$

und daher

$$(\operatorname{red}^1/\operatorname{Ann} S)\, S \geqq (ab - 1) \operatorname{alg} S$$

Demzufolge ist die erste Redundanz eines zyklischen Automaten höchstens dann gleich Null, wenn $a = b = 1$ ist.
Ist $a = b = 1$, so ist $T(A) \simeq K[x]$ ein kommutativer Ring, und daher ist $e(S) = 1$, und wir erhalten

$$\operatorname{eff} S = 1 - \operatorname{rel} S,$$

und es gilt daher:

$$(\operatorname{red}^1/\operatorname{Ann} S) S = 0 \Leftrightarrow \operatorname{eff} S = 1 \text{ und } a = b = 1$$
$$\Leftrightarrow a = b = 1 \text{ und } \operatorname{rel} S = 0.$$

Das heißt: Die erste Redundanz eines zyklischen Modulautomaten S über einem Körper K verschwindet genau dann, wenn S reduziert ist und $a = b = 1$ gilt.

4. K-Minimalisierung von Mengenautomaten

4.1. Korrespondenzen

4.1.1. Die Menge der natürlichen Zahlen werde im folgenden wie üblich mit $\boldsymbol{N}$ bezeichnet. Ist $n \in \boldsymbol{N}$, so sei $[n] = \{1, 2, \ldots, n\}$. Unter der Kategorie *Korr* der Korrespondenzen (man vergleiche dazu 1.2.9) verstehen wir die Kategorie, deren Objekte die Mengen sind und deren Morphismen $f: M \to N$ (die als Korrespondenzen bezeichnet werden) die Teilmengen von $M \times N$ sind. Sind $f: M \to N$ und $g: N \to P$ zwei Korrespondenzen, so bezeichne $g \circ f: M \to N$ die folgende Korrespondenz:

$$(i, k) \in g \circ f \underset{\mathrm{Df}}{=} \text{es gibt ein } j \in N \text{ mit } (i, j) \in f \text{ und } (j, k) \in g.$$

Die Einheiten $1_M: M \to M$ sind durch $1_M = \{(i, i);\ i \in M\}$ gegeben. Ist $f: M \to N$ eine Korrespondenz und $i \in M$, so bezeichne $f(i)$ die Teilmenge (von N) aller $j \in N$, für die $(i, j) \in f$ ist. Gibt es kein j mit $(i, j) \in N$, so sei $f(i) = \emptyset$. f definiert damit eine Abbildung von M in die Potenzmenge von N. f ist durch diese Abbildung eindeutig bestimmt, und jede Abbildung von M in $P(N)$ definiert genau eine Relation. Man hat also eine eineindeutige Abbildung.

$$\mathrm{Hom}_{Korr}(M, N) \simeq \mathrm{Hom}_{Ens}(M, P(N))$$

Insbesondere ist $\mathrm{Hom}_{Korr}([1], N) \simeq \mathrm{Hom}_{Ens}([1], P(N)) \simeq P(N)$
Wir bezeichnen daher den Funktor

$$\mathrm{Hom}_{Korr}([1], -): Korr \to Ens$$

durch das Symbol P.
Es gilt: $P(M)$ ist die Potenzmenge von M.
Ist $f: M \to N$ eine Korrespondenz, so ist Pf: $P(M) \to P(N)$ durch $(Pf)(M') = \bigcup_{i \in M'} f(i)$ definiert. M' sei dabei eine beliebige Teilmenge von M.
Sei I: $Ens \to Korr$ die kanonische Einbettung, die jeder Abbildung f die durch sie definierte Korrespondenz If zuordnet:

$$\big((i, j) \in If \Leftrightarrow j = f(i)\big).$$

Dann erhält man die folgende natürliche Äquivalenz:

$$F_{M,N}: \mathrm{Hom}_{Korr}(IM, N) \simeq \mathrm{Hom}_{Ens}(M, PN)$$

die ausdrückt, daß

$$F = I \underset{Korr}{\overset{Ens}{\downarrow\uparrow}} P$$

eine Adjunktion (ohne die in 2.1.1 gemachte Forderung, daß es sich um abelsche Kategorien und additive Funktoren handelt) ist. Demzufolge ist P mit Produkten und I mit Koprodukten vertauschbar. Da das Koprodukt von Mengen N_i $(i \in I)$ in Ens gerade die freie Vereinigung

$$\coprod_{i \in I} N_i = \{(i, n);\quad i \in I,\ n \in N_i\}$$

ist, gilt das gleiche in $Korr$. Die Abbildungen

$$q_i: N_i \to \coprod_{i \in I} N_i$$

sind durch $q_i(n) = (i, n)$ definiert.
Wir wollen zeigen, daß es in $Korr$ endliche Produkte gibt. Seien $[n_1], \ldots, [n_r]$

endliche Mengen und $\prod_{r}^{i=1} [n_i] = [n]$ das Produkt dieser Mengen in *Korr* (falls es existiert), so muß, da P mit Produkten vertauschbar ist, gelten:

$$P[n] = P(\prod_{i=1}^{r} [n_i]) = \prod_{i=1}^{r} P[n_i] = \mathop{X}_{i=1}^{r} P[n_i]$$

und daher $2^n = 2^{n_1} 2^{n_2} \ldots 2^{n_r} = 2^{\Sigma n_i}$, d. h. $n = \sum n_i$. Das deutet darauf hin, daß $\prod_{i \in I} N_i = \coprod_{i \in I} N_i$ in *Korr* ist.

Dem ist in der Tat so. Mit den kanonischen Projektionen

$$p_i : \prod_{i \in I} N_i = \coprod_{i \in I} N_i \to N_i \left(p_i(j, n) = \begin{cases} n & \text{für } i = j \\ \emptyset & \text{sonst} \end{cases} \right) \text{ gilt:}$$

Sind $f_i : M \to N_i$ $(i = 1, \ldots, r)$ beliebige Korrespondenzen, so gibt es genau eine Relation $f = (f_1, \ldots, f_r) : M \to \prod_{i=1}^{r} N_i$ für die $p_i f = f_i$ ist.

f ist durch die folgende Beziehung bestimmt:

$$\big(m, (i, n)\big) \in f \Leftrightarrow (m, n) \in f_i$$

4.1.2. Die Potenzmenge $P(M)$ der Menge M ist ein Verband bezüglich der Operationen „Vereinigung" und „Durchschnitt" (dieser Verband ist darüber hinaus Boolesch, d. h. distributiv und komplementär). Demzufolge ist auch $\mathrm{Hom}_{Ens}\big(M, P(N)\big)$ ein Verband, denn sind f und g zwei Funktionen $M \to P(N)$, so setzt man

$$(f \cup g)(i) = f(i) \cup g(i)$$

$$(f \cap g)(i) = f(i) \cap g(i)$$

Aus dem soeben Gesagten und aus der Isomorphie

$$F_{m,n} : \mathrm{Hom}_{Korr}(IM, N) \simeq \mathrm{Hom}_{Ens}(M, PN)$$

folgt, daß $\mathrm{Hom}_{Korr}(M, N)$ ein Verband ist. Es gilt:

$$(i, j) \in f \cup g \Leftrightarrow j \in (f \cup g)(i) \Leftrightarrow j \in f(i) \text{ oder } j \in g(i)$$
$$\Leftrightarrow (i, j) \in f \text{ oder } (i, j) \in g$$

d. h. die soeben definierte Operation der Vereinigung zweier Korrespondenzen stimmt mit der Vereinigung der Korrespondenzen als Teilmengen von $M \times N$ überein. Das gleiche gilt für den Durchschnitt.

Die Vereinigung hat gegenüber dem Durchschnitt den Vorzug, daß sie mit der Verknüpfung von Korrespondenzen verträglich ist. Sind f_i: $M \to N$ $(i = 1, 2)$

zwei Korrespondenzen, so gilt für alle Korrespondenzen $g: P \to M$, $h: N \to Q$

$$(f_1 \cup f_2)\, g = f_1 g \cup f_2 g$$
$$h(f_1 \cup f_2) = hf_1 \cup hf_2$$

(Das gleiche gilt nicht für den Durchschnitt)
Die Kategorie der Korrespondenzen hat gewisse Ähnlichkeiten mit additiven Kategorien. So wie in diesen stimmt das Produkt mit dem Koprodukt überein. Mehr noch: Sind M_i $(i \in I)$ Objekte von *Korr* und sind $q_i: M_i \to \coprod M_i$

$$p_i: \prod M_i \to M_i$$

die in 4.1.1 definierten kanonischen Einbettungen und Projektionen, so gilt:

$$p_i q_i = 1_M \text{ und}$$
$$\bigcup q_i p_i = 1_M \text{ mit}$$
$$M = \coprod M_i = \prod M_i$$

Die beiden letzten Formeln haben die gleiche Gestalt wie die entsprechenden Formeln in additiven Kategorien, wenn man „Addition" durch „Vereinigung" ersetzt. Da Produkt = Koprodukt ist, verwenden wir im folgenden das Zeichen $\square$ für $\coprod$ und für $\prod$. Die Kategorie der Korrespondenzen besitzt noch eine zweite bemerkenswerte Eigenschaft: sie ist zu sich selbst dual. Präziser:

4.1.3. Es gibt einen kontravarianten Funktor
$?^{-1}$: *Korr* $\to$ *Korr*, der die Objekte erhält,
mit der Eigenschaft: $?^{-1} \circ ?^{-1} = \mathrm{Id}_{Korr}$, d. h. $?^{-1}$ ist eine Involution. (Man kann dieses Resultat auch wie folgt interpretieren:
Die Kategorien *Korr* und *Korr*^{op} sind zueinander äquivalent).
$?^{-1}$ ist durch

$$M^{-1} = M \text{ und}$$

$$(i, j) \in f^{-1} \Leftrightarrow (j, i) \in f$$

definiert. Offensichtlich ist $1_M^{-1} = 1_M$ und $(fg)^{-1} = g^{-1}f^{-1}$ und $(f^{-1})^{-1} = f$.
Darüber hinaus ist $?^{-1}$ mit der Vereinigung und mit dem Durchschnitt von Morphismen vertauschbar:

$$(f_1 \cup f_2)^{-1} = f_1^{-1} \cup f_2^{-1}$$

$$(f_1 \cap f_2)^{-1} = f_1^{-1} \cap f_2^{-1}.$$

4.1.4. In *Korr* gibt es zwei ausgezeichnete Unterkategorien: die Kategorie $\boldsymbol{T}$ der Transduktoren (sie wurde bereits in A 2.9.1 und in C 1.2.9 für endliche Mengen eingeführt), die aus denjenigen Korrespondenzen $f: M \to N$ besteht, für die $f(i) \neq \emptyset$ für alle $i \in M$ ist, und die Kategorie *Ens*, die wiederum Unterkategorie von $\boldsymbol{T}$ ist. Da $?^{-1}$ eine Involution ist, sind $\boldsymbol{T}^{-1}$ und *Ens*$^{-1}$($\boldsymbol{T}^{-1} = \{f^{-1}; f \in \boldsymbol{T}\}$, entsprechend Ens^{-1}) ebenfalls Unterkategorien. Für eine Korrespondenz $f\colon M \to N$ gilt:

$$f \in T^{-1} \Leftrightarrow \bigcup_{i \in M} f(i) = N$$

$$f \in Ens^{-1} \Leftrightarrow \bigcup_{i \in M} f(i) = N \text{ und } f(i) \cap f(j) = \emptyset \text{ für } i, j \in M \text{ und } i \neq j.$$

Beweis. $f \in T^{-1} \Leftrightarrow f^{-1} \in T$. Ist $j \in N$, so ist $f^{-1}(j) \neq \emptyset$, und es gibt daher ein $i \in M$ mit $i \in f^{-1}(j)$, d. h. $j \in f(i)$.
Sei $f \in Ens^{-1}$ und $k \in f(i) \cap f(j)$, so ist $i \in f^{-1}(k)$ und $j \in f^{-1}(k)$, und daraus folgt, da f^{-1} eine (eindeutige) Abbildung ist, $i = j$. ∎
Daher wird T^{-1} als Kategorie der Überdeckungen und Ens^{-1} als Kategorie der Zerlegungen (oder der Äquivalenzklasseneinteilungen) bezeichnet.

4.1.5. Eine Korrespondenz $f\colon M \to N$ heißt reduziert, falls die dazugehörige Abbildung $f\colon M \to PN$ injektiv ist. Offensichtlich ist f genau dann reduziert, wenn für alle Paare $f_1, f_2\colon M' \to M$ von Abbildungen (d. h. Korrespondenzen aus Ens) gilt:

$$ff_1 = ff_2 \Rightarrow f_1 = f_2$$

Sind $f_i\colon M \to N_i$, $i \in I$ Abbildungen und sind C_i die durch diese Abbildungen definierten Äquivalenzrelationen (zwei Elemente m und m' aus M sind genau dann äquivalent modulo C_i, wenn $f_i(m) = f_i(m')$ ist), so ist

$$f = (f_i)\colon M \to \mathop{\square}_{i \in I} N_i$$

genau dann reduziert, wenn $\inf C_i = \mathrm{Id}_M$ (inf genommen im Verband der Äquivalenzrelationen) die Identität Id_M ($m \,\mathrm{Id}_M m' \Leftrightarrow m = m'$) auf M ist. Denn sei $C = \inf C_i$, so gilt für $m, m' \in M$:

$$\begin{aligned} m \sim m' \bmod C &\Leftrightarrow \text{für alle } i \text{ gilt } m \sim m' \bmod C_i \\ &\Leftrightarrow \text{für alle } i \text{ gilt } f_i(m) = f_i(m') \\ &\Leftrightarrow f(m) = f(m') \end{aligned}$$

und daraus folgt die Behauptung. ∎
Reduzierte Korrespondenzen haben (ähnlich den Monomorphismen in beliebigen Kategorien) die folgende Eigenschaft: Ist $f\colon M \to N$ reduziert, so ist auch jede Korrespondenz $f'\colon M \to M'$ reduziert, über die sich f faktorisieren läßt (jeder Rechtsteiler einer reduzierten Korrespondenz ist reduziert).

4.1.6. Satz. *Jede Korrespondenz $f\colon M \to N$ läßt sich in eine surjektive Abbildung g und in eine reduzierte Korrespondenz f^r zerlegen:*

$$M \xrightarrow{f} N = M \xrightarrow{g} M^r \xrightarrow{f^r} N$$

Diese Zerlegung ist bis auf Isomorphie eindeutig, d. h. ist

$$M \xrightarrow{f} N = M \xrightarrow{g'} M' \xrightarrow{f'} N$$

und g' surjektive Abbildung, f' reduziert, so gibt es einen Isomorphismus $h\colon M^r \xrightarrow{\sim} M'$ (der dann automatisch eine Abbildung ist), so daß das Diagramm

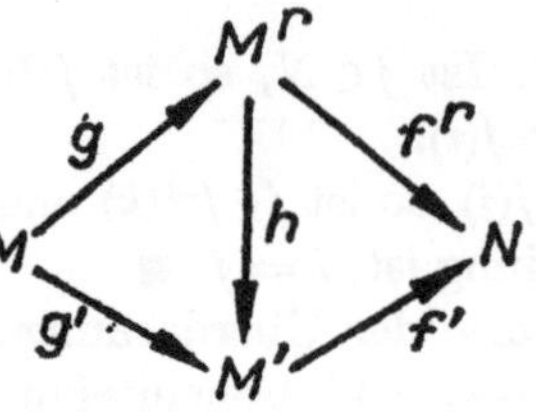

kommutativ ist.
Die durch f definierte Korrespondenz f^r wird als Reduktion von f bezeichnet.

Beweis. Die durch f definierte Abbildung $Ff\colon M \to PN$ läßt sich in eine Surjektion $g\colon M \to M^r$ und eine Injektion $f'^r\colon M^r \to PN$ zerlegen. g ist Abbildung und damit Korrespondenz. Die durch f'^r definierte Korrespondenz $f^r = F^{-1}f'^r$ liefert gemeinsam mit g die Zerlegung. Die Eindeutigkeit ergibt sich aus der bekannten Eindeutigkeit der Zerlegung von Mengenabbildungen. ■

4.1.7. Die zur reduzierten Korrespondenz duale Begriffsbildung ist die koreduzierte Korrespondenz:
Eine Korrespondenz $f\colon M \to N$ heiße *koreduziert*, falls $f^{-1}\colon N \to M$ reduziert ist.
Nach 4.1.6 läßt sich jede Korrespondenz $f\colon M \to N$ bis auf Isomorphie eindeutig zerlegen

$$M \xrightarrow{f} N = M \xrightarrow{f_r} N_r \xrightarrow{g^{-1}} N,$$

wobei f_r koreduziert und g eine surjektive Abbildung ist. f_r wird als *Koreduktion* von f bezeichnet.
Nach 4.1.5 gilt darüber hinaus:
Ist das Diagramm

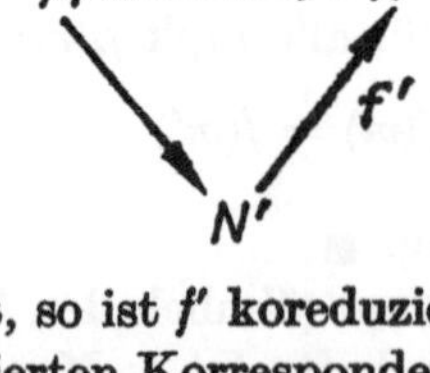

kommutativ und f koreduziert, so ist f' koreduziert. Der folgende Satz gibt eine Charakterisierung der koreduzierten Korrespondenzen:

4.1.8. Satz. *Eine Korrespondenz $f\colon M \to N$ ist genau dann koreduziert, wenn für alle Teilmengen M' von M gilt*

$$\bigcap_{m \in M'} f(m) \cap \bigcap_{m \in M - M'} N - f(m)$$

ist entweder leer oder einelementig.

Der Beweis ergibt sich unmittelbar aus dem folgenden Hilfssatz:

4.1.9. Hilfssatz. *Ist $f\colon M \to N$ eine Korrespondenz und ist M' eine Teilmenge von M, so gilt*

$$n \in \bigcap_{m\in M'} f(m) \cap \bigcap_{m \in M - M'} N - f(m) \Leftrightarrow M' = f^{-1}(n)$$

Beweis. n ist genau dann Element der linken Seite, wenn für alle $m \in M'$ gilt $n \in f(m)$, d. h. $m \in f^{-1}(n)$, und wenn für alle $m \notin M'$ gilt $n \notin f(m)$, d. h. $m \notin f^{-1}(n)$. Also ist n genau dann Element der linken Seite, wenn

$$M' \subset f^{-1}(n) \text{ und } (M - M') \cap f^{-1}(n) = \emptyset .$$

Dafür aber ist $M' = f^{-1}(n)$ notwendige und hinreichende Bedingung. ∎

Zur Vorbereitung des folgenden Satzes sei auf die folgende Isomorphie aufmerksam gemacht:
Sind M und N zwei Mengen, so gibt es einen Isomorphismus

$$C_{N,M}\colon \mathop{\square}_{n\in N} M \simeq \mathop{\square}_{m\in M} N$$

der durch

$$C_{N,M}\big((n, m)\big) = (m, n)$$

definiert ist. Offensichtlich ist $C_{N,M}C_{M,N} = 1$.

Der folgende Satz zeigt, daß man beliebige Korrespondenzen aus Abbildungen konstruieren kann.

4.1.10. Satz. *Ist $f\colon M \to N$ eine Korrespondenz, so gibt es Abbildungen $f_n\colon M \to [2]$ $(n \in N)$, so daß das folgende Diagramm kommutativ ist:*

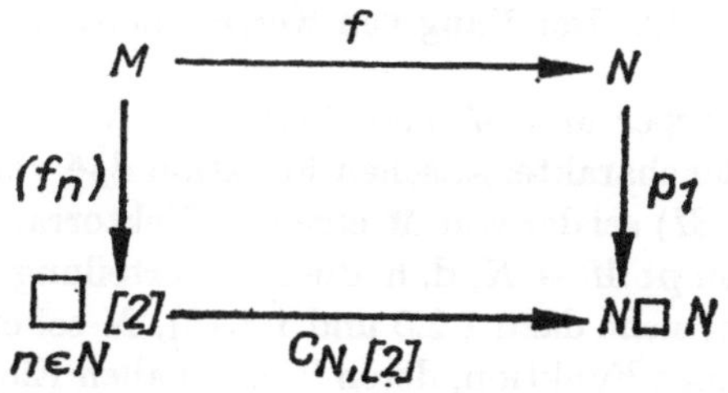

Ist $\bar f = C_{N,[2]}(f_n)$, so gilt

$$\bar f^{-1}\big((1, n)\big) = f^{-1}(n) \text{ und } \bar f^{-1}\big((2, n)\big) = M - f^{-1}(n).$$

Beweis. Die Korrespondenz $\bar f\colon M \to N \square N$ wird durch $\bar f(m) = f(m) \square \big(N - f(m)\big)$ definiert. Demzufolge ist

$$m \in \bar f^{-1}\big((1, n)\big) \Leftrightarrow (1, n) \in \bar f(m) \Leftrightarrow n \in f(m) \Leftrightarrow m \in f^{-1}(n) \text{ und}$$

$$m \in \bar f^{-1}\big((2, n)\big) \Leftrightarrow (2, n) \in \bar f(m) \Leftrightarrow n \notin f(m) \Leftrightarrow m \notin f^{-1}(n)$$

Da $p_1\bar{f} = f$ ist, bleibt zu zeigen, daß die durch $\bar{f}$ eindeutig bestimmten Korrespondenzen

$$f_n = p_n C_{[2],\, N} \bar{f}$$

bereits Abbildungen sind. Das folgt aber aus der Definition von f_n, da für $n \in f(m)$ gilt

$$\begin{aligned} i \in f_n(m) &\Leftrightarrow (n, i) \in C_{[2],N}\bar{f}(m) \Leftrightarrow (i, n) \in \bar{f}(m) \\ &\Leftrightarrow i = 1 \end{aligned}$$

und entsprechend für $n \notin f(m)$ gilt

$$i \in f_n(m) \Leftrightarrow i = 2.$$

Das heißt

$$f_n(m) = \begin{cases} 1 \text{ für } n \in f(m) \\ 2 \text{ für } n \notin f(m). \end{cases} \blacksquare$$

4.1.11. Korollar: *Ist f reduziert, so ist (f_n) reduziert, d. h.*

$$\inf_{n \in N} C_n = \mathrm{Id}_M,$$

wobei C_n die durch f_n definierte Äquivalenzrelation ist ($m \sim m'$ mod C_n *gilt genau dann, wenn $f_n(m) = f_n(m')$ ist. C_n hat infolgedessen nur zwei Äquivalenzklassen:*

$$f_n^{-1}(1) = f^{-1}(n) \text{ und } f_n^{-1}(2) = M - f^{-1}(n)).$$

Beweis. Nach 4.1.5 folgt aus der Kommutativität des Diagramms aus 4.1.10, daß (f_n) reduziert ist. Ebenfalls nach 4.1.5 ist für Abbildungen f_n (f_n) genau dann reduziert, wenn $\inf C_n = Id_M$ ist. ■

4.2. Der Rang von Korrespondenzen

4.2.1. Sei K ein Körper und M eine Menge. Ist N eine Teilmenge von M, so versteht man unter der charakteristischen Funktion d_N^K von N diejenige Funktion aus KM ($KM(= K^\sim M)$ sei der von M erzeugte Vektorraum über K, dessen Elemente die Funktionen $p\colon M \to K$, d. h. die $K^\sim$-Verteilungen sind, die fast überall auf M verschwinden; siehe dazu 1.2.5 und 1.2.16), N sei eine endliche Teilmenge von M, d_N^K sei diejenige Funktion, deren Wert in allen Elementen von N gleich 1 ist und in allen Elementen außerhalb von N gleich 0 ist, d. h.

$$d_N^K(m) = \begin{cases} 1 \text{ für } m \in N \\ 0 \text{ für } m \in M - N. \end{cases}$$

Ist $f\colon M \to N$ eine Korrespondenz endlicher Mengen, so sei

$$d_f^K\colon KM \to KN$$

die durch $d_f^K(m) = d_{f(m)}^K$ definierte lineare Abbildung (da die Elemente $m \in M$

vermittels der Identifizierung $m = d^K_{\{m\}}$ eine Basis von KM bilden (s. 1.2.5), genügt es, die Bilder der $m \in M$ zu definieren.) Unter dem K-Rang von f verstehen wir die K-Dimension des Bildes von $d^K{}_f$:

$$\mathrm{Rg}_K f \underset{\mathrm{Df}}{=} \dim_K \mathrm{Im}\, d_f{}^K .$$

(Ist die Dimension ∞, so soll auch $\mathrm{Rg}_K f = \infty$ sein.)
Man beachte, daß d^K *kein* Funktor ist, da im allgemeinen $d^K_{fg} \neq d_f{}^K d_g{}^K$ ist. Für Abbildungen f, g gilt dagegen $d^K_{fg} = d_f{}^K d_g{}^K$ stets. K sei zunächst festgehalten und wir schreiben Rg für Rg_K und d_f für $d_f{}^K$.

4.2.2. Satz. *Ist $f: M \to N$ eine Korrespondenz endlicher Mengen, so gilt*

$$\mathrm{Rg}\, f = \mathrm{Rg}\, f^{-1}$$

Beweis. Sei M eine Menge. Jedes Element $m \in M$ definiert eine charakteristische Funktion $d_m: M \to K$, die sich linear auf KM fortsetzen läßt zu einer Funktion $KM \to K$. Auf diese Weise erhält man eine Abbildung $M \to (KM)^*$, wobei $(KM)^* = \mathrm{Hom}_K(KM, K)$ der zu KM duale Vektorraum ist. Durch lineare Fortsetzung dieser Abbildung zu einer linearen Abbildung

$$\partial_M: KM \to (KM)^*$$

erhält man einen Isomorphismus (das ist die für endlichdimensionale Vektorräume bekannte von der Wahl der Basis abhängige (die Basis ist in unserem Fal kanonisch gegeben!) Isomorphie zwischen Vektorraum und seinem Dual.) Die Behauptung des Satzes ergibt sich dann unmittelbar aus dem folgenden Hilfssatz:

4.2.3. Hilfssatz. *Ist $f: M \to N$ eine Korrespondenz endlicher Mengen, so ist das folgende Diagramm kommutativ:*

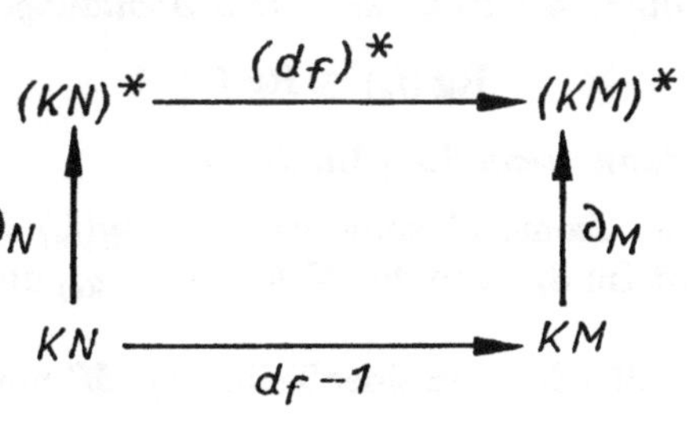

Beweis. Sei $n \in N$. Man hat zu zeigen, daß

$$\big((d_f)^*\partial_N\big)(n) = (\partial_M\, d_{f^{-1}})(n)$$

für alle n gilt. Beide Seiten der Gleichung sind lineare Abbildungen von KM in K. Wir müssen also zeigen, daß ihre Werte auf allen $m \in M$ übereinstimmen. Berechnen wir zunächst die linke Seite, erhalten wir:

$$\Big(\big((d_f)^*\partial_N\big)(n)\Big)(m) = \partial_N(n)\, d_f(m) = \partial_N(n)\,\Big(\sum_{n'\in f(m)} n'\Big)$$

$$= \sum_{n'\in f(m)} d_n(n') = \begin{cases} 1 \text{ für } n \in f(m) \\ 0 \text{ sonst.} \end{cases}$$

Für die rechte Seite ergibt sich

$$\big((\partial_M\, d_{f^{-1}})(n)\big)(m) = \big(\partial_M\, d_{f^{-1}}(n)\big)(m) = \Big(\partial_M \sum_{m'\in f^{-1}(n)} d_{m'}\Big)(m)$$

$$= \sum_{m'\in f^{-1}(n)} d_m(m) = \begin{cases} 1 \text{ für } m \in f^{-1}(n), \text{ d. h. für } n \in f(m) \\ 0 \text{ sonst,} \end{cases}$$

und damit sind beide Seiten gleich.

4.2.4. Satz. *Ist $f\colon M \to N$ eine Korrespondenz endlicher Mengen, so gilt:*

$$\operatorname{Rg} f = \operatorname{Rg} f^r$$
$$\operatorname{Rg} f = \operatorname{Rg} f_r$$

Beweis. Die zweite Gleichung folgt aus der ersten, da $(f_r)^{-1} = (f^{-1})^r$ und daher nach 4.2.2 und der ersten Gleichung

$$\operatorname{Rg} f_r = \operatorname{Rg}\,(f_r)^{-1} = \operatorname{Rg}(f^{-1})^r = \operatorname{Rg} f^{-1} = \operatorname{Rg} f$$

gilt. Die erste Gleichung ergibt sich aus der Tatsache, daß $\operatorname{Im} d_f$ der von allen Vektoren $d_{f(m)}$ $(m \in M)$ aufgespannte Raum ist. Aber

$$\{f(m);\, m \in M\} = \{f^r(m');\, m' \in M^r\}$$

und daher $\operatorname{Im} d_f = \operatorname{Im} d_{f^r}$ nach Definition (4.1.6) der reduzierten Korrespondenzen. ■

4.2.5. Satz. *Sei $f\colon M \to N$ eine Korrespondenz endlicher Mengen und seinen $f_n\colon M \to [2]$ $(n \in N)$ die in 4.1.10 konstruierten Abbildungen. Dann gilt:*

$$\operatorname{Rg}(f_n) \leqq \operatorname{Rg} f + 1$$

Gleichheit gilt genau dann, wenn $d_M \notin \operatorname{Im} d_{f^{-1}}$ ist.

Beweis. Da $C_{N,[2]}$ ein Isomorphismus ist, gilt $\operatorname{Rg}(f_n) = \operatorname{Rg} \bar f = \operatorname{Rg} \bar f^{-1}$ (4.2.2). Aber nach 4.1.10 wird $\operatorname{Im} d_{\bar f^{-1}}$ von den Vektoren $d_{f^{-1}(n)}$ und $d_{M-f^{-1}(n)} = d_M - d_{f^{-1}(n)}$ $(n \in N)$ erzeugt.

Bezeichnen wir mit $L(M')$ den von einer Teilmenge M' von KM erzeugten Vektorraum, so gilt daher

$$\begin{aligned} \operatorname{Im} d_{\bar f^{-1}} &= L(\{d_{f^{-1}(n)}\}_{n\in N} \cup \{d_M - d_{f^{-1}(n)}\}_{n\in N}) \\ &= L(\{d_{f^{-1}(n)}\}_{n\in N} \cup \{d_M\}) \\ &= L(\{d_{f^{-1}(n)}\}_{n\in N}) \dotplus L(\{d_M\}) \end{aligned}$$

d. h. $\operatorname{Im} d_{\bar f^{-1}} = \operatorname{Im} d_{f^{-1}} \dotplus L(\{d_M\})$

Demzufolge ist $\operatorname{Rg} \bar{f}^{-1} = \operatorname{Rg} f^{-1}$, falls $d_M \in \operatorname{Im} d_f^{-1}$ und $\operatorname{Rg} \bar{f}^{-1} = \operatorname{Rg} f^{-1} + 1$, falls $d_M \notin \operatorname{Im} d_f^{-1}$ ist. ■

4.2.6. Satz. *Für jede natürliche Zahl n gibt es n Abbildungen f_i: $[2^n] \to [2]$ mit folgenden Eigenschaften:*

1. *Ist C_i durch f_i definierte Äquivalenzrelation auf $[2_n]$ (d. h. $j \sim k \bmod C_i$ genau dann, wenn $f_i(j) = f_i(k)$ ist), so ist*

$$\inf C_i = \mathrm{Id}_{[2^n]}$$

2. *Ist (f_i): $[2^n] \to \mathop{\square}\limits_{i=1}^{n} [2]$ die durch die f_i definierte (nach 1. reduzierte) Korrespondenz, so ist*

$$\operatorname{Rg}(f_i) = n + 1$$

Beweis. Sei $M = [n]$. Die identische Abbildung $PM \to PM$ definiert eine reduzierte Korrespondenz

$$f: PM \to M.$$

Ist $m \in M$, so ist $f^{-1}(m)$ die Menge aller Teilmengen von M, die m enthalten. Demzufolge ist $f^{-1}(m)$ für alle m nicht leer, da z. B. $\{m\} \in f^{-1}(m)$ ist.
Demzufolge ist

$$\begin{aligned} \operatorname{Im} d_{f^{-1}} &= L(\{d_{f^{-1}(m)}\}_{m \in M}) \\ &\subset L(\{d_N\}_{N \in P'M}) = KP'M, \end{aligned}$$

wobei $P'M$ die Menge aller nichtleeren Teilmengen von M ist. $KP'M$ ist ein echter Teilraum von KPM, da $d_{\{\emptyset\}} \notin KP'M$ ist.
Demzufolge ist auch $d_{PM} \notin KP'M$, da

$$d_{PM} = d_{P'M} + d^{\{\emptyset\}} \text{ und } d_{P'M} = \sum_{N \in P'M} d_N \in KP'M.$$

Also ist $d_{PM} \notin \operatorname{Im} d_{f^{-1}}$.

Die durch f nach 4.1.10 definierten Abbuldingen $f_i: PM \to [2]$ haben nach 4.1.11 die Eigenschaft 1. des Satzes, da f reduziert ist (man beachte, daß PM kanonisch zu $[2^n]$ isomorph ist). Nach 4.2.5 ist

$$\operatorname{Rg}(f_i) = \operatorname{Rg} f + 1 = n + 1$$

da, wie oben gezeigt wurde, $d_{[2^n]} \notin \operatorname{Im} d_f{-}1$ ist. ■
Man beachte, daß bei diesem Satz die Aussage von der Wahl des Grundkörpers unabhängig ist. Dem ist im allgemeinen nicht so.

Wir wollen daher zum Abschluß dieses Unterabschnittes noch das Verhalten des Ranges einer Korrespondenz bei Wechsel der Grundkörpers untersuchen.
Zunächst bemerken wir, daß der Rang einer Korrespondenz f: $[m] \to [n]$ sich als

Rang der Matrix (f_{ik}) $(i = 1, 2, \ldots, m,\ k = 1, 2, \ldots, n)$ bestimmen läßt, wobei

$$f_{ik} = \begin{cases} 1 \text{ für } (i, k) \in f \\ 0 \text{ für } (i, k) \notin f \end{cases}$$

Denn $\operatorname{Im} d_f = L(\{d_{f(i)}\}_{i \in [m]})$

$= L(\{\sum_{k=1}^{n} f_{ik}\, d_k\}_{i \in [m]})$ und daraus folgt die Behauptung.

Da der Rang einer Matrix unter ausschließlicher Verwendung rationaler Operationen berechnet wird, ergibt sich der

4.2.7. Satz. *Ist L eine Erweiterung des Körpers K, so ist für jede Korrespondenz $f\colon M \to N$ endlicher Mengen*

$$\mathrm{Rg}_K f = \mathrm{Rg}_L f.$$

Man kann sich daher bei der Bestimmung des Ranges einer Korrespondenz auf Primkörper beschränken. Sei p eine Primzahl oder Null und sei F_p der Primkörper der Charakteristik p (d. h. $F_0 = R$ ist der Körper der rationalen Zahlen). Dann definieren wir:

$$\mathrm{Rg}_p f \underset{\mathrm{Df}}{=} \mathrm{Rg}_{F_p} f$$

Führen wir die Rangbestimmung der Matrix (f_{ik}) einmal für $K = R$ und das andere Mal für $K = F_p$ durch, so erkennen wir, daß

$$\mathrm{Rg}_0 f \geqq \mathrm{Rg}_p f$$

für alle p ist.
Um die Differenz dieser beiden Zahlen genauer zu berechnen, verallgemeinern wir die Definitionen von 4.2.1 für beliebige Ringe K. Für $K = Z$ erhalten wir für jede Korrespondenz $f\colon M \to N$ eine homomorphe Abbildung abelscher Gruppen

$$d_f^Z\colon ZM \to ZN$$

(ZM ist die von M erzeugte freie abelsche Gruppe).
Offensichtlich ist $ZM \otimes_Z K \simeq KM$ für alle Ringe K, also insbesondere für alle Körper K und

$$d_f^Z \otimes 1_K \simeq d_f^K.$$

Jede Korrespondenz gibt Anlaß zu einer exakten Folge:

$$0 \longrightarrow \mathrm{Red}_K f \longrightarrow KM \xrightarrow{d_f^K} KN \longrightarrow \mathrm{Kored}_K f \longrightarrow 0$$

(K sei beliebiger kommutativer Ring). Dabei sei

$\mathrm{Red}_K f \underset{\mathrm{Df}}{=} \mathrm{Ker}\, d_{fK}$ (die K-Redundanz von f) und

$\mathrm{Kored}_K f \underset{\mathrm{Df}}{=} \mathrm{Koker}\, d_{fK}$ (die K-Koredundanz von f)

Für $K = Z$ ergibt sich also die exakte Folge:

$$0 \longrightarrow \mathrm{Red}_Z f \longrightarrow ZM \xrightarrow{d_f^Z} ZN \longrightarrow \mathrm{Kored}_Z f \longrightarrow 0$$

Da $Z\,M$ eine freie abelsche Gruppe ist und $\mathrm{Red}_Z f$ Untergruppe derselben, ist $\mathrm{Red}_Z f$ eine freie abelsche Gruppe. Ihr Rang sei p.
Die obige exakte Folge ist daher eine freie Auflösung der abelschen Gruppe $\mathrm{Kored}_Z f$.
Tensorieren wir sie mit R(R ist ein flacher Z-Modul), so erhalten wir die exakte Folge

$$0 \longrightarrow \mathrm{Red}_Z f \otimes R \longrightarrow RM \xrightarrow{d_f^R} RN \longrightarrow \mathrm{Kored}_R f \otimes_Z R \longrightarrow 0.$$

Daher ist

$$\mathrm{Red}_Z f \otimes_Z R \simeq \mathrm{Ker}\, d_f^R = \mathrm{Red}_R f$$

und daraus folgt

$$p = \dim_R \mathrm{Red}_Z f \otimes_Z R = \mathrm{red}_R f,$$

wenn wir $\mathrm{red}_K f = \dim_K \mathrm{Red}_K f$ für Körper K setzen.
Tensorierung der gleichen exakten Folge mit F_p ($p \neq 0$) ergibt einen Komplex (im allgemeinen *keine* exakte Folge)

$$0 \longrightarrow \underset{2}{\mathrm{Red}_Z f \otimes F_p} \xrightarrow{i} \underset{1}{F_p M} \xrightarrow{d_f^{F_p}} \underset{0}{F_p N}$$

(die Ziffer unter den Räumen gibt die Graduierung an). Es giltfür die Homologiegruppen H_n dieses Komplexes:

$$H_n \simeq \mathrm{Tor}_n^Z\ (\mathrm{Kored}_Z f, F_p)$$

Da die globale homologische Dimension von Z gleich 1 ist, gilt

$$\mathrm{Ker}\, i = H_2 = \mathrm{Tor}_2^Z\ (\mathrm{Kored}_Z\, f, F_p) = 0$$

d. h., i ist injektiv.
Ferner ist

$$\mathrm{Ker}\, d_f^F\, p/\mathrm{Im}\, i \simeq H_1 = \mathrm{Tor}_1^Z\ (\mathrm{Kored}_Z f, F_p)$$

und daraus folgt:

$$\mathrm{Red}\, f_p \simeq \mathrm{Im}\, i \oplus H_1 \simeq (\mathrm{Red}_Z f \otimes F_p) \oplus \mathrm{Tor}_1^Z\, (\mathrm{Kored}_Z f, F_p)$$

Daraus folgt, wenn wir $\mathrm{red}_K f = \mathrm{card}\, M - \mathrm{Rg}_K f$ beachten:

$$\mathrm{card}\, M - \mathrm{Rg}_p f = \mathrm{card} M - \mathrm{Rg}_0 f + \dim_{F_p} \mathrm{Tor}_1^Z\, (\mathrm{Kored}_Z f, F_p)$$

d. h.

$$\mathrm{Rg}_0 f = \mathrm{Rg}_p f + \dim F_p\, [0\colon p]\, \mathrm{Kored}_Z f$$

da $\mathrm{Tor}_1^Z\, (\mathrm{Kored}_Z\, f, F_p) = \mathrm{Ker}\, (\mathrm{Kored}_Z f \xrightarrow{p} \mathrm{Kored}_Z f)$
(= Menge aller Elemente aus $\mathrm{Kored}_Z f$, die mit p multipliziert, Null ergeben) ist.
Es gilt also der folgende Satz:

4.2.8. Satz. *Für alle Korrespondenzen $f\colon M \to N$ von endlichen Mengen gilt:*

1. $\mathrm{Rg}_0 f \geqq \mathrm{Rg}_p f$
2. $\mathrm{Rg}_0 f - \mathrm{Rg}_p f$ *ist gleich der Zahl der Gruppen von p-Potenzordnung, die in einer Zerlegung von* $\mathrm{Kored}_Z f$ *in zyklische Gruppen (die frei oder von Primzahlpotenzordnung sind) auftreten.*

3. *Insbesondere ist für fast alle Primzahlen p*
$\mathrm{Rg}_0 f = \mathrm{Rg}_p f.$

4.3. Redundanz von Mengenautomaten

4.3.1. Sei $A \xrightarrow[m,l]{S} B$ ein Automat in *Ensf*, d. h. A, B und S seien endliche Mengen und m, l seien zwei Abbildungen

$$S \times A \xrightarrow{m} S$$
$$S \times A \xrightarrow{l} B.$$

Nach 2.2.2 definieren diese Abbildungen induktiv Abbildungen

$$S \times A^n \xrightarrow{m_n} S$$
$$S \times A^n \xrightarrow{l_n} B$$

Ist $w \in A^n$ ein Wort über dem Alphabet A der Länge n, so definiert w eine Abbildung

$$f_w : S \to B$$

durch $f_w(s) = l_n(s, w)$. Da S und B endliche Mengen sind, ist $\mathrm{Hom}_{Ensf}(S, B)$ eine endliche Menge, und demzufolge ist $\{f_w;\, w \in W'(A)\}$ eine endliche Menge, (die durch eine unendliche Menge $W'(A)$ indiziert wird). Sei

$$\{f_w;\, w \in W'(A)\} = \{f_1{}^S, \ldots, f_n{}^S\}.$$

Betrachten wir die Abbildungen $f_i{}^S$ als Korrespondenzen, so gibt es eine Korrespondenz

$$f^S = (f_1{}^S, \ldots, f_n{}^S) : S \to \mathop{\square}_{i=1}^{n} B.$$

Diese Korrespondenz definiert gemäß 4.2.1 eine lineare Abbildung

$$d_{f^S}^K : KS \to K(\mathop{\square}_{i=1}^{n} B) \simeq \bigoplus_{i=1}^{n} KB.$$

Den Kern dieser Abbildung, d. h.

$$\mathrm{Ker}\, d_f{}^K = \mathrm{Red}_K f^S$$

bezeichnen wir als K-Redundanz von f^S (nach 4.2.7) und, da f^S durch den Automaten S eindeutig bestimmt ist, als K-Redundanz des Automaten S, $\mathrm{Red}_K S$. Aus 4.2.7 folgt, daß $\dim_K \mathrm{Red}_K S$ nur von der Charakteristik von K abhängt. Definieren wir $\mathrm{red}_p S = \dim_{F_p} \mathrm{Red}\, F_p S$, so gilt nach 4.2.8

$$\mathrm{red}_0 S \leq \mathrm{red}_p S$$

für alle p und für fast alle p ist $\mathrm{red}_0 S = \mathrm{red}_p S$.

Diese Bezeichnung ist durch den folgenden Satz gerechtfertigt:

4.3.2. Satz. *Die K-Redundanz von S ist zur Redundanz des gemäß* 1.2.12 *und* 1.2.17 *durch S definierten Modulautomaten KS isomorph.*

Beweis: Erinnern wir uns: KS war der Modulautomat

$$KB \xleftarrow{Kl} KS \otimes_K KA \xrightarrow{Km} KS$$

dessen Überführungsfunktion Km und Ergebnisfunktion Kl durch

$$Km(d_s \otimes d_a) = d_{m(s,a)}$$
$$Kl(d_s \otimes d_a) = d_{l(s,a)}$$

definiert waren (nach 1.2.12 und 1.2.17).

Da $T'(KA) \simeq K\big(W'(A)\big)$ ist, gilt für eine K-Verteilung p von S: p ist als Zustand von KS genau dann redundant, wenn für alle n und alle Worte $w = a_1, \ldots, a_n$ der Länge n gilt

$$(Kl)_n\,(p \otimes a_1 \otimes \cdots \otimes a_n) = 0$$

(dabei wurde $a_1 \otimes \cdots \otimes a_n$ als $d_{a_1} \otimes \cdots \otimes d_{a_n}$ aufgefaßt).

Demzufolge gilt für $p = \sum\limits_s p(s)$ $(s = d_s$ gesetzt):

$$0 = (Kl)_n\,\Big(\big(\sum_s p(s)\,s\big) \otimes a_1 \otimes \cdots \otimes a_n\Big) = \sum_s p(s)\,(Kl)_n(s \otimes a_1 \otimes \cdots \otimes a_n)$$
$$= \sum_s p(s)\,l_n(s, w) \qquad \big(l_n(s, w) = d_{l_n(s,w)} \text{ gesetzt}\big).$$

Das heißt $p = \sum p(s)\,s$ ist genau dann redundant, wenn

$$\sum_s p(s)\,f_w(s) = 0$$

für alle w ist, d. h. genau dann, wenn

$$\sum_s p(s) f_i{}^S(s) = 0$$

für $i = 1, 2, \ldots, n$ gilt. Daher ist p genau dann redundant, wenn für alle $i = 1, 2, \ldots, n$ gilt.

$$d_{f_i s}(p) = d_{f_i s}\big(\sum p(s)\,s\big) = \sum p(s)\,d_{f_i s}(s)$$
$$= \sum p(s) f_i{}_s(s) = 0.$$

Es gilt also

$$\operatorname{Red} KS = \bigcap_{i=1}^{n} \operatorname{Ker} d_{f_i s} = \operatorname{Ker}(d_{f_1 s}, \ldots, d_{f_n s})$$
$$= \operatorname{Ker} d_{(f_1 s, \ldots, f_n s)} = \operatorname{Red}_K f. \ \blacksquare$$

4.3.3. Der Automat $A \xrightarrow[m,l]{S} B$ ist als Mengenautomat genau dann reduziert, wenn $f^S = (f_1{}^S, \ldots, f_n{}^S)$ reduziert ist.

Denn zwei Zustände s und t von S sind genau dann äquivalent, wenn

$$l_n(s, w) = l_n(t, w)$$

für alle n und alle Worte w der Länge n gilt. Also ist $s \sim t$ genau dann, wenn

$$f_i^S(s) = f_i^S(t)$$

für alle $i = 1, \ldots, n$ gilt, d. h. wenn $f^S(s) = f^S(t)$ gilt. Daraus folgt die Behauptung nach Definition der Reduzierbarkeit von Korrespondenzen.

Man könnte vermuten, daß die Redundanz eines jeden reduzierten Mengenautomaten verschwindet. Daß das nicht der Fall ist, zeigt das folgende Beispiel, das von H. D. Burkhard (siehe Starke 1969) stammt:

Der Automat $\{0, 1\} \xrightarrow{\{1,2,3,4\}} \{a, b\}$, der durch den folgenden Graphen beschrieben wird

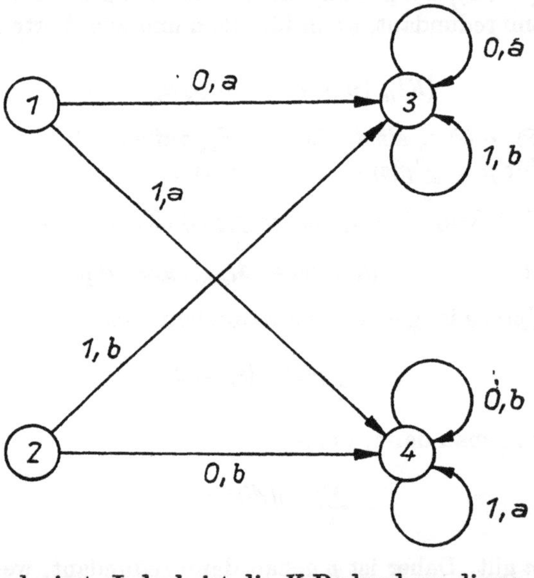

ist offensichtlich reduziert. Jedoch ist die K-Redundanz dieses Automaten S für alle K von Null verschieden, da $1 + 2 - 3 - 4 \in \mathrm{Red}_K S$.

Man kann aber nachrechnen, daß ein reduzierter Automat mit weniger als 4 Elementen keine Redundanz haben kann und daß reduzierte Automaten mit weniger als 6 Zuständen höchstens eindimensionale Redundanzen haben können. Dié Zahl der Zustände gibt also gewisse Beschränkungen für die Dimension der Redundanz reduzierter Automaten.
Es gilt der folgende Satz

4.3.4. Satz. *Ist S ein reduzierter Automat, so ist*

$$\mathrm{red}_2 S \leq \mathrm{card}\, S - \mathrm{ld}\,(\mathrm{card}\, S)$$

(dabei sei ld der Logarithmus zur Basis 2).

Beweis. Sei $s = \text{card } S$. Das Mengenabbild des zu F_2S gehörigen reduzierten Automaten besitzt $2^{s'}$ Zustände, wobei $s' = \dim F_2S - \dim \text{Red } F_2S$ ist.
Da S reduziert ist, ist S Unterautomat des Mengenabbildes und daraus folgt, daß

$$s \leqq 2^{s'} = 2^{s - \text{red}_2 S}$$

d. h.

$$2^{\text{red}_2 S} \leqq \frac{2^s}{s},$$

die Behauptung. ■
Für $s = 4$ ergibt sich daraus, daß

$$\text{red}_2 S \leqq 2$$

ist. Wir haben aber bereits darauf hingewiesen, daß für Automaten von 4 Zuständen gilt: $\text{red}_2 S \leqq 1$.

Das heißt also, die in 4.3.4 gegebene Abschätzung ist noch nicht scharf genug. Zur Auffindung einer genanen Abschätzung beweisen wir zunächst einige Hilfssätze.

4.3.5. Hilfssatz. *Sei $f\colon [m] \to [n]$ eine Korrespondenz mit folgender Eigenschaft: Ist $i \in [m]$, so gibt es eine Äquivalenzrelation C_i, so daß $f(i)$ eine Äquivalenzklasse dieser Relation ist und alle anderen Klassen ebenfalls gewisse $f(j)$ sind. Ist $j\colon [n-1] \to [n]$ die kanonische Injektion $(j(i) = i)$, und sei M die Menge aller $i \in [m]$, für die $f(i) \in P[n-1]$, wobei $P[n-1]$ durch die Injektion $Pj\colon P[n-1] \to P[n]$ als Teilmenge von $P[n]$ aufgefaßt wird. Die Einschränkung von f auf M sei f'. Es gibt also eine kommutatives Diagramm*

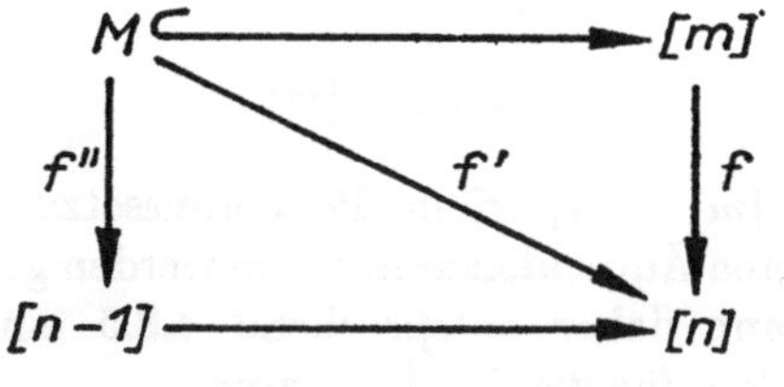

Dann gilt

$$\text{Rg}_K f = \text{Rg}_K f' + 1$$

Beweis. $\text{Im } d_{f'} = L(\{d_{f(i)}\}_{i \in M})$
$\text{Im } d_f = L(\{d_{f(i)}\}_{i \in [m]}) = L(\{d_{f(i)}\}_{i \in M}) + L(\{d_{f(i)}\}_{i \notin M})$
Ist $i \in [n]$ beliebig gewählt, so seien $N_1, \ldots, N_r$ die Äquivalenzklassen von C_i, $N_1 = f(i)$, $N_j = f(i_j)$, $j = 2, \ldots, r$. Daraus folgt, daß $d_{[n]} = d_{f(i)} + \sum_{i=2}^{r} d_{f(i_j)} \in \text{Im } d_f$.
Ist nun $i \notin M$, so ist $f(i) \not\subset [n-1]$, d. h. $n \in f(i)$ und daraus folgt, daß $f(i_j) \subset [n-1]$, $i_j \in M$ für alle $j = 2, \ldots, r$ ist. Das heißt aber $d_{f(i)} = d_n - \sum d_{f(i_j)} \in \text{Im } d_{f'} + L(\{d_{[n]}\})$ und daher

$$\text{Im } d_f = \text{Im } d_{f'} + L(\{d_{[n]}\}).$$

Da $\operatorname{Im} d_{f'} \subset L(\{d_i\}_{i\in[n-1]})$, ist $d_{[n]} \notin \operatorname{Im} d_f$, und daher

$$\dim_K \operatorname{Im} d_f = \dim_K \operatorname{Im} d_{f'} + 1,$$

die Behauptung des Satzes. ■

4.3.6. Hilfssatz. *Ist $f\colon M \to N$ eine reduzierte Korrespondenz endlicher Mengen, so gilt*

$$\operatorname{Rg}_2 f \geqq \operatorname{ld}(\operatorname{card} M)$$

Beweis. Da f reduziert ist, ist f eine injektive Abbildung von M in PN. Sei $\operatorname{Rg}_2 f = r$. Da f injektiv ist, ist

$$M \xrightarrow{\subset} F_2 M \xrightarrow{d_f} F_2 N$$

injektiv. Da $\dim F_2 \operatorname{Im} d_f = \operatorname{Rg}_2 f = r$ ist, besitzt $\operatorname{Im} d_f$ 2^r Elemente, und es gilt daher

$$\operatorname{card} M \leqq 2^r$$

und damit die Behauptung. ■

4.3.7. Hilfssatz. *Sind $f_i\colon S \to B$ $(i = 1, 2, \ldots, r)$ Abbildungen und ist $f = (f_1, \ldots, f_r)$ reduziert, so ist*

$$\operatorname{Rg}_2 f \geqq 1 + \operatorname{card} S$$

Beweis. Sei $b = \operatorname{card} B$, $m = rb$ und $n = \operatorname{card} S$. Dann kann vermittels der eindeutigen Abbildungen $S \simeq [n]$, $\coprod_{i=1}^{r} B \simeq [m]$ f als Korrespondenz

$$f\colon [n] \to [m]$$

aufgefaßt werden. $f^{-1}\colon [m] \to [n]$ erfüllt die Voraussetzungen von Hilfssatz 4.3.5, denn die dort angeführten Äquivalenzrelationen werden gerade durch die f_i $(i = 1, \ldots, r)$ geliefert. Es kann daher entsprechend 4.3.5 eine Korrespondenz $f'\colon M \to [n]$ konstruiert werden, für die das Diagramm

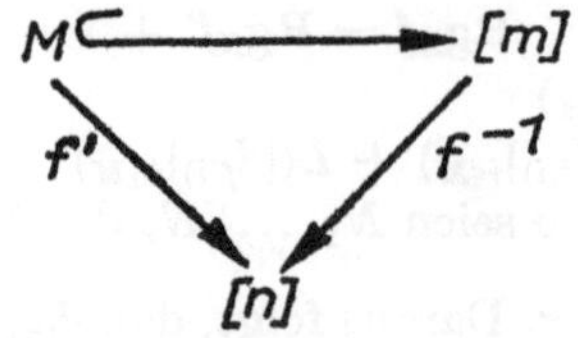

kommutativ ist, und es gilt

$$\operatorname{Rg}_K f^{-1} = \operatorname{Rg}_K f' + 1,$$

d. h.

$$\operatorname{Rg}_K f = \operatorname{Rg}_K f'^{-1} + 1.$$

Wir zeigen nun, daß f'^{-1} reduziert ist. Da nach 4.3.5.

$$M = \{i \in [m];\; f^{-1}(i) \in P[n-1]\} = \{(i, b);\; i \in [r], b \in B,\; f^{-1}(i, b) \in P[n-1]\}$$

und $j \in f^{-1}(i, b) \Leftrightarrow (i, b) \in f(j) \Leftrightarrow b = f_i(j)$, ist

$$M = \{(i, b); i \in [r],\; b \in B, b \neq f_i(n)\}.$$

Demzufolge ist

$$\begin{aligned} f'^{-1}(j) &= f(j) \cap M = \{(i, f_i(j)); i \in [r]\} \cap \{(i, b); i \in [r], b \in B, b \neq f_i(n)\} \\ &= \{(i, f_i(j)); i \in [r], f_i(j) \neq f_i(n)\}. \end{aligned}$$

Sei $f'^{-1}(j) = f'^{-1}(j')$. Ist für ein i $f_i(j) \neq f_i(n)$, so ist $(i, f_i(j)) \in f'^{-1}(j)$ und damit $(i, f_i(j)) \in f'^{-1}(j')$, d. h. $f_i(j) = f_i(j)$. Ist dagegen $f_i(j) = f_i(n)$, so ist auch $f_i(j') = f_i(n)$ und damit $f_i(j) = f_i(j')$. Wäre nämlich $f_i(j') \neq f_i(n)$, so ergäbe sich bei dem vorigen Schluß bei Vertauschung der Rolle von j und j' $f_i(j') = f_i(j) = f_i(n)$; Widerspruch! Also ist für alle i $f_i(j) = f_i(j')$ und damit $f(j) = f(j')$, d. h. $j = j'$, da f als reduziert vorausgesetzt war.
Also ist f'^{-1} ebenfalls reduziert. Daraus folgt nach 4.3.6

$$\mathrm{Rg}_2 f'^{-1} \geqq \mathrm{ld}\, n.$$

Also erhält man

$$\mathrm{Rg}_2 f = \mathrm{Rg}_2 f'^{-1} + 1 \geqq 1 + \mathrm{ld}\, n. \;\blacksquare$$

4.3.8. Korollar. Ist S ein reduzierter Mengenautomat, so ist

$$\mathrm{red}_2 S \leqq \mathrm{card}\, S - \mathrm{ld}\,\mathrm{card}\, S - 1.$$

Beweis. Mit der in 4.3.1 konstruierten Korrespondenz S gilt

$$\mathrm{red}_2 S = \mathrm{card}\, S - \mathrm{Rg}_2 f^S \leqq \mathrm{card}\, S - 1 - \mathrm{ld}\,\mathrm{card}\, S$$

nach 4.3.7.
Diese Abschätzung ist in der Tat schärfer als die in 4.3.4 gegebene, da z. B. für $\mathrm{card}\, S = 4$ sich der Wert

$$\mathrm{red}_2 S \leqq 4 - 1 - 2 = 1$$

d. h. $\mathrm{red}_2 S \leqq 1$ ergibt.
Ist $s = \mathrm{card}\, S = 3$, erhält man wie erwartet:

$$\mathrm{red}_2 S \leqq s - (1 + \varepsilon) - 1 \quad (\text{für ein } \varepsilon > 0), \text{ d. h.}$$

$\mathrm{red}_2 S = 0$. ■
Daß man diese Abschätzung in der Tat nicht verschärfen kann, zeigt der folgende Satz.

4.3.9. Satz. *Für alle natürlichen Zahlen n gibt es einen reduzierten Mengenautomaten mit 2^n Zuständen ($s \geqq n$), so daß für beliebige K gilt*

$$\mathrm{red}_K S = \mathrm{card}\, S - \mathrm{ld}\,\mathrm{card}\, S - 1.$$

Beweis. Das folgt unmittelbar aus 4.2.6 und dem folgenden Hilfssatz.

4.3.10. Hilfssatz. Sind $f_i: S \to B$, $i = 1, 2, \ldots, n$, Abbildungen und ist $h: B \to S$ eine Injektion, so gibt es einen MEDWEDJEW-Automaten $m = l: S \times [n] \to S$ mit folgenden Eigenschaften:

1. Ist S' eine Teilmenge von S mit $h(B) \subseteq S'$, so ist S' eine Unterautomat von S.
2. Ist $i: S' \xrightarrow{\subseteq} S$ die kanonische Injektion, so ist
$$\operatorname{red} S' = \operatorname{card} S' - \operatorname{Rg}(f_1 i, \ldots, f_n i).$$
3. Ist $(f_1, \ldots, f_n)$ reduziert, so ist S reduziert, und damit sind alle Automaten S' reduziert.

Beweis. Wir setzen $m(s, i) = hf_i(s)$.
Wir haben damit erhalten

4.3.11. Hauptsatz.[1]) *Sei $p = 0$ oder $p = 2$ und sei S ein endlicher Mengenautomat, S_r der dazugehörige reduzierte Automat. Dann gilt*
$$\operatorname{red}_p S \leqq \operatorname{card} S - \operatorname{ld} \operatorname{card} S_r - 1.$$
Für alle n gibt es einen reduzierten endlichen Mengenautomaten S mit card $S \geqq n$, *für den diese Ungleichung eine Gleichung ist.*

Beweis. Die zweite Aussage ist in 4.3.9 enthalten. Die erste Aussage folgt aus 4.3.8, wenn man beachtet, daß
$$\operatorname{red}_p S = \operatorname{red}_p S_r + (\operatorname{card} S - \operatorname{card} S_r)$$
ist, da allgemein für $M \xrightarrow{f} N = M \xrightarrow{g} M^r \xrightarrow{f^r} N$ gilt: $\operatorname{Rg}_K f = \operatorname{Rg}_K f^r$, d. h. $\operatorname{red}_K f = \operatorname{red}_K f_r + (\operatorname{card} M - \operatorname{card} M_r)$.

5. Kohomologie von Algebren

5.1. Die folgenden Betrachtungen sind technischer Natur und dienen zur Vorbereitung des sechsten Abschnittes.
Sei K ein Körper und sei F eine freie assoziative Algebra über K. Seien $\boldsymbol{a}$ und $\boldsymbol{b}$ zwei zweiseitige Ideale und sei $\boldsymbol{a} \subset \boldsymbol{b}$. Sei ferner $A = F/\boldsymbol{a}$ und $B = F/\boldsymbol{b}$. Sei $\mathfrak{b} = \boldsymbol{b}/\boldsymbol{a}$ das durch $\boldsymbol{b}$ in A erzeugte Ideal. Nach P. M. COHN (1964) sind $\boldsymbol{a}$ und $\boldsymbol{b}$ als Rechtsmoduln über F frei. Einem Verfahren von J. KNOPFMACHER (1968) folgend, betrachten wir die folgende Inklusionskette:
$$\boldsymbol{a}_0 \supset \boldsymbol{a}_1 \supset \boldsymbol{a}_2 \supset \boldsymbol{a}_3 \cdots \boldsymbol{a}_n \supset \boldsymbol{a}_{n+1} \supset \cdots$$

[1] Wie S. ADLER zeigte, kann die zweite Aussage des Satzes verschärft werden:
Für alle natürlichen Zahlen n gibt es einen endlichen Mengenautomaten S mit card $S = n$ und $\operatorname{red}_p S = \operatorname{card} S - \langle \operatorname{ld} (\operatorname{card} S) \rangle - 1$
($\langle m \rangle$ bezeichne die kleinste ganze Zahl m' mit $m' \geqq m$). Zum Beweis geht man in 4.3.9 von S zu einem S' nach 4.3.10 über.
Von BUDACH wurde inzwischen der Hauptsatz für beliebige Charakteristik in der verschärften Form bewiesen (siehe BRUNNER, BUDACH, HAMANN (1974)).

Dabei sei: $\mathfrak{a}_0 = F$, $\mathfrak{a}_{2n} = \mathfrak{a}^n$ und $\mathfrak{a}_{2n+1} = b\mathfrak{a}^n$.
Durch Anwendung des Funktors $-\otimes_F A$ auf diese Kette ergibt sich die folgende Sequenz:

$$(x) \quad X_{n+1} \xrightarrow{d_{n+1}} X_n \xrightarrow{d_n} X_{n-1} \xrightarrow{d_{n-1}} \cdots X_1 \xrightarrow{d_1} X_0.$$

Dabei sei $X_n = \mathfrak{a}_n \otimes_F A = \mathfrak{a}_n/\mathfrak{a}_n\mathfrak{a}$ und d. h.

$$X_0 = A, \quad X_{2n} = \mathfrak{a}^n/\mathfrak{a}^{n+1}, \quad X_{2n+1} = b\mathfrak{a}^n/b\mathfrak{a}^{n+1}.$$

Da $\mathfrak{a}_{n+1} = \mathfrak{a}_{n-1}\mathfrak{a}$, hat die Sequenz (x) die folgende Gestalt:

$$\mathfrak{a}_{n+1}/\mathfrak{a}_{n+3} \to \mathfrak{a}_n/\mathfrak{a}_{n+2} \to \mathfrak{a}_{n-1}/\mathfrak{a}_{n+1} \to \cdots$$

und ist daher trivialerweise exakt. Da alle $\mathfrak{a}_n$ freie F-Moduln sind, sind alle X_n freie A-Moduln und da Koker $d_1 = B$ ist, haben wir in (x) eine freie A-Auflösung des A-Rechtsmoduls B gefunden. Sei M ein beliebiger A-Rechtsmodul. Unser Ziel bei den nun folgenden Überlegungen ist es, die Kohomologiegruppen $\mathrm{Ext}_A{}^n(B, M)$ zu bestimmen. Dazu beweisen wir zunächst den folgenden Hilfssatz:

5.2. Hilfssatz. *Sei N ein F-Modul und M ein A-Modul. Fassen wir M als F-Modul und $N/N\mathfrak{a} = N \otimes_F A$ als A-Modul auf, so gilt die folgende Isomorphie:*

$$\mathrm{Hom}_A(N/N\mathfrak{a}, M) = \mathrm{Hom}_F(N, M)$$

(In kategorietheoretischer Sprechweise ausgedrückt, ist das die wohlbekannte Tatsache, daß der Funktor $-\otimes_F A$ adjungiert zum Vergißfunktor ist.)

Der Beweis ergibt sich trivial aus der Tatsache, daß für jeden F-Homomorphismus $f\colon N \to M$ gilt $f(N\mathfrak{a}) = f(N)\,\mathfrak{a} = 0$. ∎

5.3. Wenden wir auf die Inklusionskette

$$\mathfrak{a}_0 \supset \mathfrak{a}_1 \supset \mathfrak{a}_2 \supset \mathfrak{a}_3 \supset \cdots \supset \mathfrak{a}_n \supset \mathfrak{a}_{n+1}$$

den Funktor $\mathrm{Hom}_F(-, M)$ an, wobei M ein beliebiger A-Modul sei, erhalten wir die Folge

$$\mathrm{Hom}_F(\mathfrak{a}_{n+1}, M) \leftarrow \mathrm{Hom}_F(\mathfrak{a}_n, M) \leftarrow \mathrm{Hom}_F(\mathfrak{a}_{n-1}, M) \leftarrow .$$

Diese Folge ist ein Kokettenkomplex, da die Einschränkung eines Homomorphismus $f\colon \mathfrak{a}_{n-1} \to M$ auf $\mathfrak{a}_{n+1}$ Null ist, denn $f(\mathfrak{a}_{n+1}) = f(\mathfrak{a}_{n-1}\mathfrak{a}) = f(\mathfrak{a}_{n-1})\,\mathfrak{a}$.
Sei im folgenden immer

$$\begin{aligned} C^n &= \mathrm{Hom}_F(\mathfrak{a}_n, M) = \mathrm{Hom}_A(\mathfrak{a}_n/\mathfrak{a}_n\mathfrak{a}, M) = \mathrm{Hom}_A(X_n, M), \\ B^n &= \mathrm{Im}(C^{n-1} \to C^n), \\ Z^n &= \mathrm{Ker}(C^n \to C^{n+1}), \\ H^n &= Z^n/B^n, \end{aligned}$$

dann ist nach 5.2 $\mathrm{Ext}_A{}^n(B, M) = H^n$, da X_n eine freie A-Auflösung des A-Moduls B ist.

5.4. Satz. *Für alle natürlichen Zahlen $n > 0$ gibt es eine exakte Folge:*
$0 \to \mathrm{Ext}_A{}^n(B, M) \to \mathrm{Ext}_F{}^1(\mathfrak{a}_{n-1}/\mathfrak{a}_n, M) \to \mathrm{Hom}_F(\mathfrak{a}_{n+1}/\mathfrak{a}_{n+2}, M) \to \mathrm{Ext}_A{}^{n+1}(B, M) \to 0$

Beweis. Wir betrachten die durch die exakte Folge

$$0 \to \mathfrak{a}_{n+1} \to \mathfrak{a}_n \to \mathfrak{a}_n/\mathfrak{a}_{n+1} \to 0$$

definierte Kohomologiesequenz:

$$0 \to \mathrm{Hom}_F(\mathfrak{a}_n/\mathfrak{a}_{n+1}, M) \to \mathrm{Hom}_F(\mathfrak{a}_n, M) \to \mathrm{Hom}_F(\mathfrak{a}_{n+1}, M) \to \mathrm{Ext}_F{}^1(\mathfrak{a}_n/\mathfrak{a}_{n+1}, M) \to 0.$$

Mit der in 5.3 eingeführten Symbolik folgt daraus: $Z^n = \mathrm{Hom}_F(\mathfrak{a}_n/\mathfrak{a}_{n+1}, M)$, d. h. auch $Z^{n+1} = \mathrm{Hom}_F(\mathfrak{a}_{n+1}/\mathfrak{a}_{n+2}, M)$ und $C^{n+1}/B^{n+1} = \mathrm{Koker}(C^n \to C^{n+1}) = \mathrm{Ext}_F{}^1 (\mathfrak{a}_n/\mathfrak{a}_{n+1}, M)$ und d. h. $C^n/B^n = \mathrm{Koker}(C^{n-1} \to C^n) = \mathrm{Ext}_F{}^1(\mathfrak{a}_{n-1}/\mathfrak{a}_n, M)$. ■
Setzen wir diese Größen in die trivialerweise exakte Folge

$$0 \to H^n \to C^n/B^n \to Z^{n+1} \to H^{n+1} \to 0$$

ein, so ergibt sich die Behauptung des Satzes. ■

5.5. Satz. *Die in 5.3 eingeführten Objekte C^n, B^n, Z^n, H^n hängen funktoriell von M ab. Für die auf diese Weise definierten Funktoren $C^n(M)$, $B^n(M)$, $Z^n(M)$, $H^n(M) = \mathrm{Ext}_A{}^n(B, M)$ gelten die folgenden Funktorisomorphien:*

$$C^n\mathrm{Hom}_F(\mathfrak{a}^m, -) = C^{n+2m} \qquad Z^n\mathrm{Hom}_F(\mathfrak{a}^m, -) = Z^{n+2m}$$
$$B^n\mathrm{Hom}_F(\mathfrak{a}^m, -) = B^{n+2m} \qquad H^n\mathrm{Hom}_F(\mathfrak{a}^m, -) = H^{n+2m}.$$

Beweis. Da $\mathfrak{a}_n$ als F-Rechtsmodul frei ist, geht die exakte Folge

$$0 \to \mathfrak{c} \to F \to F/\mathfrak{c} \to 0$$

($\mathfrak{c}$ sei beliebiges zweiseitiges Ideal) durch Anwendung des Funktors $\mathfrak{a}_n \otimes_F -$ in die exakte Folge

$$0 \to \mathfrak{a}_n \otimes_F \mathfrak{c} \to \mathfrak{a}_n \to \mathfrak{a}_n \otimes_F F/\mathfrak{c} \to 0$$

über. Infolgedessen ist $\mathfrak{a}_n \otimes_F \mathfrak{c} = \mathrm{Im}(\mathfrak{a}_n \otimes_F \mathfrak{c} \to \mathfrak{a}_n) = \mathfrak{a}_n\mathfrak{c}$.
Daraus folgt:

$$\begin{aligned} C^n\,\mathrm{Hom}_F(\mathfrak{a}^m, -) &= \mathrm{Hom}(\mathfrak{a}_n, \mathrm{Hom}_F(\mathfrak{a}^m, -)) = \mathrm{Hom}_F(\mathfrak{a}_n \otimes_F \mathfrak{a}^m, -) \\ &= \mathrm{Hom}_F(\mathfrak{a}_n\mathfrak{a}^m, -) = \mathrm{Hom}_F(\mathfrak{a}_{n+2m}, -) = C^{n+2m}(-) \end{aligned}$$

(all diese Isomorphien sind Funktorisomorphien). Da diese Isomorphien auch funktoriell in $\mathfrak{a}_n$ sind, ist das folgende Diagramm für alle n und alle M kommutativ:

$$\begin{array}{ccc} C^n(\mathrm{Hom}_F(\mathfrak{a}^m, M)) & \longrightarrow & C^{n+1}(\mathrm{Hom}_F(\mathfrak{a}^m, M)) \\ \downarrow & & \downarrow \\ C^{n+2m}(M) & \longrightarrow & C^{n+2m+1}(M) \end{array}$$

und daraus ergeben sich die übrigen Aussagen des Satzes. ■

5.6. Korollar. *Für alle natürlichen Zahlen $n \geqq 0$ gibt es eine exakte Folge:*

$$0 \to H^{2n+1} \to \operatorname{Ext}_F{}^1\big(B, \operatorname{Hom}_F(\mathfrak{a}^n, M)\big) \to \operatorname{Hom}_F\big(B, \operatorname{Hom}_F(\mathfrak{a}^{n+1}, M)\big) \to H^{2n+2} \to 0.$$

Beweis. Da nach 5.4 und 5.5

$$\operatorname{Ext}_F{}^1(\mathfrak{a}_{2n}/\mathfrak{a}_{2n+1}, M) = C^{2n+1}M/B^{2n+1}M = C^1\operatorname{Hom}_F(\mathfrak{a}^n, M)/B^1 \operatorname{Hom}_F(\mathfrak{a}^n, M)$$
$$= \operatorname{Ext}_F{}^1\big(B, \operatorname{Hom}_F(\mathfrak{a}^n, M)\big)$$

und

$$\operatorname{Hom}_F(\mathfrak{a}_{2n+2}/\mathfrak{a}_{2n+3}, M) = Z^{2n+2}M = Z^0 \operatorname{Hom}_F(\mathfrak{a}^{n+1}, M) = \operatorname{Hom}_F\big(B, \operatorname{Hom}_F(\mathfrak{a}^{n+1}, M)\big)$$

ergibt sich 5.6 unmittelbar aus 5.4. ∎

Zusammenfassend können wir also den folgenden Satz formulieren:

5.7. Satz. *Für die Kohomologiegruppen $H^n(M) = \operatorname{Ext}_A{}^n(B, M)$ gelten die folgenden Isomorphien:*

$$H^{2n+1}(M) = H^1\big(\operatorname{Hom}_F(\mathfrak{a}^n, M)\big)$$
$$H^{2n+2}(M) = H^2(\operatorname{Hom}_F(\mathfrak{a}^n, M)) \quad \textit{für } n \geqq 0.$$

Die erste und zweite Kohomologiegruppe sind durch die folgende exakte Sequenz verbunden:

$$0 \to H^1(M) \to \operatorname{Ext}_F{}^1(B, M) \to H^0\big(\operatorname{Hom}_F(\mathfrak{a}, M)\big) \to H^2(M) \to 0.$$

$\operatorname{Ext}_F{}^1(B, M)$ *ist mit der nullten Kohomologiegruppe durch die folgende exakte Sequenz verbunden:*

$$0 \to H^0(M) \to M \to \operatorname{Hom}_F(\mathfrak{b}, M) \to \operatorname{Ext}_F{}^1(B, M) \to 0.$$

(Die zuletzt angegebene Sequenz ist die exakte Kohomologiesequenz des Funktors $\operatorname{Hom}_F(-, M)$ bezüglich der exakten Folge

$$0 \to \mathfrak{b} \to F \to B \to 0,$$

wenn man beachtet, daß $H^0(M) = \operatorname{Hom}_A(B, M) = \operatorname{Hom}_F(B, M)$ und $M = \operatorname{Hom}_F(F, M)$ ist.) ∎

5.8. Warnung. Der Satz 5.7 kann leicht dazu führen, den folgenden Fehlschluß zu machen: Da $\mathfrak{a}^n$ ein freier F-Rechtsmodul ist, dessen Rang nach Cohn (1964) eindeutig bestimmt ist, kann man für den Fall, daß dieser Rang r endlich ist, $\mathfrak{a}^n$ als direkte Summe von r Exemplaren des Ringes F darstellen, und infolgedessen ist $\operatorname{Hom}_F(\mathfrak{a}^n, M) = M^r$ und d. h.

$$H^{2n+1}(M) = \big(H^1(M)\big)^r, \quad H^{2n+2}(M) = \big(H^2(M)\big)^r.$$

Das steht aber im Widerspruch beispielsweise zu dem wohlbekannten Resultat, daß die globale homologische Dimension eines Polynomringes endlich ist. Der

Fehler liegt darin, daß die Isomorphie $\mathrm{Hom}_F(\mathfrak{a}^n, M) = M^r$ nur eine Isomorphie von abelschen Gruppen, aber nicht von F-Rechtsmoduln ist, da die Rechtsmodulstruktur von $\mathrm{Hom}_F(\mathfrak{a}^n, M)$ durch die Linksmodulstruktur von $\mathfrak{a}^n$ erklärt wird: Ist $f: \mathfrak{a}^n \to M$ ein Rechtsmodulhomomorphismus, a ein Element von F, so setzt man $(fa)(b) = f(ab)$ für alle $b \in \mathfrak{a}^n$.

Es gibt jedoch einen Fall, in dem sich dieser Schluß anwenden läßt. Ist $F = K[x]$ der Polynomring einer Veränderlichen, d. h. die freie assoziative Algebra, die von einem Element erzeugt wird, so gibt es, da F kommutativ ist, keinen Unterschied zwischen Links- und Rechtsmodulstruktur. Da $r = 1$ ist (F ist ein Hauptidealring), gilt

$$H^{2n+1}(M) = H^1(M) \quad \text{und} \quad H^{2n+2}(M) = H^2(M),$$

d. h. die Kohomologie ist periodisch von der Periodenlänge 2.

5.9. Wir betrachten den Funktor $T = \mathrm{Hom}_F(\mathfrak{a}, -)$. Da $\mathrm{Hom}_F(\mathfrak{a}^{n+1}, M) = \mathrm{Hom}_F(\mathfrak{a}, \mathrm{Hom}_F(\mathfrak{a}^n, M))$ eine natürliche Äquivalenz ist, gilt $T^n = \mathrm{Hom}_F(\mathfrak{a}^n, -)$ und infolgedessen ist $H^{2n+1}(M) = H^1T^nM$ und $H^{2n+2}(M) = H^2T^nM$.

5.10. Sei F eine freie assoziative K-Algebra, A eine K-Algebra und seien $F \xrightarrow{a} A$ und $A \xrightarrow{e} K$ K-Algebraepimorphismen. Dann ist (A, e) eine supplementierte Algebra im Sinne von Cartan-Eilenberg 1956 (Seite 182). Sei $\mathfrak{a} = \mathrm{Ker}\, a$ und $\mathfrak{b} = \mathrm{Ker}\, ea$, $\mathfrak{b} = \mathrm{Ker}\, e$, d. h. $\mathfrak{b} = a^{-1}(\mathfrak{b})$.
Ist M ein A-Modul, so versteht man unter der n-ten Kohomologiegruppe der supplementierten Algebra A mit Koeffizienten in M die Gruppe

$$H^n(A, M) = \mathrm{Ext}_A{}^n(K, M).$$

Die Gruppe ist nach 5.5 zu der dort definierten Gruppe $H^n(M)$ isomorph. Damit ergibt sich eine Möglichkeit der Berechnung der Kohomologiegruppen von supplementierten Algebren mittels der in 5.9 angegebenen Isomorphien:

$$H^{2n+1}(A, M) \simeq H^1(A, T^nM)$$
$$H^{2n+2}(A, M) \simeq H^2(A, T^nM)$$

mit $TM = \mathrm{Hom}_F(\mathfrak{a}, M)$.
Die erste und zweite Kohomologiegruppe der augmentierten Algebra sind durch die folgende exakte Sequenz verbunden:

$$0 \to H^1(A, M) \to \mathrm{Ext}_F{}^1(K, M) \to \mathrm{Hom}_F(K, TM) \to H^2(A, M) \to 0.$$

5.11. Sei M ein F-Rechtsmodul, so wird eine Teilmenge X von M F-unabhängig genannt, falls die einzige Relation

$$\sum_{i=1}^{n} x_i a_i = 0 \quad (x_i \in X, a_i \in F)$$

zwischen verschiedenen Elementen aus X die triviale Relation ist, in der alle Elemente $a_i = 0$ sind. Man hat also genau dann ein F-unabhängiges Erzeugendensystem (ein solches wollen wir eine F-Rechtsbasis nennen), wenn M ein freier F-Modul ist. Verschiedene Basen haben gleichviel Elemente, wie P. M. Cohn 1964 gezeigt hat. Die Anzahl der Elemente einer Basis eines freien Moduls M bezeichnen wir wie Cohn als $r(M)$ oder als Rechtsrang von M. Entsprechend wird der Linksrang $l(M)$ eines freien Linksmoduls M definiert.

5.12. Satz. *Sei F eine freie assoziative Algebra über dem Körper K, die von den Elementen $f_1, \ldots, f_n$ frei erzeugt werde. Dann ist $\mathfrak{f} = Ff_1 + \cdots + Ff_n$ ein zweiseitiges Ideal, welches als Rechts- bzw. als Linksideal betrachtet, ein freier F-Modul mit $f_1, \ldots, f_n$ als F-unabhängigem Erzeugendensystem ist. Ist $\mathfrak{a}$ ein Rechtsideal und $\mathfrak{b}$ ein Linksideal und ist* $\dim_K F/\mathfrak{a} < \infty$, $\dim_K F/\mathfrak{b} < \infty$, *so gilt:*

$$r(\mathfrak{a}) = (n-1)\dim_K F/\mathfrak{a} + 1$$
$$l(\mathfrak{b}) = (n-1)\dim_K F/\mathfrak{b} + 1.$$

Insbesondere gilt für zweiseitige Ideale $\mathfrak{a}$ von F mit $\dim F/\mathfrak{a} < \infty$:

$$r(\mathfrak{a}) = l(\mathfrak{a}) = (n-1)\dim_K F/\mathfrak{a} + 1$$

Beweis. Tensorieren wir die exakten Folgen

$$0 \to \mathfrak{b} \to F \to F/\mathfrak{b} \to 0$$
$$0 \to \mathfrak{a} \to F \to F/\mathfrak{a} \to 0$$

von Links- bzw. von Rechtsmoduln mit $F/\mathfrak{a}$ von links bzw. mit $F/\mathfrak{b}$ von rechts, so erhalten wir die exakten Folgen

$$0 \to \mathrm{Tor}_1{}^F(F/\mathfrak{a}, F/\mathfrak{b}) \to (F/\mathfrak{a}) \otimes_F \mathfrak{b} \to F/\mathfrak{a} \to (F/\mathfrak{a}) \otimes_F (F/\mathfrak{b}) \to 0$$
$$0 \to \mathrm{Tor}_1{}^F(F/\mathfrak{a}, F/\mathfrak{b}) \to \mathfrak{a} \otimes_F F/\mathfrak{b} \to F/\mathfrak{b} \to (F/\mathfrak{a}) \otimes_F (F/\mathfrak{b}) \to 0$$

aus denen sich durch Vergleich der Euler-Poincaré-Charakteristiken ergibt:

$$\big(l(\mathfrak{b}) - 1\big)\dim_K F/\mathfrak{a} = \big(r(\mathfrak{a}) - 1\big)\dim_K F/\mathfrak{b}.$$

Insbesondere ergibt sich für $\mathfrak{b} = \mathfrak{f}$

$$(n-1)\dim_K F/\mathfrak{a} = \big(r(\mathfrak{a}) - 1\big)\dim_K F/\mathfrak{f}$$

und damit die Behauptung, da $F/\mathfrak{f} \simeq K$ ist. ∎

5.13. Korollar. *Seien die Voraussetzungen von 5.12 erfüllt, sei $\mathfrak{a}$ ein Rechtsideal und* $\dim F/\mathfrak{a} < \infty$. *Sei $a_1, \ldots, a_m$ ein Erzeugendensystem von $\mathfrak{a}$ und* $m \leqq (n-1)\dim F/\mathfrak{a} + 1$.
Dann gilt in der letzten Ungleichung das Gleichheitszeichen, und $a_1, \ldots, a_m$ ist eine Basis von $\mathfrak{a}$.
Beweis. Da $\mathfrak{a} = \sum a_i F$ ist, gibt es einen kanonischen Epimorphismus von F^m auf $\mathfrak{a}$. Sei G der Kern dieses Epimorphismus. Nach P. M. Cohn ((1964) Prop. 2.1)

ist G frei und es gilt:

$$r(\mathfrak{a}) = r(F^m) - r(G) = m - r(G).$$

Infolgedessen ist $m = r(\mathfrak{a}) + r(G) = (n-1)\dim F/\mathfrak{a} + 1 + r(G)$. Da $m \leqq (n-1)\dim F/\mathfrak{a} + 1$ nach Voraussetzung ist, folgt $r(G) = 0$ und daher $G = 0$, und $F^m \to \mathfrak{a}$ ist ein Isomorphismus, also $a_1, \ldots, a_m$ eine Basis von $\mathfrak{a}$. ■

5.14. Korollar. *Sei F eine von endlich vielen Elementen $f_1, \ldots, f_n$ erzeugte freie assoziative Algebra. Seien $\mathfrak{a}$ und $\mathfrak{b}$ zweiseitige Ideale in F und* $\dim F/\mathfrak{a} < \infty$, $\dim F/\mathfrak{b} < \infty$. *Dann ist*

$$r(\mathfrak{a}\mathfrak{b}) = r(\mathfrak{a})\, r(\mathfrak{b}) \quad \text{und} \quad \dim F/\mathfrak{a}\mathfrak{b} = \dim F/\mathfrak{a} + r(\mathfrak{a}) \dim F/\mathfrak{b}.$$

Ist a_i eine Basis des Rechtsmoduls $\mathfrak{a}$ und b_j eine des Rechtsmoduls $\mathfrak{b}$, so ist $a_i b_j$ eine Basis von $\mathfrak{a}\mathfrak{b}$.

Beweis. Da $Fb_i \subset \mathfrak{b} = \sum b_j F$, ist $\mathfrak{a}\mathfrak{b} = (\sum a_l F)(\sum b_i F) = \sum a_l F b_i F \subset \sum a_l \left(\sum (b_j F)\right) F = \sum a_l b_j F \subset \mathfrak{a}\mathfrak{b}$, *d.h.* $a_l b_j$ ist ein Erzeugendensystem mit $r(\mathfrak{a})\, r(\mathfrak{b})$ Elementen. Da $\mathfrak{a}/\mathfrak{a}\mathfrak{b} = \mathfrak{a} \otimes F/\mathfrak{b}$ ein freier $F/\mathfrak{b}$-Modul ist, dessen Rang $r(\mathfrak{a})$ ist, folgt $\dim \mathfrak{a}/\mathfrak{a}\mathfrak{b} = r(\mathfrak{a}) \dim F/\mathfrak{b}$ und daher

$$\dim F/\mathfrak{a}\mathfrak{b} = \dim F/\mathfrak{a} + r(\mathfrak{a}) \dim F/\mathfrak{b}.$$

Demzufolge gilt nach 5.12

$$\begin{aligned} r(\mathfrak{a}\mathfrak{b}) &= (n-1)\dim F/\mathfrak{a}\mathfrak{b} + 1 = (n-1)\dim F/\mathfrak{a} + 1 + (n-1)\, r(\mathfrak{a}) \dim F/\mathfrak{b} \\ &= r(\mathfrak{a})\left(1 + (n-1)\dim F/\mathfrak{b}\right) = r(\mathfrak{a})\, r(\mathfrak{b}). \end{aligned}$$

Aus 5.13 ergibt sich dann die Behauptung. ■

5.15. Korollar. *Sei F eine von endlich vielen Elementen $f_1, \ldots, f_n$ erzeugte freie assoziative Algebra. Seien $\mathfrak{a}$ und $\mathfrak{b}$ zweiseitige Ideale in F mit $\mathfrak{a} \subset \mathfrak{b}$. Sei $A = F/\mathfrak{a}$, $B = F/\mathfrak{b}$, $\mathrm{b} = \mathfrak{b}/\mathfrak{a}$ und* $\dim F/\mathfrak{a} < \infty$. *Dann sind alle in 5.4 auftretenden Kohomologiegruppen als Vektorräume über K endlichdimensional, wenn* $\dim_K M < \infty$ *ist.*

Beweis. Da $\dim \operatorname{Hom}_F(\mathfrak{a}_n, M) = r(\mathfrak{a}_n) \dim M$ ist, und da $r(\mathfrak{a}_n)$ nach 5.14 endlich ist, sind alle in der exakten Folge

$$0 \to \operatorname{Hom}_F(\mathfrak{a}_n/\mathfrak{a}_{n+1}, M) \to \operatorname{Hom}_F(\mathfrak{a}_n, M) \to \operatorname{Hom}_F(\mathfrak{a}_{n+1}, M) \to \operatorname{Ext}_F{}^1(\mathfrak{a}_n/\mathfrak{a}_{n+1}, M) \to 0$$

auftretenden Vektorräume endlichdimensional, und daraus folgt die Behauptung des Satzes. ■

5.16. Um das Hauptresultat dieses Abschnittes vorzubereiten, führen wir die folgenden Betrachtungen allgemeinerer Natur durch.

Sei $\mathscr{C}$ eine kleine Kategorie, R ein kommutativer Ring und E eine multiplikativ abgeschlossene Menge von miteinander kommutierenden Endofunktoren von $\mathscr{C}$.

Sei $G = R^{\mathrm{ob}\mathscr{C}}$. Da mit $f \in R^{\mathrm{ob}\mathscr{C}}$ auch $fT \in R^{\mathrm{ob}\mathscr{C}}$ ist ($T \in E$), operiert E von rechts auf G. Da G ohnehin ein R-Modul ist, gilt: G ist ein $R(E)$-Rechtsmodul $\big(R(E)$ sei der Halbgruppenring von E über $R\big)$.
Sei $P = R(E)\,\big((t)\big)$ der Ring der formalen Potenzreihen über $R(E)$ und $Q = G\big((t)\big) = G \otimes_{R(E)} P$ der P-Rechtsmodul aller formalen Potenzreihen über G. Wir betrachten den folgenden Spezialfall: Seien alle Bezeichnungen wie in 5.15 gewählt. Wir nennen einen A-Modul Artinsch, wenn er als Vektorraum über K endlichdimensional ist. Sei $\mathscr{C} = \mathit{Art}\,A$ die Kategorie aller Artinschen Moduln über A ($\mathit{Art}\,A$ ist eine kleine Kategorie). Sei $T = \mathrm{Hom}_F(\mathfrak{a}, -)$. Nach 5.15 ist T ein Endofunktor über $\mathit{Art}\,A$. Sei $E = \{T, T^2, T^3, \dots\}$ und $R = Z$ der Ring der ganzen rationalen Zahlen. Sei $H^i = \mathrm{Ext}_A{}^i(B, -)$. Dann ist $h^i = \dim_K H^i$ ein Element von G, da $h^i(M) < \infty$ für alle Artinschen Moduln M. Demzufolge ist $h(t) = \sum_{i=0}^{\infty} h^i t^i$ ein Element von Q. Für diese Potenzreihe gilt, wenn $\bar{h}^0 = \dim_K \mathrm{Hom}_A(\mathfrak{b}, -)$ ist, der folgende

5.17. Hauptsatz.

$$h(t) = (h^0 + \bar{h}^0 t)\,\frac{1 + t}{1 - Tt^2} - \dim_K \frac{1 + r(\mathfrak{b})\,t}{1 - r(\mathfrak{a})\,t^2}\,t$$

Beweis. Durch Anwendung des Funktors $\mathrm{Hom}_A(?, -)$ auf die exakte Folge (Einsetzen in ?) $0 \to \mathfrak{b} \to A \to B \to 0$ erhält man die exakte Folge

$$0 \to H^0 \to \mathrm{Id} \to \mathrm{Hom}_A(\mathfrak{b}, -) \to H^1 \to 0$$

von Funktoren.
Wenden wir die erste exakte Folge von 5.7 auf $T^n M$ an und lassen M variieren, so ergibt sich die exakte Folge von Funktoren

$$0 \to H^1 T^n \to \mathrm{Ext}_F{}^1(B, T^n\, -) \to H^0 T^{n+1} \to H^2 T^n \to 0.$$

Die zweite exakte Folge aus 5.7 ergibt die exakte Folge von Funktoren

$$0 \to H^0 \to \mathrm{Id} \to \mathrm{Hom}_F(\mathfrak{b}, -) \to \mathrm{Ext}_F{}^1(B, -) \to 0.$$

Außerdem erhält man aus 5.7 die folgenden natürlichen Äquivalenzen:

$$H^{2n+1} \simeq H^1 T^n$$
$$H^{2n+2} \simeq H^2 T^n.$$

Aus diesen exakten Folgen und natürlichen Äquivalenzen ergibt sich

$$h^1 = h^0 + \bar{h}^0 - \dim_K \tag{1}$$
$$h^2 T^n = h^1 T^n + h^0 T^{n+1} - \dim_K \mathrm{Ext}_F{}^1(B, T^n\, -) \tag{2}$$
$$\dim_K \mathrm{Ext}_F{}^1(B, -) = h^0 + \big(r(\mathfrak{b}) - 1\big) \dim_K \tag{3}$$
$$h^{2n+1} = h^1 T^n \tag{4}$$
$$h^{2n+2} = h^2 T^n. \tag{5}$$

Beachten wir, daß $\dim_K T^n = r(a)^n \dim_K$ ist, so ergibt sich aus (4) und (1):

$$h^{2n+1} = h^0T^n + \bar{h}^0T^n - r(a)^n \dim_K \tag{6}$$

Aus (5), (2), (1) und (3) ergibt sich

$$h^{2n+2} = h^0T^{n+1} + \bar{h}^0T^n - r(b)\, r(a)^n \dim_K. \tag{7}$$

Aus diesen beiden Gleichungen (6) und (7) folgt:

$$\begin{aligned} h(t) &= h^0 + h^1t + h^2t^2 + \cdots = h^0 + (h^0 + \bar{h}^0 - \dim)\, t \\ &\quad + \bigl(h^0T + \bar{h}^0 - r(b) \dim\bigr)\, t^2 + \bigl(h^0T + \bar{h}^0T - r(a) \dim\bigr)\, t^3 + \cdots \\ &= (h^0 + h^0Tt^2 + h^0T^2t^4 + \cdots)\,(1 + t) \\ &\quad + (\bar{h}^0 + \bar{h}^0Tt^2 + \bar{h}^0T^2t^4 + \cdots)\,(t + t^2) \\ &\quad - \bigl(1 + r(a)\, t^2 + r(a)^2\, t^4 + \cdots\bigr) \dim\bigl(t + r(b)\, t^2\bigr) \end{aligned}$$

und damit die Aussage des Satzes. ■

5.18. Korollar.

Für $n \geqq 1$ gilt $h^{2n} = h^0T^n + \bar{h}^0T^{n-1} - r(b)\, r(a)^{n-1} \dim_K$

Für $n \geqq 0$ gilt $h^{2n+1} = h^0T^n + \bar{h}^0T^n - r(a)^n \dim_K$

5.19. Korollar. *B ist nur dann ein projektiver A-Modul, wenn für alle $n > 0$ gilt:*

$$h^0T^n = h^0 + \frac{\dim B}{\dim A}\bigl(r(a)^n - 1\bigr) \dim.$$

Für einen Artinschen A-Rechtsmodul M verschwinden nur dann alle Kohomologiegruppen $H^n(M) = \mathrm{Ext}_A{}^n(B, M)$, wenn für alle $n > 0$ gilt:

$$h^0T^nM = h^0M + \frac{\dim B}{\dim A}\bigl(r(a)^n - 1\bigr) \dim M.$$

Beweis. Die erste Aussage folgt aus der zweiten. Zum Beweis der zweiten Aussage: Da $h^{2(n+1)} = 0$ ist, folgt:

$$h^0T^{n+1}M = -\bar{h}^0T^nM + r(b)\, r(a)^n \dim M.$$

Da $h^{2n+1} = 0$ ist, folgt:

$$-\bar{h}^0T^nM = h^0T^nM - r(a)^n \dim M.$$

Zusammen ergibt sich daraus:

$$h^0T^{n+1}M = h^0T^nM + \bigl(r(b) - 1\bigr)\, r(a)^n \dim M.$$

Da nach 5.12.

$$\frac{r(b) - 1}{r(a) - 1} = \frac{\dim B}{\dim A}$$

ist, folgt

$$h^0 T^{n+1} M = h^0 T^n M + \frac{\dim B}{\dim A} \big(r(a) - 1\big)\, r(a)^n \dim M,$$

und daraus ergibt sich die Behauptung. ∎

5.20. Übungsaufgabe (G. Siebert). Man leite Satz 5.7 erneut her, indem man die Spektralsequenz

$$E_2^{pq} = \operatorname{Ext}_A{}^p\big(B, \operatorname{Ext}_F{}^q(A, M)\big) \Rightarrow E^n = \operatorname{Ext}_F{}^n(B, M)$$

(Vergleiche Cartan-Eilenberg 1956, Chap. XVI, 5, Case 4) und das eingangs zitierte Resultat von P. M. Cohn (1964) verwendet. (Man beachte, daß $E_2^{pq} = 0$ für $q \neq 0, 1$ und $E^n = 0$ für $n \neq 0, 1$ gilt.)

6. Kohomologie von Apparaten und Automaten

6.1. Sei $F = \langle \mathscr{C}, \mathscr{D}, S, T, F \rangle$ eine Adjunktion und S ein exakter Funktor. Sei $G\colon App\, F \to \mathscr{A}$ ein additiver, linksexakter Funktor der Kategorie $App\, F$ in eine abelsche Kategorie $\mathscr{A}$. Es sollen im folgenden die abgeleiteten Funktoren dieses Funktors bestimmt werden. Seien dazu $Z\colon App\, F \to \mathscr{C}$ und $A\colon App\, F \to \mathscr{D}$ der im dritten Abschnitt definierte Zustands- und Ausgabefunktor und Z^r, Z^l, A^r, A^l die zu diesen Funktoren gehörigen koadjungierten und adjungierten Funktoren. Alle diese Funktoren wurden in den Ergänzungen zum dritten Abschnitt definiert. Sei K der im dritten Abschnitt definierte Kernfunktor. K ist ein Subfunktor des Funktors $\mathrm{Id}\colon App\, F \to App\, F$. Der Faktorfunktor Id/K ist der Funktor, der jedem Apparat seinen reduzierten Apparat zuordnet. Für injektive Apparate j gilt nach dem Struktursatz für injektive Apparate $(\mathrm{Id}/\mathrm{K})\, j = A^r A j$, allgemein gilt $\mathrm{Id}/\mathrm{K} \subseteq A^r A$. Für den Redundanzfunktor gilt $\mathrm{Red} = Z\mathrm{K}$. Weiterhin ist $\mathrm{K} = Z^r\, \mathrm{Red}$. Für den Funktor G betrachten wir die beiden folgenden additiven linksexakten Funktoren:

$$G_{\mathscr{C}} = GZ^r\colon \mathscr{C} \to \mathscr{A}$$

$$G_{\mathscr{D}} = GA^r\colon \mathscr{D} \to \mathscr{A}$$

Unsere Aufgabe in diesem Abschnitt wird darin bestehen, die abgeleiteten Funktoren der Funktoren G, $G_{\mathscr{C}}$, $G_{\mathscr{D}}$ miteinander zu vergleichen.

6.2. Wenden wir den Funktor G auf die exakte Folge von Funktoren

$$0 \to \mathrm{K} \to \mathrm{Id} \to \mathrm{Id}/\mathrm{K} \to 0$$

an, so erhalten wir die exakte Folge

$$0 \to G\mathrm{K} \to G \to G(\mathrm{Id}/\mathrm{K})$$

(G ist nur linksexakt). Ist j ein injektiver Apparat, so ist die Folge

$$0 \to G\mathrm{K}j \to Gj \to G(\mathrm{Id}/\mathrm{K})\, j \to 0$$

exakt und zerfallend, da nach dem Hauptsatz für injektive Apparate die Folge

$$0 \to \mathrm{K}j \to j \to j/\mathrm{K}j \to G$$

exakt und zerfallend ist und der Funktor G additiv ist und daher zerfallende Folgen in zerfallende Folgen überführt.

Da $G\mathrm{K}j = GZ^r \operatorname{Red} j = G_{\mathscr{C}} \operatorname{Red} j$ und $G(\mathrm{Id}/\mathrm{K})\, j = GA^rAj = G_{\mathscr{D}}Aj$ ist (nach 6.1), erhalten wir für jeden injektiven Apparat j die exakte zerfallende Folge

$$(*) \qquad 0 \to G_{\mathscr{C}} \operatorname{Red} j \to Gj \to G_{\mathscr{D}}Aj \to 0.$$

Allgemein ist nur die Folge

$$(**) \qquad 0 \to G_{\mathscr{C}} \operatorname{Red} \to G \to G_{\mathscr{D}}A$$

exakt, die aus der exakten Folge

$$0 \to G\mathrm{K} \to G \to G(\mathrm{Id}/\mathrm{K})$$

hervorgeht, wenn man beachtet, daß $G\mathrm{K} = G_{\mathscr{C}} \operatorname{Red}$ und, da $\mathrm{Id}/\mathrm{K} \subseteq A^rA$, $G(\mathrm{Id}/\mathrm{K}) \subseteq GA^rA = G_{\mathscr{D}}A$ ist (G ist linksexakt).

Die Folge (**) läßt sich in der folgenden Weise exakt fortsetzen:

6.3. Satz. *Für jeden additiven Funktor G gibt es die folgende exakte Sequenz von Funktoren:*

$$0 \to G_{\mathscr{C}} \operatorname{Red} \to G \to G_{\mathscr{D}}A \to R^1(G_{\mathscr{C}} \operatorname{Red}) \to \cdots$$
$$\to R^n(G_{\mathscr{C}} \operatorname{Red}) \to R^nG \to (R^nG_{\mathscr{D}})\, A \to R^{n-1}(G_{\mathscr{C}} \operatorname{Red}) \to \cdots$$

Beweis. Sei s ein Apparat und sei $j^\bullet$ eine injektive Auflösung von s. Wenden wir die Folge (**) auf $j^\bullet$ an, so erhalten wir die zerfallende Folge

$$(*^\bullet) \qquad 0 \to G_{\mathscr{C}} \operatorname{Red} j^\bullet \to Gj^\bullet \to G_{\mathscr{D}}Aj^\bullet \to 0$$

von Komplexen. Wenden wir den Kohomologiefunktor auf diese Folge an, so erhalten wir die exakte Folge

$$\to R^n(G_{\mathscr{C}} \operatorname{Red}) \to R^nG \to R^n(G_{\mathscr{D}}A) \to R^{n+1}(G_{\mathscr{C}} \operatorname{Red}) \to \cdots$$

Da A exakt ist und injektive Apparate in injektive Objekte aus $\mathscr{D}$ überführt, ist aber $R^n(G_{\mathscr{D}}A) = (R^nG_{\mathscr{D}})\, A$, und wir haben damit die Behauptung von Satz 6.3 bewiesen. ∎

6.4. Korollar. *Sei der Funktor $G_{\mathscr{D}}$ exakt, so ist die folgende Sequenz exakt:*

$$0 \to G_{\mathscr{C}}\,\mathrm{Red} \to G \to G_{\mathscr{D}}A \to R^1(G_{\mathscr{C}}\,\mathrm{Red}) \to R^1G \to 0$$

Darüber hinaus gelten die folgenden Isomorphien:

$$R^nG = R^n(G_{\mathscr{C}}\,\mathrm{Red}) \quad \text{für } n > l.$$

6.5. Unter einem Z-Funktor verstehen wir einen Funktor $G\colon App\,\boldsymbol{F} \to C$, der Subfunktor des Zustandsfunktors Z ist: $G \subseteq Z$. Beispielsweise ist Z ein Z-Funktor oder auch Red. Sind G und G' Z-Funktoren, so ist auch $G \cap G'$ $\big((G \cap G')(s) = Gs \cap G's$, den Durchschnitt bildet man in $Zs\big)$ ein Z-Funktor.
Sei G ein linksexakter Z-Funktor. Wenn wir ihn auf die exakte Folge

$$0 \to \mathrm{K} \to \mathrm{Id} \to \mathrm{Id}/\mathrm{K} \to 0$$

anwenden, erhalten wir das folgende Diagramm, das kommutativ ist und exakte Zeilen besitzt:

$$\begin{array}{ccccccc} 0 \to & G\mathrm{K} & \to & G & \to & G(\mathrm{Id}/\mathrm{K}) & \\ & \downarrow & & \downarrow & & \downarrow & \\ 0 \to & Z\mathrm{K} & \to & Z & \to & Z(\mathrm{Id}/\mathrm{K}) & \to 0. \end{array}$$

Aus diesem Diagramm folgt

$$G_{\mathscr{C}}\,\mathrm{Red} = G\mathrm{K} = Z\mathrm{K} \cap G = \mathrm{Red} \cap G.$$

Wir bezeichnen den Z-Funktor $G_{\mathrm{red}} = \mathrm{Red} \cap G = G_{\mathscr{C}}\,\mathrm{Red}$ als die Redundanz von G, nach Definition ist die Redundanz von Z gerade die gewöhnliche Redundanz, d. h. der Funktor Red. Nach 6.4 erhalten wir ein zweites Korollar von 6.3:

6.6. Korollar. *Ist der Funktor $G_{\mathscr{D}}$ exakt, so ist die folgende Sequenz für jeden Z-Funktor G exakt:*

$$0 \to G_{\mathrm{red}} \to G \to G_{\mathscr{D}}A \to R^1G_{\mathrm{red}} \to R^1G \to 0.$$

Darüber hinaus gelten die folgenden Isomorphien:

$$R^nG = R^nG_{\mathrm{red}} \quad \text{für } nl,$$

d. h. die Kohomologie eines Z-Funktors ist im wesentlichen gleich der Kohomologie seiner Redundanz.

6.7. Satz 6.3 zeigt, daß man die Kohomologie eines Funktors $G\colon App\,\boldsymbol{F} \to \mathscr{A}$ „im wesentlichen" kennt, wenn man die Kohomologie der Funktoren $G_{\mathscr{D}}$ und $G_{\mathscr{C}}$ Red kennt. Ersterer ist in den Beispielen von praktischer Bedeutung zumeist exakt, und damit kann man das Korollar 6.4 anwenden. Verbleibt also, die abgeleiteten Funktoren des Funktors $G_{\mathscr{C}}$ Red zu bestimmen. Da der Funktor Red linksexakt ist und injektive Apparate in injektive Objekte überführt, kann man den Satz von Grothendieck (siehe z. B. (6) oder auch (2).4.2.3) für das Kompositum zweier Funktoren anwenden und erhält:

6.8. Satz. *Es gibt einen Spektralfunktor E, dessen Anfang $E_2^{pq} = (R^p G_{\mathscr{C}})\,\mathrm{Red}^q$ ist, und dessen Ende $R^n(G_{\mathscr{C}}\,\mathrm{Red})$ ist:*

$$(R^p G_{\mathscr{C}})\,\mathrm{Red}^q \Rightarrow R^n(G_{\mathscr{C}}\,\mathrm{Red}).$$

6.9. Korollar. *Sei $\mathrm{Red}^n = 0$ für alle $n > 1$, so gibt es eine exakte Folge von Funktoren:*

$$0 \to (R^1G_{\mathscr{C}})\,\mathrm{Red} \to R^1(G_{\mathscr{C}}\,\mathrm{Red}) \to G_{\mathscr{C}}\,\mathrm{Red}^1 \to (R^2G_{\mathscr{C}})\,\mathrm{Red} \to R^2(G_{\mathscr{C}}\,\mathrm{Red}) \to$$
$$\to (R^1G_{\mathscr{C}})\,\mathrm{Red}^1 \to \cdots$$
$$\cdots \to (R^nG_{\mathscr{C}})\mathrm{Red}^1 \to (R^{n+2}G_{\mathscr{C}})\,\mathrm{Red} \to R^{n+2}(G_{\mathscr{C}}\,\mathrm{Red}) \to (R^{n+1}G_{\mathscr{C}})\,\mathrm{Red}^1 \to$$

Der Beweis ergibt sich durch einfache Rechnung unter Verwendung der Spektralsequenz 6.8.

Die Kombination von 6.4 und 6.9 ergibt den folgenden Satz, dessen Voraussetzungen in den praktisch wichtigen Fällen zumeist erfüllt sind:

6.10. Satz. *Sei G ein linksexakter Z-Funktor, $G_{\mathscr{D}}$ exakt, und sei $\mathrm{Red}^n = 0$ für alle $n > 1$, so gibt es die beiden folgenden exakten Sequenzen:*

$$0 \to G_{\mathrm{red}} \to G \to G_{\mathscr{D}}A \to R^1G_{\mathrm{red}} \to R^1G \to 0$$
$$0 \to (R^1G_{\mathscr{C}})\,\mathrm{Red} \to R^1G_{\mathrm{red}} \to G_{\mathscr{C}}\,\mathrm{Red}^1 \to (R^2G_{\mathscr{C}})\,\mathrm{Red} \to R^2G_{\mathrm{red}} \to (R^1G_{\mathscr{C}})\,\mathrm{Red}^1$$
$$\to \cdots \to (R^nG_{\mathscr{C}})\,\mathrm{Red}^1 \to (R^{n+2}G_{\mathscr{C}})\,\mathrm{Red} \to R^{n+2}G_{\mathrm{red}} \to (R^{n+1}G_{\mathscr{C}})\,\mathrm{Red}^1.$$

6.11. Korollar. *Seien die Voraussetzungen von 6.10 erfüllt. Sei s ein reduzierter Apparat, so ist die Folge*

$$0 \to Gs \to G_{\mathscr{D}}As \to R^1G_{\mathrm{red}}s \to R^1Gs \to 0$$

exakt, und für alle $n > 1$ gelten die folgenden Isomorphien

$$R^nGs = (R^{n-1}G_{\mathscr{C}})\,\mathrm{Red}^1\,s.$$

6.12. Korollar. *Seien die Voraussetzungen von 6.10 erfüllt und sei s ein Apparat für den $\mathrm{Red}^1\,s = 0$ sei. Dann ist die folgende Sequenz exakt:*

$$0 \to G_{\mathrm{red}}s \to Gs \to G_{\mathscr{D}}s \to (R^1G_{\mathscr{C}})\,\mathrm{Red}\,s \to R^1Gs \to 0$$

6.13. Korollar. *Sei s ein Apparat, für den $\mathrm{Red}^n\,s = 0$ für alle $n > 0$ sei. Dann ist der Homomorphismus*

$$(R^nG_{\mathscr{C}})\,\mathrm{Red}\,s \to R^n(G_{\mathscr{C}}\,\mathrm{Red})\,s$$

ein Isomorphismus.

Für die Spektralsequenz 6.8 gilt unter der Voraussetzung des Satzes $E_2^{pq}(s) = 0$ für alle $q \neq 0$ und daraus folgt die Behauptung. ■

6.14. Satz 6.10 und seine Korollare zeigen, daß man die abgeleiteten Funktoren eines linksexakten Z-Funktors G, für den $G_{\mathscr{D}}$ exakt ist, im wesentlichen beherrscht, wenn man die abgeleiteten Funktoren des Funktors $G_{\mathscr{C}}$ kennt. Besonders einfach stellt sich dieser Sachverhalt für die sogenannten internen Z-Funktoren dar, die vom Ausgabeverhalten des Apparates unabhängig sind.

Unter einem internen Z-Funktor G wollen wir einen Z-Funktor G verstehen, der der folgenden Bedingung genügt:

Ist $f\colon s \to s'$ ein Morphismus von Apparaten, und ist
Zf ein Isomorphismus, so ist Gf ein Isomorphismus.

Sei G ein interner Z-Funktor und s ein Apparat, so sei

$$(l_{Zs}, 0)\colon s \to Z^r Zs$$

der kanonische Epimorphismus von s auf einen ausgabefreien Apparat. Da $Z(l_{Zs}, 0) = l_{Zs}$ ein Isomorphismus ist, ist $G(l_{Zs}, 0)$ ein Isomorphismus und d. h.

$$Gs = GZ^r Zs = G_{\mathscr{C}} Zs$$

und d. h. $G = G_{\mathscr{C}} Z$. Da Z exakt ist und injektive Objekte in injektive Apparate überführt, gilt für die abgeleiteten Funktoren von G

$$R^n G = R^n(G_{\mathscr{C}} Z) = (R^n G_{\mathscr{C}})\, Z.$$

7. Sterbliche und definite Zustände und Maschinen

7.1. Sei im folgenden stets K ein Körper und A' ein endliches Alphabet. Sei $A = KA'$. Dann ist $T(A) = K(W(A'))$ und infolgedessen sind die Elemente aus TA Linearkombinationen von Worten aus $W(A')$.

Wenn wir im folgenden ohne Bezug auf ein Alphabet von Worten sprechen, sind stets Worte aus $W(A')$ gemeint. Ist $A \xrightarrow{S} B$ ein K-Modulautomat, so bezeichnen wir die Objekte der Kategorie App $\boldsymbol{F}$ mit

$$\begin{array}{c} \text{Alg}\, S - \text{Mod} \\ \boldsymbol{F} = -\otimes_K A \;\Big\downarrow \qquad \Big\uparrow\; \text{Hom}_K(\text{Alg}\, S \otimes_K A, -) \\ K - \text{Mod} \end{array}$$

als über S liegende Apparate. Diese Apparate entsprechen über die Isomorphie 3.3.4.

$$K - \text{Aut}\, A/\text{Ann}\, S \simeq \text{App}\, F$$

eineindeutig den Automaten, deren Zustandsmodul durch Ann S annuliert wird. Insbesondere ist also (wenn wir entsprechende Automaten und Apparate identifizieren) $S \in \text{App}\, F$. Sei $A \xrightarrow{S} B$ ein K-Modulautomat. Ein Zustand $s \in S$ heiße

sterblich, falls es eine natürliche Zahl t gibt, so daß $sw = 0$ für alle Worte der Länge t gilt. Das kleinste t mit dieser Eigenschaft werde als *Lebensdauer* $L(s)$ des Zustandes s bezeichnet. Gibt es eine solche natürliche Zahl t nicht, so werde s als *unsterblich* und seine Lebensdauer als unendlich bezeichnet. Der Nullzustand ist demzufolge der einzige Zustand, dessen Lebensdauer Null ist.
Die Begriffe „sterblich" und „Lebensdauer" lassen sich sinngemäß auf Zustände von Apparaten über S verallgemeinern, so daß sie für *app* S mit den soeben für S definierten Begriffen übereinstimmen.

7.2. Eine K-Modulmaschine $f: (TA) \otimes A \to B$ heiße dementsprechend *sterblich*, falls es eine natürliche Zahl t gibt, so daß $fw = 0$ für alle Worte w der Länge t gilt, d. h. falls $f(ww') = 0$ für alle Worte w der Länge t und für alle nichtleeren Worte w' gilt; mit anderen Worten: falls $f(w) = 0$ für alle Worte w der Länge größer als t gilt. f bildet also nach mehr als t Takten alle Worte auf die Null ab. Die kleinste Zahl t mit dieser Eigenschaft werde als *Lebensdauer der Maschine* $L(f)$ bezeichnet. Gibt es eine solche Zahl nicht, heiße die Maschine *unsterblich* und ihre Lebensdauer sei unendlich. Die Nullmaschine ist die einzige Maschine, deren Lebensdauer Null ist.

7.3. Für die Lebensdauer von Zuständen bzw. Maschinen gelten die folgenden Beziehungen:

$$L(s_1 \pm s_2) \leqq \max\big(L(s_1), L(s_2)\big)$$
$$L(f_1 \pm f_2) \leqq \max\big(L(f_1), L(f_2)\big)$$

Bezeichne $l(w)$ die Länge des Wortes w, so gilt:

$$L(sw) \leqq \max\big(0, L(s) - l(w)\big)$$
$$L(fw) \leqq \max\big(0, L(f) - l(w)\big)$$

Ist $g: s \to s'$ ein Morphismus von Apparaten und $c \in Z(s)$ ein Zustand von s, so ist $L\big(Zg(c)\big) \leqq L(c)$.

7.4. Unter der *t-Mortalität* $\mathrm{Mort}_t\, s$ eines Apparates $s: C \to D$ über S versteht man die Menge aller Zustände $c \in C$, für die $L(c) \leqq t$ ist. Im besonderen ist $\mathrm{Mort}_t\, S = \mathrm{Mort}_t\, \mathrm{app}\, S$ die Menge aller Zustände $s \in S$, für die $L(s) \leqq t$ ist. Nach 7.3 ist $\mathrm{Mort}_t\, s$ ein *Alg* S-Unterrechtsmodul von $C = Z(s)$.
Unter der *Mortalität* eines Apparates s über S, die als Mort s bezeichnet wird, versteht man die Menge aller sterblichen Zustände des betreffenden Apparates. Da jeder sterbliche Zustand eine endliche Lebensdauer hat, gilt:

$$0 = \mathrm{Mort}_0\, s \subseteq \mathrm{Mort}_1\, s \subseteq \cdots \subseteq \bigcup_t \mathrm{Mort}_t\, s = \mathrm{Mort}\, s.$$

Demzufolge ist auch Mort s ein Alg$S$-Unterrechtsmodul von $C = Z(s)$. Ist $g: s \to s'$ ein Morphismus von Apparaten, so ist nach 7.3 $Zg(\mathrm{Mort}_t\, s) \subseteq \mathrm{Mort}_t\, s'$ und $Zg(\mathrm{Mort}\, s) \subseteq \mathrm{Mort}\, s'$, und Mort_t und Mort sind daher Funktoren von *App* $\boldsymbol{F}$ in *Mod* Alg S.

7.5. Satz. Mort_t *und* Mort *sind linksexakte interne Z-Funktoren.* Das ergibt sich unmittelbar aus der Definition dieser Funktoren, da sie vom Ausgabeverhalten der Apparate unabhängig ist. Die abgeleiteten Funktoren dieser Funktoren kann man nach 6.14 unter Verwendung der Formel

$$R^n \mathrm{Mort}_t = \big(R^n(\mathrm{Mort}_t)_{\mathscr{C}}\big)\, Z$$
$$R^n \mathrm{Mort} = (R^n \mathrm{Mort}_{\mathscr{C}})\, Z$$

berechnen, wenn man die Funktoren $\mathrm{Mort}_{\mathscr{C}}$ und $(\mathrm{Mort}_t)_{\mathscr{C}}$ kennt. Darüber gibt der folgende Satz Auskunft:

7.6. Satz. Sei $\mathfrak{b} = T(A) \otimes_K A + \mathrm{Ann}\, S/\mathrm{Ann}\, S$ das von den Eingabesignalen in $\mathrm{Alg}\, S = T(A)/\mathrm{Ann}\, S$ erzeugte zweiseitige Ideal, so ist

$$(\mathrm{Mort}_t)_{\mathscr{C}} = \mathrm{Hom}_{\mathrm{Alg}S}(\mathrm{Alg}\, S/\mathfrak{b}^t, -)$$
$$\mathrm{Mort}_{\mathscr{C}} = \varinjlim_{t=0,1,2,\ldots} \mathrm{Hom}_{\mathrm{Alg}S}(\mathrm{Alg}\, S/\mathfrak{b}^t, -)$$

und demzufolge ist

$$\mathrm{Mort}_t^n =: R^n \mathrm{Mort}_t = \mathrm{Ext}^n_{\mathrm{Alg}S}(\mathrm{Alg}\, S/\mathfrak{b}^t, Z\, -)$$
$$\mathrm{Mort}^n =: R^n \mathrm{Mort} = \varinjlim_{t=0,1,2,\ldots} \mathrm{Ext}^n{}_{\mathrm{Alg}S}(\mathrm{Alg}\, S/\mathfrak{b}^t, Z\, -)$$

7.7. Wir betrachten zunächst einmal den trivialen Fall:

$$\mathfrak{a} = \mathrm{Ann}\, S \not\subseteq \mathfrak{b} = T(A) \otimes_K A.$$

Da $\mathfrak{b}$ ein Maximalideal ist $\big(T(A)/\mathfrak{b} = K\big)$, folgt daraus

$$\mathrm{Ann}\, S + \mathfrak{b} = T(A) \quad \text{und daher} \quad \mathfrak{b} = \mathrm{Alg}\, S, \quad \text{d. h.}$$
$$\mathrm{Mort}_t^n = \mathrm{Mort}^n = 0 \quad \text{für alle } n = 0, 1, 2, \ldots$$

Für den nichttrivialen Fall $\mathfrak{a} \subseteq \mathfrak{b}$ setzen wir voraus, daß der Zustandsmodul S als Vektorraum über K endlichdimensional sei. Dann ist auch $\mathrm{Alg}\, S$ als Vektorraum über K endlichdimensional und daher $\mathrm{Alg}\, S$ ein Artinscher Ring. Demzufolge gibt es eine natürliche Zahl $L(S)$ mit der Eigenschaft

$$\mathfrak{b} \supset \mathfrak{b}^2 \supset \mathfrak{b}^3 \supset \cdots \supset \mathfrak{b}^{L(S)-1} \supset \mathfrak{b}^{L(S)} = \mathfrak{b}^{L(S)+1},$$

und daraus folgt:

$$0 = \mathrm{Mort}_0 \subseteq \mathrm{Mort}_1 \subseteq \cdots \subseteq \mathrm{Mort}_{L(S)} = \mathrm{Mort}_{L(S)+1} = \mathrm{Mort} \subseteq Z$$

Sei $\mathfrak{b}' = \mathfrak{b}^{L(S)}$, so ist $\mathfrak{b}'$ ein idempotentes zweiseitiges Ideal. Ist S ein kommutativer Automat, so ist $\mathrm{Alg}\, S$ ein kommutativer Artinscher Ring und $\mathfrak{b}'$ als idempotentes Ideal dieses Ringes ein direkter Summand desselben, d. h.

$$\mathrm{Alg}\, S = \mathfrak{b}' \oplus \mathrm{Alg}\, S/\mathfrak{b}'.$$

Demzufolge ist Alg $S/\mathfrak{b}'$ projektiv, und daraus folgt nach 7.6:

$$\mathrm{Mort}^n = \mathrm{Mort}^n_{L(S')} = \mathrm{Ext}^n_{\mathrm{Alg}\,S}(\mathrm{Alg}\, S/\mathfrak{b}', Z\,-) = 0 \quad \text{für } n > 0.$$

Für nichtkommutative Automaten muß dem nicht so sein, wie wir noch an Beispielen sehen werden. Da Alg $S/\mathfrak{b}'$ als Alg S-Rechtsmodul ARTINsch ist, kann man eine freie Auflösung von Alg $S/\mathfrak{b}'$ durch ARTINsche Alg S-Rechtsmoduln konstruieren, und demzufolge sind für ARTINsche Moduln M alle Kohomologiegruppen $\mathrm{Ext}^n_{\mathrm{Alg}\,S}$ (Alg $S/\mathfrak{b}'$, M) endlichdimensionale Vektorräume über K. Die K-Dimension von $\mathrm{Mort}^n M$ (M sei ein Apparat über S, dessen Zustandsteil endlichdimensional sei) bezeichnen wir mit $\mathrm{mort}^n M$. Entsprechend wird $\mathrm{mort}_t{}^n M$ definiert. Unser Ziel in den folgenden Punkten ist es, die formale Potenzreihe

$$\mathrm{mort}\,(x)\,(M) = \sum_{n=0}^{\infty} \mathrm{mort}^n M x^n$$

und die formalen Potenzreihen

$$\mathrm{mort}_t(x)\,(M) = \sum_{n=0}^{\infty} \mathrm{mort}_t{}^n\, M x^n$$

zu berechnen. Grundlage dafür bietet der folgende Satz, der sich direkt aus 5.12 ergibt:

7.8. Satz. *Sei $A \xrightarrow{S} B$ ein K-Modulautomat, dessen Eingabemodul A die Dimension a habe und dessen Zustandsmodul S endlichdimensional sei. Dann ist $\mathfrak{a} = \mathrm{Ann}\, S$ ein freies $T(A)$-Rechtsideal. Der Rang $r(\mathrm{Ann}\, S)$ dieses freien Rechtsideals ist endlich, und es gilt:*

$$r(\mathrm{Ann}\, S) = (a - 1)\,\mathrm{alg}\, S + 1.$$

7.9. Korollar. *Sei $A \xrightarrow{S} B$ ein K-Automat mit endlichem Eingabealphabet A und endlicher Zustandsmenge S, Es gilt*

$$r(\mathrm{Ann}\, S) = (\mathrm{card}\, A - 1)\,\mathrm{alg}\, S + 1.$$

7.10. Satz. *Sei $A \xrightarrow{S} B$ ein K-Modulautomat und seien die Voraussetzungen von* 7.8 *erfüllt. Sei* $\mathrm{Mort}_t^- = \mathrm{Hom}_{\mathrm{Alg}\,S}(\mathfrak{b}^t, Z\,-)$ *und* $\mathrm{Mort}^- = \mathrm{Mort}^-_{L(S)}$. *Sei mit den Bezeichnungen von* 5.16

$$\mathrm{mort}_t^- = \dim_K \mathrm{Mort}_t^- \quad \textit{und} \quad \mathrm{mort}^- = \dim_K \mathrm{Mort}^-,$$

so gilt

$$\mathrm{mort}_t(x) = (\mathrm{mort}_t + \mathrm{mort}_t^- x)\,\frac{1+x}{1-Tx^2}\,Z$$
$$- \dim_K Z\,\frac{1 + \bigl(r(\mathrm{Ann}\, S)\,(1-m_t) + m_t\bigr)\,x}{1 - r(\mathrm{Ann}\, S)\,x^2}\,x$$

$$\text{mort}(x) = (\text{mort} + \text{mort}^{-}x)\,\frac{1+x}{1-Tx^2}\,Z - \dim_K Z\,\frac{1+\big(r(\text{Ann}\,S)\,(1-m)+m\big)\,x}{1-r(\text{Ann}\,S)x^2}\,x$$

mit $m_t = \dfrac{\dim_K \mathfrak{b}^t}{\text{alg}\,S}$, $m = m_{L(S)}$, $T = \text{Hom}_{T(A)}(\text{Ann}\,S, -)$.

Korollar 5.18 überträgt sich analog.

Beweis. Nach 5.17 genügt es zu zeigen, daß

$$r(\mathfrak{b}^t + \mathfrak{a}) = r(\mathfrak{a})\,(1 - m_t) + m_t$$

ist, wenn man die Gleichung

$$\text{Mort}_t{}^n = \text{Ext}^n{}_{\text{Alg}S}(\text{Alg}\,S/\mathfrak{b}^t, Z\,-)$$

berücksichtigt. Nach 5.12 gilt aber

$$r(\mathfrak{b}^t + \mathfrak{a}) = (\dim A - 1)\dim\big(T(A)/\mathfrak{b}^t + \mathfrak{a}\big) + 1 = (\dim A - 1)\dim(\text{Alg}\,S/\mathfrak{b}^t) + 1.$$

Andererseits ist

$$r(\mathfrak{a})\,(1 - m_t) + m_t = \big((\dim A - 1)\,\text{alg}\,S + 1\big)\left(1 - \frac{\dim \mathfrak{b}^t}{\text{alg}\,S}\right) + \frac{\dim \mathfrak{b}^t}{\text{alg}\,S}$$

$$= (\dim A - 1)\,\dim(\text{Alg}\,S/\mathfrak{b}^t) + 1. \blacksquare$$

7.11. Um ein Beispiel für die Deutung der höheren Mortalitäten mort^i zu geben, untersuchen wir die erste Mortalität mort^1 eines reduzierten, über S liegenden Apparates $s\colon C \to D$.

Da s reduziert ist, ist $F(s)\colon C \to \text{Hom}_K(\text{Alg}\,S, D)$ ein Monomorphismus. Da D trivialerweise injektiv ist (alle Vektorräume sind injektiv), ist $\text{Hom}_K(\text{Alg}\,S, D)$ ein injektiver Alg S-Modul. Wenden wir auf die exakte Sequenz

$$0 \to C \to \text{Hom}_K(\text{Alg}\,S \otimes_K A, D) \to \text{Red}^1\,s \to 0$$

den Funktor $\text{Mort}_{\mathscr{C}} = \text{Hom}_{\text{Alg}S}(\text{Alg}\,S/\mathfrak{b}', -)$ an, so erhalten wir:

$$0 \to \text{Mort}\,s \to \text{Mort}_{\mathscr{C}}\big(\text{Hom}_K(\text{Alg}\,S \otimes_K A, D)\big) \xrightarrow{f} \text{Mort}_{\mathscr{C}}\,\text{Red}^1\,s \to \text{Mort}^1\,s \to 0$$

ist eine exakte Folge und $\text{Mort}^1\,s$ ist daher der Kokern von f. Sei $E = \text{Hom}_K(\text{Alg}\,S \otimes_K A, D)$, so gilt $\text{Red}^1\,s = E/C$ und daher

$$\text{Mort}_{\mathscr{C}}\,\text{Red}^1\,s = (0\colon \mathfrak{b}')_{E/C} = (C\colon \mathfrak{b}')_E/C$$

und $\text{Mort}_{\mathscr{C}}\,E = (0\colon \mathfrak{b}')_E$. Demzufolge ist

$\text{Im}\,f = \big((0\colon \mathfrak{b}')_E + C\big)/C$ und $\text{Koker}\,f = (C\colon \mathfrak{b}')_E/(0\colon \mathfrak{b}')_E + C$.

Wir haben also erhalten:

$$\mathrm{Mort}^1\, s = (C: \mathfrak{b}')_E/(0: \mathfrak{b}')_E + C$$

Ist $s = S$, so ist $E = S_t = \mathrm{Hom}_K(\mathrm{Alg}\, S \otimes_K A, B)$ die Menge aller im Automaten „möglicherweise" darstellbaren Maschinen (siehe 3.3.7). $(0: \mathfrak{b}')_E$ sind gerade die sterblichen Maschinen aus E. $(C: \mathfrak{b}')_E$ sind diejenigen Maschinen, die sich nach endlicher Zeit im Automaten darstellen lassen. $(0: \mathfrak{b}')_E + C$ sind diejenigen Maschinen, die sich von einer im Automaten darstellbaren Maschine nur um eine sterbliche Maschine unterscheiden. Es gilt also für einen reduzierten K-Modulautomaten:

$\mathrm{mort}^1\, S$ = Maximalanzahl linear unabhängiger, möglicherweise im Automaten darstellbarer Maschinen, die sich nach endlicher Zeit in S darstellen lassen

— Maximalanzahl linear unabhängiger, möglicherweise darstellbarer Maschinen, die sich von in S darstellbaren Maschinen nur um eine sterbliche Maschine unterscheiden.

7.12. Sei $A \xrightarrow{S} B$ ein *K-Automat.* Wir sagen, daß ein K-Zustand s' aus dem K-Zustand s *hervorgeht,* falls es ein Wort $p \in W(A)$ gibt, so daß $s' = sp$ ist. Die Menge aller K-Zustände, die aus s hervorgehen, ist demzufolge gerade $s\big(W(A)\big)$. Offensichtlich ist der von $sW(A)$ erzeugte K-Untermodul gerade $sK\big(W(A)\big) = s\, \mathrm{Alg}\, S$ und daher ein $\mathrm{Alg}\, S$-Rechtsmodul. Ist S determiniert, so gilt:

$$\dim_K s\, \mathrm{Alg}\, S = \mathrm{card}\, sW(A)$$

d. h.

$$\mathrm{card}\, sW(A) = \mathrm{alg}\, S - \dim_K \mathrm{Ann}\, s \leqq \mathrm{alg}\, S$$

($\mathrm{Ann}\, s$ sei der Rechtsannulator in $\mathrm{Alg}\, S$). Durch diese Formel ist für determinierte Automaten eine Abschätzung für $\mathrm{alg}\, S$ gegeben:

$$\mathrm{alg}\, S \geqq \max\big(\mathrm{card}\, sW(A)\big).$$

$\big(sW(A)$ wird bei Starke (1969) als $\langle\{s\}\rangle$ bezeichnet.$\big)$
Ein K-Zustand s heißt *definit,* falls sich s von allen aus s hervorgehenden Zuständen nur um einen sterblichen K-Zustand unterscheidet. Sei $k > 1$. s heißt *k-definit* (bzw. *schwach k-definit*), falls das Maximum der Lebensdauern der dabei auftretenden sterblichen Zustände gerade $k - 1$ (bzw. $\leqq k - 1$) ist. Diese Definition stimmt mit der von Starke (1969) gegebenen überein.
Analog definiert man k-definite und schwach k-definite Maschinen.

7.13. Satz. *Ein K-Zustand s ist k-definit genau dann, wenn*

$$\max_{b \in B} \{L(s - sb)\} = k - 1 \textit{ ist.}$$

Beweis. Durch einfache Induktion unter Verwendung der Formeln 7.3. ∎

7.14. Sei $\mathfrak{c}$ das von allen $1 - a$, $a \in A$ in $K(W(A))$ erzeugte Ideal. Offensichtlich ist $K(W(A))/\mathfrak{c} = K$. Sei $\mathfrak{c} = \mathfrak{c} + \mathfrak{a}/\mathfrak{a}$ das von $\mathfrak{c}$ in $\operatorname{Alg} S$ erzeugte zweiseitige Ideal. Offensichtlich gilt: *s ist genau dann k-definit, wenn $s\mathfrak{c}\mathfrak{b}^{k-2} \neq 0$ und $s\mathfrak{c}\mathfrak{b}^{k-1} = 0$ ist.* Da in diesem Fall die Kette

$$s \operatorname{Alg} S \supset s\mathfrak{c} \supset s\mathfrak{c}\mathfrak{b} \supset \cdots \supset s\mathfrak{c}\mathfrak{b}^{k-2} \supset s\mathfrak{c}\mathfrak{b}^{k-1} = 0$$

eine echte Inklusionskette ist, folgt: *Ist s k-definit, so ist* $\dim s \operatorname{Alg} S \geqq k$ *und* $L(S) \geqq k - 1$. (Für determinierte Automaten ergibt sich daraus: *Ist s k-definit, so ist* $\operatorname{card} sW(A) \geqq k$. Man vergleiche dazu Starke (1969) Satz 8.4.))
Die Menge aller schwach k-definiten K-Zustände bildet demzufolge einen $\operatorname{Alg} S$-Unterrechtsmodul

$$(0\colon \mathfrak{c}\mathfrak{b}^{k-1})_{KS} = \operatorname{Hom}_{\operatorname{Alg} S}(\operatorname{Alg} S/\mathfrak{c}\mathfrak{b}^{k-1}, KS)$$

Der über der Kategorie der Apparate über S definierte Z-Funktor

$$\operatorname{Def}_k =\colon \operatorname{Hom}_{\operatorname{Alg} S}(\operatorname{Alg} S/\mathfrak{c}\mathfrak{b}^{k-1}, Z\,-)$$

wird als (schwache) *k-Definität* bezeichnet. Wir setzen

$$\operatorname{Def} =\colon \operatorname{Def}_{L(S)+1}.$$

Es gilt dann:

$$\operatorname{Def}_1 \subseteq \operatorname{Def}_2 \subseteq \cdots \subseteq \operatorname{Def}_{L(S)+1} = \operatorname{Def}_{L(S)+2} = \cdots = \operatorname{Def}.$$

7.15. Wir betrachten die folgenden Spezialfälle:

1. $\mathfrak{a} \nsubseteq \mathfrak{c}$, $\mathfrak{a} \nsubseteq \mathfrak{b}$. In diesem Fall ist $\mathfrak{c} = \mathfrak{b} = \operatorname{Alg} S$ und daher $\operatorname{Def}_k = \operatorname{Def} = 0$ für alle k.
2. $\mathfrak{a} \subseteq \mathfrak{c}$, $\mathfrak{a} \nsubseteq \mathfrak{b}$. In diesem Fall ist $\mathfrak{b} = \operatorname{Alg} S$ und daher $\operatorname{Def}_1 = \operatorname{Def}_k = \operatorname{Def}$ für alle k.
3. $\mathfrak{a} \nsubseteq \mathfrak{c}$, $\mathfrak{a} \subseteq \mathfrak{b}$. In diesem Falle ist $\mathfrak{c} = \operatorname{Alg} S$ und daher $\operatorname{Def}_k = \operatorname{Mort}_{k-1}$.
4. $\mathfrak{a} \subsetneqq \mathfrak{c}$, $\mathfrak{a} \subsetneqq \mathfrak{b}$. In diesem Fall sind $\mathfrak{b}$ und $\mathfrak{c}$ echte Ideale und es treten keine trivialen Identitäten zwischen Definitäten und Mortalitäten auf.

Unter Verwendung der Bezeichnungen von 5.16 definieren wir:

$$\begin{aligned}
\operatorname{Def}_k^n &= R^n \operatorname{Def}_k & \operatorname{Def}^n &= R^n \operatorname{Def}\\
\operatorname{def}_k^n &= \dim_K \operatorname{Def}_k^n & \operatorname{def}^n &= \dim_K \operatorname{Def}\\
\operatorname{Def}_k^- &= \operatorname{Hom}_{\operatorname{Alg} S}(\mathfrak{c}\mathfrak{b}^{k-1}, Z\,-) & \operatorname{Def}^- &= \operatorname{Def}_{L(S)+1}^-\\
\operatorname{def}_k^- &= \dim_K \operatorname{Def}_k^- & \operatorname{def}^- &= \dim_K \operatorname{Def}^-\\
\operatorname{def}_k(x) &= \sum_{n=0}^{\infty} \operatorname{def}_k^n x^n & \operatorname{def}(x) &= \sum_{n=0}^{\infty} \operatorname{def}^n x^n.
\end{aligned}$$

Dann gilt nach 5.17 unter Voraussetzung von 7.15.4:

7.16. Satz. Sei $A \xrightarrow{S} B$ ein K-Automat. Dann gilt:

$$\mathrm{def}_k(x) = (\mathrm{def}_k + \mathrm{def}_k^- x)\frac{1+x}{1-Tx^2}Z - \dim_K Z\,\frac{1+\big(r(\mathrm{Ann}\,S)(1-d_k)+d_k\big)x}{1-r(\mathrm{Ann}\,S)\,x^2}\,x$$

$$\mathrm{def}(x) = (\mathrm{def} + \mathrm{def}^- x)\frac{1+x}{1-Tx^2}Z - \dim_K Z\,\frac{1-\big(r(\mathrm{Ann}\,S)(1-d)+d\big)x}{1-r(\mathrm{Ann}\,S)\,x^2}\,x$$

mit $d_k = \dfrac{\dim \mathfrak{c}\mathfrak{b}^{k-1}}{\mathrm{alg}\,S}$, $d = d_{L(S)+1}$, $T = \mathrm{Hom}_{K(W(A))}(\mathrm{Ann}\,S, -)$. Korollar 5.18 überträgt sich analog.

7.17. Sei $d(k) = \dim_K \mathfrak{b}^{k-1}/\mathfrak{c}\mathfrak{b}^{k-1}$ $(K = \mathrm{Alg}\,S/\mathfrak{c} = F/\mathfrak{c})$

$d' = d\big(L(S)+1\big)$

$m(k) = \dim_K \mathfrak{b}^k/\mathfrak{b}^{k+1}$ $\quad (K = \mathrm{Alg}\,S/\mathfrak{b} = F/\mathfrak{b})$

(Warnung: Man verwechsele nicht die Größen $d(k)$ und d_k, d' und d, $m(k)$ und m_k. S. 7.10 und 7.16)

Die Zahlen $d(k)$, d' und $m(k)$ können mit Hilfe des folgenden Satzes berechnet werden.

7.18. Satz. *Unter den Voraussetzungen von* 7.17 *gilt:*

$$d(k) = 1 + \dim_K \mathrm{Tor}_1^{\mathrm{Alg}\,S}(\mathrm{Alg}\,S/\mathfrak{c}, \mathrm{Alg}\,S/\mathfrak{b}^{k-1})$$
$$d' = 1 + \dim_K \mathrm{Tor}_1^{\mathrm{Alg}\,S}(\mathrm{Alg}\,S/\mathfrak{c}, \mathrm{Alg}\,S/\mathfrak{b}')$$
$$m(k) = \dim_K \mathrm{Tor}_1^{\mathrm{Alg}\,S}(\mathrm{Alg}\,S/\mathfrak{b}^k, \mathrm{Alg}\,S/\mathfrak{b}).$$

Beweis. Die zweite Formel ergibt sich aus der ersten, da $d' = d\big(L(S)+1\big)$ und $\mathfrak{b}' = \mathfrak{b}^{L(S)}$ ist. Zum Beweis der ersten Formel wenden wir auf die exakte Folge

$$0 \to \mathfrak{b}^{k-1} \to \mathrm{Alg}\,S \to \mathrm{Alg}\,S/\mathfrak{b}^{k-1} \to 0$$

den Funktor $K \otimes_{\mathrm{Alg}\,S}$ — an (K wird dabei als Alg S-Rechtsmodul vermöge der Isomorphie $K = \mathrm{Alg}\,S/\mathfrak{c}$ aufgefaßt). Man erhält die exakte Folge:

$$0 \to \mathrm{Tor}_1^{\mathrm{Alg}\,S}(K, \mathrm{Alg}\,S/\mathfrak{b}^{k-1}) \to \mathfrak{b}^{k-1}/\mathfrak{c}\mathfrak{b}^{k-1} \to \mathrm{Alg}\,S/\mathfrak{c} \to \mathrm{Alg}\,S/\mathfrak{c} + \mathfrak{b}^{k-1} \to 0.$$

Da für ein beliebiges Eingabesignal $a \in A$, $a \in \mathfrak{b}$ und $1 - a \in \mathfrak{c}$ ist, ist $\mathfrak{c} + \mathfrak{b} = \mathrm{Alg}\,S$, da $\mathfrak{c} + \mathfrak{b} = K\big(W(A)\big)$ ist. Daraus folgt

$$\mathfrak{c} + \mathfrak{b}^{k-1} = \mathrm{Alg}\,S \qquad \text{und daher } \mathrm{Alg}\,S/\mathfrak{c} + \mathfrak{b}^{k-1} = 0.$$

Also verschwindet das letzte Glied in der exakten Folge und durch Anwendung der additiven Funktion $\dim_K$ auf diese Folge erhält man die erste Aussage des Satzes.

Die dritte Formel erhält man analog, indem man K als Alg S-Linksmodul durch die Isomorphie $K = \text{Alg}\, S/\mathfrak{b}$ betrachtet. ■

7.19. Korollar.

$$m_t = 1 - \frac{\left(\sum_{k=1}^{t-1} \dim_K \operatorname{Tor}_1^{\text{Alg}S}(\text{Alg}\, S/\mathfrak{b}^k, \text{Alg}\, S/\mathfrak{b})\right) + 1}{\text{alg}\, S}$$

$$d_k = 1$$

$$- \frac{\left(\sum_{i=1}^{k-2} \dim_K \operatorname{Tor}_1^{\text{Alg}S}(\text{Alg}\, S/\mathfrak{b}^i, \text{Alg}\, S/\mathfrak{b})\right) + \dim_K \operatorname{Tor}_1^{\text{Alg}S}(\text{Alg}\, S/\mathfrak{c}, \text{Alg}\, S/\mathfrak{b}^{k-1}) + 2}{\text{alg}\, S}$$

(Sind die Summen nicht definiert, weil etwa t nicht größer als 1 oder k nicht größer als 2 ist, so werden sie durch 0 ersetzt.)

Beweis. Da

$$\dim \mathfrak{b}^t = \text{alg}\, S - \dim \text{Alg}\, S/\mathfrak{b}^t = \text{alg}\, S - \big(m(0) + m(1) + \cdots + m(t-1)\big)$$

und

$$\dim \mathfrak{c}\mathfrak{b}^{k-1} = \text{alg}\, S - \big(m(0) + m(1) + \cdots + m(k-2) + d(k)\big)$$

ist, und $m(0) = 1$ ist, ergibt sich die Behauptung direkt aus 7.19. ■

7.20. Korollar. *Sei k eine Zahl, für die* Alg $S/\mathfrak{b}^k$ *als* Alg S-*Rechtsmodul projektiv ist, d. h. für die* Mort_k *ein exakter Funktor ist* (falls eine solche Zahl existiert, was nicht immer der Fall sein muß; es genügt auch die schwächere Voraussetzung: k sei eine Zahl, für die $\operatorname{Tor}_1^{\text{Alg}S}(\text{Alg}\, S/\mathfrak{b}^k, \text{Alg}\, S/\mathfrak{b}) = 0$ sei.) *Dann ist $k \geq L(S)$. Das heißt ist* Mort_k *exakt, so ist* $\text{Mort}_k = \text{Mort}$.
Die Umkehrung gilt jedoch nicht, wie man an Beispielen sehen kann (s. Abschnitt 9). Ist Def_1 ein exakter Funktor (oder schwächer: ist

$$\operatorname{Tor}_1^{\text{Alg}S}(\text{Alg}\, S/\mathfrak{c}, \text{Alg}\, S/\mathfrak{b}') = 0)$$

so ist $d' = 1$.

7.21. Wir bemerken zum Abschluß, daß für Gruppenautomaten bei geeignet gewählter Charakteristik von K Alg S halbeinfach ist und daher für alle $n > 0$

$$\text{Mort}_t{}^n = \text{Mort}^n = \text{Def}_k{}^n = \text{Def}^n = 0$$

und nach 7.20 $L(S) = d' = 1$ und daher $\text{Mort} = \text{Mort}_1$, $\text{Def} = \text{Def}_2$ gilt.

7.22. Ein K-Automat $A \xrightarrow{S} B$ heißt definit, falls jeder Zustand (und damit auch jeder K-Zustand) definit ist. Für definite Automaten gilt daher $(0\colon \mathfrak{c}\mathfrak{b}')_{KS}$ ·

$= KS$ und d. h. $KS\mathfrak{c}\mathfrak{b}' = 0$, das ist aber genau dann der Fall, wenn $d = 0$ ist. Nach 7.19 bedeutet das aber, daß

$$\operatorname{alg} S - 2 = \sum_{k=1}^{L(S)-1} \dim \operatorname{Tor}_1(\operatorname{Alg} S/\mathfrak{b}^k, \operatorname{Alg} S/\mathfrak{b}) + \dim \operatorname{Tor}_1(\operatorname{Alg} S/\mathfrak{c}, \operatorname{Alg} S/\mathfrak{b}')$$

ist. Gibt es in S einen k-definiten Zustand mit $k > 2$, so ist nach 7.14 $L(S) > 1$, und daher ist die Summe nicht leer. Nach 7.21 sind alle unter dem Summenzeichen stehenden Homologiegruppen von Null verschieden. Infolgedessen sind die Alg S-Rechtsmoduln Alg $S/\mathfrak{b}$, Alg $S/\mathfrak{b}^2, \ldots$, Alg $S/\mathfrak{b}^{L(S)-1}$ alle nicht projektiv, und daher sind die Funktoren $\operatorname{Mort}_1, \ldots, \operatorname{Mort}_{L(S)-1}$ sämtlich kohomologisch nicht trivial. Definite Automaten bieten daher ein weites Feld für kohomologische Untersuchungen. Wie wir in 8.11 sehen werden, gehören alle mit höchster Effizienz arbeitenden stabilen Automaten dazu.

7.23. (H. Grassmann). $\operatorname{Def}_1 S$ ist für den Fall, daß S ein determinierter K-Automat ist (also ein gewöhnlicher endlicher Mealy-Automat) gleich der Zahl der transitiven Permutations-Unterautomaten von S. Sei nämlich $s = \sum a_i s_i \in KS$, so definiert man $\operatorname{Supp} s = \{s_i; a_i \neq 0\}$. Dann ist $\operatorname{Supp} sw \subset (\operatorname{Supp} s)\, w$ für alle Worte w und daher $\operatorname{Supp} s = (\operatorname{Supp} s)\, w$ für alle w, falls $s \in \operatorname{Def}_1 S$. Nennt man ein $s = \sum a_i s_i \in \operatorname{Def}_1 S$ minimal, falls für alle s' mit $\operatorname{Supp} s' \subsetneqq \operatorname{Supp} s$ gilt: $s' \notin \operatorname{Def}_1 S$, so gilt: s ist minimal $\Leftrightarrow$ Supp s ist transitiver Permutationsautomat. Daraus folgt $a_i = a_j$ für alle i, j. Da die minimalen s eine Basis von $\operatorname{Def}_1 S$ bilden (wenn man von zwei minimalen s, die sich nur um einen Faktor aus K unterscheiden, eins auswählt), folgt das Ergebnis.

8. Effektiv sterbliche und stabile Zustände

8.1. Sei im folgenden K ein Körper und $A \xrightarrow{S} B$ ein K-Modulautomat mit endlichdimensionalem Eingabe- und Zustandsmodul. Ein Zustand $s \in S$ heiße *effektiv sterblich,* falls die durch diesen Zustand realisierte Maschine $M(s)$ sterblich ist. Unter der *effektiven Lebensdauer* $Le(s)$ von s versteht man die Lebensdauer von $M(s)$:

$$Le(s) = L(M(s)).$$

Die redundanten Zustände sind genau diejenigen Zustände, deren effektive Lebensdauer verschwindet.

8.2. Unter der *effektiven t-Mortalität* $\operatorname{Morte}_t S$ von S verstehen wir die Menge aller Zustände von S, deren effektive Lebensdauer kleiner oder gleich t ist.

$$\operatorname{Morte}_t S = \{s \in S;\, Le(s) \leqq t\}$$

Offensichtlich ist

$$\operatorname{Morte}_t S = (\operatorname{Red} s : \mathfrak{b}^t)_S.$$

In Verallgemeinerung dieser Tatsache definieren wir für einen über S liegenden

Apparat $s: C \to D$:

$$\mathrm{Morte}_t\, s = (\mathrm{Red}\, s : \mathfrak{b}^t)_{Z(s)}$$

als effektive t-Mortalität von s. Dann ist Morte_t ein Z-Funktor über der Kategorie aller über S liegenden Apparate (siehe 6.5), und es gilt: $\mathrm{Red} \subseteq \mathrm{Morte}_t$. Wir setzen $\mathrm{Morte} = \mathrm{Morte}_{L(S)}$. Dann ist $(\mathrm{Morte}_t)_{\mathrm{red}} = \mathrm{Morte}_{\mathrm{red}} = \mathrm{Red}$. Da über *Mod K* jeder additive Funktor exakt und $\mathrm{Red}^n = 0$ für $n > 1$ ist, gilt nach 6.6 der folgende Satz (dabei sei $\mathrm{Morte}_t{}^n = R^n\, \mathrm{Morte}_t$ und $\mathrm{Morte}^n = R^n\, \mathrm{Morte}$ gesetzt):

8.3. Satz. *Die folgenden Sequenzen von Funktoren sind exakt:*

$$0 \to \mathrm{Red} \to \mathrm{Morte}_t \to \mathrm{Hom}_K(\mathrm{Alg}\, S/\mathfrak{b}^t \otimes_K A, A\, -) \to \mathrm{Red}^1 \to \mathrm{Morte}_t{}^1 \to 0$$

$$0 \to \mathrm{Red} \to \mathrm{Morte} \to \mathrm{Hom}_K(\mathrm{Alg}\, S/\mathfrak{b}' \otimes_K A, A\, -) \to \mathrm{Red}^1 \to \mathrm{Morte}^1 \to 0,$$

und es gilt für $n \neq 0, 1$:

$$\mathrm{Morte}_t{}^n = \mathrm{Morte}^n = 0.$$

Beweis. Die zweite Sequenz ergibt sich aus der ersten, indem man $t = L(S)$ setzt. Zum Beweis der Exaktheit der ersten Sequenz genügt es nach 6.6, zu zeigen, daß $(\mathrm{Morte}_t)_{\mathscr{D}} = \mathrm{Hom}_K\, \mathrm{Alg}\, S/\mathfrak{b}^t, -)$ ist. Das ergibt sich aber aus den folgenden Isomorphien:

$$\begin{aligned}(\mathrm{Morte}_t)_{\mathscr{D}}\, D &= (\mathrm{Morte}_t)\, A^r D = \mathrm{Morte}_t\big(\mathrm{Hom}_K(\mathrm{Alg}\, S \otimes_K A, D) \xrightarrow{v_D} D\big)\\ &= (\mathrm{Red}\, v_D : \mathfrak{b}^t)_{\mathrm{Hom}_K(\mathrm{Alg} S \otimes_K A, D)} = (0 : \mathfrak{b}^t)_{\mathrm{Hom}_K(\mathrm{Alg} S \otimes_K A, D)}\\ &= \mathrm{Hom}_K(\mathrm{Alg}\, S/\mathfrak{b}^t \otimes_K A, D),\end{aligned}$$

da $\mathrm{Red}\, v_D = 0$ ist. ■

8.4. Korollar. *Sei* $\mathrm{morte}_t{}^n = \dim_K \mathrm{Morte}_t{}^n$ *und* $\mathrm{morte}^n = \dim_K \mathrm{Morte}^n$ *für* $n = 1, 2$. *Dann gilt unter Verwendung der Bezeichnungen von* 5.16, 3.3.5 *und* 7.10:

$$\mathrm{morte}_t - \mathrm{morte}_t{}^1 = \chi/\mathrm{Ann}\, S + (1 - m_t)\, a\, \mathrm{alg}\, S \dim_K A$$

$$\mathrm{morte} - \mathrm{morte}^1 = \chi/\mathrm{Ann}\, S + (1 - m)\, a\, \mathrm{alg}\, S \dim_K A.$$

Beweis. Die zweite Formel ist ein Spezialfall der ersten. Die erste folgt direkt aus 8.3 durch Anwendung der additiven Funktion $\dim_K$ auf die erste Sequenz. ■

8.5. Korollar. *Mit den Bezeichnungen von* 3.3.7 *gilt:*

$$\mathrm{morte}_t\, S - \mathrm{morte}_t{}^1\, S = s - \mathrm{abm}_t\, \mathrm{alg}\, S$$

$$\mathrm{morte}\, S - \mathrm{morte}^1\, S = s - \mathrm{abm}\, \mathrm{alg}\, S.$$

8.6. Korollar. *Arbeitet S mit der Effizienz* 1, *so ist*

$$\mathrm{morte}_t\, S = s - \mathrm{abm}_t\, \mathrm{alg}\, S$$

$$\mathrm{morte}\, S = s - \mathrm{abm}\, \mathrm{alg}\, S.$$

8.7. Sei $A \xrightarrow{S} B$ ein K-Automat. Ein K-Zustand s heiße *k-stabil*, falls

$$\max_{b \in B} \{Le(s - sb)\} = k - 1 \text{ ist.}$$

s heiße *stabil*, falls es eine natürliche Zahl k gibt, so daß s k-stabil ist, und schwach k-stabil, falls s k'-stabil für ein $k' \leqq k$ ist. Die Menge aller schwach k-stabilen K-Zustände bildet einen Alg S-Rechtsuntermodul

$$(\mathrm{Red}\, S : cb^{k-1})_{KS} \text{ von } KS.$$

In Verallgemeinerung dieser Tatsache bezeichnen wir für einen über S liegenden Apparat $s: C \to D$

$$\mathrm{Stab}_k\, s = (\mathrm{Red}\, s : cb^{k-1})_{Z(s)}$$

als die (schwache) k-Stabilität von s. Stab_k ist ein Z-Funktor über der Kategorie der über S liegenden Apparate. Wir setzen $\mathrm{Stab} = \mathrm{Stab}_{L(s)+1}$. Dann gilt analog zu 8.2 und 8.3 der folgende Satz:

8.8. Satz. *Die folgenden Sequenzen von Funktoren sind exakt:*

$$0 \to \mathrm{Red} \to \mathrm{Stab}_k \to \mathrm{Hom}_K(\mathrm{Alg}\, S/\mathrm{cb}^{k-1} \otimes_K A, A -) \to \mathrm{Red}^1 \to \mathrm{Stab}_k^1 \to 0$$

$$0 \to \mathrm{Red} \to \mathrm{Stab} \to \mathrm{Hom}_K(\mathrm{Alg}\, S/\mathrm{cb}' \otimes_K A, A -) \to \mathrm{Red}^1 \to \mathrm{Stab}^1 \to 0,$$

und es gilt für $n \neq 0, 1$:

$$\mathrm{Stab}_k^n = \mathrm{Stab}^n = 0.$$

8.9. Korollar. *Sei* $\mathrm{stab}_k^n = \dim_K \mathrm{Stab}_k^n$ *und* $\mathrm{stab}^n = \mathrm{stab}^n_{L(S)+1}$ *für* $n = 1, 2$. *Dann gilt unter Verwendung der Bezeichnungen von* 5.16, 3.3.5 *und* 7.10:

$$\mathrm{stab}_k - \mathrm{stab}_k^1 = \chi/\mathrm{Ann}\, S + (1 - d_k)\, a \,\mathrm{alg}\, S \dim_K A$$

$$\mathrm{stab} - \mathrm{stab}^1 = \chi/\mathrm{Ann}\, S + (1 - m)\, a \,\mathrm{alg}\, S \dim_K A.$$

8.10. Korollar. *Mit den Bezeichnungen von* 3.3.7 *gilt:*

$$\mathrm{stab}_k\, S - \mathrm{stab}_k^1\, S = s - \mathrm{abd}_k \,\mathrm{alg}\, S$$

$$\mathrm{stab}\, S - \mathrm{stab}^1\, S = s - \mathrm{abd}\,\mathrm{alg}^S.$$

8.11. Unter Verwendung von 8.10 läßt sich eine Abschätzung der Effizienz eines K-Automaten angeben. Da nach 8.8

$$\mathrm{stab}^1\, S \leqq (\mathrm{red}^1/\mathrm{Ann}\, S)\, S = \mathrm{ab}\,\mathrm{alg}\, S(1 - \mathrm{eff}\, S)$$

ist, gilt:

$$\mathrm{ab}\,\mathrm{alg}\, S - \mathrm{stab}^1\, S \geqq \mathrm{ab}\,\mathrm{alg}\, S - \mathrm{ab}\,\mathrm{alg}\, S(1 - \mathrm{eff}\, S) = \mathrm{ab}\,\mathrm{alg}\, S\, \mathrm{eff}\, \mathrm{S}$$

und daher

$$1 - \frac{\mathrm{stab}^1\, S}{\mathrm{ab}\,\mathrm{alg}\, S} \geqq \mathrm{eff}\, S$$

nach 3.3.7 und d. h. nach 8.10:

$$\operatorname{eff} S \leqq 1 - \frac{\operatorname{stab} S + \operatorname{abd} \operatorname{alg} S - s}{\operatorname{ab} \operatorname{alg} S} = 1 - d + \frac{s - \operatorname{stab} S}{\operatorname{ab} \operatorname{alg} S}.$$

Setzen wir voarus, daß der Automat stabil ist, d. h. daß alle Zustände von S (und damit auch alle K-Zustände von S) stabil sind, so gilt $\operatorname{Stab} S = KS$, d. h. $\operatorname{stab} S = s$ und daher gilt für stabile Automaten:

$$\operatorname{eff} S \leqq 1 - d.$$

Daraus folgt, daß für einen mit höchster Effizienz 1 arbeitenden stabilen Automaten gilt: $d = 0$, d. h. nach 7.23: S ist definit und daher vom Standpunkt der Kohomologietheorie besonders interessant.

ZITIERTE UND WEITERFÜHRENDE LITERATUR

AHO, A. V.; ULLMAN, J. D.

1968 The theory of languages. Math. Systems Theory 2 (1968), 97—125.

AIKEN, H.

1951 Synthesis of elektronic computing and control circuits. Cambridge, Mass. 1951.

AISERMAN, M. A.; GUSSEW, L. A.; ROSONOER, L. I.; SMIRNOWA, I. M.; TAL, A.A.

1967 Logik, Automaten, Algorithmen. Berlin 1967.

ALAD'EV, V.

1970 A matrix problem that arises in the theory of selfreproducing automata (Russian). Eesti NSV Tead, Akad. Toimetises Füüs.-Mat. 19 (1970), 159—165.

AMAREL, S.

1962 On the automatic formation of a computer program which represents a theory. Self Organizing Systems (1962), 197—175.

1970 Representations and modeling in problems of program formation. Univ. New Brunswick, N. J., Dept. of Computer Sc., Techn. Report 5, 1970.

ARBIB, M. A.

1964 Brains, machines, and mathematics. New York 1964.

1965 A common framework for automata theory and control theory. SIAM J. Control 3 (1965), 206—222.

1968 Algebraic theory of machines, languages, and semigroups. Edited by M. A. Arbib. With a major contribution by K. Krohn and J. L. Rhodes, New York, London 1968.

1969 Automata theory. Topics in Mathematical System Theory, New York 1969, 163—233.

1973 Algebraische Theorie abstrakter Automaten, formaler Sprachen und Halbgruppen. (Herausg. M. A. ARBIB), Berlin 1973.

ARBIB, M. A.; GIVE'ON, Y.

1968 Algebra automata I: Parallel programming as a prolegomena to the categorical approach. Information and Control 12 (1968) 331—345.

ARBIB, M.; ZEIGER, H. P.

1969 On the relevance of abstract algebra to control theory. Automatica 5 (1969), 589—606.

ASSER, G.

1965 Einführung in die Mathematische Logik, I. Leipzig 1965.

BARR, M.

1966 Cohomology in tensored categories. Proc. Conf. Categorical Algebra (La Jolla 1965), Berlin 1966, 344—354.

BARR, M.; BECK, J.

1966 Acyclic models and triples. Proc. Conf. Categorical Algebra (La Jolla 1965). Berlin 1966, 336—343.

BARTHOLOMES, F.; HOTZ, G.
1970 Homomorphismen und Reduktionen linearer Sprachen. Lecture Notes in Operations Research and Mathematical Systems, Vol. 32, Berlin 1970.
BAUTOR, W.; SCHMITT, A.
1967 Einführung des Verbandes der homomorphen Zerlegungen der Zustandsmenge eines endlichen Automaten. 3. Colloq. über Automatentheorie (Hannover 1965), Basel 1967. 47–55.
BECK, J. M.
1967 Triples, algebras and cohomology. Diss., Columbia University, New York 1967.
BEČVÁŘ, J.
1967 Probleme der Komplexität in der Theorie der Algorithmen und Automaten. 3. Colloq. über Automatentheorie (Hannover 1965), Basel 1967, 142–157.
BÉNABOU, J.
1963 Catégories avec multiplication. C. R. Acad. Sci. Paris 256 (1963) 1887–1890.
1964 Algèbre élementaire dans les catégories avec multiplication. C. R. Acad. Sci. Paris 258 (1964), 771–774.
1965 Catégories relatives. C. R. Acad. Sci. Paris 260 (1965), 3824–3827.
1966 Structures algèbriques dans les catégories. Diss., Univ. de Paris, 1966.
1967 Introduction to bicategories. Reports of the Midwest Category Seminar, Berlin 1967, 1–77.
BENSON, D. B.
1970 Syntax and semantics: a categorical view. Information and Control 17 (1970), 145–160.
BIRKHOFF, G.
1935 On the structure of abstract algebras. Proc. Cambridge Philos. Soc. 31 (1935), 433–454.
1946 Universal algebra. Proc. Canad. Math. Congr. (Montreal, 1946), 310–326.
BIRKHOFF, G.; LIPSON, J. D.
1970 Heterogeneous algebras. J. Combinatorial Theory 8 (1970), 115–133.
BODNARČUK, V. G.; KALUŽNIN, L. A.; KOTOV, V. N.; ROMOV, B. A.
1969 Galoissche Theorie für Postsche Algebren, I, II (Russisch). Kibernetika, Kiev 1969, 3, 1–10; 5, 1–9.
BÖHLING, K. H.; INDERMARK, K.
1967 Über eine Darstellungstheorie sequentieller Automaten. 3. Colloq. über Automatentheorie (Hannover 1965), Basel 1967, 1–25.
1969 Endliche Automaten, I. B. I.-Hochschulskripten, H. 703, Mannheim-Vienna-Zürich 1969.
BOURBAKI, N.
1958 Algèbre, Chap. III (Algèbre multilinéaire), Paris 1968.
Algèbre commutative:
1961a–, Chap. I (Modules plats), Chap. II (Localisation), Paris 1961.
1961b–, Chap. III (Graduations, filtrations et topologies), Chap. IV (Idéaux premiers associés et décomposition primaire), Paris 1961.
1964–, Chap. V. (Entiers), Chap VI (Valuations), Paris 1964.
BRANDT, H.
1927 Über eine Verallgemeinerung des Gruppenbegriffs. Math. Ann. 96 (1927), 360 bis 366.
BRAUER, W.
1970 Zu den Grundlagen einer Theorie topologischer sequentieller Systeme und Automaten. Gesellschaft für Mathematik und Datenverarbeitung, Bonn 1970.
BRUNNER, J.; HAMAN, C.-J.
1973 Zur Struktur und Redundanz von Modulautomaten. Diss. TU Dresden 1973.
1974 Redundanz und Komposition von Automaten. Math. Nachr. 59, (1974), 207–211.

Büchi, J. R.
1962—1962 Theorie endlicher Automaten.
Vorlesungen an der Johannes-Gutenberg-Universität, Mainz (1961—1962), unveröffentlicht.

Budach, L.
1969/70 Kohomologie von abstrakten Automaten, verfielfältigte Seminarausarbeitung Humboldt-Universität zu Berlin 1969/70.
1973a Sequentielle Gruppen, Mitt. der Math. Gesell. der DDR 23 (1973), 12—23.
1973b Group-Objects in the Category of Automata, Proceedings of the Conference „Algebraic Methods in Automata-Theory", Szeged 1973.
1974 Automata in Additive Categories with Applications to Stochastic Linear Automata, Proceedings of the Symposium on Category Theory Applied to Computation and Control, San Francisco 1974.

Budach, L.; Brunner, J.; Hamann, C.-J.
1974 Zur Redundanz von endlichen Automaten, Elektron. Informationsverarbeit. Kybernetik (im Druck).

Budach, L.; Holzapfel, R. P.
1974 Localisations of Grothendieck-categories, Berlin 1974

Cartan, H.; Eilenberg, S.
1956 Homological algebra. Princeton, N. J. 1956.

Černyĭ, D. E.
1970 Algebraic properties of partial automata (Russian). Izv. Vysš;. Učebn, Zaved. Matematika 1970, 2 (93) 94—99.

Claus, V.; Walter, H.
1969 Zerlegungen von Semi-Thue-Systemen. Computing (Arch. Elektron. Rechnen) 4 (1969), 107—124.

Cohn, P. M.
1964 Free ideal rings. J. Algebra 1 (1964), 47—69.
1965 Universal algebra. New York, Evanston, and London 1965.

Davis, R. C.
1967 Abstract universal algebra. Ph. D. Thesis, Tulane University 1967.
1970a Universal coalgebra and categories of transition systems. Math. Systems Theory 4 (1970), 91—95.
1970b Component functors. Proc. Amer. Math. Soc. 24 (1970), 396—400.

Deussen, P.
— Lineare Darstellungen von Automaten, Halbilitationsschrift, TH München.
1966 On the algebraic theory of finite automata. (Auszug aus der Diss. „Zur algebraischen Theorie endlicher Automaten", TH München), ICC Bull. 4 (1966), 231—264.
1968 On a specific similarity of finite semigroups. Computers in Mathematical Research, Amsterdam 1968, 51—55.

Deussen, P.; Kandzia, P.
1967 Zur binären Einbettung endlicher Automaten. 3. Colloq. über Automatentheorie (Hannover 1965), Basel 1967, 38—46.

Drbohlav, K.
1971 On quasicovarieties. Acta Fac. Rerum Natur. Univ. Comenian. Math. 1971 (1971), 17—20.

Ehresmann, C.
1963 Catégories doubles et catégories structurées. C. R. Acad. Sci, Paris 256 (1963), 1198—1201.

Ehrig, H.
1971a Übertragung universeller und spezieller Probleme in F-Morphismendarstellung. Diss. Technische Univ. Berlin, 1971.

1971 b Universelle Probleme in F-Morphismendarstellung mit Einführung in die Theorie der Speziellen Probleme. Technische Univ. Berlin, 1971.
1974a F-Morphismen. Math. Nachr. 59 (1974), 75—93.
1974b Kategorielle Theorie von Automaten. Überblicke der Mathematik 7 (1974), 167—218 (BI-Reihe, Mannheim).
EHRIG, H.; KIERMEIER, K.-D.; KREOWSKI, H.-J.; KÜHNEL, W.
1974 Universal theory of automata. A categorical approach. Stuttgart, 1974.
EHRIG, H.; KREOWSKI, H.-J.; PFENDER, M.
Kategorielle Theorie der Reduktion, Minimisierung und Äquivalenz von Automaten Math. Nachr. 59 (1974), 105—124.
EHRIG, H.; PFENDER, M. und Stud. der Math. und Inf.
1972 Kategorien und Automaten. Berlin, New York 1972.
EILENBERG, S.
1974 Automata, languages, and machines, Vol. A. New York and London, 1974.
EILENBERG, S.; ELGOT, C. C.
1970 Recursiveness. New York, London 1970.
EILENBERG, S.; ELGOT, C. C.; SHEPERDSON, J. C.
1969 Sets recognized by n-tape automata. J. Algebra 13 (1969), 447—464.
EILENBERG, S.; KELLY, G. M.
1966 Closed Categories, Proc. Conf. Categorical Algebra (La Jolla 1965), Berlin 1966, 421—562.
EILENBERG, S.; MOORE, J. C.
1965 Foundations of relative homological algebra, Mem. Amer. Math. Soc. 55 (1965).
EILENBERG, S.; WRIGHT, J. B.
1967 Automata in general algebras. Information and Control 11 (1967), 452—470.
ELGOT, C. C.
1959 Lectures on switching and automata theory. Techn. Report, Univ. Michigan Res. Inst., 1959.
1961 Decision problems of finite automata design and related arithmetics. Trans. Amer. Math. Soc. 98 (1961), 21—51.
1970a The common algebraic structure of exit-automata and machines. Computing (Arch. Electron. Rechnen) 6 (1970), 349—370.
1970b The external behavior of machines, Proc. 3. Hawaii Internat. Conf. System Sci., 1970.
1971 Algebraic theories and program schemes. Symposium on Semantics of Algorithmic Languages, Lecture Notes in Mathematics, Vol. 188, Berlin 1970, 71—88.
ELGOT, C. C.; MEZEI, J. E.
1965 On finite relations defined by generalized automata. IBM J. Res. Develop. 9 (1965), 47—68.
ENGELER, E.
1966 Categories of mapping filters. Proc. Conf. Categorical Algebra (La Jolla 1965), Berlin 1966, 247—253.
FELS, E. M.
1962 Kaluzhnen graphs and Ianov writs in Logik und Logikkalkül. München 1962.
FREYD, P.
1964 Abelian categories. New York, Evanston, and London 1964.
GABRIEL, P.
1962 Des catégories abéliennes. Bull. Soc. Math. France 90 (1962), 323—448.
GÉCSEG, F.; PEAK, I.
1972 Algebraic theory of automata, Budapest, 1972.
GERBER, S.
1968 Über eine Theorie sequentieller Synchronschaltungen. Diss., Karl-Marx-Universität Leipzig 1968.

GERBER, S.; ROHLEDER, H.
1967 Über einheitliche Formalisierung von Automaten und Algorithmen. 3. Colloq. über Automatentheorie (Hannover 1965), Basel 1967, 76–87.
GILL, A.
1974 Introduction to the theory of finite-state-machines. New York 1974.
GINSBURG, S.
1962 An introduction to mathematical machine theory. Reading, Mass., 1962.
1966 The mathematical theory of context free languages. New York 1966.
GINZBURG, A.
1968 Algebraic theory of automata. New York 1968.
GINZBURG, A.; YOELI, M.
1965 Products of automata and the problem of covering, Trans. Amer. Math. Soc. 116 (1965) 253–266.
GIVE'ON, Y.
1966 Transparent categories and categories of transition systems. Proc. Conf. Categorical Algebra (La Jolla 1965), Berlin 1966, 317–330.
GLUSCHKOW, W. M.
1962 Die Synthese von digitalen Automaten (Russisch). Moskau 1962.
1963 Theorie der abstrakten Automaten. Berlin 1963.
1968/70 Einführung in die technische Kybernetik, Bd. I/II. Berlin 1968/1970.
GODEMENT, R.
1964 Topologie algébrique et théorie des faisceaux. Actual. Sci. et industr. Nr. 1252, Paris 1964.
GRÄTZER, G.
1968 Universal algebra. Princeton, N. J. 1968.
GRASSMANN, H.
1971 Struktur linearer Automaten. Forschungszwischenbericht, Berlin 1971.
GRASSMANN, H.; SIEBERT, G.
1974a Kohomologie und Dekomponierbarkeit von Automaten. Elektron. Informationsverarbeit. Kybernetik 10 (1974), 17–36.
1974b Über einige numerische Invarianten endlicher Automaten. Dissertation, Berlin 1974.
GROTHENDIECK, A.
1967 Sur quelques points d'algèbre homologique, Tohoku Math. J. 9 (1957), 119–221.
HARRISON, M. A.
1970 Lectures on linear sequential machines. New York 1970.
HARTMANIS, J.; STEARNS, R. E.
1966 Algebraic structure theory of sequential machines. Englewood Cliffs, N. J. 1966.
HAVEL, I. M.
1968 Regular expressions over generalized alphabet and design of logical nets. Kybernetika (Prague) 4 (1968), 516–537.
HERMAN, G. T.
1971 When is a sequential machine the realization of another. Math. Systems Theory 5 (1971), 115–127.
HERMES, H.
1961 Aufzählbarkeit, Entscheidbarkeit, Berechenbarkeit. Berlin 1961.
HIGGINS, P. J.
1963 Algebras with a scheme of operators. Math. Nachr. 27 (1963), 115–132.
HO, B. L.; KALMAN, R. E.
1966 Effective construction of linear state-variable models from input/output functions. (Die Konstruktion von linearen Modellen in der Darstellung durch Zustandsvariable aus den Beziehungen für Ein- und Ausgangsgrößen), Regelungstechnik, 14, Heft 12 (1966) 545–548.

HOEHNKE, H.-J.
1965 Über antiautomorphe und involutorische primitive Halbgruppen. Czechoslovak Math. J. 15 (90) (1965), 50—63.
1966 Structure of semigroups. 18 (1966), 449—491.
1972 Superposition partieller Funktionen. Algebraische Strukturen und ihre Anwendungen. Berlin 1972.
1974 Algebraic theories, structural synthesis, and complexity of networks of automata. Discrete Systems, International Symposium, Riga, Sept. 30—Oct. 4, 1974, Riga, 1974.
1974/75 Existence of nontrivial stochastic monoids. Semigroup Forum (to appear).
HOHN, F.
1968 Algebraic foundations for automata theory. Applied Automata Theory, New York 1968, 1—34.
HOPCROFT, J. E.; ULLMANN, J. D.
1969 Formal languages and their relation to automata. Reading, Mass. 1969.
HOTZ, G.
1965 Eine Algebraisierung des Syntheseproblems von Schaltkreisen, I. Elektron. Informationsverarbeit. Kybernetik 1 (1965), 185—205.
— —. II. ibid. 209—231.
1966 Eindeutigkeit und Mehrdeutigkeit formaler Sprachen. Elektron. Informationsverarbeit. Kybernetik 2 (1966), 235—246.
1967a Quasilineare Automaten. Computing (Arch. Elektr. Rechnen) 2 (1967) 139—152.
1967b Homomorphie und Äquivalenz formaler Sprachen. 3. Colloq. über Automatentheorie (Hannover 1965), Basel 1967, 204—211.
1968 Reduktionssätze über eine Klasse formaler Sprachen mit endlich vielen Zuständen. Math. Zeitschr. 104, (1968), 205—221.
HOTZ, G.; WALTER, H.
1968 Automatentheorie und formale Sprachen, I. Turingmaschinen und rekursive Funktionen. Mannheim 1968.
1969 Automatentheorie und formale Sprachen, II. Endliche Automaten. Mannheim 1969.
HUFFMANN, D. A.
1954 The synthesis of sequential switching circuits. J. Franklin Inst. 257 (1954) 161 bis 190.
INDERMARK, K.
1970 Zur Zustandsminimisierung nichtdeterministischer erkennender Automaten. Berichte der Gesellschaft für Mathematik und Datenverarbeitung, Bonn 1970.
ISBELL, J. R.
1966 Epimorphisms and dominions. Proc. Conf. Categorical Algebra, (La Jolla 1965), Berlin 1966, 232—246.
JABLONSKI, S. W.; GAWRILOW, G. P.; KUDRJAWZEW, W. B.
1970 Boolesche Funktionen und Postsche Klassen. Berlin 1970.
JAKUBAĬTIS, E. A.
1970 Synthese asynchroner endlicher Automaten (Russisch). Riga 1970.
JANOV, J. I.
1957 Über Umformungen von Programm-Schemata (Russisch). DAN SSSR 112 (1957) 38—41.
1962 Über logische Schemata von Algorithmen. Probleme der Kybernetik, Bd. 1, Berlin 1962, 87—145.
JERSCHOW, A. P.
1963 Operator-Algorithmen, I (Grundlegende Begriffe). Probleme der Kybernetik, Bd. 3, Berlin 1963, 3—54.

KALMAN, R. E.
1965 Algebraic structure of linear dynamical systems, I. The module of Σ, Proc. Nat. Acad. Sci. 54 (1965), 1503—1508.
1966 Algebraic theory of linear systems. Arch. Automat. i Telemech. 11 (1966), 119—129.
1967 Algebraic aspects of the theory of dynamical systems. Differential Equations and Dynamical Systems. New York, London 1967, 133—146.
1968 Lectures on controllability and observability. Centro Internazionale Matematico Estivo (C. I. M. E.), 1958.

KALMAN, R. E.; FALB, P. L.; ARBIB, M. A.
1969 Topics in mathematical system theory. New York 1969.

KAPHENGST, H.; REICHEL, H.
1971a Algebraische Algorithmentheorie. VEB Kombinat Robotron, Dresden 1971.
1971b Probleme der Sprachbeschreibung und Sprachverarbeitung im Rahmen der algebraischen Algorithmentheorie. VEB Kombinat Robotron, Dresden 1971.
1972 Operative Theorien und Kategorien von operativen Systemen. Algebraische Theorien und ihre Anwendungen, Berlin, 1972.

KELLY, G. M.
1964a On Mac Lane's condition for coherence of natural associativities, commutativities, etc.. J. Algebra 1 (1964), 397—402.
1964b On the radical of a category. J. Austral. Math. Soc. 4 (1964), 299—307.
1965 Tensor products in categories. J. Algebra 2 (1965), 15—37.

KELLY, G. M.; MAC LANE, S.
1971 Coherence in closed categories. J. pure appl. Algebra 1 (1971), 97—140.

KERKHOFF, R.
1965 Eine Konstruktion absolut freier Algebren. Math. Ann. 158 (1965), 109—112.
Über verallgemeinerte Peano-Algebren (Unveröffentlichtes Manuskript).

KLEENE, S. C.
1956 Representation of events in nerve nets and finite automata. Automata Studies, Princeton N. J. 1956.

KNOPFMACHER, J.
1966 Homology and presentations of algebras. Proc. Amer. Math. Soc. 17 (1966) 1424 bis 1428.
1968 Some homological formulae. J. Algebra, 9, No. 2 (1968) 212—219.

KOBRINSKI, N. E.; TRACHTENBROT, B. A.
1967 Einführung in die Theorie endlicher Automaten. Berlin 1967.

KOCK, A.
1966 Continuous Yoneda representation of a small category. Math. Inst., Aarhus Univ., Oct.1966.
1970 Monads on symmetric monoidal closed categories (Russ.). Arch. der Math. (Basel) 21 (1970), 1—10.

KROHN, K.; MATEOSIAN, R.; RHODES, J.
1967 Methods of the algebraic theory of machines, I. Decomposition theorem for generalized machines; Properties preserved under series and parallel compositions of machines. J. Comput. System Sci. 1 (1967) 55—85.

KROHN, K.; MAURER, W. D.; RHODES, J.
1966 Realizing complex boolean functions with simple groups. Information and Control. 9 (1966) 190—195.

KROHN, K.; RHODES, J.
1968 Complexity of finite semigroups. Ann. of Math. 88 (1968) 128—160.

KROHN, K.; RHODES, J. L.; THILSON, B. R.
1968 The prime decomposition theorem of the algebraic theory of machines. Algebraic theory of machines, languages, and semigroups. New York 1968, 81—125.

KUDRJAVCEV, V. B.
1972 Über funktionale Eigenschaften logischer Netze. Math. Nachr. 55 (1973), 187 — 211.

KÜHNRICH, M.
1972 Über ein assoziatives Produkt und ein assoziatives und kommutatives Coprodukt in der Kategorie der Mengen. Math. Nachr. 54 (1972), 379—384.

LAMBEK, J.
1968 Deductive systems and categories, I. Math. Systems Theory 2 (1968), 287—318.

LAWVERE, F. W.
1963 Functorial semantics of algebraic theories, Diss., Columbia University, New York 1963.
1966 The category of categories as a foundation for mathematics, Proc. Conf. Categorical Algebra (La Jolla 1965), Berlin 1966, 1—20.
1969 Diagonal arguments and cartesian closed categories. Lecture Notes in Mathematics, Vol. 92, Berlin 1969, 134—145.

LEDLEY, R. S.
1968 Recursive functions and switching-circuit theory. Applied Automata Theory, New York 1968, 171—215.

LEFSCHETZ, S.
1965 Some applications of topology to networks. Proc. Third Annual Allerton Conf. on Circuit and System Theory, Univ. Illinois, Urbana, Ill., 1965, 1—6.

LINTON, F. E. J.
1966 Some aspects of equational categories. Proc. Conf. Categorical Algebra (La Jolla 1965), Berlin 1966, 84—94.
— Relative functorial semantics: Adjointness results. Research, N. S. F. grant NSF-GP 6325, Wesleyan Faculty Research Grant 5427—1433, and Battelle Memorial Institute, Seattle Research Center.

MAC LANE, S.
1963 Homology. Berlin, New York 1963.
1965 Categorical algebra, Bull. Amer. Math. Soc. 71 (1965), 40—106.
1972 Kategorien. Berlin, New York 1972.

MAGIDOR, M.
1968 Decomposition theorems for finite sequential machines. Israel J. Math. 6 (1968), 246—260.

MAL'CEV, A. I.
1965 Algorithmen und rekursive Funktionen (Russisch). Moskau 1965.

MARCUS, S.
1967 Algebraic linguistics; analytical models. New York 1967.

MAURER, H.
1969 Theoretische Grundlagen der Programmiersprachen — Theorie der Syntax — Mannheim 1969.

MEALY, G. H.
1955 A method for synthesizing sequential circuits. Bell System Techn. J. 34 (1955) 1045—1079.

MITCHELL, B.
1965 Theory of categories. New York 1965.

MODROW, H. D.
1971 Eine Erweiterung der Theorie der determinierten abstrakten Automaten auf nichtsequentielle Wortfunktionen. Diss. Berlin 1971.

MOORE, E. F.
1956 Gedanken-experiments on sequential machines, Automata Studies. Princeton 1956, 129—153.

1964a Bibliographic comments on sequential machines, Sequential Machines, Reading (Mass.) 1964, 236–244.

1964b Mathematics in biological research, Scientific American 211 (1964), 148–164 reprinted in: Mathematics in the modern world, San Francisco 1968, 275–283.

NELSON, R. J.
1968 Introduction to automata. New York 1968.

NORTHCOTT, D. G.
1960 An introduction to homological algebra. Cambridge 1960.

OTTMANN, T.
1971 Eine Theorie sequentieller Netzwerke. Diss. Münster 1971.

PAREIGIS, B.
1969 Kategorien und Funktoren. Stuttgart 1969.
1970 Categories and functors. New York, London 1970.

PAWLAK, Z.
1970 Definitional approach to automatic demonstration, Symposium on Automatic Demonstration (Versailles, 1968), Lecture Notes in Mathematics, Vol. 125, Berlin 1970, 191–193.

PESCHEL, M.
1971 Moderne Anwendungen algebraischer Methoden. Berlin 1971.

PETRI, C. A.
1967 Grundsätzliches zur Beschreibung diskreter Prozesse, 3. Colloq. über Automatentheorie (Hannover 1965), Basel 1967, 121–140.

PFENDER, M.
1971 Kongruenzen, Konstruktion von Limites und Cokernen und algebraische Kategorien. Diss. Technische Univ. Berlin, 1971.

POPESCU, D.
1969a Les faisceaux d'une théorie, C. R. Acad. Sci. Paris A 269 (1969), 380–382.
1969b Sur les catégories des (t,T)-faisceaux. C. R. Acad. Sci. Paris A 269 (1969), 413–415.
1971a Les faisceaux d'une classe des morphismes. C. R. Acad. Sci. Paris A 272 (1971), 101–103.
1971b Confaisceaux d'une catégorie. C. R. Acad. Sci. Paris A 272 (1971), 299–302.

RABIN, O.
1963 Probabilistic automata. Information and Control 6 (1963), 230–245.
1966 Lectures on classical and probabilistic automata, Automata Theory, New York, London, 1966, 304–313.

RABIN, M. O.; SCOTT, D.
1959 Finite automata and their decision problems. IBM J. Res. Develop. 3 (1959), 114–125.

RAǏSKIǏ, K. T. (RAISCHI, C. T.)
1968 Graphs and morphological categories in algebraic lingustics (Russisch). Colloque sur les Techniques de Calculer les Calculateurs (Bucarest, 1967). Bull. Math. Soc. Sci. Math. R. S. Roumanie (N. S.) 12 (60) (1968), no. (1969) 3, 111–128.

REUSCH, B.
1971 Zur Realisierung von Automaten über Algebren. BMBW-GMD-38, Gesellschaft für Mathematik und Datenverarbeitung, Bonn 1971.

RINE, D. C.
1970 A theory of general machines and functor projectivity. Diss., The Univ. of Iowa, 1970.
— A categorical characterization of general automata. Information and Control.
— Limit functors and their applications to automata theory. To appear.

ROBINSON, G.; WOS, L.
1970 Axiom systems in automatic theorem proving. Symposium on Automatic Demonstration (Versailles, 1968), Lecture Notes in Mathematics, Vol. 125, Berlin 1970, 215—236.

ROHLEDER, H.
1955 Die Verwendung von Aussagenkalkülen zur Beschreibung elektrischer Schaltungen. Z. Math. Logik Grundlagen Math. 1 (1955) 304—309.
1962a Über die Synthese von Reihenparallelschaltungen bei unvollständig gegebenen Arbeitsbedingungen. Z. Math. Logik Grundlagen Math. 8 (1962) 165—199.
1962b Zur Umformung einer speziellen Klasse von Rechenverfahren. Z. Math. Logik Grundlagen Math. 8 (1962) 201—246.
1963 Ein Verfahren zum Aufsuchen minimaler Ausdrücke. Z. Math. Logik Grundlagen Math. 9 (1963) 125—140.
1966 Das Syntheseproblem der Schaltalgebra und seine mathematische Formulierung. Z. Math. Logik Grundlagen Math. 12 (1966) 13—22.

SALOMAA, A.
1968a On finite time-variant automata with monitors of different types. Ann. Univ. Turku. Ser. A I 118 (1968), no. 3.
1968b On finite automata with a time-variant structure, Information and Control 13 (1968), 85—98.
1969 Theory of Automata. Oxford, New York 1969.

SCHMIDT, J.
1966 Mengenlehre, I. Mannheim 1966.

SCHMITT, A.
1966 Theorie der nicht-deterministischen und unvollständigen Mealy-Automaten. Diss., Technische Hochschule Hannover, 1966.
1968 Über die Berechnung minimaler Turingmaschinen und anderer minimaler Systeme. Elektron. Informationsverarb. Kybernetik 4 (1968), 313—326.

SCHNORR, C.-P.
1967a Freie assoziative Systeme. Elektron. Informationsverarbeit. Kybernetik 3 (1967), 319—340.
1967b Zur Charakterisierung contextfreier Sprachen, 3. Colloq. über Automatentheorie (Hannover 1965), Basel 1967, 288—295.

SCHNORR, C.-P.; WALTER, H.
1969 Pullbackkonstruktionen bei Semi-Thuesystemen. Elektron. Informationsverarbeit. Kybernetik 5 (1969) 27—36.

SCHUBERT, H.
1970 Kategorien I, II. Berlin 1970.

SCHULTE, D.
1967 Kombinatorische und sequentielle Netzwerke. Grundlagen und Anwendungen der Automatentheorie, Bd. 11, München 1967.

SCHULTE MÖNTING, J.
1968 Kategorien von Algebren mit einer Familie von Grundobjekten. Diplomarbeit, Math. Inst., Univ. Freiburg, 1968.

SIKORSKI, R.
1964 Boolean algebras. 2. ed., Berlin 1964.

STARKE, P. H.
1969 Abstrakte Automaten. Berlin 1969.

STEINBUCH, K.
1963 Automat und Mensch. Berlin 1963.

TOU, J. T. (Editor)
1968 Applied automata theory. New York 1968.

TRACHTENBROT, B. A.; BARZDIN', JA. M.
1970 Endliche Automaten (Russisch). Moskau 1970.
VOLGER, H.
1967 Kategorien von Algebren über algebraischen Theorien. Diplomarbeit, Universität Freiburg/Br. 1967.
1971 Logical categories. Diss. Univ. Freiburg/Br. and Dalhousie Univ. Halifax, 1971.
VOLLMAR, R.
1969 Über einen Automaten mit Speicherband. Diss. Universität Erlangen, 1969.
WAGNER, E. G.
1974 Notes on categories, algebras and programming languages. From a course of lectures given at Queen Mary College, spring 1974.
WALLJASPER, S. J.
1970 Non-deterministic automata and effective languages. Ph. D. Thesis, Univ. of Iowa, 1970.
WALTER, H.
1970 Erweiterungen von linearen Automaten. Elektron. Informationsverarbeit. Kybernetik 5 (1969), 97–107.
WRAITH, G. C.
1970 Algebraic theories. Lecture Notes Series No. 22, Aarhus Univ. 1970.
WYLER, O.
1966 Operational categories, Proc. Conf. Categorical Algebra (La Jolla 1965), Berlin 1966, 295–316.
YOELI, M.
1965 Generalized cascade decompositions of automata, J. Assoc. Comput. Mach. 12 (1965), 411–422.
ZARISKI, O.; SAMUEL, P.
1958 Commutative algebra. I, Princeton, N. J. 1958.

Nachtrag:

BURRONI, E.
2974 Algébres non déterministiques et D-categories. Cahiers de Topologie et Geometrie Differentielle, Vol. 14, Nr. 4 (1974), 417–475, 480–481.
HOTZ, G.
1974 Schaltkreistheorie, Berlin 1974.
PLOTKIN, B. I.
1974 Algebraische Strukturen (Vorlesungskonspekt). Vol. 2, Gruppen, Halbgruppen und Automaten (Russisch), Riga 1974.

SYMBOLVERZEICHNIS

SACHVERZEICHNIS

Bei Fragen zur Produktsicherheit wenden Sie sich bitte an:
If you have any questions regarding product safety,
please contact:

Walter de Gruyter GmbH
Genthiner Straße 13
10785 Berlin
productsafety@degruyterbrill.com